# 民用建筑场地设计（第三版）

赵晓光　党春红　主编

U0196642

中国建筑工业出版社

**图书在版编目（CIP）数据**

民用建筑场地设计 / 赵晓光，党春红主编. — 3 版
. — 北京：中国建筑工业出版社，2022.8（2025.4重印）
ISBN 978-7-112-27429-1

Ⅰ. ①民… Ⅱ. ①赵… ②党… Ⅲ. ①民用建筑—建
筑设计 Ⅳ. ①TU24

中国版本图书馆 CIP 数据核字(2022)第 091634 号

本书采用将专业理论与工程实践相结合的方法，在现有场地设计理论的基础
上，阐述了场地类型的划分、场地设计在工程项目建设中的作用，以及场地设计
文件编制方法等。本书依据国家现行标准规范编写，体系完整，架构清晰。同时，
通过 40 个示例，分步骤演示设计过程，循序渐进、条理清晰地介绍常用的设计方
法与技巧，便于读者将其熟练地运用于工业场地和民用场地的设计实践之中。

本书的主要内容包括场地设计概述、场地设计条件、场地总体布局、竖向设
计、道路设计、绿化设计、管线综合以及场地设计文件编制等。

本书可供建筑学、城乡规划和风景园林专业的设计人员及规划管理人员使用，
也可作为高等院校建筑学、城乡规划、风景园林以及相关专业的教学参考用书。

\* \* \*

责任编辑：张 建 徐 冉
责任校对：赵 颖

## 民用建筑场地设计（第三版）

赵晓光 党春红 主编

\*

中国建筑工业出版社出版、发行(北京海淀三里河路9号)
各地新华书店、建筑书店经销
北京红光制版公司制版
建工社（河北）印刷有限公司印刷

\*

开本：880 毫米×1230 毫米 1/16 印张：27¼ 字数：803 千字
2022 年 9 月第三版 2025 年 4 月第三次印刷
定价：**79.00** 元
ISBN 978-7-112-27429-1
（39598）

# 本书编写分工

主　审：张　勃（第一版、第二版）　　秋志远（第一版、第二版）

主　编：赵晓光　党春红

统　稿：赵晓光

编写者：第一章　场地设计概述　　　　　　　　　　　　赵晓光　党春红

　　　　第二章　场地设计条件　　　　　　　　　　　　邓向明　赵晓光

　　　　第三章　场地总体布局　　　　　　　　张定青　党春红　赵晓光

　　　　第四章　竖向设计　赵晓光　党春红　聂仲秋（第一版、第二版）

　　　　　　　　　　　　　　　　　　　　　　　　　陈　磊（第二版）

　　　　第五章　道路设计　赵晓光　陈　磊（第二版）　许艳玲（第一版）

　　　　第六章　绿化设计　　　　邓向明　聂仲秋（第一版、第二版）

　　　　第七章　管线综合　　　　　　　　　赵晓光　许艳玲（第一版）

　　　　第八章　场地设计文件编制　　　　　　　　　　赵晓光　党春红

注：人名后未注明具体版次的，表示该编写人同时参与了第一版、第二版和第
　　三版的编写工作。

3

# 序

　　场地设计是在基地上安排建筑、塑造建筑周围或建筑之间空间的艺术和技术，通过组织外部物质环境，以适应人们的行为要求。这是建筑营建过程中的一个重要环节。在我国现行的城市规划和建筑设计体制中，是两者的结合部，自始至终贯穿着城市设计的基本原则。新中国建立以来，场地设计的技术主要通过各大规划院、建筑设计院及几所大学的工作而取得进展。他们都有机会不断接受住宅区及各类公共建筑的设计任务，并将一个项目的经验总结引入下一个项目的设计中。在这个过程中，相应的法规、规范也得以不断完善。改革开放以来，不断加速的现代化建设步伐，使新的功能要求、新的建筑形式、新的布局手法、新的环境理念不断融入我国规划、设计实践之中。《民用建筑场地设计》一书的作者正是着眼于形势发展、着手于工程实践，编写了这部应用技术类专著，以适应新形势下场地设计的实践需要，这无疑是一部济世致用之作。

　　场地设计使用强而有力的形态语言以组织空间中人的活动，要妥善处理自然环境与人工构筑的种种关系。自古以来，场地设计都讲求艺术性。从这个角度论述场地设计的著作也不在少数。现代化建设所涉及的工程因素复杂多样，且营建活动受制于各种法规、规范、定额。因此那些单纯从建筑艺术角度论述场地设计的著作，往往使广大规划、设计人员有"读之有味，行之无招"之感。《民用建筑场地设计》一书的内容，理论与实践结合、艺术与技术结合，而且文图并茂、资料鲜活，阅读书稿之后很受启发、教益颇多。

　　正如本书所具有的特色一样，作者们来自大专院校、设计单位和规划部门，各尽所能、各用其长，没有这样的技术合作，就难以完成这本专著。这本书的成功是规划、设计、教学科研三者融合的结晶。

张锦秋

2003 年 10 月 6 日

# 第三版前言

随着经济、社会的不断发展，在过去的 10 年里，我国的城乡建设也经历了快速发展期。至 2020 年年底，我国常住人口的城镇化率已达到 63.89%。与此同时，热岛效应、城市内涝、城市风貌千篇一律、土地浪费等城市病也远未彻底解决；此外，又出现了生物多样性丧失、荒漠化加剧、极端气候事件频发等新问题。建设项目功能多样化、复杂化、综合化的特点，要求规划、建筑、景观和市政等多专业规划设计一体化，要求场地内与场地外、室内与室外、地下与地上等空间设计一体化，以及规划、设计、施工和管理的一体化。既要保证各专业质量优良，更要确保项目整体质量最佳。党的十九大报告指出，中国特色社会主义进入新时代，提出了创新、协调、绿色、开放、共享的发展理念；建筑业的发展模式也由高速度发展转变为高质量发展。为了贯彻绿色发展理念，国家推动绿色建筑和海绵城市建设。为适应新时代、新要求，我们要树立尊重自然、顺应自然、保护自然的生态文明理念，坚持节约资源、保护环境，倡导绿色、低碳、循环、可持续的生产和生活方式，积极创建绿色城市、绿色社区、绿色机关和绿色校园。

为反映当前最新的设计理念和国家现行法律、法规、标准、规范，本书第三版作了如下修订工作：

第一章：完善了场地规划设计规范目录；根据《绿色建筑评价标准》GB/T 50378—2019，增加了建筑信息模型（BIM）。

第二章：根据《民用建筑设计统一标准》GB 50352—2019、《绿色建筑评价标准》GB/T 50378—2019、《城市防洪工程设计规范》GB/T 50805—2012、《城市居住区规划设计标准》GB 50180—2018 等标准、规范，《海绵城市建设技术指南——低影响开发雨水系统构建（试行）》以及《建筑设计资料集 第 1 分册 建筑总论》（第三版），更新了相关内容。补充完善了自然条件中的有关地形坡度分类、坐标系统、日照间距系数、建筑气候区划指标，以及对建筑的基本要求等内容。新增了场地设计各个条件对场地选址的影响、风暴潮、绿容率和建筑基地的年径流总量控制率等内容。同时，修改了部分配图。

第三章：根据《建筑设计防火规范》GB 50016—2014（2018 年版）、《汽车库、修车库、停车场设计防火规范》GB 50067—2014、《城市综合防灾规划标准》GB/T 51327—2018、《城市综合交通体系规划标准》GB/T 51328—2018 和《城市绿地规划标准》GB/T 51346—2019 等标准、规范，全面更新了相关内容。增加了绿色建筑设计、海绵城市设计等可持续导向设计内容。根据规范的变更，更新了场地总体布局的实例分析；删除了《西安市城市规划管理技术规定（试行）》。

第四章：根据《工业企业总平面设计规范》GB 50187—2012、《城乡建设用地竖向规划规范》CJJ 83—2016 和《建筑边坡工程技术规范》GB 50330—2013 等标准、规范以及《建筑设计资料集 第 1 分册 建筑总论》（第三版），全面更新了相关内容。完善了竖向设计原则、设计地面的标高、场地高差处理、上坡户型和下坡户型、排洪沟和截水沟设计、城乡建设用地土石方量定额指标等内容；同时，修改了部分配图。

第五章：根据《城市道路工程设计规范》CJJ 37—2012（2016 年版）、《城市道路交通工程项目规范》GB 55011—2021、《建筑与市政工程无障碍通用规范》GB 55019—2021 和《无障碍设计规范》GB 50763—2012 等标准、规范，全面更新了相关内容；增加了透水铺装结构、电动汽车充电车位等内容。

第六章：根据《公园设计规范》GB 51192—2016、《居住区环境景观设计导则》（2006 版）和《居住绿地设计标准》CJJ/T 294—2019 等标准、规范，更新了相关内容；完善了场地绿化的作用、绿化布置与种植设计的原则，以及环境景观设施等内容；增加了场地垂直绿化的内容。

第七章：根据《城市工程管线综合规划规范》GB 50289—2016、《工业企业总平面设计规范》GB 50187—2012、《膨胀土地区建筑技术规范》GB 50112—2013 和《湿陷性黄土地区建筑标准》GB 50025—2018 等标准、规范，全面更新了相关内容。增加了再生水管线、地下管线与围墙基础外缘和排水沟外缘之间的最小水平间距、工作程序等内容。更新了例 7-1 的内容。

第八章：根据《建筑工程设计文件编制深度规定》（2016 年版），更新了相关内容。

附录：根据《国家基本比例尺地图图式 第 1 部分：1∶500 1∶1000 1∶2000 地形图图式》GB/T 20257.1—2017，更新了相关内容。

本书在编写过程中得到中国建筑西北设计研究院有限公司规划景观设计所、西安交通大学人居环境与建筑工程学院和西安建筑科技大学建筑学院的大力支持，在此一并致谢！

本版书中的插图由邓向明、张定青和赵晓光绘制。

书中的场地设计理论系统完整，是场地设计工程实践的经验总结；但限于作者们的自身水平，书中难免有错谬及疏漏之处。我们期待每一位关注场地设计研究的专家、学者和读者们的批评指正。

值此第三版图书付梓之际，再次感谢读者多年来的支持与厚爱。在第三版编写过程中，我们得到了张建老师的细心指导、关心和大力支持，在此致谢！

主编　赵晓光　党春红
2022 年 2 月 12 日

# 第二版前言

本书自 2004 年出版后连续印刷十余次，深受广大读者欢迎，已成为建筑、铁路、市政、航空、园林景观等工程建设领域广大设计师的必备手册。本书同时作为西安建筑科技大学建筑学、城市规划、景观学和总图设计与工业运输专业本科生和研究生的教学参考书，以及全国一级注册建筑师场地设计继续教育的培训教材，深受广大师生和学员青睐。

然而，社会经济在发展，自然界在变化，科学技术在进步，人们对人居环境的要求也在提高；北京奥运会、上海世博会和西安世界园艺博览会，使我们遇到了前所未有的重大设计项目；社会主义新农村建设、西部大开发、东北老工业基地振兴以及汶川地震灾后重建等，使我们接受了不同类型场地条件的挑战。新时期、新形势下，我们更加关注生态环境保护，注重可持续发展，节约能源、水资源、材料和土地，提高场地总体设计业务水平的要求更为迫切。

在本版修订中，我们总结了近年来场地设计的实践经验，采用了最新的规划、建筑等相关规范，丰富了工程实例，并对部分示例进行了修改完善。

本书在编写过程中得到中国建筑西北设计研究院华夏建筑设计所、规划景观设计所和西安建筑科技大学建筑学院的大力支持，在此致谢。

书中插图由邓向明、杨柳、张崇、郭晓英和陈磊绘制，张敬进行文字校对，全书由赵晓光统稿。

本书力图全面反映场地设计理论与实践的最新成果，然而限于作者水平，难免有不周或谬误之处，我们期待各位关注场地设计研究的专家、学者和广大读者们的批评指正。

主编　赵晓光　党春红
2012 年 2 月 26 日

# 第一版前言

场地设计是建筑师及规划师工作的重要内容，也是建筑学和城市规划专业学习的重要环节。20世纪90年代，为适应中国加入WTO的形势要求，国家实行了注册建筑师和注册城乡规划师资格认证制度，并在一级注册建筑师考试大纲中开设了"场地设计"科目。2000年，全国建筑学专业指导委员会确定"场地设计"为高等院校建筑学专业的一门选修课。相应地，在注册城乡规划师考试大纲中，也包括了场地设计的内容。

本书在国内场地设计学术研究领域，首次采用专业理论与工程实践并重的方式。在现有场地设计理论的基础上，提出了场地类型的划分、场地设计在工程项目建设中的作用、场地设计文件编制方法。本书系统、完整地反映当前最新的规范和设计标准，便于实际应用；同时，通过40个示例，结合工程实践要求，分步骤演示设计过程，循序渐进、条理清晰地介绍常用的设计方法与设计技巧，为初学者指出了切实可行的思路。示例的内容深度可以满足不同设计阶段的需要，有的介绍到方案设计深度，有的已介绍到施工图深度。示例具有可比性，便于读者理解并在设计实践中应用。此外，本书从场地设计的角度，解析我国当前优秀的设计作品；工程实例资料翔实，为读者提供有益的实践经验。

书中的工程资料来源于设计单位、规划管理部门和高等院校的领导、老师、同事、同学和朋友们，对在本书编写过程中给予帮助的每一位支持者，我们在此都深表谢意！对书中实例的分析仅代表作者本人的观点，其谬误之处与设计单位无关。

本书在编写过程中得到中国建筑西北设计研究院华夏所、西安经济技术开发区规划建设局、重庆钢铁设计研究院总图运输室、西安市古建筑园林设计研究院园林设计室和西安建筑科技大学建筑学院的大力支持，在此致谢。

书中插图由赵晓光、刘铭、梁正、罗乐、邓向明、王慧、佟庆、徐怡珊和陈小华绘制，全书由陈小华、佟庆和王治新校对。

本书力图比较全面地反映我国改革开放以来场地设计的崭新全貌，但由于作者水平和能力的限制，书中难免有不周或谬误之处，我们期待专家、学者和读者们的批评指正。

主　编　赵晓光

副主编　党春红

# 目　录

# 第一章 场地设计概述

场地设计是工程建设必不可少的组成部分。改革开放以后,我国的设计体制要与国际接轨,为适应国际设计市场的需求,要求注册建筑师及注册规划师必须掌握建设前期的场地选择与场地设计方面的知识。另外,随着招投标制度的实行,土地拍卖、房屋买卖、物业管理等市场机制逐步推广和有效实施,促进了建筑市场的繁荣。但是还有一些问题需要解决,如:不顾实际条件与可能,盲目建设;盲目追求容积率及密度带来的经济效益,忽视历史文化传统,破坏生态环境;建筑市场管理不规范;没有长远、全局观点,只图眼前局部利益,使城市环境恶劣、贫瘠;还有的是设计本身不能与环境成为有机整体。学习场地设计知识可以提高业主、建筑师、规划师和规划管理人员的业务素质,提高设计、管理水平。

## 第一节 场地设计的概念

### 一、场地的概念

地球表层的陆地部分,包括内陆水域和沿海滩涂,称为土地。土地又分农用地、建设用地和未利用地三类。当一定面积的土地作为工程项目的主体工程和配套工程的建设用地后,就称为基本用地,简称基地。

(一)狭义概念

场地(site)指的是基地内建筑物之外的广场、停车场、室外活动场、室外展览场、室外绿地等内容。这时,"场地"是相对于"建筑物"而存在的,所以此意义经常被明确为"室外场地",表示其对象为建筑物之外的部分。

(二)广义概念

场地指基地中包含的全部内容所组成的整体,如建筑物、构筑物、交通设施、室外活动设施、绿化及环境景观设施和工程系统等。本书中,在未特指时,场地所指的就是此广义含义。

(三)场地的构成要素

1. 建筑物、构筑物

建筑物、构筑物是工程项目中最主要的内容,一般来说是场地的核心要素,对场地起着控制作用,其设计的变化会改变场地的使用与其他构成要素的布置。

2. 交通设施

交通设施指由道路、停车场和广场组成的交通系统,可分为人流交通、车流交通、物流交通。主要解决建设场地内各建筑物之间及场地与城市之间的联系,是场地的重要组成部分。

3. 室外活动设施

室外活动设施是适应人们室外活动的需要,供休憩、娱乐交往的场所;是建筑室内活动的延续及扩展。对于教育和体育建筑来说,室外活动设施又是项目必不可少的组成部分。

4. 绿化与环境景观设施

绿化与环境景观设施对场地的生态环境、文化环境起着重要作用,给场地增加自然氛围,体现场地的气质,营造优良的景观效果。

5. 工程系统

工程系统是指工程管线和场地的工程构筑物。前者保证建设项目的正常使用;后者如挡土墙、边坡等,在场地有显著高差时,能保证场地的稳定和安全。

### 二、场地类型的划分

(一)按工程建设项目的使用特征划分

可分为工业建设场地和民用建筑场地。

工业建设场地是指矿山、石油化工、轻纺、冶金、电力、机械电子、食品加工、仪器仪表、航天航空、能源和材料等工业的建设场地。工业项目建设的基本要求是满足工业生产需要，从总厂到各局部，其工艺流程及运输起主导作用，项目设计的主体专业是各工艺专业。因此，这类工业建筑场地设计的特点是场地适应生产工艺流程需要；场地占地大，交通运输复杂，运输方式因工业种类各异，项目的建设周期较长。

民用建筑场地是指学校、幼儿园、住宅、宿舍、商场、体育馆、影剧院、办公楼和机场航站楼等范畴的建设场地。此类设计的特点在于合理有序地组织各项活动、空间、功能、交通等，并创造良好的场地环境。建设周期相对于工业建设项目来说较短。

（二）按地形条件划分

可分为平坦场地和坡地场地。

按地形的坡度分级标准，平坦场地是指 0～3%的平坡地和 3%～10%的缓坡地。其地势较平坦而开阔，建筑物布置比较自由，可以取得日照朝向和较好的景观视野，道路也可以采用理想的布置形式，土方量一般不大。但当坡度平缓时，场地排水有一定难度。

坡地场地指的是 10%～25%的中坡地、25%～50%的陡坡地和 50%～100%的急坡地，其地形起伏高差较大，山势变化无常，建筑物和道路布置受到限制，需要处理高差，土方量较大，支挡构筑物较多。

（三）按用地的位置划分

可分为市区场地、郊区场地和郊外场地。

市区场地是指位于城市市区内的建设用地。其特点是要求高、用地紧张、地价昂贵，要适合当地城乡规划要求，其场地设计的限制条件较多；但与城市道路、管线的连接又相对容易一些。市区场地设计应尽力营造美好的室内外空间，为城市增色添彩，为项目建设创造优美的环境。

郊区场地包括经济技术开发区、高新技术产业区、保税区和国家旅游度假区。凭借城市劳动力的优势以及城市边缘比较便宜的地价，再加上社会和外资的引入，郊区场地已成为城市边缘一个快速发展的区域。其场地设计周边的限制条件较少，要处理好与市区的衔接，须有完善的基础

设施，场地设计要体现城市时代的特征。

郊外场地（包括农村及自然地区），如纪念地或风景区等。场址完全脱离了城市环境，位于自然环境中，设计条件以自然条件为主。要处理好与环境的相融，解决好与城市的交通联系，营造优美宜人的环境。

（四）按场地使用性质划分

可分为公共建筑场地和居住建筑场地。

公共建筑场地指为城、镇、村庄、独立工矿区管理及居住生活所必需的公共使用的设施用地，包括文化、体育、娱乐、科研、教育、医卫等用地。其功能复杂，建筑体量大、高度高，交通复杂。特别是特大城市、大城市、中等城市中的大型公共建筑，有时是综合体建筑，对城市起着重要作用。场地设计时，应强调建筑与周围环境的融合，丰富城市历史文化内涵，创造良好的人文环境。

居住建筑场地的建筑功能单一、单体体量小，但占地面积普遍较大，建筑数量多。场地设计时强调建筑的群体组合与功能分区，应为居住者创造良好的生活环境，配建小体量的公共建筑。

（五）按项目中建筑物的数量划分

可分为单体建筑场地和群体建筑场地。

单体建筑场地，项目中的建筑数量单一，但由于使用性质不同，功能及建设地点也不一样，相应地场地设计要求有很大差异。

对于群体建筑场地，由于项目中建筑物的数量较多，总用地面积一般较大，其外部空间环境较为丰富。

综上所述，场地的用地范围可大可小，小到一个住宅的改造，大到一个高等院校的校园规划或居住区的修建性详细规划。场地的设计情况可以很简单，也可以很复杂，从开阔的平坦场地到复杂的坡地场地，设计难度差异很大，设计中应考虑的重点也有所不同。只要是一次开发建设的工程项目，就必须处理好场地设计的问题。

三、场地设计的概念

（一）场地设计概念

场地设计（site design），是针对基地内建设项目的总平面设计，是依据建设项目的使用功能

要求和规划设计条件，在基地内外的现状条件和有关法规、规范的基础上，人为地组织与安排场地中各构成要素之间关系的活动。场地设计既提高基地利用的科学性，又使场地中的各要素，尤其是建筑物与其他要素形成一个有机整体，保证建设项目被合理有序地使用，发挥出经济效益和社会效益。同时，使建设项目与基地周围环境有机结合，产生良好的环境效益。

（二）场地设计范畴

界定为单体建筑项目和某个单独机构控制下的有规模的群体建筑项目。

# 第二节　场地设计工作

**一、场地设计的内容**

一般包括以下 7 部分：

1. 场地设计条件分析

在踏勘现场的基础上，分析场地所处环境的自然条件、建设条件和城乡规划要求等，明确影响场地设计的各种关键因素及问题。从全局出发，提出场地总体布局的可能性、可行性，以及在场地优化过程中可能存在的问题，从而为后续工作打下良好的基础。

2. 场地总体布局

结合场地的现状条件，分析研究建设项目的各种使用功能要求，明确功能分区，合理确定场地内建筑物、构筑物及其他工程设施之间的空间关系，进行平面布置，绘制空间形态透视图。

3. 交通组织

合理组织场地内的各种交通流线，避免不同性质的人流、车流之间的交叉干扰。根据初步确定的建、构筑物布局，进行道路、停车场、广场、出入口等交通设施的具体布置，同时调整总平面图中的建筑布置。

4. 竖向布置

结合地形，拟定场地的竖向布置方案，有效组织地面排水，核定土石方工程量，确定场地各部分设计标高和建筑物室内地坪设计标高，合理进行场地的竖向设计。

5. 管线综合

协调各种室外管线的敷设，合理进行场地的管线综合布置，并具体确定各种管线在地上和地下的走向、平面(竖向)敷设顺序、管线间距、支架高度或埋设深度等；同时，应避免其相互干扰或影响景观。

6. 绿化与环境景观布置

根据使用者的室外活动需求，综合布置各种活动空间、环境设施、景观小品及绿化植物等，有效控制噪声等环境污染，创造优美宜人的室外环境。

7. 技术经济分析

核算场地设计方案的各项技术经济指标，核定场地的室外工程量及其造价，进行必要的技术经济分析与论证。

以上是一般场地设计的内容，设计中对于不同的场地类型，还应有所侧重。

**二、场地设计工作的特点**

1. 综合性

场地设计涉及社会、经济、环境心理学、环境美学、园林、生态学、城乡规划、环境保护等学科内容，各方面的知识相互包容、相互联系，形成一个综合知识体系。场地设计工作与建设项目的性质、规模、使用功能、场地自然条件、人文因素、基础设施和工程地质等多种因素相关，而道路设计、竖向设计、管线综合等又涉及许多工程技术内容。所以，场地设计是一项综合性的工作，要综合解决各种矛盾和问题，才能取得较好的场地设计成果。

如果场地设计时缺乏综合控制，对建设项目的影响巨大，必将加长建设周期，增加建设投资，影响建成后的使用；甚至造成人民的生命财产损失和破坏生态环境等问题。而且，建成的部分不可更改。因此，只有全面了解场地设计的技术要求，规划师和建筑师才能更好地完成方案阶段的工作。

2. 政策性

场地设计是对场地内各种工程建设内容的综合布置，关系到建设项目的使用效果、工程造价和建设速度等，涉及政府的计划、土地与城乡规划、市政工程等有关部门。建设项目的性质、规模、建设标准及建设用地指标等，都不单纯取决于技术和经济因素，其中一些原则性问题的解决必须以国家有关方针政策为依据。

**3. 地方性**

每一块场地都具有特定的地理位置；场地设计除受场地特定自然条件和建设条件的制约外，与场地所处的纬度、地区、城市等密切联系。同时，应适应周围建筑的环境特点、地方风俗等。在设计上把握好此特性，有助于形成有地方特色的场地设计。此外，场地设计还应符合地方法规。

**4. 预见性与长期性**

场地设计实施后，不可更改、影响巨大。建筑实体一般具有相对的长期性，这就要求设计者必须充分估计社会经济发展、技术进步可能对场地未来使用造成的影响。在设计中保持一定的灵活性，为场地的发展或使用功能的变化留有余地，即设计者应具有可持续发展的思想。

**5. 全局性**

场地设计是关于整体的设想，整体性的一个基本准则是整体利益大于局部利益。实际工作中，常有只重视建筑单体的倾向。建筑单体的场地布局先于其他构成要素的布局，这就不可能形成一个有机整体。场地设计的重点是把握全局。

**6. 技术性与艺术性**

场地中的工程设施技术性强，设计中必须符合现行的国家标准规范，需要科学分析、推敲和计算；而场地总体布局形态、绿化景观设计，则要求具有较高的艺术性，需要通过形象思维，用各种形式美的方式及美学观点表达方案构思。设计中要把握好这两种不同的特性。

**三、场地设计在工程项目建设中的作用**

**1. 建设项目立项阶段**

场地设计要参与编制项目建议书(预可行性研究)，用于项目立项，报国家计委或省、市、县有关政府审批。

**2. 建设项目选址阶段**

当项目无地址时，规划设计单位要完成选址论证，提交选址意见书。场地设计要进行场址选择、选址论证，提出选址的技术条件和用地范围，用于项目建设和项目选址意见书的审批。

**3. 建设项目的用地规划阶段**

当项目有地址无用地时，设计单位要完成建设工程设计方案或修建性详细规划。场地设计要

参与建设工程规划方案制定，绘制建设工程设计总平面图和相关说明，提出用地定点技术条件和用地定点范围，用于建设用地规划许可证的审批。

**4. 建设工程规划阶段**

当项目地点确定后，场地设计要进行建筑的方案设计、初步设计和施工图设计。其中，方案设计是项目的总体布局构思，要绘制总平面设计图。图中应标明方位、建筑基地界限、新建建筑物外轮廓尺寸和层数，新建建筑物与地界、城市道路规划红线、相邻建筑物、河道、高压电线的间距尺寸等内容。此外，平面图应注明各房间的使用性质，编制有关说明。

初步设计根据已修改的方案设计，进行总体布局。包括平面与竖向布置、道路交通组织等方面的设计；确定有关技术标准，编制工程概算；编制初步设计文件，绘制区域位置图、总平面布置图、竖向布置图等；报城乡规划行政主管部门审批。

施工图设计是根据初步设计，进一步落实各具体技术细节，绘制总平面施工图。图中应标明方位、建筑基地界限、新建建筑物外轮廓尺寸和层数、新建建筑物与地界、城市道路规划红线、相邻建筑物、河道、高压电线的间距尺寸等内容。此外，平面图应注明各建筑物的使用性质，用于建设工程规划许可证的审批。

## 第三节　场地设计的基本原则和依据

**一、场地设计的基本原则**

1. 应按可持续发展战略的原则，正确处理人、建筑和环境的相互关系。

考虑场地未来的建设与发展，应本着远近期结合、近期为主，近期集中、远期外围，自近及远的原则，合理安排远近期建设，做到近期紧凑、远期合理。在预留发展用地的同时，避免过多、过早占用土地，并注意减少远期废弃工程。对于已建成项目的改、扩建，首先要在原有基础上合理挖潜，适当填空补缺，正确地处理好新建工程与原有工程之间的协调关系，本着"充分利用，逐步改造"的原则，统一考虑，做出经济合

理的远期规划布置和分期改、扩建计划。

2. 必须保护生态环境，防止污染和破坏环境。

树立尊重自然、顺应自然、保护自然的生态文明理念，建筑布局应结合自然，有利于生态环境的保护与恢复。场地的景观环境要与建筑物、构筑物、道路、管线等的布置一起考虑、统筹安排，充分发挥植物绿化在改善小气候、净化空气、防灾、降尘、美化环境方面的作用。场地设计应本着环境建设与保护相结合的原则，按照有关的环保规定，采取有效措施，防止环境污染；通过适当的设计手法和工程措施，把建设开发和保护环境有机结合起来，力求取得经济效益、社会效益和环境效益的统一，创造舒适、优美、洁净，且可持续发展的工作与生活环境。

3. 应以人为本，满足人们的物质与精神需求。

以人为本是科学发展观的核心，体现在科学发展观的各个方面。坚持以人为本，就是要让经济社会发展的成果惠及全体人民。人格的完整、心灵的优美是社会和人的最高境界（自由境界），应为人们的生产和生活构建优美的外部环境，以满足人们的精神需要。

4. 应贯彻节约用地、能源、用水和原材料的基本国策。

场地设计应体现国家的基本国策。在场地选址中不占耕地或少占耕地；尽量采用先进技术和有效措施，达到充分合理地利用土地与资源。坚持"适用、经济、绿色、美观"的原则，贯彻勤俭建国的方针，正确处理各种关系，力求发挥投资的最大经济效益。

5. 应满足当地城乡规划的要求，延续场地文脉，体现时代特色，并与周围环境相协调。

场地的总体布置，如出入口的位置，建筑控制线，交通线路的走向，建筑高度、层数、朝向、布置，群体空间组合，绿化布置，建筑间距，以及用地和环境控制指标，均应满足城乡规划的要求，并与周围环境协调统一。

6. 建筑和环境应综合采取防火、抗震、防洪、防空、抗风雪和雷击等防灾安全措施。

7. 应在室内外环境中，根据不同人群的使用需要，提供避雨、遮阳、休息、卫生等便民以及无障碍设施，体现人文关怀。

第七次全国人口普查表明，至 2020 年 11 月 1 日零时，我国 65 岁以上人口已达到 19063 万人，占总人口数的 13.5%，我国已成为人口老龄化国家。为适应人口结构老龄化现状，建筑设计应符合老年人的体能、心态特征对建筑物安全、卫生、适用等方面的基本要求。

随着时代的发展，不断改善人的空间环境和生活质量，确保每个市民的安全、健康、舒适和方便，是当代文明城市建设和人类进化的标志。城市环境无障碍化为残疾人、老年人参与社会生活提供了必要的安全和方便条件，是造福民众的好事。

8. 涉及历史文化名城名镇名村、历史文化街区、文物保护单位、历史建筑和风景名胜区、自然保护区的各项建设，应符合相关保护规划的规定。

截至 2022 年 6 月，我国已有国家历史文化名城 140 余座，在这些环境里进行规划建设时，应执行《历史文化名城保护规划标准》GB/T 50357—2018。此外，还应注意当工程设施（道路交通、管线综合、消防等）规划规范与《历史文化名城保护规划标准》出现矛盾时，应在满足保护要求的前提下，通过其他措施，达到各部规范的要求。

**二、场地设计的依据**

（一）工程项目的依据

1. 在建设项目选址阶段

依据是批准的建设项目建议书或其他上报计划文件，标明选址意向用地位置的选址地点地形图（已有选址意向时）。

2. 在建设项目的用地规划阶段

依据是选址报告及建设项目选址意见书，经有关土地、规划部门核准的使用土地范围，计划部门批准的建设工程可行性研究报告或其他有关批准文件、地形图、设计单位中标通知书和专家评审意见书。

3. 在建设工程规划阶段

（1）建筑工程方案设计的依据是计划部门批准的建设工程可行性研究报告或其他有关批准文件、建设基地的土地使用权属证件或国有土地使用权出让合同及附件、选址报告及建设项目选址意见书、设计委托任务书、建设基地的地形图、建设工程规划设计条件和规划设计要求、建设用地规划许可证、规划设计方案评审会议纪要和建设工程设计合同。

（2）初步设计的依据是规划或建筑设计的方案设计评审会议纪要、设计委托任务书、建设工程设计合同、地形图和地质勘察报告。

（3）施工图设计的依据是已批准的初步设计文件及修改要求。

（二）有关法律、法规和规范

1. 相关法律

（1）《中华人民共和国城乡规划法》（2019年第二次修正）

（2）《中华人民共和国建筑法》（2019年第二次修订）

（3）《中华人民共和国城市房地产管理法》（2019年第三次修订）

（4）《中华人民共和国环境保护法》（2014年修订）

（5）《中华人民共和国土地管理法》（2019年第三次修订）

（6）《中华人民共和国文物保护法》（2017年第四次修订）

（7）《中华人民共和国水法》（2016年修订）

（8）《中华人民共和国军事设施保护法》（2021年修订）

（9）《基本农田保护条例》（2011年修订）

2. 相关法规

（1）《设计文件的编制和审批办法》（1978年颁发并实施）

（2）《建筑工程设计文件编制深度规定》（2016年11月）

（3）《基本建设设计工作管理暂行办法》（1983年10月）

3. 相关国家标准和行业标准

（1）《总图制图标准》GB/T 50103—2010

（2）《民用建筑设计统一标准》GB 50352—2019

（3）《城市居住区规划设计标准》GB 50180—2018

（4）《工业企业总平面设计规范》GB 50187—2012

（5）《城市用地分类与规划建设用地标准》GB 50137—2011

（6）《城市道路工程设计规范》CJJ 37—2012（2016年版）

（7）《无障碍设计规范》GB 50763—2012

（8）《建筑设计防火规范》GB 50016—2014（2018年版）

（9）《车库建筑设计规范》JGJ 100—2015

（10）《汽车库、修车库、停车场设计防火规范》GB 50067—2014

（11）《城市道路绿化规划与设计规范》CJJ 75—97

（12）《城市防洪工程设计规范》GB/T 50805—2012

（13）《防洪标准》GB 50201—2014

（14）《国家基本比例尺地图图式 第1部分：1∶500 1∶1000 1∶2000 地形图图式》GB/T 20257.1—2017

（15）《城市工程管线综合规划规范》GB 50289—2016

（16）《城乡建设用地竖向规划规范》CJJ 83—2016

（17）《道路工程制图标准》GB 50162—92

（18）《历史文化名城保护规划标准》GB/T 50357—2018

（19）《风景名胜区总体规划标准》GB/T 50298—2018

（20）《风景名胜区详细规划标准》GB/T 51294—2018

（21）《人民防空工程设计防火规范》GB 50098—2009

（22）《厂矿道路设计规范》GBJ 22—87

（23）《城市规划制图标准》CJJ/T 97—2003

（24）《建筑边坡工程技术规范》GB 50330—2013

（25）《城市综合管廊工程技术规范》GB 50838—2015

（26）《城市停车规划规范》GB/T 51149—2016

（27）《建筑与小区雨水控制及利用工程技术规范》GB 50400—2016

（28）《城市综合防灾规划标准》GB/T 51327—2018

（29）《城市绿地规划标准》GB/T 51346—2019

（30）《公园设计规范》GB 51192—2016

（31）《工程测量规范》GB 50026—2020

（32）《城乡规划工程地质勘察规范》CJJ 57—2012

（33）《城市抗震防灾规划标准》GB 50413—2007

（34）《绿色建筑评价标准》GB/T 50378—2019

（35）《民用建筑绿色设计规范》JGJ/T 229—2010

（36）《海绵城市建设技术指南——低影响开发雨水系统构建（试行）》

（37）《海绵城市建设评价标准》GB/T 51345—2018

（38）《全国民用建筑工程设计技术措施 规划·建筑·景观》（2009年版）

（39）《城市防洪规划规范》GB 51079—2016

（40）《建筑与市政工程无障碍通用规范》GB 55019—2021

（41）《城市道路交通设施设计规范》GB 50688—2011（2019年版）

## 第四节 计算机技术在场地设计中的应用

### 一、建设项目设计

目前，国内可应用于建设项目场地设计的软件有AutoCAD及其二次开发的天正建筑设计软件。在专业软件中，杭州飞时达规划总图软件、洛阳鸿业规划总图软件等较为适用。该软件可以处理地形、生成地表模型，优化竖向设计方案，进行场地道路设计及管线综合，进行方案指标统计及计算，随时调用各类相关规范、规程，可以增加图库及更新规范内容，并在设计单位内部使用方案评审系统进行设计审核。这些软件与场地设计有关的功能有以下几方面：

1. 地形图输入

（1）数字化仪输入：手动式。

（2）全站仪数据输入：自动转换。

（3）扫描仪输入。

2. 场地设计条件分析

（1）根据输入的地形图，生成三维自然地形。

（2）读任意点的自然标高和设计标高。

（3）进行场地的地形分析(如坡度、坡向、高程、排水等)，进行现状建筑物分析，绘制地表剖面图。

3. 场地总体布局

（1）建筑坐标网：根据需要，建立多个坐标系统，包括用建筑坐标系、网格间距绘制建筑坐标网。

（2）绘制矩形、任意形、圆形等建筑物轮廓，围墙、踏步、铺地等场地构成要素，将既有线型转换为建筑物轮廓。

（3）生成总平面布置方案。

（4）自动统计计算生成各主要经济指标：总用地面积、总建筑面积、建筑基底总面积、道路广场总面积、绿地总面积、容积率、建筑密度、绿地率等。

（5）根据总平面布置方案，生成鸟瞰图或总体模型。

4. 竖向设计

（1）确定场地平整标高，利用最小二乘法优化竖向设计，生成竖向设计方案。

（2）计算土方量。

（3）建筑物室内、室外设计标高标注，以设计标高法或设计等高线法表示道路、室外地面的竖向设计。

（4）根据设计标高，生成三维设计地面模型。

（5）支挡构筑物(如边坡、挡土墙)的计算及绘制。

（6）排水沟、地面坡向、雨水口、脊线、谷线的绘制。

（7）工程量的统计。

5. 道路设计

（1）各级道路平面、纵断面和横断面设计。

（2）道路的结构详图设计。

（3）道路交叉口、回车场、停车场和广场的

7

设计。

（4）相关工程量的统计。

6.绿化景观设施布置

具有丰富的图库，供设计人员选用，还能根据需要增添图库内容。

7.场地管线综合布置

（1）进行管线平面布置、纵断面布置。

（2）管线平面、纵断面间距的检查。

（3）管线交叉点设计。

总之，专业软件使计算机模拟传统设计的过程，可以完成方案设计、初步设计和施工图设计中场地设计方面的所有图纸的绘制与指标计算工作等。

## 二、建设项目管理

通过计算机完成建设项目的设计后，其场地内的所有数据——建筑物、道路、绿化、管线等设计内容和周边现状条件均被存储，以此建立场地管理信息系统结构。在使用过程中，当需要处理问题时，可以迅速解决问题，当局部变化以及改扩建时，可以处理好新内容与原有内容的衔接。在今后的建设发展中，可以为建设单位的管理者提供决策依据，使管理科学化。

## 三、建筑信息模型（BIM）

《绿色建筑评价标准》GB/T 50378—2019 指出，建筑信息模型（BIM）是建筑业信息化的重要支撑技术。BIM 是在 CAD 技术的基础上发展起来的多维模型信息集成技术。BIM 是集成了建筑工程项目各种相关信息的工程数据模型，能使设计人员和工程人员对各种建筑信息做出正确的应对，实现数据共享并协同工作。

BIM 技术支持建筑工程全寿命期的信息管理和应用。在建筑工程建设的各阶段支持基于 BIM 的数据交换和共享；可以极大地提升建筑工程信息化整体水平，以及工程建设各阶段、各专业之间的协作配合；可以在更高层次上充分利用各自的资源，有效地避免由于数据不通畅造成的重复性劳动，从而大大提高整个工程的质量和效率，并显著降低成本。因此，BIM 中至少应包含规划、建筑、结构、给水排水、暖通、电气 6 大专业的相关信息。

《住房城乡建设部关于印发推进建筑信息模型应用指导意见的通知》（建质函〔2015〕159 号）中明确了建筑的设计、施工、运行维护等阶段应用 BIM 的工作重点内容。其中，规划设计阶段主要包括：①投资策划与规划；②设计模型建立；③分析与优化；④设计成果审核。施工阶段主要包括：① BIM 施工模型建立；②细化设计；③专业协调；④成本管理与控制；⑤施工过程管理；⑥质量安全监控；⑦地下工程风险管控；⑧交付竣工模型。运营维护阶段主要包括：①运营维护模型建立；②运营维护管理；③设备设施运行监控；④应急管理。

# 第二章 场地设计条件

场地设计工作始于对设计任务的深入了解和对设计条件的分析。通过对设计任务的深入了解，主要明确要干什么；在现场踏勘的基础上，通过对设计条件的搜集、整理、分析和研究，明确要怎么干。了解解决这一矛盾过程中的各种制约因素和有利条件；从而启发设计构思，制约设计的全过程，最终保证设计成果的正确合理。特定的设计条件和制约因素，虽然给设计工作带来一定的困难，但如果处理得当，它们也能激发设计的创作灵感，有利于形成个性鲜明的设计作品。场地设计的过程，就是不断解决各种矛盾的过程。

场地设计条件主要包括自然条件、建设条件，以及城乡规划和相关的法规、规范对场地建设的限定，它们共同制约着场地设计。

## 第一节 场地的自然条件

场地自然条件是指影响场地设计的天然、非人为、客观存在的自然环境因素。包括地形、气候、工程地质、水文及水文地质条件等。场地自然条件是场地设计的重要条件之一，场地设计必须深入了解场地自然条件与场地建设的制约关系，做到因地制宜。对有利的自然条件应充分利用，尽量避开对其不利的影响因素。

### 一、地形条件

地形指地表面起伏的状态（地貌）和位于地表面的所有固定性物体（地物）的总体。从自然地理宏观地划分地形的类型，大体有山地、丘陵和平原三类。在局部地区范围内，地形可进一步划分为多种类型，如山谷、山坡、冲沟、高地、河谷、河漫滩和阶地等（图 2-1）。

地形条件的依据是地形图。在场地设计工作中，地形的情况是通过地形图来表达的，所以，必须首先了解地形图的有关知识及其表示方法。

地形图是用符号、注记及等高线表示地物、地貌及其他地理要素平面位置和高程，并按一定比例绘制的正射投影图。

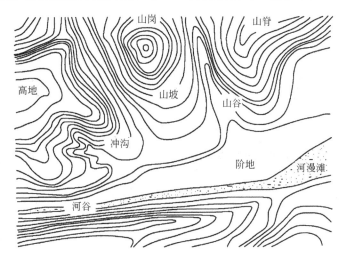

图 2-1 地形类型

因其通过测量绘制而成，故又称为现状测绘图或现状图。地形图不仅是场地的现状记录，而且通过地形图我们可以比较详尽地了解当地的地形、地貌、地物、高程及相对尺寸，也使我们了解哪些地段可利用，哪些地段要保护，哪些地段需要回避（如高压输电线两侧的条状地段）等。

（一）地形图的识读

1. 图廓注记

地形图图廓处的注记，主要有测图时间全称、测绘单位、比例尺、坐标系统、高程系统、等高距、图名（或图号）及其与相邻图幅的拼接关系等。图 2-2 仅仅表示一幅地形图的图廓注记情况，实际工程一般需要几幅地形图拼接起来，才能全面反映征地范围内的地形情况。

（1）比例尺

地形图上任意一根线段的长度与其所代表地面上相应的实际水平距离之比，称为地形图的比例尺。通常称 1/500、1/1000、1/2000 和 1/5000 为大比例尺地形图。不同设计阶段采用的大比例尺地形图如表 2-1 所示。

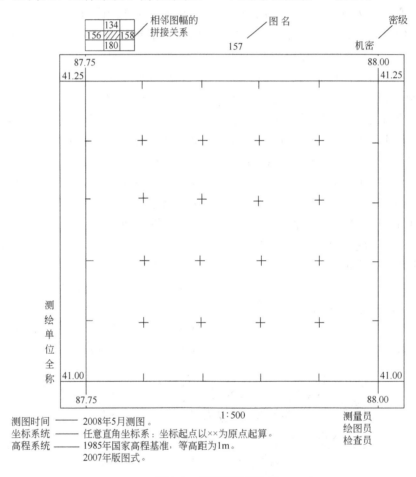

图 2-2 地形图图廓注记

1∶500～1∶5000 地形图比例尺适用设计阶段 表 2-1

| 比例尺 | 1∶500 | 1∶1000 | 1∶2000 | 1∶5000 |
|---|---|---|---|---|
| 适用设计阶段 | 建设用地现状图、详细规划、方案设计、初步设计、施工图设计、竣工验收等 | | 可行性研究、详细规划、方案设计、初步设计、施工图设计等 | 可行性研究、总体规划、厂址选择、方案设计等 |

（2）等高线、等高距及等高线平距

等高线是地面上高程相等的相邻点所连成的闭合曲线，包括首曲线、计曲线、间曲线等（见本书附录表中的 4.7.1）。首曲线又叫基本等高线，是按基本等高距测绘的等高线，一般用细实线描绘，是表示地貌状态的主要等高线；计曲线是为了便于读图，从高程基准面起，每隔 4 条

（或 3 条）首曲线加粗的等高线；间曲线是按二分之一基本等高距测绘的等高线，一般用细虚线绘制。

地形图上相邻两条等高线之间的高差称为等高距（$h$），如图 2-3（$a$）所示。一般情况下，同一幅地形图上，等高距是相同的。地形图上等高距的选择与比例尺及地面坡度有关（表 2-2）。

地形图的基本等高距（m）　　　表 2-2

| 地形类别 | 地面倾角 | 比例尺 | | | |
|---|---|---|---|---|---|
| | | 1：500 | 1：1000 | 1：2000 | 1：5000 |
| 平坦地 | $\alpha < 2°$ | 0.5 | 0.5 | 1 | 2 |
| 丘陵地 | $2° \leq \alpha < 6°$ | 0.5 | 1 | 2 | 5 |
| 山地 | $6° \leq \alpha < 25°$ | 1 | 1 | 2 | 5 |
| 高山地 | $\alpha \geq 25°$ | 1 | 1 | 2 | 5 |

注：摘自《工程测量标准》GB 50026—2020。

地形图上相邻两条等高线之间某处的水平距离称为等高线平距。通常情况下相邻两条等高线之间的等高线平距是变化的，只有当相邻两条等高线平行时，等高线平距才是一个定值，即为两条等高线水平方向的垂直距离。如图 2-3（$b$）所示，等高线 100 与等高线 101 之间的平距为 $d_1$，等高线 101 与等高线 102 之间的平距为 $d_2$，等高线 102 与等高线 103 之间的平距为 $d_3$。大多数情况下，地形图上相邻两条等高线不是平行的，各处等高线平距也不相等。如图 2-3（$d$）所示，$MN$ 处的等高线平距 $d_4$ 与 $PQ$ 处的等高线平距 $d_5$ 各不相同。要精确计算等高线 200 与等高线 201 之间各处的平距非常复杂，也没有必要。在进行地形坡度分析时，要确定等高线平距 $MN$ 的位置及对应 $d_4$ 的数值，只需确保线段 $MN$ 与过 $M$ 点的 201 等高线切线和过 $N$ 点的 200 等高线切线所形成的夹角近似相等即可。同理，也可确定 $PQ$ 处的等高线平距 $d_5$ 的数值。

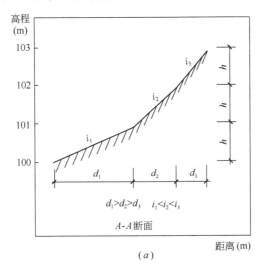

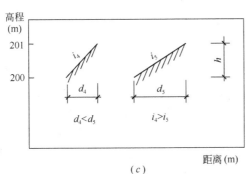

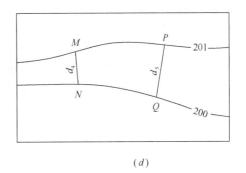

图 2-3　等高距与等高线平距
（$a$）、（$c$）等高距 $h$；（$b$）、（$d$）等高线平距 $d$

在同一幅地形图上，等高线平距与地面坡度成反比。如图 2-3(a) 和 (c) 所示，等高线平距 $d_1$、$d_5$ 越大，则地面坡度 $i_1$、$i_5$ 越小；平距 $d_2$、$d_3$、$d_4$ 越小，则坡度 $i_2$、$i_3$、$i_4$ 越大；平距相等则坡度相同。在同一幅地形图上，平距越小，等高线越密集，坡度就越大；平距越大，等高线越

稀疏，坡度就越小。因此，地形图上等高线的疏密反映了地面坡度的缓与陡。根据地面坡度的大小，可将场地地形划分为平坡地、微坡地、缓坡地、斜坡地、陡坡地、峭坡地、悬崖地 7 种类型，每种地形对场地布局的影响也不同。地形坡度的分级标准及与场地布局的关系见表 2-3。

场地地形坡度分类及与场地布局的关系　　　　表 2-3

| 坡度类别 | 坡度值 | 度　数 | 场地布局的基本特征 |
|---|---|---|---|
| 平坡地 | 0～1% | 0°～0°34′ | 场地平坦，场地道路及建筑可自由布置，需注意场地排水 |
| 微坡地 | 1%～3% | 0°34′～1°43′ | 场地基本平坦，场地道路及建筑布置不受地形约束，采用平坡式布局，但需注意场地排水 |
| 缓坡地 | 3%～10% | 1°43′～5°43′ | 场地内车道布置较为自由，建筑群布置受地形约束小，以混合式布局为主；当坡度大于8%时，宜采用台阶式布局 |
| 斜坡地 | 10%～25% | 5°43′～14°02′ | 应采用台阶式布局并应设置人行梯道，车道不宜垂直于等高线布置，建筑群布置受到一定限制 |
| 陡坡地 | 25%～50% | 14°02′～26°34′ | 场地内车道需与等高线成较小锐角布置，建筑群布置与设计受到较大限制 |
| 峭坡地 | 50%～100% | 26°34′～45° | 车道需曲折盘旋而上，人行梯道需与等高线成斜角布置，建筑设计需特殊处理 |
| 悬崖地 | >100% | >45° | 车道布置极其困难，人行梯道需与等高线成较大斜角布置，建筑建造工程费用较大，一般不适宜用作建筑用地 |

注：依据国际地理学联合会地貌调查与地貌制图委员会关于地貌详图应用的坡地分类和《建筑设计资料集 第 1 分册 建筑总论》（第三版）编制。

（3）坐标系统

坐标系统是用来描述物质存在的空间位置（坐标）的参照系。我国于 20 世纪 50 年代和 80 年代分别建立了 1954 年北京坐标系和 1980 年西安坐标系，测制了各种比例尺地形图。自 2008 年 7 月 1 日起，我国已全面启用了 2000 国家大地坐标系（CGCS2000）。2000 国家大地坐标系是由国家建立的高精度、动态、实用、统一的地心大地坐标系，其原点为包括海洋和大气的整个地球的质量中心。在实际工作中，各地可根据建设需要，在国家坐标系统外建立相对独立的平面坐标系统，但应与国家坐标系统相联系。

在半径不大于 10km 的测区面积内，可将大地水准面视为水平面，不考虑地球曲率。规定南北方向为 $X$ 轴，东西方向为 $Y$ 轴。并选择测区西南角某点为原点（$O$），建立平面直角坐标系（或称测量坐标系），如图 2-4 所示，并确定测图用比例尺，划分方格网，确定图幅编号和分幅。要了解某点 $A$、$B$ 在该图中的位置，可按作图法直接测量得到地面点 $A$ 的坐标为（$x_1$，$y_1$），点 $B$ 的坐标为（$x_2$，$y_2$）。在分幅地形图上，为便

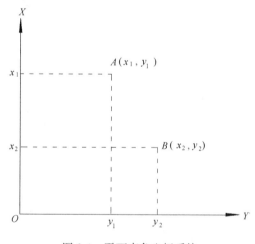

图 2-4　平面直角坐标系统

于使用，坐标系统用 10cm×10cm 的方格网表示。为了突出地形图内容，方格网仅表示出十字交叉点位置和图幅边框上的短线（见图 2-2）。

需要指出的是，由于行业普遍使用的电脑工程绘图软件如 AutoCAD，一般采用的是数学坐标系，而测量平面直角坐标系的纵轴 $X$ 和横轴 $Y$ 与数学坐标系纵轴 $Y$ 和横轴 $X$ 的位置进行了互换。因此，在工程绘图软件上直接输入或查询场

地中某点的坐标时，应特别注意不要把 $x$ 值和 $y$ 值混淆了。

（4）高程系统

高程系统用于确定地面点的高程位置。

地面上一点到大地水准面的铅垂距离，称为该点的绝对高程，简称高程或标高。我国目前确定的大地水准面采用的是"1985 国家高程基准"。它是以青岛验潮站 1952～1979 年验潮资料计算确定的黄海平均海水面作为绝对高程基准面，于1987 年由国家测绘局颁布作为我国统一的测量高程基准。当个别地区引用绝对高程有困难时，也可采用任意假定水准面为基准面，确定地面点的铅垂距离，称为假定高程或相对高程，对应的高程系统称为假定高程系。如图 2-5 所示，以"1985 国家高程基准"测得的 $A$ 点高程为 $H_A$，$B$ 点高程为 $H_B$；以假定高程系统测得的 $A$ 点高程为 $H'_A$，$B$ 点高程为 $H'_B$。

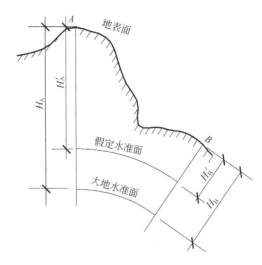

图 2-5　高程系统图示

除"1985 国家高程基准"外，我国有些地方还沿用其他高程系统，如"吴淞高程基准"和"珠江高程基准"等。各高程系统的换算关系见表 2-4。

水准高程系统换算参数表　　　　表 2-4

| 换算参数　转换后高程系统　原高程系统 | 1956 黄海高程 | 1985 国家高程基准 | 吴淞高程基准 | 珠江高程基准 |
|---|---|---|---|---|
| 1956 黄海高程 | | +0.029m | −1.688m | +0.586m |
| 1985 国家高程基准 | −0.029m | | −1.717m | +0.557m |
| 吴淞高程基准 | +1.688m | +1.717m | | +2.274m |
| 珠江高程基准 | −0.586m | −0.557m | −2.274m | |

注：1. 引自《城乡建设用地竖向规划规范》CJJ 83—2016；

2. 高程基准之间的差值为各地区精密水准网点之间的差值平均值；

3. 转换后高程系统＝原高程系统＋转换参数。

（5）方向

方向是指地形图的东南西北各方位。判别地形图方向的方法有两种：一是观察坐标网数值，一般以纵轴为 $X$ 轴，表示南北方向坐标，其值大的一端为"北"；横轴为 $Y$ 轴，表示东西方向坐标，其值大的一端为"东"（图 2-6）。另外，地形图上除计曲线（图 2-6 中标注整数值的等高线）上的数字字头朝向地形的高处以外，其余地形标高的数字字头或一般标注字头均朝北向。

2. 图例

（1）地物符号

地物是指地表上自然形成或人工建造的各种

固定性物质，如房屋、道路、铁路、桥梁、河流、树林、农田和电线等。

（2）注记符号

地形图上用文字、数字对地物或地貌加以说明，称为地形图注记，包括名称注记（如城镇、工厂、山脉、河流和道路等的名称）、说明注记（如路面材料、植被种类和河流流向等）及数字注记（如高程、房屋层数等）。

（3）地形符号

地形符号是用来表示地表面的高低起伏状态，地形图上表示地形的方法主要是等高线法。等高线是将地面上高程相等的各相邻点在地形图

13

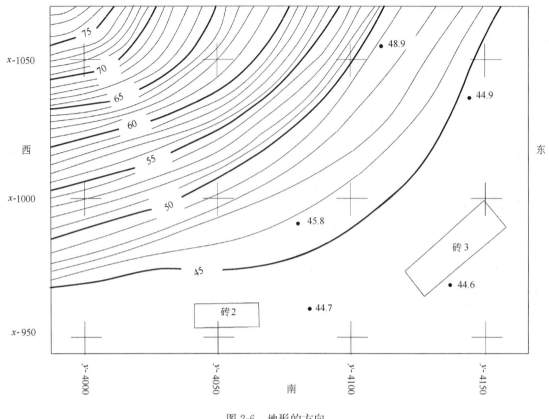

北

图 2-6　地形的方向

上按比例连接而形成的闭合曲线，用以表达地貌的形态。

常用的地形图图例详见本书附录。

3. 地形图示例

**【例 2-1】** 图 2-7 为城市市区地形图示例，比例尺为 1：2000，图形的正上方为北方向，两条十字交叉的城市道路将市区分为四个区域。

城市主干道江北大街由西南向东北方向延伸，其路面高程为 266.8～268.1m，道路坡度平缓，路面宽度为 18m，路面结构为水泥混凝土路面；与江北大街垂直的新月路的高程为 278.1～270.02m，路面宽度为 14m，道路坡度较大，由西北向东南方向倾斜，路面结构为水泥混凝土路面；中渡路高程为 270.02～268.1m，路面宽度为 6m，道路坡度较小，由西北向东南倾斜。这些城市道路两侧有架空高压线和变压器、路灯与架空通信线。交叉口上有一个测量不埋石图根点，一个 C 级卫星定位点。

西北区域的地面高程为 282.2～262.1m，最大高差为 20.1m。其中，沿新月路北侧有一条高差为 11.8～13.1m 的陡坎，铁路酒店南侧向西南方向延伸有一条高差为 4.4～7.4m 的陡坎，最北边有一条高差为 5.2～5.7m 的陡坎；沿江北大街北段西侧分布有家乐超市（6 层钢筋混凝土结构）、铁路酒店（4 层砖混结构）和市列车段（6 层钢筋混凝土结构）等单位，其余房屋为一些 5 层钢筋混凝土结构房屋、1～2 层砖结构房屋、3～4 层砖混结构房屋和简易房屋；该区域中的几个圆圈表示树林。

西南区域的地面高程为 275.1～267.7m，最大高差为 7.4m。其中，沿新月路南侧有一条高差为 3m 的陡坎，在路段中部由南向北有一条高差为 3.1～4.6m 的陡坎，在西南角还有一处陡坎向南延伸；沿江北大街南段西侧分布有江北宾馆（5～6 层钢筋混凝土结构）、商贸大厦（3 层砖混结构）和新月饭店（5 层钢筋混凝土结构）等单位，其余房屋为一些 6 层钢筋混凝土结构房屋、1～2 层砖结构房屋和简易房屋；在西北角有一处假石山和花圃。

14

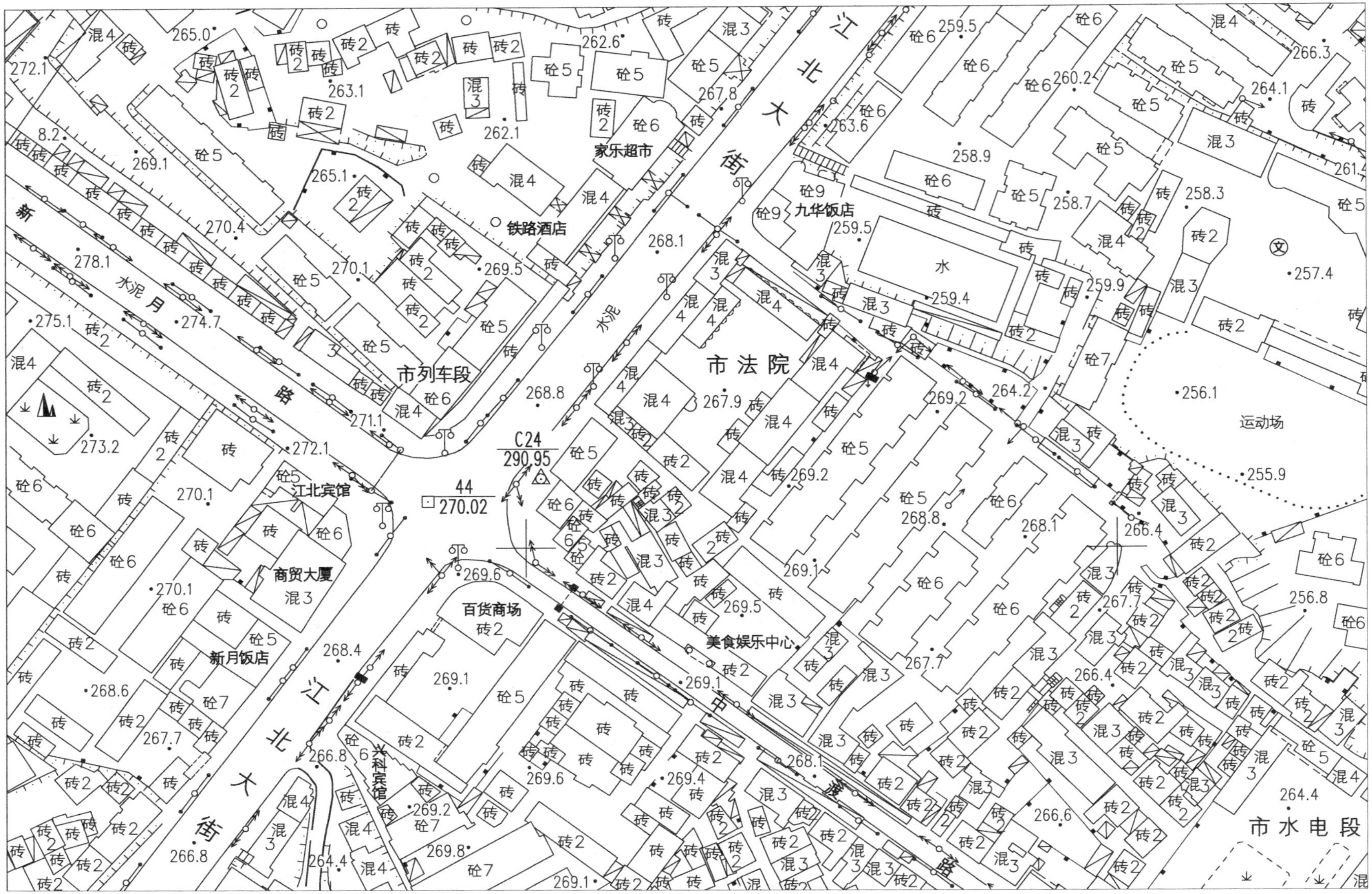

图 2-7 城市市区地形图示例 1∶2000

东南区域的地面高程为 269.6～269.1m，最大高差为 0.5m。其中，沿江北大街南段东侧分布有百货商场(2 层砖结构)和兴科宾馆，沿中渡路南侧分布有简易房屋，其余房屋为一些 7 层钢筋混凝土结构房屋、3～4 层砖混结构房屋、1～2 层砖结构房屋和简易房屋；沿江北大街南段东侧路边有一台变压器。

东北区域的地面高程为 269.5～255.9m，最大高差为 13.6m。沿江北大街北段东侧分布有九华饭店(9 层钢筋混凝土结构)和市法院，沿中渡路北侧有美食娱乐中心。该区域被九华饭店南侧支路和地形高差(4.8～9.6m)分隔成南、北两大片。南片的地面高程为 269.5～264.4m，分布的房屋为一些 5～6 层钢筋混凝土结构房屋、3～4 层砖混结构房屋、1～2 层砖结构房屋和简易房屋；北片的地面高程为 266.3～255.9m，沿江北大街北段东侧有一条高差为 4.5～8.6m 的陡坡，在九华饭店北侧有一条台阶、一条高差为 3.1～4.9m 的陡坎及几处零星分布的陡坡；九华饭店东侧有一长方形水池，还有一所学校及一个运动场。其余房屋为一些 5～6 层钢筋混凝土结构房屋、3～4 层砖混结构房屋和 1～2 层砖结构房屋。在市法院东侧设有一台变压器。

**【例 2-2】** 图 2-8 为城市郊区地形图示例，比例尺为 1∶2000，其正上方为北方向。

地形图的下方有巴山公路自西向东穿过，路面高程为 254.6～251.8m，路面宽度为 24m，路面为水泥混凝土结构，道路两侧有架空高压线、变压器、路灯、架空通信线及一台变压器。巴山公路南侧分布有一些 6～7 层钢筋混凝土结构房屋、3～4 层砖混结构房屋和 1～2 层砖结构房屋。

巴山公路北侧有市邮电局家属院，其地面高程为 253.9～252.2m，最大高差为 1.7m，院里有 1 栋 18 层钢筋混凝土结构房屋、4 栋 7 层钢筋混凝土结构房屋、1 栋 1 层砖结构房屋和若干间简易房屋。与市邮电局家属院相邻的是正大制药厂，其地面高程为 251.2～253.1m，最大高差为 1.9m，厂里有 1 栋 5 层钢筋混凝土结构房屋，其余为 3～4 层砖混结构房屋、1～2 层砖结构房屋、简易房屋、棚房，还包括厕所、露天设备和几个车间，厂区入口处有一处草地，东侧有一座水

塔，药厂周围设有围墙。

市邮电局家属院和正大制药厂的北侧是高井村，其地面高程为 254.8～247.9m，最大高差为 6.9m。村里有许多 1～2 层的砖结构房屋和 3 层混合结构房屋，房屋的南北两侧均有几条曲折的陡坎；村庄南侧有一条东西向的小路，东西两侧各有一条南北向的小路；村庄西南角有一小片菜地，而北侧为大片平坦的菜地，其地面高程为 245.5～244.6m，其中还有一处坟地。

地形图的东北角为金州预制厂，其地面高程为 245.4～245.9m，设有围墙，其中有 1～2 层砖结构房屋和简易房屋。

地形图东侧有 1 条南北向的高压线，另有 1 条呈折线状分布的架空通信线。

**【例 2-3】** 图 2-9 为坡地地形图示例，比例尺为 1∶2000，等高距为 1m，图形正上方为北方向。

东侧和中央地势较低，北部地势较高，最低处的高程为 280.1m，最高处为 333.0m，高差约 53m。

地形图的东南角是一个标准轨距电气化铁路站场的咽喉区，其地面高程为 301.2m 左右，设有三条铁路和两条单渡线(图示范围内)，线路两侧有三个高柱色灯信号机。铁路站场路基的大部分是路堤式，路堤南侧的坡地上种有 7 棵槐树，靠图幅右边缘部分的铁路站场路基是路堑式，两侧有护坡，在坡脚设有排水沟。另外，在铁路南侧有一条上水管。

地形图中的地形大部分是山坡坡地，主要由两个山脊组成。

西侧山脊狭长，由北向南再转向东南，山脊西侧有 1 条宽度为 4m 的乡村路，路西侧的山坡朝西，坡脚有几处房屋；乡村路东侧的山坡朝东，在其坡脚的几层台地上，有一些房屋，图中的几个圆圈表示树林，在房屋的东西两侧形成了许多曲折的陡坡。

东侧山脊的山坡朝西、南和东，其中，朝东的山坡坡度较缓，山顶和山坡上分别有两个橘园，还有 1 条小路和一个坟墓群。在山坡脚的台地上，有一些房屋。在房屋靠山的一侧形成了许多曲折的陡坡。两个山脊之间形成多层梯田，在

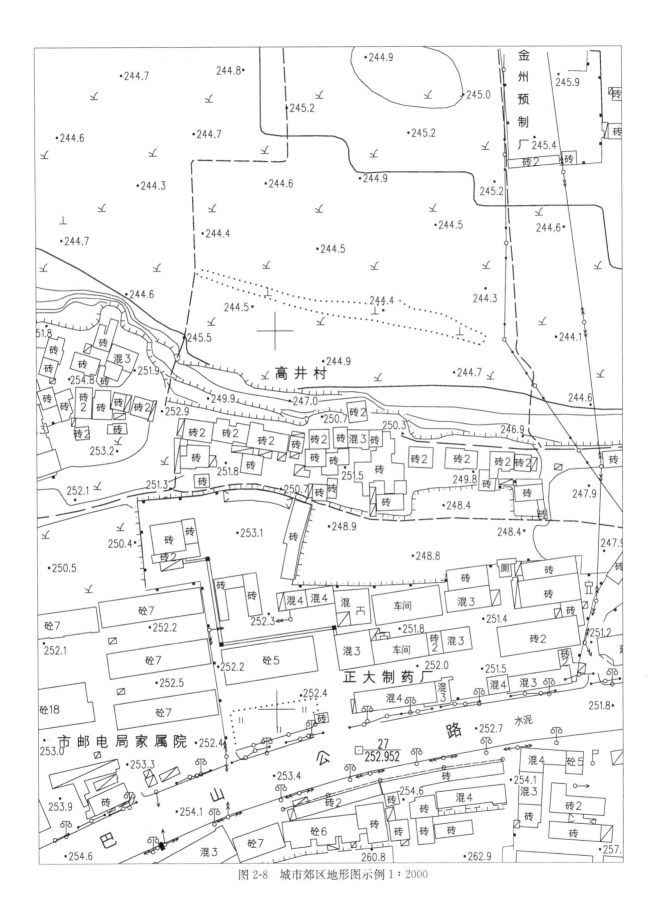

图 2-8　城市郊区地形图示例 1：2000

17

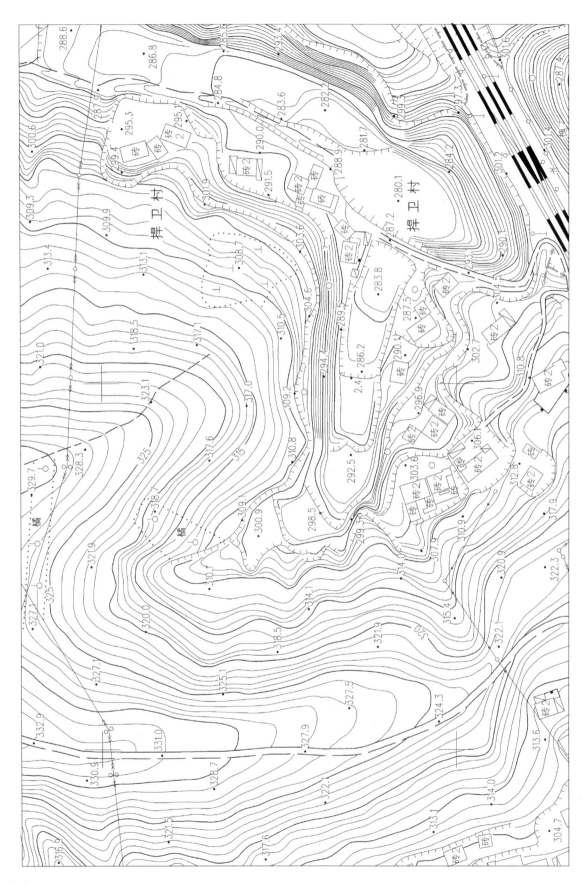

图 2-9　坡地地形图图示例 1：2000

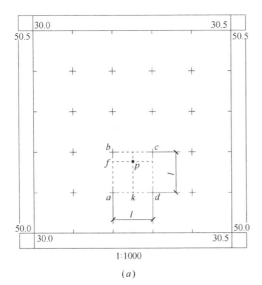

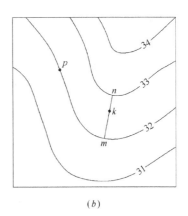

图 2-10　确定地形图上任一点的坐标和高程

(a)坐标的确定；(b)高程的确定

捍卫村和铁路站场咽喉区之间也有 1 条南高北低的梯田。在铁路站场的咽喉区北侧有 1 条宽度约为 3m 的乡村路，分别通向村庄的中部和北部。

地形图北侧有两条东西向的高压线，南侧有 1 条通信线至村庄中部，还有一处高压线。

**(二)地形图的基本应用**

**1. 求图上某点的坐标**

目前，场地设计所用地形图大多为电子版矢量地形图，地形上某点的坐标可以在计算机上点取查询，直接读取，非常快捷、精确。如果设计使用的是一定比例(1：500、1：1000 或 1：2000)的纸质地形图，则可按以下述方法求得某点坐标。

如图 2-10(a)所示，欲求 p 点的坐标，先绘出 p 点所在坐标方格网 abcd，再量取 af、ak 和 ab、ad 长度，考虑图纸伸缩等误差，按下式计算：

$$\begin{cases} x_p = x_a + \dfrac{af}{ab} \times l \\ y_p = y_a + \dfrac{ak}{ad} \times l \end{cases} \quad (2\text{-}1)$$

式中　$af$、$ab$、$ak$、$ad$——线段长度(mm)；

$l$——为坐标方格网的长度(m)。

**【例 2-4】** 如图 2-10(a)所示，已知图上量得 $ab=99.8$mm，$ad=101.2$mm，$af=80.5$mm，$ak=50.2$mm。试求 p 点的坐标。

**【解】** 首先求出图幅一角(如左下角)的坐标值。

在图 2-10(a)中 X 轴数值为 $50.0\sim50.5$，Y 轴数值为 $30.0\sim30.5$。因为比例尺为 1：1000，即 $30.0\sim30.1$(坐标方格网的实际长度 $l$)所表示的实际长度是 100m，可知图幅左下角 $O'$ 点的坐标为(50000，30000)(图 2-11)，侧 a 点坐标为：

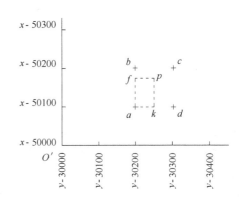

图 2-11　坐标计算

$$x_a = x_o + 100 = 50000 + 100 = 50100$$
$$y_a = y_o + 200 = 30000 + 200 = 30200$$

依据式(2-1)求 p 点坐标。

$$\begin{cases} x_p = x_a + \dfrac{af}{ab} \times l = 50100 + \dfrac{80.5}{99.8} \times 100 = 50180.661 \\ y_p = y_a + \dfrac{ak}{ad} \times l = 30200 + \dfrac{50.2}{101.2} \times 100 = 30249.605 \end{cases}$$

即 p 点坐标为(50180.661，30249.605)。

**2. 求图上某点的高程**

如图 2-10(b)所示，若所求 p 点恰好在等高

19

线上，其高程 $H_p$ 即为所在等高线的高程。当所求 $k$ 点在等高线之间时，就要过 $k$ 点作一条大致垂直于相邻等高的线段 $mn$，量 $mn$ 和 $mk$ 的长度，按比例内插法求 $k$ 点高程 $H_k$：

$$H_k = H_m + \frac{mk}{mn} \times h \qquad (2\text{-}2)$$

式中　$mk$、$mn$——线段长度(mm)；

$h$——等高距(m)。

【例 2-5】　已知地形图上四点的分布如图 2-12 所示，比例尺为 1：500，等高距为 0.5m，求各点的高程。

【解】　设 1 点的高程为 $H_1$，1 点在高程为 100m 的等高线上，则 $H_1 = 100.00$m；

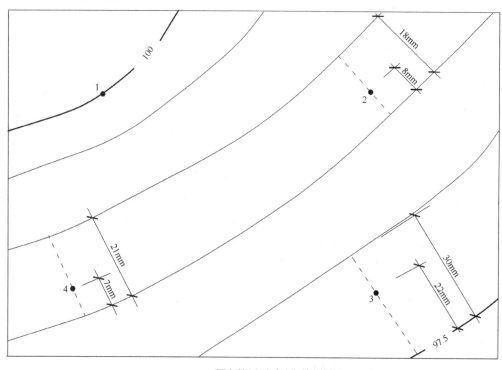

1：500(图中所注长度为实际量取的数值)

图 2-12　计算点的高程

设 2 点、3 点和 4 点的高程分别为 $H_2$、$H_3$ 和 $H_4$，根据式(2-2)，从地形图上量出各点至相邻等高线的距离，即分别为 8mm、22mm 和 7mm，等高线间距分别为 18mm、30mm 和 21mm，然后换算成实际长度，并代入式(2-2)，得：

$$H_2 = 98.5 + \frac{8}{18} \times 0.5 = 98.72\text{(m)}$$

$$H_3 = 97.5 + \frac{22}{30} \times 0.5 = 97.87\text{(m)}$$

$$H_4 = 98.5 + \frac{7}{21} \times 0.5 = 98.67\text{(m)}$$

**3. 按规定的坡度选定路线**

道路和人行道等在实际设计中都有坡度要求。在坡地地形条件下，要满足其使用要求，就要合理地选定路线。选择方法是：在地形图上，根据某一等高线间距值对应某一地形坡度的特征，要求出某一地形的坡度，只要求出与之相应的间距，然后在地形图上按比例量取即可，见图 2-13。

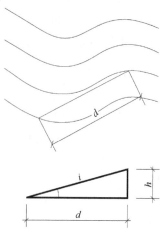

图 2-13　与路线坡度对应的等高线截距

20

地形图上等高线截距 $d$ 的计算公式为：

$$d=\frac{h}{iM} \quad (2\text{-}3)$$

式中　$i$——路线坡度（%）；

　　　$d$——与路线坡度相对应的等高线截距（m）；

　　　$h$——等高距（m）；

　　　$M$——所用地形图的比例尺分母数。

**【例 2-6】** 已知图 2-14($a$) 所示地形图，比例尺为 1∶1000，等高距为 1m，从道路边 $A$ 点到高地 $B$ 点，要选定坡度不超过 5% 的最短路线。

**【解】** 首先计算坡度为 5% 时对应的等高线截距 $d$。根据式(2-3)，得：

$$d=\frac{1}{5\%\times1000}=0.02(\text{m})（即 2\text{cm}）$$

然后，以 2cm 为半径画弧线，自 $A$ 点开始向高地方向依次截取各条等高线交点，依次得到点 1、2、3、4、5、6，即为符合 5% 坡度要求的、由 $A$ 点至 $B$ 点的最短路线。由于每次截取等高线往往为两点，故选线方案有多种可能 [图 2-14($a$) 中的 $A$、1′、2′、3′……$B$′]，应根据各种自然因素和建设条件确定最佳方案。若所定 $d$ 大于地形图上的等高线间距，说明地面坡度小于 5%，这时可根据最短路线方向直接选线。

4. 绘制地形断面图

地形断面图是显示指定方向地面起伏变化的剖面图。它在方案设计比选、道路纵坡设计、挡土墙设计、土石方计算及场地平整中都有广泛应用，具体方法结合以下示例介绍。

**【例 2-7】** 试绘制图 2-14($a$) 中 $M$-$N$ 断面图。

**【解】** 首先，在地形图上画出断面 $M$-$N$ 的位置 [图 2-14($a$)]，断面的起点为 $M$ 点，终点为 $N$ 点，$MN$ 断面与各条等高线相交于 $a$、$b$、$c$、$d$、$e$、$f$、$h$、$i$ 和 $k$ 点，在地形变化处增加 $g$、$j$ 和 $l$ 点。在平面图上，分别读取各点至左端点 $M$ 的距离和各自的高程，如下所示：

| 点的名称 | $M$ | $a$ | $b$ | $c$ | $d$ | $e$ | $f$ |
|---|---|---|---|---|---|---|---|
| 高程(m) | 77.4 | 78 | 79 | 80 | 81 | 82 | 83 |
| 距离(m) | | 7.4 | 9.5 | 8.8 | 10.8 | 12.7 | 11.5 | 12.8 |

| 点的名称 | $g$ | $h$ | $i$ | $j$ | $k$ | $l$ | $N$ |
|---|---|---|---|---|---|---|---|
| 高程(m) | 83.6 | 83 | 82 | 81.8 | 82 | 82.6 | 82 |
| 距离(m) | | 17.1 | 13.2 | 7.3 | 5.5 | 17.7 | 18.2 |

在方格米厘纸上，水平方向表示距离，其比例尺与平面图相同（1∶1000）；垂直方向表示高程，其比例尺一般可比距离的比例尺大 10 倍，即 1∶100。根据各点的距离和高程值，绘出点的位置 $M$、$a$、$b$、$c$……$N$，将各点用直线连接，即为所求的 $M$-$N$ 断面图 [图 2-14（$b$）]。

**二、气候条件**

建设场地所处环境的气候条件对创造适宜的工作和生活环境来说，是至关重要的。良好的自然环境可使人们心旷神怡、增加美感。不良的自然环境会影响人们的生产、工作和生活，甚至给人们带来灾难，影响人们生存。

气候指任一地点或地区在一年或若干年中所经历的天气状况的总和。它不仅指统计得出的平均天气状况，也包括其长期变化和极值。

气候条件的依据是各地的观测统计资料及实际气候状态。影响场地设计与建设的气象要素主要有风象、日照、气温和降水等。

（一）风象

风象包括风向、风速和风级。

1. 风向

风是空气相对于地面的运动。气象上的风常指空气的水平运动。风向是指风吹来的方向，一般用 8 个或 16 个方位来表示，每相邻方位间的角度差为 45°或 22.5°。其方位也可以用拉丁文缩写字母表示，见图 2-15。当风速小于 0.3m/s 时，一律视为静风（用拉丁文缩写字母 C 表示），不区分方位。

风向在一个地区里，不是永久不变的。在一定的时期里（如一月、一季度、一年或多年）累计各风向所发生的次数，占同期观测总次数的百分比，称为风向频率，即：

$$风向频率=\frac{该风向出现的次数}{风向的总观测次数}\times100\% \quad (2\text{-}4)$$

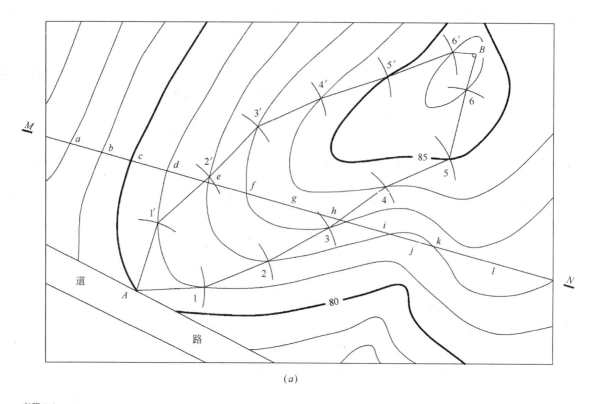

(a)

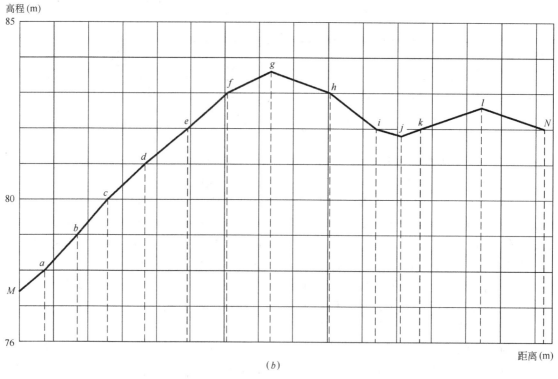

(b)

图 2-14  在地形图上选定路线与绘制地形断面图

(a)按规定的坡度选定路线(1∶1000);

(b)M-N 断面(距离 1∶1000,高程 1∶100)

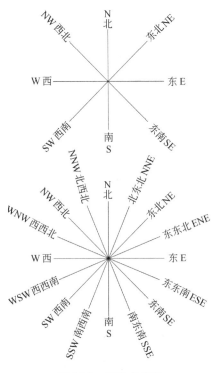

图 2-15 风向方位图

风向频率最高的方位称为该地区或该城市的主导风向。掌握当地主导风向，便于合理布局建筑物，利于其通风或将有污染的部分安排在下风向，以创造良好的环境。

2. 风速及风级

风速，在气象学上常用空气每秒钟流动多少米（m/s）来表示风速大小。风速的快慢，决定了风力的大小；风速越快，风力也就越大。

风级，即风力的强度。根据地面物体受风力影响的大小，人为地将其分成若干等级，以表示风力的强度。蒲福风力等级表为常用的划分方法（表2-5）。

3. 风玫瑰图

风玫瑰图是表示风向特征的一种方法，它又分为风向玫瑰图[图 2-16(a)]、风向频率玫瑰图[图2-16(b)]、平均风速玫瑰图[图 2-16(c)]和污染系数玫瑰图等[图 2-16(d)]。常用的是风向频率玫瑰图，通常简称为风玫瑰图。

| 风 级 | 风 名 | 相当风速（m/s） | 地面上物体的征象 |
|---|---|---|---|
| 0 | 无 风 | 0～0.2 | 静，炊烟直上 |
| 1 | 软 风 | 0.3～1.5 | 烟能表示风向，但风向标不能转动 |
| 2 | 轻 风 | 1.6～3.3 | 人面感觉有风，树叶微响，风向标能转动 |
| 3 | 微 风 | 3.4～5.4 | 树叶和微枝摇动不息，旌旗展开 |
| 4 | 和 风 | 5.5～7.9 | 能吹起地面灰尘和纸片，树的小枝摇动 |
| 5 | 清劲风 | 8.0～10.7 | 有叶的小树摇摆，内陆的水面有小波 |
| 6 | 强 风 | 10.8～13.8 | 大树枝摇动，电线呼呼作响，张伞困难 |
| 7 | 疾 风 | 13.9～17.1 | 全树枝摇动，迎风步行感觉不便 |
| 8 | 大 风 | 17.2～20.7 | 折毁微枝，迎风步行感觉阻力甚大 |
| 9 | 烈 风 | 20.8～24.4 | 建筑物有小损（烟囱顶盖和平瓦移动） |
| 10 | 狂 风 | 24.5～28.4 | 陆上少见，见时可使树木拔起，建筑物损坏较重 |
| 11 | 暴 风 | 28.5～32.6 | 陆上很少见，有则必有广泛损坏 |
| 12 | 飓 风 | 32.6 以上 | 陆上绝少见，摧毁力极大 |

蒲福风力等级表　　　　　　表 2-5

注：摘自《辞海》，缩印本·1989 年版，上海辞书出版社，1990 年 12 月。

风向玫瑰图的同心圆间距代表次数。风向频率玫瑰图的同心圆间距代表百分数。

风向玫瑰图和风向频率玫瑰图的图形是相同或相似的。平均风速玫瑰图中同心圆间距的单位为 m/s。污染系数玫瑰图的同心圆间距代表下列数值：

$$污染系数 = \frac{风向频率}{平均风速} \qquad (2\text{-}5)$$

污染系数综合表示某一方向的风向频率和风速对其下风向地区的污染影响程度。

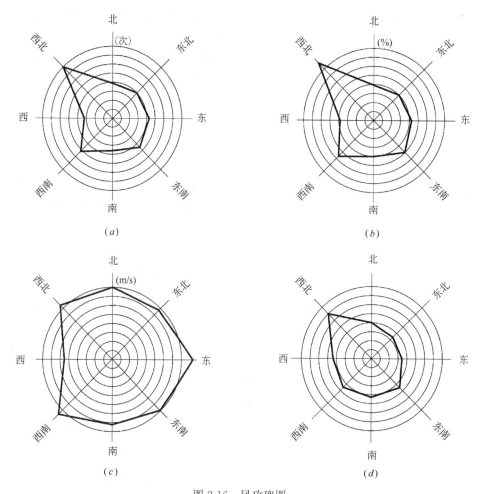

图 2-16 风玫瑰图
(a)风向玫瑰图;(b)风向频率玫瑰图;(c)平均风速玫瑰图;(d)污染系数玫瑰图

风向频率玫瑰图和平均风速玫瑰图的画法:在风向方位图中,按照一定的比例关系,在各方位放射线上自原点向外分别量取一线段,表示该方向风向频率的大小,用直线连接各方位线的端点,形成闭合折线图形。即为风向频率玫瑰图,如图 2-17 中实线围合的图形。以同样的方法,根据某一时期同一个方向所测的各次风的风速,求出各风向的累计平均风速,并按一定的比例绘制成平均风速玫瑰图,如图 2-17 中虚线围合的图形。根据需要,可将风向频率玫瑰图与平均风速玫瑰图合并,如图 2-17 中实线围合的图形和虚线围合的图形所示。

在某些情况下,为了更清楚地表达某一地区不同季节的主导风向,还可分别绘制出全年(如图 2-18中粗实线围合的图形)、冬季(12 月至 2 月,如图 2-18 中细实线围合的图形)或夏季(6

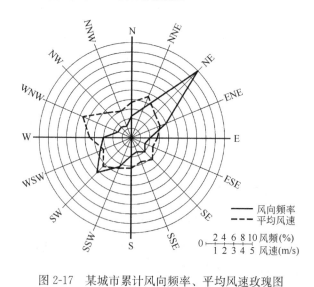

图 2-17 某城市累计风向频率、平均风速玫瑰图

月至 8 月,如图 2-18 中细虚线围合的图形)的风玫瑰图。

24

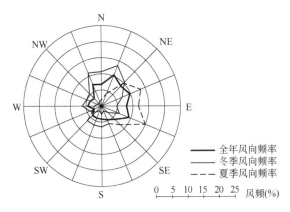

图 2-18　上海市风向频率玫瑰图

注：上海市全年静风频率为4%。

—— 全年风向频率
—— 冬季风向频率
- - - 夏季风向频率

0　5　10　15　20　25　风频(%)

场地设计应充分了解场地所在地区的风象条件，有效组织场地或建筑的夏季通风和冬季防风；同时，应尽量避免上风向污染源对场地的影响。风玫瑰图是一个地区，特别是平原地区风的一般情况。由于地形、地面情况往往会引起局部气流的变化，使风向、风速改变；因此，在进行场地设计时，还要充分注意到地方小气候的变化，在设计中善于利用地形、地势，进行场地的综合布局。

**（二）日照**

日照是表示能直接见到太阳照射时间的量。太阳的辐射强度和日照率，随着纬度和地区的不同而不同。分析研究基地所在地区的太阳运行规律和辐射强度，是确定基地内建筑的日照标准、间距、朝向、遮阳设施及各项工程热工设计的重要依据。

**1. 太阳高度角和方位角**

太阳高度角是指直射阳光与水平面的夹角[图2-19(a)]。太阳方位角是指直射阳光水平投影和正南方位的夹角[图2-19(b)]。由于太阳与地球之间

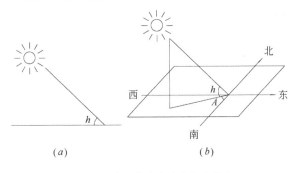

图 2-19　太阳高度角和太阳方位角

(a)太阳高度角 $h$；(b)太阳方位角 $A$

的相对运动变化，在地球上某一点观察到的太阳的位置，是随着时间有规律地变化的。在这种变化过程中，太阳高度角随之改变。一天之内，日出日落，太阳高度角在正午时最大；太阳方位角正午为0°，午前为负值。我国一年之内，冬至日的太阳高度角最小，夏至日的太阳高度角最大。在计算日照间距时，以冬至日或大寒日的太阳高度角和方位角为准。而在同一时间内，纬度低，太阳高度角大；纬度高，太阳高度角小。了解太阳高度角与方位角的变化规律，对于合理确定建筑物之间的距离十分重要。在《建筑设计资料集　第1分册　建筑总论》(第三版)中，根据建设场地的纬度值，可以查得太阳高度角和方位角的数值，用于有关日照间距的实际计算。

**2. 日照时数与日照百分率**

日照时数是指地面上实际受到阳光照射的时间，以小时为单位表示，以日、月或年为测量期限。日照时数一般与当地纬度、气候条件等有关。日照百分率是指某一段时间(一年或一月)内，实际日照时数与可照时数的百分比。可照时数是指一天内从日出到日落太阳应照射到地面的小时数，用来比较不同季节和不同纬度的日照情况。我国年平均日照百分率以青藏高原、甘肃和内蒙古等干旱地区为最高(70%~80%)，以四川盆地、贵州的东部和北部及湖南西部为最少（不到30%）。

当日照时数与日照百分率以年为单位时，其指标反映的是不同季节和不同区域的日照情况。如西安地区全年日照时数为2038.2h，日照百分率为46%；海口市全年日照时数为2239.8h，日照百分率为51%。说明海口全年的日照时间比西安多201.6h，晴天次数较多。

当日照时数以日为单位时，用于确定日照标准。

**3. 日照标准**

日照标准是根据建筑物所处的气候区、城市规模和建筑物的使用性质确定的，在规定的日照标准日(冬至日或大寒日)的有效日照时间范围内，以底层窗台面为计算起点的建筑外窗获得的日照时间。在日照标准日，要保证建筑物的日照量，即日照质量和日照时间。日照质量是每小时室内地面和墙面阳光投射面积累计的大小及阳光中紫外线的作用。日照时间则按我国有关技术规范的

规定选用，如居住建筑的日照标准与所处气候分区及所在城市规模有关(表2-6)，在城市旧区改造时可酌情降低标准，但不宜低于大寒日日照1h的标准；医院病房大楼、疗养院建筑、幼儿园、托儿所、中小学教学楼和老年人设施等建筑的房间冬至日满窗日照的有效时间不少于2～3h。

**住宅建筑日照标准** 表2-6

| 建筑气候区划 | Ⅰ、Ⅱ、Ⅲ、Ⅶ气候区 | | Ⅳ气候区 | | Ⅴ、Ⅵ气候区 |
|---|---|---|---|---|---|
| 城区常住人口(万人) | ≥50 | <50 | ≥50 | <50 | 无限定 |
| 日照标准日 | 大寒日 | | | | 冬至日 |
| 日照时数(h) | ≥2 | | ≥3 | | ≥1 |
| 有效日照时间带(当地真太阳时) | 8时～16时 | | | | 9时～15时 |
| 计算起点 | 底层窗台面 | | | | |

注：1. 摘自《城市居住区规划设计标准》GB 50180—2018；
　　2. 底层窗台面是指距室内地坪0.9m高的外墙位置。

**4. 日照间距系数**

日照间距系数是根据日照标准确定的房屋间距与被遮挡建筑底层窗台面至遮挡建筑檐高的比值。底层窗台面一般指距室内地坪0.9m高的外墙位置。日照间距系数是确定具有日照要求的建筑间距的关键性参数。住宅建筑正面间距可参考表2-7中的间距系数来计算。如西安市城区常住人口超过50万，位于Ⅱ气候区，依据表2-6的规定，应采用大寒日日照2小时的日照间距标准，其对应的日照间距系数为1.35。

**全国主要城市不同日照标准的间距系数** 表2-7

| 序号 | 城市名称 | 纬度(北纬) | 冬至日 | | 大寒日 | | | |
|---|---|---|---|---|---|---|---|---|
| | | | 正午影长率 | 日照1h | 正午影长率 | 日照1h | 日照2h | 日照3h |
| 1 | 漠河 | 53°00′ | 4.14 | 3.88 | 3.33 | 3.11 | 3.21 | 3.33 |
| 2 | 齐齐哈尔 | 47°20′ | 2.86 | 2.68 | 2.43 | 2.27 | 2.32 | 2.43 |
| 3 | 哈尔滨 | 45°45′ | 2.63 | 2.46 | 2.25 | 2.10 | 2.15 | 2.24 |
| 4 | 长春 | 43°54′ | 2.39 | 2.24 | 2.07 | 1.93 | 1.97 | 2.06 |
| 5 | 乌鲁木齐 | 43°47′ | 2.38 | 2.22 | 2.06 | 1.92 | 1.96 | 2.04 |
| 6 | 多伦 | 42°12′ | 2.21 | 2.06 | 1.92 | 1.79 | 1.83 | 1.91 |
| 7 | 沈阳 | 41°46′ | 2.16 | 2.02 | 1.88 | 1.76 | 1.80 | 1.87 |
| 8 | 呼和浩特 | 40°49′ | 2.07 | 1.93 | 1.81 | 1.69 | 1.73 | 1.80 |
| 9 | 大同 | 40°00′ | 2.00 | 1.87 | 1.75 | 1.63 | 1.67 | 1.74 |
| 10 | 北京 | 39°57′ | 1.99 | 1.86 | 1.75 | 1.63 | 1.67 | 1.74 |
| 11 | 喀什 | 39°32′ | 1.96 | 1.83 | 1.72 | 1.60 | 1.61 | 1.71 |
| 12 | 天津 | 39°06′ | 1.92 | 1.80 | 1.69 | 1.58 | 1.61 | 1.68 |
| 13 | 保定 | 38°53′ | 1.91 | 1.78 | 1.67 | 1.56 | 1.60 | 1.66 |
| 14 | 银川 | 38°29′ | 1.87 | 1.75 | 1.65 | 1.54 | 1.58 | 1.64 |
| 15 | 石家庄 | 38°04′ | 1.84 | 1.72 | 1.62 | 1.51 | 1.55 | 1.61 |
| 16 | 太原 | 37°55′ | 1.83 | 1.71 | 1.61 | 1.50 | 1.54 | 1.60 |
| 17 | 济南 | 36°41′ | 1.74 | 1.62 | 1.54 | 1.44 | 1.47 | 1.53 |
| 18 | 西宁 | 36°35′ | 1.73 | 1.62 | 1.53 | 1.43 | 1.47 | 1.52 |

| 序号 | 城市名称 | 纬度（北纬） | 冬至日 | | 大寒日 | | | |
| --- | --- | --- | --- | --- | --- | --- | --- | --- |
| | | | 正午影长率 | 日照 1h | 正午影长率 | 日照 1h | 日照 2h | 日照 3h |
| 19 | 青岛 | 36°04′ | 1.70 | 1.58 | 1.50 | 1.40 | 1.44 | 1.50 |
| 20 | 兰州 | 36°03′ | 1.70 | 1.58 | 1.50 | 1.40 | 1.44 | 1.49 |
| 21 | 郑州 | 34°40′ | 1.61 | 1.50 | 1.43 | 1.33 | 1.36 | 1.42 |
| 22 | 徐州 | 34°19′ | 1.58 | 1.48 | 1.41 | 1.31 | 1.35 | 1.40 |
| 23 | 西安 | 34°15′ | 1.58 | 1.48 | 1.41 | 1.31 | 1.35 | 1.40 |
| 24 | 蚌埠 | 32°57′ | 1.50 | 1.40 | 1.34 | 1.25 | 1.28 | 1.34 |
| 25 | 南京 | 32°04′ | 1.45 | 1.36 | 1.30 | 1.21 | 1.24 | 1.30 |
| 26 | 合肥 | 31°51′ | 1.44 | 1.35 | 1.29 | 1.20 | 1.23 | 1.29 |
| 27 | 上海 | 31°12′ | 1.41 | 1.32 | 1.26 | 1.17 | 1.21 | 1.26 |
| 28 | 成都 | 30°40′ | 1.38 | 1.29 | 1.23 | 1.15 | 1.18 | 1.24 |
| 29 | 武汉 | 30°38′ | 1.38 | 1.29 | 1.23 | 1.15 | 1.18 | 1.24 |
| 30 | 杭州 | 30°19′ | 1.36 | 1.27 | 1.22 | 1.14 | 1.17 | 1.22 |
| 31 | 拉萨 | 29°42′ | 1.33 | 1.25 | 1.19 | 1.11 | 1.15 | 1.20 |
| 32 | 重庆 | 29°34′ | 1.33 | 1.24 | 1.19 | 1.11 | 1.14 | 1.19 |
| 33 | 南昌 | 28°40′ | 1.28 | 1.20 | 1.15 | 1.07 | 1.11 | 1.16 |
| 34 | 长沙 | 28°12′ | 1.26 | 1.18 | 1.13 | 1.06 | 1.09 | 1.14 |
| 35 | 贵阳 | 26°35′ | 1.19 | 1.11 | 1.07 | 1.00 | 1.03 | 1.08 |
| 36 | 福州 | 26°05′ | 1.17 | 1.10 | 1.05 | 0.98 | 1.01 | 1.07 |
| 37 | 桂林 | 25°18′ | 1.14 | 1.07 | 1.02 | 0.96 | 0.99 | 1.04 |
| 38 | 昆明 | 25°02′ | 1.13 | 1.06 | 1.01 | 0.95 | 0.98 | 1.03 |
| 39 | 厦门 | 24°27′ | 1.11 | 1.03 | 0.99 | 0.93 | 0.96 | 1.01 |
| 40 | 广州 | 23°08′ | 1.06 | 0.99 | 0.95 | 0.89 | 0.92 | 0.97 |
| 41 | 南宁 | 22°49′ | 1.04 | 0.98 | 0.94 | 0.88 | 0.91 | 0.96 |
| 42 | 湛江 | 21°02′ | 0.98 | 0.92 | 0.88 | 0.83 | 0.86 | 0.91 |
| 43 | 海口 | 20°02′ | 0.95 | 0.89 | 0.85 | 0.80 | 0.83 | 0.88 |

注：1. 摘自《城市居住区规划设计标准》GB 50180—2018；但依据《建筑设计资料集　第1分册　建筑总论》（第三版），对西安市和海口市的纬度数值作了修正。

2. 本表按沿纬向平行布置的六层条式住宅（楼高 18.18m，首层窗台距室外地面 1.35m）计算。

（三）气温

气温指大气的温度，是表示大气冷热程度的量。气温通常指离地面 1.25～2.0m 高处百叶窗内测得的空气温度，单位是摄氏度。由于地球表面所受的辐射强度不同，地表气温也不一样。地表气温主要取决于纬度的变化，一般在冬季，纬度每增加 1°，气温平均降低 1.5℃左右。衡量气温的主要指标有常年极端最高和最低气温、历年最热月和最冷月的月平均气温等。了解这些主要有助于对建筑物采取保温隔热等措施，以保证建筑物室内有舒适的热工环境。

表 2-8 为哈尔滨、西安等城市的气温主要指标对照表。

27

**哈尔滨、西安、昆明和海口四城市气温主要指标对照表**  表2-8

| 内容 \ 地点 | | 哈尔滨 | 西安 | 昆明 | 海口 |
|---|---|---|---|---|---|
| 地理位置 | | 北纬45°45′ | 北纬34°15′ | 北纬25°02′ | 北纬20°02′ |
| 温度(℃) | 最冷月平均 | −18.97 | −0.46 | 8.90 | 18.14 |
| | 最热月平均 | 23.04 | 27.01 | 19.98 | 28.85 |
| | 最热月14时平均 | 26.40 | 30.42 | 22.31 | 32.28 |
| | 极端最高 | 39.2 | 41.8 | 30.4 | 39.6 |
| | 极端最低 | −37.7 | −16 | −7.8 | 4.9 |

注：依据《建筑设计资料集　第1分册　建筑总论》(第三版)的相关数据绘制。

（四）降水

降水是指云中降落的液态水和固态水，如雨、雪、冰雹等。降水观测包括降水量和降水强度。前者指降到地面尚未蒸发、渗透或流失的降水在地平面上所积聚的水层深度；后者指单位时间的降水量，常用的单位是 mm/10min、mm/h 和 mm/d。我国大部分地区受季风影响，夏季多雨，且时有暴雨，东南沿海地区还常受到台风的影响。反映降水的主要指标有：平均年总降水量(mm)、最大日降水量(mm)、暴雨强度及最大历时等。掌握当地降水量，对于解决排水与防洪至关重要，也是建筑规划必不可少的组成部分。表2-9为不同时段的降雨量等级划分表，表2-10为全国部分城市降水一览表。

**不同时段的降雨量等级划分表**  表2-9

| 降雨等级 | 现象描述 | 时段降雨量(mm) | |
|---|---|---|---|
| | | 24h降雨量 | 12h降雨量 |
| 微量降雨(零星小雨) | 降雨时间短，有漂浮现象，屋顶降雨无声 | <0.1 | <0.1 |
| 小雨 | 雨点清晰可见，落地不四溅，能使地面潮湿；屋顶雨声微弱，屋檐只有滴水 | 0.1~9.9 | 0.1~4.9 |
| 中雨 | 雨落如线，雨滴不易分辨；落硬地四溅；洼地积水较快；屋顶有沙沙雨声 | 10.0~24.9 | 5.0~14.9 |
| 大雨 | 雨降如倾盆，模糊成片；洼地积水极快，形成内涝；能清晰地听见屋顶有哗哗雨声 | 25.0~49.9 | 15.0~29.9 |
| 暴雨 | 降雨比大雨更猛；平地积水，能造成洪涝灾害 | 50.0~99.9 | 30.0~69.9 |
| 大暴雨 | 降雨比暴雨更大，或时间长，造成山洪暴发 | 100.0~249.9 | 70.0~139.9 |
| 特大暴雨 | 特大范围暴雨，能造成山洪暴发，水库垮坝，房屋被冲塌，农田被淹，交通和通信中断 | ≥250 | ≥140 |

**全国部分城市降水一览表**  表2-10

| 降水 \ 城市 | 北京 | 上海 | 成都 | 西安 | 广州 | 武汉 | 银川 | 海口 | 昆明 |
|---|---|---|---|---|---|---|---|---|---|
| 一日最大降雨量(mm) | 244.2 | 204.4 | 201.3 | 92.3 | 284.9 | 317.4 | 66.8 | 283 | 153.3 |
| 平均年总降水量(mm) | 644.3 | 1123.7 | 947 | 580.2 | 1694.1 | 1204.6 | 196.7 | 1686.6 | 1006.5 |
| 最大积雪深度(cm) | 24 | 14 | 5 | 22 | — | 32 | 17 | — | 36 |

注：依据《建筑设计资料集　第1分册　建筑总论》(第三版)的相关数据绘制。

（五）建筑气候区划

为区分我国不同地区气候条件对建筑影响的差异性，明确各气候区的建筑基本要求，提供建筑气候参数，从总体上做到合理利用气候资源，防止气候对建筑的不利影响，国家制订了《建筑气候区划标准》GB 50178—93。它以累年1月平均气温和7月平均气温、7月平均相对湿度等作为主要指标，以年降水量和年日平均气温≥25℃及≤5℃的天数等作为辅助指标，将我国划分为7个一级建筑气候区，并对每个区的建筑气候特征和建筑基本要求作了详细的概括和规定（表2-11）。

建筑气候区划指标及对建筑的基本要求                                                    表2-11

| 建筑气候区划名称 | 热工区划名称 | 建筑气候区划主要指标 | 建筑气候区划辅助指标 | 各区辖行政区范围 | 建筑基本要求 |
|---|---|---|---|---|---|
| I | ⅠA<br>ⅠB<br>ⅠC<br>ⅠD | 严寒地区 | 1月平均气温≤-10℃<br>7月平均气温≤25℃<br>7月平均相对湿度≥50% | 年降水量200～800mm<br>年日平均气温≤5℃的日数≥145d | 黑龙江、吉林全境；辽宁大部；内蒙古中、北部及陕西、山西、河北、北京北部的部分地区 | 1. 建筑物必须充分满足冬季保温、防寒、防冻等要求；<br>2. ⅠA、ⅠB区应防止冻土、积雪对建筑物的危害；<br>3. ⅠB、ⅠC、ⅠD区的西部，建筑物应注意防冰雹、防风沙 |
| II | ⅡA<br>ⅡB | 寒冷地区 | 1月平均气温-10～0℃<br>7月平均气温18～28℃ | 年日平均气温≥25℃的日数<80d<br>年日平均气温≤5℃的日数145～90d | 天津、山东、宁夏全境；北京、河北、山西、陕西大部；辽宁南部；甘肃中东部以及河南、安徽、江苏北部的部分地区 | 1. 建筑物应满足冬季保温、防寒、防冻等要求，夏季部分地区应兼顾防热；<br>2. ⅡA区建筑物应防热、防潮、防暴风雨，沿海地带应防盐雾侵蚀 |
| III | ⅢA<br>ⅢB<br>ⅢC | 夏热冬冷地区 | 1月平均气温0～10℃<br>7月平均气温25～30℃ | 年日平均气温≥25℃的日数40～110d<br>年日平均气温≤5℃的日数90～0d | 上海、浙江、江西、湖北、湖南全境；江苏、安徽、四川大部；陕西、河南南部；贵州东部；福建、广东、广西北部和甘肃南部的部分地区 | 1. 建筑物必须满足夏季防热、遮阳、通风、降温要求，冬季应兼顾防寒；<br>2. 建筑物应防雨、防潮、防洪、防雷电；<br>3. ⅢA区应注意防台风、暴雨袭击及盐雾侵蚀；<br>4. ⅢB、ⅢC区北部冬季积雪地区建筑物的屋面应有防积雪危害的措施 |
| IV | ⅣA<br>ⅣB | 夏热冬暖地区 | 1月平均气温>10℃<br>7月平均气温25～29℃ | 年日平均气温≥25℃的日数100～200d | 海南、台湾全境；福建南部；广东、广西大部以及云南西南部和元江河谷地区 | 1. 建筑物必须满足夏季防热、遮阳、通风、防雨要求；<br>2. 建筑物应防暴雨、防潮、防洪、防雷电；<br>3. ⅣA区应防台风、暴雨袭击及盐雾侵蚀 |
| V | ⅤA<br>ⅤB | 温和地区 | 1月平均气温0～13℃<br>7月平均气温18～25℃ | 年日平均气温≤5℃的日数0～90d | 云南大部；贵州、四川西南部；西藏南部一小部分地区 | 1. 建筑物应满足防雨和通风要求；<br>2. ⅤA区建筑物应注意防寒，ⅤB区应特别注意防雷电 |
| VI | ⅥA<br>ⅥB | 严寒地区 | 1月平均气温0～-22℃<br>7月平均气温<18℃ | 年日平均气温≤5℃的日数90～285d | 青海全境；西藏大部；四川西部；甘肃西南部；新疆南部部分地区 | 1. 建筑物应充分满足保温、防寒、防冻的要求；<br>2. ⅥA、ⅥB区应防冻土对建筑物地基及地下管道的影响，并应特别注意防风沙；<br>3. ⅥC区的东部，建筑物应防雷电 |
| | ⅥC | 寒冷地区 | | | | |

| 建筑气候区划名称 | 热工区划名称 | 建筑气候区划主要指标 | 建筑气候区划辅助指标 | 各区辖行政区范围 | 建筑基本要求 |
|---|---|---|---|---|---|
| ⅦA ⅦB ⅦC | 严寒地区 | 1月平均气温－5～－20℃ 7月平均气温≥18℃ 7月平均相对湿度＜50% | 年降水量10～600mm 年日平均气温≥25℃的日数＜120d 年日平均气温≤5℃的日数110～180d | 新疆大部；甘肃北部；内蒙古西部 | 1. 建筑物必须充分满足保温、防寒、防冻的要求； 2. 除ⅦD区外，应防冻土对建筑物地基及地下管道的危害； 3. ⅦB区建筑物应特别注意积雪的危害； 4. ⅦC区建筑物应特别注意防风沙，夏季兼顾防热； 5. ⅦD区建筑物应注意夏季防热，吐鲁番盆地应特别注意隔热、降温 |
| ⅦD | 寒冷地区 | | | | |

注：依据现行国家标准《建筑气候区划标准》GB 50178—93 和《民用建筑设计统一标准》GB 50352—2019 综合而成。

有关气候条件对场地设计与建设的影响，除上述风象、日照、气温和降水等因素外，还有湿度、气压、雷电、积雪和雾等。主要城镇的风象、日照、温度及湿度、降水、冻土深度与天气现象等以当地有关资料为准，或查阅《建筑设计资料集 第1分册 建筑总论》(第三版)。

**三、工程地质、水文和水文地质条件**

工程地质、水文和水文地质的依据是工程地质勘察报告。场地设计时，要查阅该项目的工程地质报告，对场地的地质情况有一定了解。

（一）工程地质

工程地质勘察报告中的工程地质条件包括以下内容：

1. 地形地貌

调查场地地形地貌形态特征，研究其发生发展规律，以确定场地的地貌成因类型，划分其地貌单元。

2. 地质构造

调查场地的地质构造及其形成的地质时代。确定场地所在地质构造部位，并对其性质要素进行量测，如褶曲类型及岩层产状；断裂的位置、类型、产状、断距、破碎带宽度及充填情况；裂隙的性质、产状、发育程度及充填情况等。评价其对建筑场地所造成的不利地质影响时，特别要注意调查新构造活动形迹对建筑场地地质条件的影响。

3. 地层

查明场地的地层形成规律，确定地基岩土的性质、成因类型、形成年代、厚度、变化和分布

范围。对于岩层应查明风化程度及地层间的接触关系。对于土层应注意新近沉积层的区分及其工程特性。对于软土、膨胀土和湿陷性土等特殊地基土也应着重查明其工程地质特征。

4. 测定地基土的物理力学性质指标

一般包括天然密度、含水量、液塑限、压缩系数、压缩模量和抗剪强度等。

5. 查明场地有无不良地质现象

查明场地有无滑坡、崩塌、泥石流、河流岸边冲刷、采空区塌陷等不良地质现象，确定其发育程度，评价其直接的或可能带来的潜在危害或威胁。

工程地质的好坏直接影响建筑的安全、投资额和建设进度。工程地质条件包括地质结构、构造特征及其承受荷载的能力。场地设计时，了解该场地地质对工程设计的影响，了解该场地有无冲沟、滑坡、崩塌、断层、岩溶、地裂缝、地面沉降等不良地质现象，了解是否有地下淤泥或软弱地基及其位置，了解当地处理这些问题的常用方法及措施，确定处理地基的经济合理性，合理布置有关建、构筑物，避免将建、构筑物布置在不良地质处，在设计中应采取有效防治措施。

（二）水文与水文地质

水文条件是指江、河、湖、海及水库等地表水体的状况，这与较大区域的气候条件、流域的水系分布、区域的地质和地形条件等有密切关系。自然水体在供水水源、水运交通、改善气候、排除雨水及美化环境等方面发挥积极作用的

同时，也可能带来不利的影响，特别是洪水侵患和大型水库水位的变化。如三峡水库大坝建成后，水位上升，库区城镇居民点受淹，就必须迁徙百万居民。

水文地质条件一般指地下水的存在形式、含水层厚度、矿化度、硬度、水温及动态等条件。地下水除作为城市或场地内部生产和生活用水的重要水源外，对建筑物的稳定性影响很大，主要反映在埋藏深度和水量、水质等方面。工程地质勘察报告要明确地下水的分布规律、补给、径流、排泄条件、水质、水量、水的动态变化及其对工程的影响。

当地下水位过高时，将严重影响到建筑物基础的稳定性，特别是当地表为湿陷性黄土、膨胀土等不良地基土时，危害更大。用地选择时应尽量避开，最好选择地下水位低于地下室或地下构筑物深度的用地；在某些必要情况下，也可采取降低地下水位的措施。

地下水质状况也会影响到场地建设。除作为饮用水，对地下水的卫生标准有一定要求外，地下水中氯离子和硫酸离子含量较多或过高，将对硅酸盐水泥产生长期的侵蚀作用，甚至会影响建筑基础的耐久性和稳定性。所以在设计时应以地质勘察报告为依据，对场地内的水文地质条件作详尽的了解。

在进行场地的用地选择时，还应该注意其地下水位的长年变化情况。有些地方由于盲目过量开采地下水，使其水位下降，形成"漏斗"，引起地面下沉，最严重时会下沉2~3m，这将导致江水、海水倒灌或地面积水等，给场地建设及今后的使用造成麻烦。

工程地质勘察报告中水文和水文地质包括以下内容：

调查地表水体的分布，如河流水位、流向、地表径流条件，查明地下水的类型、埋藏深度、水位变化幅度、化学成分组成及污染情况等必要的水文及水文地质要素。调查地表水与地下水间的相互补给关系和排泄条件、地表水及地下水体历史演变及与水文气象的关系，如地表水历史上的洪水淹没范围、地下水的历史最高水位等，为设计和施工提供所需的水文及水文地质资料和参数，并作出恰当的评价。

（三）地震

地震是一种危害性极大的自然现象。用以衡量地震发生时震源处释放出能量大小的标准称为震级，共分10个等级；震级越高，强度越大。地震烈度是指受震地区地面建筑与设施遭受地震影响和破坏的强烈程度，共分12度。1~5度时建筑基本无损坏，6度时建筑有损坏，7~9度时建筑大部分被损坏和破坏，10度及以上时建筑普遍毁坏。地震烈度有地震基本烈度和地震设防烈度。前者是指一个地区的未来一百年内，在一般场地条件下可能遭遇的最大地震烈度；后者是在地震基本烈度的基础上考虑到建筑物的重要性，将地震基本烈度加以适当调整，调整后的抗震设计所采用的地震烈度。按地震设防烈度做出的设计，在地震时不是没有破坏，而是可以修复。我国属于基本烈度7~9度的重要城市，可查阅住房和城乡建设部发布的有关地震资料。

从抗震观点看，建筑场地可划分为对建筑抗震有利、一般、不利和危险的地段，见表2-12。

各类地段的划分　　　　　　　　　　　　　　　　　表2-12

| 地段类别 | 地质、地形、地貌 |
| --- | --- |
| 有利地段 | 稳定基岩，坚硬土，开阔、平坦、密实、均匀的中硬土等 |
| 一般地段 | 不属于有利、不利和危险的地段 |
| 不利地段 | 软弱土，液化土，条状突出的山嘴，高耸孤立的山丘，陡坡，陡坎，河岸和边坡的边缘，平面分布上成因、岩性、状态明显不均匀的土层（含故河道、疏松的断层破碎带、暗埋的塘浜沟谷和半填半挖地基），高含水量的可塑黄土，地表存在结构性裂缝等 |
| 危险地段 | 地震时可能发生滑坡、崩塌、地陷、地裂、泥石流等及发震断裂带上可能发生地表位错的部位 |

注：摘自《建筑抗震设计规范》GB 50011—2010（2016年版）。

在地震地区选择建设场地时，应尽量选择对建筑物抗震的有利地段，避开不利地段，且不在危险地段进行建设。在建筑布置上，要考虑人员较集中的建筑物的位置，将其适当远离高耸建筑物、构筑物及场地中可能存在的易燃易爆部位，并应采取防火、防爆、防止有毒气体扩散等措施，以防止地震时发生次生灾害。应合理控制建筑密度，适当加大建筑间距；适度扩大绿地面积和主干道宽度，道路宜采用柔性路面。

**（四）风暴潮**

风暴潮是指由热带气旋、温带天气系统、海上飑线等风暴过境所伴随的强风和气压骤变而引起的局部海面振荡或非周期性异常升高（降低）现象。风暴潮根据风暴的性质，通常分为由温带气旋引起的温带风暴潮和由台风引起的台风风暴潮两大类。台风风暴潮多见于夏秋季节，其特点是来势猛、速度快、强度大、破坏力强。风暴潮的空间范围一般为几十千米到上千千米，有时影响时间长达数日之久。

风暴潮若与天文大潮同时发生，有时叠加周期为数秒或十几秒的风浪、涌浪，引起沿岸涨水，形成风暴潮灾害。统计数据表明，风暴潮灾害占全部海洋灾害损失的90%左右。风暴潮灾害发生时，沿岸海水水位升高一般为1～3m，最大可达7m左右，往往挟带狂风恶浪，以排山倒海之势猛扑海岸或溯江河而上，使滨海地区潮水暴涨，甚至冲毁或漫过海堤、江堤，吞噬城镇、村庄、码头、工厂、淹没耕地，造成特别严重的人员伤亡和财产损失；有时风暴潮还引起崩塌、滑坡，进一步加剧灾害的破坏程度。我国风暴潮灾害分布广泛，据建国以来的调查数据统计，我国大陆地区风暴潮灾害整体呈北部沿海地区较弱、东南沿海地区显著较强的格局。近50年来，东南沿海地区风暴潮灾害的发生频率较高，受灾人数较多，直接经济损失十分严重，灾害危险性及受灾程度显著高于北部海岸。尤以福建、广东两省风暴潮发生累计频次最多；山东、浙江、福建、广东、海南遭受风暴潮灾害的人员伤亡较为严重。

在风暴潮影响地区进行场地规划建设时，应充分认识到风暴潮的危险性，收集风暴潮强度等级、灾度等级、重现期等资料，掌握场地所在市、县（区）的警戒潮位、风暴潮灾害风险评估和区划技术报告及相关图件，为建设场地工程设计、应急疏散和防灾减灾提供科学依据。

**四、自然条件对场地选址的影响**

自然条件是影响场地选址的主要因素，主要表现在地形、风象、工程地质和水文等方面对场地的制约。

**（一）地形条件对场地选址的影响**

不同类型的建设场地对地形坡度有不同要求。一般而言，在地势较为平坦的场地进行建设更为经济环保。随着地形坡度增加，会增加场地土石方工程量，也会加大场地交通组织的难度和建设费用。特殊的山地城市，由于用地有限，多数场地选址几乎不受场地坡度限制，但在平原丘陵地区，场地选址应尽量避开坡度过大的地段。平原丘陵地区，城镇中心区公共建筑场地选址除了要求地质、排水防涝及防洪条件较好外，用地还应相对平坦和完整，自然坡度不宜大于20%；居住场地宜选择在向阳、通风条件好的地段，其自然坡度不宜大于25%；工业、仓储物流场地宜选择在便于交通组织和生产工艺流程组织的地段，其自然坡度宜小于15%。

乡村通常以居住功能的建设场地为主，建筑大多是低层的独户式住宅。为了节约耕地，保证场地不受洪涝灾害影响，往往选择建于山脚坡地或半山，其用地选择主要需避开有地质灾害隐患的场地。在坡度方面可以适当放宽，可采用小台地方法进行建设。因此，乡村建设场地选址在满足场地安全的前提下，可选择自然坡度大于25%的用地。

用地形态也是场地选址应考虑的因素。一般情况下，用地形状相对规整为好，如果用地边界形状过于破碎，可能满足不了项目主体建筑平面布局或生产工艺上的特殊需要。

**（二）气候条件对场地选址的影响**

大多数的建设场地选址受气候条件的影响较小，但对于那些可能产生大气污染源的建设场地，在选址时应充分考虑风向等气候因素。如化工厂、制药厂、水泥厂、热电厂、污水处理厂等可能产生废气、粉尘的工业建筑场地和市政设施，以及一些特殊的医疗建筑场地，应选址在城市的下风向。

（三）工程地质及水文条件对场地选址的影响

工程地质条件也是建设场地选址的主要考虑因素。场地选址应避开断层、地裂缝、岩溶发育区、采空区等不良地质构造地段；在山区和丘陵地区应避开滑坡、泥石流、崩塌等事故易发地段；同时，应避开较厚的Ⅲ级大孔土地区、自重湿陷性黄土地区、Ⅰ级膨胀土地区、流沙淤泥地区。当不可避免时，建筑物应尽量避开地裂缝、暗浜、垃圾填埋场等地质不良地段。

尽量避免在地震烈度9度以上地震区选址建设。在抗震设防区选择建筑场地时，应根据工程需要和地震活动情况、工程地质和地震地质的有关资料，对抗震有利、一般、不利和危险地段作出综合评价。对不利地段，应提出避开要求；当无法避开时应采取有效措施。对危险地段，严禁建造甲、乙类建筑，不应建造丙类建筑。

场地选址应满足防洪要求。如果城市无可靠防洪设施，场地选址应位于城市防洪工程设计水位以上。场地不得选址在有山洪灾害威胁的地段。应尽量避开场地地下水对建筑基础有侵蚀作用、影响建筑正常使用的地段。

## 第二节　场地的建设条件

场地的建设条件是指在场地设计之前，场地内部以及周围已经存在的所有非自然形成的物质条件和文化传统的总称。

场地的建设条件是相对于自然条件而言的，包括非自然有形物的数量、分布、构成与质量等状况以及社会文化因素；简单的理解就是场地内部和场地周围的各种人工设施以及文化背景和社会经济关系等。具体包括道路交通条件、建筑现状条件、市政基础设施条件和社会经济条件等，可以从区域环境、周围环境和场地内部三个层面进行建设条件分析。如果场地位于城市之外或城市的边缘地带，场地内部及周围的建设条件相对比较简单，它对场地设计的影响就比较小；如果场地位于市区内，场地内部及周围的建设条件一般较为复杂，它对场地设计的制约就比较大。

## 一、区域环境条件

（一）区域位置条件

场地的区域位置条件是指场地在区域中的地理位置，以此分析场地在城市用地布局结构中的地位及其与同类设施和相关设施的空间关系，以及场地在更大区域中的城镇体系布局、产业分布和资源开发的经济、社会联系，从而挖掘场地特色与发展潜力。

区域交通运输条件是制约场地的重要因素，包括区域的交通网络结构、分布和容量，铁路、港口、公路、航空等对外交通运输设施条件，以及场地与区域交通运输的联系、衔接等。这些条件都直接影响场地的利用。

（二）环境保护状况

环境状况包括两方面的含义，即环境生态状况与环境公害的防治。前者主要指绿化、环境的优劣，以及由此引起的大气、土壤和水等方面的生态平衡问题；后者一般包括"三废"和噪声等问题。场地附近若有这种污染源，将在气候（风象、降雨、气温、湿度）、水文（地表水流）等因素作用下，对场地形成不同程度的污染，必须采取相应的防治措施。城市内的噪声主要来自于工业生产、交通和人群活动等，可以通过合理的建筑布局、设置绿化防护带、利用地形高差以及人工障壁等手段，减少其对场地的干扰。

## 二、周围环境条件

场地周围的建设状况是场地建设现状条件的另一重要组成部分，它与场地的功能组织有直接联系。着手进行场地设计之前，必须先进行现场调查和踏勘。

（一）周围道路交通条件

场地是否与城市道路相邻或相接，周围的城市道路性质、等级和走向情况，人流、车流的流量和流向，是影响场地分区、场地出入口设置、建筑物主要朝向和建筑物主要出入口确定的重要因素。有时城市道路横穿场地，将场地分割开来，对场地布局及内部联系造成影响。当场地远离城市干道，应了解场地是否有通路与城市干道相连，以及通路是否满足场地未来建设的需要。但无论哪种情况，场地的出入口设置和交通组织都应该首先遵守城乡规划和现行标准规范的有关规定，不能对城市道路交通造成影响。

（二）相邻场地的建设状况

基地相邻场地的土地使用状况、布局模式、基本形态以及场地各要素的具体处理形式，是基地周围建设条件调研的第二个重要组成部分。场地要与城市形成良好的协调关系，必须做到与周围环境的和谐统一。首先，应考察相邻场地的使用功能、建筑的尺度与位置，确定其是否对拟建场地的日照、通风、消防、景观、安全、保密、限高等构成影响；其次，要了解相邻场地各要素的组织布置，也就是要了解相邻场地的基本布局方式、基本形态特征、建筑处理手法以及与拟建场地的边线间距等，以便在未来对拟建场地进行规划时，能处理好与周围环境的关系。再次，场地各元素具体形态的处理，应考虑与周围其他同类元素相一致，具体元素的形式、形态的协调也是形成统一环境的有效手段。

有时，场地周围会存在一些比较特殊的自然人文景观元素，这些特殊元素对场地设计会产生特定的影响。比如基地邻近公园、公共绿地、城市广场或其他类型的自然或人文景观，这些因素对场地而言均为外部有利条件，场地设计，尤其是场地布局，应对这些有利条件加以利用，并应使场地与这些元素形成融合关系，使两者均能因对方的存在而获得益处。这些因素同时也可能对拟建场地的建筑高度、层数、形式等形成约束。

（三）对场地选址的影响

场地周围环境的安全、噪声和光污染等因素也会影响场地选址。危险化学品、易燃易爆品、加油加气站等是城市的重要危险源，一旦发生事故，影响范围广，居民受灾程度严重。因此，居住场地与周围的危险化学品及易燃易爆品等危险源，必须保持一定距离并符合国家对该类危险源安全距离的有关规定，确保居民安全。

噪声和光污染会对人的听觉、视觉和身体健康产生不良影响，降低居民的居住舒适度。临近交通干线或其他已知固定设备产生的噪声超标，公共活动场所某些时段产生的噪声，建筑玻璃幕墙日间产生的强反射光或夜景照明对住宅产生的强光，都可能影响居民休息，干扰居民的正常生

活。这些污染源周围的建筑场地在规划布局时，应采取相应的防护、隔离措施，降低噪声和光污染对居民产生的不利影响。如果周围环境噪声严重超标，光污染强度过大且无法规避，则不宜作为居住场地。

当项目对气压、湿度、空气含尘量、防磁、防电磁波、防辐射等有特殊要求时，也应充分考虑周围已有建筑环境对场地设计项目的影响。

**三、内部建设现状条件**

（一）现状建筑物、构筑物情况

1. 场地现有的建筑

市区内的改扩建场地中往往存在一些已有的建筑。一般对待场地内现有建筑的处理方式有保留保护、改造利用或拆除重建等几种方式。最终采取哪种方式，应充分考虑现有建筑情况，不但应注意其布局朝向、色彩体量、风貌形态、组合方式等特征，而且应该分析其用途、质量、层数、结构形式和建造时间。在此基础上，对基地内现有建筑结构的安全性、保留的可能性、保护的必要性以及改造利用的经济性和可行性做出客观评价，进行合理利用。

2. 场地现有设施条件

场地设施主要有公共服务设施和基础设施两大类。公共服务设施包括商业与餐饮服务、文教、金融办公等，常因人们的活动规律，形成一定结构的社区中心。其分布、配套、质量状况，不仅影响到场地使用的生活舒适度与出行活动规律，也是决定土地使用价值和利用方式的重要衡量条件。基础设施是指基地内现有的道路、广场、桥涵、给水、排水、电力、通信、供热以及燃气等管线工程；特别是有关的泵站（房）、变电所、调压站、热交换站等设施，常伴有主干管线的接入，建设周期长、费用高，一般应考虑改造利用。要了解基地内现有道路的等级、宽度、年代、材料、路面状况，以及桥涵的宽度和结构安全性。此外，还应分析场地内有无高压线、微波塔、人工沟渠等设施分布，了解其电网电压等级和微波传输的方向，并应了解基地上空是否为航空走廊；以便在设计中确定高压走廊的宽度、高压线与建筑的距离和微波传输方向以及航线的净

空要求，确定建筑物的布局和高度。

城市高压架空电力线路走廊宽度，应综合考虑所在城市的气象条件、导线最大风偏、边导线与建筑物之间安全距离、导线最大弧垂、导线排列方式以及杆塔形式、杆塔档距等因素，通过技术经济比较后确定。高压走廊的宽度(图2-20)一般按下式计算。

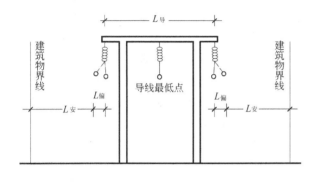

图2-20 高压走廊宽度

$$L = 2L_安 + 2L_偏 + L_导 \qquad (2-6)$$

式中 $L$——走廊宽度(m)；
$L_安$——边导线与建筑物之间的安全距离(m)，应符合表2-13的规定；
$L_偏$——导线最大风偏(m)，与风力及导线材料有关；
$L_导$——电杆上面外侧导线间距离(m)。

架空电力线路在最大计算风偏情况下，边导线与城市多层建筑或城市规划建筑线间的最小水平距离，以及边导线与不在规划范围内的城市建筑物间的最小距离应符合表2-13规定。

市区内单杆单回水平排列或单杆多回垂直排列的35～1000kV高压架空电力线路规划走廊宽度，应根据所在城市的地理位置、地形、地貌、水文、地质、气象等条件及当地用地条件，结合表2-14的规定，合理选定。

应特别注意的是，当有些基地内部存在产生废水、废气、废渣、噪声的污染源，或当有轻轨、地铁线路、过境管线、综合管廊等设施穿越基地时，都会对场地的总体布局产生重大影响。

架空电力线路边导线与建筑物之间的水平距离　　　　　　　　　　表2-13

| 线路电压(kV) | <3 | 3～10 | 35 | 60～110 | 154～220 | 330 | 500 | 750 | 1000 |
| --- | --- | --- | --- | --- | --- | --- | --- | --- | --- |
| 距离(m) | 1.0 | 1.5 | 3.0 | 4.0 | 5.0 | 6.0 | 8.5 | 11 | 15 |

注：根据现行国家标准《66kV及以下架空电力线路设计规范》GB 50061、《110kV～750kV架空输电线路设计规范》GB 50545、《1000kV架空输电线路设计规范》GB 50665整理而成。

市区35～1000kV高压架空电力线路规划走廊宽度　　　　　　　　　表2-14

| 线路电压等级(kV) | 高压线走廊宽度(m) | 线路电压等级(kV) | 高压线走廊宽度(m) |
| --- | --- | --- | --- |
| 直流±800 | 80～90 | 330 | 35～45 |
| 直流±500 | 55～70 | 220 | 30～40 |
| 1000(750) | 90～110 | 66、110 | 15～25 |
| 500 | 60～75 | 35 | 15～20 |

注：摘自《城市电力规划规范》GB/T 50293—2014。

（二）现状绿化与植被

一般地表植被均需经过一定时间的生长期才能发育成熟，而舒适宜人的场地环境总是离不开适宜的绿化配合。因此，基地中的现存植物应被视为一种有利的资源，尽可能地加以利用，特别是在对待场地中的古树和独特的乔灌植被时，更应如此。调研时，对场地绿化要做记录；布置建筑物时，应尽可能避开古树和独特树种。

（三）社会经济条件

在设计前了解建设场地(非耕地时)的社会经济条件时，首先应了解基地土地权属和现有房屋的产权情况。其次应掌握基地内的人口分布密度、拆迁户数、拆迁范围，以确定使用该地段有无经济效益。对就地拆迁安置的居民则涉及拆迁过渡和将来返迁时要达到的条件。对异地安置拆迁的单位和住户，则应了解他们的要求，帮助他们选择合适的安置地，协商安置条件和补偿办法。掌握这些条件，便于规划建设时给予合理安排，消除其对场地的制约与影响。

### （四）历史文化遗存

城市的历史和文化是城市的灵魂，场地设计应了解场地历史变迁，了解场地是否有文物和历史建筑存在，如在建设过程中发现地上或地下文物，应及时联系文物部门进行查勘。经查勘，有重大历史价值者，应采取有效措施给予保护。

### （五）对场地选址的影响

基地内部现状建设情况对建设项目的场地选址也有一定的影响。在城市旧城区、棚户区和城中村等城市更新地段，拆迁难度大，社会环境复杂，相关政策不完善，使项目选址很难落地。有些基地内部在建设过程中发现有重大价值的历史遗存，使原来的建设项目不得不另行选址。

城市中有些污染性工业企业在长期生产过程中，厂区内土壤有可能已被污染。如城市规划将污染的工业用地改变为居住用地时，需对该建设用地的土壤污染情况进行环境质量评价。土壤环境调查与风险评估确定为污染地段的，必须有针对性地采取有效措施进行无害化治理和修复，在符合居住用地土壤环境质量要求的前提下，才可以规划建设居住场地。未经治理或者治理后检测仍不符合相关标准的，不得用于建设居住场地。

## 四、市政设施条件

在大面积用地建设中，基础设施占有较大的投资比重，是建设项目正常运营所不可缺少的支撑条件，尤其在相对独立的开发区，更是构成投资环境的重要内容之一。

场地周围的市政设施条件，主要有道路和供电、给水、排水、电信、燃气及北方地区的供暖等管网线路设施，连同场地平整在内又统称为"七通一平"。其中"平"是指场地已平整；"通"指道路和管线均已通达至场地。这些设施的位置、标高、引线方向和接入点等，对场地中的交通流线组织、出入口位置选择、动力设施分布以及建筑物和构筑物布置具有很大影响。因此，与现有设施的关系应处理得当，做到敷设简单、线路短捷、使用方便、降低投资。

场地设计之初，应先行了解的市政设施条件一般包括：

### （一）交通状况

城市道路状况除了应了解周围城市道路的性质、等级和走向情况，人流、车流的流量与流向，以及公交线路外，还需了解城市道路的红线宽度和断面形式，与场地适宜连接处的标高、坐标及有无交通限制等。有些大城市、特大城市和超大城市的场地邻近地铁线路，场地设计应充分考虑地铁站和公交车站的具体方位，布置好场地的对外出入口位置。对场地邻铁路，或因场地需要而与铁路相通者，则要了解铁路接轨点的位置、引线方式及坐标、铁路长度及到达建设场地的合适位置。对邻近江河湖海的场地，除要了解码头的位置及标高外，还要了解它们的水位变化及容许进船的吃水深度。

交通应了解道路的交通量与人流量的情况以及城市交通组织的要求，同时也应了解场地周围停车场等静态交通设施的情况，以确定是否有利用的可能性。

### （二）给水与排水接入点

场地内的供水方式一般有两种：一种是由城市供水系统管网供给，需了解城市供水管网的布置情况——接入点的管径、坐标、标高、管道材料、保证供水的压力和可供水量及其他供水条件等；另一种是自备水源，需了解是水井、泉水、河水取水，还是湖泊、港湾取水，了解水量大小、水质的物理性能、化学成分和细菌含量，其卫生条件是否符合国家规定的饮用水标准；此外，还要考虑枯水季节水量的供应问题，以及排水季节的防洪和净化问题。

排水首先要掌握场地所在地段有无排水设施，如有则应了解其排水方式是雨污分流还是合流，城市管网对其排放污水的水质要求、污水处理条件及容许稀释的要求，以及城市生活污水是否允许排入河湖。其次，要了解排水口的坐标、标高、管径、坡度及排水要求等。再次，应掌握场地内排出的水是否允许直接排入城市管道。如排入城市管网时，接入点的管径、坐标、标高、坡度、管道材料和允许排入量。

### （三）供电与电信接入点

需了解电源位置、引入供电线路的方向和到达建设地点的距离，了解可供电量、电压及其可靠性以及线路敷设方式。同时，还需了解场地附近的电信与有线电视广播的线路状况、容量大小、互联网的建设情况，以及电信管线设施接入点的坐标及容量，以便充分利用城市公共电信设施。

**（四）供热与供气接入点**

了解城市或区域热源、供热（蒸汽或热水）条件，场地周围供热管网的分布与容量，管道接入点的坐标、高程、管径、压力和温度等。了解城市或区域燃气（煤气或天然气）气源，场地周围供气管网的分布及容量，接入点的坐标、高程、管径和压力等。

**（五）对场地选址的影响**

通路、通电、通水是场地施工建设及使用的基本保障。在市区范围内的场地选址，其市政设施大多数情况下能满足场地正常使用要求；但郊区及偏远地区的场地，很多基础设施需自行解决，这会增加项目的建设成本。因此，在场地选址时，应尽量选择在对外交通联系便捷，有给水、排水、电力、通信、燃气、热力等基础设施保障，接驳方便，工程量小的地区，进行建设，并应充分利用场地已有的交通及市政设施。

## 第三节 场地的公共限制

为保证城市发展的整体利益，同时也为确保场地和其他用地拥有共同的协调环境与各自的利益，场地设计与建设必须遵守一定的公共限制。

公共限制条件主要是由城乡规划（国土空间规划）主管部门，依据详细规划核定建设用地的位置、面积、允许建设的范围，核发建设用地规划许可证来实现的。控制性详细规划确定了建设用地的一系列控制指标和建造要求。通过对场地界限、用地性质、容积率、建筑密度、建筑高度、绿化率及其建筑基地的年径流总量控制率等多方面指标的控制，来保证场地设计的经济合理性。同时，规定场地建筑及其环境设计应满足城乡规划和城市设计对所在区域的目标定位及空间形态、景观风貌、环境品质等的控制和引导要求，使项目自身与城市及所处地段的人文环境、自然环境、建筑环境保持协调一致。

**一、用地控制**

**（一）场地界限**

根据我国的建设用地使用制度，土地使用者或开发商可以通过行政划拨、土地出让或拍卖等方式，在交纳有关费用并按照相应程序办理手续后，领取土地使用证，取得国有土地一定期限的使用权。但这并不意味着取得使用权的土地可以全部用于项目的开发或建设，用地边界还要受若干因素的限制。

1. 征地界线与建设用地边界线（图 2-21）

征地界线是由城乡规划管理部门划定的供土地使用者征用的边界线，其围合的面积就是征地范围。征地界线内包括城市公共设施，如代征城市道路、公共绿地等。征地界线是土地使用者征用土地，向国家缴纳土地使用费的依据。

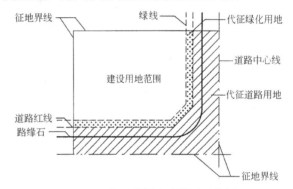

图 2-21 征地范围和建设用地范围

建设用地边界线（简称用地界线）是指征地范围内实际可供场地建设使用区域的边界线，其围合的面积是用地范围。如果征地范围内无城市公共设施用地，征地范围即为建设用地范围。如征地范围内有城市公共设施用地，如城市道路用地（图 2-21 中阴影填充范围）或城市绿化用地（图 2-21 中点阵填充范围），则扣除城市公共设施用地后的范围就是建设用地范围。

2. 道路红线

（1）道路红线与城市道路用地

道路红线是城市道路用地的规划控制边界线，一般由城乡规划行政主管部门在用地条件图中标明。道路红线总是成对出现，两条红线之间的用地为城市道路用地，由城市市政和道路交通部门统一建设管理。

（2）道路红线与征地界线（图 2-22）

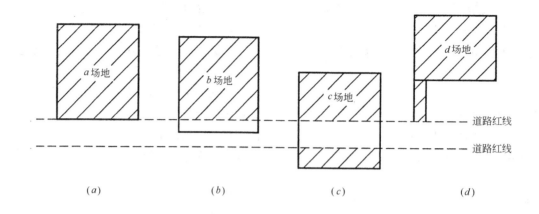

图 2-22 道路红线与征地界线的关系

(a)道路红线与征地界线重合；(b)道路红线与征地界线相交；(c)道路红线分割场地；(d)道路红线与场地分离

道路红线与征地界线的关系有如下三种：

第一，道路红线与征地界线的一侧重合[图 2-22（a）]，表明场地与城市道路毗邻。这是场地与城市道路之间最常见的一种关系。

第二，道路红线与征地界线相交[图 2-22（b）、（c）]，表明城市道路穿过场地。此时，场地中被城市道路占用的土地属城市道路用地，不能用于场地内项目的开发建设。场地的建设使用范围以道路红线为界线，即扣除城市道路用地后剩余的部分。

第三，道路红线与场地分离[图 2-22（d）]，表明场地与城市道路之间有一段距离，这时基地应设置通路与城市道路相连。设置的通路要由建设方单独征用或几个单位联合征用。

（3）道路红线对场地建筑的限制

道路红线是场地与城市道路用地在地表、地上和地下的空间界限。建筑物的台阶、平台、窗井、建筑物的地下部分或地下建筑物及建筑基础，除场地内连接城市管线以外的其他地下管线，均不得突入道路红线。

属于公益上有需要的建筑和临时性建筑，如公共厕所、治安岗亭、公用电话亭、公交调度室等，经当地城乡规划主管部门批准，可突入道路红线建造；而建筑的骑楼、过街楼、空间连廊和沿道路红线的悬挑部分，其净高、宽度等应符合当地城乡规划部门的统一规定，或经规划部门批准，方可建造。

3. 建筑控制线

建筑控制线也称建筑红线，是建筑物基底位置的控制线，是基地中允许建造建、构筑物的基线。实际上，一般建筑控制线都会从道路红线后退一定距离，用来安排台阶、建筑基础、道路、广场、绿化、地下管线和临时性的建、构筑物等设施。当基地与其他场地毗邻时，建筑红线可根据功能、防火、日照间距等要求，确定是否后退用地界线。

对于场地中建筑物的布置与相邻场地及其建筑物的关系《民用建筑设计统一标准》GB 50352—2019 中有如下规定：

（1）建筑基地内建筑物的布局应符合控制性详细规划对建筑控制线的规定；

（2）建筑物与相邻建筑基地之间应按建筑防火等国家现行相关标准留出空地或道路；

（3）当相邻基地的建筑物毗邻建造时，应符合现行国家标准《建筑设计防火规范》GB 50016—2014(2018 年版)的有关规定；

（4）新建建筑物或构筑物应满足周边建筑物的日照标准；

（5）紧贴建筑基地边界建造的建筑物不得向相邻建筑基地方向开设洞口、门、废气排除口及雨水排泄口。

相邻场地南北建筑之间的距离，应不小于与日照标准相对应的日照间距。在一般情况下，多层建筑控制线应沿征地界线后退日照间距的一半为宜，特别是位于南向的用地。

### 4. 城市蓝线

城市蓝线是指城市规划确定的江、河、湖、库、渠和湿地等城市地表水体保护和控制的地域界线。

《城市蓝线管理办法》规定在城市蓝线内禁止进行下列活动：违反城市蓝线保护和控制要求的建设活动；擅自填埋、占用城市蓝线内水域；影响水系安全的爆破、采石、取土；擅自建设各类排污设施；其他对城市水系保护构成破坏的活动。

### 5. 城市绿线

城市绿线是指城市各类绿地范围的控制线。

《城市绿线管理办法》规定：城市绿线内的用地，不得改作他用，不得违反法律法规、强制性标准以及批准的规划，进行开发建设；有关部门不得违反规定，批准在城市绿线范围内进行建设；因建设或其他特殊情况，需要临时占用城市绿线内用地的，必须依法办理相关审批手续；在城市绿线内，不符合规划要求的建、构筑物及其他设施应当限期迁出。

### 6. 城市紫线

城市紫线是指国家历史文化名城内的历史文化街区和省、自治区、直辖市人民政府公布的历史文化街区的保护范围界线，以及历史文化街区外经县级以上人民政府公布保护的历史建筑的保护范围界线。

《城市紫线管理办法》规定：禁止违反保护规划的大面积拆除、开发；禁止对历史文化街区传统格局和风貌构成影响的大面积改建；禁止损坏或者拆毁保护规划确定保护的建筑物、构筑物和其他设施；禁止修建破坏历史文化街区传统风貌的建筑物、构筑物和其他设施；禁止占用或者破坏保护规划确定保留的园林绿地、河湖水系、道路和古树名木等；禁止其他对历史文化街区和历史建筑的保护构成破坏性影响的活动。

### 7. 城市黄线

城市黄线是指对城市发展全局有影响的、城市规划中确定的、必须控制的城市基础设施用地的控制界线。

《城市黄线管理办法》确定的城市基础设施包括：城市公共汽车首末站、出租汽车停车场、大型公共停车场；城市轨道交通线、站、场、车辆段、保养维修基地；城市水运码头；机场；城市交通综合换乘枢纽；城市交通广场等城市公共交通设施；取水工程设施和水处理工程设施等城市供水设施；排水设施；污水处理设施；垃圾转运站、垃圾码头、垃圾堆肥厂、垃圾焚烧厂、卫生填埋场（厂）；环境卫生车辆停车场和修造厂；环境质量监测站等城市环境卫生设施；城市热源和燃气储配站等城市供燃气设施；城市热源、区域性热力站、热力线走廊等城市供热设施；城市发电厂、区域变电所（站）、市区变电所（站）、高压线走廊等城市供电设施；邮政局、邮政通信枢纽、邮政支局；电信局、电信支局、卫星接收站、微波站；广播电台、电视台等城市通信设施；消防指挥调度中心、消防站等城市消防设施；防洪堤墙、排洪沟与截洪沟、防洪闸等城市防洪设施；避震疏散场地、气象预警中心等城市抗震防灾设施；其他对城市发展全局有影响的城市基础设施。

《城市黄线管理办法》规定：禁止违反城市规划要求，进行建筑物、构筑物及其他设施的建设；禁止违反国家有关技术标准和规范，进行建设；禁止未经批准，改装、迁移或拆毁原有城市基础设施；禁止其他损坏城市基础设施或影响城市基础设施安全和正常运转的行为。

### （二）用地性质

用地性质即土地的用途，一般以所对应的用地分类代号来表示，详见《城市用地分类与规划建设用地标准》GB 50137—2011 的规定。场地的用地性质一般由城市规划确定，决定了用地内适建、不适建和有条件可建的建筑类型。在场地设计和建设中，需明确城市规划所确定的本场地的用地性质及其相应的限制与要求，并根据用地性质进行场地建设和利用。

一般用地性质是依据场地的主要用途来划定的。在实际工作中，有些用地（如电影院、图书馆、长途客运站、医院等）土地使用性质单一、功能明确，用地性质比较明确。有些用地具有多种功能，如高等院校，既有教室、实验室、图书馆等教学建筑，又有行政办公建筑，更有学生宿舍、教工住宅等居住建筑，还有体育场（馆）、实习工厂等辅助设施与食堂、仓库等后勤服务设施。其土地使用性质混杂，但场地的主要功能是教学；因此，其用地性质属于高等学校用地。

**二、交通控制**

除国家有关法规、规范对场地的交通组织有较严格的规定以外，城市规划对场地内的交通出入口方位、停车泊位等也作了适当的规定。

（一）基地交通出入口方位

（1）机动车出入口方位：尽量避免在城市主要道路上设置出入口；一般情况下，每个地块应设1～2个出入口。

（2）禁止机动车开口地段：为保证规划区交通系统的高效、安全运行，对一些地段禁止机动车开口，如主要道路的交叉口附近和商业步行街等特殊地段。

（3）主要人流出入口方位：为了实现高效、安全、舒适的交通体系，可将人车分流，为此规定主要人流出入口方位。

（二）停车泊位数

对于机动车来说，指场地内应配置的停车车位数，包括室外停车场、室内停车库。通常按配置停车车位总数的下限控制，有些地块还规定室内外停车的比例。随着电动车的发展与普及，许多地方规定新建建筑场地应配建一定比例的充电桩车位。

对于自行车来说，指场地内应配置的自行车车位数，通常是按配置自行车停车位总数的下限控制。

（三）道路

规定了街区地块内各级支路的位置、红线宽度、断面形式、控制点坐标和标高等。

**三、密度控制**

场地使用的密度主要指场地内直接用于建筑物、构筑物的土地占总场地的份额，常见的指标有建筑密度、建筑系数等。密度指标一方面控制场地内的使用效益，另一方面也反映了场地的空间状况和环境质量。

建筑密度是指场地内所有建筑物的基底总面积占场地总用地面积的比例（％）。即：

$$建筑密度 = \frac{建筑基底总面积(m^2)}{场地总用地面积(m^2)} \times 100\%$$

$$(2-7)$$

式中，建筑基底总面积按建筑的底层总建筑面积计算。

建筑密度表明了场地内土地被建筑占用的比例，即建筑物的密集程度，从而反映了土地的使用效率。建筑密度越高，场地内的室外空间就越少，可用于室外活动和绿化的土地越少，从而引起场地环境质量的下降。建筑密度过低，则土地使用不经济，甚至造成土地浪费，影响场地建设的经济效益。

**四、高度控制**

场地内建、构筑物的高度影响着场地空间形态，反映着土地利用情况，是考核场地设计方案的重要技术经济指标。在城市规划中，常常因航空或通信的要求、城市空间形态的整体控制、古城保护和视线景观走廊的要求，以及土地利用整体经济性等原因，对场地的建筑高度进行严格控制。大于100m的超高层建筑在城市建设时，需经论证批准后才能建设。此外，建筑高度也是确定建筑物等级、防火与消防标准、建筑设备配置要求的重要因素。

用以控制场地建筑高度的指标主要有建筑限高和建筑层数（或平均层数）。建筑限高适用于对一般建筑物的控制，建筑层数则主要针对居住建筑。

（一）建筑限高

建筑限高是指场地内建筑物的最大高度不得超过一定的控制高度；这一控制高度为建筑物室外地坪至建筑物顶部女儿墙或檐口的高度。在城市一般建设地区，局部突出屋面的楼梯间、电梯机房、水箱间及烟囱等可不计入建筑控制高度；但突出部分的高度和面积比例应符合当地城市规划实施条例的规定。当场地处于建筑保护区或建筑控制地带以及有净空要求的各种技术作业控制区范围内时，上述突出部分仍应计入建筑控制高度。

（二）建筑层数

建筑层数是指建筑物地面以上主体部分的层数。建筑物屋顶上的瞭望塔、水箱间、电梯机房、排烟机房和楼梯等，不计入建筑层数；住宅建筑的地下室、半地下室，其顶板面高出室外地面不超过1.50m者，不计入地面以上的层数内。

（三）平均层数

平均层数即场地内所有住宅的平均层数。

$$住宅平均层数（层）= \frac{住宅建筑面积的总和（m^2）}{住宅基底面积的总和（m^2）}$$

(2-8)

住宅平均层数是居住建筑场地技术经济评价的必要指标，反映着居住建筑场地的空间形态特征和土地使用强度，与密度指标和容量指标密切相关。

**五、容量控制**

场地的建设开发容量反映着土地的使用强度，既与业主对场地的投入产出和开发收益率直接相关，又与公众的社会效益、环境效益密切联系，是影响场地设计的重要因素。场地设计最基本的容量控制指标是容积率。

容积率是指场地内建筑面积的总和与场地总用地面积的比值，是一个无量纲数值。容积率中的建筑面积不包括±0.00以下的地下建筑面积。

$$容积率 = \frac{总建筑面积（m^2）}{场地总用地面积（m^2）}$$

(2-9)

容积率是确定场地的土地使用强度、开发建设效益和综合环境质量的关键性控制指标。容积率高说明或密度大，或层数多。如容积率过高，会导致场地日照、通风和绿化等空间减少；过低则浪费土地。通常，在土地审批或控制性详细规划中，规划管理部门可给出该地块容积率的上限指标，这是设计时必须严格遵守的。

有些城市在规划管理中制定了场地容积率奖励措施。当场地建设为城市公益事业作出贡献时，如无偿提供公共性设施（一定面积的公共绿地或公共停车场等）或无偿负担场地周围公共设施（道路或绿化等）用地的征地及拆迁工作等，可在原规划控制容积率的基础上，再奖励一定幅度的容积率，奖励上限一般不超过原规划控制容积率的20%。

**六、绿化控制**

场地绿化用地的多少影响着场地的空间状况，绿化植被的好坏直接决定了场地的环境质量，是评价场地设计方案的一个重要方面。一般新建和扩建工程应包括绿化工程的投资和设计，场地绿化指标应符合当地城市规划部门的规定。

对场地而言，一般常用的绿化控制指标有绿地率、绿化覆盖率和绿容率：

绿地率：主要衡量场地中用来进行绿化种植的用地总量。

绿化覆盖率：主要用来衡量场地中植物长成后植被的投影面积总量。相对而言，绿化覆盖率的概念比较宽泛，大致长草的地方都可以算作绿化覆盖的区域；所以，绿化覆盖率一般要比绿地率高一些。

绿容率：是为了应用于生态规划对总体规划、控制性规划、详细规划、绿地系统专项规划、城市设计、项目设计进行科学指导与控制而制定的绿化指标。其目的在于提高单位面积上绿地的科学生物总量，进而约束绿地系统建设的投机行为，规范绿地系统建设的责任与义务，提高有限的绿地系统建设的品质与效率。对民用建筑场地设计而言，规划管理部门在提出规划设计条件时，规定的是地块绿化控制指标的下限。

（一）绿地率

绿地率是指场地内各类绿地面积的总和占场地总用地面积的比例。

$$绿地率 = \frac{各类绿地面积的总和（m^2）}{场地总用地面积（m^2）} \times 100\%$$

(2-10)

对于城市居住区而言，场地内的绿地包括居住区公共绿地和居住区街坊内绿地（宅旁绿地、集中绿地）。通常满足当地植树绿化覆土要求、方便居民出入的地下或半地下建筑的屋顶绿地应计入绿地指标（但应根据覆土厚度进行折减，具体折算办法可参照当地的有关规定），不应包括其他屋顶、晒台的人工绿地。

《城市居住区规划设计标准》GB 50180—2018对居住街坊内绿地面积的计算方法作了如下规定：

（1）当绿地边界与城市道路临接时，应算至道路红线；

（2）当与围墙、院墙临接时，应算至墙脚；

（3）当与居住街坊附属道路临接时：宅旁绿

地应算至路面边缘，集中绿地应算至距路面边缘1.0m处；

（4）当与建筑物临接时：宅旁绿地应算至距房屋墙脚1.0m处，集中绿地应算至距房屋墙脚1.5m处。

同时，规定居住街坊内的集中绿地：新区建设不应低于0.5m²/人，旧区改建不应低于0.35m²/人。

对于树木、花卉、草坪混植的大片绿地及单独的草坪、绿地及花坛等，按绿地周边界限所包围的面积计算。对于道路绿地、防护绿地等难以确定明确边界的点状或线状栽植的乔、灌木绿地，可按表2-15的规定计算。

绿化用地面积计算表　　表2-15

| 植物类别 | 用地面积计算（m²） |
|---|---|
| 单株大灌木 | 1.0 |
| 单株小灌木 | 0.25 |
| 单行绿篱 | 0.5L |
| 多行绿篱 | (B+0.5) L |
| 单株乔木 | 2.25 |
| 单行乔木 | 1.5L |
| 多行乔木 | (B+1.5) L |

注：1. L—绿化带长度(m)；B—总行距(m)；

　　2. 摘自：姚宏韬. 场地设计 [M]. 沈阳：辽宁科学技术出版社，2000。

绿地率是调节、制约场地的建设开发容量，保证场地基本环境质量的关键性指标，具有较强的可操作性；因此，应用十分广泛。它与建筑密度、容积率成反向增长关系。正是通过这几项指标的协调配合，在科学、合理地限定土地使用强度的同时，有效控制了场地的景观形态和环境质量。

（二）绿化覆盖率

场地的绿化垂直投影面积之和占场地用地面积的百分比，称为场地的绿化覆盖率，即：

$$绿化覆盖率（\%）=\frac{绿化垂直投影面积之和（m²）}{场地用地面积（m²）}\times100\%　（2-11）$$

在统计植被覆盖面积时，乔、灌木按树木成材后树冠的垂直投影面积计算（与树冠下土地的实际用途无关），多年生草本植物按实际占地面积计算；但乔木树冠下的灌木和多年生草本植物不再

重复计算。为了鼓励场地立体绿化，许多地方规定屋顶绿化可以计入绿化覆盖率统计范畴。作为评价场地绿化效果的一项指标，绿化覆盖率能够直观而清晰地反映场地的绿化状况；但因其统计测算工作较为繁杂，在实践中应用受到一定限制。

（三）绿容率

除绿地率和绿化覆盖率外，绿容率也是衡量场地生态效益和环境质量的指标，是场地绿色建筑评价指标之一。

绿容率也称绿量容积率，是指场地内各类植被叶面积总量与场地面积的比值。为了合理提高绿容率，可优先保留场地原生树种和植被，合理配置叶面积指数较高的树种，提倡立体绿化，加强绿化养护，提高植被健康水平。

中国各气候区植被生长情况差异较大，为便于计算，绿容率可采用如下简化计算公式，即：

$$绿容率=[\sum（乔木叶面积指数\times乔木投影面积\times乔木株数）+灌木占地面积\times3+草地占地面积\times1]/场地面积　（2-12）$$

冠层稀疏类乔木叶面积指数按2取值，冠层密集类乔木叶面积指数按4取值，乔木投影面积按绿化种植平面图及苗木表上的数据进行计算，场地内的立体绿化均可纳入计算。

依据《绿色建筑评价标准》GB/T 50378—2019，场地绿容率不低于3.0时，才能作为绿色建筑评价的加分项。

**七、建筑形态**

为保证城市整体的综合环境质量，创造各具特色、富有情趣、和谐统一的城市面貌，在较准确地把握场地与城市整体空间环境之间相互关系的基础上，常将城市设计对环境空间的构想，抽象为具体的控制指标与要求，从而为场地设计提供可操作的设计准则与引导。

建筑形态控制主要针对文物保护地段、城市重点区段、风貌街区及特色街道附近的场地，并根据用地功能特征、区位条件及环境景观状况等因素，提出不同的限制要求。如：对城市广场周围的场地，侧重于空间尺度和建筑体形、体量的协调控制；对特色商业街两侧的场地，主要控制烘托商业气氛的广告、标志物及宜人的空间尺

度；对风貌街区内的场地，则重点控制建筑体量、艺术风格与色彩的和谐统一等。

常见的建筑形态控制内容有建筑形体、艺术风格、群体组合、空间尺度、建筑色彩、装饰小品等。它采用意向性、引导性与指令性相结合的控制指标，并强调为建筑师的设计创作留出充分的余地。在实际工作中应根据相关因素进行具体分析。

以上各项限制条件在控制性详细规划或城乡规划管理部门给定的规划设计条件和要求中都有明确规定。

**八、建筑基地的年径流总量控制率**

为实现海绵城市建设目标，构建低影响开发雨水系统，有些城市在城市规划设计条件中明确提出了建筑基地的年径流总量控制率的控制指标。年径流总量控制率是对建设场地雨水径流采取措施进行控制的衡量指标，建设项目应有效组织基地内雨水的收集与排放，并满足设计条件对雨水径流总量控制的要求。

年径流总量控制率指标是指通过自然和人工强化的渗透、储存、蒸发、蒸腾等方式，场地内累计全年得到控制（不外排）的雨量占全年总降雨量的比例。即：

$$年径流总量控制率 = \left(1 - \frac{全年外排雨量}{全年总降水量}\right) \times 100\% \quad (2-13)$$

低影响开发雨水系统的径流总量控制一般采用年径流总量控制率作为控制目标。年径流总量控制率与设计降雨量为一一对应关系。

在理想状态下，径流总量控制目标应以开发建设后径流排放量接近开发建设前自然地貌时的径流排放量为标准。自然地貌往往按照绿地考虑；一般情况下，绿地的年径流总量外排率为15%～20%（相当于年雨量径流系数为0.15～0.20）。因此，借鉴发达国家的实践经验，年径流总量控制率最佳为80%～85%。这一目标主要通过控制频率较高的中、小降雨事件来实现。以北京市为例，当年径流总量控制率为80%和85%时，对应的设计降雨量为27.3 mm和33.6 mm，分别对应约0.5年一遇和1年一遇的1小时降雨量。

通过对我国近200个城市年径流总量控制率及其对应的设计降雨量值关系的统计分析，将我国大陆地区年径流总量控制率大致分为5个区，并给出了各区年径流总量控制率α的最低和最高限值，即Ⅰ区（85%≤α≤90%）、Ⅱ区（80%≤α≤85%）、Ⅲ区（75%≤α≤85%）、Ⅳ区（70%≤α≤85%）、Ⅴ区（60%≤α≤85%）。各地可参照此限值，因地制宜地确定本地区径流总量控制目标；具体可详查住房和城乡建设部颁布的《海绵城市建设技术指南——低影响开发雨水系统构建（试行）》。

**九、公共限制条件对场地选址的影响**

公共限制条件对场地选址有直接影响。首先，选址的用地性质应符合城乡规划要求，比如工业厂房不应选址在城市规划确定的居住用地内，在城市建设高度控制区域内选址，要考虑建设项目是否满足建筑高度控制要求。其次，场地的用地形态应满足项目主体建筑平面布局或生产工艺上的特殊需要；同时，场地选址不应对周围环境产生较大影响，应留有发展余地，便于分期建设、分期征用。

**【例2-8】** 图2-23为某市开发区控制性详细规划地块开发控制的分图图例。从地块位置图可看出，该地块位于开发区东侧中部（地块位置图中的黑色面积所示），编号为J3，因道路分隔成南片与北片，共包括了10小块。地块的边线既是道路红线，也是用地界线。要求建筑物后退道路红线一定距离，相邻的地块还要求后退用地边界线一定距离，如图2-23平面图中每个地块的虚线所示。

其中，地块J3-01、J3-05和J3-10是街头绿地，地块J3-02、J3-04是商用地，地块J3-03是广场用地，地块J3-06是旅馆用地，地块J3-07、J3-08是二类商住综合用地，地块J3-09是办公综合用地。

北片地块的北侧和东侧为城市主干道，西侧和南侧为城市次干道，机动车出入口建议设置在东侧城市道路中部和南侧城市道路中部（图中黑三角所示位置），北侧城市道路不能设出入口（图中粗虚线所示位置），西侧次干道全段限制车辆出入（图中的阴影线所示位置），地块J3-04要求配置一处公厕。

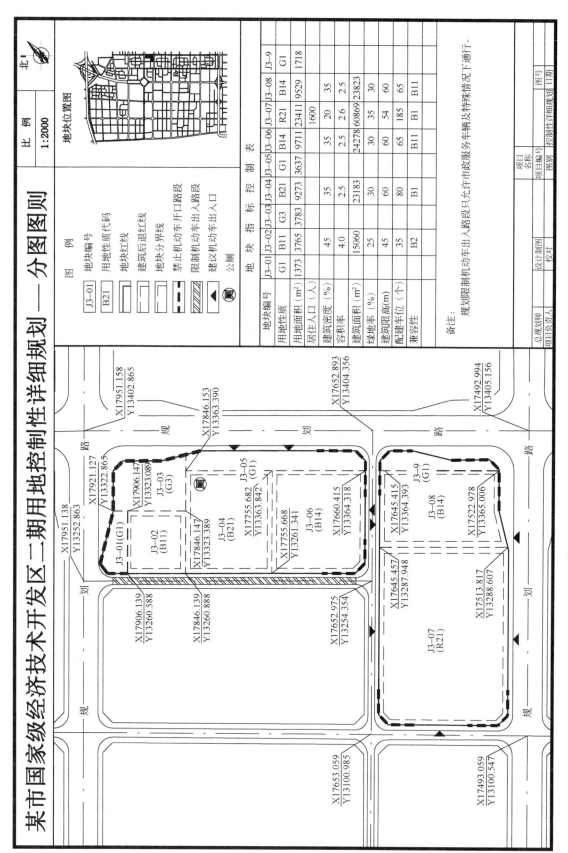

图 2-23 某市开发区控制性详细规划的地块开发控制图则

44

南片地块的南侧和东侧为城市主干道,西侧和北侧为次干道。机动车的出入口可以设在南侧、北侧和西侧城市道路中部(图中黑三角所示位置)。

各地块的详细指标如图2-23中的地块指标控制表所示。

## 第四节 现状环境分析与地形分析方法

### 一、现状环境分析

现状分析是要明确场地在区域中的位置关系、地位和作用,对建筑物、构筑物、道路、管线、植被、古迹、农田、水塘等现状条件加以确认并作出评价,以确定需保留、利用、改造、拆除、搬迁的内容;同时,根据规划设计条件要求,分析可建建筑的范围,其成果以现状分析图表示。由于建设现状条件的复杂程度不同,城市市区场地和郊区场地的现状条件差别很大,对于

前者,其现状环境分析尤其重要。

【**例2-9**】 已知某城市市区一块将进行住宅小区开发的基地内,计划建设6层住宅(高度18m),其基地现状见图2-24。

规划设计条件如下:

基地北侧以建设路的道路红线为界,东侧以和平路的道路红线为界,南侧以用地界线为界,西侧以河道蓝线为界,用地面积为3.25hm²。建设路的红线宽度为20m,要求建筑后退红线距离为6m;和平路的红线宽度为40m,要求建筑后退红线距离为10m;西侧用地退河道蓝线的距离为5m;南侧用地退用地界限的距离为5m。该城市日照间距取南侧建筑高度的1.3倍。

现状环境分析如下:

1. 周围环境

基地与市中心区隔河相望,东、北两侧紧邻城市主、次干道,故噪声较大。建设路是场地与市中心区联系最便捷的通道。建设路以北为中学

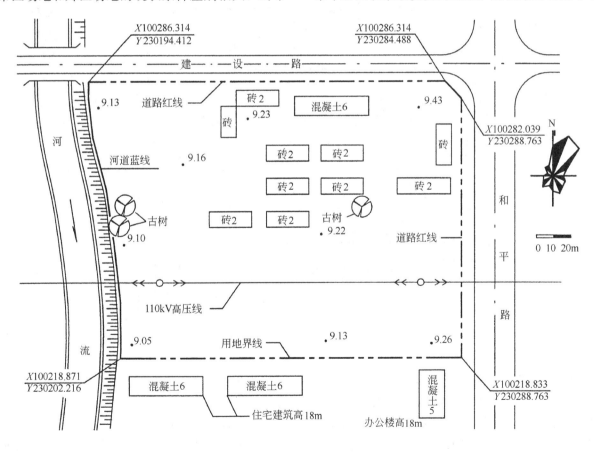

图2-24 某基地现状图

用地，和平路东侧为一大型企业的生活区。场地南侧为某单位的住宅区，环境安静。西侧河流水量较大，水质较好，具有较好的视线景观条件。该城市的主导风向为北东北风。

2. 场地内部

基地的地形平缓，略向河流方向倾斜，最高点标高为 9.43m，最低点标高为 9.05m，最大高差 0.38m。基地东北部有 1 栋新建的 6 层房屋，为钢筋混凝土结构，予以保留，其余 10 栋民宅为砖结构，建设时间长，建筑质量较差，拟予以拆除。基地南部有一条东西走向的架空高压线，电压为 110kV，保持现状，根据城乡规划管理部门的要求，高压走廊宽度控制为 25m。此外，基地内分

布了 3 棵古树，树冠约 15m，设计中予以保留。

3. 确定可建建筑范围

基地北侧和东侧用地界限均为道路红线。根据城乡规划管理部门后退道路红线的要求及保留的 6 层房屋和基地南侧相邻单位住宅楼和办公楼的现状，日照间距按 1.3 倍南侧建筑高度控制，即日照间距：18m×1.3＝23.4m。东西向建筑的消防间距为 6m。

此外，扣除高压线走廊宽度以及树木的树冠范围，即为基地的可建建筑范围，如图 2-25 中的阴影范围所示。确定了可建建筑范围，然后再进行总平面布置，安排建筑物、道路、管线，做好小区规划就有了条件。

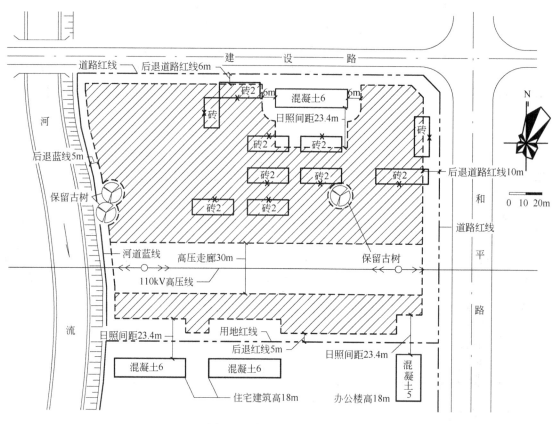

图 2-25　某基地现状分析图

注：阴影部分为可建建筑范围。

【例 2-10】　图 2-26 所示为陕西某城市高新技术开发区中某街区的现状地形图，该综合区位于开发区北部，北距市中心约 3km。综合区西邻生物工程园区，北接城市的体育中心，东、南面为居住用地。该综合区将建设成以商业服务及文化

娱乐为主的综合服务区，使之成为开发区生活服务中心的重要组成部分。

规划设计条件如下：

基地的用地四周由城市道路围合，总用地面积为 13.4hm²。西侧城市道路红线宽度为 40m，

46

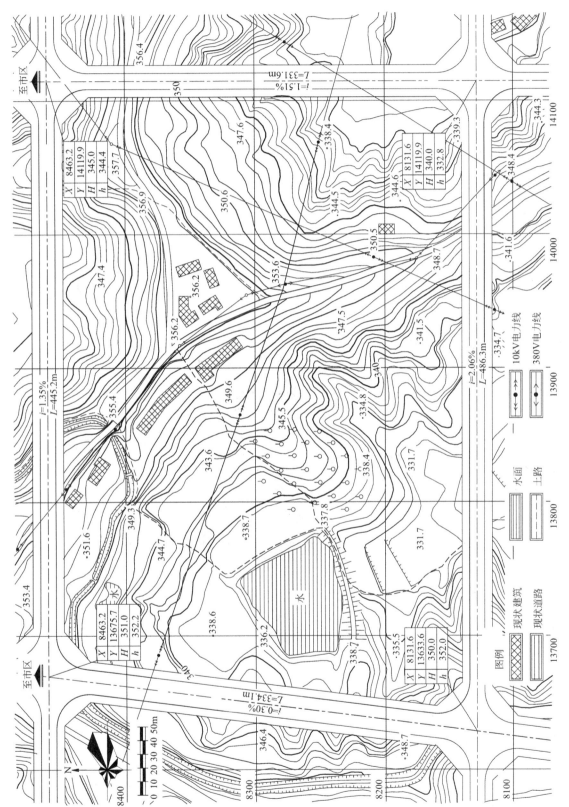

图 2-26　某综合区现状地形图

要求建筑后退红线距离为 8m；其余三面城市道路红线宽度为 24m，要求建筑后退红线距离为 5m。该城市的主导风向为东东北风。图中，$H$ 表示交叉口路面设计标高，$h$ 表示自然地面标高。

现状环境分析如下：

1. 周围环境

根据场地所在城市区位及周围环境、道路宽度、场地与城市的关系等，可以确定西侧道路为城市主干道，其余三面为城市支路。相对而言，城市主干道的噪声比较大。

2. 场地内部

场地内现状房屋均为简陋民房或农宅，无保留价值，予以拆除。380V 电力线随开发区建设的逐步推进要拆迁改线，规划可不予考虑；10kV 高压线需作保留处理，高压走廊宽度取 12m。西侧的水塘可视情况与公共绿地结合加以利用。规划设计可考虑现状道路和场地中央果园利用的可能性。

3. 确定可建建筑范围

如图 2-27 中的阴影范围，即为基地的可建建筑范围。

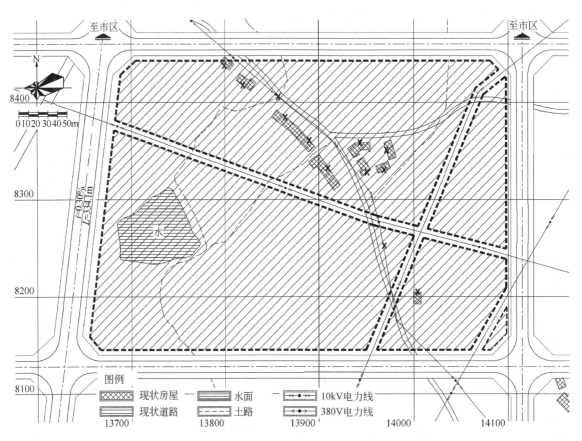

图 2-27　某综合区现状分析图

注：阴影部分为可建建筑范围。

**二、地形分析**

城市市区的场地，一般地形已经过平整，或本身地形较为平坦，可以直观地看出其地形的变化趋势，可不采用下列地形分析方法。但对于城市郊区或郊外的坡地场地，当地形条件复杂，场地面积很大时，设计条件的分析除需进行现状环境分析外，还需要进行地形分析，以便更准确地认识地形，进行方案设计和竖向设计。地形分析包括对基地的地面高程、坡度、坡向和自然排水等的分析。

（一）高程分析

高程分析是将等高线按一定的间距，以递增（或递减）的方向分成若干组，并用不同的符号或颜色区分，以显示基地高程的变化情况、最大高程与最低高程部位以及高程差。高程分析可为某些设施的布局提供依据。如一些运输量大且使用频繁的生活服务设施的布置要求车行通达、方便使用；水塔、高位水池需选择高程较高的位置；有些建筑布置在高处，可获得较开阔的视野。同时，还可根据地面高程确定建筑的层数，以取得良好的天际轮廓线和建筑群体形态。此外，高程分析也是研究场地风环境的依据。以下结合示例，介绍此方法的使用。

**【例 2-11】** 对图 2-26 所示用地范围内的基地进行高程分析。

**【解】** 首先，对用地内的地形等高线分组。

经确认，该场地的最大高程为 357.7m，位于场地东北角，最低高程为 331.7m，位于场地西南角，场地最大高差为 26m。整数等高线的范围为 335～355m，以 5m 为间隔，可以将高程范围划分为 6 组，即 335m 以下、335～340m、340～345m、345～350m、350～355m 和 355m 以上，以图例分别表示相应的分组。

然后，按递减（或递增）的顺序，找出地形图上每一组的位置。如要绘出 355m 以上的一组，要找出 355m 这条等高线，在其围合的范围绘上相应的图例[图 2-28(a)]；如要绘出 350～355m 的一组，则分别找出 350m 和 355m 等高线，在其范围内绘上相应的图例[图 2-28(b)]。同理，绘出其余的内容[图 2-28(c)～(f)]，即得出高程分析图（图 2-29）。

从图 2-29 可知：基地中部偏东北地势较高，西南部和东南部分地势较低。根据地区风玫瑰图可知，东北风为场地的主导风向，基地西部和西南部通风环境较差，建筑布置应考虑通风问题。

**（二）坡度分析**

坡度分析是按一定的用地分类标准，在用地范围内划定不同区域，用相应的图例表示出来，直观地反映用地内坡度的陡与缓。地形坡度对建筑物和道路布置的影响很大，理论上建筑物可以在各种坡度的地形上建造，但施工的难易程度和工程造价不同。对应于表 2-3，可将用地划分为以下三种类别：一类用地的地形坡度小于 10%（5°43′），其坡度对建筑布置、道路走向影响不大；二类用地的地形坡度为 10%（5°43′）～25%

（14°02′），其坡度对建筑布置和道路走向有一定的影响；三类用地的地形坡度大于 25%（14°02′），其坡度对建筑布置和道路走向影响较大。以下结合示例，介绍此方法的使用。

**【例 2-12】** 已知地形图比例尺为 1∶1000，等高距为 1m。试对图 2-26 所示用地范围内的基地进行坡度分析。

**【解】** 第一，确定用地分类标准：

一类用地 $i<10\%$，二类用地 $10\%\leqslant i<25\%$，三类用地 $i\geqslant25\%$。

第二，计算对应于坡度 $i=10\%$ 和 $i=25\%$ 时的等高线间距 $d_{10}$ 和 $d_{25}$。

由式（2-3）$d=\dfrac{h}{iM}$ 得：

$$d_{10}=\frac{1}{0.1\times1000}=0.01\text{m（即 1cm）}$$

同理：

$$d_{25}=\frac{1}{0.25\times1000}=0.004\text{m（即 0.4cm）}$$

第三，确定各类用地的位置。

在相邻等高线之间，分别用 $d_{10}=1\text{cm}$ 和 $d_{25}=0.4\text{cm}$ 量取等高线间距。当等高线间距 $d>1\text{cm}$ 时，为一类用地；当等高线间距为 $0.4\text{cm}\leqslant d<1\text{cm}$ 时，为二类用地；当等高线间距 $d\leqslant0.4\text{cm}$ 时，为三类用地[图 2-30（a）]。然后，用一定的图例表示相应的内容[图 2-30（b）]。

第四，确定各类用地的范围。

在等高线间距不断变化的相邻等高线之间，用 $d_{10}=1\text{cm}$ 或 $d_{25}=0.4\text{cm}$ 为标准，找出等高线间距恰好等于此数值的位置，并沿垂直相邻两条等高线的方向画线，即可区分出不同的用地类型（图 2-31）。

应用上述方法，求出三类用地范围如图 2-32(a)；二类用地范围如图 2-32(b)；三类用地和二类用地以外的部分即为一类用地范围。

最后，分别将基地内相应坡度的地段以不同符号或颜色区分，即成坡度分析图（图 2-33）。

由图 2-33 可知，规划区范围内用地面积为 13.4hm²。其中，一、二类用地面积约 11.15hm²，占规划区总用地面积 83.2%；三类用地面积约 2.25hm²，占规划区总用地面积约 16.8%，分布在基地的西南角、东北角和东南角。各类用地分析评定见表 2-16。

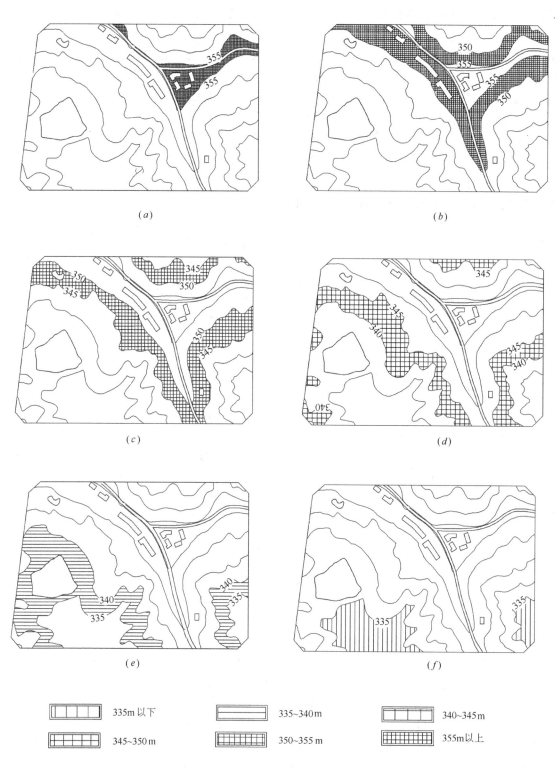

图 2-28　高程分析示意图

(a)355m 以上高程范围；(b)350～355m 高程范围；(c)345～350m 高程范围；
(d)340～345m 高程范围；(e)335～340m 高程范围；(f)335m 以下高程范围

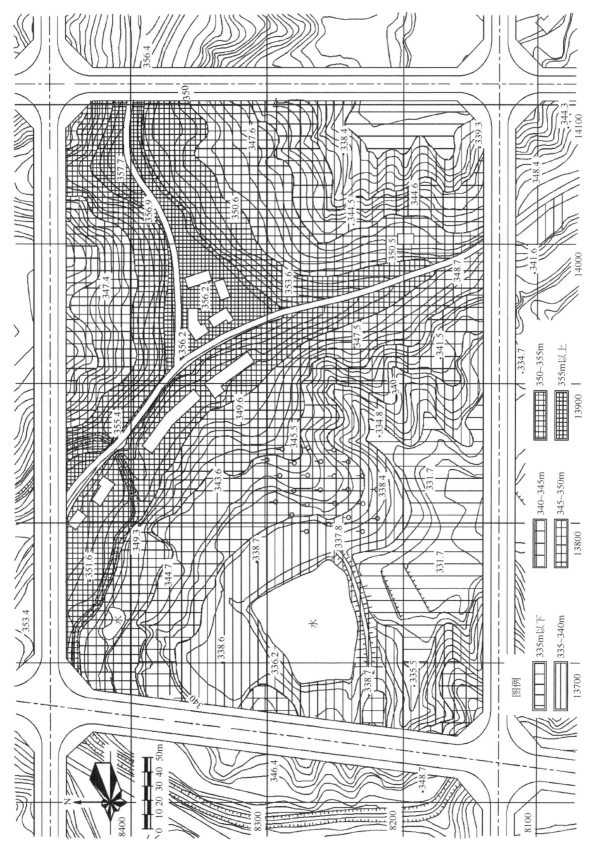

图 2-29 某综合区地形高程分析图

图例

| | |
|---|---|
| 335m以下 | 350~355m |
| 335~340m | 355m以上 |
| 340~345m | |
| 345~350m | |

51

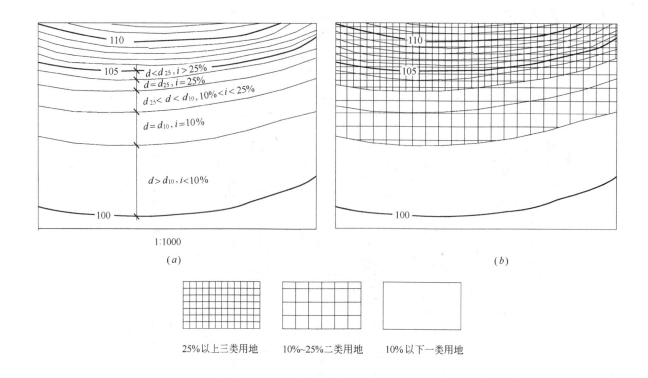

图 2-30　各类用地位置的确定

(a)不同的用地类型；(b)坡度分析示意

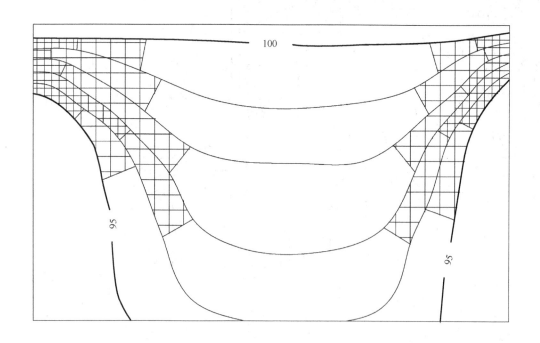

图 2-31　各类用地范围的确定

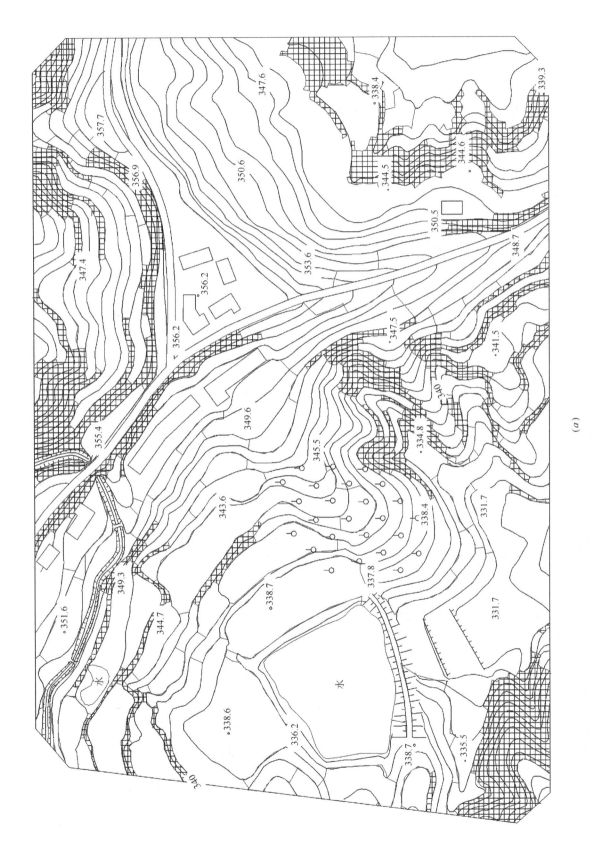

图 2-32　各种坡度用地范围示意图（一）

(a) 坡度 25% 以上

(a)

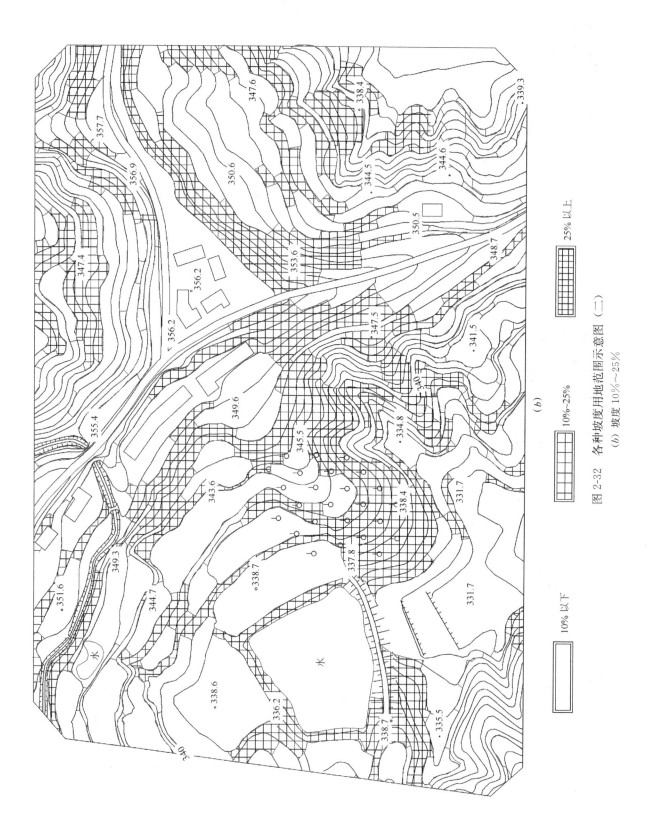

图 2-32　各种坡度用地范围示意图（二）

(b)

(b) 坡度 10%～25%

10% 以下　　10%～25%　　25% 以上

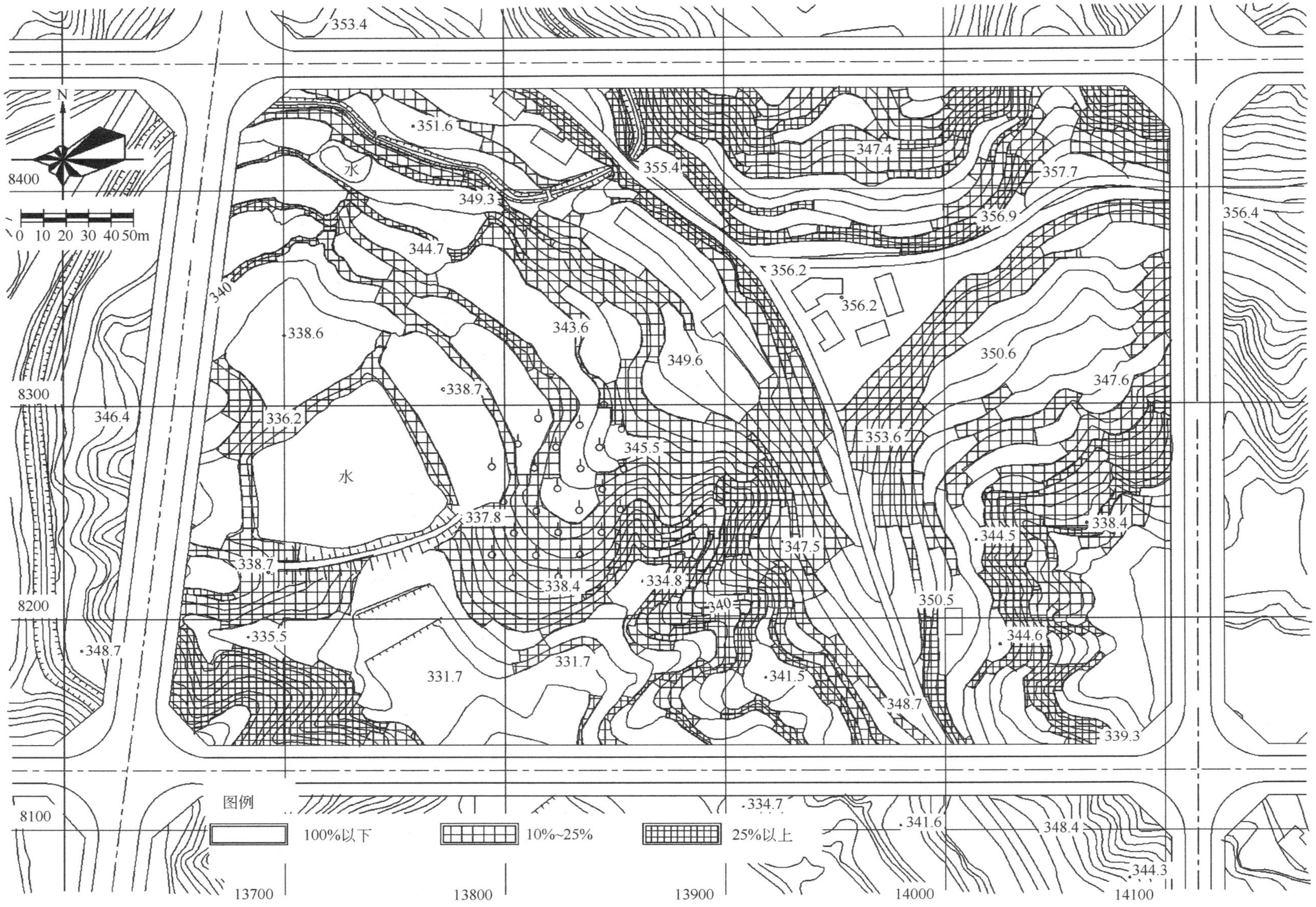

图 2-33 某综合区地形坡度分析图

图例

| | 100%以下 | | 10%~25% | | 25%以上 |

55

| 序号 | 用地分类 | 用地坡度 | 面积(hm²) | 比例(%) |
|----|------|------|--------|-------|
| 1 | 一类用地 | 0%~10% | 6.81 | 50.8 |
| 2 | 二类用地 | 10%~25% | 4.34 | 32.4 |
| 3 | 三类用地 | >25% | 2.25 | 16.8 |
| 4 | 用地合计 | — | 13.4 | 100 |

（三）坡向分析

按我国所处地理纬度，南坡向是向阳坡，为建筑用地最佳坡向。根据地形坡度的大小，向阳坡内建筑日照间距可相应缩小，以节约用地。北向坡则为阴坡，与向阳坡相反，建筑间距相对较大，以取得必要的日照。西向坡，在炎热地区要注意遮阳防晒，严寒地区则因能取得一定日照而优于北向阴坡。东向坡对南、北方地区相对均较适中。在进行坡向分析时，一般将坡地的地形分为东、南、西、北四个坡向，并分别以符号或颜色区分，即成坡向分析图。东、南、西、北四个

坡向的求作，主要以相应方位的45°交界线划分，即将等高线四个方位的45°切线交点分别连线，两相邻连线间的地段分别为相应的坡向。以下结合示例，介绍此方法的使用。

【例2-13】 图2-26为用地范围内的基地，对该基地进行坡向分析。

【解】 首先，明确坡地的坡向。

坡向的判别要根据等高线高程的数值高低和等高线上 $P$ 点的切线与水平线夹角 $\alpha$ 大小来决定（图2-34）。等高线数值向南减少[图2-34(a)所示]，山坡为南向；等高线数值向北减少[图2-34(b)所示]，山坡为北向；等高线数值向东减少[图2-34(c)所示]，山坡为东向；等高线数值向西减少[图2-34(d)所示]，山坡为西向。对于等高线闭合的坡面，如山头或洼地，以相应方位的45°交界线划分[图2-34(e)(f)中虚线所示]坡向。

然后，划定不同坡向的范围。

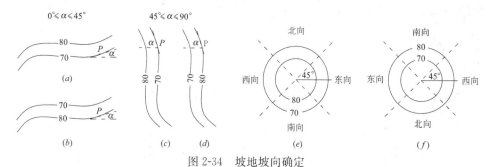

图2-34 坡地坡向确定
(a)南向；(b)北向；(c)东向；(d)西向；(e)山头；(f)洼地

当一个坡面的坡向有变化时，其等高线上就会有一个坡向分界点，如图2-35(a)中的 $A$ 点(该点的切线与水平线成45°夹角)。相应地分别找出相邻等高线的分界点，如图2-35(b)中的 $B$、$C$ 点，连接 $A$、$B$、$C$ 点，即得坡向分界线 $AC$[图2-35(b)]。当一个较长的坡面坡向不断变化时，还可以继续连出多条分界线，如图2-35(b)中的 $DE$ 和 $FG$。在 $AC$ 西侧的坡向为东向，在 $AC$ 和 $DE$ 之间的坡向为南向，在 $DE$ 和 $FG$ 之间的坡向为东向，在 $FG$ 以东的坡向为南向。

用上述方法，顺次找出场地的不同坡向，以及不同坡向的分界线，用图例分别表示，即得出坡向分析图(图2-36)。

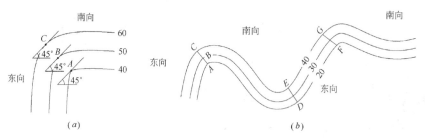

图2-35 坡地坡向范围确定
(a)坡向分界点；(b)坡向分界线

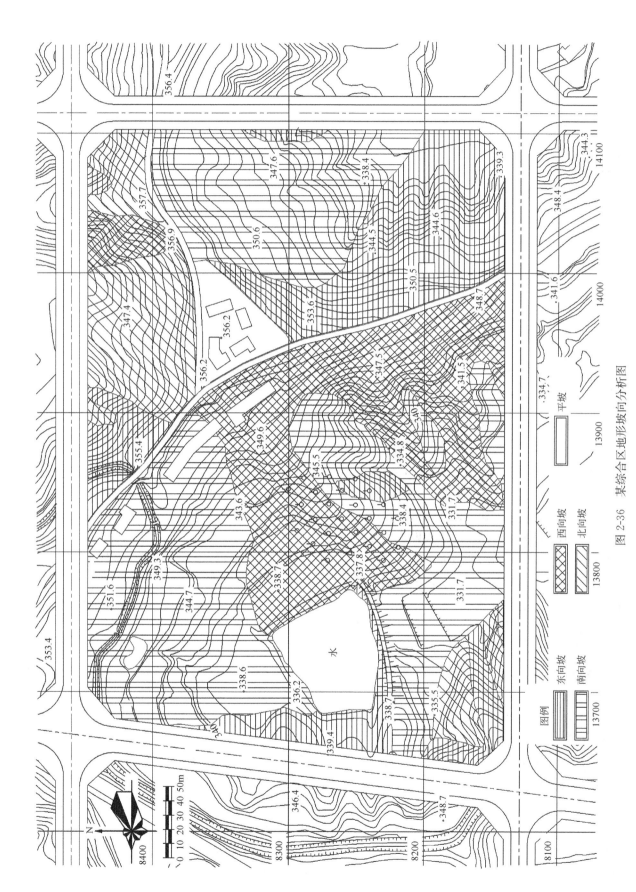

图 2-36 某综合区地形坡向分析图

图例

| | | | |
|---|---|---|---|
| 东向坡 | 西向坡 | 平坡 |
| 南向坡 | 北向坡 | |

由图 2-36 可知，场地东部、西北部和西南部以南向坡为主，为场地内的最佳坡向；中南部为西向坡；东南部为东向坡；北向坡主要分布在西南部和东北部，为坡向最差地段，但比例很小；场地中央有一占地约 0.35hm² 的平地（图 2-37）。规划设计时，可根据基地内的不同坡向给予相应的处理。

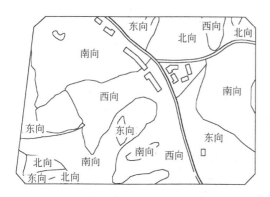

图 2-37　某综合区地形坡向示意图

（四）自然排水分析

在坡地条件下，自然排水分析主要为了正确判断地面水的流向。需作出地面分水线和汇水线，以此作为场地内地面排水及管线埋设的依据。分水线即山脊线，其附近的雨水必然以分水线为界分别流向山脊两侧；汇水线即山谷线，雨水必然由分水线两侧的山坡流向谷底，集中到汇水线再向下流或在汇水线处汇成溪流。以下结合示例，介绍此方法的使用。

【例 2-14】　试对图 2-26 所示用地范围内的基地，进行自然排水分析。

【解】　首先，逐一找出地形中的山脊和山谷。山脊的等高线为一组凸向低处的曲线[图 2-38(a)]，山谷的等高线为一组凸向高处的曲线[图 2-38(b)]。

然后，绘出山脊的山脊线和山谷的山谷线。山脊线即为分水线，山谷线即为汇水线，以相应的图例表示。

最后，在分水线和汇水线的两侧画上流水方向的符号，其方向垂直等高线指向低处（图 2-38），即形成自然排水分析图（图 2-39）。

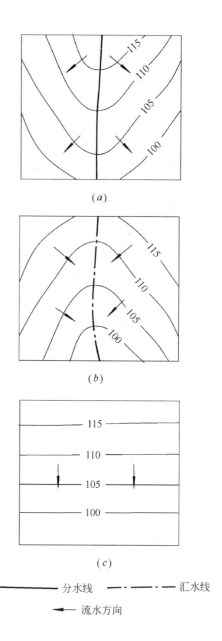

———————　分水线　　—·—·—·—　汇水线

←———　流水方向

图 2-38　地面径流方向标注
(a)山脊；(b)山谷；(c)山坡

由图 2-39 可知，该场地西部地段排水的主要方向为东向和南向；中部地段排水主要是西南向和北向；东部地段排水主要为东向和东南向以及东北角的北向排水。整个场地自然排水有两个主要方向，即中西部向南排水，东部则向东南方向排水（图 2-40）。

场地设计除对基地进行现状、地形分析外，应全面综合各种因素统筹策划与构思。

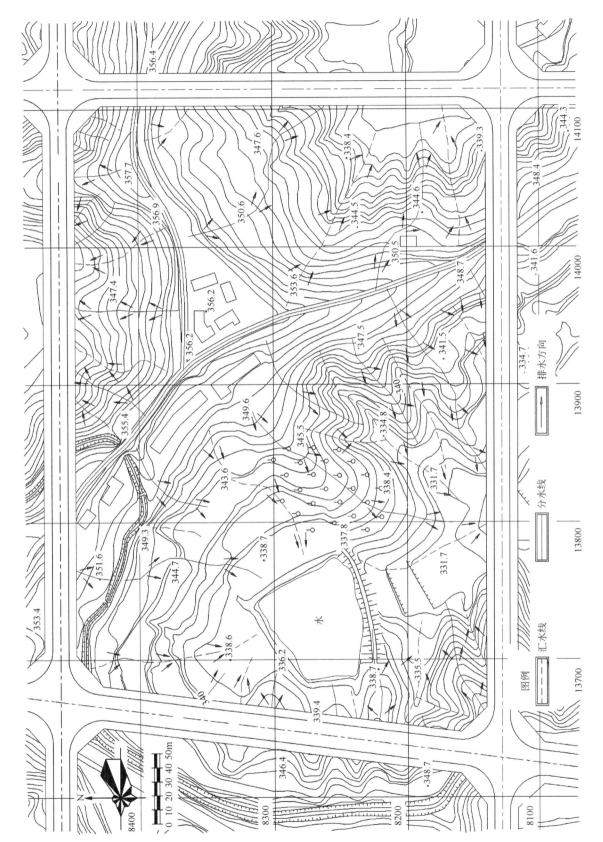

图 2-39 某综合区地形自然排水分析图

图例：排水方向　分水线　汇水线

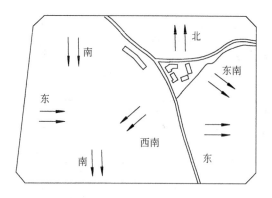

图 2-40 某综合区地形自然排水方向示意图

# 第三章　场地总体布局

第一节　概　述

场地总体布局是方案设计和初步设计阶段的主要工作内容之一，也是整个设计的关键环节。场地总体布局为整个方案设计明确指导思想和目标，确立基本思路，为方案从构思、创作到进一步深入设计提供基本框架，使建筑物的内部功能与外部环境条件彼此协调、有机结合。因此，场地总体布局决定着整个设计的方向，关系到整个设计的成败。

## 第一节　概　述

### 一、场地总体布局的任务与内容

（一）场地总体布局的任务

场地总体布局是在明确设计任务、完成设计调研等前期准备工作后，在进行场地设计条件分析的基础上，针对场地建设与使用过程中需要解决的实际问题，对场地进行综合布局安排，合理确定各项组成内容的空间位置关系及各自的基本形态，并做出具体的平面布置，从而决定了场地的整体宏观形态。其工作重点是以整体、综合的观点，抓住基本的和关键的问题，解决主要矛盾。其目的是科学有效地利用土地，并合理有序地组织场地内各种活动，促使场地各要素各得其所、有机联系，形成统一整体，并与场地的周围环境相协调，最终营造宜人的人居环境（图 3-1）。

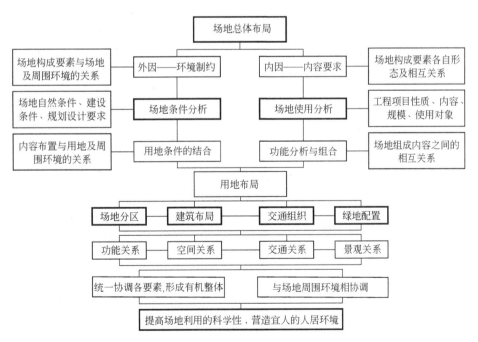

图 3-1　场地总体布局的任务与内容

（二）场地总体布局的主要内容

在场地总体布局阶段，主要的工作内容有如下几方面：

（1）分析工程项目的性质、特点和内容要求，明确场地的各项使用功能。

（2）分析场地本身及四周的设计条件，研究环境制约条件及可利用因素。

（3）研究确定场地组成内容之间的基本关系，进行场地分区。

（4）分析各项组成内容的布置要求，确定其基本形态及组织关系，进行建筑布局、交通组织和绿地配置。

概括而言，场地总体布局需要解决两个基本问题：一是组成内容的各自形态的确定，二是各项内容之间组织关系的确定，而前者是在后者的进行过程中解决的。可以说，场地中各项内容之间的关系错综复杂，牵一发而动全身。因此，场地总体布局必须综合考虑各方面因素，相互调整，同步进行。其设计核心是组织好项目各组成部分的相互关系，处理好场地构成要素之间及其与周围环境之间的关系，其中既包括功能与交通关系，也包括空间、视觉和景观等方面的关系。

**二、场地总体布局的基本要求**

场地总体布局是一项技术复杂、综合性较强的设计工作，应符合适用、经济、绿色、美观的建筑方针，满足安全、卫生、环保等基本要求，具体体现在以下几个方面。

（一）使用的合理性与便利性

任何场地的建设都是为了满足特定工程项目的使用要求，为项目的经营使用提供方便、合理的空间场所。合理的功能关系、良好的日照通风和方便的交通联系就是这方面的基本要求，这些在场地分区、建筑布局、交通组织等方面都有所体现。同时，必须树立以人为本的理念，场地布局中应具体分析使用人群的物质与精神需求，公共区域考虑全龄化设计要求，关注老年人、儿童、残障人士在场地活动中的安全性和便利性，公共活动场地及道路满足无障碍设计要求。

此外，从城市总体布局的角度来看，场地中合理的功能空间混合布置，比如居住与公共服务设施混合布置或居住与商务办公等混合布置，有利于职住平衡、减少通勤；场地出入口设置应考虑与公交站点、相关服务设施联系近便，以方便步行到达；围绕轨道交通站点安排商业、零售等公共服务项目，并紧凑布局，不仅符合集约用地、节能低碳的建设原则，同时也能带来生活的便利性。

（二）技术的安全性与耐久性

场地使用功能的正常发挥是建立在工程技术安全性基础上的。场地选址避开滑坡、崩塌、泥石流、地面塌陷、地裂缝、地面沉降等地质灾害易发地区以及洪涝灾害易发地区是基本前提。在选定的基址中，对其中不利地段或潜在危险源应采取必要的避让、防护或控制、治理等措施，基于灾害评估，先治理、后建设。涉及安全卫生的其他因素还有：场地应无危险化学品、易燃易爆危险源的威胁；建筑与各类危险源的距离应满足相应危险源的安全防护距离等控制要求；场地及周边的加油站、加气站等危险源应满足国家现行相关标准中关于安全防护距离等的控制要求；场地应无电磁辐射、含氡土壤的危害，对场地中存在的有毒有害物质应采取有效的治理措施，进行无害化处理，确保符合各项安全标准。

场地中的各项内容设施必须具有工程的稳定性和耐久性，例如滨水场地的设计必须考虑防排洪，易发生洪涝地区应有可靠的防洪涝基础设施，尽量采用低影响开发技术。坡地场地的竖向设计在总体布局中占有重要地位，是其他内容布置的前提条件，建筑布局、交通组织等都需与之紧密结合。场地设计地面应减少深挖高填，如有超过8m的高填方区，宜设置为绿地、广场、运动场等开敞空间。场地总体布局除需满足正常情况下的使用要求外，还应当考虑某些可能发生的灾害情况；必须按照有关规定，综合采取防火、抗震、防洪、防空等防灾安全措施，以防止灾害的发生、蔓延或减小其危害程度。例如，建筑物的间距安排、疏散通道、消防车道、场地出入口设置等规定，均体现在相关设计规范中，总体布局时必须遵照执行。

（三）建设的经济性与实效性

场地总体布局要考虑与国民经济发展水平及当地经济发展条件相适应，注意节约，力求发挥建设投资的最大经济效益；并尽量多保留一些绿化用地和发展余地，使场地的生态环境和建设发展具有可持续性。

总体布局中注重经济性的基本原则体现在多

个层面。对自然地形应本着以适应和利用为主、适当进行改造的原则。充分结合场地地形、地貌、地质等条件，因地制宜，合理利用土地，进行功能布局，组织道路交通；避免采用大量挖方、填方及破坏自然的方式，从而有效降低项目建设造价。土地利用的集约化、多种使用功能的混合、空间的立体开发，在提高资源利用效率的同时，也有助于提升经济效益。同时，建筑形体本身具有极大的灵活性，应选择尽可能节能节地的方案。例如，适当减小建筑面宽、加大建筑进深，具有显著的节地效果。寒冷地区建筑布局不宜过于分散，体形变化不宜过多，这样有利于节能。建筑空间组合时，注意尽量利用自然采光和自然通风，以减少能耗；特别是在地下空间开发中，将阳光、空气、绿植等自然要素引入地下，在取得节能低碳效益的同时，也有助于提高空间使用的适宜性。此外，运用与当地经济水平相适应的适宜性技术，包括从传统营建理念或乡土建筑中提炼出来的"低技术"，有可能获得环境、社会与经济的多重效益。

（四）环境的整体性与协调性

建筑是场地总体布局的核心，但任何场地中的建筑都不能离开道路、广场、绿化景观等其他内容而孤立存在。任何建筑都处于一定的环境中，并与环境保持着某种联系。建筑外部空间是从场地外部进入建筑内部的过渡，是建筑某些功能的延伸，也是建筑形象的衬托。场地总体布局中固然要考虑单体建筑的布置，处理好建筑群体组合，但更为重要的是建筑与外部空间环境的关系。因为使用者的行为活动、视觉及心理感受都取决于场地整体环境。

例如，在纪念性建筑场地中，到达主体建筑之前往往需由道路、绿化、小品等一系列要素构成的外部空间序列作为"前奏"，烘托整体氛围，逐步酝酿情绪。在居住性建筑场地中，住宅布置应与其外部的绿化景观、活动场地等有机结合，体现整体环境品质。对于位于城市空间中的建筑，布局时考虑其与周围建筑环境之间的关系，采取友善为邻的态度，或融合，或衬托，或突出，总之应有利于提升整体环境质量。

整体性设计原则体现在多个层面，包括场地与城市空间和景观的整体协调性，大型项目中规划、建筑、景观、市政等多专业一体化设计，场地内、外空间一体化考虑，地上、地下空间一体化设计，室内、室外环境一体化设计等。场地总体布局只有从整体关系出发，使人工环境与自然环境相协调、基地环境与周围环境相协调，才有可能创造便利、舒适、优美的空间环境，满足人们的物质和精神需求，达到建筑与环境的协调统一。

（五）生态的和谐性与可持续性

任何人工建设活动都要消耗资源和能源，同时对环境产生一定污染。以可持续发展原则、绿色发展理念为指导思想，在场地总体布局阶段就应树立生态观，遵循绿色建筑设计理念与方法，结合场地所在地域的气候、环境、资源等特点，协调好建筑开发的"量"和"度"，采用低影响开发措施，保护生态环境，防止污染和破坏环境，贯彻节约用地、节约能源、节约用水和节约原材料的基本国策，为人们提供健康舒适、环境宜居的使用空间，体现人、建筑与自然和谐共生的关系。

总体布局中基于对场地自然生态条件的全面分析，科学合理地保留、保护或整治、修复、利用原有地形、植被、湿地、坑塘、沟渠等，因地制宜地采取与当地自然地理条件相结合的建筑布局方式，尽可能保持场地内外生态系统的连续性，减少开发建设对场地及周边生态系统的改变，使建筑空间环境更加贴近自然、融入自然；同时，获得空间、景观等多重效益。例如，建筑形体采用与用地形状紧密配合的方式，有利于获得较完整的室外空间和活动场所；建筑布置方式与用地中原有植被、水体穿插结合，在生态优化的同时，可以创造丰富变化的空间环境；利用场地自然高差变化进行布局，往往可获得独特的景观效果。

此外，根据场地所处的地理气候条件及周边环境特点，通过合理的场地分区及建筑布局，对场地的风、光、热、声等环境加以组织和利用，为创造舒适、健康、安全和环保的整体环境奠定基础。例如，将产生污染的部分安排在下风向位置并设置绿化隔离带；合理组合建筑高度、形态，以保证日照、通风，避免冬季寒风侵袭等。

## 第二节　场地使用分析

对场地的使用进行分析，了解其组成内容及功能性质，研究特定使用要求的影响因素，是进行总体布局的基础。

**一、明确项目建设性质**

在对场地做出规划安排之前，首先要明确该项目的建设性质，这是场地使用分析的前提。按项目的建设性质，主要有新建项目和改扩建项目两大类。

相对而言，新建项目场地的约束条件较少，设计条件多以自然条件为主，布局安排的灵活性较大。例如，建筑在场地中的位置可居中、可偏于一侧，建筑本身的形态可采用集中、分散、规整、自由等多种形式，可按照较为理想的构思展开设计。一般可以从不同构思角度提出各具特色的多种设计方案，根据有关因素进行分析比选。

改扩建项目场地的现状条件和周边环境条件复杂，制约因素较多，设计条件多以建设条件为主。一种情况是在已有场地上加建增建、更新改造，另一种是续征土地与原有场地毗邻，是原有场地的延伸。此类项目要求在场地已有建设现状的基础上，通过局部调整达到整体环境的完善。这时往往需明确原规划设计者的构思意图，或保留原有基本格局，"锦上添花"或另辟蹊径，创造独具特色的形象。总之，布局安排要考虑原有规划、原有建筑与环境等，合理选择改造方式，处理好新老建筑之间功能和空间的关系，以及道路、绿化与景观的整体性。

**二、场地使用功能分析**

（一）使用功能特性

简单地说，分析场地的使用功能，主要是抓住反映场地性质、体现场地核心功能的主要建筑的功能特性，分析它的组织要求及与其他内容之间的关系。一般而言，业主已规划明确了场地的建设目的，即项目类型是确定的，诸如居住建筑、办公建筑、教育建筑、文化建筑、体育建筑、医疗建筑、商业建筑、交通建筑和纪念性建筑等。项目的类型属性决定了不同类型项目之间

的性格差异，各类项目的设计要求、规范规定也不尽相同，因而对场地设计的总体特征及功能组织提出了不同要求，成为总体布局阶段确定其基本发展方向的依据。

例如，对于文化类项目，应注意吸取地域建筑空间组织特色，体现特有的文化内涵。对于商业类项目，人流、车流、物流等各种交通流线的合理组织十分重要，是总体布局的关键。对于度假、疗养类项目，常采取化整为零、灵活自由的布局方式，形成与自然环境交融的氛围。而对纪念性项目，则更重视精神内涵和寓意的表达，常以规整、严谨的形式，形成秩序感较强的空间序列。

同一类型属性的项目，由于个体特性不同，组成内容及相互关系就不同，因而功能布局各有侧重，表现出不同的特点。例如文化馆和展览馆同属文化类建筑，其中文化馆的功能组成具有较强的综合性和复杂性，场地布局中应重点处理好各功能单元的分区与组合，动、静适当分隔；妥善组织交通集散，对于观演等人流量较大且集散集中的用房应有独立对外出入口；合理布置各种广场、庭院、活动场地等室外空间，形成优美宜人的休息和活动场所。而展览馆的设计要点是，在处理好各展室（陈列室）的空间组织，保证参观路线的顺序性和选择性的同时，还需解决好陈列区与藏品库之间的关系，观众参观路线不得与藏品运送路线相互交叉。

此外，项目的规模、标准等因素也形成对基本功能的限定。这方面条件的不同，不仅造成建筑空间尺度和数量的变化，其功能、流线关系和使用特点等都有差异，因而影响到场地总体布局。例如，居住小区内的公共服务设施和市级的商业文化设施，在设计着眼点上就有很大的不同。前者往往"小而精"，旨在为小区居民提供便利的服务，创造宜人的环境，增强社区凝聚力；后者往往"大而全"，力求塑造独具特色的城市空间，扩大影响范围，获得经济、社会、环境的综合效益。

（二）功能组成内容

工程项目的具体内容是场地总体布局的直接依据，对场地使用功能的分析可从业主所提出的设计任务中有关项目的内容组成来着手。其中，建筑的内容组成是场地主要功能的体现，影响着

建筑物本身的布局形态，如占地面积、布置方式、形体组合等，制约了场地总体布局。此外，建筑的内容组成还影响着外部空间中连带内容的组成及其在场地中的存在形式。例如，在人流量较大的建筑出入口前，应设有规模相匹配的集散广场；场地中绿化庭园的位置和形态，应与建筑内部相关空间的组织相适应。

以旅馆建筑为例，主要由客房部分、公共部分和辅助部分组成，解决这三部分的相互关系和各自形态是场地总体布局的关键，可采取集中式、分散式或二者结合的混合式布局。在主要入口前应设有交通集散空间，引导人流和车流；休息厅的位置可与室外绿化庭园结合考虑，以获得室内外空间的流通和环境的赏心悦目。

场地中除建筑物之外的其他内容可分为两类，一类是有直接功能要求的，如运动场、露天游泳池、室外展场等；另一类是为了完善建筑物内部功能而应具备的，如用于交通集散、绿化景观、工程设施等方面的内容。例如观演、博览和文娱体育建筑中的人流集散广场、停车场，商业、旅馆建筑中的货物装卸、回车场等，都是不可缺少的。在项目设计要求中，这些内容不一定被明确规定，但却是实现场地整体功能所必备的。因此，对场地使用功能的把握，不能仅局限于业主明确提出的项目内容，还应从项目的自身特性出发，确认其他相关内容。总之，工程项目中要求的建筑自身组成内容，以及建筑物以外具有直接使用功能或间接辅助功能的内容，都要落实到场地之中并参与场地的构成。

有时，建筑室外的某些内容是室内功能的延续，在场地功能中占据重要地位，甚至直接关系到建设项目整体使用功能的优劣。例如在幼儿园设计中，根据幼儿教育理念，许多寓教于乐的活动需要依托室外场地与设施来完成，能否为幼儿保育和教育提供良好的空间环境成为衡量设计方案的一个重要标准。因此，在幼儿园总平面布置中，不仅要设计、落实各班级单元和公共活动教室、办公用房、后勤用房的各自形体和相互关系，还要处理好班级室外活动场地、公共活动场地、主入口集散场地、辅助入口货运回转空间等，体现场地功能的完整性。特别是室外活动场

地，精心布置运动、游戏、科普教育等功能，可以更好地突出幼儿园特色。

西安市某幼儿园设计(图 3-2)为一扩建项目，场地呈狭长的矩形，南部有两栋原有建筑，用地较为局促，增建建筑设计可发挥的空间有限。场地总体设计体现科学性与趣味性、文化性与思想性、生态性与实用性的指导思想，注重对幼儿思想道德、学习技能、身体素质的综合培养，精心设计的室外主题活动空间为方案增色不少。位于场地中部的规划建筑采用"U"字形体围合一个宽敞的内院，面向主入口开敞，与用地东侧的革命纪念馆相呼应，院落中部布置了升旗台及展示栏。这一半围合式空间限定出"德育区"，它是孩子们举行升旗仪式、开展思想品德教育的场所，为幼儿德育启蒙教育创造良好的空间氛围。两栋原有建筑之间的场地集中布置了跑道、塑胶地面、戏水池、攀岩墙、大型幼儿活动器械等游戏场地和设施，形成"益智游戏区"，营造活泼、轻松的室外体育活动及游戏环境，使幼儿身心得到良好的锻炼和发展。场地北部食堂一侧设置"生态科普区"，布置种植园地、沙坑、小动物养殖舍等场地和设施，为孩子提供与自然接触的机会，激发他们的好奇心和探索欲，培养爱心和动手操作能力，充分发挥他们的想象力和创造力。

（三）使用者需求分析

项目建设的目的是为了满足使用者的需求，为使用者提供方便、舒适和美观的空间场所。工程项目大多针对明确的使用对象，并在场地的组成内容、功能组合和交通组织等方面呈现相应的特点。为此，需进行使用者的组成情况及其心理、行为需求分析。

1. 使用者的人群构成

分析使用者组成情况，一种是根据使用者的不同身份来分类，一般服务性公建项目中都有外来使用者(服务对象)和内部工作人员，如商业建筑中包括顾客和内部职工。另一种是根据使用者的不同活动性质来分类，如步行、等候、停车和休憩等；而在居住建筑中，常按照年龄层次来分类，如老人、儿童和年轻人等。不同类别的使用者，对场地的使用要求必定有所差异。场地分析中常将不同的分类方式结合起来，使得对使用者

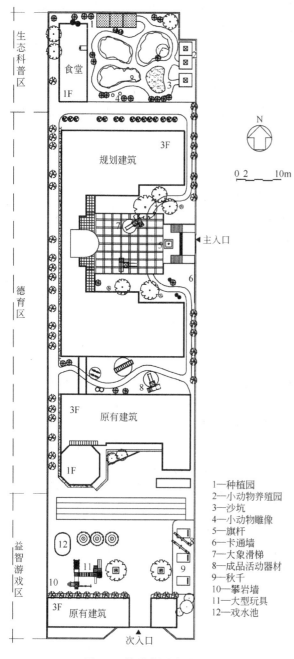

生态科普区

德育区

益智游戏区

食堂 1F

规划建筑 3F

主入口

原有建筑 3F

1F

次入口

原有建筑 3F

N

0 2 10m

1—种植园
2—小动物养殖园
3—沙坑
4—小动物雕像
5—旗杆
6—卡通墙
7—大象滑梯
8—成品活动器材
9—秋千
10—攀岩墙
11—大型玩具
12—戏水池

图 3-2 某幼儿园总平面图

的定位更为详细。例如，医院的使用者有各类病人（包括门诊、住院、急救病人）及其陪同者和探访者，还有医护人员和服务工人等。他们的活动区域与流线是不同的，场地总体布局中应合理分区。综合性医院往往有门诊部、住院部、后勤辅助等多个出入口。各类病人及其陪同者有着不同的行为活动特点和心理需求，场地总体布局需为他们的各种活动提供不同的空间场所。明确场地

各类使用者以及为之服务的各部分功能组成，有助于场地总体布局做到有的放矢、各得其所。

2. 使用者的行为需求

使用者在场地内的活动可分为三类：

第一类是必要性活动，又称直接目标性行为，如购物、观展和餐饮等，以及达成这些活动所涉及的必要的等候、停车等活动。因为这些活动是必要的，相对来说其发生受物质环境的影响小，使用者没有选择的余地，但进行得顺利与否会受到场地环境的影响。如因设计考虑不周而造成使用不当，会对环境造成消极影响。例如居住区设计中未充分考虑机动车停放空间，导致住户随意停车，不利于居住环境的安宁和安全，还常造成路缘石的破坏。而小学、幼儿园入口附近如果对家长接送的停车需求考虑不足，不仅影响接送行为的便利性和安全性，也会给住区或城市交通带来负面影响。公共建筑设计中如果对不同功能部分的联系考虑不周，易造成使用者任意穿行，导致流线交叉或绿地的践踏破坏。

第二类是自发性、可选择的活动，属间接目标性行为，其发生和进行取决于外部条件是否具备、场所是否具有吸引力。例如，室外增设庭园绿地、环境小品等设施，会使人们室外散步、游憩及观赏等活动大大增加；而在设施缺乏、空间消极的场地中，此类活动则很少发生。

第三类是社会性活动，指的是在公共空间中有赖于他人参与、受到影响或诱导的各种活动，包括儿童游戏、相互交谈等。在绝大多数情况下，它们都是由前两类活动发展而来的，可称之为"连锁性"活动。这意味着只要改善公共空间中必要性活动和自发性活动的条件，就会间接地促成社会性活动。

设计者一般对第一类活动比较明确，而容易忽视第二类活动。不少环境规划常常局限于固定的某一功能，因而显得过于刻板和生硬。如果更多地考虑人的行为因素，包括有意识和无意识的随机行为，对其中潜在需求加以挖掘，通过合理布局、精心组织来改善与创造进行这些活动的环境条件，诱发各种新的活动，使环境具备多种功能，就会给场地的使用赋予生气和活力。

深圳大学教学中心区（图 3-3）的环境设计以

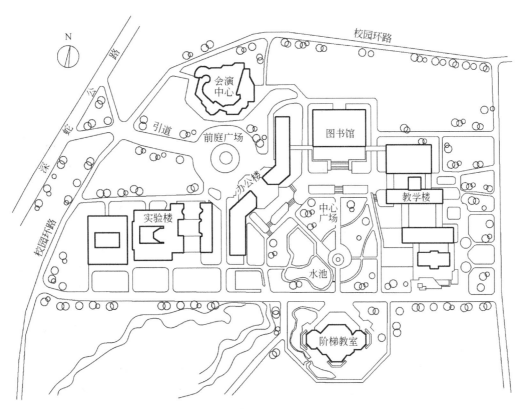

图 3-3　深圳大学教学中心区总平面图

人为本，考虑了人的动线、视线、感觉及需求。结合气候特点，在师生经常滞留的地方，设置了架空层及空廊（图书馆前的平台层及架空层，教室楼南端的架空层及教学楼层层跌落的屋顶平台等），以灰空间的形态创造了宜人的交往环境。根据人流规律，沿广场轴线布置了两条步行小路及几条曲线小径，与之结合且形态自由的水池更增添了令人愉悦的动态之美。

了解使用者的意愿和要求，可通过以下几种途径：一是查阅相关资料，了解各类使用者一般性、普遍性的活动特性和行为心理需求；二是现场观察类似场地的使用情况，了解其使用者的活动方式、活动范围及规律，由此可以掌握这一类场地中使用者与场地特定部分、特定形式之间的关系；三是对本项目使用者进行直接调查，可采用问卷、访谈等方式，这是了解使用者要求的最直接手段。一般来说，第一种方式是获取信息迅速而有效的手段，具体情况可借助另两种方式来补充。最后，在项目实际建成后，实地观察，了解使用状况是否与设计初衷一致，以此进行总结

提高，为以后处理类似问题积累经验。

## 第三节　场地分区

在前述分析研究的基础上开始用地布局时，场地分区是第一阶段的内容。简单而言，场地分区就是将用地划分为若干区域，将场地包含的各项内容按照一定的关系分成若干部分，组合到这些区域之中。场地的各个区域就是特定部分的用地与特定内容的统一体，同时各区域之间应形成有机联系。场地分区可遵循两条基本思路，一是从内容组织的要求出发，进行功能分区和组织，比如将性质相近、功能联系密切的内容归于一区；二是从基地利用的角度出发，进行用地划分，作为不同内容布置的用地，比如将用地划分为主体建筑用地，辅助建筑用地，广场、停车场及绿化庭园用地等（图3-4）。在确定分区方式时，两条思路是交织在一起的，两方面问题都要考虑。其中，内容的功能特性是确定分区的内在依据，应根据功能来确定各组成部分的相互关系；

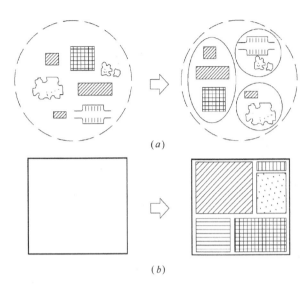

图 3-4 场地分区的两条思路
(a)内容组织；(b)基地利用

用地划分是分区状态在用地上的具体落实，需要充分结合用地状况，因地制宜、灵活分区。场地分区决定了场地组成内容的功能关系和空间位置关系，从而确定了用地布局的基本形态。

**一、内容分区**

从内容组织的角度来看，场地分区是要将场地中所包含的各项内容按照某种特定方式加以归类和组合，将性质相同或类似的内容归纳到一起，同时也将性质差异较大、使用中有相互干扰的内容分隔开来。对内容进行分区组合的目的是使场地具有较为明确和清晰的结构关系，从而保证场地布局的秩序性和功能运转的有效性。

**（一）分区的依据**

由于工程项目的性质不同，组成内容的复杂性不一，在实际建设、使用中又有不同的特点和要求，因而对内容进行分区组织需针对不同情况采取不同思路。

1. 功能性质

功能特性是对内容进行划分的最基本依据，将性质相同、功能相近、联系密切、对环境要求相似和相互间干扰影响不大的内容分别归纳、组合，形成若干个功能区。因而，场地分区通常称为功能分区。

教育建筑场地总体布局，如中小学，可根据教学及教学辅助用房、行政办公用房、生活服务用房和运动场地等内容，进行场地分区(图 3-5)。高等院校则可划分出教学区、学生生活区、体育运动区、科研产业区、后勤服务区、集中绿化区（或景）和教职工生活区等功能区。居住小区中可将公共服务设施和集中绿地结合为一区，形成小区公共中心，住宅组群形成若干区等。有时，由于场地建设是分期进行的，一期、二期建设的内容也成为分区依据。

2. 空间特性

内容的功能特性是确定分区的根本依据。而功能特性是多方面的，可从功能所需空间的特性分析入手，将性质相同或相近的空间整合在一起，而将性质相异或相斥的作妥善的隔离，这使分区又可沿多条线索进行(图 3-6)：

（1）按照使用者活动的性质或状态来划分动

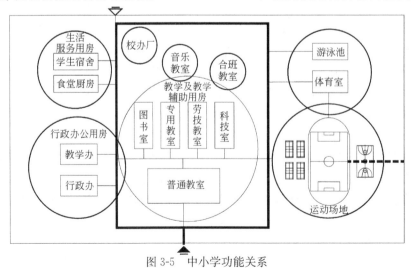

图 3-5 中小学功能关系

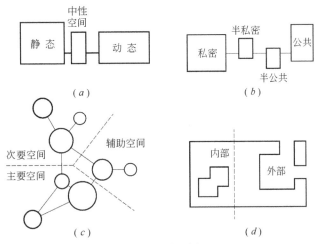

图 3-6 空间特性

(a)空间的动与静；(b)空间的公与私；(c)空间的主与次；(d)空间的内与外

区与静区，动静区之间有时又有中性空间形成联系与过渡。如文化馆场地中阅览、展览部分属静区，游艺、交谊部分属动区，这之间常以室外展场、绿化庭院等作为中性过渡空间。

（2）按照使用人数的多少或活动的私密性要求来划分公共性空间和私密性空间，私密性要求介于两者之间的，则为半公共（半私密）空间。如居住小区公共中心为公共性空间，组团绿地为半公共空间，宅间院落为相对私密性空间。

（3）按照场地中项目功能的主次来划分主要空间、次要空间和辅助空间。如学校的教学楼、客运站的候车厅、博物馆的陈列室、医院的门诊与住院楼等是主要功能空间；而学校的办公楼、车站的调度与管理、博物馆的库藏与研究部分、医院的制剂供应与办公研究等，是为实现主要功能提供服务与支持的次要空间；绝大多数场地还有一部分同时为主要、次要空间提供服务的辅助空间，如锅炉房、车库、变配电室和设备用房等。各部分空间的使用要求往往有较大差异，主次功能的划分是便于分别组织相应的空间，避免相互干扰。

此外，还有对外空间与对内空间的划分，对外空间与场地主要功能相联系，直接供项目的主要服务对象使用，如食堂的餐厅部分；对内空间用于内部作业，主要供工作人员使用，一般情况下不对外来人员开放，如食堂的操作、库房部分。划分的目的是便于分别组织各自流线及与场

地外部的交通联系方式。

3. 场地自然条件

场地的地形、地质和气候等自然条件对场地总体布局有着重要影响，也是场地分区需考虑的因素。有时由于用地现状的限制，如形状不规则或高差较大，客观上需要将内容分散布置，因而形成不同的分区；当基地内地质情况有差异时，地质条件好的地段宜作建筑用地，地质条件差的地段可作绿化用地。工程项目中若包含了污染源时，可将用地划分为洁净区和污染区，而分区的布置要依据风向确定。例如医院的传染病区、幼儿园的厨房部分应布置在场地的下风向。

（二）各分区间的相互关系

场地中各项内容之间是密切关联的，分区并不意味着截然分离，还要组织好它们之间的相互关系。可以说，功能分区包含两个方面：一是各部分的划分状态，二是各部分之间的相互关系（图 3-7）。

各分区相互之间的关系具体体现在两个方面，即它们的联结关系和位置关系（图 3-8）。联结关系是指它们在交通、空间和视觉等方面是如何关联的。其中交通联系一般又是最主要的，反映了各分区之间的功能关系，直接影响着功能的组织。例如在托幼建筑设计中，厨房部分应与班级单元部分有便捷的交通联系，以方便送餐。班级活动场地则与班级单元存在空间上的关联，因为从幼儿活动和教学特点上考虑，室内外空间应

69

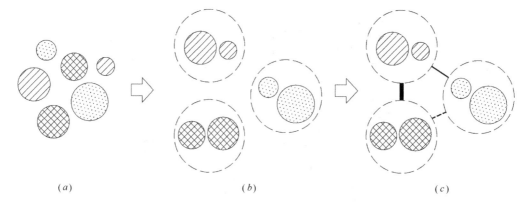

图 3-7  功能分区的两个方面
(a)内容组成；(b)划分状态；(c)相互关系

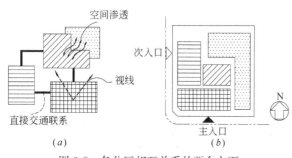

图 3-8  各分区相互关系的两个方面
(a)联结关系；(b)位置关系

具有一定的延续性。从视觉方面考虑，由班级单元、公共活动用房构成的主体建筑是塑造全园形象的重点，一般应有较好的观赏面；而后勤服务部分往往应注意避免视线直达。

功能分区与联结的具体方法是多种多样的，要结合用地条件、项目性质与规模予以确定。例如，图 3-9 为一般高等院校功能分区的几种典型

模式：(a)是在教学、教工、学生三区呈三足鼎立关系，三区之间均有便捷的联系，运动区位于中心，可为三个区服务；(b)是在教学、教工、学生区的中心布置集中绿化景区，使教工、学生都能接近景区，为师生课间、课后提供休憩的场所；(c)是教工、教学、学生三个区平行排列，分区明确、互不干扰，教工和学生分别与教学区便捷联系，三区可各自平行发展，而且与城市都有直接联系。

在反映分区状况的功能关系图中，已抽象地确定了各要素之间的相互关系。根据它们在空间、景观、交通、公共与私密和动静关系等方面的要求，结合基地条件，进一步考虑它们的位置关系；即对应到场地中是相互毗邻还是隔离，与场地外部的联系是直接还是间接，表现为内与外、前与后、中心与边缘等的相互位置，以及与场地出入口的关系等。例如，某两个分区因有交

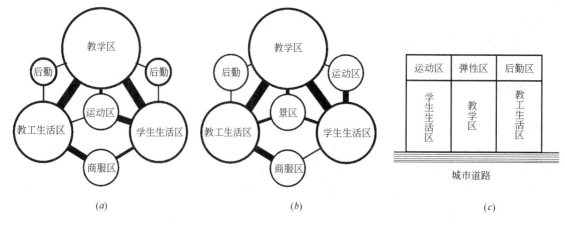

图 3-9  高校校园功能分区模式

通联系而宜直接相邻，某两个分区因有噪声干扰而需隔离布置；某个分区因对外联系多、公共性强，而靠近场地前部并与主要出入口相联系，某个分区为静区而宜放置在场地后部，远离交通量大的外部道路；某个分区因景观或活动要求设在南向的"阳光区"，某个分区因为"污染区"而布置在场地下风向等。

联结关系与位置关系往往是相互关联、同时形成的。一般借助功能分析图可以较好地表达，其中可用圆圈或方框表示各功能组成（有主次、并列或序列关系等），以不同的线型（如粗线或细线、实线或虚线等）表示它们之间交通联系的密切程度或不同方式。这样，各功能区之间既相对独立又有必要的联系，共同构成统一的有机整体。

例如，在展览馆的场地分区中，可以通过

图 3-10分析各部分的划分状态和相互关系。根据使用空间的对外性和对内性，可先大致分为面向观众服务的展示区和内部工作的办公、库房区两大部分。其中前者包括室内外展场、观众服务设施和专业观众的会议洽谈区；后者包括内部工作人员办公区和展方工作人员临时办公区。从联结关系上分析，观众流线主要集中于室内外展场和观众服务区，展品流线则往来于展示区和库房、装卸区，而工作人员流线则应到达各分区部分。从位置关系上看，展示区应位于场地显要位置，便于空间组织和人员集散；观众服务部分应邻近馆前集散场地且靠近展示区；库房区应邻近展示区以利于展品运送，同时应注意适当隔离，避免观众穿越。观众服务部分、工作人员办公部分及展品运送、储存部分应分别组织独立出入口。

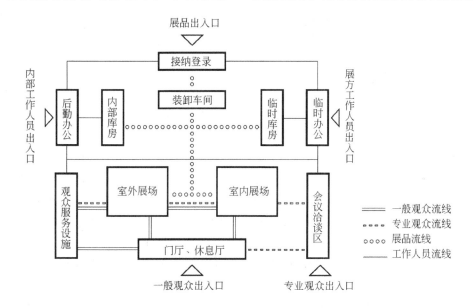

图 3-10　展览馆功能流线分析图

**二、用地划分**

通过功能分区，已将场地组成内容进行了划分，但还应将其落实到具体的用地划分中。从基地利用角度出发，将场地内容与用地结合起来，合理使用基地，发挥其最大效用。在实际设计中，基地的情况千差万别，根据其用地规模、不同形状等，应采用不同的用地划分方式来安排内容。

（一）集中的方式

集中的方式就是将用地划分成几大块，性质相同或类似的用地尽量集中在一起布置，形成较

为完整的地块，分区明确、各得其所（图 3-11）。这种划分方式适于地块较小、项目内容较为单一、功能关系相对简单明确的场地。

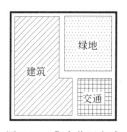

图 3-11　集中分区方式

中国人民抗日战争纪念馆(图3-12)，从用地性质上分为四个集中区域：主体建筑用地、辅助建筑用地、绿化广场用地及二期预留用地；各部分划分清晰、相对集中。从用地形状上看，分区采用了符合地块特点的方式，进行水平划分；依次安排了入口广场、主馆及二期预留部分，并将用地凸出的一角划分一区，布置辅助建筑。这样，每块用地和每个区域都有完整的形状，各部分用地恰好满足了内容的要求，并有利于形成纪念性建筑场地严整的空间秩序。

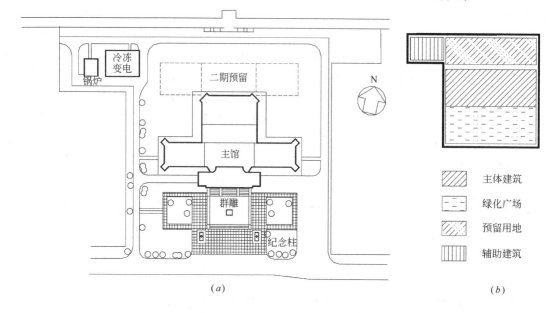

图3-12　中国人民抗日战争纪念馆
(a)总平面图；(b)用地划分

（二）均衡的方式

对于项目内容多样复杂的场地，一般采取用地均衡的方式，将场地内容均衡地分布，使每部分用地都有相应的内容，从而都能发挥作用。应该说明的是，用均衡的方式处理场地不是把用地平均分成几大块，而是根据各块功能，该大则大，该小则小，处理原则仍然是满足功能需要。

具体来看，实现均衡的用地划分有两种方式(图3-13)：可以直接将用地较均衡地细划为较小的区域，将内容在满足自身要求的前提下适当分解，组合到各区域中，使每个区域各得其所；也可以先根据不同的性质将用地划分成几个相对集中的区域，使场地整体划分明确，然后进一步调整各区域之间用地面积的比例关系，并对各区域用地再次细划，从而通过间接的方式获得相应内容的均衡分布。

西安市某综合医院的用地划分采用了间接方式达到均衡的布局(图3-14)。根据分期建设要求，先将整个地块划分为两部分：一期建设的长方形地块进一步划分为主体建筑用地、辅助建筑用地、绿化用地、广场及停车场等部分；二期建设的L形地块再划分为研究部分和居住疗养部分两个分区，各区用地进一步划分为建筑用地、入口广场用地及绿化用地等，各区块均有独立出入口与外部联系。均衡的用地划分使具有综合性、复杂性特点的多项内容得以在有限的用地内合理分布，各部分相对独立，最大限度地避免了相互间的干扰。

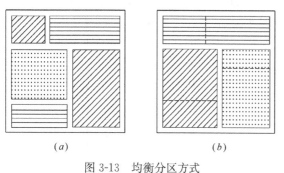

图3-13　均衡分区方式
(a)直接划分；(b)间接划分

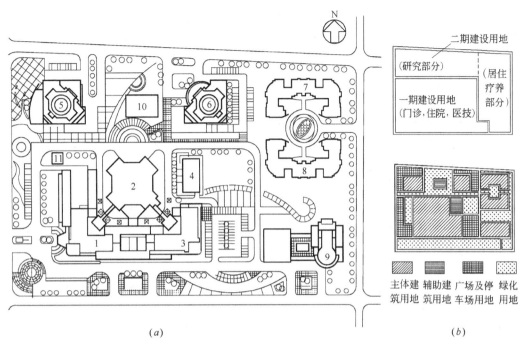

图 3-14 西安市某综合医院

(a)总平面图；(b)用地划分

1—门诊医技住院综合楼；2—住院部主楼；3—医技行政楼；4—动力垃圾站；5—教学科研楼；6—生物工程综合楼；

7—老人安养中心；8—专家公寓；9—康复中心；10—污水处理站；11—液氧站

## 第四节 建 筑 布 局

对于一般场地而言，建筑是工程项目主要功能的集中体现，在场地总体布局中属于核心要素，处于支配和控制地位。建筑的组织和安排往往是场地总体布局的关键环节，直接影响到场地其他内容的布置。

**一、影响建筑布局的主要因素**

建筑布局的过程是方案形成的过程，也是设计的理性思维和感性思维相互交织的过程。其中对设计的理性把握最基本的就是对影响建筑布局的相关因素的分析与处理。对于影响建筑布局的多种因素，概括起来有两方面：一是用地环境条件对建筑布置的影响及制约，二是建筑的自身功能特点及要求。其中建设项目所处的环境条件，可以分为宏观、中观、微观三个基本层次：即项目所在城市及地区的地域条件、场地在城市的区位及周围环境条件，以及场地的具体用地条件。这些环境条件往往是设计立意产生的基础或方案构思的切入点。

（一）地域条件

地域条件指当地社会、经济、文化、自然环境等各种因素，是建设项目的大环境背景。尤其对于跨地域甚至是境外项目，把握这些宏观因素，有助于在设计之初对建筑形成恰如其分的基本定位及意向。

1. 社会经济与历史文化背景

项目所在地的城市性质是了解地域条件的一个着手点，它体现了城市的个性，反映其所在区域的政治、经济、社会、历史、文化等因素的特点。不同等级的城市，如首都、省会城市、一般城市、县城等，或是社会经济发展条件不同的地区，对于城市中重要公共建筑的定位、等级、建设标准等会有不同要求。旅游城市、商贸城市、工业城市，对于城市景观及建筑风格、形象方面的要求会有不同侧重。特定的历史、文化背景，也是建筑设计需要考虑的因素，建筑布局时，有可能从当地城市肌理、空间格局、文化遗产、城市记忆中提取文脉符号或设计要素，引发设计灵感。对于少数民族地区的建筑，民族文化、宗教因素可能成为影响建筑布局的主导因素。因此，地域社会、经济与文化因素是建筑师需要宏观掌握的客观条件，也是延续城市文脉、塑造建筑特色、避免"千城一面"的内在依据。

例如，陕西历史博物馆位于历史文化名城西安，历史上周、秦、汉、唐等十三朝都曾建都于此，尤其是唐长安达到了中国封建王朝都城政治、经济与文化的巅峰。今日西安文物古迹遍布，历史文脉深厚，该项目选址又与著名的唐代建筑大雁塔、大兴善寺遥相呼应。根据城市性质以及博物馆本身的特性，设计之初就对项目进行了定位，要反映陕西尤其是古都西安悠久的历史和灿烂的文化，汲取中国传统建筑的精华，尤其是体现唐代建筑的风格与特色。由此确定了整体设计构思的大原则：不仅建筑布局采用传统院落空间组合形式，而且建筑造型也采用古朴、大气的仿唐风格。

### 2. 自然地理与气候条件

地域自然环境也是场地布局的重要影响因素。自然环境构成要素是多方面的，地理和气候是其中两个主要方面。从地理特征分类，平原城市、山地城市或滨水城市，对于建筑布局有不同的限制条件或可利用条件，当地特有的景观风貌、建筑布局方式也会影响场地布局的构思。地域传统建筑的空间组合与布局形式，如山城的台阶式建筑、吊脚楼，河网城市的前街后河或前河后街的空间肌理，既体现了与自然地理环境的有机结合，也是地域文化凝结的载体，因而成为现代建筑创作中可资借鉴的元素。

地域气候条件往往对建筑布局具有直接影响作用。从建筑节能、生态环保出发，建筑布局应适应地域气候特征，防止和抵御寒冷、暑热、疾风、暴雨、积雪和沙尘等灾害侵袭，并应利用自然气流组织好通风，防止不良小气候产生。例如，建筑的布局形式和平面形态要考虑寒冷地区保温防寒或炎热地区通风散热的要求。我国北方冬季寒冷，建筑布局以相对集中、紧凑为宜，呈现出规整聚合的平面形态，形体较为内向、封闭，以获得保温、御寒和防风的效果；南方夏季炎热、多雨潮湿，建筑布置趋于适当分散，采取比较疏松伸展的平面形态，空间灵活通透，以利于散热和通风组织。因此，气候条件也是促成场

地设计形成地方特色的重要因素之一。

图3-15分别为北方及南方地区文化馆设计方案，前者在考虑空间与体形变化的同时，尽量使空间相对集中、完整，平面较规整，集中设置室外展场及休息园地，空间明朗；后者汲取江南水乡民居中庭院、小巷及水空间的风格特色，组织了多个庭院空间，建筑与之穿插交融，体现出较好的空间趣味性。

### （二）区位及周围环境

区位是指项目在城市中的地理位置，从城市空间结构来看，有核心区也有外围（或边缘）区；从功能分区来看，有行政区、文教区、商贸区、旅游区、经济开发区等；从区域性质上看，还有自然风景区、历史文化保护区等。不同的区位在城市整体中有不同的定位和发展方向。城市规划及城市设计对项目所在区域的目标定位、空间形态、景观风貌、环境品质等的控制和引导要求，是中观层面的场地环境条件，也是场地布局的前提条件之一。因此，区位分析是场地设计前期的一个重要环节，影响建筑空间布局与整体意象的形成。例如，项目处于市中心繁华地带，就与处于城乡接合部的条件迥然不同，往往成为场地高效利用、创造人性化的城市公共空间及富有特色的城市景观的设计出发点。而在具有历史文化气息的片区内，历史传承与现代创新的结合是设计的关注点，建筑布局既要满足新的功能要求，也要体现传统建筑空间意象，形成与所在地段城市空间的协调与延续。总体而言，建筑布局应满足城市设计对公共空间、建筑群体、园林景观的设计与控制要求，注重建筑群体空间与周边自然环境的协调、历史文化与传统风貌特色的保护，以及公共活动空间的塑造。

西安市城南以著名唐代建筑大雁塔为标志的曲江新区，充分发挥地域历史文化优势，规划建设了唐文化旅游景区。建成后被评为国家级文化产业示范基地及国家级旅游景区。其中"大唐芙蓉园""曲江池遗址公园"等项目设计充分体现了场地的历史沿革（图3-16）。

位于西安市东南郊的"曲江"古时是一处天然的洼地和湿地，因"其水曲折，有似广陵之江"，故名"曲江"。由于景色优美，秦汉时期便

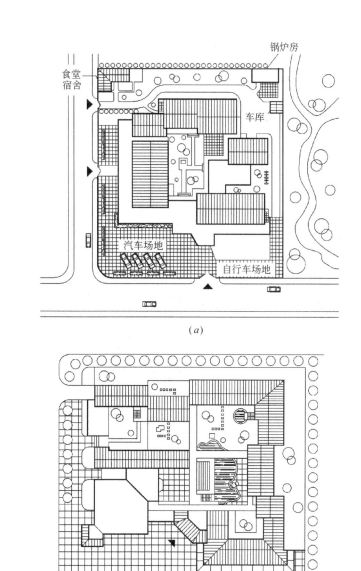

图 3-15　南北方文化馆设计方案比较

(a)北方；(b)南方

在此建有离宫，隋唐时期开凿曲江池，修建芙蓉苑，作为皇家禁苑，留出大片园林作为公共游赏地。经过隋唐几代的经营修建，曲江集"爽原""高岗""芳甸""沼池""沙洲"等众多地貌类型于一身，形成了以曲江水系为核心，由曲江池、芙蓉苑、杏园、大慈恩寺、黄渠等诸多景观组成的大型风景游览区。经过历史变迁，曲江地区留给今人的历史遗存仅有依稀可辨的地形地貌特点。"大唐芙蓉园"和"曲江池遗址公园"的建设，在挖掘场地历史沿革的基础上，充分体现盛唐文化的内涵，恢复河湖水系，对历史遗存的池岸予以保护与展示，沿曲江水域修建适当的园林建筑，兴建"紫云楼""杏园"等体现历史内涵的主题景观，增强曲江水系的观赏性、可游性，使其成为城市公共生活及文化休闲空间的组成部分。

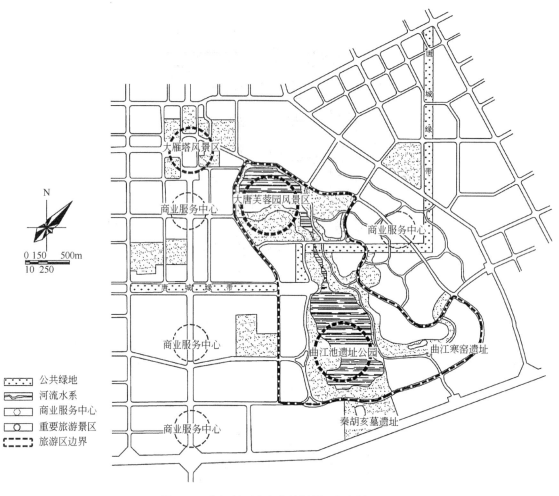

图 3-16　曲江新区唐文化旅游景区规划总平面

　　每一个场地在城市大环境中都不是孤立的，只是城市整体的一个片段，各场地的衔接和连续构成了整体的城市。建筑位于场地内，也不是孤立存在的，与周围众多的建筑以及它们之间的空间、环境形成了城市整体空间。个体项目的建设应与城市整体建设的要求相一致，建筑布局应考虑相邻场地状况以及与城市环境的总体关系，与周围的建筑、道路、环境在平面及空间关系上相协调。场地周围是什么性质的建筑环境，都是高楼大厦，还是有绿化景观，建筑布局时会相应采取开敞或封闭、退让或借景等不同处理手法。周围环境中已有建筑物特别是重要的建筑空间，以及场地所处地段城市空间的基本形态和布局模式，对建筑布局具有制约和影响作用。建筑布局时在位置、体量、形态、轴线关系等方面应采用

适宜的手法，处理好与周围环境的关系，以达到整体环境的和谐有序。

　　上海博物馆新馆（图 3-17）设计考虑了与周围环境的关系，与该场地一路之隔的市政府办公楼对其产生了重要的影响。新馆采用了延伸其中轴线的布局方式，将市政府办公楼、人民广场及新馆形成整体格局，纳入城市大环境。新馆建筑平面形式的纵横关系也与市政府办公楼形体的横竖形式对应，其体形以"天圆地方"为寓意，圆弧的顶部又与半圆形基地的弧形呼应。

　　如果基地处于城市的历史地段，那么所处地段空间的形态和结构对场地总体布局的制约作用将会更加强化。建筑布局应顺应地段环境的整体形态，容纳于其结构关系之中，而不是游离于外，以求保持城市的历史延续性和历史文化环境的整

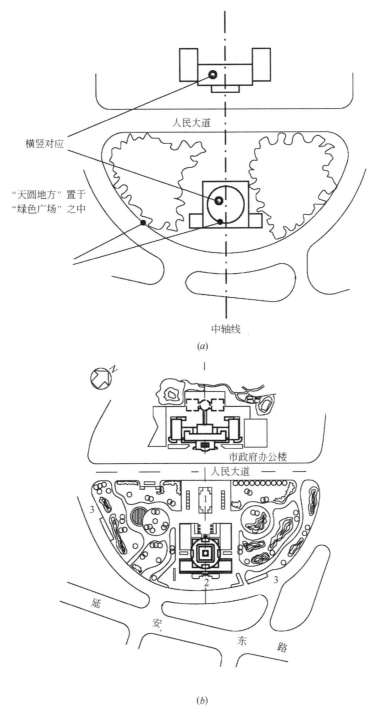

人民大道

横竖对应

"天圆地方"置于
"绿色广场"之中

中轴线

(a)

市政府办公楼

人民大道

延

安

东

路

(b)

图 3-17　上海博物馆新馆
(a)场地总体构思分析；(b)总平面图
1—人民广场；2—入口广场；3—地下车道

体性。例如，曲阜阙里宾舍位于孔庙的东南角，设计本着作为孔庙古建筑群的"环境建筑"的姿态，布局采用轴线组织院落空间层次的手法，与古建筑相协调，给人以历史延续性的感受。

有时基地周围会存在一些比较特殊的环境元素，比如重要的自然、人工标志物，如著名建筑、高岗、水体等标志性地形地物，或邻近公共绿地、城市广场等开放空间。建筑布局往往以这些有利条件为构思出发点，加以因借和利用，如采用轴线联系、建构视线通廊等方式，使新建筑与重要环境元素形成某种呼应关系，将场地周边或远处的自然景观、人文景观渗透到场地空间中，加强城市空间的有机性。

西安"三唐"工程（唐华宾馆、唐歌舞餐厅、唐代艺术博物馆）（图3-18）位于城市历史性地段，同时临近著名古建筑。基地西侧为国家重点文物保护单位大雁塔，基地中部是唐大慈恩寺大殿遗址。设计中充分考虑了这两个因素，将唐代艺术博物馆布置在基地西部，与大慈恩寺隔路相望；唐歌舞餐厅布置在唐代艺术博物馆的东南角，与大慈恩寺之间设有一片绿地；由于唐华宾馆规模较大且客货运频繁，将其布置在距大雁塔最远的基地东部。这三组建筑的纵轴线均与大慈恩寺纵轴线平行，而唐代艺术博物馆又与大雁塔同在一条东西轴线上。在三组建筑之间，围绕着唐大慈恩寺大殿遗址，设计了遗址公园。该场地总体布局与历史环境的有机结合，使新老建筑与环境成为一个有机的整体。

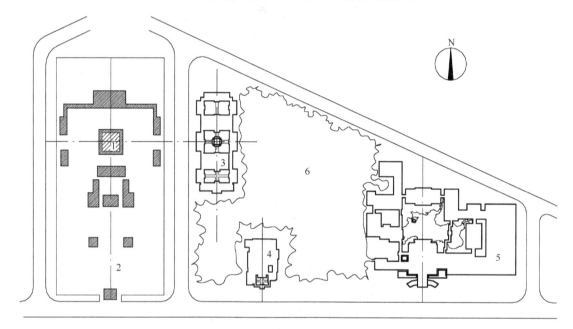

图3-18  西安"三唐"工程总平面图

1—大雁塔；2—大慈恩寺；3—唐代艺术博物馆；4—唐歌舞餐厅；5—唐华宾馆；6—唐大慈恩寺遗址公园

西安钟鼓楼广场（图3-19）位于西安古城中心，国家重点文物保护单位钟楼和鼓楼之间。本着对历史文物和环境尊重与保护的态度，将近万平方米的商场设于地下。地上主体是大面积的绿化广场，突出了两座古楼的形象，保证了通视效果；一改拆迁整治前拥塞、杂乱的景象，提高了市中心的环境质量。绿化广场方格网状的步道暗合了西安市棋盘式路网的格局。塔形喷泉既为社会路提供了对景，又为地下商场中庭提供了自然采光，同时也成为广场的视觉中心；其造型则是对钟楼四角攒尖屋顶的呼应。东部下沉式广场既突出了钟楼高大俊美的形象，又是地下商场的出入口，以及北大街和西大街地下通道的步行交通枢纽。下沉广场北侧是一排3～4层关中传统风格的商业建筑，安排了原有名牌老店，对广场起到了较好的围合作用。该工程是采用城市设计的理念和方法，将建筑设计、城市规划、古迹保护、工程技术和景观艺术等问题相结合，创造和改善城市空间环境质量的一个优秀范例。

（三）用地条件

在接到项目设计任务后，设计者一般应进行现场踏勘，对建设用地的形状大小、地形地貌、现状建筑物分布及周围环境等形成感性认识。在特殊用地条件下，建筑布置固然要受到多方面的限制和约束，但如果能巧妙地利用这些制约条件，往往又会出奇制胜，赋予方案以鲜明特点。许

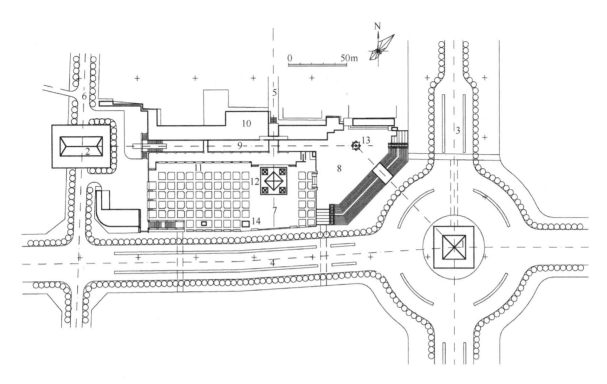

图 3-19 西安钟鼓楼广场总平面图

1—钟楼；2—鼓楼；3—北大街；4—西大街；5—社会路；6—北院门街；7—绿化广场；8—下沉广场；
9—下沉街；10—商业建筑；11—王朝柱列；12—塔泉；13—时光雕塑；14—城史碑

多优秀的设计方案也正是基于对用地的自然或人文环境的分析而确立构思的。

1. 用地大小和形状

对照地形图，确认用地面积，并将之与拟建建筑面积相比较，按照合适的建筑密度，可确定建筑物大致的占地面积。当用地面积较宽裕时，建筑有可能采取分散式布局；当用地面积较紧张时，建筑布局应尽量集中紧凑。同时，还可以确定建筑采取低层、多层或是高层布置，以及大致的层数。

其次，建筑布置时需结合用地形状，合理有效地利用基地。一般在较规则的用地中，建筑布置容易做到规整有序[图 3-20(a)]；而在用地形状不规则的情况下，建筑布置就要因地制宜，进

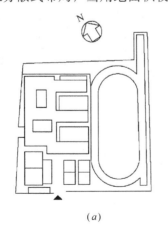

(a)

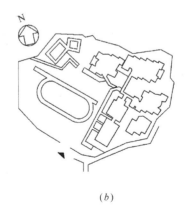

(b)

图 3-20 不同形状用地的学校布局

(a)上海市建青中学；(b)日本人吉市人吉西小学

行合理、灵活的安排[图 3-20(b)]。

一般而言，建筑的平面形状应与用地形状相呼应，即要注意使建筑的平面轮廓、走向与用地边界形成一定的空间关系，而不使剩余的用地像"下脚料"一样残缺不全，以保证场地空间的和谐与完整。例如，当基地有一斜边时，建筑沿该斜边的布局形式可与斜边平行，也可采用锯齿状；斜边夹角处的建筑平面形状可采用同样夹角的平面或圆形平面。图 3-21(a)为某餐馆设计方案，建筑形体组合适应地段形状，西南面采用锯齿形体量，与街道转角相协调。图 3-21(b)为一幼儿园设计，建筑采用放射状布局方式与扇形基地形状充分结合。

在美国华盛顿国家美术馆东馆(图 3-22)的构思方案中，地段环境尤其是用地形状起到了举足轻重的作用。位于国会大厦与白宫之间的该地段呈一斜角的楔形，其底边面对新古典主义风格的国家美术馆老馆。在此，严谨对称的大环境与不

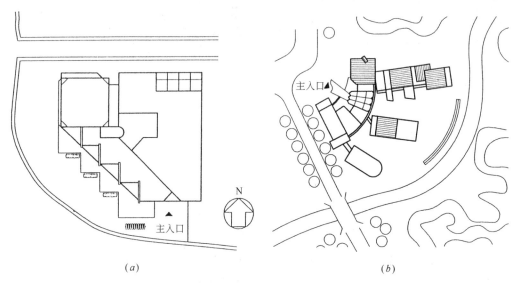

图 3-21 建筑布局与用地形状相结合
(a)某餐馆方案总平面图；(b)某南方九班幼儿园方案总平面图

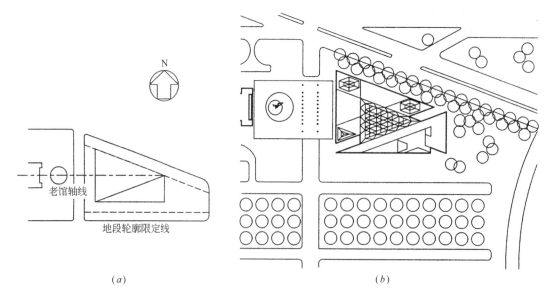

图 3-22 美国华盛顿国家美术馆东馆
(a)用地形状与建筑平面关系分析；(b)总平面图

80

规则的地段形状形成了矛盾冲突。设计者紧紧把握住用地形状这一突出特点，采用了三角形构图的建筑平面，将新建筑与周边环境的关系处理得极为巧妙：把陈列馆和研究中心分别处理成一个大的等腰三角形和一个较小的直角三角形，两个三角形拼合的布局形式，使建筑平面形状与用地轮廓呈平行的对应关系，形成建筑与地段环境最直接有力的呼应；等腰三角形与老馆处于同一轴线上，进陈列馆的大门设在等腰三角形的底边，进研究中心的门设在两三角形的夹缝之间，两部分可分可合，并与老馆遥相呼应；新老建筑之间设一过渡性雕塑广场，加强了二者的对话。

2. 地形地貌及地质条件

地形地貌反映了地表的各种状态。地形条件对设计的制约具有双重意义，当地形条件比较一般化时，设计的自由度固然较大，可根据需要布置得规则整齐或自由舒展，但地形为设计所提供的因借条件也是比较有限的；反之，当地形条件比较特殊时，设计的自由度虽然较小，但地形却常常可以为设计提供一些特殊的可供"巧于因

借"的有利条件。此外，从景观的角度理解场地自然条件，保留用地内具有景观价值或标志性的制高点、俯瞰点和有明显特征的地形、地貌，将这些要素纳入场地布局中，有助于形成特色景观环境。地形地貌、水文地质、动植物资源等，都可以作为景观地域性设计语言；例如，采取"地景建筑"的方式，使建筑与场地呈现出融于自然的"大地景观"的形态与肌理。

比如山地场地，具有地形复杂、地质不稳定性的特点。由于地形陡缓的不同和所处山体部位的差异而具有不同的特点，地形坡度的大小直接影响建筑布局的基本特征及可能采取的方式（见表2-3）。其中，平坡地、微坡地和缓坡地，对于建筑布局的制约影响不大，建筑单体可位于同一水平标高上，需妥善处理好室内外高差以及建筑之间的交通联系。斜坡地或陡坡地，高差变化较大，建筑布局需采取的原则是建筑形体的长轴尽量平行于等高线或与等高线斜交；一般应避免采用垂直于等高线的形式（图3-23），以便尽可能减少对地表的开挖和填筑，减少边坡和挡土墙工程，从而节省成本、降低造价。

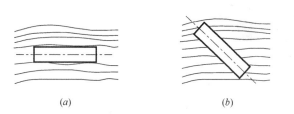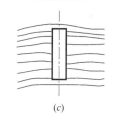

$(a)$ $(b)$ $(c)$

图3-23 建筑形体与等高线的关系
$(a)$建筑长轴平行于等高线；$(b)$建筑长轴与等高线斜交；$(c)$建筑长轴垂直于等高线

为了解决地坪高差问题，山地建筑有可能采取台阶式、底层架空等布置方式，不仅节省土方工程，还可取得高低错落的空间变化。例如，我国西南地区的干阑、吊脚等传统建筑接地形式的处理就充分体现了顺应自然、因地制宜的理念。在起伏的地形上建造房屋，应尽量减少对原有地貌的损害，房屋的接地层力求随倾斜的地形而变化，采取错层、跌落、悬挑等建筑形式，与山体地表发生关系，从而生成高低变化、参差错落的形体。可见，起伏多变的山体地形虽然限制了建筑在水平方向延伸的自由度，却为建筑在垂直方向的组合创造了条件。

此外，工程地质和水文地质条件，如地质构造，地基承载力，有无不良地质现象，地下水性质、埋深、流向等，在选择建筑基址过程中，都是需要考虑的因素。根据建设项目的工程地质报告，对于不良地质条件，如地裂缝影响带、冲沟、软地基、垃圾填埋区、地下水位较高、地下溶洞（溶岩）、易受洪水侵害等，在总体布局时，首先应考虑避开这些具有安全隐患的地带，最大限度地规避风险、减少工程投资。如果实在难以回避，必须与总图、结构专业人员配合，采取必要的技术措施，改良建筑基址条件。在这一过程中，还应考虑避免引发新的地质灾害。以山地场

地为例，地质条件决定了基地的承载力和稳定性，对山地建筑的安全至关重要。应根据山地环境的地质构造，谨慎选择建筑基址，避开易产生滑坡、崩塌地带。同时，还须确定不稳定坡面与稳定用地边界的距离，注意保护坡脚；避免因建筑布局而人为开挖，对地形破坏过多，以致影响坡面原有的稳定性，进而引起塌方等次生灾害。

总之，应通过深入分析场地地形地貌及地质条件的现状与特点，采取有效的工程技术措施，使建筑布置经济合理；并在充分利用地形的基础上，使场地空间更加丰富、生动，形成独特的景观特征。

无锡新疆石油职工太湖疗养院(图 3-24)位于太湖北侧驼南山的东南坡上，建筑按"小""散""隐"的方式设计。即将建筑体量化整为零、分散布置，尽量隐蔽在山林中，从而尽可能保持了山地的原有地形和地貌，达到建筑形体与山体地形相融合的效果。

北京松鹤山庄(图 3-25)设计发挥了独特的地形地貌特点。基地位于自然风景区内三面环山的坡地上，利用东侧稍平坦的地段设计了一处大型绿地广场作为入口前区，两侧汽车坡道环抱广场而上，直通高处的山庄入口。建筑顺应山势而建，自然形成多处高差，利用高差创造环境意境

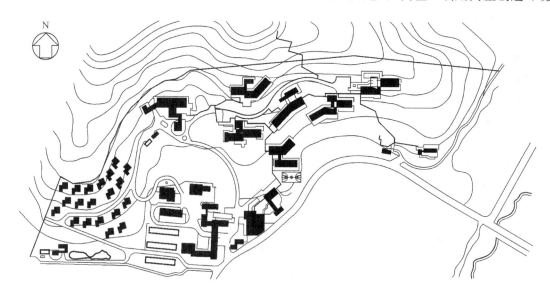

图 3-24 无锡新疆石油职工太湖疗养院总平面图

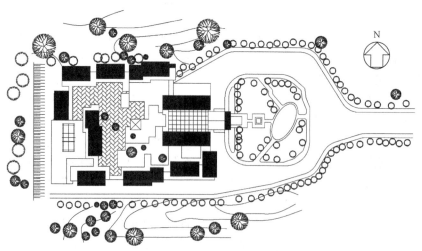

图 3-25 北京松鹤山庄总平面图

成为设计的主要内容之一。由客房部分围合了流转曲折的跌落式立体庭园，园内形成的人造景观与风景区的自然风貌相互映衬。分散式布局与周围环境相融合，空间包围建筑，建筑又围合空间。整体空间层次丰富，建筑与绿化相互渗透，从每间客房向外望去，都是美丽的自然景色。

3. 植被水体

建筑布局过程中对地形地貌的关注不仅要重视地表较为宏观的三维几何形态，而且需注意较为细致的地表各种组成物质。植被、水体是其中最活跃的要素，对于生态环境的形成和视觉景观的塑造具有重要意义，而岩石、土壤等要素决定了环境的生态状况、植被种类。因此，这些地物要素对场地建筑的形态、环境、景观等诸方面将产生重要的影响。建筑布局时，对用地现状中存在的植被、岩石、水体等地貌及自然景观要素应予以充分重视，尽量采取保护和利用的方法，减少人工构筑物引起的破坏，以利于保持基地原有的生态状况和风貌特色，体现出对自然的尊重。

用地的自然环境要素常常能启发出一定的设计构思。地处南方的某小区，规划时利用场地内原有河沟，加以疏通改造，结合起伏的地形，随坡就势，配置绿化种植，并将小区文化活动设施与之相结合，形成小区公共活动中心，创造了富有江南特色的"小桥、流水、人家"的意境。又如位于秦岭北麓的西安秦岭野生动物园，将20世纪50～60年代建造、现已废弃的人工水库改造为水禽动物区，既节省了投资，又保存了历史记忆。

又如临水的用地，建筑可沿岸线而设，也可部分伸向水面，尽可能扩大视野，便于眺望景色。建于山东威海市刘公岛南端的甲午海战馆，基地独特的位置及建筑与环境的融合是其具有感染力的重要因素(图3-26)。甲午海战馆的选址既与海战海域临近，又与威海市中心遥遥相对，建筑与场地布局依岸线延伸，局部突出于海面，使参观者感受到环境蔚为壮观。结合环境特征，通过相互穿插、冲撞的体块及出挑的平台等象征手法的运用，对建筑及环境要素进行造型设计；抽象地再现了百年前惨烈的一幕，使纪念主题得到了很好的阐明。这个以建筑为主体的纪念性场地

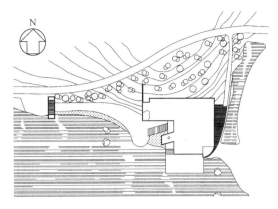

图3-26 甲午海战馆总平面

也成为乘船往来的人们的视觉焦点，形成良好的城市景观。

对基地内植被的绿化情况，如古树名木、大树、成片树林、草地或独特树种等，均应视情况加以充分利用。在布置建筑物时避开有价值的树木、水体、岩石等，通过巧妙组织，使建筑物、各种室外构筑设施与自然环境要素相互穿插、相互衬托、有机交融，创造良好的场地环境。在建筑朝向安排上也应充分考虑这些有利因素，使其主要用房或相关空间有良好的景观朝向，以吸纳室外景色，形成室内外空间的交融。

四川某医学院教学楼位于山顶(图3-27)，基地内原有几棵高大的银杏树极具景观价值，也十分适合医学院的环境氛围。建筑布置避开树丛，采用了L形布局，围合出的内庭院采用硬质铺地，并以一棵大银杏树作为庭院主景。其他保留树丛结合水池、花架等环境小品，布置为集中绿地，形成主体建筑东侧的幽静场所；这样就将自然景观较好地组织到建筑环境中来，使其成为整个场地的有机组成部分。

4. 场地小气候

建筑布局还应努力创造良好的场地小气候环境，比如布置广场、活动场和庭院等室外活动区域。北方地区应注意尽量朝阳，避免由于建筑遮挡而处于大量阴影区；南方地区应注意利用建筑、绿化等适当遮阳，防止过度日晒。由于场地的风环境会受到建筑高度、密度、形态以及分布方式的影响，应通过合理的建筑布局，对场地的风环境加以组织和利用。进行建筑群体布置时，应考虑主导风向，将该方位的建筑布置得相对低

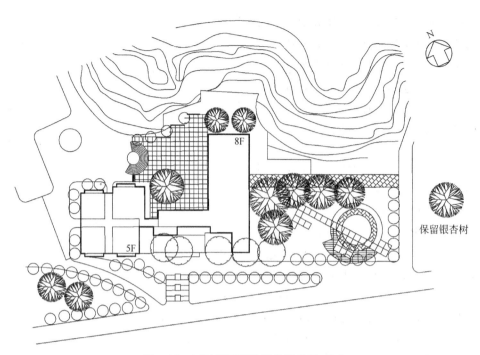

图 3-27　四川某医学院教学楼总平面图

矮或疏松，充分利用地形和绿化、道路空间等条件，留出"引风口"或"通风廊道"，以此提高场地的自然通风效果，进而提高场地舒适度。

例如，居住区内部可通过道路、绿地和水面等将风引入，并使其与夏季主导风向一致[图 3-28（a）]；建筑错列布置，以增大建筑的迎风面

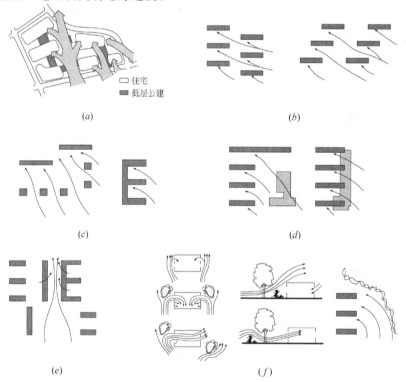

图 3-28　住宅群体组合提高自然通风效果

（a）开敞空间引风；（b）建筑错列布置；（c）长短建筑结合；（d）高低建筑结合；（e）建筑疏密布置；（f）绿化植被引导气流

[图 3-28(b)]；长短建筑结合布置及院落开口迎向夏季主导风向[图 3-28(c)]；高低建筑结合布置，将较低的建筑布置在迎风面[图 3-28(d)]；建筑疏密布置，风道断面变小，使风速加大，可改善东西向建筑通风[图 3-28(e)]；利用成片树丛的绿化布置阻挡或引导气流，改变建筑组群气流状况等[图 3-28(f)]。

在山地地区，由于地形的变化，会带来辐射、日照、通风等变化条件，可能造成局部小气候环境的明显差异。例如，对于北半球地区，南坡所受的日照显然要比北坡充分，平均温度也较高，建筑布局时应优先考虑。由于地形不同，视野开阔的山顶、山脊，或山腰较平缓的台地，一般通风较好；山谷洼地往往潮湿，多半通风不良，易受水淹；但山巅处的缺点是冬季强劲的冷风会对建筑的保温造成不利影响。因此，还是把建筑布置在山的一侧，面向夏季主导风向更为恰当。同时，建筑布置中必须注意利用局地风（如靠近水面的水陆风、山谷地带的山谷风、垭口的山垭风、森林附近的林源风等）。

风吹向山丘时，其周围将产生不同的风向变化，对建筑布置也将产生不同的影响，所以山地建筑必须结合地形和风向进行布置。一般当风向与等高线接近于垂直时，建筑与等高线平行或斜交布置通风较好；当风向与等高线斜交时，建筑宜与等高线成斜交布置，使主导风向与建筑纵轴夹角大于 $60°$，以利于在建筑设计中组织穿堂风；当风向与等高线平行或接近于平行时，建筑设计成锯齿形或点状平面，或接近垂直于等高线布置，对争取穿堂风较为有利（图 3-29）。

 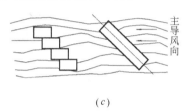

(a)　　　　　　(b)　　　　　　(c)

图 3-29　风向变化对建筑布置的影响

(a) 风向与等高线垂直；(b) 风向与等高线斜交；(c) 风向与等高线平行

此外，山地建筑布置中也可采取多种利用气流和组织气流的方法，改善通风条件。如利用斜列式布置增加迎风区，利用点式建筑减少挡风面，以及根据不同的风向、地形坡向对建筑物采取不同的平面布置方式和高度组合。如在迎风坡区采取前低后高，逆风坡区采取前高后低的形式；而在顺风坡区，则可使建筑单体与山体等高线垂直或斜交，充分迎取"绕山风"或"兜山风"（图 3-30），从而使各个建筑单体都能获得良好的自然通风。

**5. 建设现状**

工程项目有时位于一块曾经建设过的用地上，其中会有一些原来的建、构筑物和道路等人工修建的内容。这些"建设现状"也是用地条件的重要组成部分，不可避免地会对场地设计构成影响。如果用地中存留的内容具有一定规模，状况良好，而且与待建项目的要求相近，或原有内容具有一定的历史价值，就应当酌情对其进行保留、保护、利用、改造，使之与新建项目相结合，力求减少浪费，避免对环境文脉造成破坏。因此，在场地总体布局中，必须考虑新加入的部分与保留利用的原有内容相适应的问题，使保留内容成为整体环境的有机组成部分。

潘天寿纪念馆（图 3-31），在处理新老建筑的关系上着眼于提高纪念馆整体环境的艺术特质。新馆与故居楼既有强烈的对比，又有与环境文脉在时间、空间上的衔接和过渡。使新旧建筑及室外水池、绿化庭园相呼应，组织成有机的整体。

对于改、扩建项目，用地内原有建筑条件的重要性会进一步增强。这时对于整个场地而言，原有内容在使用上将继续发挥它们的作用，在形态上将仍然是场地的重要组成部分。因而新设计的建筑无论在功能组织上还是形态安排上，都必须以现状条件为基础而展开，与原有内容之间保持充分的关联，成为原设计"有机生长"的一部分。在旧建筑旁，常用水平贴建、联建等方式，

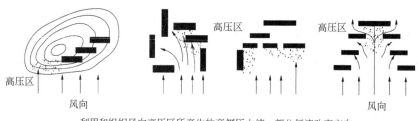

利用和组织风向高压区所产生的旁侧压力使一部分气流改变方向

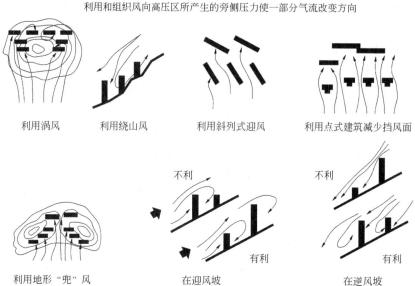

利用涡风　　利用绕山风　　利用斜列式迎风　　利用点式建筑减少挡风面

利用地形"兜"风　　在迎风坡　　在逆风坡

图 3-30　山地建筑群的布置与通风效果

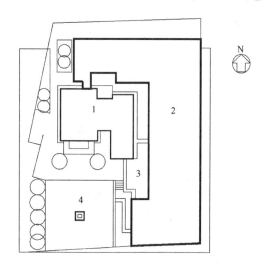

图 3-31　潘天寿纪念馆总平面图
1—故居楼；2—新建纪念馆；3—水池；
4—绿化草坪及纪念碑

或为旧建筑增添一翼，或使旧建筑成为新建筑的一翼，或将几个分散的旧建筑联结成一个新的整体。采用何种形式，均应视环境特质和设计者的构思而定。

清华大学图书馆的两次扩建是一个范例

（图 3-32）。原图书馆建于 20 世纪 20 年代，平面呈 T 字形，阅览室两层为东西向，采用西方古典建筑的四坡顶形式。20 世纪 30 年代增添了书库和南北向的阅览室，呈 L 形。新旧阅览室立面完全对称，在交接处新增设一个 4 层的主入口，使原馆成为新馆的一翼。20 世纪 80 年代末期进行

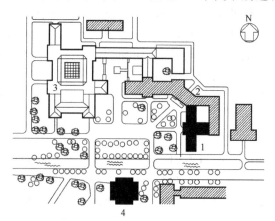

图 3-32　清华大学图书馆总平面图
1—20 世纪 20 年代设计的原图书馆；
2—20 世纪 30 年代添建的书库、阅览室；
3—20 世纪 80 年代设计的新图书馆；4—大礼堂

的第二次扩建，大大超过了原馆的规模。设计者将已有建筑及环境特征作为新建筑的创作基础，使新建筑以"得体"的方式延续原有环境文脉。其平面体量不仅考虑与原馆的协调与配合，且着眼于完善礼堂区的空间效果。平面上形成对大礼堂的围合，体量高度控制在低于礼堂5m左右。新馆的建筑风格着眼于文脉的继承和总体的协调，又简化、提炼了一些传统符号，显示时代特征。两次扩建充分体现了"尊重历史、尊重环境，为今人服务，为先贤增辉"的设计理念。新馆、老馆及大礼堂所构成的整体环境与气氛成为校园一处独具特色的景观。

天津万科水晶城位于原天津玻璃厂厂址上，除了几百棵大树形成的丰富的植被资源，还有古老的厂房、巨大的吊装车间以及原有的调运铁轨、烟囱等遗留物。规划设计通过保留、改造旧的建、构筑物，使其呈现出清晰的历史文脉，原有的老厂房、铁塔、钢架、铁轨等都被视为宝贵的资源，巧妙地加以保留和利用，并使其融入新的建筑环境中。吊装车间被赋予现代材料和形式，成为晶莹剔透的社区会所；老的铁路和水塔则渗透在景观规划之中，成为标志性要素；而几百棵大树形成住区的林荫路和花园。通过对比、保留、叠加等手法，城市历史通过建筑环境穿越时空展现在现代人的面前，建筑成为城市的延续。

法国巴黎卢浮宫的扩建工程，因其独特的构思而成为当代建筑的一个佳作。为保护历史遗产的风貌，使历史建筑保持原有形象的完整性与独立性，竭力避免扩建部分喧宾夺主，而将其设于卢浮宫楼群中心的拿破仑庭院的地下。外露形象仅为一大三小四座宁静、剔透的金字塔形玻璃天窗，并以此为标志，指示通往主要展厅的地下自动扶梯入口。这一构思在较大程度上保护了原有建筑及环境，同时金字塔这一古老的造型以现代材料和构造的形式展现，蕴涵了建筑历史与文化的深层内涵，十分符合卢浮宫博物馆这一特定环境。

除了上述这些环境因素之外，根据城市规划、城市设计或项目本身的要求，场地尚有建筑退线、容积率、建筑密度和建筑高度等公共限制，它们是保障城市整体和场地自身土地使用的经济效益与环境质量的基本手段，也是对用地的限定条件，在进行建筑布置时应严格执行。

（四）功能要求

不同类型的设计项目，其建筑的布置形式之所以千差万别，除用地条件外，最主要的因素是建筑自身的功能和流线要求。不同性质的建筑功能要求不同，人流活动情况不同，其内部功能关系的组织就不同，就会演绎出不同的表现形式——在总体布局中即表现为建筑的平面及空间组合。例如，建筑平面的组合可呈现集中式、组群式、单元式、辐射式、脊椎带式和廊院式等多种形式(图3-33)。虽然功能对于建筑组合具有某种制约关系，但在具体处理上又有很大的灵活性。例如，同是学校建筑，也可有多种平面组合形式(图3-34)。事实上，由于建筑功能的多样性和复杂性，除少数建筑由于功能较单一，只需采用单一类型的空间组合形式外，绝大多数建筑都必须综合采用多种组合形式，或以一种为主，其他形式配合使用。

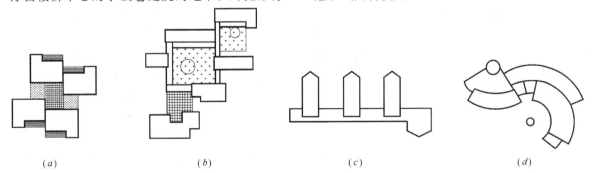

图3-33　建筑平面及空间组合形式
(a) 单元式；(b) 廊院式；(c) 脊椎带式；(d) 辐射式

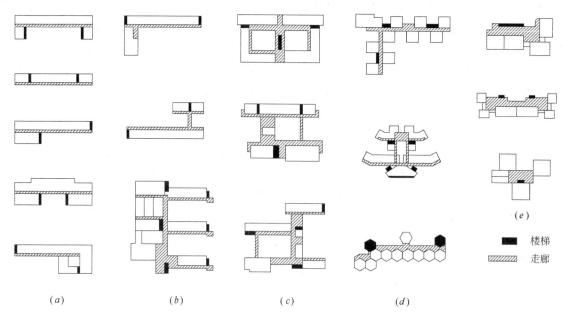

图 3-34 学校教学楼各种类型组合平面
(a)一字形；(b)L、I、E字形；(c)天井形；(d)不规则形；(e)单元组合形

除了与项目性质相关的特定使用功能之外，良好的声、光、热环境也是场地使用的基本物质功能需求。以居住场地为例，邻近交通干道产生的噪声超标、公共活动场所某些时段产生的噪声、相邻公共建筑玻璃幕墙日间产生的强反射光或夜景照明对住宅产生的强光，都可能影响居民休息，干扰居民正常生活。因此，建筑的规划布局应采取相应的措施，加以防护、隔离，降低噪声和光污染对居民产生的不利影响。如可以将商业服务、停车楼等对噪声和光污染不敏感的建筑贴邻噪声源，遮挡光污染；可采用设置土坡绿化、种植大型乔木等隔离措施，降低噪声和光污染对住宅建筑的不利影响。

**二、建筑布局的基本要求**

在建筑布局时不可避免地要涉及朝向的选择和间距的确定，这时应综合考虑日照、通风和防火等方面的问题，符合相关设计规范，满足卫生、安全和经济等基本要求。

**(一)建筑朝向的选择**

建筑朝向是指一幢建筑的空间方位，常用建筑主要房间的面向来衡量。建筑物的朝向对于建筑节能有很大影响。一般来讲，建筑朝向的选择是为了获得良好的日照和通风条件，因此要受到所在地区的日照条件和常年主导风向的影响。

1. 日照因素

我国幅员辽阔，横跨寒带、亚寒带、温带和亚热带等多个气候区，各地温差很大，由于地理纬度的不同，南北方日照特点差异显著。寒冷地区冬季应尽量争取日照，炎热地区则主要考虑夏季避免接受过多太阳辐射。

不同朝向的建筑可获得不同的日照效果，因而各有其不同的适应性。南北向的建筑是我国大部分地区都广泛采用的。南向房间夏季室内的阳光照射深度和照射时间较短；冬季室内的阳光深度比夏季大，中午前后均能获得大量日照；故有冬暖夏凉的效果。但北向房间，阳光较少，冬季较冷，北方寒冷地区的主要用房应避免北向。不过，在南方冬季不太冷的地区，如广州、昆明和重庆等地，北向房间光线柔和而稳定，又可避免西晒，因此北向又优于东西向。

东西向的建筑，上午东晒，下午西晒，阳光可深入室内，有利于提高日照效果；但在夏季会造成西向房间过热，故在温带和亚热带地区，东西朝向是不适宜的。而对于北纬 45°以北的亚寒带、寒带地区，如沈阳、乌鲁木齐等地，主要是争取冬季日照，故仍可以采用。

东南向的建筑，东南一面全年具有良好的日照，但西北面获日照较少，且冬季常受西北风影响。在北纬40°一带，冬季要求大量日照的建筑可以采用，但西北面不宜布置主要居室。

西南向的建筑，西南一面夏季午后很热，东北一面日照又不多，一般较少采用。

朝向选择随地理纬度不同、各地习惯不同而有所差异，在依赖自然调节的前提下，我国各地区主要房间的适宜朝向参见图3-35。

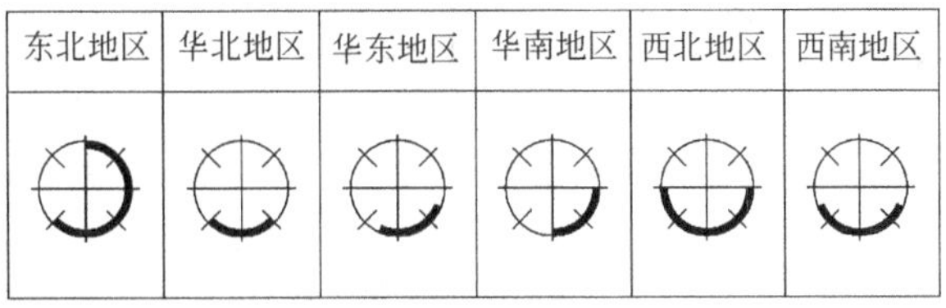

| 东北地区 | 华北地区 | 华东地区 | 华南地区 | 西北地区 | 西南地区 |
|---|---|---|---|---|---|
| | | | | | |

图 3-35　我国各地区主要房间的适宜朝向

2. 风向因素

我国大部分地区地处北温带，南北气候差异较大，在长江中、下游及华南广大地区，夏季持续时间长，而且湿度较大。因此，必须重视自然通风，建筑主体应朝向当地夏季主导风向布置，以获得"穿堂风"；在冬季寒冷地区则存在防寒、保温和防风沙侵袭的要求，在淮河-秦岭以北地区，建筑朝向应避开冬季主导风向。一般可借助当地风玫瑰图所示的主导风向来考

虑建筑的朝向。但需注意的是，由于受建筑所在地段的地形、地貌条件和周围环境条件的影响，可能使该地区的局部主导风向与当地的风玫瑰图所示的主导风向发生偏离。因此，在确定某一具体地段的主导风向时，还应对该地段的具体情况深入研究后，才能做出正确的判断。

由于日照和通风条件是评价建筑室内环境质量的主要标准，再综合考虑其他相关因素，可以确定各地区或城市的适宜建筑朝向范围(表3-1)。

我国部分地区建筑朝向表　　　　表 3-1

| 序号 | 地 区 | 最 佳 朝 向 | 适 宜 范 围 | 不 宜 朝 向 |
|---|---|---|---|---|
| 1 | 哈尔滨 | 南偏东15°～20° | 南至南偏东15°、南至南偏西15° | 西北、北 |
| 2 | 长春 | 南偏东30°、南偏西10° | 南偏东45°、南偏西45° | 北、东北、西北 |
| 3 | 沈阳 | 南、南偏东20° | 南偏东至东、南偏西至西 | 东北东至西北西 |
| 4 | 大连 | 南、南偏西15° | 南偏45°至南偏西至西 | 北、西北、东北 |
| 5 | 呼和浩特 | 南至南偏东、南至南偏西 | 东南、西南 | 北、西北 |
| 6 | 北京 | 南偏东30°以内、南偏西30°以内 | 南偏东45°以内、南偏西45°以内 | 北偏西30°～60° |
| 7 | 石家庄 | 南偏东15° | 南至南偏东30° | 西 |
| 8 | 太原 | 南偏东15° | 南偏东至东 | 西北 |
| 9 | 济南 | 南、南偏东10°～15° | 南偏东30° | 西偏北5°～10° |
| 10 | 郑州 | 南偏东15° | 南偏东25° | 西北 |
| 11 | 青岛 | 南、南偏东5°～15° | 南偏东15°至南偏西15° | 西、北 |
| 12 | 乌鲁木齐 | 南偏东40°、南偏西30° | 东南、东、西 | 北、西北 |
| 13 | 银川 | 南至南偏东23° | 南偏东34°、南偏西20° | 西、北 |
| 14 | 西宁 | 南至南偏西30° | 南偏东30°至南、南偏西30° | 北、西北 |
| 15 | 西安 | 南偏东10° | 南、南偏西 | 西、西北 |
| 16 | 拉萨 | 南偏东10°、南偏西5° | 南偏东15°、南偏西10° | 西、北 |
| 17 | 成都 | 南偏东45°至南偏西15° | 南偏东45°至东偏北30° | 西、北 |

| 序号 | 地　区 | 最　佳　朝　向 | 适　宜　范　围 | 不　宜　朝　向 |
|---|---|---|---|---|
| 18 | 重庆 | 南、南偏东 10° | 南偏东 15°、南偏西 5°、北 | 东、西 |
| 19 | 昆明 | 南偏东 25°～50° | 东至南至西 | 北偏东 35°、北偏西 35° |
| 20 | 南京 | 南偏东 15° | 南偏东 25°、南偏西 10° | 西、北 |
| 21 | 合肥 | 南偏东 5°～15° | 南偏东 15°、南偏西 5° | 西 |
| 22 | 上海 | 南至南偏东 15° | 南偏东 30°、南偏西 15° | 北、西北 |
| 23 | 杭州 | 南偏东 10°～15° | 南、南偏东 30° | 北、西 |
| 24 | 武汉 | 南偏西 15° | 南偏东 15° | 西、西北 |
| 25 | 长沙 | 南偏东 9°左右 | 南 | 西、西北 |
| 26 | 福州 | 南、南偏东 5°～10° | 南偏东 20°以内 | 西 |
| 27 | 厦门 | 南偏东 5°～10° | 南偏东 20°30′、南偏西 10° | 南偏西 25°、西偏北 30° |
| 28 | 广州 | 南偏东 15°、南偏西 5° | 南偏东 20°30′、南偏西 5°至西 | |
| 29 | 南宁 | 南、南偏东 15° | 南偏东 15°～25°、南偏西 5° | 东、西 |

注：摘自《建筑设计资料集　第 2 分册　居住》（第三版）。

总的来说，我国大部分地区正南及南偏东是较理想的方位，在南偏东或南偏西 10°～15°范围内也是较好朝向。

### 3. 道路走向

根据表 3-1，理论上可以对建筑的适宜朝向作优先选择。但在实践中，建筑物的朝向还要结合场地具体条件，比如与场地邻接的城市道路的走向也是影响建筑朝向的重要因素之一。综合考虑日照条件和沿街景观，在东西向的道路上沿街布置南北向建筑是比较理想的；但在南北向道路上若一味沿街布置，则会形成过多的东西向建筑。这时，应根据城市设计要求统一考虑沿街立面，结合不同的功能要求，将建筑平行或垂直于街道布置。例如，南北向建筑垂直道路布置，处理好沿街山墙面景观；或以东西向的次要部分、裙房等连接南北向主要部分的山墙面，形成沿街立面并组织出入口。当建筑与城市道路既不垂直也不平行时，应通过后退红线形成入口广场，组织好由城市道路进入场地的空间过渡。

住宅群体布置时，连续排列的多个建筑单体与道路偏转一定夹角，可形成具有节奏感的沿街立面；还可穿插布置垂直于道路和平行于道路的住宅，既考虑使用功能，也照顾到街景和节约用地的需要（图 3-36）。

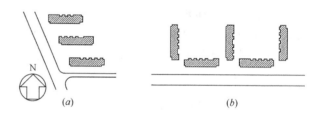

图 3-36　住宅布置与道路的关系

(a)建筑与道路偏转一定角度；
(b)建筑平行于道路和垂直于道路穿插布置

### 4. 周围景观

一般来说，对于人流比较集中的公共建筑，主要朝向通常和街道方位、人流走向和周围建筑的布置关系密切。游憩、休闲场地的建筑一般是以山水景色、绿化景观作为考虑建筑朝向的主要因素。如果建筑周边（包括场地内外）有较好的自然景观，进行建筑朝向选择时，可加以利用，使主要空间有较好的视野与景观。例如，位于风景区临水的酒店，客房朝向不必拘泥于南向，而应考虑让尽可能多的房间能够欣赏到水景；在别墅区中，如果建筑面向花园，即使东西向也可以适当开窗。

### 5. 地形变化

山地的坡向变化复杂，从日照来分析，南、东南及西南向坡为全阳坡，东、西向坡为半阳坡，北、东北及西北坡为阴坡。从卫生观点来看，以全阳坡为最好，半阳坡次之，阴坡不好。具体如何利用，要按当地习惯及通风等条件综合考虑确定。在坡地建筑布置中，顺应地形变化，尽量减少土方工程量往往成为选择朝向的一个制约因素。

6. 用地形状

不规则的用地形状也会给建筑的朝向布置带来限制条件。如图3-37所示的某小区住宅组团布置，为了充分利用地块，建筑并未单纯采用通常的南北向布置，而是采用转折的形体与用地形状相吻合，最大可能地利用基地，围合出多个院落空间。

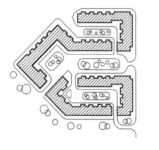

图 3-37 某小区住宅组团布置

进行上述几方面的分析后，综合考虑各方面影响因素，采取灵活变化的方式，与场地条件有机结合，才能最终确定建筑物的适宜朝向。

**（二）建筑间距的确定**

建筑间距是指两幢相对的建筑物外墙面之间的水平距离。建筑间距小，建筑群体势必拥挤，且日照、通风、采光、绿化等环境不佳；建筑间距过大，则浪费土地，增加管线与道路的长度。应根据日照、通风、消防、环保、工程管线埋设、建筑保护和城市设计等的要求，依据相关标准规范的规定，合理确定。

1. 日照间距

前后两排建筑物之间为保证后排建筑在规定时日获得必需的日照量而保持的距离，称为日照间距。所谓必需的日照量或建筑的日照标准，是根据建筑物所处的气候区、城市规模和建筑物的使用性质确定的；在规定的日照标准日（冬至日或大寒日）的有效日照时间范围内，以有日照要求楼层的窗台面为计算起点的建筑外窗获得的日照时间。

我国根据不同类型建筑的日照要求，制定了相应的日照标准：

《城市居住区规划设计标准》GB 50180—2018 规定了住宅建筑的日照间距要求。其中，老年人居住建筑日照标准不应低于冬至日日照时数2h，旧区改建项目内新建住宅建筑日照标准不应低于大寒日日照时数1h；

《中小学校设计规范》GB 50099—2011 规定：普通教室冬至日满窗日照不应少于2h；

《托儿所、幼儿园建筑设计规范》JGJ 39—2016（2019年版）规定：托儿所、幼儿园的活动室、寝室及具有相同功能的区域，冬至日底层满窗日照不应小于3h；

《疗养院建筑设计标准》JGJ/T 40—2019 规定：疗养室应能获得良好的朝向、日照，建筑间距不宜小于12m；

《综合医院建筑设计规范》GB 51039—2014 规定：病房建筑的前后间距应满足日照和卫生间距要求，且不宜小于12m。

值得注意的是，对日照间距的考虑不仅局限于场地内部的建筑，有时场地外部相邻的建筑也会对本场地建筑形成日照遮挡，建筑布局时需考虑留出必要的间距。同时，根据《民用建筑设计统一标准》GB 50352—2019 的规定，新建建筑物或构筑物应满足周边建筑物的日照标准；如果相邻用地（尤其是场地北侧）有居住类建筑或其他有日照要求的建筑物，建筑布局时需注意让出相应的距离。

此外，天然采光也有建筑间距要求。由于各地所处光气候区等情况不同，难以列出间距的具体数据。基本原则是天然光源应满足各建筑采光系数标准值的规定，具体计算参见《建筑采光设计标准》GB 50033—2013 的相关规定。无论是相邻用地的建筑，还是同一基地内的建筑之间，都不应遮挡住建筑主要用房的采光。

（1）日照间距系数

采用图解法或计算的方法，可以求得建筑物之间符合日照标准的最小日照间距。在实际应用中，一般将 $D/H$（$D$ 为日照间距，$H$ 为前幢建筑檐口至地面高度）确定为当地的日照间距系数，以便根据不同建筑高度计算间距。各城市的规划主管部门根据当地的具体情况，制定了日照间距系数标准（表2-7）。场地总体布局时，对于南北向平行布置的建筑物，只需简单计算即可求得日照间距值。

在居住建筑群体布置中，可以通过建筑的不同组合方式以及利用地形等手段，来达到建筑群体争取日照的目的。如将住宅错落布置，可利用山墙间隙提高日照水平[图3-38（a）]；或利用点式住宅以增加日照效果，可适当缩小间距[图3-38（b）]；也可以将建筑方位偏东（或偏西）布置，等于是加大了间距，增加了底层的日照时间，但阳光入室的照射面积比南面要小[图3-38（c）]。

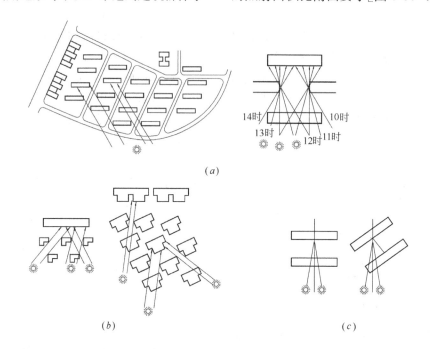

图3-38　住宅群体布置中争取日照的方法
（a）住宅错落布置，利用山墙间隙提高日照水平；（b）利用点式住宅，适当缩小间距；
（c）将建筑偏东（偏西）布置，增加底层日照时间

（2）地形坡度、坡向对日照间距的影响

山地建筑日照间距的大小，除了日照条件外，还受到地形坡向及坡度大小的影响。由于地形的坡起，山地建筑的阴影长度与平地建筑会有所不同，而且其差异的大小直接取决于山地坡度的陡缓。对于北半球来说，南北向布置的建筑与平地相比，南向阳坡上的建筑物阴影会缩短（日照间距比平坦地要小），而北向阴坡上阴影会增长（日照间距比平坦地要大），且坡度越大，其缩短或增长的长度越大。山地建筑阴影长度的变化，直接决定了各山地建筑单体间的日照间距（图3-39），对建筑群体布局会产生较大的影响。因此，建筑布局应结合地形特点，对日照间距作适当调整，才能满足日照卫生要求，合理利用土地。

简单而言，与平地建筑相比，南坡的建筑间

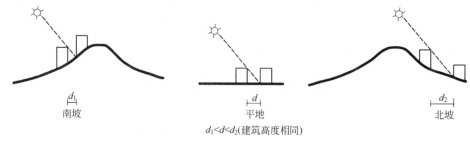

$d_1<d<d_2$(建筑高度相同)

图3-39　地形坡向对日照间距的影响

距可以适当缩小，层数可适当增加，建筑用地也较节约；而北坡建筑的情况与之正好相反，日照条件差，建筑间距需适当加大，建筑用地不经济。而且，日照间距的缩小或扩大随坡度增大而加大。主体建筑布置时应尽量争取阳坡或半阳坡，阴坡可作为停车场或公用设施用地；当阴坡不可避免时，为了争取日照，减少阴坡的建筑间距，房屋宜斜交或垂直于地形等高线布置，或采取斜列、交错、长短结合、高低搭配和点群式平面等处理手法。

2. 通风的要求

建筑的布局（特别是南方湿热地区）要妥善处理通风问题，有利于获得良好的自然通风，并防止冬季寒冷地区及风沙地区风害的侵袭。我国大部分地区夏、冬两季的主导风向大致相反；因而，在解决通风、防风要求时，一般不至于矛盾。

（1）通风要求对建筑间距的影响

模拟试验表明，对单幢建筑而言，建筑物高度增加，气流方向进深减小，迎风面建筑长度加大，则其背面的漩涡区就增大，这对该建筑的通风有利，但对其背后的建筑通风则不利。也就是说，在较高、较长、进深较大的建筑后部布置建筑时，需要更大的通风间距（图3-40）。

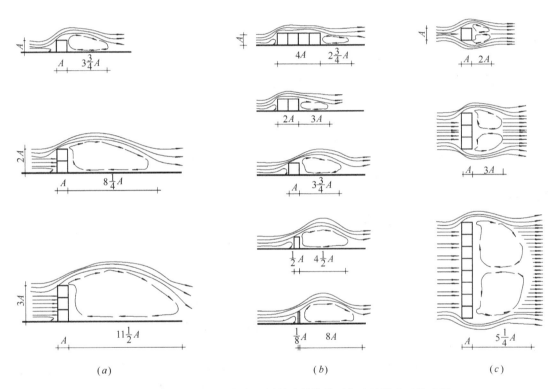

图3-40 高度、进深、长度不同的建筑物前后气流及涡流区关系图

(a)建筑物高度与涡流区的关系；(b)建筑物进深与涡流区的关系；(c)建筑物长度与涡流区的关系

建筑组群的自然通风与建筑的间距、排列组合方式及迎风方位（即风向对组群的入射角）等有关：建筑间距越大，后排建筑受到的风压也越强，通风效果越好（图3-41）；当间距一定时，风向入射角由0°～60°渐次增大，则后排建筑窗口的相对风速也相应增大，相当于在逐渐增加建筑间距而加强通风的效果（图3-42）。

一般情况下，建筑间距越大，对后排建筑通风越有利。但考虑到节约用地和室外工程，不可能也不应该盲目增大建筑间距。通常在满足日照要求的建筑间距条件下，充分利用各种有利于建筑通风的因素和措施，基本就能兼顾到建筑通风的需要。比如在选择建筑朝向时，同时考虑通风要求，使夏季主导风向保持有利的入射角，则可取得风路畅通的效果。因此，建筑的通风间距都是结合建筑的日照要求和充分利用有利的通风因

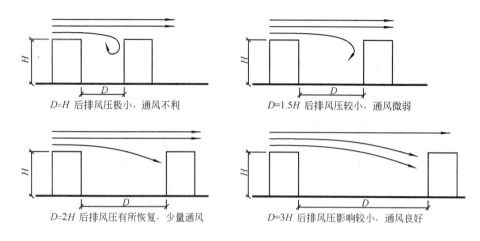

图 3-41 建筑间距的不同引起的气压变化（$H$ 为前排建筑高度）

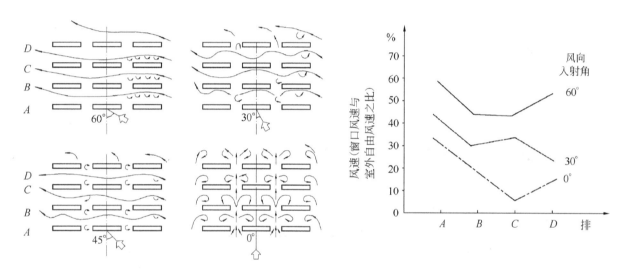

图 3-42 间距为 $1.3H$ 时的气流情况

素来确定的。

（2）地形对建筑通风间距的影响

不同的风向、地形坡度及坡向，会对建筑间距产生不同的影响。在平原地区，当 $D=2H$ 时，通风效率可视为良好；当 $D=H$ 时，通风效率仅为 $50\%$ 以下。在山地地区，由于地形有高差，$H$ 与 $D$ 关系发生变化：在迎风坡上，通风条件优于平坦地，$D$ 只需大于前排房屋檐口至后排房屋地面的高差 $H_1$，通风效果即为良好。利用这一条件，可相应提高建筑面积密度。而在背风坡上，通风条件差得多，如果要达到 $D=2H_1$，则两排建筑的间距就很大，建筑面积密度低，用地不经济（图 3-43）。对于这一不利条件，仍可采用前文所述对阴坡的建筑布置

方式进行处理。

3. 防火间距

为保证一旦发生火灾时相邻建筑的安全，防止火灾的蔓延，建筑物之间必须保持一定的防火间距。防火间距的大小主要取决于建筑的高度、耐火等级和建筑外墙上门窗洞口等情况。

（1）民用建筑的防火间距

在《建筑设计防火规范》GB 50016—2014（2018 年版）中，民用建筑根据其建筑高度和层数可分为单、多层民用建筑和高层民用建筑。高层民用建筑根据其建筑高度、使用功能和楼层的建筑面积可分为一类和二类（表 3-2）。

该规范确定了民用建筑的耐火等级分为一、二、三、四级。地下或半地下建筑（室）和一类高

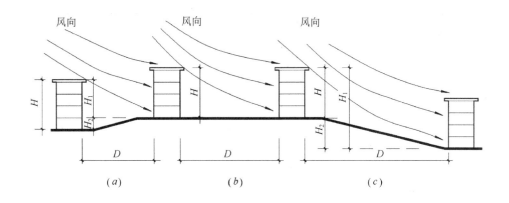

图 3-43 地形坡向对建筑间距的影响
(a)迎风坡；(b)平坦地；(c)背风坡

**民用建筑的分类**                    表 3-2

| 名 称 | 高层民用建筑 | | 单、多层民用建筑 |
|---|---|---|---|
| | 一类 | 二类 | |
| 住宅建筑 | 建筑高度大于 54m 的住宅建筑(包括设置商业服务网点的住宅建筑) | 建筑高度大于 27m，但不大于 54m 的住宅建筑(包括设置商业服务网点的住宅建筑) | 建筑高度不大于 27m 的住宅建筑(包括设置商业服务网点的住宅建筑) |
| 公共建筑 | 1. 建筑高度大于 50m 的公共建筑；<br>2. 建筑高度 24m 以上部分任一楼层建筑面积大于 1000m² 的商店、展览、电信、邮政、财贸金融建筑和其他多种功能组合的建筑；<br>3. 医疗建筑、重要公共建筑、独立建造的老年人照料设施；<br>4. 省级及以上的广播电视和防灾指挥调度建筑、网局级和省级电力调度建筑；<br>5. 藏书超过 100 万册的图书馆、书库 | 除一类高层公共建筑外的其他高层公共建筑 | 1. 建筑高度大于 24m 的单层公共建筑；<br>2. 建筑高度不大于 24m 的其他公共建筑 |

注：1. 表中未列入的建筑，其类别应根据本表类比确定。
　　2. 除《建筑设计防火规范》GB 50016 另有规定外，宿舍、公寓等非住宅类居住建筑的防火要求，应符合该规范有关公共建筑的规定。
　　3. 除《建筑设计防火规范》GB 50016 另有规定外，裙房的防火要求应符合该规范有关高层民用建筑的规定。

层建筑的耐火等级不应低于一级，单、多层重要公共建筑和二类高层建筑的耐火等级不应低于二级。并根据建筑类别及耐火等级，规定了民用建筑之间的防火间距(表 3-3，图 3-44)，以及民用建筑与厂房、仓库等其他建筑之间的防火间距(表 3-4～表 3-6)。

**民用建筑之间的防火间距**(m)                    表 3-3

| 建筑类别 | | 高层民用建筑 | 裙房和其他民用建筑 | | |
|---|---|---|---|---|---|
| | | 一、二级 | 一、二级 | 三级 | 四级 |
| 高层民用建筑 | 一、二级 | 13 | 9 | 11 | 14 |

| 建筑类别 | | 高层民用建筑 | 裙房和其他民用建筑 | | |
|---|---|---|---|---|---|
| | | 一、二级 | 一、二级 | 三级 | 四级 |
| 裙房和其他民用建筑 | 一、二级 | 9 | 6 | 7 | 9 |
| | 三级 | 11 | 7 | 8 | 10 |
| | 四级 | 14 | 9 | 10 | 12 |

注：1. 相邻两座单、多层建筑，当相邻外墙为不燃性墙体且无外露的可燃性屋檐，每面外墙上无防火保护的门、窗、洞口不正对开设且该门、窗、洞口的面积之和不大于外墙面积的5%时，其防火间距可按本表的规定减少25%。

2. 两座建筑相邻较高一面外墙为防火墙，或高出相邻较低一座一、二级耐火等级建筑的屋面15m及以下范围内的外墙为防火墙时，其防火间距不限。

3. 相邻两座高度相同的一、二级耐火等级建筑中相邻任一侧外墙为防火墙，屋顶的耐火极限不低于1.00h时，其防火间距不限。

4. 相邻两座建筑中较低一座建筑的耐火等级不低于二级，相邻较低一面外墙为防火墙且屋顶无天窗，屋顶的耐火极限不低于1.00h时，其防火间距不应小于3.5m；对于高层建筑，不应小于4m。

5. 相邻两座建筑中较低一座建筑的耐火等级不低于二级且屋顶无天窗，相邻较高一面外墙高出较低一座建筑的屋面15m及以下范围内的开口部位设置甲级防火门、窗，或设置符合现行国家标准《自动喷水灭火系统设计规范》GB 50084规定的防火分隔水幕或《建筑设计防火规范》GB 50016第6.5.3条规定的防火卷帘时，其防火间距不应小于3.5m；对于高层建筑，不应小于4m。

6. 相邻建筑通过连廊、天桥或底部的建筑物等连接时，其间距不应小于本表的规定。

7. 耐火等级低于四级的既有建筑，其耐火等级可按四级确定。

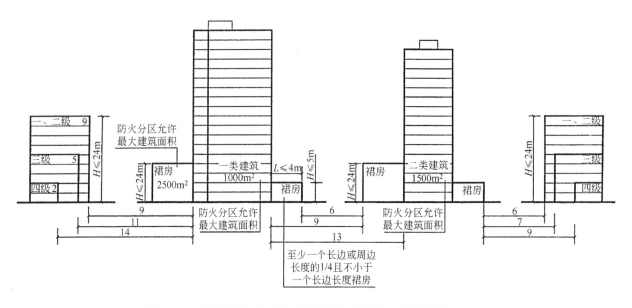

图 3-44　高层建筑之间与其他民用建筑之间的防火间距(单位：m)

**民用建筑与厂房等其他建筑之间的防火间距**（m）　　　　　　表 3-4

| 名　　称 | | | 民用建筑 | | | | |
|---|---|---|---|---|---|---|---|
| | | | 裙房，单、多层 | | | 高层 | |
| | | | 一、二级 | 三级 | 四级 | 一类 | 二类 |
| 甲类厂房 | 单、多层 | 一、二级 | 25 | | | 50 | |
| 乙类厂房 | 单、多层 | 一、二、三级 | | | | | |
| | 高层 | 一、二级 | | | | | |

| 名　称 | | | 民用建筑 | | | | |
|---|---|---|---|---|---|---|---|
| | | | 裙房，单、多层 | | | 高层 | |
| | | | 一、二级 | 三级 | 四级 | 一类 | 二类 |
| 丙类厂房 | 单、多层 | 一、二级 | 10 | 12 | 14 | 20 | 15 |
| | | 三级 | 12 | 14 | 16 | 25 | 20 |
| | | 四级 | 14 | 16 | 18 | | |
| | 高层 | 一、二级 | 13 | 15 | 17 | 20 | 15 |
| 丁、戊类厂房 | 单、多层 | 一、二级 | 10 | 12 | 14 | 15 | 13 |
| | | 三级 | 12 | 14 | 16 | 18 | 15 |
| | | 四级 | 14 | 16 | 18 | | |
| | 高层 | 一、二级 | 13 | 15 | 17 | 15 | 13 |
| 室外变、配电站 | 变压器总油量（t） | $\geqslant 5$，$\leqslant 10$ | 15 | 20 | 25 | 20 | |
| | | $>10$，$\leqslant 50$ | 20 | 25 | 30 | 25 | |
| | | $>50$ | 25 | 30 | 35 | 30 | |
| 湿式可燃气体储罐 | 总容积（$V$，$m^3$） | $V<1000$ | 18 | | | 25 | |
| | | $1000\leqslant V<10000$ | 20 | | | 30 | |
| | | $10000\leqslant V<50000$ | 25 | | | 35 | |
| | | $50000\leqslant V<100000$ | 30 | | | 40 | |
| | | $100000\leqslant V<300000$ | 35 | | | 45 | |
| 湿式氧气储罐 | 总容积（$V$，$m^3$） | $V\leqslant 1000$ | 18 | | | | |
| | | $1000<V\leqslant 50000$ | 20 | | | | |
| | | $V>50000$ | 25 | | | | |

注：乙类厂房与重要公共建筑的防火间距不宜小于50m；单、多层戊类厂房与民用建筑的防火间距可将戊类厂房等同民用建筑的规定执行。为丙、丁、戊类厂房服务而单独设置的生活用房应按民用建筑确定，与所属厂房的防火间距不应小于6m。

**民用建筑与甲类仓库之间的防火间距（m）**　　　　　　　　　　　　　　　　表3-5

| 名　称 | 甲类仓库（储量，t） | | | |
|---|---|---|---|---|
| | 甲类储存物品第3、4项 | | 甲类储存物品第1、2、5、6项 | |
| | $\leqslant 5$ | $>5$ | $\leqslant 10$ | $>10$ |
| 高层民用建筑、重要公共建筑 | 50 | | | |
| 裙房、其他民用建筑 | 30 | 40 | 25 | 30 |

**民用建筑与乙、丙、丁、戊类仓库之间的防火间距（m）**　　　　　　　　　　表3-6

| 名　称 | | | 乙类仓库 | 丙类仓库 | | | | 丁、戊类仓库 | | | |
|---|---|---|---|---|---|---|---|---|---|---|---|
| | | | 单、多、高层 | 单、多层 | | | 高层 | 单、多层 | | | 高层 |
| | | | 一、二级、三级 | 一、二级 | 三级 | 四级 | 一、二级 | 一、二级 | 三级 | 四级 | 一、二级 |
| 民用建筑 | 裙房，单、多层 | 一、二级 | 25 | 10 | 12 | 14 | 13 | 10 | 12 | 14 | 13 |
| | | 三级 | | 12 | 14 | 16 | 15 | 12 | 14 | 16 | 15 |
| | | 四级 | | 14 | 16 | 18 | 17 | 14 | 16 | 18 | 17 |
| | 高层 | 一类 | 50 | 20 | 25 | 25 | 20 | 15 | 18 | 18 | 15 |
| | | 二类 | | 15 | 20 | 20 | 15 | 13 | 15 | 15 | 13 |

注：除乙类第6项物品外的乙类仓库，与民用建筑的防火间距不宜小于25m，与重要公共建筑的防火间距不应小于50m。

此外，《建筑设计防火规范》GB 50016—2014（2018年版）中对于民用建筑与液体储罐区，液化天然气储罐区，可燃、助燃气体储罐区和可燃材料堆场等特殊区域的防火间距都有明确的规定。当场地布局涉及相关内容时，需严格依据规范条文处理。

（2）车库的防火间距

《汽车库、修车库、停车场设计防火规范》GB 50067—2014根据停车（车位）数量和总面积，规定了汽车库、修车库、停车场的分类（表3-7）。

汽车库、修车库、停车场的分类 表3-7

| 名称 | | Ⅰ | Ⅱ | Ⅲ | Ⅳ |
|---|---|---|---|---|---|
| 汽车库 | 停车数量（辆） | ＞300 | 151~300 | 51~150 | ≤50 |
| | 总建筑面积 $S$（m²） | $S＞10000$ | $500＜S≤10000$ | $2000＜S≤5000$ | $S≤2000$ |
| 修车库 | 车位数（个） | ＞15 | 6~15 | 3~5 | ≤2 |
| | 总建筑面积 $S$（m²） | $S＞3000$ | $1000＜S≤3000$ | $500＜S≤1000$ | $S≤500$ |
| 停车场 | 停车数量（辆） | ＞400 | 251~400 | 101~250 | ≤100 |

注：1. 当屋面露天停车场与下部汽车库共用汽车坡道时，其停车数量应计算在汽车库的车辆总数内。

2. 室外坡道、屋面露天停车场的建筑面积可不计入汽车库的建筑面积之内。

3. 公交汽车库的建筑面积可按本表的规定值增加2.0倍。

上述规范规定，汽车库、修车库的耐火等级分为一级、二级和三级。地下、半地下和高层汽车库应为一级；甲、乙类物品运输车的汽车库、修车库和Ⅰ类汽车库、修车库，应为一级；Ⅱ、Ⅲ类汽车库、修车库的耐火等级不应低于二级；Ⅳ类汽车库、修车库的耐火等级不应低于三级。

汽车库、修车库、停车场之间以及它们与除甲类物品仓库外的其他建筑物之间的防火间距，不应小于表3-8的规定。其中，高层汽车库与其他建筑物，汽车库、修车库与高层建筑的防火间距应按该表的规定值增加3m；汽车库、修车库与甲类厂房的防火间距应按该表的规定值增加2m。

汽车库、修车库、停车场之间及汽车库、修车库、停车场与
除甲类物品仓库外的其他建筑物的防火间距（m）　　　　表3-8

| 名称和耐火等级 | 汽车库、修车库 | | 厂房、仓库、民用建筑 | | |
|---|---|---|---|---|---|
| | 一、二级 | 三级 | 一、二级 | 三级 | 四级 |
| 一、二级汽车库、修车库 | 10 | 12 | 10 | 12 | 14 |
| 三级汽车库、修车库 | 12 | 14 | 12 | 14 | 16 |
| 停车场 | 6 | 8 | 6 | 8 | 10 |

此外，汽车库、修车库、停车场与甲类物品仓库，易燃、可燃液体储罐，可燃气体储罐，以及液化石油气储罐的防火间距同样按照上述规范的相关条文执行。

汽车库、修车库、停车场与燃气调压站、液化石油气的瓶装供应站之间的防火间距，应符合现行国家标准《城镇燃气设计规范》GB 50028的有关规定。汽车库、修车库、停车场与石油库、汽车加油加气站的防火间距，应符合现行国家标准《石油库设计规范》GB 50074和《汽车

加油加气加氢站技术标准》GB 50156的有关规定。屋面停车区域与建筑其他部分或相邻其他建筑物之间的防火间距，应按地面停车场与建筑的防火间距确定。

在场地总体布局中，建筑间距的确定要综合考虑各种因素。在按照各种因素对间距的要求所得出的间距值中，选择其中的较大值作为实际建筑间距。例如，对住宅、宿舍、托幼、疗养院和医院等建筑，其日照间距通常大于防火和其他方面的间距要求；因此，要以日照间距确定建筑间

距。但在坡地场地中，当阳坡计算的日照间距小于防火间距时，则建筑间距应以防火间距为标准确定。

#### 4. 防噪间距

相距过近的两座建筑，可能会由于人说话、活动的声音造成噪声干扰。对于学校建筑而言，"防噪间距"是必须遵循的特殊要求。根据《中小学校设计规范》GB 50099—2011 的规定，各类教室的外窗与相对的教学用房或室外运动场地边缘间的距离不应小于 25m。

在影响学校建筑间距的诸多因素中起主导作用的是防噪间距和日照间距。因此，选择此二者中的较大值作为建筑间距，便能满足要求。

【例 3-1】 已知西安市某中学拟新建两座教学楼，其朝向为南北向。教学楼的层数均为 4 层，其层高均为 3.60m，南侧教学楼屋面四周设有1.10m高的女儿墙，北侧教学楼底层教室的窗台高为 0.90m，两栋教学楼室内外高差均为 0.45m，且室内地坪标高相同，试确定这两栋教学楼间的距离。

【解】

(1) 计算日照间距

根据《中小学校设计规范》GB 50099—2011 的规定，普通教室冬至日满窗日照不应少于 2h。查有关资料，冬至日满窗日照时数为 2h 时，日照间距系数为 1.62。

设南侧教学楼的计算高度为 $H$，两座教学楼的日照间距为 $D$(图 3-45)，则：

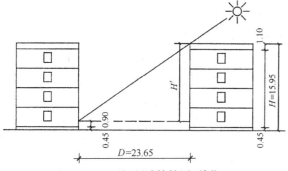

图 3-45 日照间距计算简图(单位：m)

$$H' = 3.60 \times 4 + 1.10 + 0.45 = 15.95 \text{(m)},$$
$$H' = H - (0.45 + 0.90)$$
$$= 15.95 - 1.35 = 14.60 \text{(m)}$$

$$D = 1.62 \times 14.60 = 23.65 \text{(m)}。$$

(2) 确定防火间距

根据《建筑设计防火规范》GB 50016—2014 (2018 年版)对民用建筑耐火等级的规定，教学楼的耐火等级为三级；查表 3-3，三级民用建筑之间的防火间距为 8m。

(3) 确定防噪间距

根据《中小学校设计规范》GB 50099—2011 的规定，教室窗与校园内噪声源的距离不应小于 25m。

(4) 确定建筑间距

当两座教学楼的间距为 25m 时，可以同时满足日照、防火和防噪间距的要求；因此，确定建筑间距为 25m。

#### 5. 视觉卫生要求

随着人们对个人生活私密性保护意识的增强，对相邻居住建筑之间提出了视觉卫生要求，即避免不同住户之间的视线干扰。南北向布置的住宅，一般前后日照间距已能满足视线私密性要求。东西向山墙间距，一般按消防间距的规定控制；但当山墙有居室窗户时，需考虑是否有视线干扰情况。多户组合的点式或塔式住宅中，建筑的四个立面都有居室开窗，尤其要注意避免视线对视而影响居住的私密性。《全国民用建筑工程设计技术措施 规划·建筑·景观》(2009 年版)中规定，居住区住宅建筑应避免视线干扰，有效保障私密性，窗对窗、窗对阳台的防视线干扰距离不宜小于 18m。

#### 6. 管线布置要求

在建筑群体布局中，由于场地中水、暖、电、燃气等各类工程管线的布置要求，建筑间距必须为管线埋设预留空间。《城市居住区规划设计规范》GB 50180—93(2016 年版)对居住区内部道路宽度提出下列规定：小区路：路面宽6~9m，建筑控制线之间的宽度，需敷设供热管线的不宜小于 14m；无供热管线的不宜小于 10m；组团路：路面宽3~5m，建筑控制线之间的宽度，需敷设供热管线的不宜小于 10m；无供热管线的不宜小于 8m。现行《城市居住区规划设计标准》GB 50180—2018，已经删除了工程管线综合的有关技术内容；但在实际工程规划设计中，这仍是需要考虑的问题。因此，住宅沿居住区道路两侧布置时，建筑山墙间距应符合"建筑控制线"的规定，即建筑物与居住区道路边缘应保持必要的距离，主要考虑了满足地下管线布置的要求［图3-46(a)］。

在坡地场地，建筑间距除了考虑管线布置的要求外，还需保证护坡或挡土墙所占用的空间，满足布设建筑物散水、排水沟及边缘种植槽的宽度要求；实际间距应根据所采取的形式、高度等因素来确定。当建筑布置在护坡或挡土墙的上方时，建筑应沿护坡或挡土墙上缘后退；当建筑位于护坡或挡土墙的下方时，建筑应沿其下缘后退［图3-46（b）］。

《城乡建设用地竖向规划规范》CJJ 83—2016中对于挡土墙、护坡与建筑的最小间距作出了如下规定：高度大于2m的挡土墙和护坡，其上缘与建筑物的水平净距不应小于3m，下缘与建筑物的水平净距不应小于2m；高度大于3m的挡土墙与建筑物的水平净距还应满足日照标准的要求。由于挡土墙等大型防护工程不仅是确保用地自身稳定的工程防护措施，而且通常还伴有减噪、除尘、防风、防沙、防洪，甚至防火等特殊防护需求，往往需要配套设置具有特殊防护功能的专用绿地或采取其他措施，这也是建筑间距设置时需要考虑的因素。

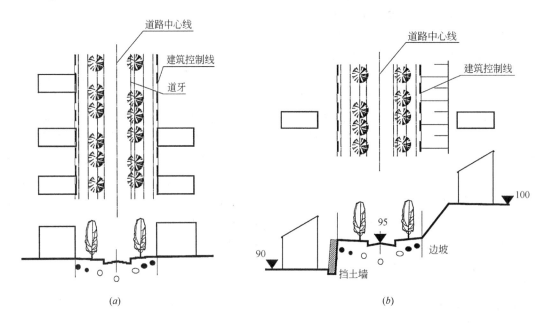

图 3-46　管线布置要求
(a)平地场地；(b)坡地场地

在道路转弯或曲线形布置时，尤其应注意建筑间距控制线的连续性，并适当放宽控制线宽度。如果建筑布置时未考虑这些因素，会给场地竖向设计带来很大困难，有时不得不重新修改建筑方案。

### 7. 防灾救援间距要求

建筑间距还应考虑一旦发生地震、火灾、洪涝等灾害时，人员、车辆对疏散救援通道空间的要求。例如，发生地震灾害时，房屋倒塌后留下的空间应满足疏散、救援的要求。《城市综合防灾规划标准》GB/T 51327—2018 对于应对灾害

应急救援和抢险避难、保障灾后应急救灾和疏散避难活动的应急通道作出以下规定：应急通道的有效宽度，救灾干道不应小于15.0m，疏散主通道不应小于7.0m，疏散次通道不应小于4.0m。

《城市综合交通体系规划标准》GB/T 51328—2018 要求，承担城市防灾救援通道的道路应符合下列规定：次干路及以上等级道路两侧的高层建筑应根据救援要求确定道路的建筑退线。因此，作为应急通道的道路两侧的建筑布局，尤其是高层建筑的布局，应由道路红线退后一定距离。退让距离应综合考虑道路宽度及建筑

高度；道路越窄、建筑越高，则退让距离应该越大。

**8. 安全卫生隔离要求**

当场地内外有易燃、易爆或有毒、有害等危险性、污染性建筑存在时，相邻建筑、集散场地布置时，应与之保持一定的安全卫生间距，通常还以绿化带相隔，作为卫生防护。

此外，《绿色建筑评价标准》GB/T 50378—2019 中提出，在建筑间距和通路设计时，除了考虑消防、采光、通风、日照间距等，还需考虑采取避免坠物伤人的措施，利用场地或景观形成可降低坠物风险的缓冲区、隔离带。

**9. 节地要求**

节约用地，不仅关系到生态环境的保护，而且也影响项目的建设投资。尤其对于居住用地，合理提高居住密度、节省用地具有重要意义。居住建筑在保证良好的日照通风卫生以及消防安全等条件的前提下，采取适当的群体布局与组合方式，可以有效减小建筑间距，从而达到节地的目的。例如，住宅朝向采取适当偏斜的角度，不仅有利于照顾到房屋两面房间的朝向（避免纯北向），而且有利于缩小间距系数；在坡地建房时可利用向阳坡以缩小间距系数；利用点式住宅，可适当减小间距；前后两排房屋错列布置，可减少遮挡，适当压缩间距。

首先，在建筑群体布置时，合理利用住宅间用地，是取得节地效果的有效方法。例如，在日照阴影范围内，房屋前后左右间距空地若能重叠起来，可以进一步节约用地。可采取少量住宅东西向布置，使其与南北朝向的房屋间距重叠（图3-47），这种方式也有利于组织院落空间，布置室外活动场地和小块绿地。体形瘦高的高层塔式住宅，由于日照阴影移动较快，后面空地的永久性阴影范围较小，对日照通风一般不会产生很大影响；

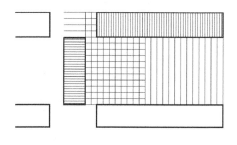

图 3-47　建筑间距用地的重叠

因此，高层塔式住宅与多层住宅混合布置，可显著提高土地利用率，而且对于丰富群体空间也有良好效果。

其次，居住区内部道路布置应尽可能与房屋间距用地相结合；较宽的道路两侧应布置层数较多的住宅。在城市干道两侧的住宅建筑应充分利用道路宽度；特别是东西走向道路的路南一侧的建筑，可适当加高层数，以达到在不增加用地且不影响使用的情况下，提高容积率的目的。这对于节地是有一定意义的。

此外，将一些对住户干扰不大，且本身对用房和用地无特殊要求的公共服务设施，如小商店、物业管理与服务等，与住宅组合布置。如可在住宅间距内插建低层公建，也可利用南北向住宅沿街山墙一侧的用地布置低层公共服务设施。既保证了住宅的良好朝向，又丰富了城市的沿街景观。

北京青年湖小区住宅组（图3-48）综合使用了以上方法，少量住宅东西向布置，多层与高层住宅混合布置，利用住宅间距插建低层公建等。住宅平均层数为 6.5 层，居住建筑面积密度达 18000m²/hm²。

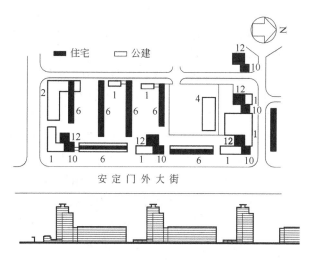

图 3-48　北京青年湖小区住宅组
注：平面图中的数字表示建筑层数。

城乡规划管理部门通常会对该市规划区域内的建筑间距做出详细规定，设计时必须严格执行。

**三、单体建筑在场地中的布局**

在许多场地设计中，要求在基地里安排一主

体建筑（包括部分辅助用房），如高层写字楼、旅馆、商业建筑或综合体建筑，或影剧院、体育馆等大型公共建筑。如前所述，一般先根据建筑自身的要求或依据设计意图，结合用地条件来确定建筑物在基地中的位置。对于新建项目，通常的布置方式有以下两种。

（一）以建筑自身为核心，布置在场地中部

建筑安排在场地的主要位置或中央，四周留出空间布置其他内容（如庭园绿化、交通集散地等），形成以建筑物为核心、空间包围建筑的图底关系。这是一种突出建筑、以环境作为陪衬的形式，建筑物的位置和形态处理使它成为场地的绝对主体，与其他要素之间形成明确的主从关系。

这种布置形式的特点是整体秩序较简明，主体建筑突出，视觉形象好，各部分用地区域大体相当、关系均衡，且相对独立、互不干扰，有利于节地。不利因素是建筑形象单一，缺乏层次变化，与周围环境的关系较为单调。

采用这种布局形式主要是基于以下几方面考虑：一是由于建筑自身的一些特定要求，比如影剧院、体育馆自身功能相对完整，独立性较强，而无法将它与其他内容结合在一起；二是在场地各项内容的权重关系中，建筑处于绝对重要地位，占有最大比重，因而占据场地中心位置；三是出于主观设计意图，为了表现某种特定的构思，而使建筑成为独立的一体。比如为了形成某种特定的场地构成秩序，而将建筑作为组织的核心；或是仅仅因为便于建筑内部的功能与空间组织，而将它处理成独立的形式。采用这种方式时，建筑物必须设计得富有吸引力，成为由环境衬托的引人注目的焦点。为争取最佳效果，主视野中应避免出现其他建筑或明显的构筑物，以便突出该单体建筑的重要性。

杨凌国际会展中心（图3-49），在四周由城市道路环绕的方正基地上，建筑以对称的体形布置于中央。用地北端为入口集散广场，设有集中停车空间，南端为水景、台阶、铺地构成的步行景观广场，东、西两侧主要布置树池和庭院灯。各区关系明确，在位置与形态上两两相对，规模相当，构成极好的均衡关系和明确的对位秩序。从周围道路的各个方向来看，建筑形象都得到较好的突显。

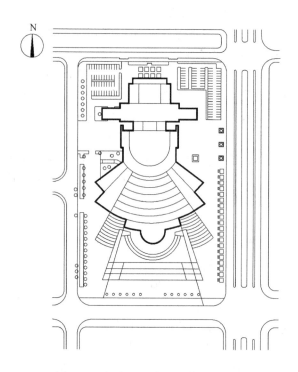

图3-49 杨凌国际会展中心总平面图

海口体育馆（图3-50），建筑位于场地中央，便于组织场地与外部各方向城市道路之间的交通集散，并突出几何体造型的建筑形象。

中国人民抗日战争纪念馆（见图3-12）也采用了这一布局方式来体现设计构思，使建筑成为整

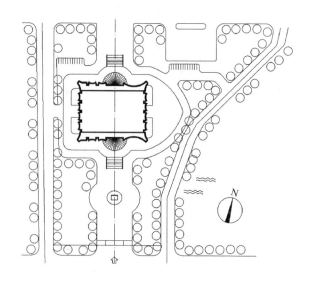

图3-50 海口体育馆总平面图

个纪念性建筑空间秩序的核心所在。

（二）建筑布置在场地边侧或一角

位于城市市区的单体建筑项目，建筑占地规模往往与总用地规模相接近，紧张的用地造成布局的自由度很小。这时应充分考虑到其他内容的用地要求。为节约用地，主体建筑物往往选择比较规整集中的形式，并尽量靠近场地边侧布置，使剩余用地相对集中，便于安排场地内应布置的其他内容。如果将建筑布置在场地中央，剩余用地会被分割成零散的几个小条块，其中每一部分由于面积局促、比例不当而难以利用，造成用地浪费；同时，也给其他内容的安排带来困难。深圳经协大厦（图 3-51）是超高层综合体建筑，在紧张的用地中，建筑退后红线偏于边侧布置，留出与城市道路邻接的用地来组织各种入口空间。

西安阿房宫凯悦酒店（图 3-52）位于市中心区繁华的十字路口东南角，由于用地紧张，采用了集中的用地划分方式。主体建筑偏于基地西侧布置，主体建筑及主入口广场与后勤辅助设施及室外停车场各占一区，分区明确。各区与外部城市道路均有直接联系。在狭小的地段上充分利用了基地面积；同时，集中式的建筑布局也有利于形成体现古城特色的古朴浑厚的风格。

在有些场地中，建筑虽是主要功能，但其占地较小，而与之配套的室外活动场地占地相对较大。

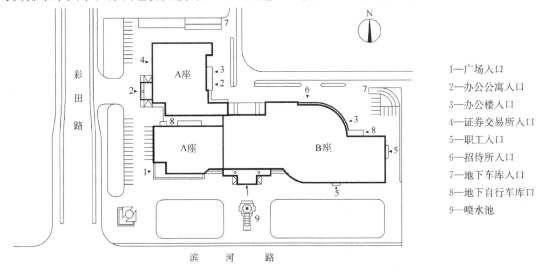

1—广场入口
2—办公公寓入口
3—办公楼入口
4—证券交易所入口
5—职工入口
6—招待所入口
7—地下车库入口
8—地下自行车库口
9—喷水池

图 3-51 深圳经协大厦总平面图

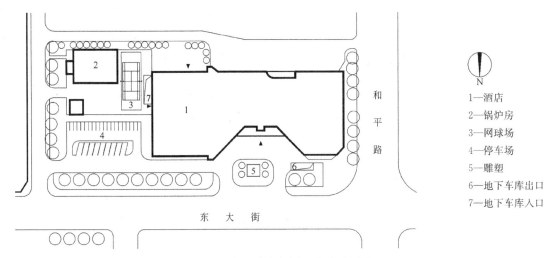

1—酒店
2—锅炉房
3—网球场
4—停车场
5—雕塑
6—地下车库出口
7—地下车库入口

图 3-52 西安阿房宫凯悦酒店总平面图

为使该场地布局合理，常将建筑物安排在场地一侧或一隅。例如，中小学校的教学用房与操场用地相当，建筑物常常偏于基地一侧布置，从而保证了室外活动场地的安排；同时，师生入校后能与主体建筑直接联系，而不需穿越室外活动场地（图3-53）。

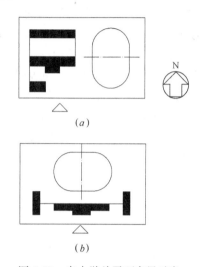

图 3-53　中小学总平面布局示意
(a) 教学用房与操场左右布置；
(b) 教学用房与操场前后布置

有时出于设计构思需要，或为增加建筑的雄伟气魄之感，常将建筑远离场地入口，而布置在后部的边侧位置。图 3-54 为聂荣臻元帅纪念馆，为渲染环境气氛，建筑偏于基地后侧布置，留出前面大部分用地设计了平台和纪念广场，形成纪

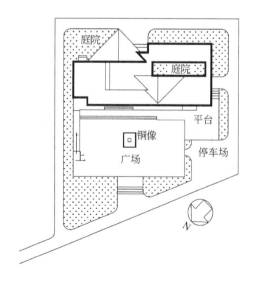

图 3-54　聂荣臻元帅纪念馆总平面图

**104**

念性建筑所要求的空间秩序和氛围；同时，广场又为人流集散提供了方便。

### 四、建筑群体在场地中的布局

场地总体布局时，有时要求在一个场地上同时安排若干建筑物，如住宅区、大学校园、商业建筑群等，多由数栋功能相关的单体组成；有时设计项目是综合性的，如文化馆、博物馆、度假旅馆等；或是多功能的综合体建筑，由没有必然关系的功能部分组成，比如包括办公用房、公寓和商场。后两者根据用地情况或设计要求可以设计为单体形式，也可以布置为由不同部分组成的群体形式。这时整体设计往往更为重要，需要协调各建筑单体或不同部分之间以及建筑与空间环境之间的关系，以达到场地中建筑群体空间的完整统一。

#### （一）建筑群体布局方式

在研究建筑群体布局时，处理好建筑（实）与空间（虚）之间的相对关系十分重要。二者在场地中互为嵌套，呈现出"图形"与"背景"的互补状态。其中，开放空间是场地中道路、广场、庭园和绿化等其他组成内容的布置所在，与建筑之间存在着密切关联。二者既有使用功能上的关系，又有空间形态上的关系。从"图底分析"的角度，建筑群体在场地中的布局可有以下两种基本方式。这两种方式的选择取决于项目的特定环境和设计构思。

1. 以空间为核心，建筑围合空间

在场地整体空间组织中，对于几幢性质相近、功能相当的建筑，常以空间为核心、建筑围合空间布局。在这种布局形式中，作为组织核心的不是建筑，而是场地中的其他内容，如庭院、广场和绿化等，建筑物环绕在它们的周围。这种布局形式体现了对场地中各组成要素间平衡、协调关系的重视，而非单独强调建筑物。

这种布局形式的特点是中央围合的庭院或广场空间在场地的功能组织中起着重要作用，建筑群体各部分之间的交通联系常常是通过中央庭院来组织的，建筑与空间形成更紧密的联系；场地总体布局的秩序结构清晰简明，形成向心的组织形式，整体感和空间围合感较强。采用这种布局形式的条件是用地有一定余地，允许建筑有可能沿周边布置，并形成中央核心空间；或是综合性建筑的功能允许分散，可呈线性布置或分成几部分；此外，建筑总体上具有一定规模，才有可能围合中央空间，将其他内容布置于其中。

图3-55为北京长富宫中心，是高层与低层相结合的建筑群体，采用四合院式布局，中心绿化庭院将各栋建筑有机联系，在有限的用地内创造良好的核心景观空间。

兰州大学文科教学中心区（图3-56）则是自由式围合的实例。几个相同造型的教学科研楼有节奏地排列，与图书馆、讲堂群围合成富于动态的空间。图书馆是建筑组群的主体，但是整个校区的视觉焦点则是院落中心的交往空间，学生们在这里活动，成为舞台上的"演员"，四周的建筑则是背景。

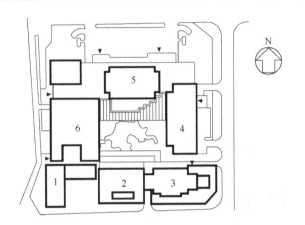

1—北京旅游局
2—健身房
3—公寓
4—出租办公
5—饭店
6—管理用房

图 3-55　北京长富宫中心总平面图

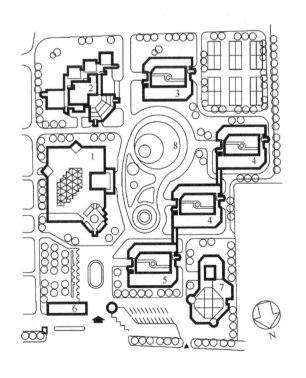

1—图书馆
2—讲堂群
3—教学楼
4—系馆
5—科研楼
6—行政办公
7—会堂、俱乐部
8—交往空间

图 3-56　兰州大学文科教学中心区规划总平面图

2. 建筑与空间相互穿插

将建筑与其他内容分散布置，形成建筑与空间的相互穿插，彼此交错，具有一种图底互换的均衡关系。这种布局形式遵循的基本原则是把建筑物作为与环境融为一体的一个部分来处理，强调建筑物与场地的协调，其最大特点在于灵活性和变化性。建筑与其他内容结合得更为紧密、具体，场地的空间构成更为丰富、更有层次。分散式的布局减小了建筑的体量感，使之易于与周围环境融合。不利的方面是，分散的形式可能带来各部分联系困难，流线较长；另外，需避免过多的变化，以免削弱统一性。

采用这种形式有以下几个条件：第一，用地条件相对宽松，布局才有分散和变化的余地；第二，应符合建筑内部功能组织的要求，在其功能要求允许的前提下，才可以考虑适当分散的形式，不要因此而造成内部联系困难；第三，从整体形象上考虑，如果需要在场地中弱化建筑形象，使之取得亲切近人的尺度或融于自然环境，就可采取化整为零的分散式布局。

美国哈佛大学研究生中心的总平面布置（图3-57），是典型的建筑与空间相互穿插的布局形式，交叉延伸的园路将各幢建筑的入口之间、建筑围合的庭院之间以及它们与道路之间都连通起来，使人流出入与使用十分便捷，整体空间形态活泼灵动。

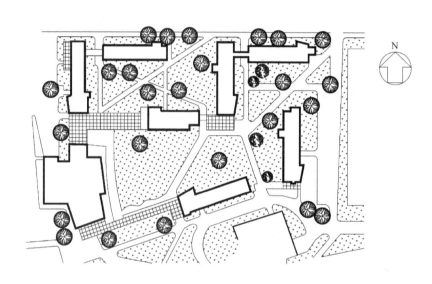

图 3-57 哈佛大学研究生中心总平面图

图3-58为位于江南水乡的某文化馆方案设计，前街后江、与老住宅区相邻的地块特点使方案确立了汲取当地传统民居空间组织特色的构思。建筑体量相对分散，以取得小巧、亲切的尺度，主要入口前布置了小广场和观赏水池，内部围合的几个小院、天井主要解决采光、通风需要。临江一侧各体部以不同程度伸出的方式尽量吸纳自然景色，由水池铺地构成的半围合庭院成为建筑空间与自然环境的过渡。整体空间层次丰富，与周围环境渗透、融合，空间包围建筑，建筑又围合空间；在其中活动的人能在各处获得不同的景观体验。

（二）建筑的群体组合

群体组合，就是将场地中各单体建筑组织成一个完整统一的建筑群。场地总体布局时，在满足基本功能的前提下，需仔细研究各单体之间在空间形态上的相互关系。

1. 居住建筑的群体组合方式

在一般居住建筑场地中，住宅组群是最基本的组成单元。其中各建筑单体相对独立，相互之间不存在功能联系。相邻建筑之间对空间的限定和围合主要是为居住者创造安静有序的生活环境，提供户外活动的场所和尽可能多的绿化面积。住宅群体组合主要有以下几种基本形式。

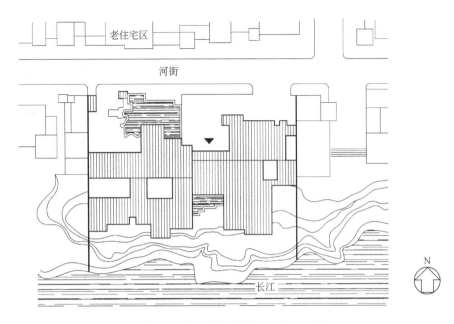

图 3-58　某文化馆设计方案总平面图

**（1）行列式**

各幢建筑以一定间距互相平行布置，形成有规律的整齐排列（图 3-59）。因其有利于获得良好的日照和通风条件，便于工业化施工，对于地形有较强适应性，故而被广泛采用。其缺点是容易受到穿越交通的干扰，群体空间较为单调呆板，可识别性也较差。因此，在具体布置中应避免"兵营式"的排列，可采用单元错接、山墙错落、成组改变方向等布置手法，产生景观的变化，通过南梯、北梯组合，形成"面对面"的交往空间，结合绿化，丰富环境，创造庭院空间（图 3-60）。

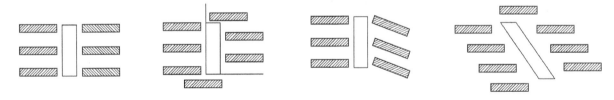

图 3-59　行列式布置

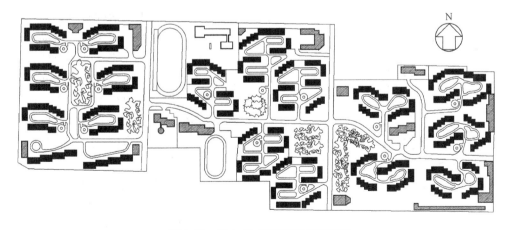

图 3-60　唐山 51 号居住区总平面图

107

（2）周边式

建筑沿地段周边布置，中间围合成较封闭的内向性院落空间(图3-61)。这种布置形式可节约用地，提高居住建筑面积密度；围合的内院安静而不受外界干扰，安全感强；便于邻里交往，增强认同感。缺点是部分户型朝向较差，通风不良；转角单元不利于抗震要求，也难以适应地形的起伏变化。比较适用于寒冷和多风沙地区(图3-62)以及地形规整、平坦的地段，而一般不适于湿热地区采用。

 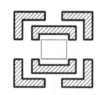  

图3-61　周边式布置

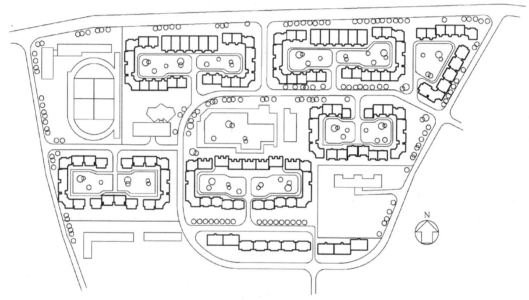

图3-62　吉林市乐园二区总平面图

（3）点群式

各建筑单体呈散点状布置(图3-63)。多用于低层独立住宅、多层点式或高层塔式住宅之中。围绕组团绿地或结合底层公建裙房，沿道路、河岸成组布置，自由灵活(图3-64)。这种布置有利于争取良好的日照、通风，且机动灵活的形式能适应不规则的场地形状和起伏变化的地形条件，可形成虚实对比、错落有致的空间景观。但在寒冷地区，北向的住户得不到阳光，还要受寒风侵袭；过多的外墙面积和分散的布置形式不利于建筑的保温、节能和防风，用地也不够经济。

（4）混合式

在完整的居住小区规划布局中一般很少仅选择单一的布置方式，而往往吸取以上各种基本形式的优点，避免其缺点，将几种形式变形

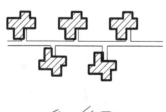 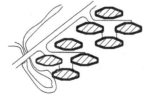

图3-63　点群式布置

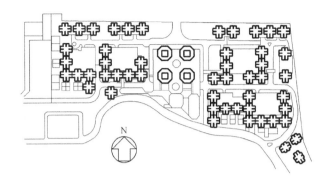

图 3-64　香港太古城居住区总平面图

组合或综合运用（图3-65）。这种布置可充分结
合场地的地形、气候、景观朝向和现状条件
等，成组成群灵活布置，形成丰富变化的空间
形态（图 3-66）。

图 3-66　天津川府新村总平面图

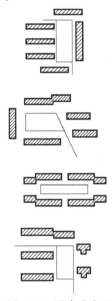

图 3-65　混合式布置

**2. 公共建筑的群体组合方式**

由于项目的性质、功能要求及场地特点等因
素的差异，公共建筑的群体组合千变万化。从形
式的处理来看，有对称式和自由式的不同手法；
从空间组织来看，还有庭院式，以及综合运用多
种手法的综合式。

（1）对称式

在对称式的群体组合中，中轴线可以是主体
建筑或连续几幢建筑的中心线（实轴），也可以是
道路、绿化或环境小品等形成的中心线（虚轴）。
中轴线两侧较均匀地对称布置次要建筑及各种环

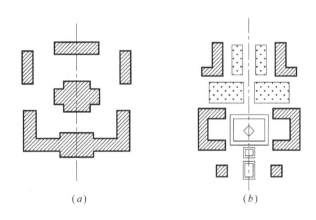

(a)　　　　　　　　　　(b)

图 3-67　对称式群体组合的两种形式

境设施（图3-67）。

对称式是古典建筑群体空间常用的处理手
法，由于其具有天然的均衡、稳定、统一和有序
的特点，易于取得庄严、肃穆、公正和权威的气
氛，适宜于政府机关等政治性建筑类型及纪念性
建筑群体的布置。

北京市人民检察院办公楼（图 3-68）在规整的
基地上采用了对称式布局，形成庄重威严、坚实
有力的国家司法机关特征。

陕西历史博物馆（图 3-69）采取中国传统建筑
沿中轴线对称布局以及室内外空间穿插的组合方
式，变化井然有序，突出了雄浑质朴的唐风特
征，较好地体现了特定的建筑性质与城市历史文
化环境。

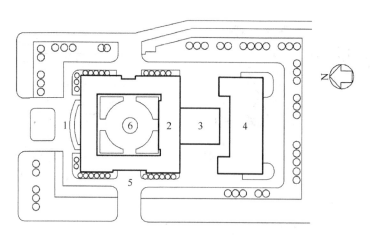

图 3-68　北京市人民检察院办公楼总平面图
1—主入口；2—办公楼；3—会议楼；
4—后勤楼；5—西入口；6—绿化庭院

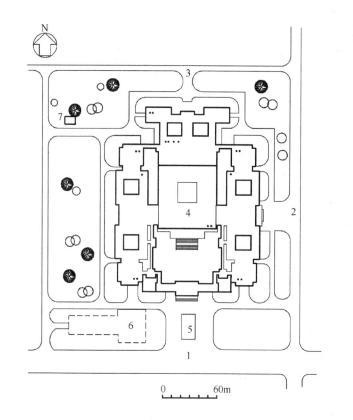

图 3-69　陕西历史博物馆总平面图
1—小寨东路；2—翠华路；3—兴善寺东街；4—主馆；
5—水池；6—地下车库；7—辅助用房

　　由于在很多情况下，对称的组合形式与功能要求产生矛盾，要凑成完全对称的形式往往过于勉强；因此，它适用于对位置、形体和朝向等方面无严格功能制约的建筑群。需要时也可采用大体上对称或基本对称的布局形式来取得预期效果。但在功能或地形变化比较复杂的情况下，机械地采用对称式布局，就可能妨碍使用要求的满足或与环境格格不入，甚至造成较大的土方工程量。

（2）自由式

自由式也称非对称式，其建筑物的位置、朝向较灵活，形式变化多样，性格特征鲜明，较易取得亲切、轻松和活泼的环境气氛。自由式在功能和地形两方面的适应性上，都要比对称式优越，因而被广泛采用。这种形式有利于按照建筑物的功能特点及相互联系来考虑布局，也可以与变化多样的地形环境取得有机联系。特别是在用地形状不规则，或有起伏变化的地形条件下，更能发挥其优势，使建筑与环境融为一体。

某大学留学生活动区（图3-70），按照地形特点，将建筑物结合道路、绿化和水面布置，形成有机统一的整体。其自由式的空间组合形成了轻松、活泼、宁静和幽雅的气氛，为学生的学习、休息和文娱等活动创造了优美的环境。

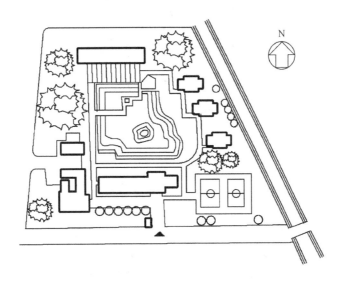

图 3-70　某大学留学生活动区总平面图

（3）庭院式

庭院式空间组合是由建筑围合成一座院落或层层院落的形式。由一座庭院可沿纵深、横向或对角方向发展为多个大小、比例不同的庭院组合。既可采用对称式布局，也可用非对称布局，灵活的错接可适应场地形状的曲折或地形的起伏。由于内外空间及各庭院之间相互渗透、相互衬托，因而形成较丰富的空间层次。对于平面关系要求适当展开又联系紧密的建筑群，可采取这种层层院落灵活布置的形式。建筑与自然环境的融合、步移景异的景观特色，尤其适于那种具有"可观可游"特点的建筑类型。

云南大理民族博物馆（图3-71）设计采用了白族民居"三坊一照壁""四合五天井"的形式，结合观展内容与流线，组成三合院、四合院相套的院落式平面布置。展厅与办公部分互不干扰又能联系，空间开合变化，各具特色的庭院穿插其

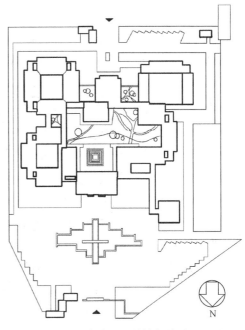

图 3-71　云南大理民族博物馆总平面图

间，形成视觉景观丰富的空间环境，富有民族特色的建筑空间又与主题相扣。

又如上海华东师范大学图书馆(图 3-72)采用非对称布局，自由活泼，平面功能分区合理，使用灵活方便。馆区设两个大小不同的内庭院，采用园林设计最简练的手法，为读者提供安静的休息场所；同时，使阅览室和书库的布置都能取得南北自然通风、天然采光良好的条件。

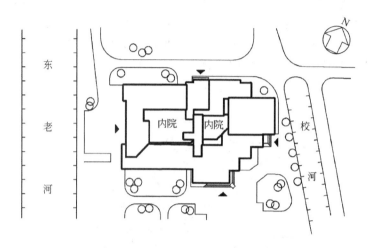

图 3-72 上海华东师范大学图书馆总平面图

（4）综合式

对于项目内容差异较大、建筑功能较复杂或地形变化不规则的场地，单纯用一种组合方式往往难以解决问题，需同时采取多种方式综合处理。比如可以采用对称式和自由式相结合的布局方法——对于功能要求较严格的部分，通常适于采用自由、灵活的非对称形式；功能制约不甚严格的部分，则可采用对称式布局。这样，不仅可以分别适应各自的功能特点，同时也可借两种形式的对比而形成空间气氛的变化。常见的处理手法是，建筑群入口部分采用对称式格局，以形成严整的气氛，其他部分则结合功能和用地特点，采用自由式，以取得灵活和变化的效果。

图 3-73 为北京中华女子学院，位于校园中心位置且正对出入口的是图书馆及东西两侧的教学楼，三栋 L 形建筑呈环状布置。对称式的布置突出了图书馆、教学楼作为主体建筑在校园中的地位，并形成入口景观。校园后部的生活区、活动区则采用灵活的自由式布置。

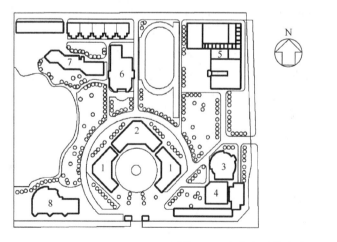

1—教学楼
2—图书馆
3—报告厅
4—亚太中心
5—学生活动中心
6—食堂
7—宿舍
8—幼儿园

图 3-73 中华女子学院总平面图

图 3-74 为北京积水潭医院,南入口的门诊楼采用一主二辅的对称式布局。东侧入口正对教学楼,也是对称布置。西侧住院部以自由式空间组合,平行布置的建筑以柱廊相连,绿化庭园创造了良好的治疗环境。北侧生活区位于独立地段,布置灵活。位于场地中部的大面积绿化、水体将各分区建筑群体统一联系起来。

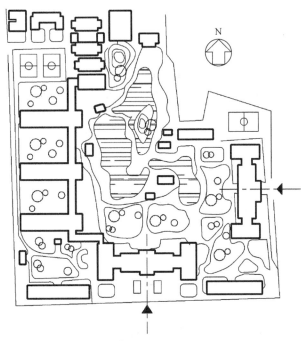

图 3-74 北京积水潭医院总平面图

**(三)群体组合的协调与统一**

任何群体都具有若干不同的组成部分,其中各部分的差别,反映了多样性和变化;各部分之间的联系,反映了和谐与秩序。既有变化,又有秩序,才能形成有机统一的整体。否则,缺乏多样性和变化,就会流于单调;缺乏和谐与秩序,则势必显得杂乱。如果说功能和地形条件赋予群体组合以个性,使之千变万化、各具特色,那么整体性就是任何优秀的群体组合都具有的一个共性。由于总体布局中空间主要是通过平面来表现的,为保证场地整体空间的和谐统一,需要运用有关建筑构图的基本原理,使平面布局具有良好的条理性和秩序感。

**1. 主从原则**

一个完整统一的整体,首先意味着组成整体的要素必须主从分明,而不能平均对待或各自为政。在建筑群体中,各组成部分如果竞相突出自己,或者处于同样重要的地位,不分主次,会削弱其整体性。因而对各单体的形体处理不能不加区分地同等对待,它们之间应有主与从、重点与一般、核心与外围的差别。主体部分以其体量的高大和地位的突出而成为整体中的重点和核心;其他部分从属于主体,或环绕于主体的四周布置,或依附于主体。正是凭借这种差异化的处理,才能形成统一协调的整体。

在场地布局中,可以利用某一构成要素在功能、形态、位置上的优势,作为重点加以突出,控制整个空间,形成视觉中心。而使其他部分明显地处于从属地位,以达到主从分明,完整统一。例如深圳大学教学中心区(见图 3-3),由于图书馆在位置、体量、形态上的突出,而成为整个空间的控制中心。

值得注意的是,主从关系是多层次的。一个城市有城市中心,一个小区有小区中心。在不同层次的空间范围中,建筑高度、体量有主有次,建筑外部空间也有主有次。规模较大的建筑群中,在整体空间层面以及不同分区中都有不同层次的主从关系存在,从而可能有多个属于不同层次上的主要建筑存在。例如,明清北京城中紫禁城(故宫)是全城中心,金碧辉煌的皇家建筑群无疑居主导地位;位于故宫中轴线中段、三层汉白玉台基之上的前三殿(太和殿、中和殿、保和殿)是整个紫禁城的核心,其中太和殿又是重中之重,其体量、形制居故宫之首;在故宫前部空间,巍峨的午门为主要建筑;在故宫后部建筑群中,后三宫(乾清宫、交泰殿、坤宁宫)为主体建筑。

**2. 秩序建构**

明确主从关系后,还必须使主从之间联结成一个有机的整体。通常所说的"有机结合"是指组成整体的各要素之间,必须排除偶然性和随意性,而表现出一种互为依存、相互制约的关系,从而显现出一种明确的秩序感。在群体组合中,需要建立一种内在的秩序,将各组成部分都纳入其中。由于这一制约关系的存在使它们具有内在的统一性,从而形成整体。

前面所述的建筑布置与地形的结合,其实就

113

是达到整体性的方法之一。因为建筑置于地形和环境的制约关系中，同样也会摆脱偶然性而呈现出条理性或秩序感。如果将模式化的布局形式强加于充满变化的地形状况，就会使人感到二者格格不入。而顺应地形变化、随高就低布置建筑，就会使建筑与地形之间发生内在的联系，从而使建筑与环境融为一体，由此获得整体统一性。此外，从构图分析的角度，群体组合中秩序性的建立主要有以下几种途径：

（1）轴线

轴线是空间组织中的一种线性关系，属概念性元素，具有串联、控制、统辖、组织建筑和暗示、引导空间的作用。建筑或其他环境要素可沿轴线布置，也可在其两侧布置。轴线是贯穿全局的主干，作为联系的纽带，有利于将松散的个体建筑组合成有机结构。即使是个体建筑特征不明显，作为群体仍然能感到一种秩序的力量。

1）中轴线。对称式的布局其中央暗示了一条轴线——中轴线，这是运用轴线的特例。其实，对称本身就是一种制约，而这种制约中不仅见出秩序，而且还见出变化，一主二从的构图形式将建筑各部分结合成一个完整统一的整体。因此，对称是求得统一的一种有效方法，我国古代建筑群布置在这方面有着成功的先例。由中轴线组织的建筑布局也可出现不完全对称的形态，现代建筑中这种手法十分普遍。例如有不少高等院校的校园以中轴线组织空间，形成优美、端庄、典雅的空间形态和环境气氛，具有恒久的艺术魅力(图3-75)。

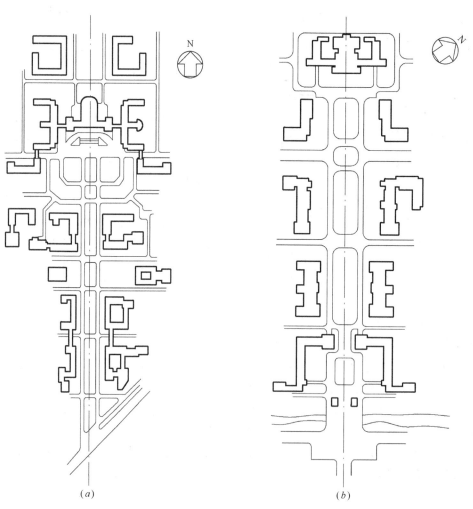

(a)            (b)

图 3-75 中轴对称的校园空间

(a)清华大学；(b)浙江大学

2）轴线的转折与交叉。单一的中轴线形式在适应功能与地形上有其局限性。在很多情况下，可采用轴线弯曲、转折或主副轴线平行、交叉等多条轴线交织的方法，不仅增加了组合的灵活性，同时也建立起一种新的秩序。例如某高等学校建筑群体组合时（图 3-76），运用轴线转折、交叉而使平面布局富有变化。美国佛罗里达州迪士尼世界海豚和天鹅饭店（图 3-77），采用轴线转折外加活跃元（水面）的形式构成活泼的空间。

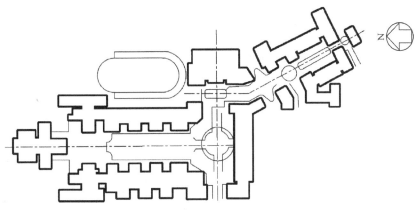

图 3-76　某高等学校群体组合

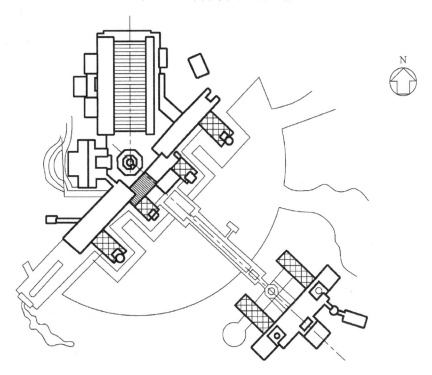

图 3-77　美国佛罗里达州迪士尼
世界海豚和天鹅饭店总平面图

轴线的合理性是获得整体统一的关键。如果轴线仅具有偶然性，或构成本身不合理，那么要想借助于这种"先天不足"的轴线把众多建筑与空间结合成一个有机整体，将是十分困难的。一般而言，在场地总体布局时，根据环境或功能关系、视觉或行为因素，来确定一条或若干条轴线，将空间要素沿轴线布置，可构成有较强条理性的空间组合。比如，通过与特定地形或环境景观取得一定联系来确定轴线方向，使轴线和用地周边保持平行或垂直的关系，或是指向场地或周围环境中作为对景的某一特殊景物。在复杂的基地条件下，通过轴线的组织，能使其空间秩序化，无序的自然环境也会变得生动。

台湾史前文化博物馆(图3-78)位于中国台湾省台东市，基地北向距台湾最重要的史前文化遗址卑南遗址1km，西面与中央山脉吕家山相望。根据基地特有的优势，设计提出了空间轴与时间轴的概念。空间轴即基地与吕家山方向的连线，时间轴则是基地与卑南遗址的连线。前者反映了建筑与环境的空间关系，后者突出了博物馆与遗址的历史渊源。在空间轴上依次安排了主入口、太阳广场、入口馆、海之广场以及公园；时间轴上依次为行政入口、月园、行政大楼、海之广场、瞭望塔及展示馆。其中，海之广场为时间轴与空间轴的交会处。

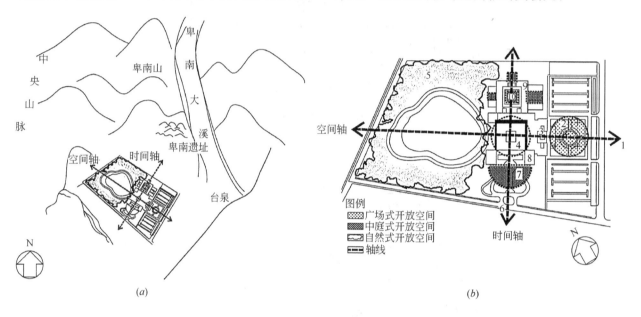

(a)　　　　　　　　　　　　　(b)

图3-78　台湾史前文化博物馆总体布局空间轴线分析
(a)基于环境的轴线生成；(b)总体布局空间组织
1—主入口；2—太阳广场；3—入口馆；4—海之广场；5—公园；
6—行政入口；7—月园；8—行政大楼；9—展示馆；10—小型院落

襄樊某学院校园规划(图3-79)，用地范围内南部为大片坡地，高差达50m，北部及东北部地形较为平坦，基地西北部与现有公路相邻，用地形状极不规则。场地总体布局时，在场地北部设置了主入口，形成一条南北向轴线，布置了入口广场、雕塑和图书馆。以行政楼和图书馆围合的圆形雕塑广场为节点空间，结合南面山坡的走向，进行了轴线转折。这条东南向轴线由主要道路构成，其东北侧平坦场地上布置教学区、运动区和后勤区，其西南侧山坡上布置了学生区和专家楼。该规划的总体布局充分结合了地形与用地形状，通过轴线的运用使各项内容形成有序的整体。

3)多条轴线的组合与整合。在利用多条轴线组织建筑群体空间时，各条轴线必须互相连接，并构成一个主副分明、转折适度和大体均衡的完整体系。一般来说，主轴线的建构确定了场地整体布局结构，它或是场地功能主轴线(串联主要功能单元)，或是景观主轴线(组织重要景观空间)。在此基础上，可根据场地次要功能或次要景观组织确定出其他副轴线。副轴线可与主轴线相互垂直、平行或斜向交叉。当场地中各条轴线相交于同一点时，可使形态各异的个体有机结合于一个整体中。此时，应特别注意轴线交叉或转折部位节点的处理，通常可以布置广场、花坛、雕塑和水景等环境要素，起到引导

116

图 3-79 襄樊某学院校园规划总平面图

1—主入口
2—雕塑
3—行政楼
4—图书馆
5—体育馆
6—专家楼
7—教学区
8—运动区
9—学生区
10—后勤区

轴线和空间过渡的作用。在设计中需重点考虑其尺度和形态，处理不好会有损于整体的有机统一。在这种群体组合中，需要一并考虑道路、绿化、广场和其他设施，作为一个完整的体系来处理，才能明确各建筑物之间的有机联系和相互制约关系，从而将场地中分散、孤立的建筑联结成一个整体。

图 3-80 为重庆市某科技创业发展中心设计方案，总体布置确定了三条轴线。从用地东北角开始，沿对角线向西南方向延伸至用地中心，建构出一条主轴线，一端布置开放性广场，为

城市创造出公共活动空间；另一端布置管理委员会及服务中心，作为轴线端景。在与主轴线垂直的方向建构了一条副轴线，用于辅助交通。此轴线以东的小部分用地为广场和停车场用地，以西的大部分用地主要为建筑用地。管理委员会及服务中心与科技发展中心的布置与此副轴线相平行。在主轴线和副轴线的交叉位置，布置了一座三角锥状玻璃建筑，作为预留地下商场的入口，加强了空间的引导性，也是一个视觉焦点。此外，在用地南部还建构了一条垂直于用地边线的副轴线，它与主轴线相交于用地

中心(亦即管理委员会及服务中心建筑的体块中心)，在此副轴线上对称布置了科技孵化区。这三条轴线所呈现的几何关系鲜明，建筑随之转

折有致，三组建筑又通过方向与轴线相呼应的空中走廊相连接，从而形成了有机联系的整体。

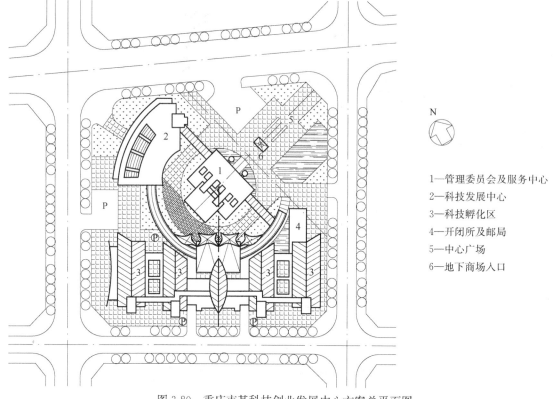

图 3-80　重庆市某科技创业发展中心方案总平面图

N

1—管理委员会及服务中心
2—科技发展中心
3—科技孵化区
4—开闭所及邮局
5—中心广场
6—地下商场入口

4）网格系统。对于建筑群体复杂的场地，设计时首先根据主要轴线确定一套网格系统，网格大小一般根据场地大小及建筑规模而定，然后根据网格进行建筑布局和定位，这是建立场地整体秩序的一种有效方法。中国传统大型建筑群有一整套定位布局的经验，其特点就是运用轴线的构成和网格体系来控制全局。建筑历史研究学者发现北京故宫建筑群具有严密的网格系统，该网格由南北方向和东西方向的定位轴线共同组成：紫禁城内的外朝前三殿及皇城天安门至午门部分，全部是以 10 丈(1 丈约合3.19m)网格为基准安排的，后两宫及东西六宫的布局则采用了 5 丈控制网格。各组建筑及院落在该网格系统控制下取得了高度的秩序和整体的统一。

清代皇家园林颐和园是另一个典型案例，园中建筑的布点存在一个严密的网格系统。中

国皇家园林即使在山水空间之中，其总体布局也必然有强烈的轴线，有对称、对位的关系，主从有序，层次分明，从而构成规模宏大、层次丰富、因山就水、功能各异、相互成景得景的景观体系，这也是中国大型皇家园林总体布局的主要特征。西安大唐芙蓉园(以下简称芙蓉园)(图 3-81)是一座以盛唐文化为内涵，以皇家园林格局为载体的主题公园，其规划设计继承了这一传统，是现代园林建筑运用轴线及网格进行规划设计的优秀之例。在确定了冈峦起伏、水系环绕的山水格局后，最重要的是经营安排以建筑为主的总体布局。芙蓉园单体建筑和组群建筑不下 40 余处，如何使之成为有序的整体是规划设计的关键问题。芙蓉园总体布局汲取了前人的经验，在规划设计中，以地形图上40m 见方的坐标网作为布局的基本网格。轴线的取向、建筑布局选点大都以该网格为基准，

从而在平面关系上形成了严密的对称、对应、对景、呼应的景观系统，标志性建筑、重要景点都在网格中定位。亲水的亭廊、宏大的楼台、疏朗的院落、私密的馆舍，高低错落、虚实相生，各就其位、各得其所，共同构成了庞大、丰富的园林景观体系。运用这种方法对于施工测量和放线定位也提供了科学、准确、便捷的操作途径。

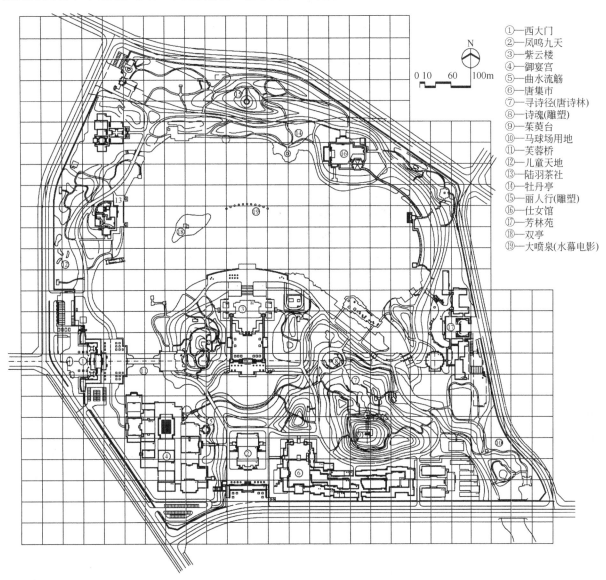

①—西大门
②—凤鸣九天
③—紫云楼
④—御宴宫
⑤—曲水流觞
⑥—唐集市
⑦—寻诗径(唐诗林)
⑧—诗魂(雕塑)
⑨—茱萸台
⑩—马球场用地
⑪—芙蓉桥
⑫—儿童天地
⑬—陆羽茶社
⑭—牡丹亭
⑮—丽人行(雕塑)
⑯—仕女馆
⑰—芳林苑
⑱—双亭
⑲—大喷泉(水幕电影)

0 10    60    100m

图 3-81　大唐芙蓉园景观体系图

（2）向心

群体组合中，如果把建筑物围绕某个中心来布置，并借建筑物的形体而形成一个向心空间，那么该中心周围的建筑会由此呈现出一种收敛、内聚和互相吸引的关系。我国传统的四合院以内院为中心，沿其周边布置建筑，且所有建筑都面向内院，相互之间有一种向心的吸引力，这也是利用向心作用而达到统一的一种组合方式。西安枫叶别墅苑(图 3-82)，采用向心式布局，以中心绿地为核心景观，形成统一而富于变化的整体构图。

（3）对位

相邻建筑单体的位置之间存在着一定的几何关系，可以增强建筑物彼此之间的联系，使之相互照应。建筑与建筑之间呈平行或垂直关系，是一种最简单的对位情况。在建筑组合中运用"心

119

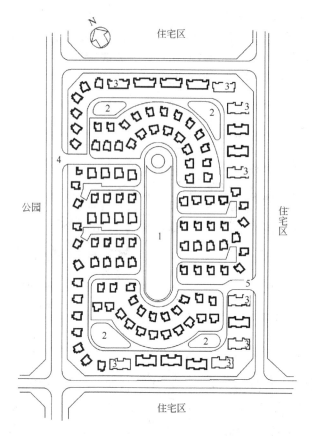

图 3-82　西安枫叶别墅苑总平面图

1—中心绿地；2—组团绿地；3—公寓楼；4—主入口；5—次入口

理的导线"（即设想将建筑物的边线向外延伸，使其与邻近建筑的边线相重合），使各体部之间彼此相关或相互搭接，从而形成稳定完整的空间

[图 3-83 （a）]。常用的对位类型见图 3-83(b)。

3. 统一的手法

在群体组合中，各空间构成要素在形式上包

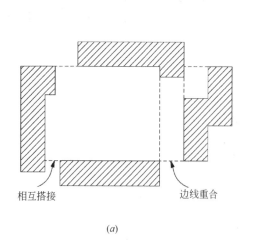

相互搭接　　边线重合

(a)

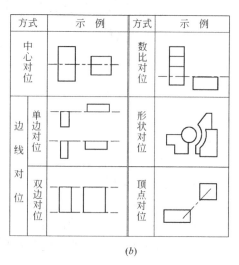

| 方式 | 示　例 | 方式 | 示　例 |
|---|---|---|---|
| 中心对位 | | 数比对位 | |
| 边线对位 | 单边对位 | 形状对位 | |
| | 双边对位 | 顶点对位 | |

(b)

图 3-83　对位

(a)对位关系中的心理导线；(b)对位的类型

120

含某种共同的特点，有助于建立起一种和谐的秩序。这种特点越突出，各组成要素之间的共性就越明显，群体的整体统一感也越强烈。

（1）母题

各单体建筑采用共同的基本形作为母题，进行排列组合，以此来形成"主旋律"，达到相互间的协调统一。例如，山东财经学院教学区（图3-84）的单体建筑采用了六角形作为母题，强烈的图案化布局形成协调统一的群体空间，同时也满足了各类教学用房对朝向、音质等的要求。

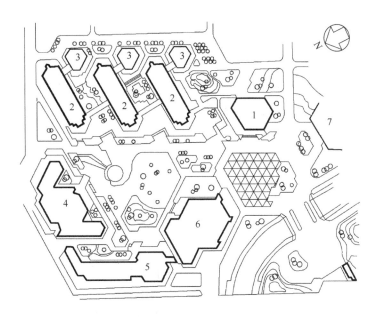

图3-84　山东财经学院教学区规划总平面图

1—计算中心及办公楼；2—教室楼；3—阶梯教室；4—图书馆；

5—电教中心；6—大礼堂；7—培训楼

在场地设计中，母题的运用不仅限于建筑形体，在建筑装饰、园林小品等环境设计中可以反复使用。例如，位于北京奥林匹克公园的国家体育场（俗称"鸟巢"），建筑外部的枝杈状钢结构形成独特的视觉形象。建筑室外的铺地、绿地、草坪灯等均采用枝杈状母题，进一步加深了人们对场地的认知，突出了场地的整体形象。

（2）重复与渐变

同一形体或要素按照一定规律重复出现，或以类同的布局形式处理空间构成要素，或将该要素作连续、近似的变化，即相近的形象有秩序地排列。其类似性和连续性的构图特点，呈现出韵律与节奏的和谐之美（图3-85）。

4. 对比的手法

对比是借彼此之间性状方面的显著差异，通过相互烘托来突出各自的特点。常见的对比包括大与小、曲与直、高与低、虚与实、疏与密、动与静、开敞与封闭、内向与外向等。通过对比可以打破单调、沉闷和呆板的感觉，突出主体建筑空间，而使群体富于变化。对比的手法是建筑群体空间组合的一个重要且常用的构图手段。建筑的形体组合和外部空间组合都可运用对比手法，运用得当可以达到既丰富又和谐、既多样又统一的效果。

在运用对比手法时，还应注意对比的一方要有主导地位，如果各方势力均衡，甚至各自突出自我，有可能造成整体上的混乱。有时，相邻场地不同风格建筑之间的对比需要弱化而非强调，处理时可以采用"虚空间"或"渐变"的方式取得过渡。如现代建筑与传统建筑之间以绿化空间分隔，坡屋顶建筑与平屋顶建筑之间用"平坡结合"的方式处理等。

（1）形体组合中的对比

群体中的各建筑形体之间存在的差异性，是其

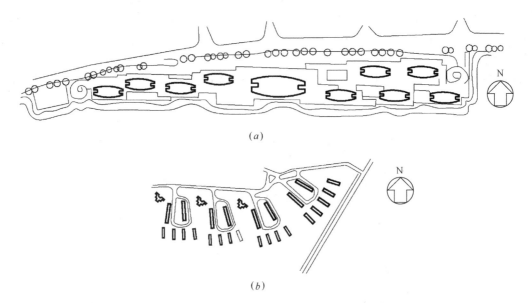

图 3-85　重复与渐变

(a)广州"珠江帆影"高层建筑群；(b)德国汉堡荷纳堪普居住区

内部空间为适应复杂的功能要求而具有的差异性的外在反映。巧妙地利用这种差异性的对比作用，可以打破单调，求得变化。

建筑形体组合中的对比主要表现在方向性和形态两方面(图 3-86)。所谓方向性的对比，是指各组成形体由于长、宽、高之间的比例关系不同而各具一定的方向性，交替穿插地改变各体量的方向，可形成水平、竖直与纵深三个方向的对比与变化。形态的对比往往更加引人注目，但特殊的形体源于特殊形状的内部空间，利用这种对比关系必须以功能的合理性为前提。此外，需更加注意推敲各形体之间的内在关联，否则会因相互之间的关系不协调而破坏整体性。

图 3-87 为某建筑综合体设计方案，半圆形高层办公塔楼与 U 字形多层板式公寓构成一个整体。平面构图中偏转的半圆以及垂直方向上高度的差别，形成曲与直、水平与竖直的对比，避免了面积局促的方整基地可能造成的呆板。

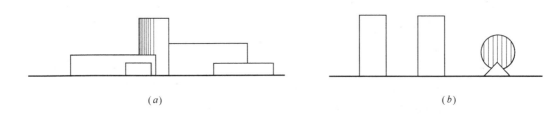

图 3-86　形体组合中的对比

(a)方向性对比；(b)形态对比

(2) 空间组合中的对比

中国古典建筑主要是通过群体组合而求得变化的，空间对比手法的运用，在其中表现得最为普遍而卓有成效。例如北海静心斋(图 3-88)，园内各空间不仅大小不同、形状不同、开敞与封闭的程度不同，而且气氛上也各有特色——有的严谨整齐，有的自然曲折。将这些充满对比的空间组合在一起，其整体对比效果十分强烈。

**122**

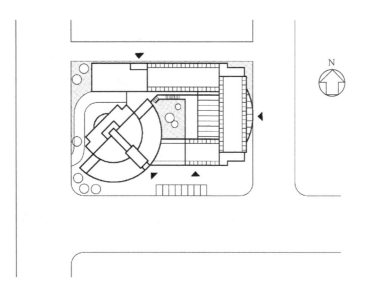

图 3-87　某建筑综合体设计方案总平面图

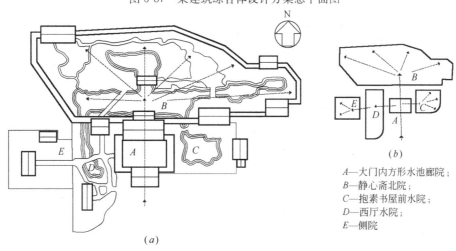

(a)

A—大门内方形水池廊院；
B—静心斋北院；
C—抱素书屋前水院；
D—西厅水院；
E—侧院

图 3-88　北海静心斋
(a)平面布局；(b)空间图解

除园林建筑外，一般的宫殿、寺院、陵墓等建筑群，由于气氛上要求庄严、肃穆，多采用对称的布局形式，其中也多用空间对比的手法来破除可能出现的单调感。例如山东曲阜孔庙(图 3-89)，尽管规模大、轴线长、空间多，并且又都沿着一条轴线依次串联，但由于充分利用了空间的对比作用，因而产生一种有序的变化，并不使人感到单调。

总之，场地建筑群体空间的组织，应当运用建筑构图规律和处理手法，使各组成部分既有多样性和变化，又和谐与有秩序；于变化中求统一，统一中求变化，从而组合为一个有机整体。

**五、外部空间的处理**

场地中的建筑物与其外部空间呈现一种相互依存、虚实互补的关系。可以说，场地的外部空间主要是借建筑形体而形成的，建筑布局的过程也就是开始塑造外部空间的过程。建筑物的平面形式和体量决定着外部空间的形状、比例与尺度、层次和序列等，并由此而产生不同的空间品质，对使用者的心理和行为产生不同层面的影响。因此，要想获得满意的外部空间设计，需从建筑形体组合入手，推敲研究它们之间的关系。这也是在场地总体布局阶段，建筑空间组织过程中，考虑外部空间处理的出发点。

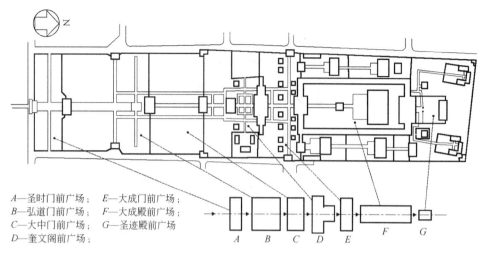

A—圣时门前广场；　　E—大成门前广场；
B—弘道门前广场；　　F—大成殿前广场；
C—大中门前广场；　　G—圣迹殿前广场
D—奎文阁前广场；

图 3-89　山东曲阜孔庙

（一）建筑对外部空间的限定

建筑的不同布局形态，会对空间产生强弱不同的限定度，从而使空间具有封闭性或开敞性的不同倾向。例如，场地中建筑布置的两种典型形式——以建筑为核心、空间包围建筑及以空间为核心、建筑围合空间——使场地外部空间产生外向、发散的开敞性和内向、收敛的封闭性两种对比鲜明的特征。空间的开敞与封闭，受制于人的视觉及心理感受的特点。在很多情况下，为了避免外部空间成为无方向性发散状态的消极空间，需考虑其适当的封闭性。因为空间的封闭性对空间的使用极为重要，它可以使空间具有较好的内聚性和私密性，形成领域感和安全感，成为促使人们交往的积极空间。而封闭性弱的空间，则表现出更多的扩张性和外部性，具有较强的流动感和开放性。

建筑对于外部空间的限定作用，主要是由各体部垂直界面之间的相对位置关系和高度等因素决定的，并对空间氛围的形成产生不同的影响。建筑布局时，在形体基本确定后，可通过分析其所限定的外部空间是否与设计意图相符，而对平面布置进行修改调整；也可在平面布置过程中，根据所需获得的空间效果，而确定建筑的基本形体关系。

1. 限定方式

不同的建筑布置对空间形成不同的限定方式，从而产生封闭感强弱不同的空间效果（图3-90）：

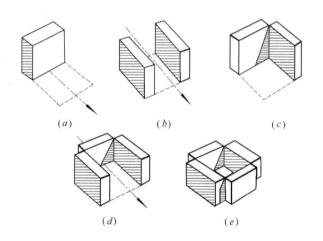

图 3-90　建筑对空间的限定方式
（a）建筑的一面限定空间；（b）建筑相对布置；
（c）建筑形体呈 L 形布置；（d）建筑形体呈 U 形布置；
（e）建筑四面围合空间

仅有一幢建筑的一个面限定空间［图 3-90（a）］，限定性较弱，只能形成空间的一个边缘，在一个方向上对视线和行为有屏障作用。例如场地中呈一字形布置的建筑，形成单一的视觉观赏面，实体在空间的主体地位较突出，而外部空间形态本身则不鲜明。

两幢建筑相对布置［图 3-90（b）］，由于轴线暗示作用的存在，对于人的视线和行为产生特定方向的引导，形成具有流动感的空间，而缺乏停留感。利用此特点，两排建筑相向布置形成的狭长状线形空间，多用于带有方向性的交通空间，可在尽端配置有吸引力的内容，比如将人们的注意力引向端头的标志性景观，或利用对景的方式来终止这一空间的流动。由两栋平行布置的住宅构成的邻里空间，为减弱其交通性而加强其私密性和归属性，往往在端部以绿篱围合而增加限定面。

建筑体部转折呈垂直布置［图 3-90（c）］，形成 L 形界面，转角空间具有一定的封闭性，产生明显的领域感，是外部空间限定常用的手段。例如在公共建筑布局中，利用转折的建筑体形来限定入口空间，形成由外部城市空间向场地建筑空间的过渡。由于 L 形围合方式符合人背部有依靠屏障、视线可向外观看的心理，又可设计为给人带来安全感和舒适感的休息空间。L 形布置方式因具有较广的适应性而在不同类型的建筑中都有广泛的应用。

U 形的垂直界面形成三面围合的空间［图 3-90（d）］，靠近界面的后部范围是封闭的，属完全限定；而前部开敞端具有外向性，可与相邻空间保持视觉上和空间上的连续性。例如，北大光华管理学院（图 3-91）采用了老北大的三合院母题，总平面布局形成半围合的空间，其开口既面向西侧绿地，又面向大量师生人流，具有强烈的吸纳感。内庭院是教学楼独特气氛的中心所在，空间被连廊分为内外两部分，自然形成从开敞到封闭的空间过渡。同样，在住宅组群布置中，有时适当采用东西向住宅，与南北向住宅组合，形成三面围合的院落，能够获得较为内向、安静的邻里空间。

四面围合的空间［图 3-90（e）］，具有强烈的封闭感。建筑的这种布置方式一般是借以形成适于静态活动的内向性庭院，四合院就是典型之例。

此外，围合空间的垂直面的严密或稀疏，也影响着空间封闭感的强弱。建筑呈散点布置的空间封闭感很弱；而当建筑完全围合时，空间封闭感最强。如果空间封闭处存在空隙，如空间的转角出现缺口，视线可以外泄，则减弱了空间的封闭程度；空间转角的空隙越大、越多，封闭感就越弱，从而向开放性和流动感转化［图 3-92（a）］。如果围绕空间的建筑物重叠，阻挡视线的穿透，或者运用地形、植物或其他阻挡视线的屏蔽墙等，可使空间空隙减小或消除［图 3-92（b）］。由于"角"对空间具有较强的限定作用，四个相对的阴角空间可大大加强空间的封闭感［图 3-92（c）］。

除建筑限定空间外，各种构筑物、环境设施等也可以形成对外部空间的限定。如顶棚的覆盖，地面的抬起与下沉，挡墙、绿篱的围合，甚至地面的铺装形式不同，都会对外部空间形成不同程度的分隔与限定作用。

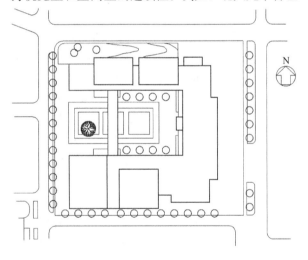

图 3-91 北大光华管理学院总平面图

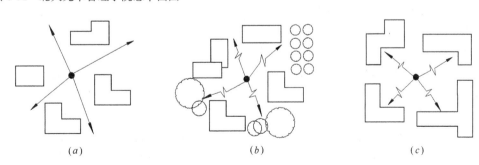

图 3-92 空间空隙与封闭感的关系
（a）围合空间的建筑间隙较大；（b）围合空间的建筑重叠或视线阻挡；（c）四角建筑围合空间

## 2. 空间的尺度

垂直界面对空间的划分与控制作用与其高度及相对距离有很大关系，因而在处理外部空间时，还要考虑建筑的高度（$H$）与所围合空间的间距（$D$）之间的比例关系。应依据和谐的原则，使人产生舒适、健康的视觉和心理感受（图 3-93）。

在场地设计中：

$D/H=1，2，3$ 是被人们最广泛应用的数值。

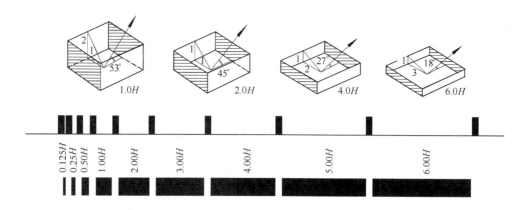

图 3-93　垂直界面高度与间距的关系

$D/H$ 在 1 与 2 之间时空间平衡，是最紧凑的数值；

$D/H=2$ 时，中心垂直视角 45°，可观察到界面全貌，视线仍集中于界面细部，具有较好的封闭感。

$D/H=4$ 时，中心垂直视角 27°，是观察完整界面的最佳位置，为空间形成封闭感的上限。故欲在庭院或广场空间中形成围合感，其空间 $D/H$ 不宜大于 4。

$D/H>4$ 时，两界面相互间的影响已相当薄弱了；此时为加强空间的限定感，应在二者之间加上诸如走廊的连接体。

可见，空间的封闭程度不单单取决于围合的形式，同时还取决于围合高度与间距之间的比例关系。相距越近、高度越大的建筑所围合的空间封闭性越强，反之越弱。例如，在以合院模式设计现代多层建筑时，尤其要推敲围合庭院的尺度与建筑高度之间的关系，避免因空间狭小而形成"井底之蛙"的闭塞感，或因尺度过大而达不到预期的亲切感。

### （二）外部空间的视觉分析

建筑对外部空间的围合，使之在空间的三个向度上具有不同尺度和比例关系，直接影响着人对空间的感知。视觉是人对外部环境感知的重要方式，可以从视觉角度对空间构图进行分析，来研究场地中建筑物的距离、高度、体量及道路、广场、庭院的适宜比例关系。

#### 1. 视距

视觉感受的程度直接受到距离的限制，并且在公共活动、社会交往中，人们倾向于根据亲密程度和互动行为的性质等，选择保持不同距离。运用视觉的距离特性，一方面可以合理安排外部空间中人的活动，并划分相应的空间；另一方面可将空间中的视觉对象组织为近景、中景、远景等多个空间层次，加强空间景深感，并突出空间的景观主题。

例如，设置广场空间的景区时：

6m 左右可看清花瓣，20～25m 可看清人的面部表情，这一范围通常组织为近景，作为框景、导景，增加广场的景深层次；

中景为 70～100m，可看清人体活动，一般为主景，要求能看清建筑全貌；

远景为 150～200m，可看清建筑群体及其轮廓，可作为背景，起到衬托主景的作用。

作为人们休闲、交往活动的文化广场，其尺度须根据共享功能、视觉和心理要求等因素综合考虑，其长、宽一般应控制在 20～30m 较为适合。

在居住建筑或一般公共建筑场地中，尤其应注意其中的广场尺度有别于城市广场；大而空的广场往往难以形成一个可感知的有形空间，也难以取得适于休息、交往活动的亲切感。

2. 视野

在场地总体布局时，对于主要建筑物的尺度和位置的确定，应充分考虑人眼观看景物时具有一定舒适感的角度范围，以满足人们观赏活动的视觉要求，增强建筑的空间效果。人眼的视野体呈锥状，水平方向宽些，垂直方向较窄。人能较好地观赏景物的最佳水平视野范围在60°以内，观赏建筑的最短距离应等于建筑物的宽度，即相应的最佳视区为54°左右；大于54°便进入细部审视区。有的建筑物因面宽太大、视距太短，而不能找到小于54°的中景视点；因此，在正面没有地方能观赏到完美的整体视觉形象。

实验证明：当处于45°仰角时，是观赏任何建筑物细部的最佳位置，相当于视点距建筑物的距离与建筑物的高度相等。

处于27°仰角时，视点距建筑物有其高度的2倍距离；这时，既能观察对象的整体，又能感觉到它的细部效果。

当处于18°仰角时，视距大体相当于建筑物高度的3倍距离；这时虽然细部不太清楚，但却能充分感觉到以周围建筑为背景的十分清晰的主体对象。

当处在5倍于建筑高度的距离时，其视角为11°20′(图3-94)，适于远观城市空间群体建筑的天际线轮廓。

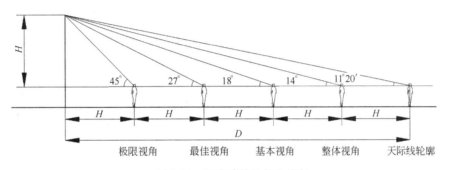

图3-94　观赏建筑的仰角控制

这些垂直视角虽然不一定那么绝对化，但却有重要的参考价值。这些不同视角和视距分别构成近景、中近景、中远景和远景的形象。其中远景视角条件下是感受对象形象效果的最低限度。在建筑物高度确定的情况下，可推算出观赏的合适距离；反之，当视距已定，也可推算出建筑物的适宜高度。例如，从场地入口处到建筑物的距离为30m时，建筑高度10m左右对于视觉感受最为有利。

在场地总体布局时，为了使人更好地欣赏到建筑造型，感受相应的空间环境气氛，要注意建筑物的体形与广场的比例关系，在大体量建筑物的主立面方向，宜相应配置较大的广场。为保证人们在广场上对建筑物、环境艺术品等有良好的视线和视距。从景观艺术的角度考虑，比例协调的广场的长宽比大致在4∶3、3∶2或2∶1之间；广场宽度与周围建筑物的高度之比，一般以3～6倍为宜。广场上的比例关系不是固定不变

的，可以根据广场性质(如公共性程度、人员流量、空间性格特征等)具体而定。

（三）外部空间的组织

由于建筑物等物质要素的分隔作用，场地外部空间也被划分为空间形态不同的若干部分。由于人在外部空间中的活动是持续进行的，视点与视线也是连续变化的，对空间的观察方式是静态与动态相结合的；因而，需要对外部空间在时间进程中连续、变化的知觉形象进行组织，协调处理多个空间之间的关联性。其基本手段是在研究人的活动规律的基础上，使空间形态与人的使用行为协调默契，保持空间的自然过渡与连续。结合功能要求处理好空间的秩序，从而形成空间变化的抑扬顿挫、聚散自然、起承有序，成为一个完整的空间群。这其中建筑群体组合与外部空间的组织是密不可分的。

1. 空间的引导与暗示

在外部空间组织中，一开始就给人看到全

127

貌，给人以强烈印象和标志，这是一种方法；而有节制地不让人看到全貌，使人产生某种期待，采取逐渐展示空间的布置，这也是一种方法。由于功能、地形或其他条件的限制，可能会使某些比较重要的活动空间所处的地位不够明显、突出，以致不易被人发现；或是出于设计意图，为避免开门见山、一览无余，而采取含蓄的手法，有意把某些"趣味中心"置于比较隐蔽的地方。这就需要通过一定的空间处理，对人的视线、行为加以引导或暗示，使人可以沿着一定方向或路径到达预期的目标。

外部空间中引发诱导的因素主要有：空间转换处，如出入口、空间节点；有趣味的对象，如形体的变异、某一特殊形象等；合理延续的暗示，如建筑、绿化、小品等要素的连续布置，建筑形体的走向以及廊道、地面铺装的指引等。在一定的空间形态中，通过建筑、小品、绿化和道路等的配置组合，将产生空间的心理暗示，从而对某些行为的发生与进行构成诱导(图 3-95)。

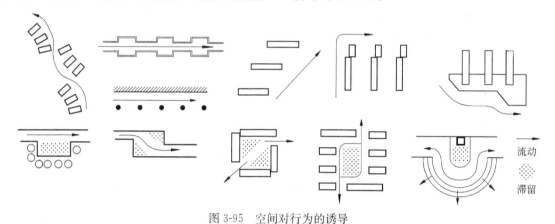

图 3-95　空间对行为的诱导

转折的空间对人的行为具有自然的诱导作用。所谓"曲径通幽"，古人认为空间不曲则不深，"曲折"体现了中国传统空间的观念及特色。实行空间诱导的基础是行为主体——人对远处景物具有一种好奇、期待的心理。如果在曲折的路径远处出现有吸引力的景物时，期待感会引导人向前行进；若在转折过程中发现目标被其他景物所取代，好奇心又会驱使人沿路探寻；有时目标可视而不可直达，多次转折使目标时隐时现，不断被瞥见，或多次看到主体的某一局部或相关联的多个片段。总之，人在空间的行进过程中，景物和视觉焦点不断变化，从而不断激起人的兴趣(图 3-96)。

(a) 目标突然显示　　　　　　　　(b) 目标不断地被瞥见

图 3-96　空间转折的诱导作用

此外，传统空间设计中"收放结合"的基本手法也值得借鉴。这种手法通过对空间狭窄与宽敞变化的处理，沿线路不断地调节人们的视线和心理感受，打破了单调感。空间的收放又常常与曲折结合在一起使用，形成变幻丰富的空间，增加趣味性和吸引力。现代城市中，商业文化步行街、居住类或文化类场地中的外部空间处理常常可以师从此道(图 3-97)。

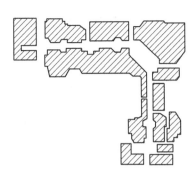

图 3-97　空间的收放与曲折

图 3-98 为北京恩济里小区规划，结合用地狭长的特点，设计了流畅自然的曲线形南北走向主干道，并利用其组织了一系列景观空间，成为外部空间环境设计的重要组成部分。沿主路进入小区后，对景处是一三角形广场上以住宅建筑为背景的标志性小品；左转豁然开朗处为中心小游园；继续前行，两侧住宅使空间收束，对景处又有一节点标志。随道路空间的转折和收放，建筑疏密变化、高低错落、步移景异。

2. 空间的渗透与层次

空间的渗透是指两个或多个空间采取一定的处理手法，模糊其局部的空间分隔界定，以期相邻空间产生视觉上的联系，形成空间层次。通过对外部空间的分隔与联系的处理，可以使若干空间互相渗透，从而形成变化丰富的空间层次。建

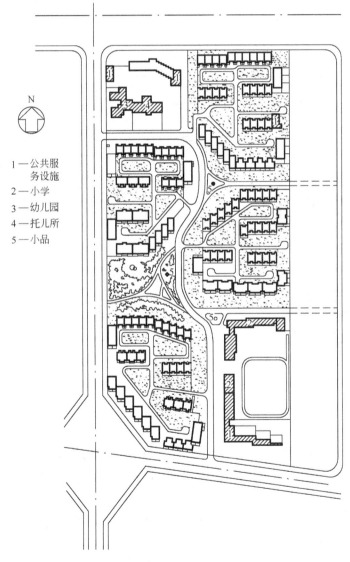

1—公共服务设施
2—小学
3—幼儿园
4—托儿所
5—小品

图 3-98　北京恩济里小区总平面图

**129**

筑、道路、绿化和小品等形体或界面在空间中延续、交错，可形成空间的直接渗透。例如在与绿地邻接的建筑用地上，将绿化直接引入建筑组合空间中，形成空间的延续（图3-99）。

图3-99　空间的直接渗透

此外，传统空间处理中的"借景"手法也是加强空间渗透、丰富空间层次、扩大空间外延的好方法。这是一种视觉上的渗透，即以通透的视觉为媒介，形成邻近空间景观对本处空间的渗透。对于周边有自然或人文特色景观的场地，在建筑空间组织中通常采用建构视线通廊的方式，将远景的山峦、林木、水面等自然景观或塔寺、亭台等人工景观，从视觉上纳入场地空间中，扩大场地空间感，形成人与建筑、自然和谐交融的心理体验。例如，西安市大明宫花园小区（图3-100），南与大明宫国家遗址公园隔街相望，总体布局采用借景手法，用40m宽绿化带将大明宫轴线延伸至小区中心绿地，使小区与唐大明宫遗址取得景观上的有机联系，同时也使人文景观得以渗透。

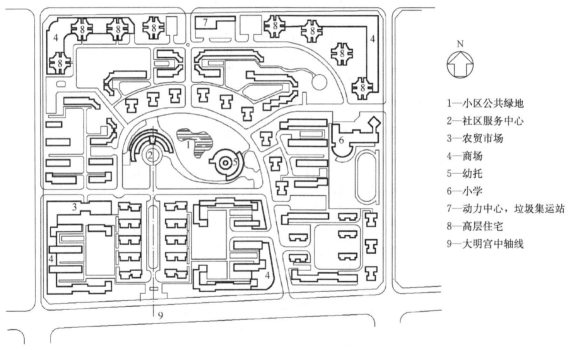

N

1—小区公共绿地
2—社区服务中心
3—农贸市场
4—商场
5—幼托
6—小学
7—动力中心，垃圾集运站
8—高层住宅
9—大明宫中轴线

图3-100　西安市大明宫花园小区总平面图

在建筑空间组织中，往往可以利用建筑形体的交错、转折或借透空的建筑形式（如底层架空、过街楼等），既分隔、限定各特定空间，又使相邻空间的景象互相因借、彼此渗透，形成空间的连续与层次，含蓄而富有意境。

在多个复合空间组织中，可以根据用途和功能来确定空间领域，从而建立空间的顺序性和层次性。例如：外部的→半外部的（或半内部的）→内部的；公共的→半公共的（或半私密的）→私密的；动的→中间性的→静的。中国传统建筑空间中"庭院深深"的意境就是由外向到内向、开放到封闭、公共到私密的空间层次及空间渗透（利用厅、廊、门、窗等)而产生的。

### 3. 空间的序列组织

人在空间中的活动在时间上是连续的，表现出一定的顺序性和连续性。所谓序列，即指时空运动中所发生的顺序性和连续性的特征。外部空间序列组织是综合运用空间的对比与变化、渗透与层次等多种处理手法，以人的视觉心理作为变化依据，将多个不同性质、大小、形状和质感的空间进行有秩序的组合。是从连续行进过程的心理体验来考虑群体组合中的空间组织问题。

一般而言，在建筑空间组合中包括三个方面的序列：

第一是功能序列，即一种功能到另一种功能的空间过渡，反映的是各种建筑功能的先后使用顺序，是建筑功能组合要考虑的首要因素。比如从组织交通集散的入口空间，到休息暂停的过渡空间，再到主要活动空间。

第二是空间序列，即一种性质的空间向另一种性质空间的过渡，比如从外向开敞空间过渡到内向封闭空间。

第三是情感序列，即有意识地利用一些情感因素，按人的行进顺序，进行环境气氛的渲染；通过空间转换来调动人的情感，伴随空间序列产生相应的情感序列。

随着空间序列的变化，情感序列大体上有四种情景：

第一，空间开始——收心定情，即入口处发端(起景)的处理，使人从原来的初始心态进入设定的情境，心理指向投射到对后序空间的期待和渴望。

第二，空间延续——情感酝酿，即利用一些诱导性、延续性的景物，增加层次性和递变性的心理运动，进行情绪的濡染，不断深化审美情境。

第三，空间主体——高潮迭起，使人在期待和寻觅中突然发现所找寻的目标，而顿觉豁然开朗，精神为之一振。

第四，空间收尾——景断而意不尽，使人产生某种回味。

纪念性建筑、中国传统的园林建筑空间常采用情感序列的设计手法。现代建筑空间中，也可利用开阖启闭、疏密收放、曲折转换、多级多进等处理手法，达到改变心理时空的目的。根据建筑群的规模大小，空间序列一般可以由开始段、引导过渡段、高潮前准备段、高潮段和结尾段等不同区段组成。沿着这一序列，空间大小对比、宽窄变化，时而开敞，时而封闭；配合着建筑形体的起伏变化，形成强烈的节奏感，并使序列本身成为一种有机统一的完整过程。

在空间的序列组织中，结合功能、地形和人流活动特点，将建筑物、庭院、道路与广场等的配置形成轴线关系，使活动人流可以看到一系列连续的视觉形象。由于轴线可直可曲，有主有次，因而形成的序列空间也有简单与复杂、平直和迂回之别(图 3-101)：沿着一条轴线向纵深方向逐一展开，形成平直序列；沿纵向主轴线和横向副轴线作纵、横向展开，形成复杂序列；作迂回、循环式的展开，形成迂回序列。

我国传统的建筑群，特别是宫殿、寺院建筑群，多按沿中轴线对称布局的原则，沿一条中轴线把众多建筑依次排列在轴线上或其左右两侧，由此产生的空间序列就是沿轴线纵深方向逐一展开的。例如明清北京故宫就是一个非常典型的例子。虽然它的规模很大，但主要部分的空间序列极富变化，并且这种变化又都是围绕一个主题有条理、有秩序地展开。于是就可以把多个空间纳入一个完整、统一、和谐的序列之中。

在现代建筑设计中，由于功能日趋复杂，从而要求群体组合具有较大的自由灵活性。但是在功能要求允许的前提下，仍可运用这种空间序列组织方法。例如在高等院校的校园规划设计中，就常采用这种空间序列来组织建筑群体空间。

在西安交通大学兴庆校区(图 3-102)从北校门延伸至南校门的中轴线上，依次串联起中心教学楼、行政楼、图书馆、教学主楼及学生活动中心等主体建筑。在各建筑之间安排了一系列规模、尺度、气氛各不相同的主题广场空间："饮水思源"纪念碑北门广场、"腾飞"雕塑群绿化水景广场、"四大发明"雕塑群纪念广场、绿化广场和喷水池南门广场等。此空间序列的形成浓缩了交大建设发展的历史，成为学校的标志性景观序列和总体布局的特色所在。

有时，由于场地规模较大，建筑群布置较复杂，出于功能安排和整体空间艺术布局的考虑，往往采用主副轴纵横交错的方法来组织空间序列。例如台北大学校园规划（图3-103），教学中心区采用了对称式布局，南北向为中央轴线，东西向有两个副轴线，构成有层次、有系统的空间序列；教学、科研及行政等各项内容安排在不同院落内。其布局不仅符合现代校园的运营机制，同时也体现了纪念性的内涵和多层次社会交往活动的需求。

在很多情况下，由于建筑群的功能联系较为复杂，各空间不可能按平直序列排布，而是采取曲折迂回式的方法。凭借空间的灵活组织和巧妙安排，诱导人们沿某几个方向，经由不同的路径，走完整个空间序列。我国古典园林就采用了这种空间组织方式，人行进其中，步移景异，好比徐徐展开的一幅优美画卷（图3-104）。

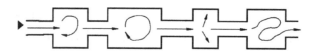

(a)

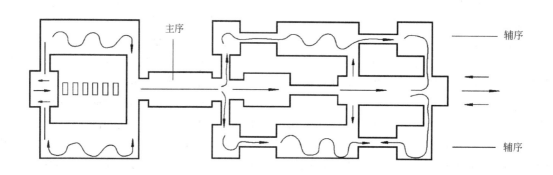

(b)

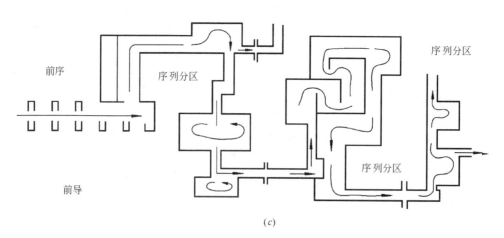

(c)

图 3-101　序列空间图解
(a)平直序列；(b)复杂序列；(c)迂回序列

132

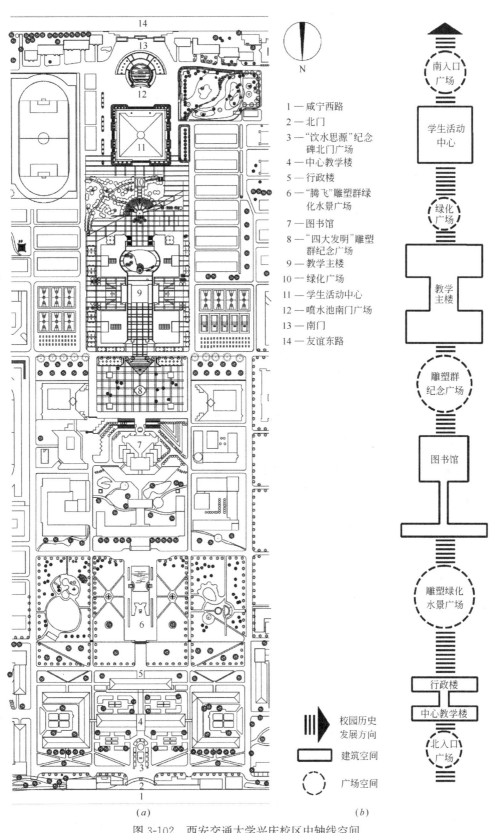

1 — 咸宁西路
2 — 北门
3 — "饮水思源"纪念
　　碑北门广场
4 — 中心教学楼
5 — 行政楼
6 — "腾飞"雕塑群绿
　　化水景广场
7 — 图书馆
8 — "四大发明"雕塑
　　群纪念广场
9 — 教学主楼
10 — 绿化广场
11 — 学生活动中心
12 — 喷水池南门广场
13 — 南门
14 — 友谊东路

校园历史
发展方向

建筑空间

广场空间

(a)　　　　　　　　　　　　(b)

图 3-102　西安交通大学兴庆校区中轴线空间
(a)总平面图；(b)空间结构示意图

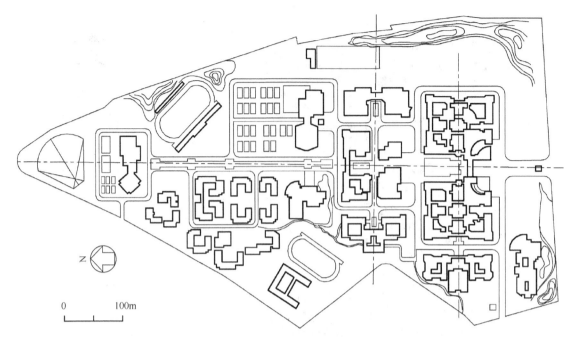

图 3-103　台北大学校园规划总平面图

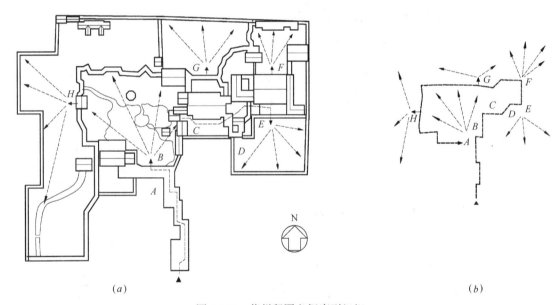

图 3-104　苏州留园空间序列组织
(a)平面布局；(b)空间序列组织及观赏路线
注：图中 A～H 仅代表留园中不同位置上的不同视点。

## 第五节　场地交通组织

场地交通组织及道路布局是场地总体布局的重要内容之一，是保证场地设计方案经济合理的重要环节。其目的在于满足场地内各种功能活动的交通要求，在场地的分区之间以及场地与外部环境之间建立合理有效的交通联系，为场地总体布局提供良好的内外交通条件，实现预定的场地设计方案。

### 一、场地交通组织概述

（一）交通组织的任务

交通是解决人们出行和货物运输的需要，场地交通系统是由人、车、道路和停车场等交通要素构成的复杂动态系统。其主要任务是：根据场地分区、使用活动路线与行为规律的要求，分析场地内各种交通流的流向与流量，选择适当的交通方式，建立场地内部完善的交通系统；充分协调场地内部交通与其周围城市道路之间的关系，依据城乡规划的要求，确定场地出入口位置，处理好由城市道路进入场地的交通衔接；有序组织场地交通，使人流、车流与物流合理分流，避免相互干扰，合理布置道路、停车场和广场等相关设施，将场地各分区有机联系起来，形成统一整体，并有利于消防、停车、人员集散以及无障碍设施的设置。在场地总体布局中，场地交通组织一般按照交通方式选择、场地出入口确定、流线分析及道路系统组织、停车场设置等基本步骤来进行。

### （二）交通组织与场地总体布局的关系

1. 项目性质决定了场地交通组织的特点

对于交通性建筑，如航空港、铁路客运站、港口客运站、汽车客运站和口岸等，其车流、人流复杂，又有客运和货运之分。其中既有公共交通，又有场地内部交通。保证各类交通的正常进行，是这类场地交通组织的重要设计内容。交通组织设计应力求流线短捷，减少流线之间的交叉和干扰。对于人流密集的公共建筑，如影剧院、文娱活动中心和旅游景点等，人流、车流量大，要求重点解决好交通集散问题。对于一般建筑场地，如机关单位，人流、车流量不是很大，满足日常交通出行和消防要求即可。对于住宅区，组织好人车分流直接影响着老人、儿童户外活动的安全性问题。因此，明确项目的性质对考虑场地交通组织有着重要作用。

2. 场地布局状况是交通组织的前提

场地分区状况、建筑物的分布情况，决定了场地内人们的活动规律及主要活动场所，也决定了场地内货物的运输与存放场所。这些场所就是人车、客货交通的吸引点，它们决定了场地内各种交通流的流量和流向，是交通组织的出发点。

3. 交通组织是评价场地总体布局的重要标准

场地总体布局是否合理，交通组织状况是一个重要的衡量标准，即场地内部交通是否与外围城市交通相互协调，场地内部交通流量、流向的分布是否合理，是否具有良好的交通效率等。

4. 交通组织是场地总体布局的核心内容

合理的场地布置，可以减少不必要的交通量，从而提高场地的整体运营效率。场地道路是交通流线的通道，也是场地布局的结构骨架，与场地分区、建筑布置具有相互影响的关系。因此，交通组织要以合理的场地布置为前提，充分结合场地特性，使交通与用地功能布局相适应。而在场地布置时，也要充分考虑交通的要求和流线组织。作为场地总体布局的核心内容，交通组织和场地布置要逐渐调整和相互适应，两者紧密结合才能得到好方案。

### （三）场地交通运输方式的选择

进入场地的交通流线类型和方向受到场地外围交通状况的直接影响，应在考虑场地内外交通联系与衔接的基础上，确定场地内部的交通方式。一般场地内部主要有车行（机动车、非机动车）和人行交通，其中客运交通方式主要有：步行、自行车、摩托车、小汽车、客车，特殊场地还有水上游艇等；对货运来说，进出场地的货物、垃圾等多以汽车运输为主，货运方式、货运量因场地性质、规模不同，而存在较大差异。场地交通运输方式选择的基本原则是：

1. 满足场地功能要求和交通特点

一般根据建设项目及自然条件的不同，选择不同的交通方式。如滨水场地中的疗养院、度假村常设置供娱乐、休闲的游艇码头，坡地场地需专门考虑步行系统等。

2. 适应场地周围交通运输条件

应考虑与外部交通衔接的各种可能性，充分利用外部交通设施条件。例如市中心区商业建筑采用过街天桥、地下人行通道等立体交通方式来适应外部交通环境。

3. 满足各种交通运输方式的技术要求

各种交通运输方式具有不同的技术要求，它们对地形（坡度）、地质（承载力）、水文、气象及配套设施等条件的要求差异较大。为充分发挥各种交通设施的交通效能，保证安全可靠性，在选择交通运输方式时，应尽量满足其技术、经济要求。

4. 满足环境保护及场地景观的要求

交通运输系统对场地环境与景观产生直接影响，如汽车的噪声、尾气、振动对场地环境的侵袭和干扰，大面积停车对景观的遮挡与破坏。如果场地的环境保护与景观要求严格时，交通方式应慎重选择。如遗址保护区和某些风景游览区，可采用电瓶车的交通方式；而大型旅游风景区或地形起伏大且面积较大的主题公园，可选择设置架空单轨车或索道等。

5. 满足山地场地条件的要求

在山地环境中，特殊的地理条件给山地交通组织既带来了一定困难，也带来了独特的个性。山地交通组织与平地交通组织不同，具有立体化、景观化、多样化的特点。山地交通组织要实现山地空间之间的交通联系，所选择的交通方式不仅要完成水平位移，还要特别考虑竖向位移。而立体化的交通可使建筑的复杂流线得到很好的分流组织，也为建筑组群的功能及形态组织提供丰富的选择性。在山地环境中，利用道路的升降曲折，带给人们视点高低、视角俯仰、视阈开合的丰富变化，可与场地景观组织有机结合。山地地形的凹凸起伏使常规交通方式的使用受到限制，可以运用坡道、架空道路（又称高架道路、高架桥）、隧道、索道和缆车等多样化的交通方式。

**二、场地出入口设置**

场地出入口是场地内外交通的衔接点，其设置直接影响着场地布置和流线组织。场地出入口及与之相关的交通集散空间的设置，应在分析场地周围环境(尤其是相邻的城市道路)及场地交通流线特点的基础上，结合场地分区进行综合考虑。

（一）场地出入口的数量

对于交通量不大的较小场地，一般设置一个出入口便可满足交通运输需要。在可能的情况下，场地宜分设主、次出入口。主入口解决主要人流出入并与主体建筑联系方便；次入口作为后勤服务入口，与辅助用房相联系。某些建筑类型的场地对出入口数量有特殊要求，如医院的出入口应不少于两个，人员出入口不应兼作尸体和废物出入口。综合性医院可能有多个出入口，分别满足门诊、住院、后勤服务等不同分区、不同流线进出的要求，如上海市第六人民医院(图3-105)。

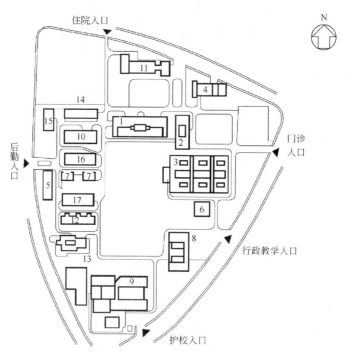

图 3-105　上海市第六人民医院总平面图

1—病房楼；2—医技楼；3—门诊楼；4—传染病房；5—动物实验楼；6—钴60治疗室；7—太平间；

8—教学实验楼；9—护士学校；10—食堂；11—行政楼；12—宿舍楼；13—幼儿园；

14—洗衣房；15—锅炉房；16—设备机修房；17—配电房

对于交通建筑，如汽车客运站，汽车进出站口宜分别设置；客运站等级越高，要求进出站口的独立性越强；并且车辆进站口应接近到达车位和旅客出站口，车辆出站口应与车位有方便的联系(图3-106)。

对于大型、特大型交通、文化、体育、娱乐、商业等人员密集的建筑场地，《民用建筑设计统一标准》GB 50352—2019规定，建筑基地的出入口不应少于两个，且不宜设置在同一条城市道路上。实例如海口体育馆(见图3-50)和广州友谊剧场(图3-107)等。

居住街坊内附属道路的规划设计应满足消防、救护、搬家等车辆的通达要求，并应符合主要附属道路至少应有两个车行出入口连接城市道路，以及人行出入口间距不宜超过200m的规定。

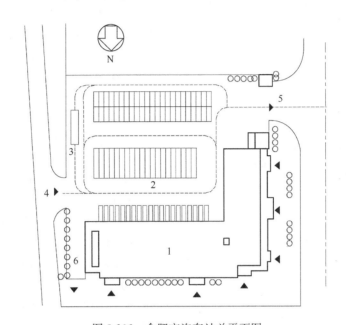

图3-106 合肥市汽车站总平面图

1—站房；2—停车场；3—洗车台；4—车辆进站口；5—车辆出站口；6—旅客出站口

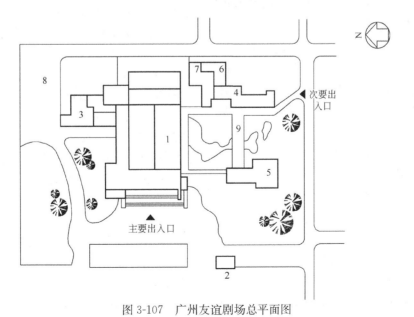

图3-107 广州友谊剧场总平面图

1—剧场；2—售票；3—接待；4—厕所；5—小卖部；6—空调；7—变配电；8—停车区；9—休息廊

综合性建筑场地的出入口应灵活处理。图 3-108 为成都某商住楼，建筑沿用地周边布置是利用基地组织内容的最适宜方式。一方面由外部城市道路可直接进入住宅楼底层的商店入口；另一方面各住宅单元的入口楼梯间开向围合的内部庭院。内向的中心绿地为居民创造了休息活动的共享空间，避开了外部城市交通干扰。庭院的两个出入口满足消防要求。

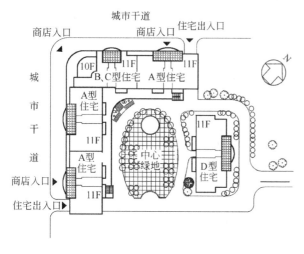

图 3-108　成都某商住楼总平面图

**（二）场地出入口的位置**

在一般地段，场地出入口位置主要根据用地分区及相邻城市道路情况而定，应注意尽量减小对城市主干道交通的干扰。当场地同时毗邻城市主干道和次干道（或支路）时，一般主入口设在主干道上，次入口设在次干道上，并应优先选择次干道一侧作为主要机动车出入口。有时，场地仅与一条城市道路邻接，主、次入口均在同一条道路上。场地或建筑物的主要出入口应避免正对城市主干道的交叉口。

场地机动车出入口的位置应符合《民用建筑设计统一标准》GB 50352—2019 的规定：

（1）中等城市、大城市的主干路交叉口，自道路红线交叉点起沿线 70.0m 范围内不应设置机动车出入口；

（2）距人行横道、人行天桥、人行地道（包括引道、引桥）的最近边缘线不应小于 5.0m；

（3）距地铁出入口、公共交通站台边缘不应小于 15.0m；

（4）距公园、学校及有儿童、老年人、残疾人使用建筑的出入口最近边缘不应小于 20.0m。

此外，基于优先发展公共交通的原则，场地选址与规划中应重视与公共交通站点的便捷联系，合理设置出入口。《绿色建筑评价标准》GB/T 50378—2019 中要求，场地人行出入口 500m 内应设有公共交通站点或配备联系公共交通站点的专用接驳车，方便人步行到达公共交通站点（含轨道交通站点）的适宜时间不应超过 10min，以满足使用者绿色出行的基本要求。对于住宅建筑，从提供便利公共服务的角度出发，鼓励满足下列各项要求：

（1）场地出入口到达幼儿园的步行距离不大于 300m；

（2）场地出入口到达小学的步行距离不大于 500m；

（3）场地出入口到达中学的步行距离不大于 1000m；

（4）场地出入口到达医院的步行距离不大于 1000m；

（5）场地出入口到达群众文化活动设施的步行距离不大于 800m；

（6）场地出入口到达老年人日间照料设施的步行距离不大于 500m；

（7）场地出入口到达城市公园绿地、居住区公园、广场的步行距离不大于 300m，到达中型多功能运动场地的步行距离不大于 500m。

**（三）场地出入口的交通组织**

场地的出入口作为场地内外交通的转换处，需解决好交通集散问题，使进出场地的各种人流、车流有足够的分流、回转空间。即有序组织场地内各种流线的聚合与离散，使场地内外交通顺利衔接；同时，减小对城市道路交通的干扰。

一般场地均需在主要出入口附近设置供人流、车流集散的空间。例如，当场地与周边城市道路毗邻时，往往要求入口处适当地后退用地界限（或道路红线），留出一定面积，满足使用和安全的要求。托幼和学校建筑场地设计，出入口要留有集散空间，以便于人流安全疏散。人流集中的旅游景点的出入口，要有足够面积的广场，便于交通集散，减少对城市交通的干扰。《民用建筑设计统一标准》GB 50352—2019 规定，大型、特大型交通、文化、体育、娱乐、商业等人员密集的建筑场地，建筑物主要出入口前应设置人员集散场地；其面积和长宽尺寸应根据使用性质和人数确定。如影剧院、展览馆和体育场等须设入口交通集散广场；它既是场地对外出入的主要连接点，又是组织场地内部交通的枢纽。

集散广场应根据高峰时间人流和车流的流量大小、公共建筑的主要出入口位置，结合地形，合理布置车流与人流的进出通道、停车场地、步行活动地带等，以保证广场上的车辆和行人互不干扰，交通路径便捷(图 3-109)。商业性广场应以人的活动为主，合理布置商业贸易建筑及人员活动区。纪念性广场应以纪念性建筑为主体，布置绿化与供瞻仰、纪念活动的铺装场地；为保持环境安静，应另辟停车场地，避免导入车流。

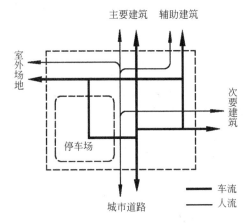

图 3-109　入口集散场地的交通组织

此外，入口集散场地是建筑场地与城市空间的衔接和过渡，除了解决交通组织，还要安排好服务设施与广场景观，不能忽视休息与游憩空间的布置。这一空间是观赏主体建筑的主要场所，是场地艺术面貌的重要组成部分，因而对空间的艺术处理也有较高的要求。需要深入研究其空间尺度，利用绿化、铺地和环境小品等各种构成要素，丰富空间效果，创造场地景观的良好开端。

**三、交通流线的组织**

流线组织反映了场地内人、车流动的基本模式，它是交通组织的主体，体现了场地交通组织的基本思路，也是道路、广场和停车场等交通设施布置的根本依据。场地内各组成部分的交通状况往往复杂多样，流线性质、流量各不相同。流线的安排应符合使用规律和活动特点，有合理的结构和明确的秩序，使场地内各个部分的交通流线关系清晰、易于识别，并且便捷顺畅。应处理好不同区域、不同类型流线之间的相互关系，避免流线的交叉干扰。

**(一)确定流线体系的基本结构形式**

根据流线进出场地的不同方式，可将场地的整个流线体系分为尽端式和通过式两种，也可以将两种组织方式结合起来形成综合的结构。不同流线结构各有其形式特点和适应性，可根据具体的场地条件和分区状况选择采用。

**1. 尽端式流线结构**

尽端式是指流线进入场地抵达目的地后，沿原路线返回离开场地，因而各条流线起点和终点区分明确。这种结构有两种形式(图 3-110)。一种是各流线在场地中有共同的起点，形成由外部进入场地的一个入口，各流线进入场地后分流形成枝状，导向不同的目的地。另一种是各流线在场地中完全独立，终点与起点都各自分开，由不同的入口与外部相连。这种结构的特点是各部分流线独立性较强，可避免相互之间的交叉。在场地各部分交通流线的性质差异较大时，采用这种形式十分有利，可以使不同区域都有各自独立的流线系统与外部联系，避免不同分区间流线的穿越干扰。

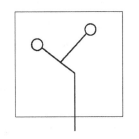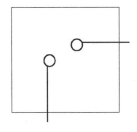

图 3-110　尽端式流线结构

**2. 通过式流线结构**

通过式是流线从一端进入场地后，可从另一端离开而无须折返，各流线可相互连通，起点与终点无明确区分，进出方向可互逆。这种结构也有两种基本的形式(图 3-111)：一种是各流线将场地的出入口直接连通，形成通过式结构；另一种是整个流线系统在场地内部形成环状，将场地各部分和各出入口都联系起来。

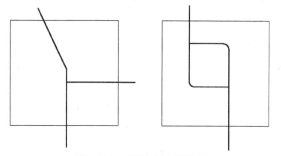

图 3-111　通过式流线结构

由于通过式流线使各出入口相互连通，保证了各条流线进出的通畅，避免了迂回折返；同时，在一定程度上具有可选择性，有利于提高交通组织的效率。特别是对于车流的组织，可省去回车过程。但是这种连通的形式也有可能形成不同流线相混合的情形。因而，必须重视各条流线的出入口组织和环通路线的安排，最大限度地减少相互干扰，也可以做到场地整体流线结构的清晰和交通的明确。

对于建筑综合体，一般在建筑外围设环路，以满足消防环道的要求，如深圳经协大厦（见图 3-51）。在建筑群体场地中，环通的流线组织具有良好的适应性，有利于各功能分区间必要的交通联系；同时，也保证了各分区的相对独立性。

（二）不同类型流线的组织

场地的使用对象及其交通方式决定了场地的流线组成。例如，在宾馆、商场和餐饮类公建场地中，一般有各类外来使用人员（包括人行、车行）、内部职工及后勤服务（以货运车辆为主）；交通性建筑场地中，人流、车流、货流同时具备，且更为复杂；建筑综合体场地由于各组成部分的内容、性质不同，也有相应不同的使用人流和车流。若场地中各种流线缺乏组织，相互交叉混杂，则会造成使用上的极大不便和不安全性。

场地中的流线从功能性质上可分为使用流线和服务流线，从交通对象的角度又可分为人员流线和车辆流线。考虑流量规模及重要程度，综合起来看，场地总体布局中需主要分析使用人流、使用车流和服务流线（服务人流、车流合并看待）三种类型。三类流线之间的相互关系有两种基本

的组织形式（图 3-112）：一是分流式，即各流线相互分离，各有独立的通道系统；二是合流式，即不同类型的流线合并起来，由一套通道系统作为共同载体。也可以将两种基本形式结合起来，形成部分分离、部分合并的形式。各种形式各有所长，适应于不同的具体情况。

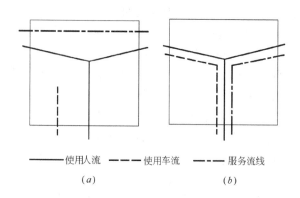

——使用人流　-----使用车流　-·-·-服务流线
（a）　　　　　　　（b）

图 3-112　不同类型流线的组织形式
(a)分流式；(b)合流式

1. 合流式组织形式

当场地的用地规模较小，所邻接的外部交通条件也有限时，若分开设置不同流线的通道或对外开设多个出入口会有一定困难。这时如果各类流线的交通量不很大，相互间冲突性不强，可将各流线合并考虑，整个场地交通基本由一套通道系统来组织，则整体的交通体系较简单，容易处理；同时，也减少了道路交通的占地面积，有利于节省用地和投资。有时也可通过一些附加手段来处理同一通道中不同流线的适当区分问题。例如同一通道组织人行与车行时，可在车道一侧或两侧附设人行道；或通过管理来安排使用流线与服务流线的不同使用时间等。

2. 分流式组织形式

在流线组成较复杂、各类流线都有较大流量或不同流线的要求差异较大时，如在大型商业中心、体育中心或综合文化中心等公共性项目中，应将不同流线分由各自独立的通道来承担，各通道用途专一，从根本上解决相互混杂的问题。由于交通体系分划细致，保证了各流线的通畅性，可提高交通效率。

**四、场地道路系统的组织**

道路是场地重要的构成要素，往往形成场地

的结构骨架，将场地各组成部分构成一个有机联系的整体，并有助于生成良好的场地空间环境。道路布局可以说是交通流线组织在用地上的具体落实，要求在场地出入口和建筑出入口位置确定的基础上，安排好场地内的各类道路，从而形成清晰完整的道路系统。

（一）道路系统的建立

1. 道路系统的基本形式

根据场地交通流线的组织方式，道路系统有以下几种基本形式：

（1）人车分流

即场地内的道路系统由机动车道路系统和步行（含自行车）道路系统组成，两套系统相对独立，以保证机动车的通行要求和人行的安全、便捷。这种形式一般适用于人流、车流都较大的场地，如公共活动中心、私人小汽车较多的居住区、山地场地和风景区等。

在某些综合商业中心、文化中心，一般设立外环车行路及停车场，建筑群内部为步行区域。在居住类场地中，为保证行人活动的安全，也应适当考虑人车分流。一般车辆由车行入口进入后，应很快到达集中停车场，阻止其深入住宅区内部。住宅区中另设步行出入口，步行道路系统能到达各组团单元及活动场地；同时，也能保证特殊情况下的机动车通行（如搬家、急救和消防等）。例如西安群贤庄小区（图3-113），车辆由车行入口可进入设在中心花园的地下两层车库，每户保证一个停车位，实现了人车分流。

在坡地场地设计中，由于地形高差所限，汽车必须沿等高线绕行，而人行多走踏步，故形成具有山地特点的车行道路展线、人行沿踏步直接上下的人车分流道路系统。图3-114所示为承德馒岭新村西区，地处山区坡地，地形相对高差约70m，建筑依山势地形按不同坡度、坡向布置。根据地形，主干道沿等高线呈自由式布置，由山下的东西干道与山上的元宝形车行道组成环形路，并与城市道路相接。车行与步行分流，自行车道与车行道结合；步行道则是山上山下联系的快捷方式，一般均为踏步，与上下干道垂直布置，可直至山上景点，并方便小区内部联系。次要车道作尽端式，可通往各住宅楼，满足搬家、

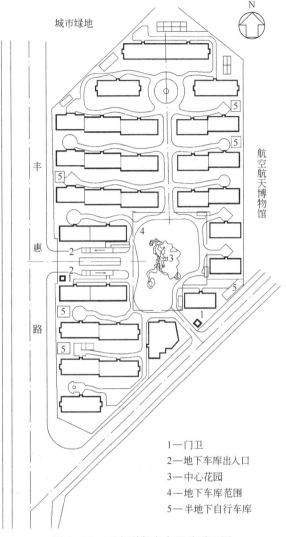

1—门卫
2—地下车库出入口
3—中心花园
4—地下车库范围
5—半地下自行车库

图3-113　西安群贤庄小区总平面图

救护和消防要求。此外，在风景区中，场地设计应尽量减少人工构筑物对自然景观的影响；除必要的车行通路以外，主景点之间的交通方式一般均以步行为主。

（2）人车混行的道路系统

即场地内仅设置一套人行、车行共享的道路系统。与前者相比，这种交通组织形式既经济又方便，布置方式灵活，故应用十分广泛，适合于一般机关单位、高等院校等场地。

（3）人车部分分流的道路系统

即以人车混行的道路系统为基础，只在场地内个别地段设置步行专用道，联系部分建筑或休息、活动场地。这种系统综合采用了前两种形式，解决交通问题具有更灵活的适应性。例如

141

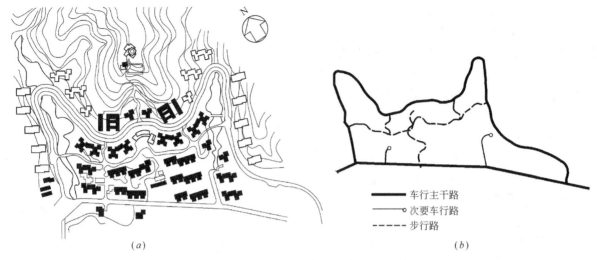

图 3-114 承德馒岭新村西区
(a)总平面图；(b)道路系统示意

在规模较大的住宅区中，限制住户汽车进入会有很多不便，可采取主路为人车混行、各组团外围设停车空间的方式，限制汽车进入组团内部，步行道则联系各住宅单元并到达各公共活动空间。

图 3-115 所示的深圳莲花居住区组团外环设车行路，宅前小路及公共服务设施之间为步行道，通向住宅区主要出入口的局部道路为人车混行。

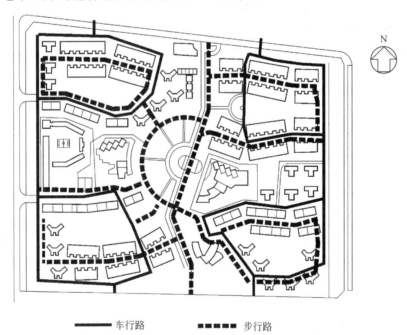

图 3-115 深圳莲花居住区道路系统示意图

2. 道路系统的分级组织

场地中的道路，由于交通特征、功能作用、服务对象及技术要求等各有不同特点，一般以交通性质和交通量等因素为依据进行分级组织，使路网结构清晰、主次分明、功能明确。

一般中、小型民用建筑场地中，道路的功能相对简单，根据需要可设置一级或二级可供机动车通行的道路，以及非机动车、人行专用道等。而大型场地内的道路，需依据其功能及特征明确交通性(以机动车为主)或生活性(以行人、非机

142

动车为主)、全局性(交通量大)或局部性(交通量小)、客运交通或货运交通，才能充分发挥各类道路的不同作用，组成高效、安全的场地道路网。简言之，场地内的道路可根据其功能划分为主干道、次干道和支路等。

(二)道路布置的基本要求

在进行场地内的道路布局时，应与场地分区、建筑布置结合考虑。

1. 考虑因素

(1) 流线组织要求

道路是组织交通流线的重要通道，是引导和疏散流线的路径。在总体布局中，根据流线组织要求进行道路布置。例如对于分流式，应分别设置相应道路，引导不同性质或使用要求的流线。对应于尽端式和通过式流线结构，道路布局也可采用尽端式或通过式等不同形式。此外，场地中的道路应将场地出入口和建筑物出入口联系起来，实现场地最基本的交通功能。

(2) 场地分区要求

道路布置要有利于内部各功能分区的有机联系，将场地各组成部分联结成统一整体。例如在居住小区中，各居住组群往往是通过小区道路相联系的(见图 3-100)。事实上，在许多群体建筑场地中，道路起着各区域分隔与联系的媒介作用，也成为不同分区的划分手段和标志。

(3) 环境与景观要求

根据场地性质和总体环境要求，道路布置也应有利于烘托相应的气氛。例如，一般性场地要求道路清晰简明、短捷顺直，避免往返迂回；纪念性场地的道路，根据环境艺术构图需要，往往作为空间的轴线或对称布置，体现一定的气势；游览、休闲性场地(或场地中的休息、娱乐空间)中的道路一般较自由，多采用曲线形式；在坡地场地中，道路要善于结合地形状况和现状条件，尽量减少土方工程量，节约用地和投资费用。此外，根据总体布局要求，有时道路布置与场地景观环境的组织关系密切，应发挥其环境艺术构图的作用。比如考虑主要景观的观赏线路和观赏点，利用道路的导向性组织引导主要建筑物或景观空间，为观赏视线留出必需的视觉通廊，以保证景点与观赏点之间的视觉联系。

2. 规范规定

《民用建筑设计统一标准》GB 50352—2019对场地内道路的布置要求：建筑基地应与城市道路或镇区道路相邻接，否则应设置连接道路；当建筑基地内建筑面积小于或等于 3000m² 时，其连接道路的宽度不应小于 4.0m；当建筑基地内建筑面积大于 3000m²，且只有一条连接道路时，其宽度不应小于 7.0m；当有两条或两条以上连接道路时，单条连接道路宽度不应小于 4.0m。

基地道路应符合下列规定：基地道路与城市道路连接处的车行路面应设限速设施，道路应能通达建筑物的安全出口；沿街建筑应设连通街道和内院的人行通道，人行通道可利用楼梯间，其间距不宜大于 80.0m；基地内宜设人行道路，大型、特大型交通、文化、娱乐、商业、体育、医院等建筑，居住人数大于 5000 人的居住区等车流量较大的场所，应设人行道路。

基地道路设计应符合下列规定：单车道路宽不应小于 4.0m；双车道路宽，住宅区内不应小于 6.0m，其他基地道路宽不应小于 7.0m；当道路边设停车位时，应加大道路宽度且不应影响车辆正常通行；人行道路宽度不应小于 1.5m，人行道在各路口、入口处的设计应符合现行国家标准《无障碍设计规范》GB 50763—2012 的相关规定；道路转弯半径不应小于 3.0m，消防车道应满足消防车最小转弯半径要求；尽端式道路长度大于 120.0m 时，应在尽端设置不小于 12.0m× 12.0m 的回车场地。

《建筑设计防火规范》GB 50016—2014(2018 年版)规定：

街区内的道路应考虑消防车的通行，道路中心线间的距离不宜大于 160m。当建筑物沿街道部分的长度大于 150m 或总长度大于 220m 时，应设置穿过建筑物的消防车道。确有困难时，应设置环形消防车道。

高层民用建筑，超过 3000 个座位的体育馆，超过 2000 个座位的会堂，占地面积大于 3000m² 的商店建筑、展览建筑等单、多层公共建筑应设置环形消防车道，确有困难时，可沿建筑的两个长边设置消防车道；对于高层住宅建筑和山坡地或河道边临空建造的高层民用建筑，可沿建筑的一个长边设置消防车道，但该长边所在建筑立面应为消防车登高操作面。

有封闭内院或天井的建筑物，当内院或天井的短边长度大于 24m 时，宜设置进入内院或天井的消防车道；当该建筑物沿街时，应设置连通街道和内院的人行通道（可利用楼梯间），其间距不宜大于 80m。

在穿过建筑物或进入建筑物内院的消防车道两侧，不应设置影响消防车通行或人员安全疏散的设施。

供消防车取水的天然水源和消防水池应设置消防车道。消防车道的边缘距离取水点不宜大于 2m。

消防车道应符合下列要求：车道的净宽度和净空高度均不应小于 4.0m；转弯半径应满足消防车转弯的要求；消防车道与建筑之间不应设置妨碍消防车操作的树木、架空管线等障碍物；消防车道靠建筑外墙一侧的边缘距离建筑外墙不宜小于 5m；消防车道的坡度不宜大于 8%。

环形消防车道至少应有两处与其他车道连通。尽头式消防车道应设置回车道或回车场，回车场的面积不应小于 12m×12m；对于高层建筑，不宜小于 15m×15m；供重型消防车使用时，不宜小于 18m×18m。

消防车道可利用城乡、厂区道路等，但该道路应满足消防车通行、转弯和停靠的要求。

《绿色建筑评价标准》GB/T 50378—2019 中指出，建筑、室外场地、公共绿地、城市道路相互之间应设置连贯的无障碍步行系统。

（三）山地道路布线

由于山地地形起伏多变，山地车行道路在纵坡设置、道路布线等方面均有其特殊之处。

1. 纵坡设置

从汽车行驶条件来看，山地道路的纵坡不宜太大，而且根据不同坡度还应有适当的限制坡长，以保证交通安全；但如果设计的纵坡过小，又会增加道路展线长度，从而增加工程量。纵坡设置取决于道路的功能，同时与汽车的车种、车速有关。概括而言，纵坡设置的基本原则是：设计前首先查阅相关规范，包括《城市道路路线设计规范》CJJ 193—2012、《城市道路工程设计规范》CJJ 37—2012（2016 年版）、《城市居住区规划设计标准》GB 50180—2018、《民用建筑设计统一标准》GB 50352—2019 和《全国民用建筑工程设计技术措施　规划·建筑·景观》（2009 年版）。根据设计对象的适用性进行比较和慎重选择，确定两个基本标准：最大纵坡和最小转弯半径。这两个参数决定了山地道路的长度和工程量，应尽量选择最大纵坡，从而减少工程造价。

2. 道路布线

在山地场地，车行道路的布线较为复杂。既要使不同标高的建筑实现功能联系，又要满足车行交通的爬坡、转弯等技术要求，因此平地常见的直线形道路在山地的适应性较差，也很难自由地选择道路线形。山地道路的布线应该因地制宜，充分考虑与地形、建筑的结合。通常采取顺应地形、沿等高线蜿蜒曲折的方式；同时，对环境品质也要综合考虑。群体建筑的山地场地道路可分为两个等级：主干路和组团路。主干路的设置应当保证交通要求，布线与地形结合，尽可能减少工程造价，场地布局时道路平面与竖向设计都应考虑，以保证场地整体骨架的合理性；组团路主要解决道路与建筑的关系问题，建筑布局应以道路竖向设计为前提。

（1）布线与地形的结合

山地道路线形的选择首先取决于地形。从生态观出发，一方面要使山地道路适应爬坡的要求；另一方面要尽量减少对原有地形的改变，使道路布线与山地景观协调（图 3-116）。大多情况下，应尽量使道路沿等高线布置，即道路中心线与等高线平行或斜交，而避免垂直于等高线；这样可以把纵坡控制在一个适当的范围内，并可避免因道路横穿等高线而产生生硬的边坡（图 3-117）。沿等高线设置道路一般有以下几种线形（图 3-118）：如果建筑布局或场地允许的话，道路可以均匀坡度上爬或绕山上爬，这时一般不会

图 3-116　道路布线结合地形

道路与等高线斜交；
适用于较陡的地形，不破坏地形

道路横穿等高线；
只适用于缓坡地，易生成生硬的边坡

图 3-117　道路与等高线的关系

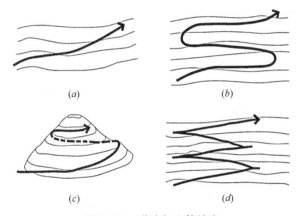

图 3-118　道路与山体坡度
(a)均匀上爬，坡度较陡的山坡；(b)蛇形上爬，坡度平缓；
(c)绕山上爬，坡度较陡的山坡；(d)设回头线路，坡度很陡

出现急转弯；坡度不大时也可以均匀蛇形上爬；但在坡度较大而场地又较小情况下，需设置回头曲线，这时必须满足转弯半径及加宽要求，并且可能劈山较多。在某些特殊情况下，如原有山坡过于陡峭、道路绕线过长，采用架空道路或隧道的形式往往更为有利，能够缩短线路，并减少对地表的破坏(图 3-119)。

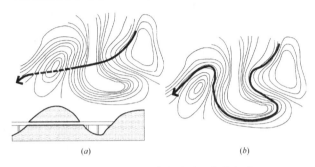

图 3-119　架空道路或隧道的布线方式
(a)垂直等高线，架桥、隧道布线短直；
(b)沿等高线，布线曲折

（2）布线与建筑的结合

除了地形因素外，山地道路的布线还需考虑与建筑布局的结合。山地道路线形往往是群体建筑排列的骨架，对于建筑的功能组合、空间布局影响较大。一般说来，适于山地道路系统的线形有网格状、环状、放射状、枝状、立交等单一线形(图 3-120)。其中，就联系方便程

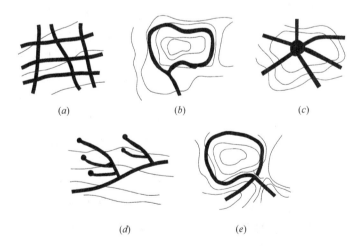

图 3-120　山地道路线形——单一型
(a)网格状：交通联系方便，结构清晰，但多适用于缓坡区域；
(b)环状：交通联系方便，较适合沿山地等高线布置，一般适用于坡中位置；
(c)放射状：中心感强，但不适用于有较大坡度的山地区域；如山坡平缓，可被应用于坡顶处；
(d)枝状：会出现较多的尽端路，适应山地地形变化，可位于坡顶、坡中或坡底等处；
(e)立交：不同标高的道路交叉时采用，可位于坡顶、坡中或坡底等处

145

度来看，网格状、环状、放射状等形式较为有利；但由于地形高差的制约，它们的应用范围比较有限，不如枝状和立交线形更能适应山地环境。当然，根据场地功能组织的需要，以上各种道路线形可以被混合运用(图3-121)。例如，合肥琥珀山庄的道路骨架，结合地形高差，采用"8"字形立交，既有机地串联了小区内的各个组团，又避免了过境交通干线对小区的干扰(图3-122)。

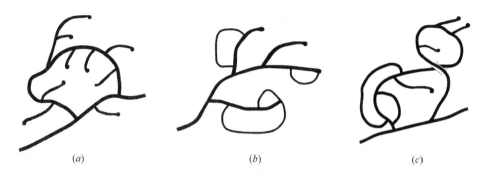

图3-121 山地道路线形——综合型
(a)干线为环状，支线为枝状；(b)干线为枝状，支线为环状；(c)干线为立交，支线为枝状或环状

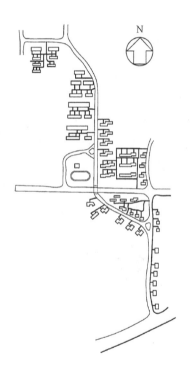

图3-122 合肥琥珀山庄道路结构

道路布线还需与建筑形体组织和布局状况、出入口位置的选择相结合。有时，一栋建筑会有不止一个出入口，因此与其相连的道路也会不止一条，且位于不同设计标高，这对于满足建筑的功能分区、人车分流以及增加层数等，都是十分有利的措施。

对于山地步行系统，除了满足交通功能外，还是山地建筑室外空间的有机组成部分，通常运用踏步、坡道、人行天桥等手段进行综合组织，并与步行广场、庭院等相连接；同时，应考虑与建筑景观相结合。

**五、场地停车系统的组织**

道路是动态交通组织，而车辆的停放属静态交通组织。停车场作为场地中供各种车辆停放的露天或室内场所，是场地交通体系的重要组成部分，也是一般场地不可缺少的功能要求。

《城市道路工程设计规范》CJJ 37—2012(2016年版)规定：在大型公共建筑、交通枢纽、人流车流量大的广场等处均应布置适当容量的公共停车场。按停放车辆类型，公共停车场可分为机动车停车场与非机动车停车场。

《城市居住区规划设计标准》GB 50180—2018中要求：居住区应配套设置居民机动车和非机动车停车场(库)，地上停车位应优先考虑设置多层停车库或机械式停车设施，地面停车位数量不宜超过住宅总套数的10%；机动车停车场(库)应设置无障碍机动车位，并应为老年人、残疾人专用车等新型交通工具和辅助工具留有必要的发展余地；非机动车停车场(库)应设置在方便居民使用的位置；居住街坊应配置临时停车位；新建居住区配建机动车停车位应具备充电基础设施安装条件。同时，居住区相对集中设置且人流较多的配套设施应配建停车场(库)，商场、街道综合服务中心机动车停车场(库)宜采用地下停车、停车楼或机械式停车设施；配建的机动车停车场（库）应具备公共充电设施安装条件。其中对于电动汽车充电设施的要求，主要是为了满足电动汽车发展的需求。

《绿色建筑评价标准》GB/T 50378—2019 也要求：停车场应具有电动汽车充电设施或具备充电设施的安装条件，并应合理设置电动汽车和无障碍汽车停车位。提出电动汽车停车位数量至少应达到当地相关规定要求，配置条件应按新建住宅配建停车位数量，100％建设充电设施或预留建设安装条件。

停车的组织与流线的组织关系密切，因为车辆进出停车场是车流组织的一部分，进行流线组织时必须考虑车辆的停放问题；同时，停车场是车流、人流集中混杂的场所，是人流与车流的衔接和转换点，进行停车组织时也要考虑停车与车流系统的恰当衔接方式。总体布局中对场地停车的组织包括选择停车方式和确定停车场的布置方式，应满足流线清晰、使用便利的要求，并尽量减少对环境的干扰。

（一）机动车停车场

1. 停车场类型的选择

根据停车场与场地的关系，可将停车场在场地中的存在形式大致分为三种类型，总体布局时需结合场地具体情况确定停车场的具体类型。

（1）地面停车场

这是一种常见形式，作为场地中的独立要素布置于用地地面，平面布置容易，与场地内流线体系的联系最为直接，车流与人流进出方便，造价也较低。但由于平铺于地面，占地较大，有噪声干扰，并且影响景观。如果利用地形，将停车场局部下沉或结合绿化布置车位，尽量采用植草型透水性地面，可改善空间景观效果及场地环境效应。根据上述特点，在场地停车数量有限或用地不紧张的情况下，选择这一形式最为便利。另外，在停车量大、用地有限而以其他形式为主要停车方式时，一般也会设置少量地面停车作为必要的补充，来解决临时停车问题。

（2）组合式停车场

这是停车场与建（构）筑物相结合布置的方式，如位于建筑物的底层或地下层的停车库，特别是附建式地下停车库，适应了建筑物规模较大而用地紧张、所需停车位数量较多的情况，成为高层建筑场地中解决停车问题的最主要方式。有的高层建筑中采用了与建筑结合的多层车库形式，如深圳发展中心大厦在其9层的副楼中，6层以下设多层车库。另外，也可将停车场放到绿地、广场、高层建筑楼间距的地下或建筑架空的底层，这常常成为居住区中实现人车分流所采取的方式。例如成都某别墅区（图3-123），采用入口绿化广场下布置地下停车场的方式，避免了停车的噪声及对景观的消极影响，保证了居住场所的环境质量。

总之，这种对土地深度利用的立体组合方式可在有限的用地中解决大量停车的问题，有效地减少了停车场占地面积，为场地其他内容留出更多余地，利于节约用地，提高用地效率。另外，采取这种形式也可有效实现地面的人车分离，保障交通安全，减少噪声和废气污染，优化景观效果，建立健康、安宁、舒适的场地环境。值得注意的是，设计中应解决通风、采光和消防问题，通常地下车库的造价是地面车库的6倍。

（3）独立停车库

这是一种较为特殊的停车方式，为场地中独立的建筑物。其中单层车库多见于机关、企事业单位供本单位车辆的停放、检修、维护保养和洗车等。而多层车库最突出的特点是停车数量更大，更为集中，占地较小，节约用地，造价相对高；可采用机械式立体停车方式，常用于需要大量停车的社会停车场中。

2. 山地停车场设置

山地停车场设置需要特殊对待。由于平坦用地的缺乏，山地停车场面临着可使用面积不足的困难。因此，组合式停车场是常用的形式，例如利用建筑的勒脚层，或放大勒脚层成平台，在其下部停车；大型建筑群往往结合基面的建立，在其下设置停车场（库）。同时，作为山地建筑中的人工空间，停车场设置与环境协调是山地停车场设计的另一个重要问题。在场地总体布局中，山地停车场需考虑与山地地形及自然景观的结合，尽量避免其与山地原有环境的不和谐；例如，随地形跌落设置多层停车库，结合倾斜的道路相应

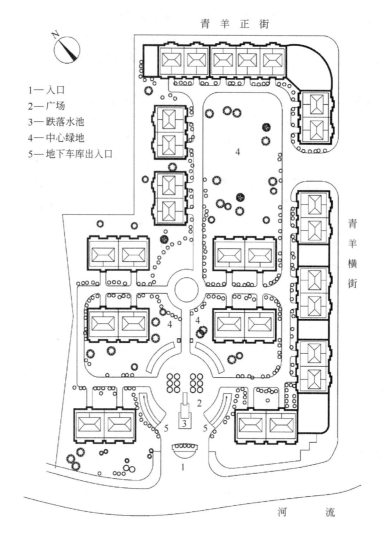

青 羊 正 街

1—入口
2—广场
3—跌落水池
4—中心绿地
5—地下车库出入口

青 羊 横 街

河 流

图 3-123 成都某别墅区总平面图

组织各层车辆入口，会显得十分自然。为了维护山地景观的协调，减弱人工环境与山地原有环境的冲突，应尽量少做大面积由人工硬地组成的集中停车场地。可适当保留停车场周围的一些自然植被和地形起伏，以山体自然地形或植被形成对停车场的视觉遮挡；或者结合基地挡土墙形成室内车库，并在其上部覆土，培育植被，成为山体

的延续（图 3-124）。

3. 停车场(库)的规模

（1）停车泊位估算

停车场(库)的规模应符合规划设计条件的要求，也可以按机动车停车泊位建议指标（表 3-9），根据停车场的性质、规模、场地条件，选用不同的设计指标。

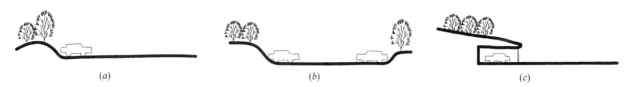

(a)                    (b)                    (c)

图 3-124 减少停车场对自然环境的影响

(a)保留原有植被和起伏地形；(b)利用下凹的地形；(c)利用挡土墙和屋顶覆土

| 序号 | 建筑类别 | | 计算单位 | 机动车停车位 | 非机动车停车位 | | 备注 |
|---|---|---|---|---|---|---|---|
| | | | | | 内 | 外 | |
| 1 | 宾馆 | 一类 | 每套客房 | 0.6 | 0.75 | — | 一级 |
| | | 二类 | 每套客房 | 0.4 | 0.75 | — | 二、三级 |
| | | 三类 | 每套客房 | 0.3 | 0.75 | 0.25 | 四级(一般招待所) |
| 2 | 餐饮 | 建筑面积≤1000m² | 每1000m² | 7.5 | 0.5 | — | — |
| | | 建筑面积>1000m² | | 1.2 | 0.5 | 0.25 | — |
| 3 | 办公 | | 每1000m² | 6.5 | 1.0 | 0.75 | 证券、银行、营业场所 |
| 4 | 商业 | 一类(建筑面积>1万 m²) | 每1000m² | 6.5 | 7.5 | 12 | — |
| | | 二类(建筑面积<1万 m²) | | 4.5 | 7.5 | 12 | — |
| 5 | 购物中心(超市) | | 每1000m² | 10 | 7.5 | 12 | — |
| 6 | 医院 | 市级 | 每1000m² | 6.5 | — | | — |
| | | 区级 | | 4.5 | — | | — |
| 7 | 展览馆 | | 每1000m² | 7 | 7.5 | 1.0 | 图书馆、博物馆参照执行 |
| 8 | 电影院 | | 100 座 | 3.5 | 3.5 | 7.5 | — |
| 9 | 剧院 | | 100 座 | 10 | 3.5 | 7.5 | — |
| 10 | 体育场馆 | 大型 场>15000座 馆>4000 座 | 100 座 | 4.2 | 45 | | — |
| | | 小型 场<15000座 馆<4000 座 | 100 座 | 2.0 | 45 | | — |
| 11 | 娱乐性体育设施 | | 100 座 | 10 | — | | — |
| 12 | 住宅 | 中高档商品住宅 | 每户 | 1.0 | — | | 包括公寓 |
| | | 高档别墅 | 每户 | 1.3 | — | | — |
| | | 普通住宅 | 每户 | 0.5 | — | | 包括经济适用房等 |
| 13 | 学校 | 小学 | 100 学生 | 0.5 | — | | 有校车停车位 |
| | | 中学 | 100 学生 | 0.5 | 80～100 | | 有校车停车位 |
| | | 幼儿园 | 100 学生 | 0.7 | — | | — |

注：1. 摘自《全国民用建筑工程设计技术措施　规划·建筑·景观》(2009 年版)，中国计划出版社。

　　2. 如当地规划部门有规定时，按当地规定执行。

《城市居住区规划设计标准》GB 50180—2018，对于居住区相对集中设置且人流较多的配套设施应配建的停车场(库)的停车位控制指标作了如下规定(表 3-10)。

配建停车场(库)的停车位控制指标

（车位/100m² 建筑面积）    表 3-10

| 名    称 | 非机动车 | 机动车 |
|---|---|---|
| 商　场 | ≥7.5 | ≥0.45 |
| 菜市场 | ≥7.5 | ≥0.30 |
| 街道综合服务中心 | ≥7.5 | ≥0.45 |
| 社区卫生服务中心(社区医院) | ≥1.5 | ≥0.45 |

同时，根据《建筑与市政工程无障碍通用规范》GB 55019—2021 对不同场所设置无障碍机动车停车位的规定：总停车数在 100 辆以下时应至少设置 1 个无障碍机动车停车位，100 辆以上时应设置不少于总停车数 1% 的无障碍机动车停车位；城市广场、公共绿地、城市道路等场所的停车位应设置不少于总停车数 2% 的无障碍机动车停车位。

地下停车库一般停放的是小汽车，地面停车除停小汽车外，还可以停大卡车和大客车。当场地有配建的地下停车库时，还要保证有一定面积的地面停车，一般地面停车数占场地总停车数的 10%。

（2）停车场(库)面积估算

在初步估算停车场面积时，可参照以下指标：

1）一般停车位宽度至少应为 2.8m，用地宽松时，停车位一般为 3m×6m。

2）由于公共停车场车辆种类、型号繁多，停车场(库)的设计参数应以高峰停车时间所占比重最大的车型为主，用地面积按当量小汽车的停车泊位估算，具体换算系数分别为：微型汽车 0.7、小型车 1.0、轻型车 1.5、中型车 2.0、大型车 2.5。

3）对于地面停车场，停车面积可按每个标准当量停车位 25～30m²（包括车道面积）来计算；地下停车场(库)及地面多层停车场(库)，每个停车位面积可取 30～40m²（包括车道面积）。

4. 停车场的分布形态

场地停车可采用集中或分散的布置方式。集中式是将全部停车空间集中布置在场地的一处，分散式是将全部停车空间分成几个部分，分别布置于场地的不同位置（图 3-125）。

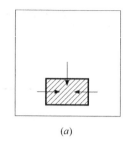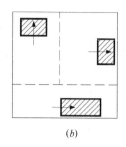

图 3-125　停车场的分布形态
(a)集中式；(b)分散式

从场地分区方面看，集中式停车具有占地集中和形态相对独立的特点，用地划分较为完整，场地结构明晰，提高了用地效率，并且便于管理。从流线组织来看，有利于简化场地中的流线关系，容易做到人车活动的分离，减少车辆进出与人员活动交叉的概率。但另一方面，在场地的内容组织较复杂时，对停车往往有不同的使用要求，完全集中的布置方式容易出现停车场与某部分使用者目的结合不紧密的情况，延长了使用者的步行距离，反而会影响场地中的流线组织。而且在停车量较大时，缺乏处理的集中式形态会在场地中形成大片枯燥硬地，直接影响景观效果。但总的来说，在一般规模的场地中，用地条件适宜，停车量不很大的情况下，集中式停车场可以发挥其优势，因而有较好的适用性。

分散式的布置是将为场地不同使用者服务、具有不同性质的停车空间相互分离，让停车场与各自使用者的目的地都能紧密地结合，从而使不同性质的流线容易区分开来。从形态与景观效果看，分散设置的停车场可以有较合适的尺度，避免了大片集中停车场对景观的不利影响。另外，在用地较紧张的条件下，适当分散的布置可充分发挥一些零散的边角地块的作用，既可有效地解决停车问题，又提高了用地效益。不利方面是，分散设置会增加场地整体的内容组织形态及流线体系的复杂程度。但总的来说，这种形式布置起来更具弹性，适应性也更大，在停车数量较多或用地条件较为特殊时尤其适用。

由多项内容组成的建筑综合体，从分区和流线组织考虑，一般各部分分别设有独立出入口，这时停车场宜分散式布置。如深圳荔景大厦（图3-126）除设一处地下停车场外，地面停车场分为三处，分别结合公寓入口、商业办公入口和商场入口空间来布置，使用针对性强，避免了流线交叉。内容组成复杂的群体建筑场地，停车场的布置一般结合场地分区，也宜采用分散式。

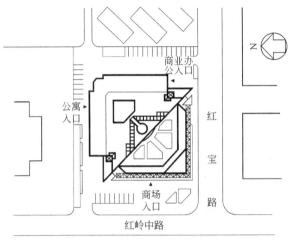

图 3-126　深圳荔景大厦总平面图

5. 停车场的位置确定

确定停车场在场地中的位置，是内部还是外部，是前部还是后部等，要考虑它与场地出入口、与建筑物及建筑入口的关系。其位置原则上应靠近主体建筑，以方便使用并减少车流往返。对于医院、疗养院、学校、公共图书馆与居住区，为保持环境宁静，减少交通噪声及废气污染的影响，应使停车场与这类建筑物之间保持一定距离。

在很多情况下，停车场应布置在接近场地入口的场地边缘处，这样车流进出场地的路线较短捷。进入场地后一部分车流可很快导入停车场，减少了场地内部的车流量，从而避免大量车流深入场地内部而造成对人员活动及环境氛围的干扰。条件允许时，停车场还可单独设置对外出入口，直接通向外部道路，使场地内的流线更加简化，使用上更为方便（见图3-52）。

然而在用地规模较大时，过于接近边缘的停车场可能会远离建筑物，作为人流、车流转换的衔接点，延长了使用者下车后的步行距离，造成联系不便。如果停车场布置在场地的内部，其利弊关系与上述情况正好相反：停车场与其所服务的内容可相邻布置，联系方便；但较多的车流被

导入场地内部，不利于场地中人、车活动的分流，对场地的环境氛围也有消极影响。总的来看，在多数情况下，将停车场布置在场地边角的位置还是较为有利的。

在考虑停车场与建筑物的位置关系上，一般来说，停车场布置在场地的前部（场地主要入口及建筑主要入口的方位）是便于使用的，对内部的干扰较小。需要注意的是，这一区域通常集中有通向建筑物的主要人流和车流，布置停车场时应避开这些主要流线。此外，场地入口处，建筑物面向外部的前区景观要求较高，应尽量减小停车场的消极影响，不要让停车场位于建筑的主要景观一侧，或将停车区挤到建筑物前（图3-127）。

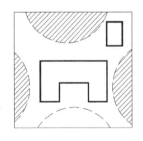

图 3-127　停车场应避免布置于
场地的正前方

综上所述，停车场布置在建筑物的侧面或正面入口的两旁位置更好。另外，将停车场布置在场地的后部、建筑物的背后也是可行的，这样隐蔽性更好，但需采取一些措施以便于外来的使用者发现和利用，当然还要处理好建筑物与停车场联系的专门通道。

图3-128为上海千鹤宾馆，主体建筑集中布置在场地北侧，南侧主要为绿化、广场用地。正对建筑主入口的铺地、绿化广场使邻接城市道路的场地主入口有较好的景观，停车场则被布置在入口一侧，既与城市道路以绿地相隔，又与建筑联系方便，是较好的解决方案。

6. 停车场（库）出入口的设置

停车场的出入口不宜设在城市主干道上，并应远离交叉口。为减少对城市交通的不利影响，直接对外的停车场应位于城市次要干道一侧，其出入口应与城市道路交叉口、人行横道等保持一定距离，并且宜右转驶入、驶出停车场。

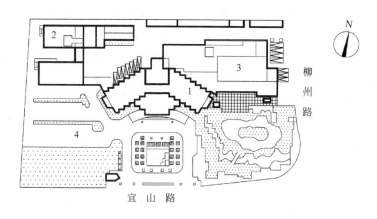

图 3-128 上海千鹤宾馆总平面图
1—主楼；2—商场；3—裙房；4—停车场

（1）出入口数量

机动车停车场的停车泊位数越多，出入车辆越多，所需出入口的数量也就越多。

《城市道路工程设计规范》CJJ 37—2012（2016 年版）规定：停车场出入口位置及数量应根据停车容量及交通组织确定，且不应少于 2 个，其净距宜大于 30m；条件困难或停车容量小于 50 辆时，可设 1 个出入口，但其进出口应满足双向行驶的要求。停车场进出口净宽，单向通行的不应小于 5m，双向通行的不应小于 7m。

《车库建筑设计规范》JGJ 100—2015 中规定：机动车库出入口和车道数量应符合表 3-11 的规定，且当车道数量大于等于 5 且停车当量大于 3000 辆时，机动车出入口数量应经过交通模拟计算确定。

机动车库出入口和车道数量 表 3-11

| 停车当量（辆）\规模 出入口和车道数量 | 特大型 | 大型 | | 中型 | | 小型 | |
|---|---|---|---|---|---|---|---|
| | >1000 | 501～1000 | 301～500 | 101～300 | 51～100 | 25～50 | <25 |
| 机动车出入口数量（个） | ≥3 | ≥2 | | ≥2 | ≥1 | ≥1 | |
| 非居住建筑出入口车道数量（个） | ≥5 | ≥4 | ≥3 | ≥2 | | ≥2 | ≥1 |
| 居住建筑出入口车道数量（个） | ≥3 | ≥2 | ≥2 | ≥2 | | ≥2 | ≥1 |

《民用建筑设计统一标准》GB 50352—2019 规定了室外机动车停车场的出入口数量：当停车数为 50 辆及以下时，可设 1 个出入口，宜为双向行驶的出入口；当停车数为 51～300 辆时，应设置 2 个出入口，宜为双向行驶的出入口；当停车数为 301～500 辆时，应设置 2 个双向行驶的出入口；当停车数大于 500 辆时，应设置 3 个出入口，宜为双向行驶的出入口。

（2）出入口的位置

《城市道路工程设计规范》CJJ 37—2012（2016 年版）规定：机动车停车场的出入口不宜设在主干路上，可设在次干路或支路上，并应远离交叉口；不得设在人行横道、公共交通停靠站及桥隧引道处；距人行天桥和人行地道的梯道口不应小于 50m。

《车库建筑设计规范》JGJ 100—2015 规定：特大型、大型、中型机动车库的基地宜邻近城市道路；不相邻时，应设置通道连接。车库基地出入口不应直接与城市快速路相连接，且不宜直接与城市主干路相连接；基地主要出入口的宽度不应小于 4m，并应保证出入口与内部通道衔接的顺畅。车辆出入口的最小间距不应小于 15m，并宜与基地内部道路相接通。车辆出入口宽度：双向行驶时不应小于 7m，单向行驶时不应小于 4m。

《民用建筑设计统一标准》GB 50352—2019 对

室外机动车停车场的出入口设置做出如下规定：大于300辆停车位的停车场，各出入口的间距不应小于15.0m；单向行驶的出入口宽度不应小于4.0m，双向行驶的出入口宽度不应小于7.0m。

（二）自行车停车场

自行车是我国城市居民使用的交通工具之一，在许多场地中自行车的停放量也是相当大的。场地布局时需划定专门用地，合理安排。在城市共享单车普及的背景下，轨道交通站点及公交车站附近，人流量较大的公共服务设施，应整体协调安排好自行车设施。《绿色建筑评价标准》GB/T 50378—2019中要求，自行车停车场所应规模适度、布局合理，符合使用者出行习惯，以此鼓励绿色出行。

1. 自行车停车场的规模

自行车停车场的规模应根据服务对象、平均停放时间、场地日周转次数等确定。固定的专用自行车停车场，应根据场地的使用人数估算其存放率。一般可按"非机动车停车位配建指标"（见表3-9、表3-10）进行设计。

2. 自行车停车场的布置要求

自行车停车场位置的选择应结合道路、广场及建筑布置，以中、小型分散就近设置为主。车辆停放点至出行目的地的步行距离要适当，以50～100m为限。

《城市道路工程设计规范》CJJ 37—2012（2016年版）规定：非机动车停车场出入口不宜少于2个；出入口宽度宜为2.5～3.5m；场内停车区应分组安排，每组场地长度宜为15～20m。《民用建筑设计统一标准》GB 50352—2019规定：室外非机动车停车场应设置在基地边界线以内，出入口不宜设置在交叉路口附近，停车场出入口宽度不应小于2.0m；停车数大于等于300辆时，应设置不少于2个出入口；停车区应分组布置，每组停车区长度不宜超过20.0m。

根据自行车的停放方式，其停车场可分为：地面式、半地下式、地下式（独立式或附建式）。居住区中的自行车停放具有时间长、数量大的特点，应尽量利用地下空间、架空底层或利用住宅间距独立建造。自行车库一般布置在组团的主要出入口或生活服务中心附近，由居委会统一管理。如西安群贤庄小区（见图3-113），自行车半地下车库分设几处，服务距离最远不超过100m，方便住户使用，车库高出地面的平台组织为庭院绿化空间的一部分。也有的小区将自行车棚设置在住宅端部，或作为住宅围合院落的连接体（图3-129），这种小型的自行车库主要为方便社区居民就近存放，但较为分散。还有的结合住宅设计，在住宅底层设置2.2m层高的空间，供居民存放自行车。

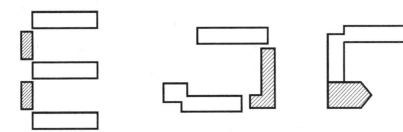

图3-129 自行车库单独设置示意图

学校和机关单位，作为上下学、上下班交通工具的自行车数量大，停放时间固定，规律性强，这类场地一般设有永久性停车场，常采用自行车棚（库）集中停放的方式。布置在场地内相对独立的地段，宜采用封闭式管理，并靠近场地主要出入口，以方便使用。

有的场地，当内部职工与外来人员都较多时，其自行车的停放需结合场地分区、分别予以考虑。如综合医院设有内部职工使用的自行车停车棚和外部人员（探访者、病患家属）使用的自行车停车场。在大型群众性活动的场所（如体育场、影剧院等），停车数量大，存放时间受场次安排的影响，一般设半永久性停车场。商场、餐饮等服务设施的场地，车辆停放的机动性大，时间规律性不强，在节假日存车数量急剧增加，一般设半永久性或临时性停车场。可利用公共建筑后退道路红线的空余地段，避免占用人行道、隔离带等设施，以减少对附近交通的干扰。

**六、交通影响评价**

**（一）建设项目交通影响评价的目的及主要内容**

建设项目建成投入使用后，必将在该地段生成新的交通量（包括交通出行与交通吸引），从而对周围一定区域范围内的交通运行产生程度不同的影响，有时甚至会对城市环境造成巨大的交通压力。由于场地布局中交通组织方案的合理性，直接影响到场地及周边环境交通系统运行的有效性，一些城市对于大型公建已开始要求在完成场地交通组织及建筑方案设计任务后，实施建设项目的交通影响评价。通过预测建设项目新生成交通量对评价范围内交通系统运行的影响程度，从而检验场地交通组织的合理性，必要时提出对建设项目方案和评价范围内交通系统的改善建议。

交通影响评价的主要内容与步骤包括：结合建设项目的具体情况（主要规划设计条件、主要技术经济指标和建设方案等）和周边交通状况，确定具体评价的范围；对评价范围内城乡规划及交通规划情况进行分析，包括方案总平面交通及周边区域交通系统组织中涉及的交通方式、流线、出入口、交通设施等方面；利用交通预测方法，对评价范围内的背景交通及项目新生成的交通需求进行预测，对项目新生成交通量的影响程度进行评价；提出评价结论，对于项目建设方案和评价范围内交通系统提出改善措施。交通改善的内容可包括：项目内部交通系统与出入口、评价范围内的道路、交叉口、公共交通、自行车、行人、停车系统和其他特殊使用的交通设施的改善措施；优化建设项目内部道路与停车布局，改善出入口布局（数量、大小、位置）与组织。

交通影响评价的分析依据一般包括：建设项目的建筑设计方案，控制性详细规划，《城市道路工程设计规范》CJJ 37—2012（2016年版），《城市道路路线设计规范》CJJ 193—2012，地方工程建设标准——城市建筑工程停车场（库）设置规则和配建标准，以及交通工程手册等。

交通影响评价由专业机构完成，但是建筑师在场地设计阶段了解交通影响评价的基本要求，有助于在设置场地出入口、安排停车场地、组织人车流线等方面综合考虑周围道路交通状况，从而提高场地交通组织的合理性和有效性。

**（二）实例分析**

**1. 项目概况**

某城市商业大厦（图3-130），总用地面积1.18万 $m^2$，总建筑面积6.03万 $m^2$，功能以宾馆为主，兼有办公、商业和少量餐饮，含地下车库及设备用房。周边用地尚未开发，根据该地区控制性详细规划，分布有商业金融用地和居住用地。根据项目所处的地区和工程规模，交通影响的评价范围界定在地块西侧丰潭路（红线宽36m）、南侧萍水东路（红线宽36m）、东侧规划支路（红线宽12m）和北侧16m规划支路（红线宽16m）所围合的区域。

**2. 场地设计方案交通评价**

**（1）总平面交通评价**

在原总平面设计中，22层的主楼布置在地块南部，与规划支路平行，裙楼沿丰潭路布置。车行主入口设置在丰潭路上，车行次入口设置在地块东侧的规划支路上。地块西侧和北侧分别设置有人行出入口，建筑周围有6m宽的道路环通地块，在地块西南处和东南处靠近机动车出入口处，各设一个地下车库出入口，两个地下自行车库出入口设置在地块的东北部。分析其交通布局和设计，认为其总体方案基本合理，但地块东侧的车行次入口与相邻东侧规划居住地块的出入口相距较近，建议将该东侧车行次入口向南移动，拉大与相邻地块出入口之间的距离。修改后的总平面如图3-131所示。

**（2）停车设施交通评价**

该项目设计方案中，场地机动车停车方式以地下汽车库为主，布设少量地上停车泊位。根据当地《工程建设标准——城市建筑工程停车场（库）设置规则和配建标准》中有关建筑工程配置停车位的标准，按照项目不同建筑的使用功能计算本项目所需配建的停车泊位数，结果是本项目设置的停车位不足。方案按交通影响评价要求调整后，增加了机动车位和自行车位，使车位配置数量满足设置标准。

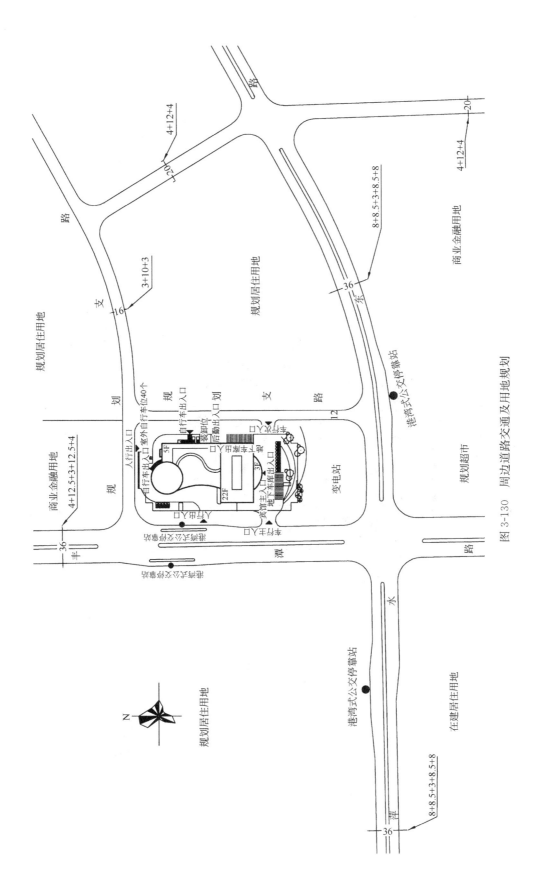

图 3-130 周边道路交通及用地规划

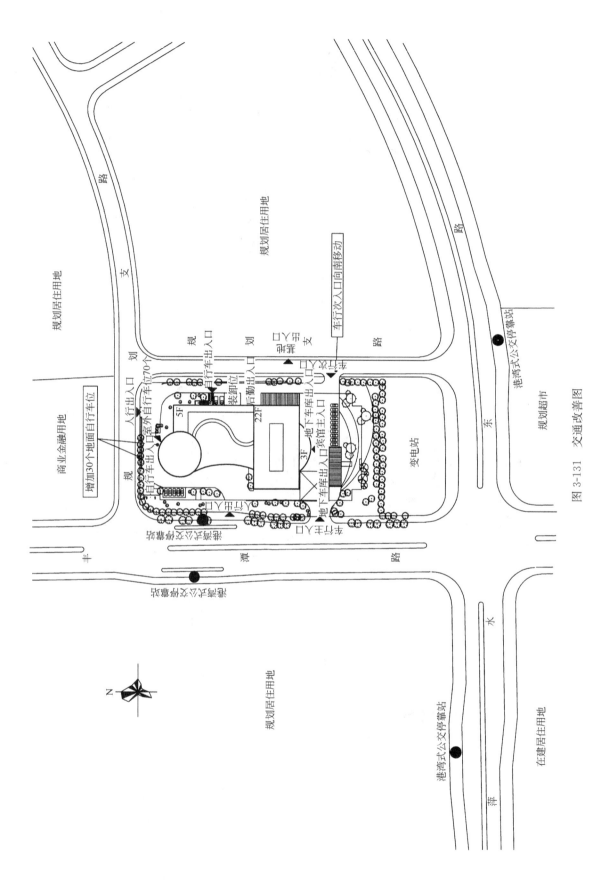

图 3-131　交通改善图

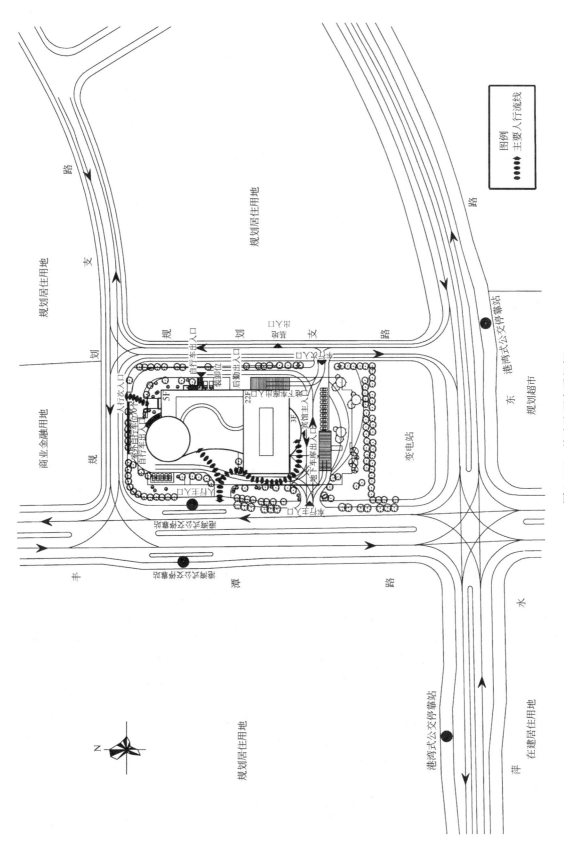

图 3-132 基地面交通组织

此外，交通影响评价还指出原方案地下车库设置中存在的不足：地下车库入口处转弯半径较小，于行车不利，且车库内车位的布置方式不利于车库南出入口的使用，造成车库出入口服务不均衡。建议对地下车库的车位及设备用房设施布置进行调整，使行车流线顺畅、地下车库出入口服务均衡（地下车库调整图略）。

3. 区域及基地交通组织设计

（1）地面交通组织设计

根据本项目周边路网条件，按照优先保证区域路网交通顺畅，同时兼顾地块进出交通便捷的原则组织交通。交通影响评价对车流组织提出将地块东侧的 12m 支路与萍水东路的交叉口按右进右出组织交通，以减少对邻近的丰潭路—萍水东路交叉口的干扰（区域交通组织图略）。对基地主入口提出按右进右出组织交通，基地次入口按全方向通行组织，以使地块内部交通有序。人行主入口设在丰潭路公交车站处，使用公交的人可以方便地进出宾馆；人行次入口设在北侧 16m 支路上，是展览厅人流的主要通道。基地交通组织如图 3-132。

（2）停车交通组织设计

基地内停车交通组织设计主要包括地面停车和地下车库停车两部分。地面停车交通组织见基地地面交通组织图 3-132。地下车库交通组织方案为：地下三层车辆利用地块东侧出入口出入地面，地下二层车辆尽量利用地块南出入口进出地下车库（地下车库交通组织图略）。

4. 交通影响分析

交通影响分析通过专业方法预测项目所产生的新的出行需求及其在周边道路网络上的分布，进而评估项目对周边道路设施正常运行的影响程度，确定是否需要采取一些必要措施来消除其不利影响。通过对高峰小时诱增的交通量预测，确定了项目主要影响交叉口为丰潭路—萍水东路交叉口，对其受影响程度进行评估，认为该交叉口的服务水平受项目生成交通量的影响较小。此外对公共交通的影响进行评估，认为项目的开发对周边公共交通服务水平影响较小（分析过程略）。

5. 交通标识设置

交通影响评价对本项目各地块地面道路交通组织方案进行了交通标识设计，主要是各种指示标识牌的设置（图略）。

6. 结论与对策建议

（1）综合上述分析与评估结果，认为：该地块的开发建设对周边道路交通运行影响不大，但为减少对相邻交叉口交通运行的干扰，对于地块东侧 12m 支路—萍水东路交叉口实行右进右出交通组织设计。

（2）为减少对次干路丰潭路的运行干扰，将基地主入口按右进右出组织交通。

（3）货车本应该从地块东侧 12m 支路进出。但由于转弯半径不够，只能从丰潭路主入口进出，穿过宾馆大门前，再转到宾馆东侧的货车位。货车行驶路径不够理想，需加强交通管理。

根据交通影响评价结论与建议，建筑师将对场地设计方案进行相应的修改与完善。

## 第六节　场地绿地配置

绿化与景园设施是构成场地的基本要素之一，它对场地的景观效果及整体风貌具有重要意义，同时也是衡量场地环境质量最直接的客观标志。从场地整体构成来看，如果说建筑物是场地中的核心内容，交通系统是联系的纽带，那么绿地则起着平衡、丰富和完善的作用，成为维系场地整体性的重要手段之一。绿地布置不仅要考虑使用上、视觉上的具体要求，更需考虑场地整体的布局结构和组织形态问题。场地总体布局时，应从使用功能、生态功能和环境功能的综合要求出发，充分考虑绿地的配置需求，确定相应的用地，并将其有机组织到场地整体结构中。

### 一、绿地布置的基本要求

#### （一）营造场地生态效益

一般建设项目的场地以建筑为主体构成物质空间环境，以营造人工环境为主要任务。但仅有人工建筑而缺少绿化等自然环境的场地，不利于形成场地良好的小气候，也不利于使用者的身心健康。绿色植被具有释放氧气、净化空气、调节空气温湿度等生态功能，以及隔声减噪、隔热防风等环境功能，可为人类创造有益的生态环境。因此，通过场地绿地配置，营建绿化空间，发挥其生态效益，弱化人工建筑环境容易造成的压抑感，给人带来身心愉悦。

（二）丰富场地景观环境

绿化要素由于自身的特点而具有良好的美学功能，在塑造场地景观环境中具有不可替代的重要作用。通过绿地的合理配置、绿化与建筑空间的穿插、绿化与景园的设计等，营造景观优美的场地环境，能够给人以美的享受，使人赏心悦目、陶冶情操。

（三）完善场地使用功能

在某些类型的场地中，绿化空间不仅具有视觉心理上的功能，而且直接参与场地使用功能。例如居住区中的小游园、组团绿地，文化类建筑场地中的休闲绿地等，它们是场地中的重要组成部分，直接影响和参与使用者的生活环境。对于这类场地，应当从使用者的心理、行为需求出发，合理安排绿化场地，配置相应的活动设施，更好地发挥场地使用功能。

**二、绿地系统构成**

场地中的绿地也是构成场地整体的子系统之一，自身也由相对独立的系统构成，即整体绿化环境是由分布不同、形态各异的绿化要素形成的。绿地配置时需确定其在场地中的表现形式——分布方式和基本形态。

（一）绿地的分布方式

场地中，绿地的分布有集中和分散两种方式。集中式是将场地中大部分绿化用地集中起来，形成一处较大的完整地块；分散式是将全部绿化用地分布于场地各处，每块面积相对较小。

一般来说，集中的分布形态能更有效地发挥绿地的效益，较大面积的成片绿地不仅能优化场地生态环境，也会对改善城市环境起到较好作用。而分散的形式如果布局合理，则有利于整个绿地体系在场地中的均衡分布。但要避免分散的各块绿地因面积极其有限，甚至只是零星的边角，使其在生态、景观或是内部的活动构成上难以产生规模效应，而实际效果较差的情况。针对这种情况，对于一般规模的场地，在进行用地划分时应尽量将绿化用地集中设置，形成较完整的地块和更强的整体效果；在场地规模较大时，考虑到均匀分布的问题，可采用大部分集中、少量

分散的形式，以便于场地各部分的就近利用。在居住小区的绿地系统中，有中心绿地、组团绿地和住宅院落绿地等不同层次。其中，中心绿地集中设置，组团绿地、院落绿地则结合住宅群体组合分散布置，以方便居民就近使用，应注意避免采用不让人进入的大片草坪形式，造成好看不好用的结果。绿化用地分布形态的优化，有助于形成良好的总体环境。

（二）绿地的基本形态

确定绿地在场地中的布置形式是总体布局阶段绿地配置的中心任务。从形态的基本特征来看，场地中绿地可归纳为以下三种基本类型（图3-133）：

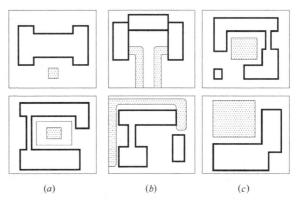

图3-133　绿地的基本形态
（a）点状绿地；（b）线状绿地；（c）面状绿地

1. 点状绿地

小规模的绿化景园设施在场地中呈现点状形态，布置时灵活性大，是点缀环境、丰富场地景观的一种有效方式，常用于场地中一些需要强调景观效果的地方。例如最常见的是在建筑物入口前、场地入口附近等视线集中之处，还有用于建筑围合的院落、天井中，以及作为窗口、廊道的对景等。这种形式的绿地还便于与其他内容结合在一起布置，比如将花坛、水景、雕塑之类的设施或孤植树木布置在广场中，不仅可用于分隔广场空间及不同流线，还兼具景观功能。

2. 线状绿地

线状绿地普遍存在于几乎所有场地中，如场地边界处、建筑物后退红线而留下的边缘空地、道路两侧的边缘等。屏蔽建筑免受冬季寒风侵袭或夏季西晒而成排布置的树木，沿"景观通廊"

连续布置的绿化带，以及行道树等都属于这类形式。线状绿地适应性强，能构成场地的绿化背景，有效扩大绿地的总体规模。

**3. 面状绿地**

面状绿地是集中绿地布置形成较完整的一块面积，可以充分发挥绿地的多重功能。与前两种形式相比，其突出特点是具有一定规模，一般可以进入，内部可包容活动设施来组织一些室外活动，直接作为场地中活动的载体。面状绿地规模越大，其中可组织的内容越丰富多样，生态和景观效果也越明显。面状集中绿地还可作为与建筑等其他内容相平衡的形态构成要素，来进行场地

布局。比如在居住区中，中心绿地常常成为布局的组织核心或布局结构确立的基点，其位置通常会被优先考虑(见图3-82、图3-100)。

在实际应用中，往往将三种形态的绿地结合起来运用，共同构成场地的整体绿地系统。浙江宁波慈城小学(图3-134)，在校园南、北广场分别设立了小块点状绿地，美化建筑前区空间；在教学楼与校园边界的间隙及其他建筑、道路的边缘布置了线状绿地；校园西侧由南、北教学楼和大会堂围合了大片面状集中绿地，美化了教学环境，为学生课间休息创造了活动空间，总体上形成良好的校园环境。

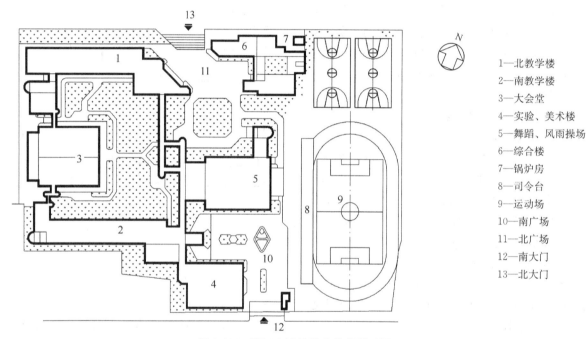

1—北教学楼

2—南教学楼

3—大会堂

4—实验、美术楼

5—舞蹈、风雨操场

6—综合楼

7—锅炉房

8—司令台

9—运动场

10—南广场

11—北广场

12—南大门

13—北大门

图3-134 浙江宁波慈城小学总平面图

**三、绿地布置的基本原则**

**(一)整体构思，与场地布局有机结合**

绿地与建筑物、交通设施等其他内容相比，在一定程度上，其功能要求是间接性和附属性的，相关的技术要求相对要低，布局中弹性很大，配置方式也灵活。但这并不意味着在总体布局中，先将建筑物、构筑物、道路、停车场等其他内容布置完成之后，再对剩下的"边角废料"用地进行填充式的绿化安排，这种做法是"只有建筑，没有环境"[图3-135 (a)]。另外，也要避免在总体布局时随意划出一块空地作为绿化用

地，而建筑布局则在另一侧独立进行，自成一体，结果设计的不同步造成建筑和环境的割裂[图3-135 (b)]。这两种情况都是将绿地置于完

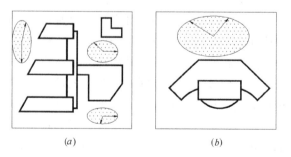

(a)　　　　　　　　(b)

图3-135 绿地脱离整体用地布局

全被动的地位，没有发挥出其在组织空间和功能方面应有的作用。

在总体布局中，绿化配置应在环境构思的指导下进行。从环境的生态性和整体性要求出发，绿化配置应与基地原有自然环境要素或周围绿化景观紧密结合，作为场地绿化景观构思的基础。在没有可利用的自然条件的情况下，需结合项目性质和使用功能要求，从生态效应、环境影响和空间美学出发，确立绿化配置的总体意向。

与工业建筑或其他影响环境的建筑相邻，要考虑卫生防护带；滨水场地需考虑水源涵养绿带或滨水景观带；居住场地需考虑与公共服务设施相结合的公共绿地。活动场地周边、住宅楼周边适当间距栽植落叶、阔叶乔木，可起到夏季遮阳、冬季获得日照的作用；严寒地区在冬季主导风方向设置高大乔木绿带以减弱寒风侵袭，在易产生静风处种植导风林带，促进良好的自然通风条件；在噪声源周围种植高大乔木及灌木，形成植物噪声屏障；住宅、医院等有私密性要求的建筑外部可通过绿化种植形成视线遮挡。同时，结合建筑布局，对场地中植被与水体、植被与地形的结合以及景观视线等予以综合考虑。例如，有的场地以建筑前区的绿化、水景、小品等形成入口景观，有的场地以内部庭园创造安静的休憩空间。

**（二）因地制宜，与场地自然条件相结合**

绿地布置应结合场地自然条件和特点，因地制宜，体现场地环境特色。场地原有环境中的植被、水体、地形等绿化景观元素应尽量利用，有助于保留场地原有自然肌理与特点，减少对原有生态环境的破坏。尽可能利用洼地、坡地或地质不良地带进行绿化，适当加以改造，形成体现场地环境特点的绿化空间。例如，利用流经用地的小河形成绿化"生态链"，利用保留的大树形成主题绿化空间，就是创造场地绿化环境特色的常用方法。场地周边环境中存在的城市绿化（如公园、水体、公共绿地等）或自然山林景观资源，可以充分利用，采用借景、引申和延续等手段，形成场地中的"景观廊道"；这样在加强场地与周边环境有机联系的同时，也形成了场地绿化空间特色。此外，绿地布置应结合地域气候等自然特点，更好地发挥其生态功能，如北方城市利用

绿化的防风沙作用，南方城市考虑遮阳降温等。

**（三）海绵设计，纳入低影响开发系统构建**

绿地是场地中吸纳、滞留雨水的重要组成内容，结合低影响开发的要求进行绿地、低洼地、滨河水系周边空间的生态保护、修复和竖向利用，采用海绵城市相关技术方法设计低影响开发雨水系统，对于内涝防治、面源污染控制及雨水资源化利用具有重要意义。各类低影响开发技术包含若干不同形式的低影响开发设施，主要有透水铺装、绿色屋顶、下沉式绿地、生物滞留设施、渗透塘、渗井、湿塘、雨水湿地、蓄水池、雨水罐、调节塘、调节池、植草沟、渗管/渠、植被缓冲带、初期雨水弃流设施、人工土壤渗滤等。

《海绵城市建设评价标准》GB/T 51345—2018中指出：建筑小区新建项目硬化地面率不宜大于40%；改扩建项目硬化地面率不应大于改造前原有硬化地面率，且不宜大于70%。《海绵城市建设技术指南——低影响开发雨水系统构建（试行）》（以下简称《指南》）中提出，应优化不透水硬化面与绿地空间布局，建筑、广场、道路周边宜布置可消纳径流雨水的绿地。建筑、道路、绿地等竖向设计应有利于径流汇入低影响开发设施。除选择生物滞留设施、雨水罐、渗井等小型、分散的低影响开发设施外，还可结合集中绿地设计渗透塘、湿塘、雨水湿地等相对集中的低影响开发设施，并衔接整体场地竖向与排水设计。

有景观水体的小区，景观水体宜具备雨水调蓄功能，景观水体的规模应根据降雨规律、水面蒸发量、雨水回用量等，通过全年水量平衡分析确定。雨水进入景观水体之前应设置前置塘、植被缓冲带等预处理设施。同时，可采用植草沟转输雨水，以降低径流污染负荷。景观水体宜采用非硬质池底及生态驳岸，为水生动植物提供栖息或生长条件，并通过水生动植物对水体进行净化，必要时可采取人工土壤渗滤等辅助手段对水体进行循环净化。

上述《指南》对于小区绿化有如下要求：

（1）绿地在满足改善生态环境、美化公共空间、为居民提供游憩场地等基本功能的前提下，应结合绿地规模与竖向设计，在绿地内设计可消

纳屋面、路面、广场及停车场径流雨水的低影响开发设施，并通过溢流排放系统与城市雨水管渠系统和超标雨水径流排放系统有效衔接。

（2）道路径流雨水进入绿地内的低影响开发设施前，应利用沉淀池、前置塘等对进入绿地内的径流雨水进行预处理，防止径流雨水对绿地环境造成破坏。

（3）低影响开发设施内植物宜根据水分条件、径流雨水水质等进行选择，宜选择耐盐、耐淹、耐污等能力较强的乡土植物。

总之，应发挥场地建筑、道路、绿地、水系等系统对雨水的吸纳、蓄渗和缓释作用（图3-136），综合运用渗、滞、蓄、净、用、排等多种措施，实现雨水的收集利用，有效控制雨水径流，实现自然积存、自然渗透、自然净化的发展模式。

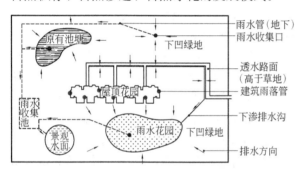

图 3-136　场地雨水收集综合系统示意

（四）形态多样，构成场地绿地系统

各类绿地有其不同的功能和景观效果，场地布局时应尽可能采取集中与分散，重点与一般及点、线、面相结合的方式，丰富绿化形态，增加立体景观层次，结合考虑对景、借景、景观视线的要求，与周边城市绿地连接成一个完整的系统，以发挥绿地的最大效益。

**四、绿化用地确定**

用地确定包括定量和定位两方面的问题，即绿地在总用地中占多大规模，具体布置在何处，与场地其他内容在用地上有何关系。

（一）绿地的整体规模

在确定绿地在场地中的占地规模时，既要考虑自身的用地要求，又要兼顾其他内容之间用地的相互平衡。同时，场地绿地指标应符合当地城乡规划部门的有关规定。

例如，"绿化用地"特指场地内相对独立完整、集中成片布置，并专门用以绿化（或休闲、游憩等活动）的用地，适合于安排室外活动设施，并可供场地内所有使用者共同享用，如旅馆的庭院、学校的植物园地、综合医院小花园、居住场地的小游园和疗养院的室外活动场地等。除用以绿化外，绿化用地内往往还包括一定面积的水面、小型游戏或体育活动场地，以及亭、廊、阁、榭等建筑小品。因其具有室外开放空间和公共使用的特征，有时又被称为公共绿地。

公共绿地是居住建筑场地的重要组成内容，其设置应与居住区的规划组织结构相适应。《城市居住区规划设计标准》GB 50180—2018 在各级生活圈居住区用地控制指标中规定了公共绿地应有的构成比例（表3-12）。新建各级生活圈居住区应配套规划建设公共绿地，并应集中设置具有一定规模，且能开展休闲、体育活动的居住区公园；公共绿地控制指标应符合表3-13的规定。当旧区改建确实无法满足该表的规定时，可采取多点分布以及立体绿化等方式改善居住环境，但人均公共绿地面积不应低于相应控制指标的70％。

**各级生活圈居住区公共绿地构成指标**　　表 3-12

| 住宅建筑平均层数类别 | 居住区公共绿地构成（％） | | |
| --- | --- | --- | --- |
| | 十五分钟生活圈 | 十分钟生活圈 | 五分钟生活圈 |
| 低层（1～3层） | — | 4～5 | 2～3 |
| 多层Ⅰ类（4～6层） | 7～11 | 4～6 | 2～3 |
| 多层Ⅱ类（7～9层） | 9～13 | 6～8 | 3～4 |
| 高层Ⅰ类（10～18层） | 11～16 | 7～10 | 4～5 |

**公共绿地控制指标**　　表 3-13

| 类　别 | 人均公共绿地面积（m²/人） | 居住区公园 | | 备　注 |
| --- | --- | --- | --- | --- |
| | | 最小规模（hm²） | 最小宽度（m） | |
| 十五分钟生活圈居住区 | 2.0 | 5.0 | 80 | 不含十分钟生活圈及以下级居住区的公共绿地指标 |

| 类　别 | 人均公共绿地面积（m²/人） | 居住区公园 | | 备　注 |
|---|---|---|---|---|
| | | 最小规模（hm²） | 最小宽度（m） | |
| 十分钟生活圈居住区 | 1.0 | 1.0 | 50 | 不含五分钟生活圈及以下级居住区的公共绿地指标 |
| 五分钟生活圈居住区 | 1.0 | 0.4 | 30 | 不含居住街坊的绿地指标 |

注：居住区公园中应设置10%～15%的体育活动场地。

场地内各类绿地面积之和与该场地用地面积的比率（%）可用"绿地率"来衡量。《城市居住区规划设计标准》GB 50180—2018 同时规定了居住街坊用地中绿地率的最小值；居住街坊内的绿地应结合住宅建筑布局设置集中绿地和宅旁绿地，新区建设不应低于 0.50m²/人，旧区改建不应低于 0.35m²/人；宽度不应小于 8m；在标准的建筑日照阴影线范围之外的绿地面积不应少于 1/3，其中应设置老年人、儿童活动场地。《城市绿地规划标准》GB/T 51346—2019 规定，城市广场的绿地率宜大于 35%。《铁路旅客车站建筑设计规范》GB 50226—2007（2011 年版）规定，车站广场绿化率不宜小于 10%。

对于其他场地，由于类型多样，各地条件不一，用地具体情况千差万别，难以做出统一规定，场地总体布局时需注意各地规划部门的特殊规定。一般而言，医院、疗养院、度假村、别墅区和文教建筑等场地对绿化环境的要求较高；郊区场地和郊外场地的用地较为宽松，绿地的整体规模也相对大些；反之，在用地紧张的市区场地，绿地在场地中所占比例则相对较小。但从场地总体布局的根本出发点考虑，内容布局应有利于总体形态的平衡和整体环境的优化，因而绿化用地规模的确定也有一个基本原则——在满足有关规范的前提下，进行场地的用地划分时，应保证并尽量扩大绿化用地的整体规模。

保证绿地整体规模的基本手段如下：

第一，在进行用地划分时，将绿化景观设施的布置要求与其他各项内容的布置要求同步进行考虑，在相互平衡中保证其用地规模；同时，也为良好的空间环境设计打下基础。

第二，在考虑其他内容的基本布局组织形式时，尽量选择占地较小的形式，以节约用地，留出更多的用地面积来布置绿化。比如，适当压缩建筑基底的占地面积；交通流线尽量简洁，以减小道路总长；控制地面停车场面积，采用地下停车方式等。

第三，充分利用用地中的边角地块，或在其他内容的组织中穿插布置绿化；如采用将绿化与停车空间穿插布置等方式，可有效提高绿化用地的比例。

（二）绿化用地的位置

从整体上看，绿化用地位于场地内侧、外侧或中央，一定程度上会影响其效用的发挥。一般而言，位置适中，有利于绿地空间的共享。但根据功能组织要求，公共性、开放式的绿地，或靠近场地边界，或邻近主要人流路线，以吸引更多使用者进入其中，使之充分发挥作用；主要供内部使用者利用的集中绿地，布局上一般置于场地内部，强调一定程度的私密和安静，注重围合感和内向性，减少外界的干扰。

从场地中绿地与其他内容的关系来看，主要有相对独立、与建筑结合密切以及与道路相结合这几种情况。

（1）较独立的绿地一般作为集中活动场地、集中景观等，如小区小游园，需在总体布局中作为独立构成要素考虑其位置。在特定的场地中，绿化与景园环境有可能成为主体，建筑等其他内容的布局要符合场地大环境的构思要求，使之融入大环境中（图 3-137）。

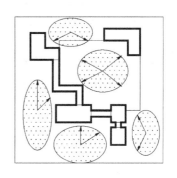

图 3-137　作为场地主体的绿地

（2）与建筑结合密切的绿地主要指使用上或景观上与建筑室内活动联系紧密，如与餐饮、娱乐或阅读等室内空间相邻的庭院空间；房前屋后防风遮阳的绿化带等。前者应结合建筑布局和室外活动场地的布置进行考虑，根据使用功能要求和总体环境构思，使建筑与绿化环境相联系，建筑组成部分与相关外部空间相依托，领域归属关系明确（图3-138）；后者则按生态功能要求布置即可。

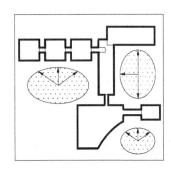

图3-138　室内外交融的绿地

（3）结合道路布置的绿化，对于交通性较强的道路一般以行道树布置为主；对于景观要求较高时，往往将绿化与道路（多是步行道）、广场、环境小品等相结合，创造宜人的休闲空间。

**五、绿化总体风格把握**

在场地设计中，根据功能要求和空间性质，选择绿化布置的形式不同（如规则式、自然式或混合式），表现出来的空间效果也不一样。总体布局中需对场地的绿化风格和环境特色予以把握。例如，自由灵活的布置形式与灵活布置的建筑空间可以相映成趣，而相对规整的绿化形式可以烘托厚重朴实的建筑空间氛围。场地类型对绿化风格的确定具有决定性意义，纪念性场地的绿化布置要求取得庄严肃穆的效果，常用对称式布局或呈几何形态布置；居住类、文化娱乐类场地的绿化布置，为体现轻松自然的环境气氛，多选择不对称甚至自由曲线的形式。此外，在同一场地中，不同的功能分区也可运用不同的绿化形式，从而与各功能区的空间氛围相统一。例如综合性建筑群体场地中，行政办公区绿化采用规则式衬托严谨的气氛，公共服务区绿化以自由式为主。

# 第七节　场地总体布局实例分析

项目名称：西北地区某综合大学新校区总体规划

场地类型：郊区场地、平坦场地、群体建筑场地

**一、规划设计条件**

西北地区某综合大学拟建新校区，校址位于市区以南的某县镇，由东、西两块用地组成，总用地面积为93.4hm²。西侧用地：北侧以环镇南路的道路红线为界，东侧以环镇东路的道路红线为界，南侧以用地界线为界，西侧以邮电路的道路红线为界，用地面积为76.2hm²；东侧用地：北侧以环镇南路的道路红线为界，东侧以周岔路的道路红线为界，南侧以用地界线为界，西侧以环镇东路的道路红线为界，用地面积为17.2hm²。环镇南路的红线宽度为60m，要求建筑后退红线的距离为12m；环镇东路的红线宽度为64m，要求建筑后退红线距离为12m；周岔路的道路红线宽度为36m，要求建筑后退道路红线距离为9m；邮电路的红线宽度为24m，要求建筑后退红线的距离为6m。该城市日照间距取南侧建筑高度的1.35倍。该市的主导风向冬季为西北风，夏季为东南风（图3-139）。

**二、用地现状分析**

**（一）周围环境**

该项目位于某县镇的大学城内，向北距市中心16km。两个地块的形状都很规整。其中，西侧用地东西方向宽约997.4m，南北方向长约827.5m，北邻环镇南路，路北侧为建设预留地，并有一南北向道路通向县镇中心广场；西临邮电路，并与城市公园隔路相望；东临环镇东路，路东侧是校区的东侧用地；南侧是大片农田和少量民居。东侧用地东西方向宽约385.7m，南北方向长约554.5m，北邻环镇南路，路北侧是工业园区；东临周岔路，路东侧是大片农田；西临环镇东路及校区西侧用地；南侧为农田。

**（二）场地内部**

基地的地形平缓，略向西侧倾斜。两块用地均为农耕地，并无制约规划布局的不利因素。邮

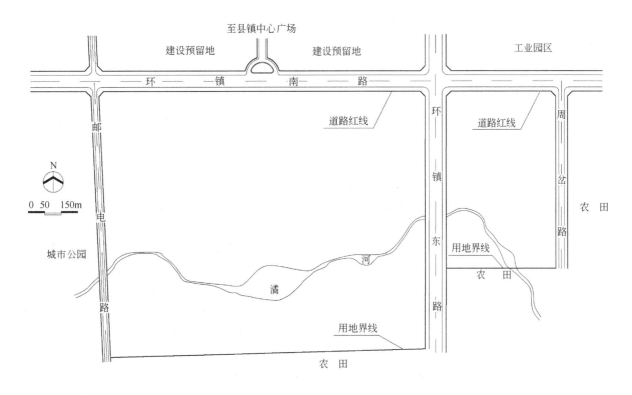

图 3-139　校园用地现状

电路西侧的城市公园将从基地东南角的潏河引入河水，引水的河沟将穿过东、西两块用地。总之，新校址自然条件良好，约束条件少，规划构思可有较大的灵活性。

### 三、场地使用分析

#### （一）工程项目性质

该工程项目的建设性质为新建项目，项目类型是教育类。主要依据的规范及标准有国家四部委制定的《普通高等学校建筑规划面积指标》（1992）及《建筑设计防火规范》GB 50016—2006、《高层民用建筑设计防火规范》GB 50045—95（2005年版）、《民用建筑设计通则》GB 50352—2005、《城市居住区规划设计规范》GB 50180—93（2002年版）等[①]。高等院校是培养高级人才的场所，也是信息交流和人际交往的场所，规划布局与环境设计中应具有相应的品位，以体现其特有的学术氛围，创造优美、典雅的空间环境，提供方便舒适的学习生活条件。一方面要体现理性的秩序感，

总平面布置紧凑，功能分区合理；另一方面要创造充满生机与活力的气氛，单元组合多样化，以体现总体风格的灵活多变。

#### （二）规模

拟定在校本科生人数为 1.5 万。根据校方要求，场地使用功能应满足独立、完整的高校运行机制的需求，包括教学科研、学生生活与教工生活的相关空间与建筑设施，总建筑面积近 57 万 m²。

#### （三）功能内容组成

校园功能内容组成包括教学楼、实验楼、行政办公楼、图书馆、科研楼、体育馆、学生宿舍、学生食堂、教工住宅、公共服务设施等各类建筑物，以及运动场、广场、庭园、停车场等室外空间设施。

#### （四）使用者需求分析

师生是校园内活动的主要人群，应满足他们的教学、学习与生活需要，体现以人为本的思

---

①　该案例规划设计于 2010 年以前，新建项目应符合现行规范和标准，包括教育部组织编制的《普通高等学校建筑面积指标》（建标 191—2018）及《建筑设计防火规范》GB 50016—2014（2018 年版）、《民用建筑设计统一标准》GB 50352—2019、《城市居住区规划设计标准》GB 50180—2018 等。

想。分析高校特有的教学活动规律，即一天之中要多次出现短时间内的集中大量人流的往返活动，总体布局中应以学生活动规律为主线，使学生宿舍区、教学实验区和体育活动区之间的路线尽量直接、便捷。此外，通过空间环境的设计，陶冶情操、启迪思维，也是符合使用者需求的特点之一。

（五）估算各类用房的用地规模及建筑面积

根据《普通高等学校建筑规划面积指标》（1992），查阅校舍规划建筑面积指标中"综合大学"一栏，可知教学楼、图书馆、实验楼、计算机中心、行政办公楼、系行政办公楼、风雨操场、国际文化交流中心、学生宿舍、学生食堂和公共服务设施等 11 项内容的生均建筑面积指标（$m^2$/生）[①]。根据学生规模，便可计算出各类用房的大致建筑面积。再查阅《建筑设计资料集　第 3 分册》（第二版）第 198 页，参考高校校园推荐土地利用定额（$m^2$/生）标准及高校校园推荐分区建筑系数、建筑面积系数标准[②]，可估算出各类用房的用地比例（计算过程略）。

同时，根据校方提出的教工生活区应满足的户数和基本套型要求，估算出所需要的建筑面积，并大致确定高级住宅、普通住宅、教工学生公寓、公共服务设施等各类项目的指标。

**四、规划设计指导思想**

（1）尊重城镇总体规划，并与该县镇大学园区发展相协调，与用地周围环境相协调。

（2）顺应基地的地形及东西两块用地的形态，因地制宜进行布局，适应当地的气候条件。

（3）总体布局应符合现代高校人性化、多元化、开放式、园林化、社会化、网络化和城市化的办学方向，反映百年老校新时期的新特色，体现西北地区的地域性特征。

（4）由于校园的建筑面积将近 57 万 $m^2$，总体布局及单体设计都应考虑分期建设的可能性，使其在分期建设中能逐步形成比较完整的阶段性建筑群，满足不同阶段的教学活动。

（5）大学建设与发展是个动态过程，规划一定要有弹性，应着眼于未来，留有一定的余地，为学校的可持续发展创造条件。

**五、布局结构构思**

由西侧用地环镇南路中间的交叉口处，确定出一条南北方向的主轴线，轴线向北延伸可到达县镇中心广场，与城镇构成有机整体，向南延伸直到用地界限，给校园提供了向南发展的可能性。在校园的中部，确定出一条东西方向的副轴线，将西侧和东侧用地有机地联系起来，主要满足教工上下班需要。在场地分区确定后，为加强学生生活区与教学实验区的联系，又另外确定了一条倾角为 45°的副轴线，满足学生上下课交通联系需要。这两条副轴线是功能轴线，在规划结构中起着举足轻重的作用。此外，在中心区以南确定出一段半环状轴线，连接主轴线和两条副轴线，满足学生晨读和散步的需要。斜轴线与环状轴线打破了方正规则布局产生的呆板效果，为总体布局增添了活力。

**六、场地分区**

结合地块形状和周围城市道路情况，西侧用地用于布置校园，东侧用地用于布置教工生活区。根据功能性质的差异、空间特性的不同和潏河对基地的分隔情况，将西侧用地划分为校前区、中心区、教学实验区、学生生活区和体育活动区五个分区。各分区的具体位置见图 3-140。

各个分区内的情况如下：

（1）校前区布置在地块北侧中部，靠近环镇南路的位置，作为县镇与校园的过渡空间，便于对外联系。

（2）中心区位于整个地块的中心地段，其北侧为校前区，西侧为教学实验区，东侧为体育活动区，东南侧和西南侧为学生生活区，南侧为预留发展用地。

（3）教学实验区位于西侧用地的西北角，其

---

①　现行《普通高等学校建筑面积指标》（建标 191—2018）给出了教室、实验实习用房、图书馆、室内体育用房、校行政办公用房、院系及教师办公用房、师生活动用房、会堂、学生宿舍（公寓）、食堂、单身教师宿舍（公寓）、后勤及附属用房，共计 12 项校舍建筑面积指标（$m^2$/生）。

②　《建筑设计资料集　第 4 分册》（第三版）第 61 页高等院校规模与指标中，不再包含上述标准。

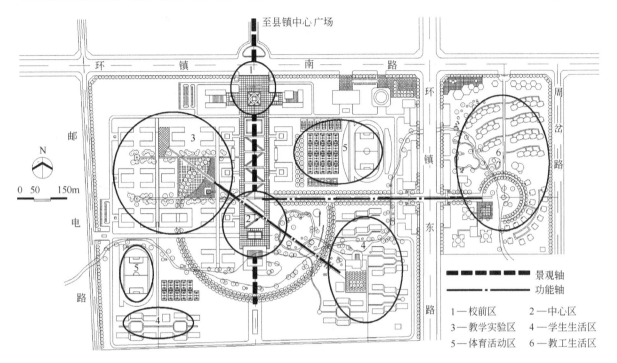

图 3-140　场地分区

东侧为校前区和中心区，南侧为西南片体育活动区。

（4）根据学生规模，学生生活区划分为两个区，分别布置在西侧用地的东南侧和西南侧，东南区的学生人数为9000～10000人，西南区的学生人数为5000～6000人。

（5）主要的体育活动区位于西侧用地的东北角，与环镇南路及环镇东路毗邻，有利于对外开放、资源共享和城市化。另外，在西南片学生生活区北侧，也布置了学生体育活动区，以方便学生就近活动。

（6）总体布局时，在场地四周留出了一定面积的备用地。根据计算，如果本科生人数增加不多，可利用四周空地进行发展，能够保持现有规划的完整性。同时，将介于两个学生生活区之间、中心区以南的用地作为预留发展用地。这样，当教学科研区沿主轴向南发展的时候，学生生活区、教工生活区可并行向南发展，从而保持规划结构的连续性。

### 七、建筑布局

场地分区确定后，在各分区内分别进行建筑布局。考虑到各单体建筑物的功能要求，以及建筑朝向、建筑间距、北方地区气候条件和有关规范要求，建筑物布置以南北向为主，居住建筑日照间距为1.35，教学建筑还需考虑噪声干扰。建筑布局兼顾群体组合方式及外部空间组织（图3-141），各个分区内的建筑布局内容如下：

（一）校前区

该区建筑物包括校行政办公楼、国际文化交流中心和大门。行政办公楼和国际文化交流中心采用基本对称的布置形式，在中轴线上布置校前广场。

（二）中心区

该区建筑物包括科研楼、计算机中心、教学楼和图书馆。在主轴的东西两侧，对称地布置科研楼、计算机中心与部分教学楼，形成校园的内广场。在主轴南端布置图书馆，使其成为校园的视觉中心，其底层部分架空。在图书馆东侧布置

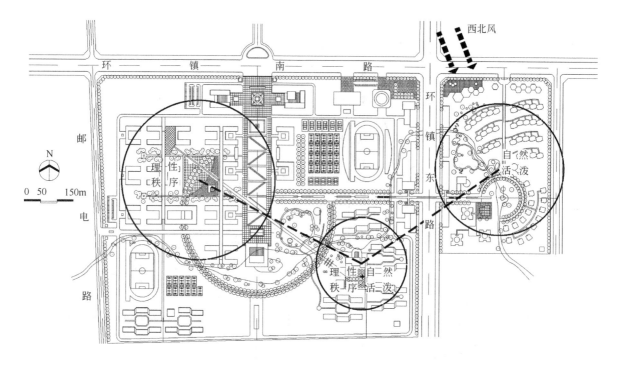

图 3-141　建筑布置

集中绿地——生态园。中心区既是校园的活动中心，也是校园建筑群的构图中心和景观中心。

（三）教学实验区

该区建筑物包括教学楼、实验楼和系行政办公楼。其建筑布置的特点将决定校园的整体风格。总体布局采用富有理性的矩阵式布局，体现现代高等学府特有的空间肌理。教学楼与实验楼分别采用统一的建筑模数、柱网和构件，每两幢构成一组，并用系行政办公楼围合一边，形成一个一侧开敞的内院，并以此为母题，多次重复。各个教学楼和实验楼通过南北向的长廊联成整体，并在本区中心位置围合了一个庭园。教学实验区形成了端庄宁静、典雅清新的文化氛围，有利于师生交往、方便使用，具有地域特征。

（四）学生生活区

该区建筑物包括学生宿舍、学生食堂及学生活动中心。学生宿舍采用两幢一组的组团式布置，中间围合庭院空间，建筑体部通过转折错落取得变化。在西南片与东南片内各设一座学生食堂，东南区内还设置了学生活动中心。

（五）体育活动区

该区建筑物包括游泳馆、体育馆，另有体育场及各种球类运动场地。总体布局将体育馆、游泳馆布置在活动区北侧，在环镇南路上分别设置出入口，便于体育设施对外开放使用。运动场及各球类活动场地则按有关标准规定设置。

（六）教工生活区

该区建筑物包括高级住宅，普通住宅，教工、学生公寓，教工活动中心，幼儿园和公共服务设施用房。地块北侧沿街地段布置高层综合商品楼，有利于周边开发，还可以起到阻挡冬季寒风的作用。建筑物以六边形为母题，错落相连，变化有致。地块北面大片用地为教工住宅区，布置了 7 栋多层住宅，采用行列式布局，并以单元错落拼接方式取得变化。地块西南角布置 3 栋小高层教工、学生公寓，采用集中布置，形成一个组团。地块东南角为高级住宅区，布置了 15 栋低层住宅，以散点式形成自由活泼的形态。在地块中部，结合集中绿地布置教工活动中心和幼儿园，使用方便，环境优美。

168

此外，在环镇东路两侧的临街地段，采用线形分段布置校园的公共服务设施，一方面考虑与城市联系方便，可获得较好的经济效益，也便于为学生及教工服务；另一方面使街景产生一定节奏感。

建筑布局中还考虑了分期建设的可能性，使校园在各建设分期中也能形成比较完整的建筑群组；既不影响景观，又不影响正常的教学活动。第一期建设内容如下：教学区有教学楼、实验楼、计算机中心和图书馆；学生区有东南片北侧的4幢学生宿舍及一座学生食堂；教工生活区有靠近中心庭园的7幢低层住宅、1幢学生公寓和2幢多层住宅。以后，根据需要再不断地由内向外、由北向南建设，逐步形成完整的校园空间。

**八、道路交通组织**

（一）出入口的设置

根据场地位置关系，西侧用地的环镇南路北侧是县镇中心，所以在环镇南路中部布置主入口，在环镇东路和邮电路上分别设次入口。对东侧地块来说，设在环镇东路上的出入口，直接与教学区相联系；设在环镇南路上的出入口，与城市联系较为便捷（图3-142）。

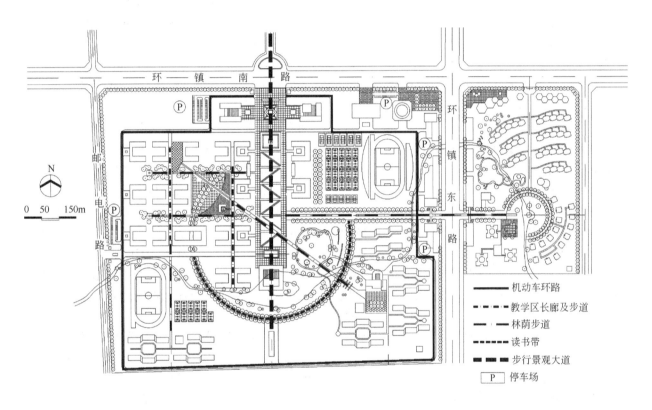

图3-142　道路交通组织

（二）道路系统

西侧地块的设计内容如下：

为保证校园交通整体运作的便捷与安全，建立人车分流的道路系统。由于新校园地处关中平原，地势又很平坦，整个校园建筑布局比较规整；所以，路网也多采用格网式布局。

1．交通性环路

西侧用地中，在教学实验区、学生生活区及体育活动区的外围布置一条9m宽的机动车环路，作为交通性道路，连接各个分区。

在交通性环路外围附近出入口，布置了3个停车场。其中，主出入口停车场的泊位数是80辆，体育馆和游泳馆附近停车场的泊位数是44辆，西入口停车场的泊位数是44辆。

2．步行道路系统

校园内部道路主要为步行道路系统，除了通

行消防及救护车外，禁止其他车辆出入。

在主轴线上，布置一条宽度为100m（与该大学建校百年的纪念意义相呼应）、长度约为500m的步行景观大道——世纪大道，其北端是主入口，南端是图书馆。大道两侧是硬质铺地，中间是绿地，其中点缀纪念石刻、小品、跌水、喷水池和主题雕塑等。

在东西向副轴线上布置了宽度为25m的主干道，联系教工生活区与教学区。该道路与环镇东路采取立体交叉方式。另外，在教学实验区和西南片体育活动区之间，布置了宽度为12m的次干道，连接校园西侧的次入口。

在斜轴线上布置宽度为8m的主干道，从学生生活区庭园起，穿过生态园、世纪大道到达教学实验区庭园为止，设计为步行生态路。

将中心区以南的环状道路设计成宽度为10m的读书带，便于学生晨读和散步。

3. 广场

在校前区大门内布置校前广场，以铺地为主，布置标志性雕塑，形成主入口空间；在游泳馆和体育馆前分别设置了绿化广场。

东侧地块的设计内容如下：

沿东西方向的副轴线，布置宽度为25m的道路连接西入口，至教工生活区中心。在用地中部，布置宽度为8m的南北方向道路，连接环镇南路上的出入口。在教工生活区中心，布置一段宽度为8m的环形道路，连接上述两条主路。各组团再分别由上述三条道路引出宽度为3.5m的支路通向各住宅。

**九、绿化景观组织**

新校园要现代化，环境景观应向园林化与生态化方向发展，园林与建筑物互为背景，互相渗透，共同构建丰富多彩、赏心悦目的生态景观空间。总体布局方案具有典型的地域特征和西北百年老校的文脉特征，其环境、景观及空间的设计也应与之相适应。校园绿化布置形式有以下两种：

（一）线状绿地

利用将潏河从西侧城市公园引入需穿过新校园这一条件，把穿过校园的这一段特意设计成弯弯曲曲的小河流，使其从东往西蜿蜒穿过整个校园，从而构成生态链，在图书馆处形成一片开阔的水面。这条逶迤蜿蜒的生态链，很好地化解了规整的总体布局所带来的呆板。

在西侧用地内，主轴线、副轴线及环状道路的绿化带，沟通了各分区内部绿化，使绿化系统形成有机整体。

在教学实验区内，整个绿化系统采用格网方式镶嵌于建筑物之间。布置在建筑群中的横向绿化带，又可与邮电路西侧城市公园里的绿地互相渗透和补充。交通性环路西侧预留用地可作为绿化带，将教学实验区与邮电路隔开，保证了校园宁静的氛围。

（二）面状绿地

整个校区除建筑群外，布置了大片绿地、小片水面、雕塑、小品、花坛和铺地，具有一定的深度和层次，既是一个完全开放的空间，又具有相应的场所感。各区中分别布置了多个集中面状绿地，如教学实验区庭园位于教学楼、实验楼群的中央围合空间，由铺地与绿化组合，并布置了一座钟塔，作为该区的视觉中心；学生生活区庭园由学生宿舍组团及学生食堂围合，形成学生休息、交往的场所；中心区的生态园以自然式绿地，形成绿草如茵、树荫浓密的生态景观；教工生活区的庭园由一段环状道路围合，水系、铺地与绿化构成亲切宜人的环境。

各种形态、规模的绿化形成了不同风格、不同形式、不同审美特性的多样化园林空间，创造出生机勃勃的高效生态绿色园区，成为观赏与使用并重的环境景观和生态绿化系统（图3-143）。

综上所述，该校园总体布局的结构框架是：一条主轴线，二条副轴线，六个功能分区，一个中心区，一条交通性环路，一条生态链；达到分区明确，布局合理，人车分流，系统清晰的效果，为教学、科研创造了优质、高效的物质环境（图3-144）。

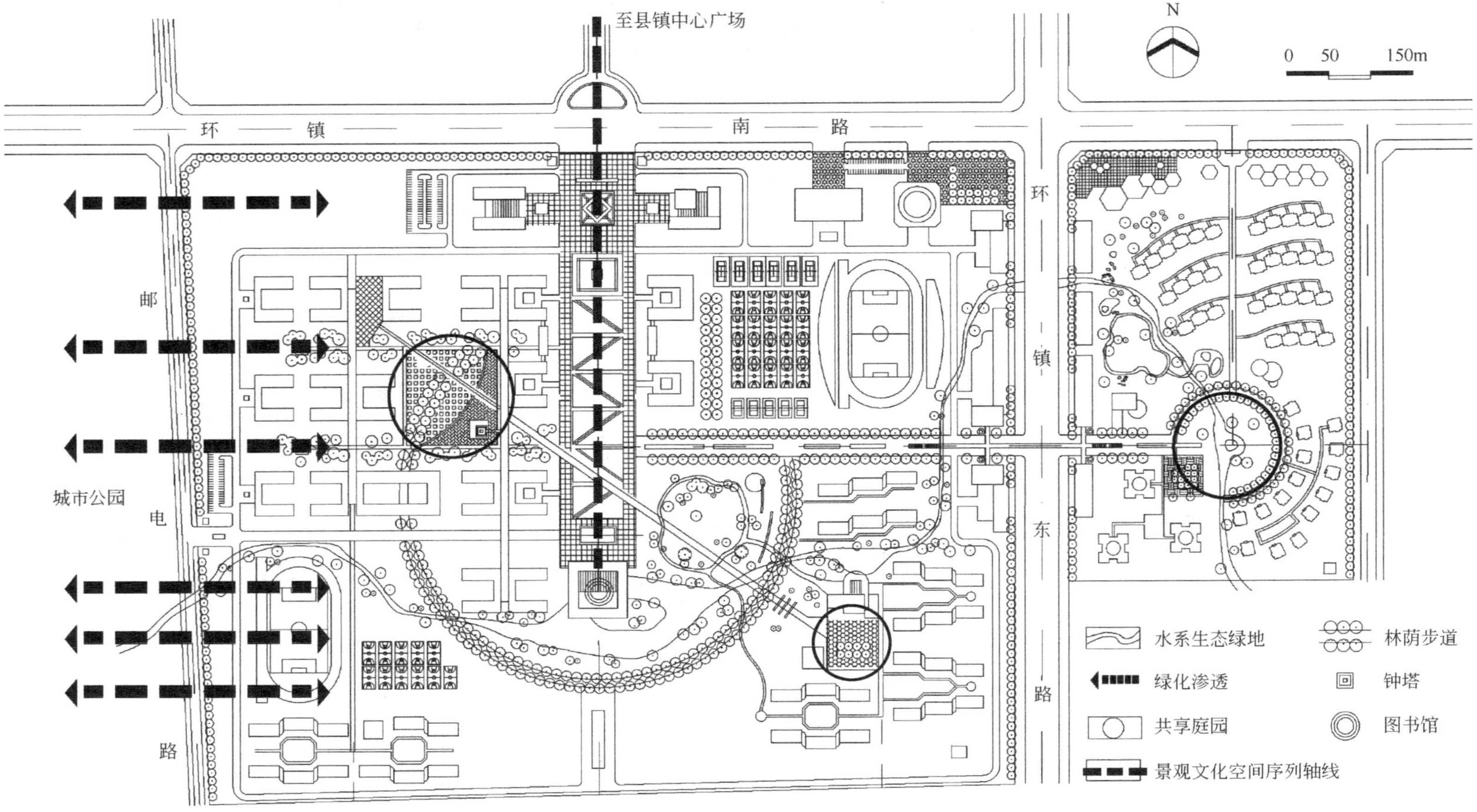

图 3-143　绿化景观组织

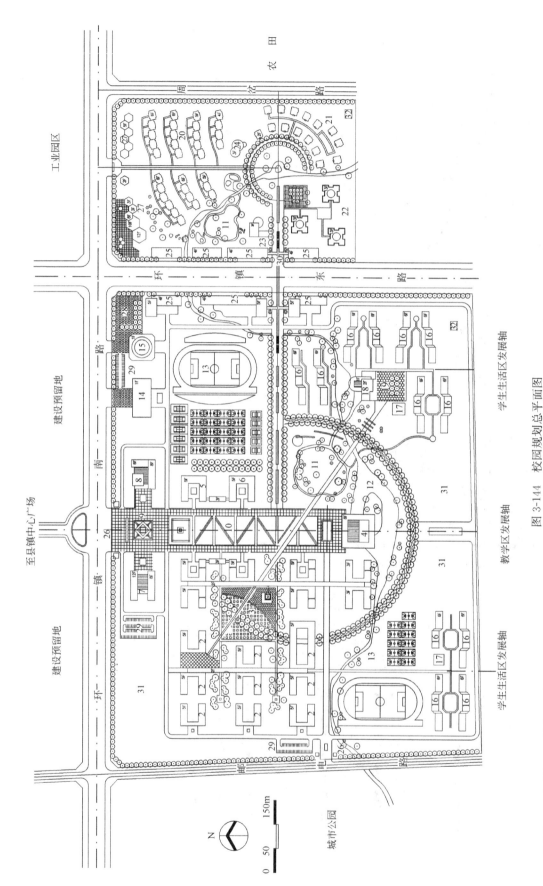

图 3-144　校园规划总平面图

1—教学楼；2—实验楼；3—教学区庭院；4—图书馆；5—科研楼；6—计算机中心；7—行政办公楼；8—国际文化交流中心；9—校前广场；10—世纪大道；11—生态园；12—水系；13—文体活动区；14—游泳馆；15—体育馆；16—学生宿舍；17—学生食堂；18—学生活动中心；19—学生区庭院；20—普通住宅区；21—高级住宅区；22—教工，学生公寓；23—教工活动中心；24—幼儿园；25—公共服务设施；26—校门及传达室；27—综合商品楼；28—绿化广场；29—停车场；30—步行天桥；31—预留发展用地；32—动力中心

## 十、技术经济指标

### （一）用地分配

1. 教学区（西地块）面积：76.18hm²

其中：

教学实验区：26.57hm²

学生生活区：12.48hm²（东南地块）＋3.97hm²（西南地块）＝16.45hm²

体育活动区：9.70 hm²（东北地块）＋5.46hm²（西南地块）＝15.16hm²

校前区：5.51hm²

公共服务设施区：3.36hm²

集中绿地及发展用地：9.13hm²

2. 教工生活区（东地块）面积：17.17hm²

其中：

高级住宅区：3.07hm²

普通住宅区：6.82hm²

教工学生公寓区：2.82hm²

公建区：2.86 hm²

公共绿地区：1.60hm²

3. 总用地面积：93.35 hm²

### （二）主要技术经济指标（表3-14）

主要技术经济指标表　　　　　　　　　　　　　　　　　表3-14

| 地点 | 序号 | 名　称 | 数　量 | 备　注 |
|---|---|---|---|---|
| 西侧用地 | 1 | 总用地面积 | 76.18hm² | |
| | 2 | 总建筑面积 | 36.14hm² | |
| | 3 | 建筑基底总面积 | 9.21hm² | |
| | 4 | 道路、广场总面积 | 10.37hm² | |
| | 5 | 集中绿地总面积 | 9.13hm² | 其中7.13hm²是发展备用地 |
| | 6 | 容积率 | 0.47 | |
| | 7 | 绿地率 | 49.35% | |
| | 8 | 建筑密度 | 12.09% | |
| | 9 | 小汽车停车泊位数 | 168辆 | |
| 东侧用地 | 1 | 总用地面积 | 17.17 hm² | |
| | 2 | 总建筑面积 | 20.76hm² | |
| | 3 | 建筑基底总面积 | 3.96hm² | |
| | 4 | 道路、广场总面积 | 2.23hm² | |
| | 5 | 集中公共绿地总面积 | 1.60hm² | |
| | 6 | 容积率 | 1.21 | |
| | 7 | 绿地率 | 38.62% | |
| | 8 | 建筑密度 | 23.08% | |
| | 9 | 小汽车停车泊位数 | 200辆 | 包括地下停车数量 |

（三）建筑面积明细（表 3-15）

建筑面积明细表　　　　　　　　　　　　　　　　表 3-15

| 地点 | 序号 | 名　称 | 建筑面积(m²) | 备　注 |
|---|---|---|---|---|
| 教学区 | 1 | 教学楼 | 40068.00 | |
| | 2 | 图书馆 | 32277.00 | |
| | 3 | 实验楼 | 86178.00 | |
| | 4 | 计算机中心 | 5088.00 | |
| | 5 | 行政办公楼 | 13197.00 | |
| | 6 | 系行政办公楼 | 19239.00 | |
| | 7 | 体育场地 | 5406.00 | |
| | 8 | 国际文化交流中心 | 3847.60 | |
| | 9 | 学生宿舍 | 103350.00 | |
| | 10 | 学生食堂 | 20670.00 | |
| | 11 | 公共服务设施 | 32047.00 | 在东区还安排了 16289.00 m² |
| | | 小　计 | 361367.60 | |
| 教工生活区 | 1 | 高级住宅 | 15000.00 | 300m²/户 共 50 户 |
| | 2 | 普通住宅 | 112500.00 | 150m²/户 共 750 户 |
| | 3 | 教工学生公寓 | 28080.00 | 60m²/户 共 468 户 |
| | 4 | 公共服务设施 | 16289.00 | |
| | 5 | 其他备用项目 | 35740.84 | |
| | | 小　计 | 207609.84 | |
| | | 合　计 | 568977.44 | |

# 第四章 竖 向 设 计

竖向设计是场地总体布局的一个重要组成部分，关系到场地的安全稳定，也直接影响到空间的组成。竖向设计一般是在总体布局之后进行的。不论平坦场地或坡地场地，都必须给出建、构筑物的设计标高，进行场地排雨水设计，使建筑与地形紧密结合，以便创造出优秀的场地规划布局和建筑设计。当然，在坡地场地设计中，因地形、地质较复杂，支挡构筑物和排水构筑物多，竖向设计不仅难度较大，而且关系到方案的可行性与场地开拓的经济性；所以，竖向设计的重要性更为突出。

## 第一节 竖向设计概述

### 一、竖向设计概念

竖向设计（或称垂直设计、竖向布置）是对基地的自然地形及建、构筑物进行垂直方向的高程（标高）设计；既要满足使用要求，又要满足经济、安全和景观等方面的要求。

### 二、竖向设计的基本任务

竖向设计的基本任务是利用和改造建设用地的原有地形，具体包括以下几方面：

（1）选择场地的竖向布置形式，进行场地地面的竖向设计。

（2）确定建筑物室内外地坪标高，构筑物关键部位（如地下建筑的顶板）的标高，广场和活动场地的设计标高，场地内道路标高和坡度。

（3）组织地面排水系统，保证地面排水通畅，不积水。

（4）安排场地的土方工程；计算土石方填、挖方量，使土方总量最小，填、挖方接近平衡；未平衡时协助业主选定取土或弃土地点。

（5）进行有关工程构筑物（挡土墙、边坡）与排水构筑物（排水沟、排洪沟、截洪沟等）的具体设计。

### 三、竖向设计的原则

竖向设计不是平整土地、改造地形的简单过程，而是为了使场地各要素的布置在布局上合理、高程上协调、平面上和谐，以获得最大的社会、经济和环境效益为目的的。竖向设计应贯彻国家提出的"安全、适用、经济、美观"的基本建设方针。

#### （一）安全

竖向设计要充分考虑地形、地质和水文的影响，避免不良地质构造的不利影响，采取适当的防护工程。丘陵和山地项目，挖、填方工程应防止产生滑坡或塌方，并应注意保护山坡植被，应避免造成水土流失。

当进行坡地场地、滨水场地设计时，应特别重视防洪、排涝，慎重地确定防洪标准和防洪措施，以保证场地不受洪水淹没。

应充分利用和保护自然的排水系统，场地雨水应尽可能自然下渗、收集、再利用；同时，满足场地的使用功能，及时排除雨水。建设场地应有完整、有效的雨水排水系统，重力自流管线应尽量满足自然排放要求，保证场地雨水能顺利排除，且与周边现有或规划道路的排水设施等的标高相适应。

#### （二）适用

要按照建、构筑物的使用功能要求，合理安排其位置，使建、构筑物间交通联系方便、简捷、通畅，并满足消防、防洪、排涝、交通运输、管线敷设的要求，符合各项技术规程、规范的要求，保证工程建设与使用期间的稳定和安全。

#### （三）经济

尊重原始地形地貌，发挥山、水、林、田、湖等原始地形地貌对降雨的积存作用；合理利用地形，对地形的改造必须从实际出发，因地制宜，因势利导。改造地形时，应尽可能减少土石方工程量，减少建、构筑物基础、护坡和挡土墙等的工程量；并力求填、挖方就近平衡，运距最短，从而降低工程造价。

土石方与防护工程是竖向设计方案是否合理、经济的重要评判指标；因此，需多方案比较。以较优的竖向设计方案来最大限度地减少竖向工程量（包括土石方、合理运距和防护工程量等），是节约建设资金的重要手段与方法。

**（四）美观**

保护生态环境、丰富环境景观、保护历史文化遗产和特色风貌，是竖向设计的基本出发点。改造地形时应考虑建筑物的布置及空间效果，符合景观环境塑造的要求，尽可能保护场地原有的生态条件和原有风貌，体现不同场地的个性与特色。

**四、竖向设计应有的基础资料**

设计人员应通过业主提供、购买、调研或查证等方法收集以下有关基础资料：

1. 现状地形图

1：500 或 1：1000 建设场地现状地形图。在考虑场地防洪时，为统计径流汇水面积，需要1：2000～1：10000 的地形图。

2. 总平面布置图及道路布置图

必须准确地掌握场地内建、构筑物的总平面布置图及道路布置图；当有单独的场地道路时，该道路的平面图、横断面图及纵断面等设计条件也必须掌握。

3. 地质条件和水文资料

了解建设场地土壤与岩石层的分布、地质构造和标高等；不良地质现象的位置、范围，对场地影响的程度；场地所在地区的暴雨强度、场地所在地洪水位及防洪、排涝状况、洪水淹没范围。

4. 地下管线的情况

了解各种地下管线，包括给水、污水、雨水、电力、电信、燃气和热力等的埋设深度、走向及范围，场地接入点的方向、位置、标高，重力管线的坡度限制与坡向等。

5. 填土土源和弃土地点

不在场地内部进行挖、填土方量平衡的场地，填土量大的要确定取土土源，挖土量大的应寻找余土的弃土地点。

**五、竖向设计的一般步骤**

建设场地的地形有时候不需要进行平整，就能够满足使用要求，如大多数位于城市市区的平坦场地中的基地；有时候需要进行平整，经过地形设计后才便于使用，如位于城市郊区和郊外的一些平坦场地的基地及大多数坡地场地中的基地。相应的竖向设计步骤有显著的不同。

**（一）不进行场地平整时**

对于不进行场地平整的基地，竖向设计的一般步骤是：

1. 确定道路及室外设施的竖向设计

道路及室外设施（如室外活动场地、广场、停车场、绿地等）的竖向设计，按地形、排水及交通要求，定出主要控制点（交叉点、转折点、变坡点）的设计标高，并应与四周道路高程相衔接。根据技术规定和规范要求，确定道路合理的坡度与坡长。

2. 确定建筑物室内、外设计标高

根据地形的竖向处理方案和建筑的使用、经济、排水、防洪、美观等要求，合理考虑建筑、道路及室外场地之间的高差关系，具体确定建筑物的室内地坪标高及室外设计标高等。

3. 确定场地排雨水

首先根据建筑群布置及场地内排水组织的要求，确定排水方向，划分排水分区，定出地面排水的组织计划。应保证场地雨水不得向周围场地排泄，即让场地内的雨水有组织的排放。正确处理设计地面与散水坡、道路、排水沟等高程控制点的关系；对于场地内的排水沟，也需要进行结构选型。

**（二）进行场地平整时**

对于要进行场地平整的场地，在开展上述三项竖向设计内容之前，一般先要进行以下步骤：

1. 确定地形的竖向处理方案

根据场地内建、构筑物布置，排水及交通组织的要求，具体考虑地形的竖向处理，并明确表达出设计地面的情况。设计地面应尽可能接近自然地面，以减少土方量；其坡向要求能迅速排除地面雨水；选择设计地面与自然地面的衔接形式，保证场地内外地面衔接处的安全和稳定。在山谷地段开发建设时，如果设置了排洪沟，需进行相应的平面布置、竖向布置和结构设计。

2.计算土方量

针对具体的竖向处理方案，计算土方量。若土方量过大，或者填、挖方不平衡且土源缺乏（或弃土困难），又或者超过技术经济要求时，则需调整设计地面标高，使土方量接近平衡。

3.进行支挡构筑物的竖向设计

对于支挡构筑物包括边坡、挡土墙和台阶等，需进行平面布置和竖向设计。

为防止坡面形成的"山洪"对建筑物的冲刷，应进行截洪沟设计，以确保场地的稳定和安全。

## 第二节 平坦场地的竖向布置

平坦场地的地形有时候不需要进行场地平整，就能够满足使用要求；有时候需要进行场地平整，经过地形设计后才便于使用。如果平坦场地的地形需要进行处理才能使用，就必须先设计地面，然后再进行其他方面的竖向设计。

### 一、设计地面

设计地面（或整平面）是将自然地形加以适当整平，使其成为满足使用要求和建筑布置的平整地面。平坦场地设计地面的竖向布置形式通常称为平坡式（图4-1），一般适用于平坡、缓坡坡地，可使建筑物垂直于等高线布置在坡度小于10%的坡地上，或平行等高线布置于坡度为12%～20%的坡地上。各个整平面之间以平缓的坡度连接，无显著的高差变化。平坡式的几何要素见图4-2。

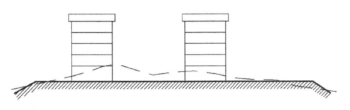

图 4-1 平坡式竖向布置

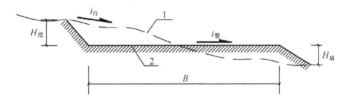

图 4-2 平坡式的几何要素
1—自然地面；2—设计地面

（一）设计地面的形式

设计地面的形式由地形的变化趋势及坡度值大小确定。如果自然地形是单向斜坡，地形坡度值较为接近，可以设计一个设计地面[图4-3(a)、(b)]；如果地形有起伏变化，可能设计成双坡[图4-3 (c)]或多坡[图4-3 (d)]。设计地面必须与地形的排水方向一致，这样可以节约土方量，利于场地排水。同一个地形可以设计成单坡、双坡或多坡，因此而形成的竖向布置将有所不同。

（二）设计地面的坡度

为使建、构筑物周围的雨水能顺利排除，又不至于冲刷地面，场地平整坡度应根据当地暴雨

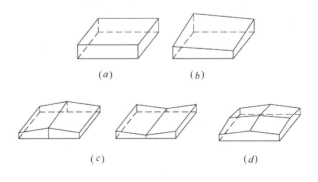

图 4-3 设计地面的形式
(a)水平型；(b)单坡型；(c)双坡型；(d)多坡型

强度、本场地的地面构造形式和采用地面材料的不同而确定。对降雨量大的地区，坡度要稍大

些，以便于雨水尽快排除。一般坡度为0.5%，最小坡度为0.3%，最大坡度为6%。力求各种场地设计标高适合雨水、污水的排水组织和使用要求，避免出现凹地。

（三）设计地面的标高

设计地面的标高是指经过场地平整形成的设计地面的控制性高程。在滨水场地、坡地场地和地质条件复杂时，或需要围海造地时，场地设计标高往往决定了工程造价，设计上要慎重对待。当有控制性详细规划时，设计地面的标高应采用其竖向规划标高；否则，应在方案设计时综合分析下列因素，推算出设计地面的标高。

1. 防洪、排涝

《民用建筑设计统一标准》GB 50352—2019规定：场地设计标高不应低于城市的设计防洪、防涝水位标高；沿江、河、湖、海岸或受洪水、潮水泛滥威胁的地区，除设有可靠防洪堤、坝的城市与街区外，场地设计标高不应低于设计洪水位0.5m，否则应采取相应的防洪措施，如图4-4所示。设计洪水位视建设项目的规模、使用年限而定。有内涝威胁的用地应采取可靠的防、排内涝水措施，否则其场地设计标高不应低于内涝水位0.5m。

建筑场地应尽可能避免下沉式广场、下穿式

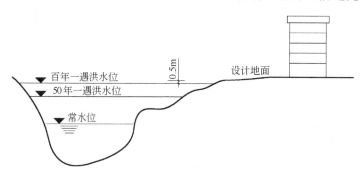

图4-4 滨水场地设计地面的要求

道路、下穿式建筑入口及庭院所带来的必须用提升泵排水的问题；避免造成积水风险，避免浪费资源。

2. 土石方工程量

当基地的自然坡度小于5%时，宜采用平坡式布置方式。地形起伏变化不大时，可以根据设计范围内的自然地面标高的平均值初步确定设计地面的标高（图4-5）。

当基地自然坡度大于8%时，宜采用台阶式布置方式，台地连接处应设挡土墙或护坡。面积较大或地形较复杂的基地，建筑布局应充分利用地形，适当加大设计地面的坡度，反复调整设计地面标高，使设计地面标高尽可能与自然地面标高接近，两者形成的高差较小才能减少土石方、支挡构筑物和建筑基础的工程量，并使基地内填挖方量接近平衡（图4-6）。

3. 城市下水管线接入点标高

场地设计标高宜比周边城市市政道路的最低路段标高高0.2m以上；当市政道路标高高于基

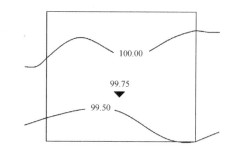

图4-5 地形起伏较小时（单位：m）

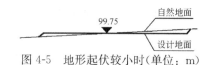

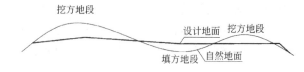

图4-6 地形起伏较大时

地标高时，应有防止客水进入基地的措施。

面积较大的平坦场地，由于地势平坦，重力

自流管线又需要有纵坡的关系，场地雨水和污水排水口的标高可能比较低，如果低于城市下水井接入点的标高，场地的雨水和污水就不能顺利排除。这时，城市下水管线的接入点标高就成为制约设计地面标高的一个因素。设计地面标高的确定应使建、构筑物和工程管线有适宜的（防冰冻和防机械损伤）埋设深度（图4-7）。

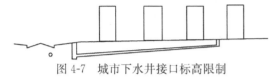

图4-7 城市下水井接口标高限制

### 4. 地下水位高低

场地设计标高应高于多年最高地下水位。地下水较高的地段不宜挖方，以减少处理地下水位造成的防水施工费用；地下水较低的地段，可考虑适当挖方，以获得较高的地耐力，减少基础埋深。

### 5. 环境景观要求

在场地平整中，应根据环境景观的不同要求采取不同措施。如文物保护项目中，文物地理位置及标高较高者，就应以文物为主，决定其标高。而将次要的或新建的项目置于低处或隐蔽处（图4-8）。在风景名胜区中，场地标高的确定则是以烘托风景名胜为出发点，应按此要求确定有关标高。对于场地内个别古树、古迹，则应以保护为原则，保持其原貌，而将其余场地作一些处理。

图4-8 某景区下沉式停车场

### （四）设计地面与自然地面的连接

竖向设计时，场地与周围环境的有机结合表现在设计地面与自然地面的连接处理上；这种处理是否得当，不仅关系到场地的景观效果，而且关系到场地的安全与稳定。因为将自然地面整平为设计地面后，其周围与自然地形衔接处就会出现一定的高差，为保持土体或岩石的稳定，就要处理好设计地面与自然地面的连接，其常用的处理方法是设置边坡或挡土墙。

#### 1. 边坡

边坡是一段连续的斜坡面。为了保证土体和岩石的稳定，斜坡面必须具有稳定的坡度，称为边坡坡度，一般用高宽比表示（图4-9）。其数值根据地质勘察报告的推荐值选用，或参照表4-1～表4-3确定。边坡坡度的大小决定了边坡的占地宽度和切坡的工程量。

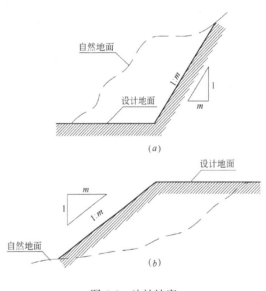

图 4-9 边坡坡度
(a)挖方边坡；(b)填方边坡

挖方土质边坡坡度允许值　　　　　　　　　　　　　表 4-1

| 土的类别 | 密实度或状态 | 坡度允许值（高宽比） | |
| --- | --- | --- | --- |
| | | $H<5m$ | $5m\leqslant H<10m$ |
| 碎石土 | 密实 | 1：0.35～1：0.50 | 1：0.50～1：0.75 |
| | 中密 | 1：0.50～1：0.75 | 1：0.75～1：1.00 |
| | 稍密 | 1：0.75～1：1.00 | 1：1.00～1：1.25 |
| 黏性土 | 坚硬 | 1：0.75～1：1.00 | 1：1.00～1：1.25 |
| | 硬塑 | 1：1.00～1：1.25 | 1：1.25～1：1.50 |

注：1. 摘自《工业企业总平面设计规范》GB 50187—2012；
　　2. 表中碎石土的充填物为坚硬或硬塑状态的黏性土；
　　3. 对砂土或充填物为砂土的碎石土，其边坡坡度允许值均按自然休止角确定。

岩石边坡坡度允许值

表 4-2

| 边坡岩体类型 | 风化程度 | 坡度允许值（高宽比） | | |
|---|---|---|---|---|
| | | $H<8m$ | $8m\leqslant H<15m$ | $15m\leqslant H<25m$ |
| Ⅰ类 | 微风化 | 1：0.00～1：0.10 | 1：0.10～1：0.15 | 1：0.15～1：0.25 |
| | 中等风化 | 1：0.10～1：0.15 | 1：0.15～1：0.25 | 1：0.25～1：0.35 |
| Ⅱ类 | 微风化 | 1：0.10～1：0.15 | 1：0.15～1：0.25 | 1：0.25～1：0.35 |
| | 中等风化 | 1：0.15～1：0.25 | 1：0.25～1：0.35 | 1：0.35～1：0.50 |
| Ⅲ类 | 微风化 | 1：0.25～1：0.35 | 1：0.35～1：0.50 | — |
| | 中等风化 | 1：0.35～1：0.50 | 1：0.50～1：0.75 | — |
| Ⅳ类 | 中等风化 | 1：0.50～1：0.75 | 1：0.75～1：1.00 | — |
| | 强风化 | 1：0.75～1：1.00 | — | — |

注：1. 摘自《工业企业总平面设计规范》GB 50187—2012；

2. Ⅳ类强风化包括各类风化程度的极软岩；

3. 表中 $H$ 为边坡高度。

填方边坡坡度允许值

表 4-3

| 填料类别 | 边坡最大高度（m） | | | 边坡坡度（高宽比） | | |
|---|---|---|---|---|---|---|
| | 全部高度 | 上部高度 | 下部高度 | 全部坡度 | 上部坡度 | 下部坡度 |
| 黏性土 | 20 | 8 | 12 | — | 1：1.5 | 1：1.75 |
| 砾石土、粗砂、中砂 | 12 | — | — | 1：1.5 | — | — |
| 碎石土、卵石土 | 20 | 12 | 8 | — | 1：1.5 | 1：1.75 |
| 不易风化的石块 | 8 | — | — | 1：1.3 | — | — |
| | 20 | — | — | 1：1.5 | — | — |

注：1. 摘自《工业企业总平面设计规范》GB 50187—2012；

2. 用大于25cm的石块填筑的路堤，且边坡采用干砌者，其边坡坡度应根据具体情况确定；

3. 在地面横坡陡于1：1.5的山坡上填方时，应将原地面挖成台阶，台阶宽度不宜小于1m。

在表 4-3 中，当填料为黏性土时填方边坡度与高度的关系如图 4-10 所示。

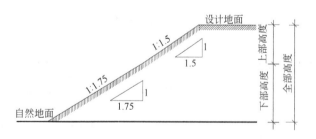

图 4-10　填方边坡坡度与高度的关系

对于处于自然状态的悬崖、陡坡的土壤，由于坡度较大、土质疏松，土壤易受雨水冲刷而坍落，为此，对此类边坡应进行防护、加固。对于易风化的、有裂缝的边坡，也要采取加固防护措施。常用的边坡防护、加固措施，见表 4-4；应根据当地的自然条件、常用材料与习惯做法，以及场地的具体情况进行选用。

2. 挡土墙

当设计地面与自然地形之间有一定高差时，切坡后的陡坎，或处在不良地质处，或易受水流冲刷而坍塌，或有滑动可能的边坡，当采用一般铺砌护坡不能满足防护要求时，或用地受限制的地段，宜设置挡土墙。

挡土墙的基本类型有重力式、薄壁式、锚固式、垛式和加筋式，见图 4-11。高度在 5m 以下常用重力式挡土墙，其结构一般由结构专业设计。

护坡类型及加固措施                                    表 4-4

| 序号 | 类型 | 做法 | 适用条件 | 材料及施工要求 |
|---|---|---|---|---|
| 1 | 植被处理 | 种草 | 边坡较缓和不高，坡度 1：1.5 | 草籽适合土壤情况及气象条件 |
| 2 | | 铺草皮 | 边坡较陡和较高 | 草皮新鲜，密实带有茂密矮草 |
| 3 | | 植树 | 最好在 1：1.5 或更缓 | 树种选择应结合场地绿化设计统一考虑 |
| 4 | 生态护坡 | 三维植被网 | 植物难于生长的土质边坡和强风化软质岩石边坡，边坡坡率应缓于 1：0.75 | 边坡每级坡高不大于 8m |
| 5 | | 挖沟植草 | 易于人工开挖的软质岩石路堑边坡，边坡坡率应缓于 1：0.75 | |
| 6 | | 土工格室植草 | 人工开挖困难的岩石路堑边坡，边坡坡率应缓于 1：0.75 | |
| 7 | 骨架植物护坡 | 浆砌片石骨架 | 边坡坡率缓于 1：0.75 的土质和全风化岩石边坡，当坡面受雨水冲刷严重或潮湿时，边坡坡率应缓于 1：1 | 骨架网格内应采用植物或其他辅助防护措施，降雨量较大且集中的地区，骨架宜做成截水沟型 |
| 8 | | 水泥混凝土空心块 | 边坡坡率缓于 1：0.75 的土质边坡和全风化、强风化的岩石路堑边坡 | 用于多级边坡防护时，应设置浆砌片石或混凝土骨架，空心预制块内应填充种植土，并喷射植草 |
| 9 | 表面喷抹 | 抹面 | 用于易于风化但不易剥落的较完整的岩石边坡 | 石灰炉渣混合砂浆；石灰炉渣三合土 |
| 10 | | 喷浆 | 用于易风化的较完整的岩石边坡 | 水泥浆、水泥石灰浆、水泥砂浆、水泥石灰砂浆 |
| 11 | | 勾缝 | 较坚硬的、不易风化的，裂缝多而细的岩石边坡 | 水泥砂浆、水泥石灰砂浆 |
| 12 | | 灌浆 | 较坚硬的，裂缝较大较深的岩石边坡 | 水泥砂浆，缝很宽时用混凝土 |
| 13 | 护墙 | 护墙 | 边坡较陡，易受风化作用而破坏；节理发达和不宜冲刷的较破碎的岩石边坡 | 坚硬、不易风化的块石砌筑 |
| 14 | | 干砌片石护坡 | 边坡较缓 | 坚硬、耐冻、未风化的石块 |
| 15 | | 浆砌片石护坡 | 一般边坡较缓，流速较大受冲刷的边坡 | 留伸缩缝、泄水孔 |

注：1. 摘自《建筑设计资料集　第 1 分册　建筑总论》（第三版）；
2. 护坡类型还包括锚杆框架护坡、柔性防护网护坡等；
3. 护坡类型应和周围环境相协调；
4. 护坡形式的选择要综合考虑当地气候、水文地质、工程地质、边坡高度、环境条件、施工条件、材料来源以及工期等因素。

挡土墙的材质根据环境要求而定，可以采用混凝土，也可以采用当地的石材，较矮的挡土墙还可以用砖砌。材质不同，表面处理方式不同，会产生不同的景观效果。

综上所述，边坡和挡土墙均能保持土体或岩石的稳定。相对来说，边坡占地较大，而挡土墙占地较小。当征地面积有限时，为争取较大的使用面积，可以优先选用挡土墙；边坡造价低而挡土墙造价高，使用挡土墙的场地开拓费用较高；挡土墙的稳定性比边坡更好，能确保场地的安全。在风景区等注重自然景观效果的场地里应优先采用边坡，而尽量不用挡土墙。在总体布局时，必须做出选择，并进行相应的概算。同时，应结合场地景观设计，尽可能使边坡或挡土墙等构筑物的布置设计具有一定的艺术性。

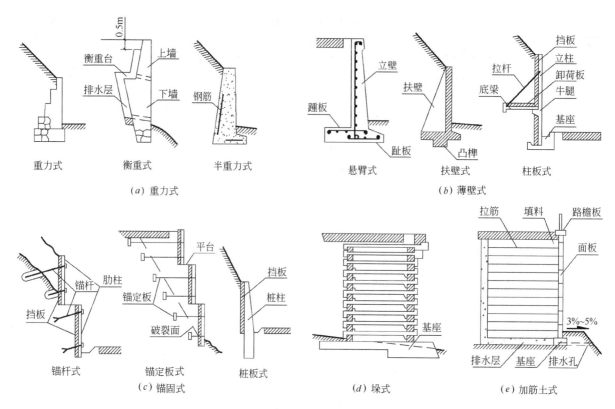

图 4-11　挡土墙的基本类型

（五）建筑物与边坡或挡土墙的距离要求

设计地面至少要能满足建设项目的使用和所有设施的布置，在用边坡或挡土墙时还要保证边坡或挡土墙与建筑物的结构安全距离。因建筑物与边坡或挡土墙的位置关系不同，处理方式与要求也不一样，一般有以下两种类型：

1. 建、构筑物位于边坡或挡土墙顶部地面

此类型的场地边坡或挡土墙除应满足建、构筑物及附属设施、道路、管线和绿化等所需用地的要求，并考虑施工和安装的需要外，重点是防止基础侧压力对边坡的影响。

位于稳定边坡坡顶上的建、构筑物，基础与边坡坡顶的关系见图 4-12。

建筑物基础侧压力对边坡或挡土墙的影响距离 $L$ 可按下式计算：

$$L = \frac{H-h}{\tan\phi} \tag{4-1}$$

式中　$H$——台阶高度（m）；

　　　$h$——基础埋深（m）；

　　　$\phi$——土壤内摩擦角（°）。

当建筑物基础宽度小于 3m 时，其基础底面

外边缘至坡顶的水平距离 $S$，按下式计算，其值不得小于 2.5m。

条形基础：$S \geqslant 3.5b - \dfrac{h}{\tan\alpha} \tag{4-2}$

矩形基础：$S \geqslant 2.5b - \dfrac{h}{\tan\alpha} \tag{4-3}$

式中　$b$——基础底面宽度（m）；

　　　$h$——基础埋置深度（m）；

　　　$\alpha$——边坡倾角（°）。

当边坡倾角大于 45°、高度大于 8m 时，尚应进行坡体稳定验算。

建筑物基础设在原土层上，且边坡是稳定的，则建筑物外墙距边坡顶的距离 $S$ 大于散水坡宽度 $S_1$ 即可（图 4-13）。

设置挡土墙后，有利于地形坡面结构稳定，可以大大缩小建筑与地形坡顶或坡脚的距离，建筑的间距也可以适当减小。

当场地高差不大（一般小于或等于 2m），建筑物设在挡土墙上时，间距无要求（图 4-14）。挡土墙可作为基础使用，这样有利于土地利用，但临空挡土墙一侧应有安全防护设施。

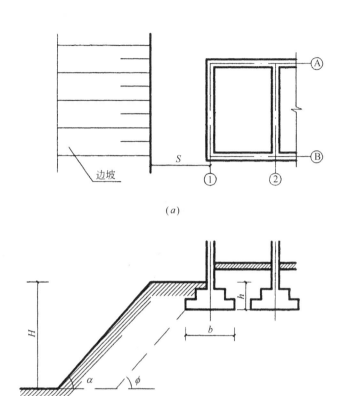

图 4-12 基础与边坡坡顶的关系(单位：m)

(a)平面图；(b)断面图

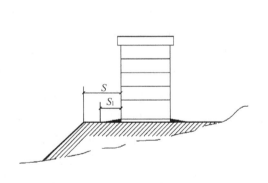

图 4-13 基础设在原土层上

$S_1$—散水坡宽度，一般为 0.8~1.5m，湿陷性
黄土地区要求较大

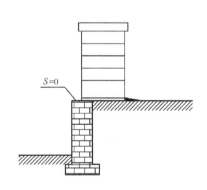

图 4-14 基础与挡土墙的关系

2. 建、构筑物位于边坡或挡土墙底部地面

建、构筑物的位置一般要离开边坡或挡土墙底部一定距离。这一距离除满足建、构筑物及附属设施、道路、管线和绿化等所需用地；施工和安装的需要；防止基础侧压力对边坡的影响要求外，尚应满足采光、通风、排水及开挖基槽对边坡或挡土墙的稳定性要求，见图 4-15。

建筑物外墙距边坡底部的距离 $S$ 可按下式

183

计算：

$$S = S_1 + S_2 + S_3 + S_4 \tag{4-4}$$

式中 $S$——最小宽度(m)，不小于3m，困难时不小于2.5m；

$S_1$——散水坡宽度(m)，一般为0.8~1.5m，湿陷性黄土散水要求较大；

$S_2$——根据埋设管线、采光、通风、运输、消防、绿化及施工要求决定；

$S_3$——排水沟宽度(m)，一般为0.6~1.5m；

$S_4$——护坡道宽度(m)。边坡土质如果为不易风化岩石、护坡高度 $h<2m$ 或加固边坡时，$S_4$ 可不设；边坡土质如果为砂土、黄土或易风化岩石时，$S_4$ 为0.5~1.0m。

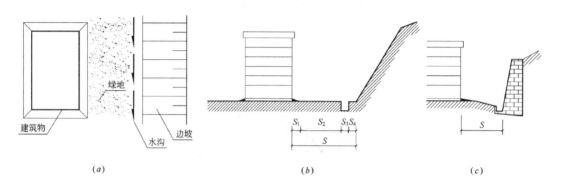

图 4-15 建筑物与坡脚的关系

(a)平面图；(b)断面图；(c)挡土墙与排水沟合一

当边坡进行铺砌防护时，或边坡为不易风化岩石类土时，如果不考虑 $S_2$ 的宽度，边坡为一般土壤时，$S \geqslant 3m$；为岩石类土壤时，$S \geqslant 2m$；为湿陷性黄土时，$S \geqslant 5m$（图4-16）。

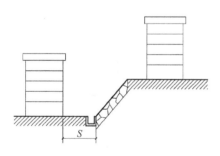

图 4-16 建筑物与铺砌边坡的关系

综上所述，不论是边坡或挡土墙，其本身都会占用一定的土地，总体布局时必须保证其位于征地范围内。另外，要注意使建筑物距离边坡或挡土墙一段距离，以保证场地的安全。这样，征地范围扣除边坡或挡土墙的占地面积后，再扣除建筑物与边坡或挡土墙的距离，才是建筑物可以布置的范围。

【例4-1】 已知某景区场地需要的设计地面为 abcd（图4-17），假设设计地面为水平面且设计标高为28m，土质为一般黏性土，等高距为1m。试确定场地可能的实际占地面积，并确定可布置建筑物的范围。

【解】

【步骤1】 求场地各角点边坡占地水平宽度

由设计地面标高28m，找出设计地面内标高为28m的等高线 ef（图4-18）。其北侧的范围 edcf 的自然地形标高均大于28m，所以为挖方区。南侧的范围 eabf 的自然地形标高小于28m，所以为填方区。dc 内 g 点自然地形的标高最高，在 dg 和 gc 内标高基本上均匀变化，其余部分（ea、ab、bf）的地形也如此。查表4-1，坡高在5m以内时，黏性土的挖方边坡坡度为1:1；查表4-3，坡高8m以内时，一般黏性土的填方边坡坡度为1:1.5。根据 a、b、c、d 和 g 点设计标高和各点与其自然标高的高差，求出各点处边坡占地宽度。

【步骤2】 绘制填方、挖方边坡

根据上表各点的边坡占地宽度，按照图例绘出填方边坡的坡脚线、挖方边坡的坡顶线。由此可见，场地的实际占地面积除 abcd 以外，还包括了全部的边坡占地（图4-18）。

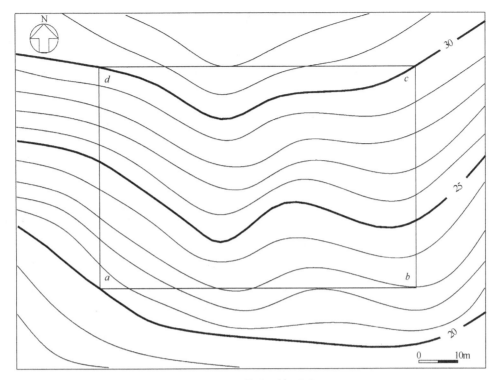

图 4-17　某基地地形图

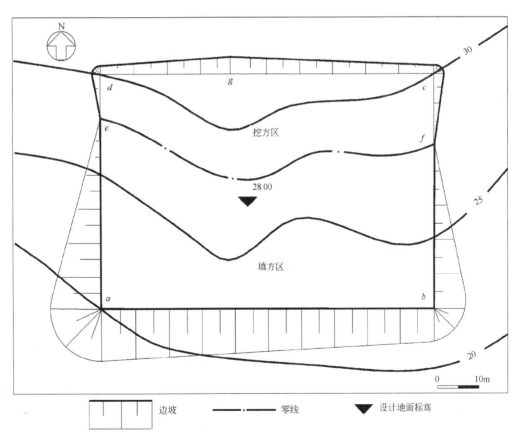

| 边坡 | ——·——· 零线 | ▼ 设计地面标高 |

图 4-18　平坡式竖向布置示例

边坡占地宽度设计表

| 编　号 | 设计地面标高(m) | 自然地面标高(m) | $\Delta h=$设计标高$-$自然标高(m) | 边坡高宽比 | 边坡占地宽度(m) |
|---|---|---|---|---|---|
| $a$ | 28.00 | 20.00 | $\Delta h=28.00-20.00=+8.00$ | 1:1.5 | $8.00\times1.5=12.00$ |
| $b$ | 28.00 | 23.00 | $\Delta h=28.00-23.00=+5.00$ | 1:1.5 | $5.00\times1.5=7.50$ |
| $c$ | 28.00 | 30.00 | $\Delta h=28.00-30.00=-2.00$ | 1:1 | $2.00\times1=2.00$ |
| $d$ | 28.00 | 30.00 | $\Delta h=28.00-30.00=-2.00$ | 1:1 | $2.00\times1=2.00$ |
| $e$ | 28.00 | 28.00 | 0 |  | 0 |
| $f$ | 28.00 | 28.00 | 0 |  | 0 |
| $g$ | 28.00 | 32.00 | $\Delta h=28.00-32.00=-4.00$ | 1:1 | $4.00\times1=4.00$ |

**【步骤3】** 确定可布置建筑物的范围

在 $abcd$ 内布置建筑物时，要考虑边坡的特殊要求。填方区内要避免建筑物基础侧压力对边坡的影响，其影响距离应结合工程项目实际的基础宽度与埋深，用式（4-1）或式（4-2）计算。挖方区内建筑物要离开坡底一定距离，根据式（4-4）计算其最小距离。本例参考《城乡建设用地竖向规划规范》CJJ 83—2016 第 4.0.7 条，将建筑物与填方边坡和挖方边坡的距离均取值为 3m。图 4-19 中阴影面积表示估算的可布置建筑物的范围。

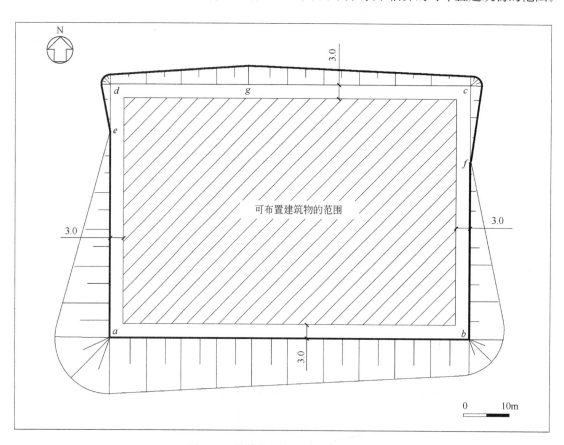

图 4-19　估算的可布置建筑物的范围

**【步骤4】** 布置挡土墙

为保持填方边坡的稳定，同时减少填方边坡的占地面积，有时也可以用挡土墙。如当填方高度为 3m 时，可以设置挡土墙取代边坡，则场地的占地面积如图 4-20 所示。找出填方高度等于 3m 的点（图 4-20 中的 $h$ 点和 $i$ 点），连接 $habi$ 即为挡土墙的长度，用相应的图例表示（详见本书附录）。

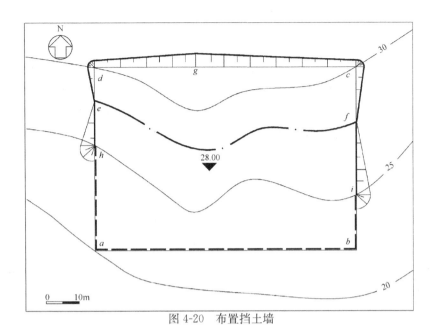

图 4-20　布置挡土墙

挡土墙平面位置确定后，就可以确定每一段的长度。另外，还需要表示其设计地面的标高和自然地面标高，由此确定挡土墙高度；提交结构专业进行挡土墙结构设计，或用于计算挡土墙工程量，即长度和平均高度。以例 4-1 为例（图 4-20），其设计地面标高为 28.00m，自然地面标高为 20.00～25.00m，挡土墙高度为 3.00～8.00m，总长为 126.8m，如图 4-21 所示。

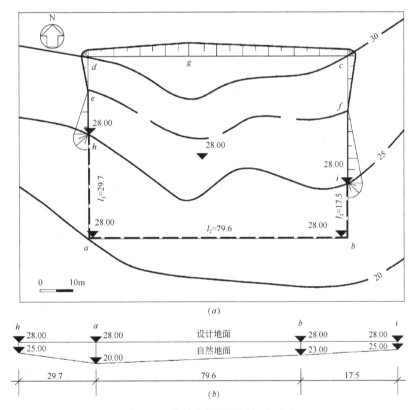

图 4-21　支挡构筑物设计标高确定

(a)挡土墙平面图；(b)挡土墙断面图

## 二、确定建筑物室内外地坪的设计标高

按照总平面布置图，根据场地的竖向设计方案和建筑的使用、经济、排水、防洪、美观等要求，确定建筑物室内地坪及室外场地的设计标高，前者是指建筑物单体室内±0.00平面处的标高，后者是指散水坡脚处的地面标高（图4-22）。

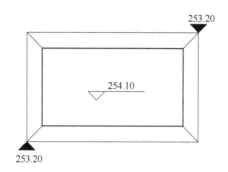

图4-22　建筑物室内、外设计
标高（单位：m）

当自然地形较为平坦，不进行场地平整，且建筑物长度不是很长时，建筑物的室内地坪标高取地形的最高点标高加建筑物室内外地坪的最小高差确定，建筑物室外散水坡脚标高根据地形图直接读取。如图4-23（a）中，散水坡脚地形的最高点为99.80m，室内外高差为0.30m，则建筑物室内地坪标高为100.10m。当建筑群两端的地形标高落差较大时，取地形标高的平均值加上建筑物室内外地坪的最小高差确定，同时做好高处排水沟。如图4-23（b）中，散水坡脚地形的平均标高为99.40m，室内外高差为0.30m，则建筑物室内地坪标高为99.70m。建筑物室内外地坪高差一般应根据各种建筑物的使用性质、出入口要求、场地地形和地质条件等因素确定，其室内外最小高差见表4-5。

建筑物室内外地坪的最小高差　表4-5

| 建筑类型 | 最小高差（m） |
| --- | --- |
| 宿舍、住宅 | 0.15～0.45 |
| 办公楼 | 0.50～0.60 |
| 学校、医院 | 0.60～0.90 |
| 重载仓库 | 0.30 |

注：摘自姚宏韬. 场地设计［M］. 沈阳：辽宁科学技术出版社，2000.

场地平整之后，建筑物的室外地坪（散水坡脚）标高等于设计地面标高，建筑物室内地坪标高的确定可根据最高点、平均值或最低处标高加

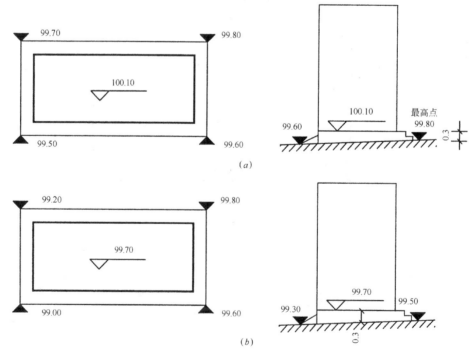

图4-23　场地不整平时室内地坪标高（单位：m）
（a）由最高点标高推算；（b）由平均标高推算

上建筑物室内外地坪的最小高差确定。

当周边道路坡度较大时，如果建筑物面向道路较高一侧有出入口，建筑物的室内地坪标高应根据出入口对应的较高处的道路标高推算后加上室内外地坪高差确定(图4-24)。虽然周边道路坡度较大，但一般而言，建筑物面向道路较高一侧不设置出入口，可以根据基地地形标高推算后加上室内外地坪高差确定；同时，处理好建筑物与周边道路的衔接，设置必要的排水沟和挡土墙(图4-25)。

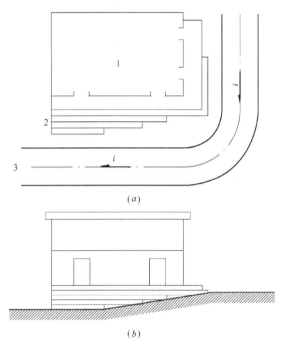

图 4-24　周边道路较高一侧有出入口
(a)平面图；(b)断面图
1—建筑物；2—踏步；3—道路；$i$—道路坡度

【例 4-2】

已知某项目的总平面布置如图 4-26(a)，基地用地界线处及道路衔接处的设计标高如图所示。假设踏步高取 0.15m，要求写字楼和商业中心的室内地坪标高相同，而公寓楼的室内地坪标高比前者低 0.90m，商业中心下的地下停车库地坪比商业中心低 5.90m。试确定各建筑物和地下车库的室内地坪标高。

【解】

该基地北高南低，南北高差 1.80m，坡度 10%；东西高差 0.20m，坡度 0.1%。各建筑物室内地坪标高的条件已适应了地形变化趋势。由于写字楼前有出入口，地形又是单向斜坡，所处地势较高；所以，这三栋建筑物的室内地坪标高应根据写字楼来推算。

【步骤 1】　推算建筑物室内地坪标高

如果顺地形趋势，将写字楼前道路设计为北高南低，就会使雨水流向建筑物入口；如果将其设计为南高北低的反向坡度，就能保证出入口前不积水，其数值采用最小排水坡度，即 0.3%。由此，确定出道路上 D 点的设计标高。

$$h_D = l \times i + 43.55 = 23 \times 0.3\% + 43.55$$
$$= 43.62(\text{m})$$

写字楼的室内地坪标高决定了商业中心和公寓楼的标高，如果写字楼的室内地坪标高定得过高，会使商业中心和公寓楼与地面形成较大高差；所以，应尽可能地定低一些。假设写字楼与地面处设置三步踏步，则室内外高差 $\Delta h = 0.15 \times 3 = 0.45(\text{m})$，写字楼和商业中心的室内地坪标高

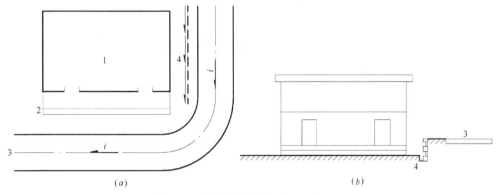

图 4-25　周边道路较高一侧无出入口
(a)平面图；(b)断面图
1—建筑物；2—踏步；3—道路；4—水沟和挡土墙；$i$—道路坡度

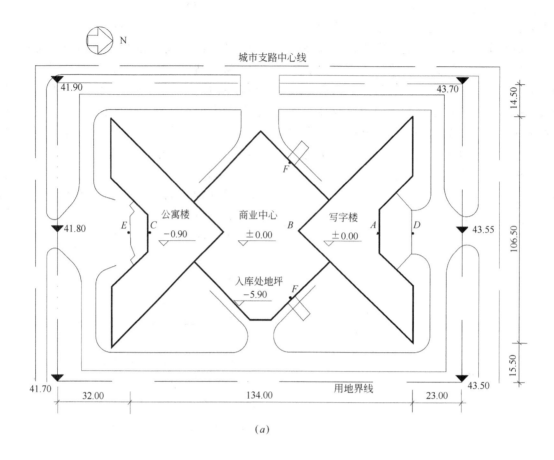

(a)

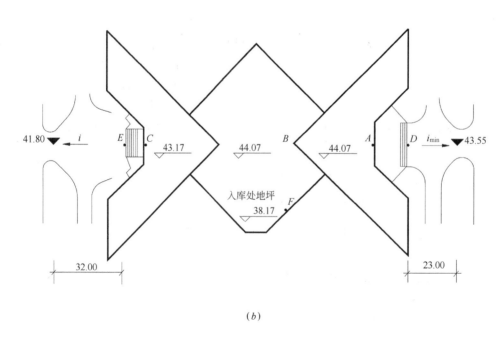

(b)

图 4-26　室内地坪标高确定示例(单位：m)

(a)基地总平面布置图；(b)室内地坪标高确定

为 $h_A$ 和 $h_B$，公寓楼和地下停车库的室内地坪标高为 $h_C$ 和 $h_F$：

$$h_A = h_B = 43.62 + 0.45 = 44.07(\text{m})$$
$$h_C = 44.07 - 0.90 = 43.17(\text{m})$$
$$h_F = 44.07 - 5.90 = 38.17(\text{m})$$

即写字楼和商业中心的室内地坪标高为 44.07m，公寓楼的室内地坪标高为 43.17m，地下车库入口标高为 38.17m。

**【步骤2】** 公寓楼室内外高差处理

设公寓楼室内外踏步数为 8，即室内外高差 $\Delta h = 0.15 \times 8 = 1.20(\text{m})$

则室外地坪 $h_E = 43.17 - 1.20 = 41.97(\text{m})$，引道的坡度 $i$ 为：

$$i = \frac{h_E - 41.80}{l} = \frac{41.97 - 41.80}{32.00} = 0.5(\%)$$

如果设公寓楼室内外踏步数为 6，即室内外高差 $\Delta h = 0.15 \times 6 = 0.90(\text{m})$

则室外地坪 $h_E = 43.17 - 0.90 = 42.27(\text{m})$，引道的坡度 $i$ 为：

$$i = \frac{h_E - 41.80}{l} = \frac{42.27 - 41.80}{32.00} = 1.47(\%)$$

公寓楼前引道的坡度可大可小，后者更有利于排雨水，故建议踏步数选用 6 步。将各点的设计标高标注在图中适当位置，并绘出踏步，如图 4-26(b) 所示。

## 第三节　坡地场地的竖向布置

坡地场地的自然地形，不论是单体建筑场地或是群体建筑场地，通常都需要作出改变，以满足建筑的使用。特别是群体建筑场地的规划设计，其功能分区、路网、设施位置及总平面布置形式，除满足规划设计要求的平面布局关系外，还特别受到地形条件的制约。所以，在考虑总体布局时，必须兼顾竖向设计的技术要求。在规划设计程序上，也与平坦场地有所不同。首先，必须进行道路规划设计；然后，开始建筑布局，接着，进行竖向设计，根据竖向设计情况调整总体布局方案；最后，确定总体布局和竖向设计的全部内容。设计过程中需要反复协调，使规划既经济合理，又符合竖向设计的技术要求。

除与平坡场地的竖向布置包含相同的设计内容之外，坡地场地的竖向布置还有以下特点：

### 一、设计地面

坡地场地设计地面是由几个高差较大、不同标高的设计地面连接而成，在连接处设置支挡构筑物，这种竖向布置形式通常称为台阶式（图 4-27）。采用台阶式竖向布置时，土石方工程量相应减少，但台阶之间的交通和管线敷设条件较差。

（一）台阶布置

台阶的纵轴宜平行于自然地形的等高线布置，台阶连接处应避免设在不良地质地段，台阶的整体空间形态结构应符合场地景观要求。

（二）台阶宽度

台阶宽度是垂直于等高线方向的设计地面的宽度（图 4-28），按生产、生活、交通运输的要求、建（构）筑物的布置、管线敷设以及绿化景观的需要和施工操作等因素综合确定。

公共建筑场地按功能分区确定台阶宽度，以便于工作、生活、交通联系及管线敷设。如图 4-29(a) 为西安交通大学兴庆校区中轴线北门至四大发明广场部分平面图，其地势南高北低。结合地形设计了四个矩形台阶，台阶Ⅰ是教学区，台阶Ⅱ是"腾飞"雕塑群绿化水景广场，台阶Ⅲ是图书馆，台阶Ⅳ是"四大发明"雕塑群纪念广场[图 4-29 (b)]。台阶宽度由各

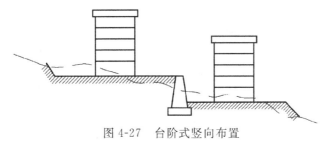

图 4-27　台阶式竖向布置

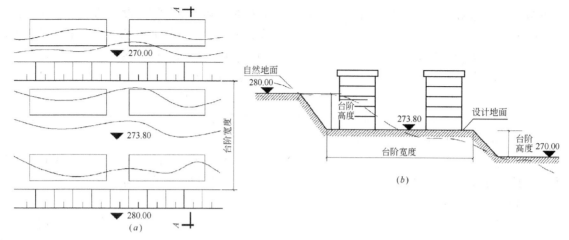

图 4-28 台阶式的几何要素(单位：m)
(a)平面图；(b)A-A断面图

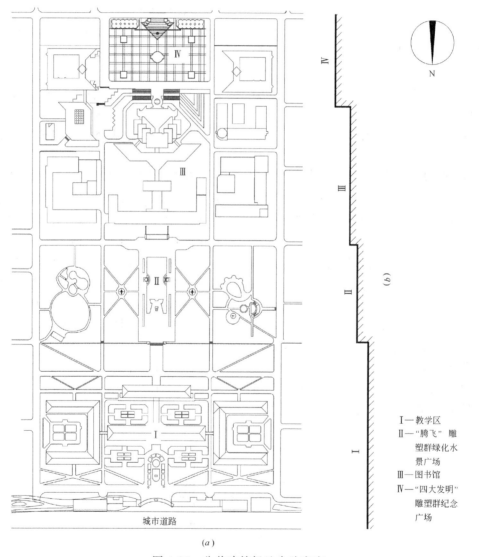

Ⅰ—教学区
Ⅱ—"腾飞" 雕
塑群绿化水
景广场
Ⅲ—图书馆
Ⅳ—"四大发明"
雕塑群纪念
广场

(a)

图 4-29 公共建筑场地台阶宽度
(a)台阶布置平面图；(b)中轴线空间台阶布置示意图

区建筑物的布置要求确定，并设有室外踏步，连接不同设计地面。

居住类场地可按组团或基本生活单元来确定台阶宽度。图4-30(a)为某度假村别墅的布置。该地形南高北低，结合地形布置了三个形状不规则、面积大小不一的条形台阶。台阶Ⅰ的设计标高为307.50m，台阶Ⅱ的设计标高为315.40m，台阶Ⅲ的设计标高为323.50m。9栋别墅分三组布置在台阶上。在台阶Ⅰ与自然地面、台阶Ⅰ与台阶Ⅱ、台阶Ⅱ与台阶Ⅲ和台阶Ⅲ与自然地面之间，分别设置了挡土墙，并设踏步连接各设计地面，并通向其他地点。图4-30(b)为某居住区(部分内容)的布置，该地形南高北低，结合用地形状和地形高差，按基本生活单元设计成7个台阶。台阶Ⅰ的设计标高为258.20m，台阶Ⅱ的设计标高为263.20m，台阶Ⅲ的设计标高为259.20m，台阶Ⅳ的设计标高为264.70m，台阶Ⅴ的设计标高为262.50m，台阶Ⅵ的设计标高为270.00m，台阶Ⅶ的设计标高为265.20m，并设置了边坡和挡土墙。

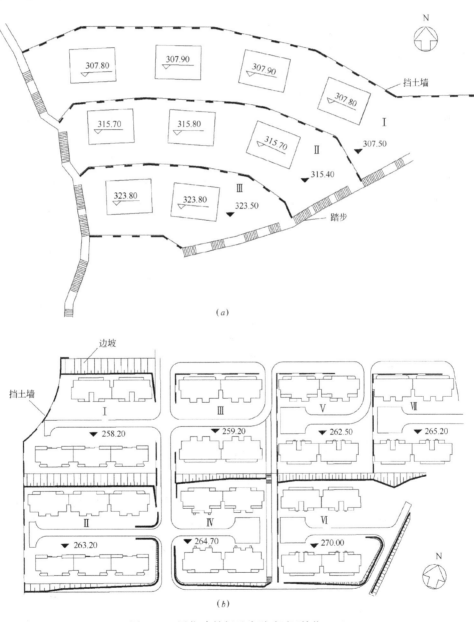

图 4-30　居住建筑场地台阶宽度(单位：m)

(a)按内容分组划分台阶；(b)按基本生活单元划分台阶

（三）台阶高度

相邻设计地面之间的高差称为台阶高度，见图 4-27(b)，主要取决于场地自然地形横向坡度和相邻设计地面各自的宽度形成的高差。台阶高度可大可小；一般情况下，台阶的高度不宜小于 1m。在地形坡度较大的地段，台阶宽度较大或受自然地形的限制，台阶高度可以稍微加大，如中坡至陡坡地带可达 10m 以上。在进行居住区规划设计时，还可以根据住宅楼的层高来确定台阶高度，以便于设置住宅两侧的出入口。

（四）高差处理

设计地面之间，设计地面与场地道路、景观水面、自然地形之间，设计地面与城市道路和自然水体（沟、峪、江、河、湖、海等）有显著高差时，需设置支挡构筑物，以确保场地的稳定和安全。同时，由于支挡构筑物的数量多、高度和长度较大，将占用一定面积的土地。所以，总体布局时应给予足够的重视，应反复调整总平面布置，优化设计地面标高，尽量降低支挡构筑物的高度；从而控制成本，减少对自然山体的改变。

《建筑边坡工程技术规范》GB 50330—2013 适用于岩质边坡高度为 30m 以下（含 30m）、土质边坡高度为 15m 以下（含 15m）的建筑边坡工程以及岩石基坑边坡工程。该规范规定：采用重力式挡墙时，土质边坡高度不宜大于 10m，岩质边坡高度不宜大于 12m。

依据《城乡建设用地竖向规划规范》CJJ 83—2016 的条文说明：填方深度大于 8m 的区域为高填方区。综合确定挡土墙高度不宜大于 6m。结合各类挡土墙的设计要求，高度一般不超过 12m，故将 6~12m 的挡土墙定为高挡土墙，大于 12m 为超高挡土墙。

《重庆市建设委员会关于进一步规范重庆市高切坡、深开挖、高填方项目管理的若干规定》中规定：切坡最大高度——土质边坡≥8m、岩质边坡≥15m 时，称为高切坡。高切坡项目在规划选址前，应进行地质灾害危险性评估。

1. 边坡

边坡的设计要求与平坦场地的要求相同，但坡地场地的高差往往较大，对于稳定的岩石质边坡，可采用护墙，确保其稳定，其形式见图 4-31。

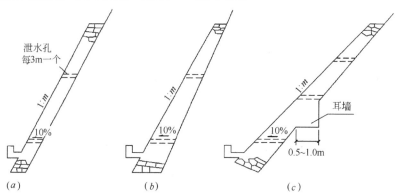

图 4-31　边坡护墙的形式
(a)等断面；(b)变断面；(c)变断面有耳墙

2. 挡土墙

坡地场地中，挡土墙的高度一般较高，数量较多。挡土墙作为人工构筑物，在以自然环境为主的风景名胜区内，应尽量减少使用。当场地有显著高差存在时，对于建筑物之间、建筑物与相邻填方、挖方边坡之间以及建筑物与道路之间要保留足够的间距，布置边坡或挡土墙。

3. 边坡与挡土墙结合

这种形式是下部为挡土墙，上部放坡（图 4-32）。既保证了边坡的稳定，又可以减少挡土墙的高度，从而降低挡土墙的投资，是坡地场地设计中常采用的措施。

（五）交通联系

交通联系是竖向设计中建设场地与周围环境有机联系的另一个方面。场地内外或设计地面之间的交通联系方法常用的有踏步和坡道两种。

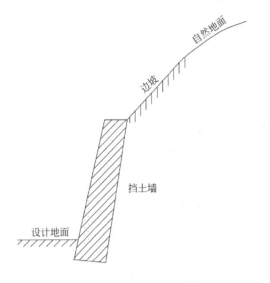

图 4-32 边坡与挡土墙结合

**1. 踏步**

踏步是室外不同高程地面步行联系的主要设施，其设计对于场地环境的美化起着重要的作用。踏步与坡道结合布置，能形成活泼、生动、富有情趣的场地景观，成为场地的标志。如风景区的大步道，既连接了不同设计地面，又是景观要素，泰山十八盘就是这种处理的典型实例。

步行交通系统的形式比较自由。除了满足交通功能外，还是场地空间的有机组成部分，可以与步行广场、庭院、室外运动场地等结合；同时，应与建筑形态、环境景观结合设计。其平面

形状可为直线形、曲线形、折线形，也可对称布置，或与建筑造型一致。

踏步高不宜超过 15cm，踏步宽不宜小于30cm。连续踏步数最好不超过 18 级，18 级以上时，应在中间设休息平台。宽度不大而踏步数超过 40 级时，不宜设计成一条直线，应在中间利用休息平台作错位或方向转折，利于行走安全和消除行人心理上的紧张、单调感。

**2. 坡道**

为了在台阶间方便手推车和自行车的上下推行，常在踏步的一侧或两侧布置小坡道。坡道的纵向坡度不应超过 8%，踏步和坡道的材料与构造需考虑防滑的要求。为了在台阶间通行汽车，则需要在台阶侧边或某处设置汽车坡道。汽车坡道宽度要满足汽车通行要求。

**（六）灵活设置建筑物入口**

利用地形的高低变化和道路布置情况，可分别在不同层数的高度上设置建筑物入口（图4-33），既可以设在底层、上层、中层的任何一层，也可以每隔几层分设入口。这样可相对减少上楼的层数，不坐或少坐电梯，避免内部的穿行与相互干扰，特别适合于坡地场地的交通联系。这时，建筑物出入口的设置非常灵活，这也是坡地场地建筑设计与平坦场地的不同之处。

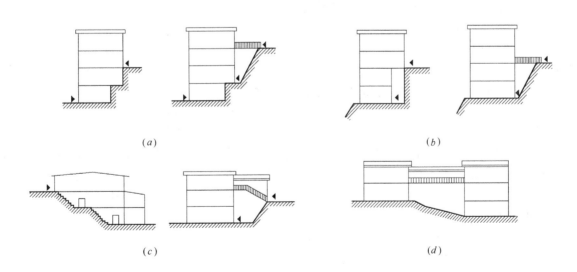

图 4-33　灵活设置建筑物入口

（a）双侧分层入口；（b）单侧分层入口；（c）利用室外楼梯或踏步；（d）天桥式

此时，建筑物室内地坪标高由所处台阶的设计地面标高加上建筑物室内外高差确定。分层入口的上层入口处理可依据上述原则安排；但一般一幢建筑室内±0.00标高只有一个，即在首层室内地面处，而上部入口室内外高差处理要防止水倒灌入室。

【例4-3】 已知某基地总平面布置方案如图4-34所示，假设基地入口处道路设计标高为28.00m，道路最大纵坡为8%，等高距为2m，结合地形条件，试布置竖向方案。

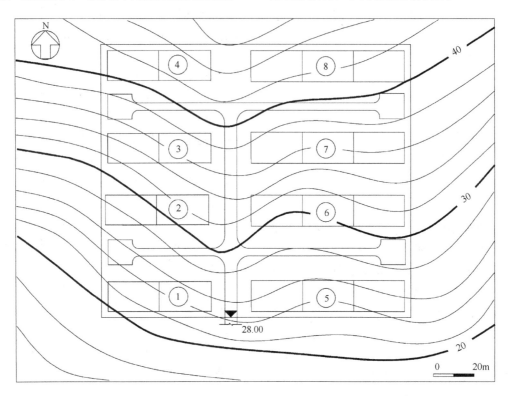

图 4-34 某基地总平面布置方案

【解】 该地形为北高南低的坡地，地形图的等高距为2m，最低点标高为19.5m，最高点标高为46.0m，用地范围内最大高差为26.5m，南北向地形坡度约为16.8%。

【步骤1】 确定竖向布置形式和设计地面标高

由于地形坡度大，故采用台阶式竖向布置。按组团分布，将基地划分为台阶Ⅰ和台阶Ⅱ两个部分。初步确定台阶Ⅰ的标高为30.00m，台阶Ⅱ的标高为35.00m(图4-35)。

由于两个地面之间有道路连接，必须保证道路的设计坡度满足规范要求。假设道路中心线设计标高比台阶的设计地面低0.2m，则道路a点的设计标高为34.80m，道路b点的设计标高为29.80m，量取ab长度为69.59m，由此计算出道路纵坡i为：

$$i = \frac{\Delta h}{l} = \frac{34.80 - 29.80}{69.59} = 7.18(\%)$$

因为$i = 7.18\% < 8\%$，故满足道路最大纵坡的限制要求。

【步骤2】 布置平土控制线和断面

本设计采用断面法进行竖向设计。

首先沿用地长轴方向在建筑物纵轴处布置平土控制线，用于施工放线，在用地范围边界布置断面A-A和D-D，在道路中心线处布置断面B-B，在等高线变化处布置断面C-C，并标注断面间距，如图4-36所示。

【步骤3】 绘制断面

首先绘制自然地面，根据断面线上各等高线与平土控制线的距离，在米厘纸上绘出自然地面

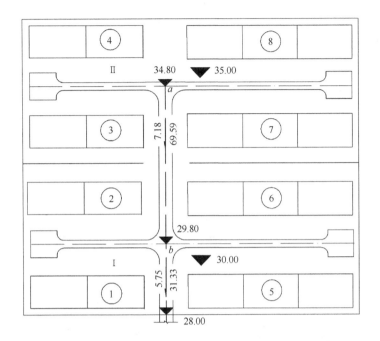

图 4-35　确定设计地面标高

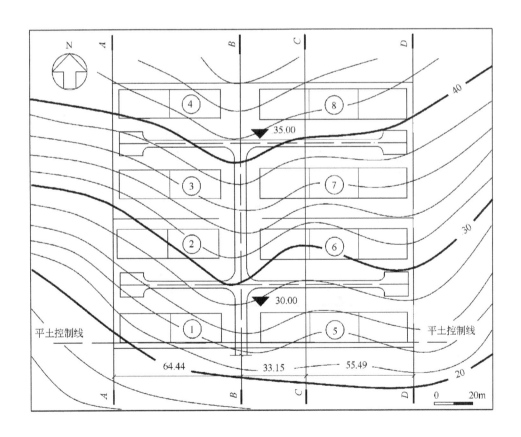

图 4-36　布置平土控制线和断面

标高点，将各点连接起来，即为自然地面线，如图4-37中细实线所示。

然后根据设计地面标高，绘制设计地面

线，如台阶 I 的设计标高为 30.00m，台阶 II 的设计标高为 35.00m，如图4-37中粗实线所示。

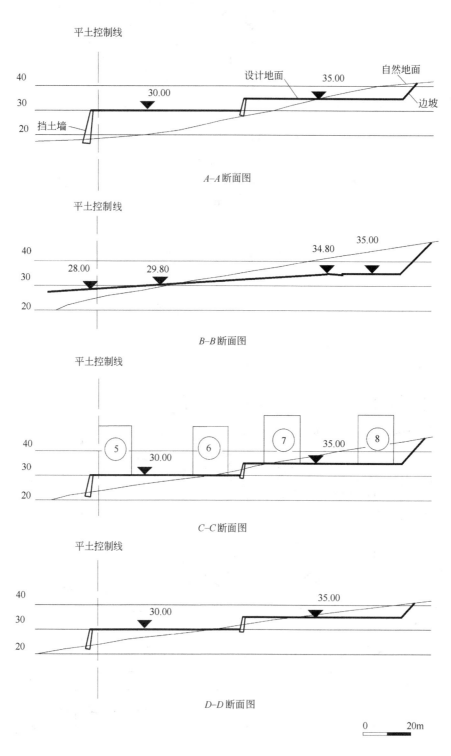

图 4-37　台阶断面图

因为存在 5m 的高差，所以台阶Ⅰ和台阶Ⅱ的连接形式采用挡土墙，以减少占地面积；台阶Ⅰ和自然地面连接处高差为 6～10m，所以也采用挡土墙，以保证填方土体的稳定；台阶Ⅱ和自然地面的连接处，由于处于挖方区，且高度为 7～11m，采用边坡放坡，边坡坡度取 1∶1。

**【步骤4】** 绘制零线、边坡和挡土墙

在台阶Ⅰ上，等高线为 30.00m 的位置，用粗点划线画出零线（不填方也不挖方），零线以南为填方区，零线以北为挖方区；在台阶Ⅱ上，在 34.00m 和 36.00m 等高线之间绘出零线，零线以南为填方区，零线以北为挖方区（图4-38）。

根据各断面图上边坡的水平距离，在平面图中绘制边坡，坡顶线用粗实线表示，坡脚线用细实线表示，边坡转折处是圆锥形曲面，表示高低的短线指向转折点。

根据各断面图上挡土墙的位置，在平面图中

绘制东西向的挡土墙，即图中 de、hi、lm 和 pq 部分。其中，eh、mp 的宽度应满足道路布置要求。

假设自然地形和设计地面形成的高差大于 2m 时开始设挡土墙，根据等高线和自然地形计算高差，找出高差为 2m 的点，作为挡土墙的端点，与相邻点连接，即为南北向的挡土墙，如图中 cd、ef、gh、ij、kl、mn、op 和 qr 部分。这样，共形成了 4 条挡土墙。其中，1号挡土墙由 cdef 组成，2号挡土墙由 ghij 组成，3号挡土墙由 klmn 组成，4号挡土墙由 opqr 组成。然后，根据台阶的设计标高和南北向道路的设计坡度，找出道路与设计地面高差为 1m 的点，如台阶Ⅰ上的 f′ 点（与 f 点位置重合）和 g′（在 g 点的南侧）点；因此，将 hg 段挡土墙应该再向南延伸到 g′ 点。此外，道路与设计地面高差为 1m 的点还有台阶Ⅱ上的 s 点和 t 点，连接 se，即为5号挡土墙；连接 th，即为6号挡土墙（图4-38）。

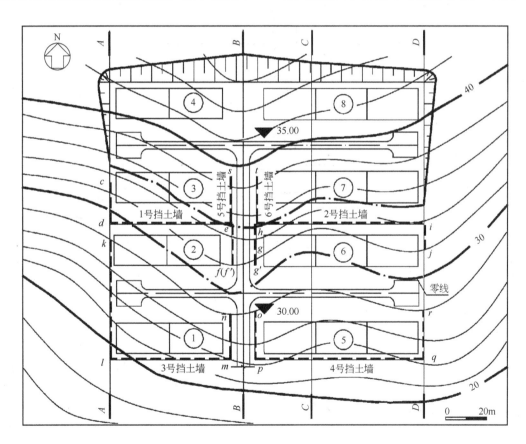

图 4-38 绘制边坡和挡土墙

**【步骤5】** 竖向布置

设计地面的竖向布置完成后，总平面布置方案如图4-39所示。

**二、建筑结合地形布置的方法**

有时，坡地场地的建筑单体布置时，并不需要把地形完全变成整平面，而是采用改变建筑物内部结构的方法，使建筑物适应地形的变化。传统的民居建筑在解决建筑与地形的竖向关系方面，综合运用这些手法，取得了很好的效果。它既可以节约土石方量，又使建筑与地形有机地结合在一起。常用的技术处理方法有以下几种：

（一）提高勒脚

在山体坡度较缓，但局部高低变化多、地面崎岖不平的山地环境中，将建筑物四周勒脚高度按建筑标高较高处勒脚要求，调整到同一标高（图4-40），建筑内部亦成同一标高或成台阶状（建筑垂直等高线布置时）。这是一种建筑基底简捷、有效的处理手法。适用于缓坡、中坡坡地，建筑宜于垂直等高线布置在坡度小于8%的坡地上，或平行等高线布置于坡度为10%～15%的坡地上。

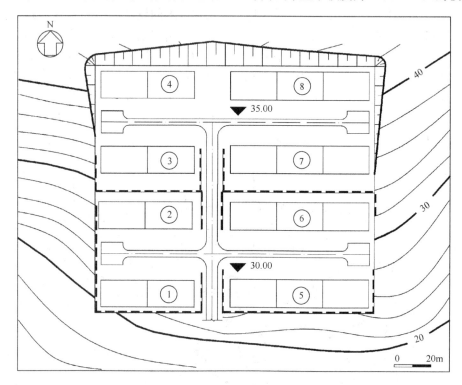

图4-39 台阶式竖向布置示例

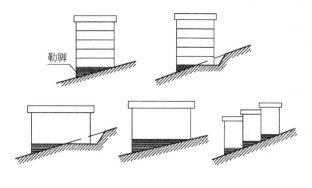

图4-40 提高勒脚的处理

通常，勒脚高度随地形坡度和房屋进深的大小而变；当基地坡度较大时，还可以将勒脚做成台阶状。

（二）跌落

当建筑物垂直于等高线布置时，以建筑的单元或开间为单位，顺坡势沿垂直方向跌落，处理成分段的台阶式布置形式，以节约土方工程量（图4-41）。其内部的平面布置不受影响，布置方式比较自由，通常在住宅建筑中运用较多。跌落高差和跌落间距可随地形不同进行调整；跌落处理时，跌落的台阶宽度或为一个建筑单元宽度，或比一个单元小一点。此时，在本层可减少一户或一个开间，从二层开始则形成标准单元。此形式对坡度的适应能力较强。

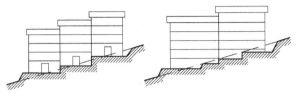

图 4-41　跌落处理

（三）错层

在地形较陡的山地环境中，为了避免较多的土石方工程量，适应坡面地形高程的变化，往往将建筑内部相同楼层设计成不同的标高。其适应性较好，可垂直等高线布置于坡度为 12%～18% 的坡地上，或平行等高线布置于坡度为 15%～25% 的坡地上。错层适应了地形的倾斜，使建筑与地形的关系非常紧密。

错层主要依靠楼梯的设置和组织实现。对于单元住宅来说，可以利用双跑楼梯的平台分别组织住户单元的入口，使住宅沿房屋的横轴或纵轴错开半层高度（图 4-42）。也可以根据地形坡度的大小，采用三跑、四跑或不等跑楼梯，使单元内错 1/2、1/3（2/3）层或 1/4（3/4）层，也可以在单元间错层，形成不同高度的错层处理。

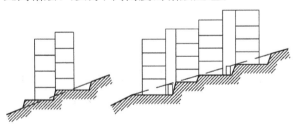

图 4-42　错层处理

（四）掉层

当山地地形高差较大，将建筑物的基底作成台阶状，使台阶高差等于一层或数层的层高（图 4-43）时，就形成了掉层。一般适用于中坡、陡坡坡地，可垂直于等高线布置在坡度为 20%～25% 的坡地上，或平行于等高线布置在坡度为 45%～65% 的坡地上。一般沿等高线分层组织道路时，两条不同高差的道路之间的建筑可用掉层处理。

当建筑布置垂直等高线时，其出现的掉层为纵向掉层。纵向掉层的建筑跨越等高线较多，其底部常以阶梯的形式顺坡掉落。适合面东或面西的山坡，掉层部分的采光通风状况均较好。当山坡面南时，纵向掉层就使大量房间处在东西向；横向掉层的建筑，多沿等高线布置，其掉层部分只有一面可以开窗，通风状况不好；局部掉层的建筑，在平面布置和使用上都较特殊，一般是在复杂地形或建筑形体多变时采用。

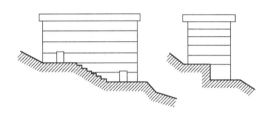

图 4-43　掉层处理

（五）错叠

当建筑物垂直于等高线布置时，结合现场的工程地质条件，可顺坡势逐层或隔层沿水平方向作一定距离的错动和重叠，形成阶梯状布置（图 4-44）。适用于陡坡、急坡坡地，可垂直于等高线布置在坡度为 50%～80% 的坡地上。错动的水平距离宜为 1～2 开间。

图 4-44　错叠处理

错叠式与跌落式相类似，也是由建筑单元组合而成，通常建在单坡基地上，其主要特征是单元或建筑沿山坡重叠建造，下单元的屋顶成为上单元的平台，其外形是规则的踏步状。错叠式的优点是与山形结合紧密。与跌落式不同的是，前者单元之间是横向联结，后者单元之间是上下错叠联结。该形式较适合住宅、旅馆建筑。可以通过对单元进深和阳台大小的调节，来适应不同坡度的山坡地形。这种处理的最大缺陷是临山体一侧建筑房间的通风采光均不好；为克服这类缺陷，常将山体一侧设成走廊，此时，建筑进深就不能很大。

错叠式建筑最基本的形式是建筑与山地等

高线正交。此外，在朝向、日照允许的情况下，错叠式山地建筑还可以采取与等高线斜交的方式，以适应地形坡度的要求和建筑平面布置的需要。

在设计错叠式建筑时应注意视线干扰问题，特别是住宅。因为这类建筑下层平台正处在上层平台的视线之下，有损于下层住户的私密性。为了阻挡视线，通常将上层平台的栏杆做成具有一定宽度的花台，避免上下层的对视。

为了充分利用用地面积，适应地形的复杂变化，节约基础工程量，还可以通过悬挑、架空与吊脚和附岩等形式，在有限的基底面积上，将上部建筑向四周扩展，以争取更多的使用空间，但建筑与结构需要特殊设计。

（六）上坡户型、下坡户型

一般把地形切平或填平，布置标准的建筑。如果能根据地形的坡度大小，改变室内地面标高，进入室内后向高处上坡，做成上坡户型，从而降低挖方量和挡土墙高度，如图4-45中的上坡户型。同理，改变室内地面标高，进入室内后向低处下坡，做成下坡户型，从而降低填方量和挡土墙高度，如图4-45中的下坡户型。这样，同一面积的建筑单体，有平地户型、上坡户型和下坡户型，就能从根本上节省大量的工程成本。

图4-45　上坡户型和下坡户型

## 第四节　场地排雨水

场地内的雨水排除是场地设计的主要内容之一，竖向设计要有利于排雨水，保证场地不积水。排水方式应根据城市规划的要求确定，有条件的地区应充分利用场地空间设置绿色雨水设施，采用雨水回收利用措施。为使场地地面及路面雨水尽快排除，常建立人工排水系统。

### 一、人工排水系统

（一）地表雨水排除方式

对于雨量小的地区，当土壤渗水性强，且场地面积较小时，可采用自然排水方式，不需任何排水设施；当场地面积大，地形平坦，建筑密度较高且场地道路为城市型时，可采用暗管排水方式；当使用暗管排水方式不经济或有困难时，可以采用明沟排水方式。

（二）场地排水坡度

为了方便排水，一般地段都要有一定的坡度。各种土壤适宜的排水坡度见表4-6，各种场地排水的适用坡度见表4-7。基地地面坡度与地面的粗糙度有关，不应小于0.3%；当坡度小于0.3%时，宜采用多坡向或特殊措施排水。各类软质地表排水坡度见表4-8。

地面排水坡度　　　　　　　　　　表4-6

| 地面种类 | 排水坡度（%） |
| --- | --- |
| 黏土 | 大于0.3，小于5 |
| 砂土 | 不大于3 |

| 地面种类 | 排水坡度（%） |
|---|---|
| 轻度冲刷细沙 | 不大于 1 |
| 湿陷性黄土 | 建筑物周围 6m 范围内不小于 2，6m 以外不小于 0.5 |
| 膨胀土 | 建筑物周围 2.5m 范围内不宜小于 2 |

注：摘自《建筑设计资料集　第5分册》（第二版），中国建筑工业出版社。

**各种场地排水的适用坡度**　表 4-7

| 内容名称 | 适用坡度（%） |
|---|---|
| 密实性地面和广场 | 0.3～3.0 |
| 广场兼停车场 | 0.2～0.5 |
| 儿童游戏场 | 0.3～2.5 |
| 运动场 | 0.2～0.5 |
| 杂用场地 | 0.3～2.9 |
| 绿地 | 0.5～1.0 |
| 湿陷性黄土地面 | 0.5～7.0 |

注：摘自《城市居住区规划设计规范》GB 50180—93（2016 年版），该规范已修订，但考虑其仍有参考价值，故摘录于此。

**各类软质地表排水坡度（%）**　表 4-8

| 地表类型 | 最小坡度（%） |
|---|---|
| 草地 | 1.0 |
| 运动草地 | 0.5 |
| 栽植地表 | 0.5 |

注：1. 摘自《公园设计规范》GB 51192—2016；
　　2. 游憩绿地的适宜坡度为 5.0%～20.0%。

**（三）场地排水方案**

地形分析方法中的排水分析，是对场地自然地表雨水的流向及出口的分析。场地竖向布置设计了整平面之后，按不同整平面的方向，根据建筑群布置、道路布置、地形特点和设计标高，及场地内排水组织的要求，划分雨水排水分区，确定各部分的地表排水方向，在适当位置布置场地的排水设施。

1. 建筑物标高和道路标高的协调关系

（1）建筑物与道路的一般关系

场地雨水一般通过道路两侧的地下管线排除，当建筑物与道路相邻时，为使雨水从建筑物散水坡脚自流到道路路面上，道路中心线一般比建筑物室外地坪标高低 0.25～0.30m，或经图 4-46 所示方法推算，横栏中斜线下方数值为长度尺寸。

（2）建筑物低于道路时

有时，道路因纵坡要求比相邻的地面高，建筑物周围的雨水，不能流到道路的路面上去，为保证建筑物屋面、地面雨水排放，可在散水外设置低于建筑物地面的明沟或暗沟，如图 4-47 所示。建筑物底层出入口处应采取措施防止室外地面雨水回流。

2. 绿地

对于建筑物之间的绿地，其坡度设置要保证雨水不能流向建筑物散水处（有明沟除外）。除自身土壤在降雨时可吸收部分雨水外，在大雨或连阴雨时，绿地内势必也有部分雨水须排除，排除方法视建筑物周围道路及绿地规模确定。当建筑物周围有道路或沿长边有道路时，绿地的坡度只要坡向道路即可。当建筑物之间的绿地面积较大时，可将绿地做成中间高两边低，或中间低两侧高的形式。通常，中部较高部分称为脊线，较低部分称为谷线，见图 4-48。为排除谷线内汇集的雨水，应在中间低处设置雨水口，通过雨水口汇

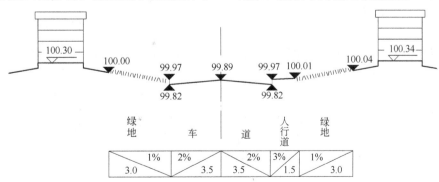

图 4-46　建筑物与道路的一般排水处理（单位：m）

集到暗管排出。

图 4-47　建筑物地面低于道路时的排水处理

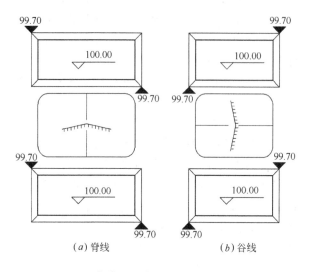

（a）脊线　　　　　　　（b）谷线

图 4-48　脊线、谷线的表示方法（单位：m）

绿化用地宜做微地形起伏，应有利于雨水收集，以增加雨水的滞蓄和渗透。地表渗透雨水是绿地雨水利用最节约的方式。在不影响绿地使用功能和配置适宜植物的前提下，地形设计时应考虑为雨水入渗创造条件，但同时也要考虑土壤的性质，如自重湿陷性黄土区域不应设计雨水入渗系统。公园地形应按照自然安息角设计坡度；当超过土壤的自然安息角时，为避免自然滑坡可能造成的人员伤亡，应采取护坡、固土或防冲刷措施。游憩绿地的适宜坡度 5.0%～20.0%，是指适合游人游憩活动的舒适坡度。

### 3. 广场和停车场

为防止广场和停车场地面积水，保证使用方便，地面应设必要的坡度及雨水口。《城市道路工程设计规范》CJJ 83—2012（2016 年版）规定：广场的设计坡度宜为 0.3%～3.0%；地形困难时，可建成阶梯式。与广场相连接的道路纵坡宜为 0.5%～2.0%；困难时纵坡不应大于 7.0%，积雪及寒冷地区不应大于 5.0%。出入口处应设置纵坡小于或等于 2.0% 的缓坡段。机动车停车场的竖向设计应与排水相结合，坡度宜为 0.3%～3.0%；非机动车停车场坡度宜为 0.3%～4.0%。

广场、停车场的排水方式应根据地面铺装种类、场地面积和地形的坡向、相邻道路的排水设施等因素确定采用单向或多向排水。当广场、停车场单向尺寸大于或等于 150m，或地面纵坡度大于或等于 2% 且单向尺寸大于或等于 100m 时，宜采用划区分散排水方式。当广场、停车场周围的地形较高时，应设截流设施。

根据广场、停车场面积大小、中心线的坡度、标高、当地暴雨强度，以及相邻道路的坡向等，可以将广场设计为单坡、双坡和多坡等形式，如图4-49。根据面积及排水方式适当划分排水区域，在积水点处布置排水设施。

在具体处理广场排水设计时，要视广场与相连道路的关系及坡度进行。当相邻道路为单向下坡时，广场（或停车场）的坡度可以设计成与道路坡向一致的单斜面，无积水点，如图 4-49（a）；广场设计为与道路坡向一致的双斜面，有一个积水点，如图 4-49（c）；广场设计为三个斜面，有两个积水点，如图 4-49（f）。

当相邻道路为向外的双坡时，广场设计为两个斜面，无积水点，如图 4-49（b）；广场设计为四个斜面，有两个积水点，如图 4-49（g）和图 4-49（h）。

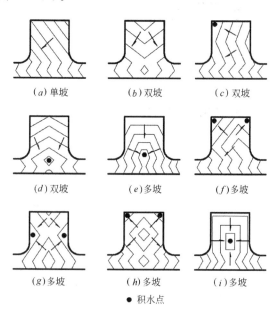

（a）单坡　　　（b）双坡　　　（c）双坡

（d）双坡　　　（e）多坡　　　（f）多坡

（g）多坡　　　（h）多坡　　　（i）多坡

● 积水点

图 4-49　广场排水的基本形式

当相邻道路为向内的双坡时，广场设计为两个斜面，有一个积水点，如图4-49(d)；广场设计为三个斜面，有一个积水点，如图4-49(e)和图4-49(i)。

在确定停车场的设计标高时，首先，确定平行通道方向和垂直通道方向的坡度值，当地形坡度大，需要采用较大坡度值时，只能够采用规范规定的最大值；当地形坡度不大时，根据地形实际坡度大小确定平行通道方向和垂直通道方向的坡度值。然后，找出停车场两端的变坡点，根据已知点标高、已知的水平长度和选择的平行通道方向的坡度（即停车场的纵坡），推算另一点的设计标高。最后，将停车场的纵坡、坡向和坡长以坡度标的形式表示于图中道路中心线的适当位

置；此外，再标注出停车场的横坡设计方向（地面阴影线）、横坡坡度值和表示水流方向的箭头。如图4-50(a)为路边停车场（垂直式停车），停车场的范围在a点和b点之间，确定停车场平行通道方向的坡度为1％，垂直通道方向的坡度为2％。已知a点设计标高为100.00m，根据已确定的停车场的平面布置，可求出ab的长度为38.60m；由此求出b点的设计标高为100.39m。最后，标注a点和b点的设计标高，在道路中心线上标注停车场的纵坡1％、坡向（东高西低）和坡长38.60m，并标注出横向坡度2％和坡向箭头。其他形式停车场的设计标高确定示例参见图4-50(b)～(e)。

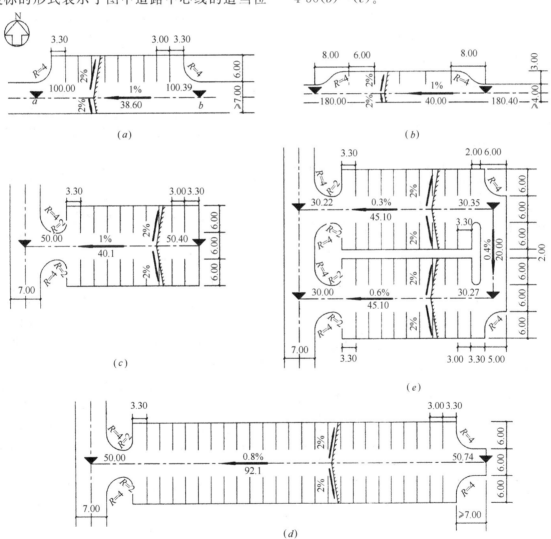

图4-50 停车场设计标高确定（长度单位：m）

(a)路边停车场（垂直式停车）；(b)路边停车场（平行式停车）；(c)袋形停车场（车位数较少时）；
(d)袋形停车场（车位数较多时）；(e)多车道停车场

## 4. 体育运动场地

### (1) 体育场

体育场的场地面积大，暴雨过后，会积满雨水。为能尽快使用场地，一般要求排水设施每90分钟能排除 $10.8mm/m^2$ 的水。整个田径场可划分成为三个排水区域（图4-51），第一排水区，在看台与场地交界的地面上做排水沟，坡度为 $0.5\% \sim 1\%$，以地面径流方式将看台上面的雨水和第一区的地表水排入排水沟。第二排水区，包括径赛跑道本身和南北两端的半圈田赛场地，可用两种排水方式，煤渣跑道可用"排渗结合"的方式排水；塑胶地面要用径流方式将地面水排入跑道内侧道牙外的一圈排水暗沟内，排除跑道和田赛场（足球场）的地表水；水沟深0.3m，底宽0.24m，上沿宽0.40m，沟内纵坡一般为0.5%，并要求便于清扫。第三排水区，跑道内沿和田赛场以内区域，包括足球场及其缓冲地带，一般采用"排渗结合"的方式排水。排水区域的地面必须平整，坡度均匀。草坪场地倾斜度为 $0.4\% \sim 0.5\%$，土质场地倾斜度为 $2\% \sim 3\%$。常用的排水形式为龟背式[图4-51和图4-52 $(a)$]，即中间高，四周低；另一种形式为鱼背式[图4-52 $(b)$、$(c)$]，即纵轴高，两边低，排水较龟背式迅速。对于400m径赛跑道，其最大横坡在弯道处向里倾斜为2%，在直线跑道向里倾斜为1%，跑道方向的纵向坡度应小于等于0.1%（图4-53）。

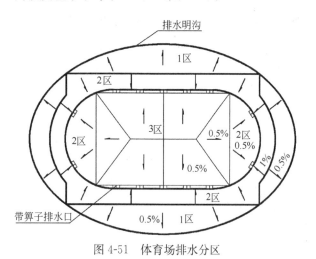

图4-51 体育场排水分区

### (2) 矩形场地

常见的矩形场地包括羽毛球场、排球场、网

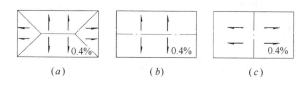

图4-52 足球场地坡度示意

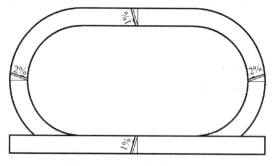

图4-53 400m跑道坡度示意

球场、篮球场等，其平面轮廓见图4-54。这些场地的坡度取值标准分别为：排球场地坡度0.5%；羽毛球场地：草皮场地的最小坡度为2%，混凝土、沥青场地的最小坡度为0.83%；篮球场地：混凝土、沥青场地的最小坡度为0.83%；网球场地坡度：非透水型为0.83%，透水型为 $0.3\% \sim 0.4\%$，完工后，坡度不能超过2.5%。

矩形场地排水坡度设计形式如图4-55所示。其中：横坡式[图4-55 $(a)$]的场地沿短向从一边到另一边设为单向坡，纵坡式[图4-55 $(b)$]的场地沿长向从一边到另一边设为单向坡，斜坡式[图4-55 $(c)$]的场地沿对角线将场地设为单坡，双坡式（向外）[图4-55 $(d)$]的场地中间高两边低。应用时可选择一种形式，根据规定的坡度，确定出矩形场地四个角点的地面标高。

在进行矩形场地室外排水设计时，参考图4-54中的形式，结合设计地面的坡向，任选一种即可。以篮球场地为例，对应于双坡式，假设场地 $a$、$b$、$c$ 点和 $d$ 点的设计标高均为100.00m，取设计坡度为0.5%，则推算出 $e$、$f$ 点的标高为100.08m[图4-56 $(a)$]；对应于横坡式，假设 $a$ 点和 $d$ 点的设计标高为100.10m，则推算出 $b$ 点和 $c$ 点的设计标高为100.00m[图4-56 $(b)$]；同理，可以确定出选用纵坡式或斜坡式时场地各点的设计标高[图4-56 $(c)$、$(d)$]。

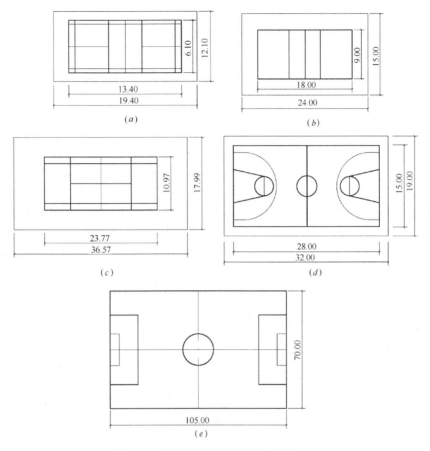

图 4-54　常见的运动场地尺寸(单位：m)

(a)羽毛球场地；(b)排球场地；(c)网球场地；(d)篮球场地；(e)足球场地

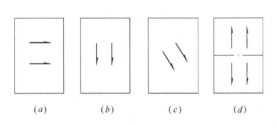

图 4-55　矩形场地排水形式

(a)横坡式；(b)纵坡式；(c)斜坡式；(d)双坡式

## 二、排水沟(涵洞)设计流量计算

人工排水系统的组织，需要依据各汇水区排水量的大小来确定。排水系统的最大设计排水量应大于区域内排水量的峰值。排水沟(涵洞)的设计流量，按下式计算：

$$Q = q\psi F \qquad (4-5)$$

式中　$Q$——设计流量(L/s)；

　　　$F$——拟建雨水管所承担的汇水面积($hm^2$)；

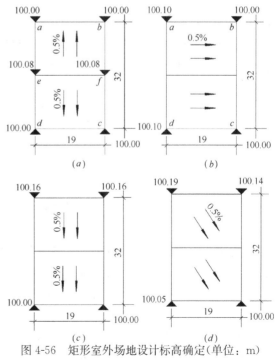

图 4-56　矩形室外场地设计标高确定(单位：m)

(a)双坡式；(b)横坡式；(c)纵坡式；(d)斜坡式

$\psi$——径流系数，是径流量与降雨量的比值。其影响因素有地面种类、地面情况(建筑、种植、坡度、平整等)、降雨历时和降雨强度，见表4-9。

$$\psi_{平均}=\frac{\psi_1 F_1+\psi_2 F_2+\cdots+\psi_n F_n}{F_1+F_2+\cdots+F_n} \qquad (4-6)$$

区域的综合径流系数：市区为0.5～0.8，郊区为0.4～0.6。

$q$——设计暴雨强度($L/s \cdot hm^2$)，采用场地所在城市或地区统计出的暴雨强度公式；当无暴雨强度公式时，可用下式推求。

$$q=\frac{167A_1(1+clgP)}{(t+b)^n} \qquad (4-7)$$

式中　　$t$——设计降雨历时(min)；

　　　　$P$——设计降雨重现期(a)，一般取一年；

单一覆盖径流系数 $\psi$ 值　　表4-9

| 地 面 种 类 | $\psi$值 |
|---|---|
| 各种屋面、混凝土和沥青路面 | 0.90 |
| 大块石铺砌路面和沥青表面处理的碎石路面 | 0.60 |
| 级配碎石路面 | 0.45 |
| 干砌砖石和碎石路面 | 0.40 |
| 非铺砌土地面 | 0.30 |
| 公园和草地 | 0.15 |

$A_1$、$c$、$n$、$b$——与地区有关的参数，按统计方法进行计算。

重现期是设计暴雨强度出现的期限，如重限期为一年，则设计采用的这种大小的暴雨强度一年遇到一次。雨水管渠断面大小，是根据某一重现期计算的暴雨强度所形成的雨水量确定的。因此，若$P$选用过大，造成管沟断面尺寸过大，虽使用安全，但长时间内并不满流，造价大，不经济。相反，$P$值选得过小，雨水管渠常常溢流，结果会造成阻断交通和经济上的损失。

排水沟(涵洞)设计的重现期应根据汇水场地的性质(广场或居住区等)、地形特点、汇水面积和$q_{20}$(重现期为一年，降雨历时为20分钟的当地暴雨强度$L/s \cdot hm^2$)值等因素确定。在同一排水系统里，可以采用相同的重现期，也可以采用不同的重现期。重要地区或短期积水即能引起较严重损失的地区，应视实际情况，选用较大的重现期，一般选用2～5年。

**三、常见的排水设施布置**

地表雨水汇集在积水处，经排水设施流入地下管道内，进入地下排水系统。场地内常见的排水设施有雨水口和排水沟。

**(一)雨水口**

按进水方式分类，雨水口(也称雨水箅子)有立箅式、平箅式、联合式或横向雨箅等形式，见图4-57。一个雨水口的汇水面积为2500～5000$m^2$，多雨地区采用小值，少雨地区采用大值。雨水口的结构选型由给排水专业进行。场地排雨水设计时，仅须确定雨水口的分布位置和标高。雨水口通常布置在道路、停车场、广场和绿地的积水处。

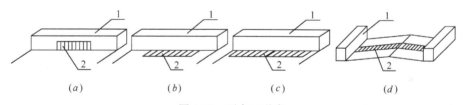

图4-57　雨水口形式
(a)立箅式；(b)平箅式；(c)联合式；(d)横向雨箅
1—路缘石；2—雨水口

根据道路纵坡坡向可以判断道路路面上的积水点位置，如变坡点相邻的坡向箭头相对[图4-58(a)、(b)中的$i_1$和$i_2$]，该变坡点对应的路边即为积水点，应在该点路面上布置雨水口；而变坡点相邻的坡向箭头相离[图4-58(a)、(b)中的$i_2$和$i_3$]，该变坡点对应的路边则为分水点，不需布置雨水口。当道路横断面设计为双坡时，雨水口一般成对布置[图4-58(a)]；当道路横断面设计为单坡时，雨水口仅设在路面较低的一侧[图4-58(b)]。当直线路段长度较长时，应根据纵坡坡度值，参照表4-10的规定确定道路直线段雨水口分布间距(图4-58)。

| 道路纵坡(%) | ≤0.3 | 0.3～0.4 | 0.4～0.5 | 0.5～0.6 | 0.6～2 |
|---|---|---|---|---|---|
| 雨水口间距(m) | 20～30 | 30～40 | 40～50 | 50～60 | 60～70 |

注：摘自《建筑设计资料集　第1分册　建筑总论》(第三版)，中国建筑工业出版社。

雨水口顶标高要低于地面或路面3cm，并使周围路面坡向雨水口。

由于地形条件不同，道路交叉口的坡度有不同的组合方式，应根据各条道路的坡向来判断积水情况。坡向两两相对有积水点，位于道路交叉口曲线中点；坡向两两相离或坡向一致往往没有积水点(图4-59)。雨水口的位置和数量由交叉口积水点的情况确定(图4-60)。

广场和停车场上的积水处参见图4-49，可根据道路中心线(或脊线)的纵坡坡向和设计的横断面形式来判断积水点。

场地其他地段(如绿地)如有积水处，也要设置雨水口。

当场地的雨水口数量较多时，可以对雨水口进行编号，根据道路路面、广场或停车场的地面标高，逐一确定其算顶标高(图4-61)。

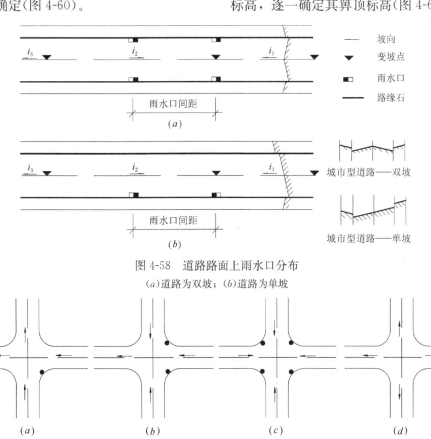

图 4-58　道路路面上雨水口分布

(a)道路为双坡；(b)道路为单坡

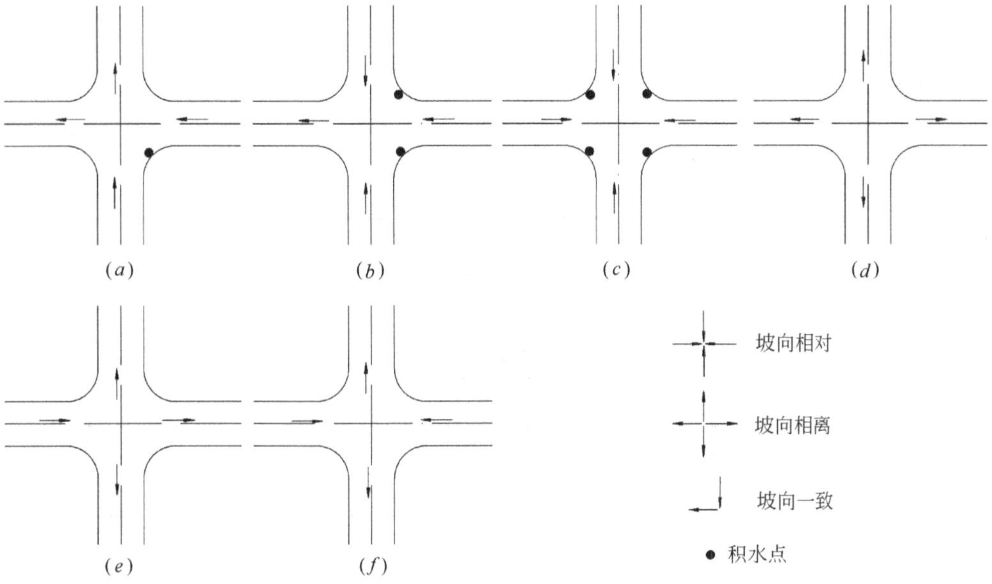

图 4-59　交叉口积水点分布

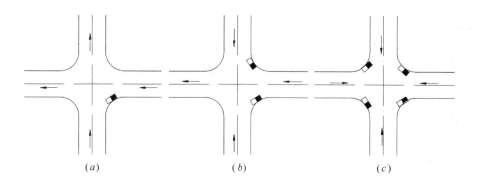

图 4-60 交叉口雨水口分布

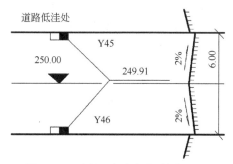

道路低洼处

图 4-61 雨水口表达内容(单位：m)

Y45、Y46—雨水口编号；249.91—箅顶标高

（二）排水沟

按材料分类，排水沟的形式有土沟、砖沟、石砌沟、混凝土沟；按断面形式分类，排水沟的形式有矩形沟、梯形沟、三角形沟和半圆形沟（国外）；其中，矩形沟较为常用。排水沟的断面设计要求参见表 4-11 和表 4-12，其结构设计一般应参照标准图选型，也可按表 4-13 确定。排水沟沟顶可铺设盖板，满足景观和安全要求。盖板可用石材、混凝土、钢筋混凝土以及不锈钢（少量）材料等。

**雨水明沟深度、宽度、纵坡和边坡值** 表 4-11

| 明 沟 类 型 | 沟深(h)最小值 (m) | 沟宽(b)最小值 (m) | 最小纵坡(%) | 沟 壁 边 坡 | |
|---|---|---|---|---|---|
| | | | | 有铺砌 | 无铺砌 |
| | 0.2 | 0.3 | 0.3 | 1:0.75 ～1:1 | 见表 4-12 |
| | 0.2 | 0.4 | 0.3 | — | — |
| | 0.2 | — | 0.5 | 1:2～ 1:3 | 岩石地区 1:1 |

注：1. 摘自《机械工厂总平面及运输设计规范》JBJ 9—96；
   2. 铺砌明沟转弯处，其中心线的平面转弯半径不宜小于设计水面宽度的 2.5 倍；
   3. 无铺砌明沟可采用不小于设计水面宽度的 5 倍。

**排水明沟边坡(m 值)** 表 4-12

| 土 壤 类 别 | | 边 坡 1:m |
|---|---|---|
| 粉 砂 | | 1:3～1:3.5 |
| 细砂、中砂、粗砂 | 松散的 | 1:2～1:2.5 |
| | 密实的 | 1:1.5～1:2.0 |
| 亚砂土 | | 1:1.5～1:2.0 |
| 亚黏土、黏土 | | 1:1.25～1:1.5 |

| 土 壤 类 别 | 边 坡 1：m |
|---|---|
| 砾石土、卵石土 | 1：1.25～1：1.5 |
| 半岩性土 | 1：0.5～1：1.0 |
| 风化岩石 | 1：0.25～1：0.5 |
| 未风化岩石 | 1：0.1～1：0.25 |

注：摘自李善，傅达聪.煤炭工业企业总平面设计手册［M］.北京：煤炭工业出版社，1992.

**排水沟沟壁厚度**（单位：cm）　　　　　　　　　　　　　　　　　　　　　　表 4-13

| 沟深(h) | 场地排水沟 | | | | 道路边沟(汽-10、15、20 级) | | | |
|---|---|---|---|---|---|---|---|---|
| | 片 石 | | 混 凝 土 | | 片 石 | | 混 凝 土 | |
| | d | d₁ | d | d₁ | d | d₁ | d | d₁ |
| 40 | 30 | 30 | 15 | 15 | 40 | 40 | 20 | 20 |
| 50 | 30 | 30 | 15 | 15 | 40 | 40 | 20 | 20 |
| 60 | 30 | 30 | 15 | 15 | 40 | 40 | 20 | 20 |
| 70 | 30 | 30 | 15 | 15 | 40 | 40 | 20 | 25 |
| 80 | 30 | 30 | 18 | 18 | 40 | 40 | 25 | 30 |
| 90 | 30 | 30 | 21 | 21 | 40 | 40 | 30 | 35 |
| 100 | 30 | 35 | 24 | 24 | 40 | 45 | 35 | 40 |
| 110 | 30 | 35 | 27 | 27 | 40 | 50 | 40 | 45 |
| 120 | 30 | 35 | 30 | 30 | 45 | 55 | 45 | 50 |

注：1. 摘自《建筑设计资料集　第1分册　建筑总论》（第三版），中国建筑工业出版社；

2. 混凝土采用 C20；片石强度不低于 30MPa。

进行排水沟布置时，要减少其与道路的交叉，　排水沟距其他建、构筑物的净距要求见表4-14。

**土质雨水明沟边至建、构筑物距离**（单位：m）　　　　　　　　　　　　　　表 4-14

| 项 目 | 最小距离 | 项 目 | | 最小距离 |
|---|---|---|---|---|
| 建筑物基础边缘 | 3.0 | 粉料堆场边缘 | 一般情况 | 5.0 |
| 围　墙 | 1.5 | | 困难条件下 | 3.0 |
| 地下管道外壁 | 1.0 | 挖 方 坡 顶 | 一般情况 | 5.0 |
| 乔木中心（树冠直径不大于5m） | 1.0 | | 土质良好，护坡不高（或铺砌明沟） | 2.0 |
| 灌 木 中 心 | 0.5 | 挖 方 坡 脚 | 边坡高度≥2m | 2.0 |
| 人行道路面边缘 | 1.0 | | 边坡高度<2m或边坡加固 | — |
| 架空管线支架基础边缘 | 1.0～1.5 | 填 方 坡 脚 | 一般情况 | 2.0 |
| | | | 地质和排水条件良好或采取措施足以保证填土稳定时 | 1.0 |

注：1. 摘自井生瑞.总图设计［M］.北京：冶金工业出版社，1989；

2. 有铺砌的明沟边缘至建筑物基础边缘的距离不受限制；

3. 当树冠直径大于5m时，间距应适当加大。

排水沟一般布置在场地地势较低处（图 4-62）、挡土墙墙趾［图 4-63（a）］、边坡坡底［图 4-63（b）］、公路型道路两侧［图 4-63（c）］、下沉式地形边缘［图 4-63（d）］、面向建筑物的道路为下坡时［图 4-63（e）］道路的适当位置处，以确保坡体的稳定、行车和路基的安全，以及建筑物入口前不积水。

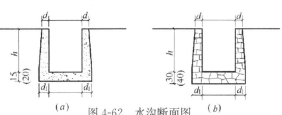

图 4-62　水沟断面图
(a)混凝土沟；(b)片石沟

注：沟底的厚度，括号内数字用于道路边沟。

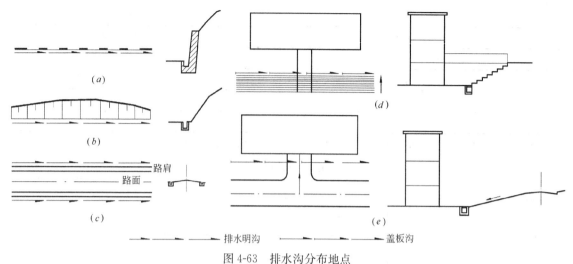

图 4-63 排水沟分布地点

(a)挡土墙墙趾；(b)边坡坡底；(c)公路型道路两侧；(d)下沉式地形边缘；(e)面向建筑物的道路为下坡时

排水沟设计的内容包括布置各条排水沟、确定每条排水沟起点和终点的沟顶标高和沟底标高、水沟长度和沟底纵坡度，以及配置各条水沟内的雨水口等，如图 4-64 所示。水沟的沟顶标高及纵坡应与自然地形相适应。水沟数量多时，可进行编号，以便计算水沟的工程量。此外，还应进行排水沟选型。

## 四、场地防排洪

### （一）不同场地的防洪特点

#### 1. 江、河、湖、泊沿岸场地防洪水

江、河、湖、泊洪水的特点一般是洪水上涨速度较慢，历时长，洪量大。沿大型江河的城市一般都有一定的基础防洪措施（防洪堤、坝等），以确保城市内的建设场地不受洪水、潮水及内涝水的影响，有关的防洪标准见表 4-15 和表 4-16。

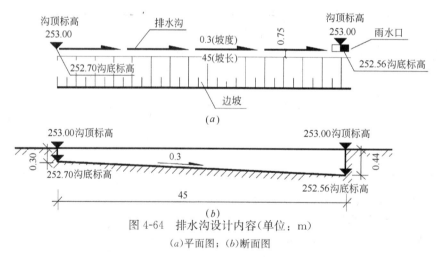

图 4-64 排水沟设计内容（单位：m）

(a)平面图；(b)断面图

**城市防洪工程等别** 表 4-15

| 城市防洪工程等别 | 分 等 指 标 | |
| --- | --- | --- |
| | 防洪保护对象的重要程度 | 防洪保护区人口（万人） |
| Ⅰ | 特别重要 | ≥150 |
| Ⅱ | 重要 | ≥50 且＜150 |
| Ⅲ | 比较重要 | ＞20 且＜50 |
| Ⅳ | 一般重要 | ≤20 |

注：1. 摘自《城市防洪工程设计规范》GB/T 50805—2012；

2. 防洪保护区人口指城市防洪工程保护区内的常住人口。

表 4-16

| 城市防洪工程等别 | 设计标准（年） | | | |
|---|---|---|---|---|
| | 洪　水 | 涝　水 | 海　潮 | 山　洪 |
| Ⅰ | ≥200 | ≥20 | ≥200 | ≥50 |
| Ⅱ | ≥100 且＜200 | ≥10 且＜20 | ≥100 且＜200 | ≥30 且＜50 |
| Ⅲ | ≥50 且＜100 | ≥10 且＜20 | ≥50 且＜100 | ≥20 且＜30 |
| Ⅳ | ≥20 且＜50 | ≥5 且＜10 | ≥20 且＜50 | ≥10 且＜20 |

注：1. 摘自《城市防洪工程设计规范》GB/T 50805—2012；
　　2. 根据受灾后的影响、造成的经济损失、抢险难易程度以及资金筹措条件等因素合理确定；
　　3. 洪水、山洪的设计标准指洪水、山洪的重现期；
　　4. 涝水的设计标准指相应暴雨的重现期；
　　5. 海潮的设计标准指高潮位的重现期。

另外，要了解洪水多发日期以及持续时间，以及所在地区的防洪工程规划与所采取的工程措施等。如果没有堤防设施，为保证场地的稳定与安全，要使场地设计地面的标高高于设计频率洪水位加壅水高度和浪高最少 0.5m 以上，见图 4-4。洪水位的高低决定了建筑工程造价，要根据水文资料确定好设计频率（重现期）及其洪水位，并解决可能产生的内涝治理问题。

例如：万县重庆小天鹅移民开发小区规划设计（图 4-65），场地北侧为萱溪河，三峡水库蓄水后，萱溪河水位上涨，淹没范围宽，但水的深度不深，且处于水位变化带。为保证小区建筑物的安全，并有效地利用场地，竖向规划采取了填土筑堤的措施。总体布局时，根据堤岸的线形组织建筑布局，既可保证场地的安全，又能有效利用库区的水景。

2. 山地场地防山洪

由于山洪流域面积大，纵坡大，洪峰高，流速快，挟砂带石，对场地的破坏性很大。当基地外围有较大汇水汇入或穿越基地，且建设场地位于山脚时（图 4-66），或是三面环山、一面开敞的建设场地，建筑布置要充分考虑自然冲沟的影响，必须保证建筑或建筑群不受山洪的侵袭，需在场地外围坡脚下设置排洪沟泄洪，有组织地进行地面排水。设置排洪沟泄洪，场地排水应结合排洪沟设计；必要时在场地外围山坡上设置截水沟，以排除暴雨时的山洪。应采取技术措施，防止山体滑坡、坍塌、泥石流等地质灾害发生，保证建、构筑物的安全。截水沟的设置位置可参见图 4-67。

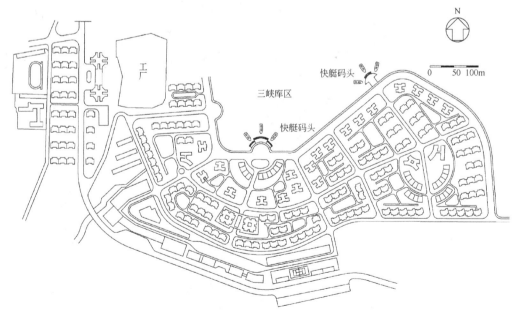

图 4-65　万县重庆小天鹅移民开发小区修建性详细规划总平面图

图 4-66　山坡下的建筑群需防山洪

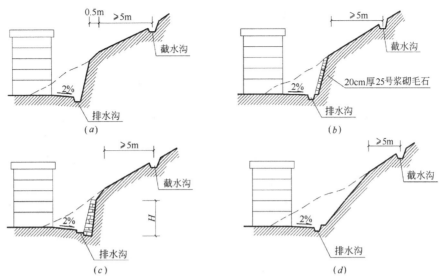

图 4-67　截水沟的设置位置
(a)设置在岩石边坡上；(b)设置在有贴砌护坡的边坡上；
(c)设置在挡土墙加土边坡上；(d)设置在黏土边坡上

排洪沟是为了使山洪能顺利排入较大河流或河沟而设置的防洪设施。应提前规划设计，图纸绘制完成后，统计工程量，估算投资；还要经过评审。

排洪沟设计应结合地形，因势利导。山洪宜泄不宜堵，宜分散排放，避免集中，从而增大流量。排洪沟的布置应尽可能利用原有沟渠、河道，如改变原有排洪沟进行截弯取直或筑块引流时，必须十分慎重。如果场地内需要布置排洪沟，则要进行用地两端道路交通的衔接和管线衔接，工程设计的难度增加，运营费也将增加。如果因用地有限，将排洪沟布置在车行道路下，将会加大排洪沟的造价。如果为保证建筑布局完整，将排洪沟改道布置在场地边缘，也会增加工程造价。设计时应根据不同的汇水面积及流量，分段计算截面，确定断面大小，以节约投资。在气象资料不全的情况下，一般以当地洪水痕迹调查为依据，同时对洪水流量进行设计核算；设计用洪水频率根据场地性质和所在位置等因素确定。

排洪沟的线形可以是直线，也可以是曲线；其中心线半径不应小于沟面宽度的5～10倍。其截面可以设计为梯形，也可以为矩形（如宽度为2m）。其埋深可以设计在地面，也可以设计在地下（注意应与建筑和结构专业配合设计）。

排洪沟的设计，由总图专业确定有无、位置和长度，由给水排水专业确定其过水断面，由结构专业确定其结构和基础。

截水沟是排洪沟的一种特殊形式，位居开挖边坡或挡土墙的上方、山麓或土源坡底的地表面。可在山坡上选择地形平缓、地质条件较好的地带修建，也可以在坡脚修建截水沟，拦截坡面水，在沟内积蓄或送入排洪沟内。一般其截面为梯形（底边宽0.6m），工业设计院可根据标准图来选型。

3. 沿海岸场地防风暴潮

沿海岸场地防洪的主要对象是风暴潮，特别是天文潮与风暴潮相遇时具有很大的破坏力。位于河口的沿海场地要分析研究河洪水位、天文潮位及风暴潮暴涨增高水位的最不利组合问题，以此确定场地设计标高，保证场地的稳定、安全和正常使用。

（二）场地防洪与排涝

在制定防洪方案时，要结合当地的经验，首先进行有关构筑物（如排洪沟或截洪沟）的设计，其汇水面积和结构设计必须经过水力计算。排洪沟或截洪沟应在场地平整之前建成，以确保场地在建设和使用期间的稳定。场地防洪设计的内容包括排洪沟或截洪沟的布置和定位。

当场地设计地面标高低于江河湖海的常年洪

水位标高时，将会出现内涝的情况。场地内部的雨水必须靠动力排放，且设计时需要与给水排水专业相互配合，考虑设备的选用。

## 第五节 竖向设计的表示方法

竖向设计的表示方法常用的有设计标高法、设计等高线法和局部剖面法。一般来说，平坦场地常用的是设计等高线法，坡地场地常用的是设计标高法和局部剖面法。有时，一项设计里可以采用两种或三种表示方法，只要能够清楚地表达设计内容即可。

**一、设计标高法**

设计标高法也称高程箭头法，根据地形图上所指示的地面高程，确定道路控制点（起止点、交叉点）与变坡点的设计标高、建筑室内外地坪的设计标高，以及场地内地形控制点的标高，并将其注在图上。同时，要确定设计道路的坡度及坡向，以地面排水符号（即箭头）表示不同地段、不同坡面地表水的排除方向，见图 4-68。设计标高法的工作量较小，图纸绘制较快，且易于变动与修改，较常用，但有些部位的标高不直观。

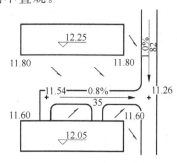

图 4-68 设计标高法（单位：m）

**【例 4-4】** 已知某居住组团总平面布置如图 4-69，建筑物室内外高差均采用 0.6m，室外踏步高度取 0.15m。道路最大纵坡为 6%，平曲线不设加宽和超高，等高距为 0.5m。试用设计标高法表达其竖向设计内容。

**【解】**

**【步骤 1】** 计算建筑物室内地坪标高和室外设计标高（图 4-70）

该基地的地形平坦，不进行场地平整。根据

等高线内插出建筑物散水坡脚处的自然地面标高，即为室外设计标高，并在图上相应位置进行标注（图 4-70 中建筑物散水四角数值）。由于建筑物基本上垂直于等高线布置，在建筑物山墙两端会出现一定的高差，所以，根据室外设计标高中最高点的标高来计算室内地坪标高，即：

建筑物室内地坪标高＝室外设计标高（最高点）＋
建筑物室内外高差
＝室外设计标高（最高点）＋0.6m

将所求出的数值标注在建筑物室内适当位置。

如⑦号楼的室外设计标高为 470.85、471.15、471.25 和 471.40m，其最高点为 471.40m，则室内地坪标高＝471.40＋0.60＝472.00m；同理，⑧号楼为 472.65m，⑨号楼为 472.30m，⑩号楼为 472.70m；在平面图中注出。

**【步骤 2】** 确定道路竖向设计（图 4-71）

用 JD1、JD2、JD3 等形式，将道路各控制点（如交叉点、转弯点、衔接点等）逐一编号。

道路的竖向设计内容包括：确定各控制点中心线处的设计标高，每段道路的坡度和坡向。

由于场地道路往往与建筑物毗邻，当确定好建筑物室外设计标高后，可以由此推算道路中心线标高 $h$。在本例中，$h$＝室外设计标高－0.30，如 $h_{13}$＝472.05－0.30＝471.75m，$h_{12}$＝471.45－0.30＝471.15m；同理，推算出所有道路控制点的标高。

接着，根据平面图已定的每一段道路的长度（即坡长），确定其坡度 $i$；并根据相邻标高值大小判断出坡向，以箭头表示。将坡长 $l$、坡度 $i$ 和坡向以总图中的道路图例——坡度标的形式表示在道路中心线上的适当位置。

由地形自然标高确定出的道路纵坡 $i$，要根据《城市道路工程设计规范》CJJ 37—2012（2016 年版）第 6.3.1 条、第 6.3.2 条进行检验。当 $i_{min}(0.3\%)\leqslant i\leqslant i_{max}(6\%)$ 时，道路坡度不变，如 JD1-JD6、JD3-JD13、JD5-JD16、JD8-JD10 和 JD12-JD15；否则，要根据 $i_{min}$ 或 $i_{max}$ 来确定道路坡度，不再考虑地形实际的坡度大小，如 JD9-JD11。在场地内部，也可以将某局部路段设计成平坡，如 JD2-JD8 和 JD7-JD8。

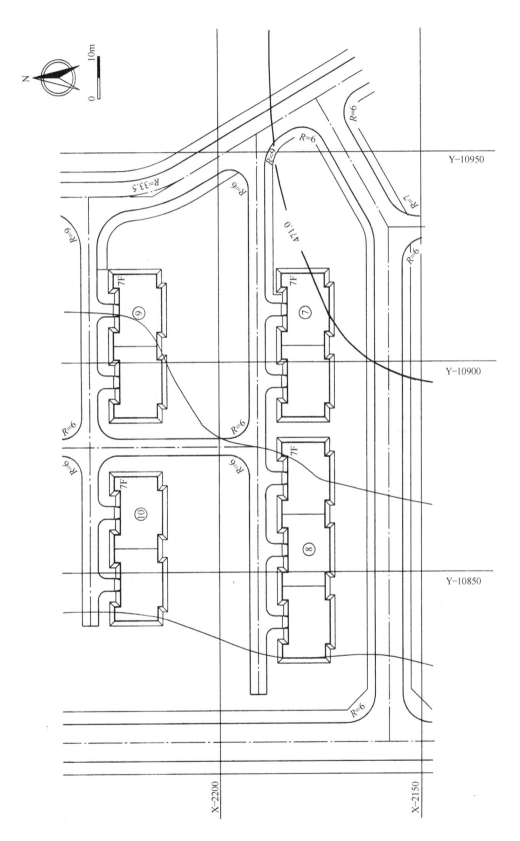

图 4-69 某居住组团总平面图

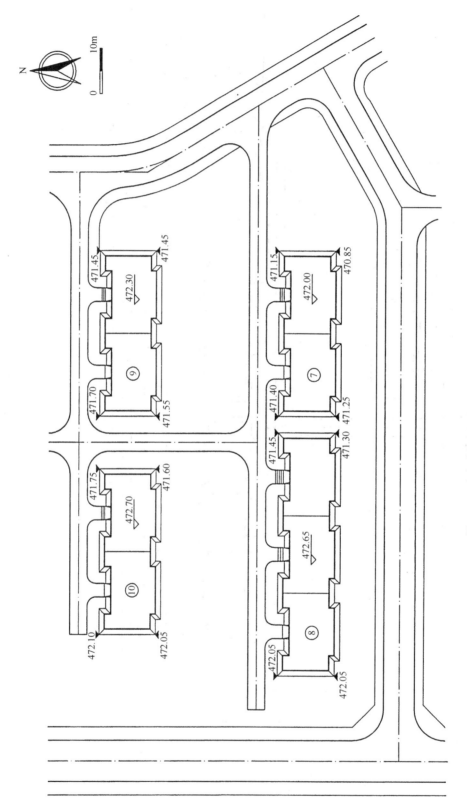

图 4-70　确定建筑物室内地坪标高、室外设计标高

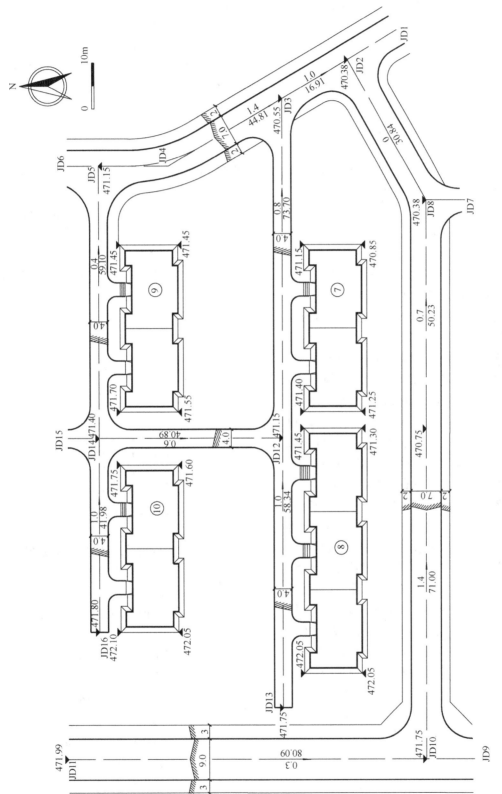

图 4-71 确定道路竖向设计

另外，要根据道路宽度确定道路横断面的形式，一般宽度小于 4.5m 的道路可采用单坡，否则，采用双坡。在本例中，宽度为 9m 和 7m 的道路采用双坡，宽度为 4m 的道路采用单坡。将每一段道路的横断面形式分别标注在图中适当位置。

**【步骤 3】** 确定场地排水方向（图 4-72）

由于道路低于建筑物附近的地面，所以，可以将地面的雨水直接排向道路。每一块场地都要进行具体分析，地形变化趋势决定了排水方向。用中粗线绘制的箭头表示出雨水流动方向。

**【步骤 4】** 划分交叉口范围（图 4-73）

该设计包括 7 个交叉口，为便于讲解，用罗马数字顺序编号。找出各交叉口路缘石曲线的切点，画出与道路中心线垂直的辅助线（图 4-73 中的虚线），两相邻辅助线所包括的范围，即为交叉口的范围。

**【步骤 5】** 确定交叉口雨水口分布（图 4-73）

根据交叉口相邻道路的坡向状态（即相对、一致或分离），和道路横断面形式是单坡或双坡，来判断是否有积水点，以此来确定交叉口雨水口的数量和位置。如第 Ⅰ、Ⅱ、Ⅲ、Ⅴ 和Ⅵ号交叉口在西北角有一个积水点，第Ⅳ号交叉口有三个积水点，而第Ⅶ号交叉口没有积水点。

**【步骤 6】** 确定直线段雨水口分布（图 4-74）

该设计的直线段有 13 段，用（1）、（2）和（3）等顺序编号。按照道路竖向设计的工程经验，将雨水口间距取为 30m，结合道路长度和坡向，大致分布其位置，确定雨水口的数量。如第（8）、（9）、（11）、（13）段分别在中间位置设 1 个雨水口，即 y22、y24、y27、y29；第（10）段在道路低处设 1 个雨水口，即 y25；在 JD1～JD6 的范围内布置 4 个雨水口，分别布置在第（1）段和第（2）段适当位置，即 y1、y2、y3、y4；第（6）段大致均匀地布置了 6 个雨水口，即 y9、y10、y11、y12、y13、y14；第（14）段大致均匀地布置了 6 个雨水口，即 y15、y16、y17、y18、y19、y20（图 4-74）。

图 4-75 为设计标高法示例。

## 二、设计等高线法

设计等高线法是用等高线表示设计地面、道路、广场、停车场和绿地等的地形设计情况。一般用于平坦场地或对室外场地要求较高的情况。设计等高线法表达地面设计标高清楚明了，能较完整地表达任何一块设计用地的高程情况，见图 4-76。

要进行设计等高线的绘制，必须先完成道路、广场和停车场的平面布置，并确定出各控制点的标高；然后，才能据此绘制各部分的等高线。

（一）道路直线段等高线的计算和绘制

如图 4-77，选定设计等高距 $\Delta h$，视道路纵坡坡度大小，一般为 0.02～0.10m，取偶数则便于计算。一般情况下，人行道纵坡与道路纵坡一致。

$$L_1 = L_3 = \frac{\Delta h}{i_1^{纵}} \qquad (4-8)$$

$$L_2 = \frac{\frac{B_1}{2} \times i_1^{横}}{i_1^{纵}} \qquad (4-9)$$

$$L_4 = \frac{B_2 \times i_2^{横}}{i_1^{纵}} \qquad (4-10)$$

$$L_5 = \frac{h_{路}}{i_1^{纵}} \qquad (4-11)$$

式中　$L_1$——道路中心线处等高线间距(m)；

$L_2$——道路边缘至拱顶同名等高线的水平距离(m)；

$L_3$——人行道外缘线处等高线间距(m)；

$L_4$——人行道内缘至外缘同名等高线的水平距离(m)；

$L_5$——人行道与路面同名等高线的水平距离(m)；

$i_1^{纵}$——道路纵坡度(%)；

$i_1^{横}$——道路横坡度(%)；

$B_1$——道路路面宽度(m)；

$B_2$——人行道宽度(m)；

$i_2^{横}$——人行道横坡度(%)；

$\Delta h$——设计等高距(m)；

$h_{路}$——路缘石高度(m)。

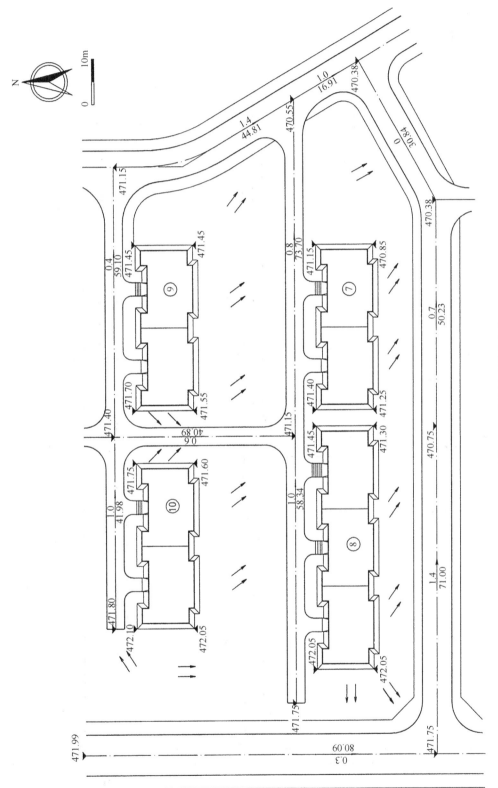

图 4-72 确定场地排水方向

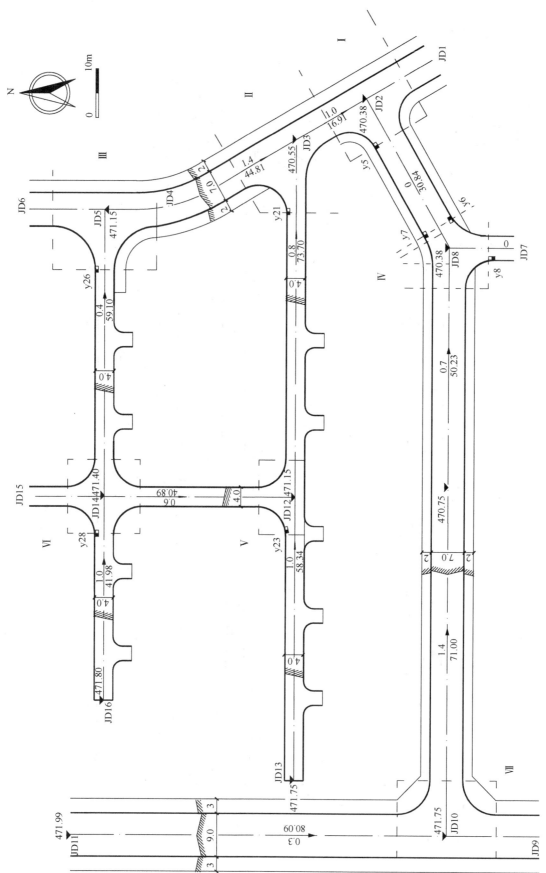

图 4-73  确定交叉口雨水口布置

222

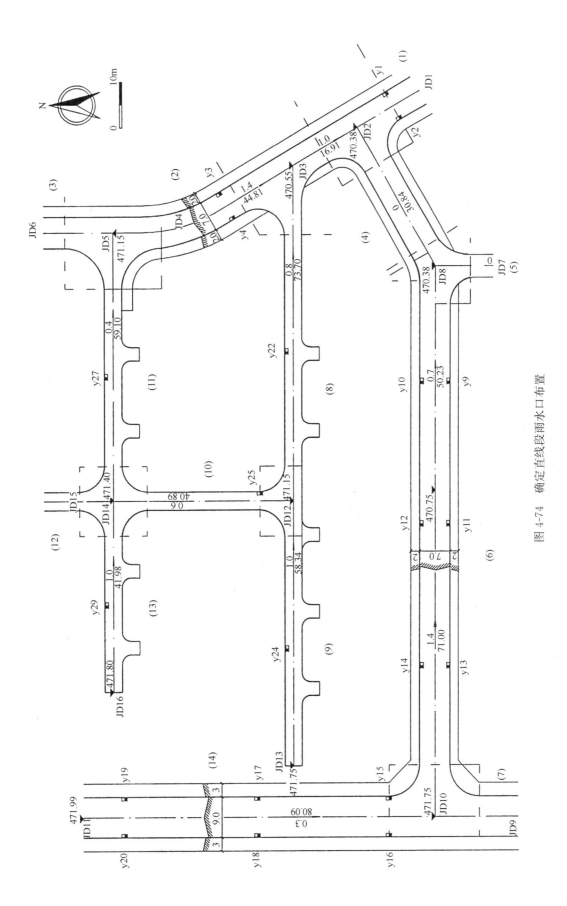

图 4-74 确定直线段雨水口布置

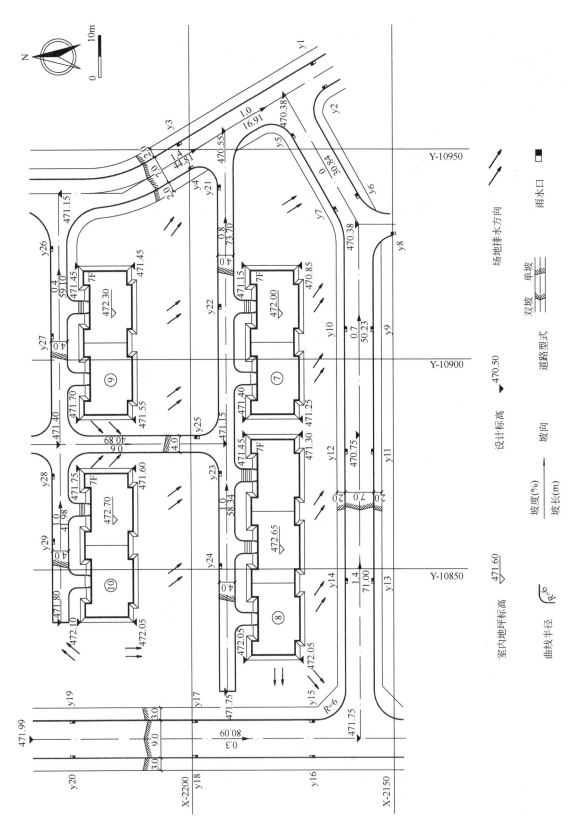

图 4-75 设计标高法示例

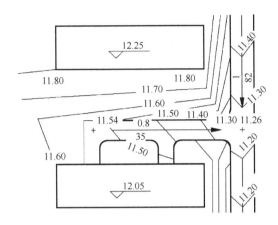

图 4-76　设计等高线法（单位：m）

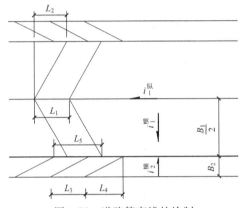

图 4-77　道路等高线的绘制

比如 $\Delta h$ 取 0.02m，将线段按高差等分时，如果线段两端点标高均为偶数，按 0.02m 等分；如果两点中有一点为奇数，则先按 0.01m 等分，再保留下数值为偶数的标高点。

【例 4-5】　已知道路宽度为 7.0m，道路为平坡，$a$ 点设计标高为 470.38m，横断面形式为双坡，横向坡度为 2%，道路的设计条件如图 4-78（$a$）所示，试绘制其等高线。

【解】

【步骤 1】　确定道路另一侧 $b$ 点的设计标高

由图 4-78（$a$）可知，$h_a=470.38$m，$h_b=h_a=470.38$m［图 4-78（$b$）］。

【步骤 2】　确定道路端点处路边各点的标高

过 $a$ 点作辅助线 $a_1a_2$ 垂直于道路中心线，则 $a_1$ 点的设计标高 $h_{a1}$ 为：

$$h_{a1}=h_a-\frac{B}{2}\times i_横=470.38-\frac{7.0}{2}\times 2\%=470.31(\mathrm{m})$$

过 $b$ 点作辅助线 $b_1b_2$ 垂直于道路中心线，则 $b_1$ 点的设计标高 $h_{b1}$ 为：

$$h_{b1}=h_b-\frac{B}{2}\times i_横=470.38-\frac{7.0}{2}\times 2\%=470.31(\mathrm{m})$$

【步骤 3】　确定 $a_1a_2$、$b_1b_2$ 断面等高线的位置

取设计等高线的等高距 $\Delta h$ 为 0.02m，将 $a_1a$ 等分为 $n$ 份，因为标高中有奇数值，所以按 0.01m 等分：

$$n=\frac{h_a-h_{a1}}{0.01}=\frac{470.38-470.31}{0.01}=7，$$ 保留其中等高线数值为偶数的点，即 471.32m、471.34m 和 471.36m；

同理，将 $b_1b$ 等分为 7 份，保留其中等高线数值为偶数的点，即 471.32m、471.34m 和 471.36m［图 4-78（$c$）］。

【步骤 4】　连接等高线

在 $a_1a$、$bb_1$ 中，将标高相同的点连接起来，即为该段道路的等高线［图 4-78（$d$）］。由于道路的横坡为双坡，可以对称地画出另一半的等高线［图 4-78（$e$）］。

【例 4-6】　已知道路宽度为 4.0m，纵向坡度为 1.0%，横断面形式为单坡，横向坡度为 2%，$a$ 点设计标高为 471.75m，道路设计条件如图 4-79（$a$）所示，试绘制道路等高线。

【解】

【步骤 1】　确定道路另一侧 $b$ 点的标高

由图 4-79（$a$）可知，$h_a=471.75$m，则 $h_b=h_a-i_纵\times l=471.75-1\%\times 50=471.25(\mathrm{m})$ ［图 4-79（$b$）］。

【步骤 2】　确定道路端点处路边各点的标高

过 $a$ 点作辅助线 $a_1a_2$ 垂直于道路中心线，因为道路横坡为北高南低的单向坡度，则 $a_1$ 点的设计标高 $h_{a1}$ 为：

$$h_{a1}=h_a+\frac{B_1}{2}\times i_1^横=471.75+\frac{4.0}{2}\times 2\%=471.79(\mathrm{m})$$

而 $a_2$ 点的设计标高 $h_{a2}$ 为：

$$h_{a2}=h_a-\frac{B_1}{2}\times i_1^横=471.75-\frac{4.0}{2}\times 2\%=471.71(\mathrm{m})$$

过 $b$ 点作辅助线 $b_1b_2$ 垂直于道路中心线，则 $b_1$ 点的设计标高 $h_{b1}$ 为：

$$h_{b1}=h_b+\frac{B_1}{2}\times i_1^横=471.25+\frac{4.0}{2}\times 2\%=471.29(\mathrm{m})$$

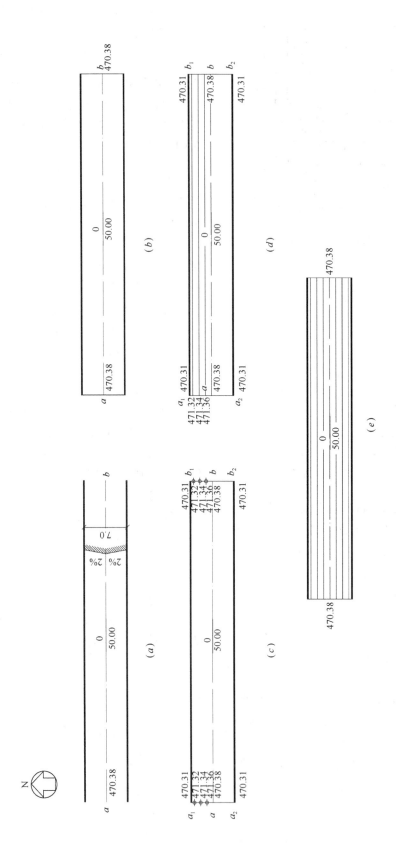

图 4-78 道路平坡段等高线绘制（单位：m）

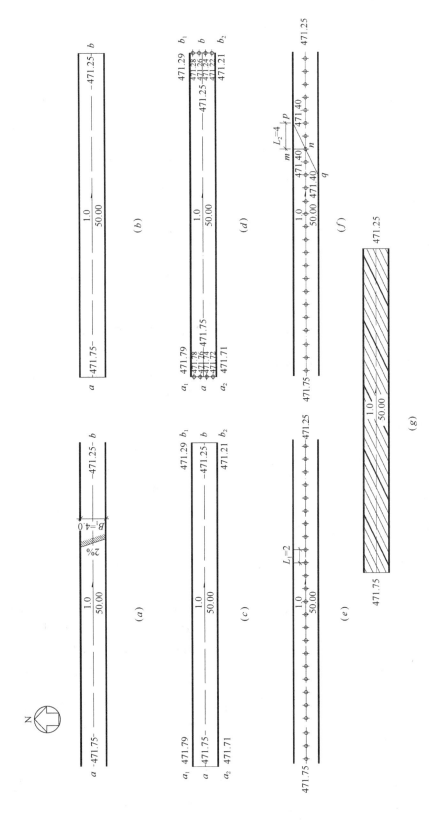

图 4-79 单坡道路等高线绘制(长度和标高单位：m；坡度单位：%)

而 $b_2$ 点的设计标高 $h_{b2}$ 为：

$$h_{b2}=h_b-\frac{B_1}{2}\times i_1^{横}=471.25-\frac{4.0}{2}\times2\%=471.21(m)$$

各点标高见图 4-79(c)。

**【步骤3】** 确定 $a_1a_2$、$b_1b_2$ 断面等高线的位置

取设计等高线的等高距 $\Delta h$ 为 0.02m，将 $a_1a$ 等分为 $n$ 份，因为标高中有奇数值，所以按 0.01m 等分，$n=\frac{h_{a1}-h_a}{0.01}=\frac{471.79-471.75}{0.01}=4$，保留其中等高线数值为偶数的点，即 471.78m 和 471.76m；将 $aa_2$ 等分为 $n$ 份，$n=\frac{h_a-h_{a2}}{0.01}=\frac{471.75-471.71}{0.01}=4$，保留其中等高线数值为偶数的点，即 471.74m 和 471.72m。

同理，将 $b_1b$ 等分为 $n$ 份，$n=\frac{h_{b1}-h_b}{0.01}=\frac{471.29-471.25}{0.01}=4$，保留其中等高线数值为偶数的点，即 471.28m 和 471.26m；将 $bb_2$ 等分为 $n$ 份，$n=\frac{h_b-h_{b2}}{0.01}=\frac{471.25-471.21}{0.01}=4$，保留其中等高线数值为偶数的点，即 471.24m 和 471.22m[图 4-79(d)]。

**【步骤4】** 确定道路中心线上标高点的位置

先将道路中心线 $ab$ 等分为 $n$ 份，$n=\frac{h_a-h_b}{0.01}=\frac{471.75-471.25}{0.01}=50$，保留其中等高线数值为偶数的点，即每份长度为 $L_1=\frac{\Delta h}{i_1^{纵}}=\frac{0.02}{1\%}=2(m)$，注出标高数值[图 4-79(e)]。然后，求 $L_2=\frac{\frac{B_1}{2}\times i_1^{横}}{i_1^{纵}}=\frac{\frac{4}{2}\times2\%}{1\%}=4(m)$。作辅助线 $mn$ 垂直于道路中心线，由于道路横坡为北高南低，道路纵坡为西高东低，所以 $p$ 点应位于 $mn$ 的东侧，连接 $np$ 即为等高线的方向。因为道路为单坡，所以直接将 $np$ 延长到 $q$ 点[图 4-79(f)]。

**【步骤5】** 连接等高线

在各偶数点位置，作 $pq$ 的平行线，即为该

道路的等高线[图 4-79(g)]，并将其中百分位为零的等高线，如 471.70m、471.60m、471.50m、471.40m 和 471.30m 的线条加粗，便于设计审核。

**【例 4-7】** 已知道路宽度 $B_1$ 为 9.0m，纵向坡度为 0.3%，横断面形式为双坡，横向坡度为 2%，人行道宽度 $B_2$ 为 3.0m，横向坡度为 3%，道路 $a$ 点设计标高为 471.78m，路缘石高度为 0.15m，道路设计条件如图 4-80(a)所示，试绘制道路等高线。

**【解】**

**【步骤1】** 确定道路另一侧 $b$ 点的标高

由图 4-80(a)可知，$h_a=471.78m$，则：

$$h_b=h_a+i_{纵}\times l=471.78+0.3\%\times50=471.93(m)[图 4-80(b)]。$$

**【步骤2】** 确定道路端点处路边各点的标高

过 $a$ 点作辅助线 $a_1a_2$ 垂直于道路中心线，因为道路横坡为双向坡度，则 $a_1$ 点的设计标高 $h_{a1}$、$a_2$ 点的设计标高 $h_{a2}$ 为：

$$h_{a1}=h_{a2}=h_a-\frac{B_1}{2}\times i_1^{横}=471.78-\frac{9.0}{2}\times2\%$$

$$=471.69(m)$$

过 $b$ 点作辅助线 $b_1b_2$ 垂直于道路中心线，则 $b_1$ 点的设计标高 $h_{b1}$、$b_2$ 点的设计标高 $h_{b2}$ 为：

$$h_{b1}=h_{b2}=h_b-\frac{B_1}{2}\times i_1^{横}=471.93-\frac{9.0}{2}\times2\%$$

$$=471.84(m)，各点标高见图 4-80(b)。$$

**【步骤3】** 确定 $a_1a_2$、$b_1b_2$ 断面等高线的位置

取设计等高线的等高距 $\Delta h$ 为 0.02m，将 $a_1a$ 等分为 $n$ 份，$n=\frac{h_a-h_{a1}}{0.01}=\frac{471.78-471.69}{0.01}=9$，保留其中等高线数值为偶数的点，即 471.70m、471.72m、471.74m 和 471.76m；将 $aa_2$ 等分为 $n$ 份，$n=\frac{h_a-h_{a2}}{0.01}=\frac{471.78-471.69}{0.01}=9$，保留其中等高线数值为偶数的点，即 471.76m、471.74m、471.72m 和 471.70m。

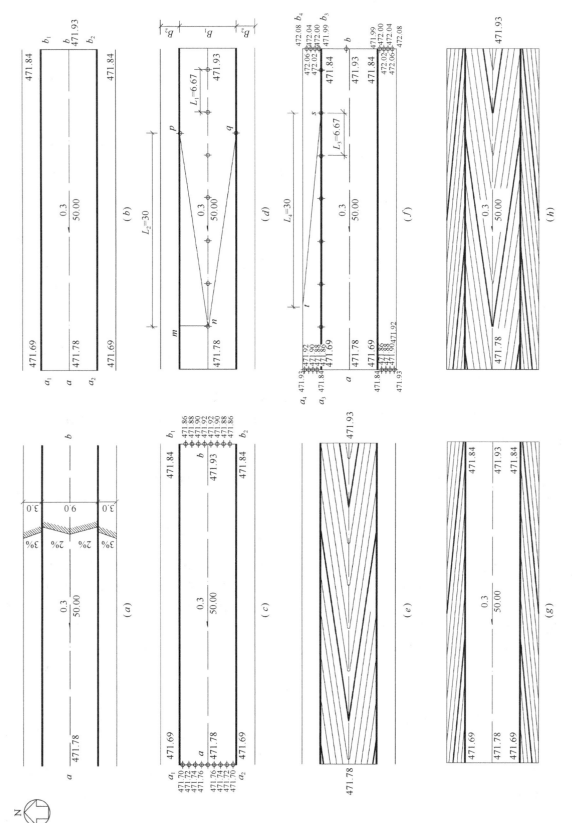

图 4-80 双坡道路等高线绘制（长度和标高简单位：m；坡度单位：%）

同理，将 $b_1 b$ 等分为 $n$ 份，$n = \dfrac{h_b - h_{b1}}{0.01} = \dfrac{471.93 - 471.84}{0.01} = 9$，保留其中等高线数值为偶数的点，即 471.86m、471.88m、471.90m 和 471.92m；将 $b b_2$ 等分为 $n$ 份，$n = \dfrac{h_b - h_{b2}}{0.01} = \dfrac{471.93 - 471.84}{0.01} = 9$，保留其中等高线数值为偶数的点，即 471.92m、471.90m、471.88m 和471.86m〔图 4-80(c)〕。

**【步骤 4】** 确定道路中心线上等高线的位置

先将道路中心线 $ab$ 等分为 $n$ 份，$n = \dfrac{h_b - h_a}{0.01} = \dfrac{471.93 - 471.78}{0.01} = 15$，保留等高线数值为偶数的点，即每份长度为 $L_1 = \dfrac{\Delta h}{i_1^{纵}} = \dfrac{0.02}{0.3\%} = 6.67(\text{m})$，注出标高数值〔图 4-80(d)〕。然后，求 $L_2 = \dfrac{\dfrac{B_1}{2} \times i_1^{横}}{i_1^{纵}} = \dfrac{\dfrac{9.0}{2} \times 2\%}{0.3\%} = 30(\text{m})$。做辅助线 $mn$ 垂直于道路中心线，由于道路纵坡为西低东高，所以 $p$ 点应位于 $mn$ 的东侧，连接 $np$ 即为等高线的方向；因为道路横坡为双坡，所以对称地连接出 $q$ 点。

**【步骤 5】** 连接道路等高线

在各偶数点位置，分别作 $np$、$nq$ 的平行线，即为该道路的等高线〔图 4-80(e)〕，并将数值为 471.70m、471.80m 和 471.90m 的等高线用粗线表示，再将道路中心线处两直线等高线所形成的尖角修整圆顺。

**【步骤 6】** 确定人行道两端的设计标高

过 $a$ 点作辅助线 $a_3 a_4$ 垂直于道路中心线，人行道的设计标高 $h_{a3}$ 和 $h_{a4}$ 为：
$$h_{a3} = h_{a1} + h_{路缘石}$$
$$= 471.69 + 0.15 = 471.84(\text{m})$$
$$h_{a4} = h_{a3} + i_2^{横} \times B_2$$
$$= 471.84 + 3\% \times 3 = 471.93(\text{m})$$

过 $b$ 点作辅助线 $b_3 b_4$ 垂直于道路中心线，人行道的设计标高为 $h_{b3}$ 和 $h_{b4}$：
$$h_{b3} = h_{b1} + h_{路缘石}$$
$$= 471.84 + 0.15 = 471.99(\text{m})$$
$$h_{b4} = h_{b3} + i_2^{横} \times B_2$$
$$= 471.99 + 3\% \times 3 = 472.08(\text{m})$$

**【步骤 7】** 确定人行道上等高线的位置

将 $a_3 a_4$ 等分为 $n$ 份，$n = \dfrac{h_{a4} - h_{a3}}{0.01} = \dfrac{471.93 - 471.84}{0.01} = 9$，保留其中等高线数值为偶数的点，即 471.86m、471.88m、471.90m 和 471.92m；将 $b_3 b_4$ 等分为 $n$ 份，$n = \dfrac{h_{b4} - h_{b3}}{0.01} = \dfrac{472.08 - 471.99}{0.01} = 9$，保留其中等高线数值为偶数的点，即 472.00m、472.02m、472.04m 和 472.06m。

因为人行道与道路的纵坡相同，所以 $L_3 = L_1 = 6.67\text{m}$，
$$L_4 = \dfrac{B_2 \times i_2^{横}}{i_2^{纵}} = \dfrac{3 \times 3\%}{0.3\%} = 30(\text{m})〔图 4-80(f)〕。$$

**【步骤 8】** 连接人行道等高线

在 $a_3 b_3$ 上各偶数点位置，分别作 $st$ 的平行线，即为人行道的等高线，对称地画出另一侧人行道的等高线〔图 4-80 (g)〕，并将数值为 471.90m 和 472.00m 的等高线用粗线表示。

经过上述步骤完成的道路等高线如图 4-80 (h)所示。

(二)道路交叉口等高线的计算和绘制

(1)确定交叉口设计的范围：因为道路自双向坡过渡到单向坡时，需要在一定的距离内才能逐步完成。所以，其范围一般规定为路缘石切点外5～10m (图 4-81)。

(2)参照图 4-82 道路交叉口设计等高线的基本形式，根据交叉口相邻道路的坡向，画出交叉口标准参考等高线，以供参考。

(3)选定与道路直线段相同的设计等高距 $\Delta h$。

(4)定出交叉口范围内的中心线控制标高，其步骤是由交叉点标高 $h_A$，参考四周地形及建筑布置等，求出各路缘石切点处横断面上 $F$、$C$ 和 $K$ 点的标高 (图 4-81)，即：

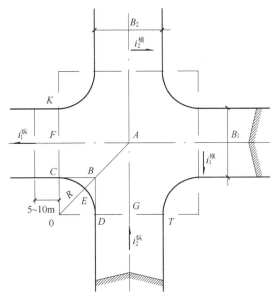

图 4-81 交叉口等高线的绘制

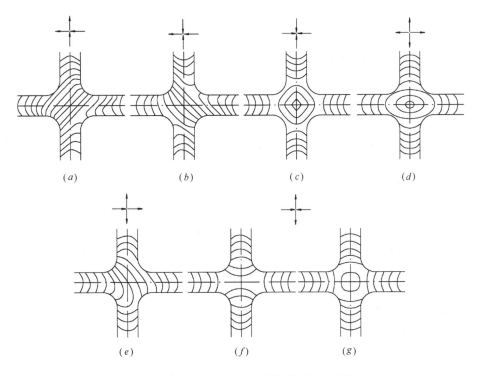

图 4-82 道路交叉口设计等高线的基本形式

$$h_\mathrm{F}=h_\mathrm{A}-AF\times i_1^{纵},\ h_\mathrm{C}(或\ h_\mathrm{K})=h_\mathrm{F}-\frac{B_1\times i_1^{横}}{2}$$
$$(4\text{-}12)$$

式中　$i_1^{纵}$——道路纵坡度（%）；

　　　$i_1^{横}$——道路横坡度（%）；

$B_1$——道路路面宽度（m）。

同样方法，求出 $h_\mathrm{G}$ 和 $h_\mathrm{D}$（或 $h_\mathrm{T}$）。

然后，根据 $A$、$C$、$D$ 点的标高，求出交叉口范围内的等高线变化：

如 $h_\mathrm{B}=\dfrac{[(+i_1^{纵}\times R+h_\mathrm{C})+(-i_2^{纵}\times R+h_\mathrm{D})]}{2}$ （4-13）

231

$$h_E = h_A - \frac{h_A - h_B}{AB} \times AE \qquad (4\text{-}14)$$

式中　$i_2^{纵}$——道路纵坡度（%）；

　　　$R$——交叉口路缘石转弯半径（m）。

再根据 $C$、$D$、$E$ 各点标高，沿 $CD$ 曲线用内插法求出需要的各点标高。

同理，可将交叉口四角各需要点的标高都计算出来。参照标准参考等高线的形状，把各等高点连接起来，成为初步的竖向设计图。

对于水泥混凝土路面，在已确定的交叉口平面分块图上勾绘直线或折线等高线，对于沥青路面可按实际状况，将设计等高线勾画成曲线等高线。

（5）调整等高线的形式：按行车平顺、排水迅速并与附近建筑标高协调、交叉口美观的要求，对按以上步骤所画成的设计等高线及间距进行调整（一般是当中疏、边沟密），以求缓和过渡。

（6）最后，找出交叉口的积水点，布置雨水口。

**【例 4-8】** 已知东西向道路宽度为 7.0m，纵向坡度为 1.4%，南北向道路宽度为 9.0m，纵向坡度为 0.3%，路缘石转弯半径为 6.0m，两条道路的横断面形式均为双坡，横向坡度均为 2%，交叉点的设计标高为 471.75m，道路交叉口的设计条件如图 4-83（$a$）所示，试绘制出道路交叉口的设计等高线。

**【解】** 根据道路中心线的分布，将道路分成 3 部分[图 4-83（$b$）]，逐一进行绘制。首先绘制第 Ⅰ 部分的等高线。方法如下：

**【步骤 1】** 确定交叉口范围

根据各曲线的切点，划分交叉口的范围[图 4-83（$b$）]。

**【步骤 2】** 计算道路各控制点的标高

$$h_F = h_A - AF \times i_1^{纵} = 471.75 - \left(\frac{9.0}{2} + 6.0\right) \times 1.4\%$$
$$= 471.60(\text{m})$$

$$h_C = h_F - \frac{B_1 \times i_1^{横}}{2} = 471.60 - \frac{7.0}{2} \times 2\%$$
$$= 471.53(\text{m})$$

$$h_G = h_A + AG \times i_2^{纵} = 471.75 + \left(\frac{7.0}{2} + 6.0\right) \times 0.3\%$$

$$= 471.78(\text{m})$$

$$h_D = h_G - \frac{B_2 \times i_2^{横}}{2} = 471.78 - \frac{9.0}{2} \times 2\%$$

$$= 471.69(\text{m})$$

将计算结果标注在图 4-83（$b$）中。

**【步骤 3】** 将 $AF$、$AG$、$FC$、$DG$ 和 $CD$ 等分取设计等高线的等高距 $\Delta h$ 为 0.02m：

$n_{AF} = \dfrac{h_A - h_F}{0.01} = \dfrac{471.75 - 471.60}{0.01} = 15$，保留偶数点，即 471.62m、471.64m、471.66m、471.68m、471.70m、471.72m 和 471.74m；

$n_{AG} = \dfrac{h_G - h_A}{0.01} = \dfrac{471.78 - 471.75}{0.01} = 3$，保留偶数点，即 471.76m；

$n_{FC} = \dfrac{h_F - h_C}{0.01} = \dfrac{471.60 - 471.53}{0.01} = 7$，保留偶数点，即 471.54m、471.56m 和 471.58m；

$n_{DG} = \dfrac{h_G - h_D}{0.01} = \dfrac{471.78 - 471.69}{0.01} = 9$，保留偶数点，即 471.70m、471.72m、471.74m 和 471.76m；

$n_{CD} = \dfrac{h_D - h_C}{0.01} = \dfrac{471.69 - 471.53}{0.01} = 16$，保留偶数点，即 471.54m、471.56m、471.58m、471.60m、471.62m、471.64m、471.66m 和 471.68m。

将上述各点标注在图中[图 4-83（$c$）]。

**【步骤 4】** 连接等高线

参照标准等高线的形状，将各相邻的标高值相等的点用直线连接[图 4-83（$d$）]。

同理，绘制出第 Ⅱ 部分的等高线[图 4-83（$e$）]。

第 Ⅲ 部分的等高线实际上就是道路直线段的等高线，画法从略[图 4-83（$f$）]。

**【步骤 5】** 调整等高线的形式

如果道路为柔性路面，且采用半立方式抛物线形路拱，则须将道路路面上的等高线修改成曲线。首先，确定抛物线形路拱的方程，其路拱方程为 $y = h\left(\dfrac{x}{B/2}\right)^{\frac{3}{2}}$；如果将道路横断面等分为 10 份，则道路中心线至路缘石方向的路拱各点高度分别为 $h_1$、$0.91h_1$、$0.75h_1$、$0.54h_1$、$0.29h_1$ 和 0

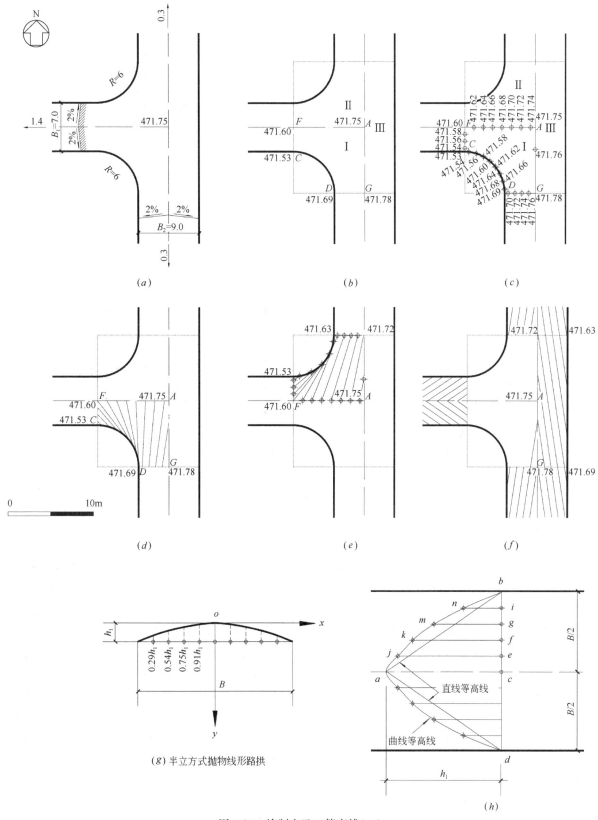

图 4-83　绘制交叉口等高线(一)

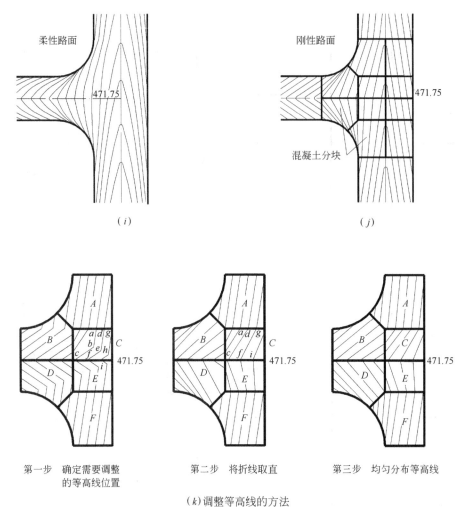

柔性路面

刚性路面

混凝土分块

471.75

471.75

(i)

(j)

A

B

a d g
b e h
c f i

C

471.75

D

E

F

A

B

a d g
c f i

C

471.75

D

E

F

A

B

C

471.75

D

E

F

第一步　确定需要调整
的等高线位置

第二步　将折线取直

第三步　均匀分布等高线

(k)调整等高线的方法

图 4-83　绘制交叉口等高线(二)

[图 4-83(g)]。然后，在已绘制好的直线等高线上绘制曲线等高线。如图 4-83(h)，道路某点的等高线为 $ab$、$ad$，将道路一半宽度 $bc$ 等分为 5 份，即 $ce$、$ef$、$fg$、$gi$、$ib$，在各点分别作 $bc$ 的垂线，即得 $ej$、$fk$、$gm$、$in$，使 $ej=0.91h_1$，$fk=0.75h_1$，$gm=0.54h_1$，$in=0.29h_1$，再对称地画出另一半，用平滑曲线将各点连接起来，所得的曲线即为抛物线形等高线。应用此方法逐个修改好每一条等高线，则柔性路面交叉口的等高线如图 4-83(i)所示，将数值为 471.50m、471.60m 和 471.70m 的等高线用粗线表示。

如果道路为刚性路面（如混凝土路面），则结合混凝土分块情况，检查每一块混凝土板上的等高线形状；如果都是直线，就不需要再进行调整[图 4-83(j)]；如果有折线，就必须将折点调整到混凝土板的边上，同时使等高线平顺、疏密均匀。如图 4-83(k)中，某处等高线的初步设计结果是：板块 A 和板块 F 不用调整，而板块 B、C、D 和 E 则需要调整。以板块 C 为例，其上的 5 条等高线中，左侧的两条为直线，可以不调整；另外 3 条为折线，需要调整。调整的方法是将折线改为连接两侧端点的直线。如将线段 $ab$、$bc$ 取直为 $ac$，将线段 $de$、$ef$ 取直为 $df$，将线段 $gh$、$hi$ 取直为 $gi$。检查取直后的这 5 条等高线的间距，可见左侧密而右侧疏。接着，再将每一条等高线两端点的位置沿混凝土缝左右（或上下）适当地移动，使等高线间距大致均匀。一块混凝土板上不仅不能有折线，更不能有几个不同的坡面。

有时，须根据相邻道路纵坡和横坡的平均值来确定混凝土板的纵向和横向坡度，重新计算混凝土板各角点的标高。消除混凝土板内不同坡面的方法是将两个点合并为一点（通常是方格角点或路缘石的曲线中点）。有时候，调整后会使路缘石曲线切点的标高和道路横断面坡度发生改变。这时，交叉口的范围还需要再向道路直线路段方向延伸适当距离（一般是一个分块距离，并小于 10m），使道路的横坡完全过渡到与直线的横坡一致为止。最后，将百分位为零的等高线用粗线表示。水泥混凝土路面的路拱可以采用直线形，或采用直线加圆弧形。前者的等高线按上述方法绘出即可，后者按图 4-80(e)或图 4-83(j)的方法绘制，再将道路中心线处两条直线等高线所形成的尖角修整圆顺。

（三）绿地等高线绘制

首先，必须先绘制出相邻道路（广场或停车场）、人行道的等高线，确定出建筑物的室外地坪标高。然后，对绿地范围进行适当划分。由于绿地面积通常大且不规则，可以适当将其划分成几个较小的几何图形，如矩形、扇形等。再根据每个几何图形角点的设计标高，求出每边的高差，以一定的等高距进行等分。最后，连接等高线。

【例 4-9】 已知某居住组团总平面布置和已确定的竖向设计内容如图 4-84，设计条件同例 4-4。路面结构为混凝土，各交叉口混凝土路面分块情况如图中粗线所示，试用设计等高线法表达其竖向设计内容。

【解】

【步骤 1】 划分交叉口范围

该设计包括了 7 个交叉口，用罗马数字顺序编号。找出各交叉口曲线的切点，画出与道路中心线垂直的辅助线（见图 4-73 中的虚线）。两相邻辅助线所包括的曲线范围，即为交叉口范围（见图 4-73）。其中除第 Ⅵ 交叉口为十字交叉外，其余均为 T 字形交叉。

【步骤 2】 绘制交叉口等高线和布置雨水口（图 4-85）

采用例 4-8 的方法，可绘制出第 Ⅶ 交叉口的等高线；同理，可绘制出其他交叉口的等高线。绘制时，根据道路横断面的形式——双坡或单坡，

确定曲线切点处的设计标高。根据纵坡的变化，确定等高线的疏密。交叉口等高线绘制好后，再根据混凝土板的分块情况检查，确定是否需要调整等高线的位置。在调整等高线位置的时候，第 Ⅱ、第 Ⅲ 和第 Ⅴ 交叉口的范围向西延伸一段长度，第 Ⅵ 交叉口向东、西两个方向分别延伸一段长度，以使交叉口横坡度能逐渐顺利地过渡到直线段横断面的坡度。找出交叉口范围内的等高线数值最低点（即积水点），布置雨水口，如 $y_5$、$y_{21}$、$y_{23}$、$y_{26}$ 和 $y_{28}$ 等。

【步骤 3】 绘制直线段等高线和布置雨水口（图 4-86）

该设计所包括的直线段有 13 段，用(1)、(2)、(3)等顺序编号。第(4)段纵坡为 0，采用例 4-5 中直线路段的等高线绘制方法进行绘制；第(2)段为曲线，但不设加宽和超高，其等高线的绘制方法与直线段类似；第(8)、(9)、(10)、(11)、(12)和第(13)段为单坡，要注意路面高低的变化，采用例 4-6 中直线路段的等高线绘制方法进行绘制；其余双坡路段可采用例 4-7 中的方法绘制，并将其中百分位为零的等高线的线条加粗。雨水口的布置方法同例 4-4。

【步骤 4】 绘制人行道等高线（图 4-87）

该设计的人行道位于 7m 和 9m 宽道路的两侧，采用例 4-7 的方法绘制，并将其中百分位为零的等高线的线条加粗。

【步骤 5】 绘制绿地等高线（图 4-88）

根据人行道的标高和建筑物室外设计标高（即散水坡脚地面标高）的高差，按相同的等高距等分，绘出等高线；并将其中百分位为零的等高线的线条加粗，便于设计审核。

图 4-89 为设计等高线法示例。

（四）设计标高法和设计等高线法在工程实践中的应用

（1）图 4-90 为陕西省图书馆、美术馆总平面图。基地地形原为一处高地，竖向设计包括了两个设计地面，一个是与城市道路相邻的地面，设计标高为 413.00～414.25m，连接美术馆的西南面入口和喷水池；同时，连接图书馆的东入口、图书馆北侧广场及基地北侧朱雀广场。第二个设计地面的设计标高是 418.50m，布置有文化

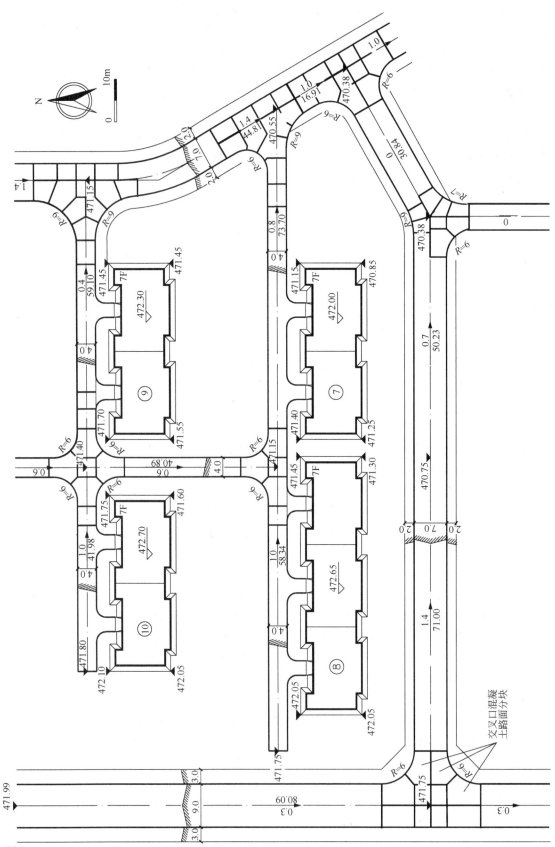

图 4-84 某居住组团总平面布置图

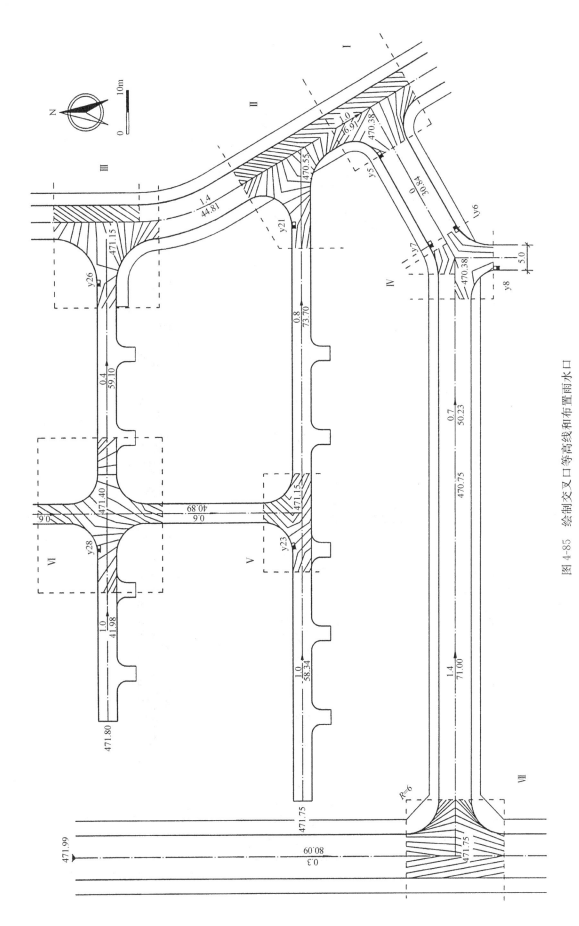

图 4-85　绘制交叉口等高线和布置雨水口

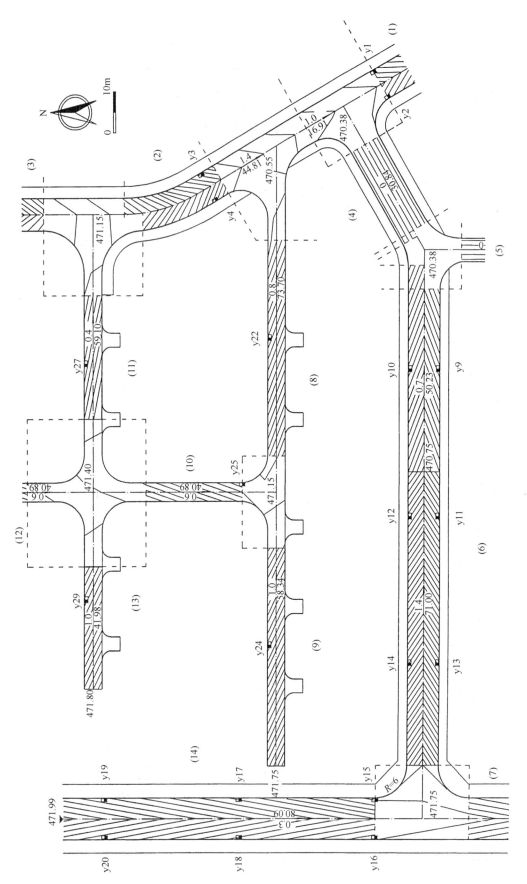

图 4-86　绘制直线段等高线和布置雨水口

238

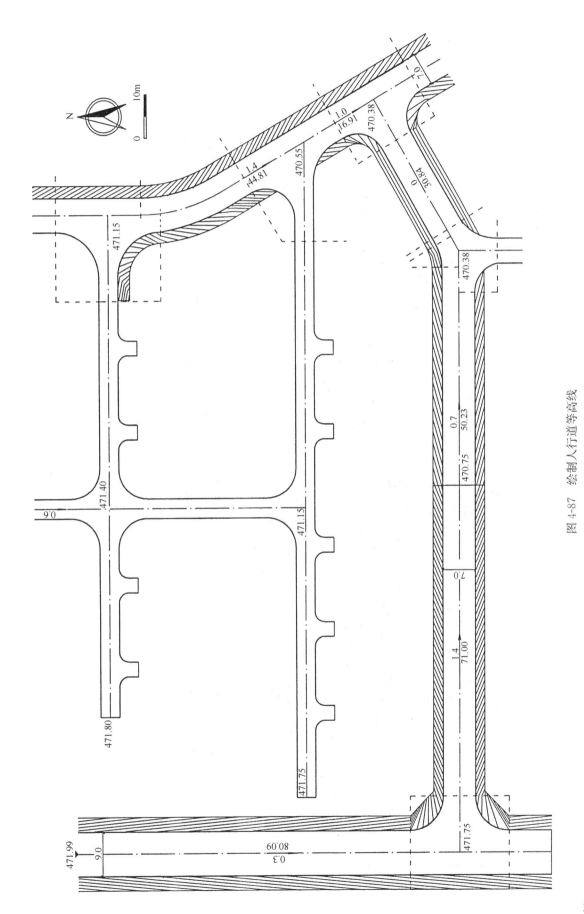

图 4-87 绘制人行道等高线

239

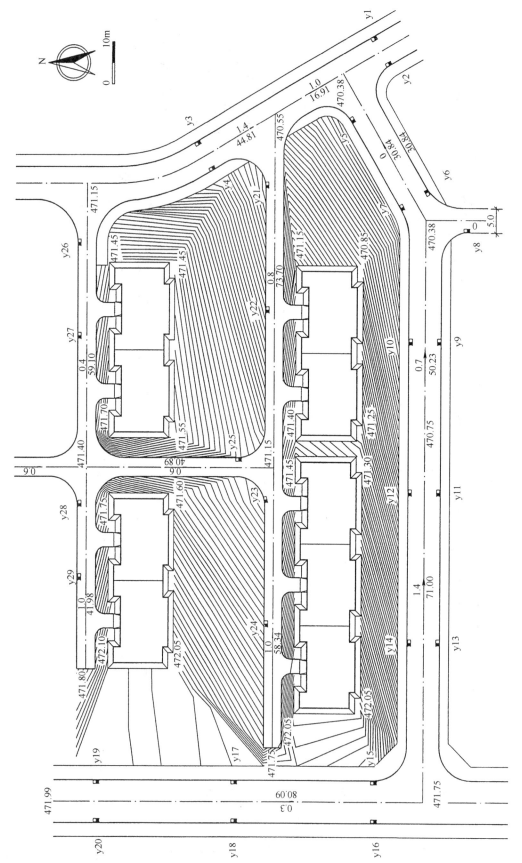

图 4-88　绘制绿地等高线

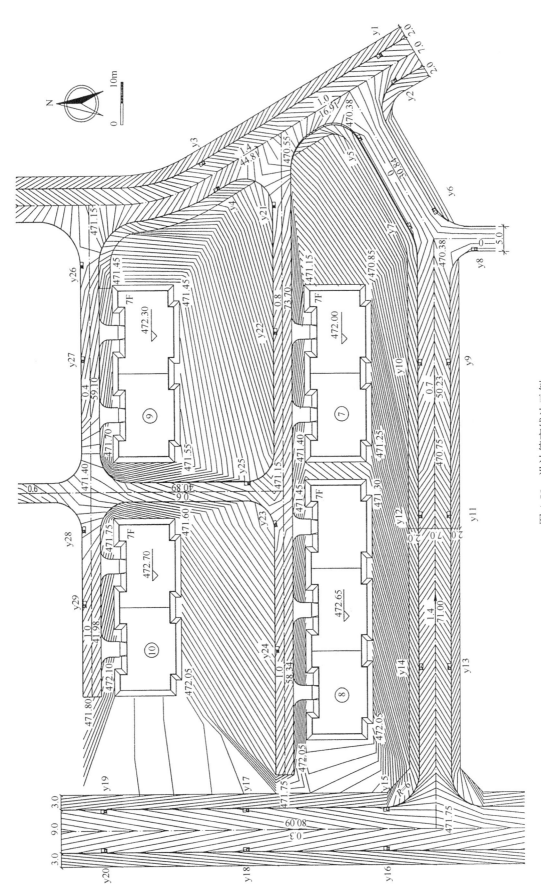

图 4-89　设计等高线法示例

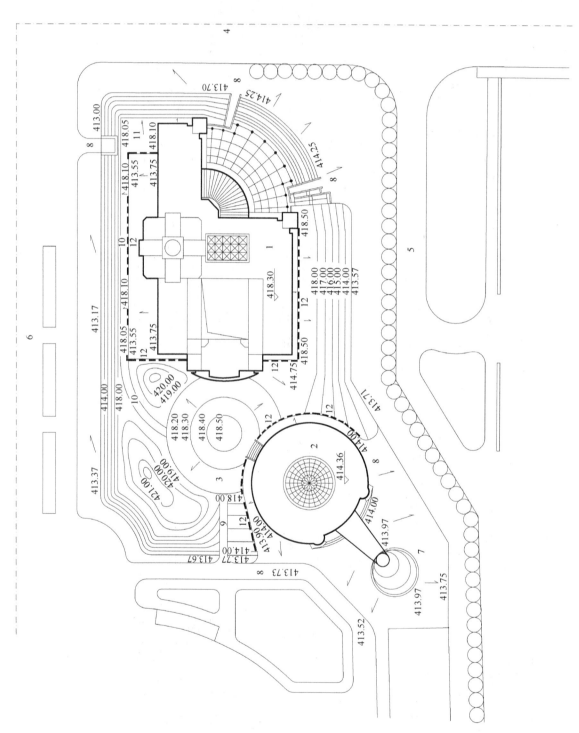

1 图书馆
2 美术馆
3 文化广场
4 长安路
5 南二环路
6 朱雀广场
7 喷水池
8 自行车库入口
9 斜坡道
10 道路
11 回车场
12 挡土墙

图 4-90 陕西省图书馆、美术馆总平面图(单位: m)

广场、消防通道及回车场，连接美术馆的东北面入口和图书馆西入口。文化广场西北面的山丘相对高度为 3.8m，东北面山丘的相对高度为 2.8m。

基地北面、东面、南面和西北面之间的高差用边坡连接。其中，在美术馆西北面山坡上设有斜坡道，消防车通过斜坡道、文化广场及图书馆北侧挡土墙上的道路至回车场，满足图书馆的消防要求。图书馆主入口广场与第一设计地面之间设踏步连接，其两侧分别设有自行车停车库，可通过门洞进入。另外，在图书馆东北角设有门洞，可以进入图书馆北侧广场，该广场满足建筑设计的采光和消防要求。

在第二设计地面与美术馆之间设置曲线挡土墙，高度为 4.5m，在靠山一侧结合挡土墙结构设计了自行车地下停车库，可通过两侧入口进入；在图书馆北侧广场也设有挡土墙，高度为 4.55m，可经由门洞进入，在靠山一侧也结合挡土墙结构设计了自行车地下停车库。该设计采用等高线法表达竖向设计内容，边坡布置顺应建筑物设计和城市道路交叉口的形状。这样，使建筑设计与地形有机地结合起来。

（2）图 4-91 为陕西省自然博物馆绿地（局部）地形设计。该绿地东西两侧为城市道路，北侧为自然博物馆。基地外形为三角形，地势南高北低，高差为 1.68～1.81m。

该绿地的作用是为游人提供公共活动空间，在绿地中央的南北向轴线上布置了浑天仪和日晷两个小品，穿插着蜿蜒曲折的小路。浑天仪南侧地面的最高标高为 435.20m，与周边道路的高差为 0.37m。浑天仪地面设计标高为 434.60m，与周边道路的高差为 0.56～1.58m。日晷地面的设计标高为 435.00m，与周边道路的高差为 1.37～2.33m，地形较为开阔。绿地北侧、自然博物馆的东、西两侧对称设计了两个山头，与周边道路的高差为 3.33～3.77m。自然博物馆的南侧也设计了两个小山丘，与周边道路的高差为 2.94～2.99m。这些高起的山丘及绿化，使建筑物与自然相映成趣。设计上采用等高线法较

好地表达了地形起伏形状，设计等高距为 0.2m，地形设计完全模拟自然形态，曲线自然流畅，形态上与浑天仪、日晷和自然博物馆内容相呼应。

### 三、局部剖面法

该方法广泛应用于方案设计、初步设计和施工图设计中，可以反映重点地段的地形情况（高度、材料的结构、坡度、相对尺寸等）。用此方法表达场地总体布局时，对台阶分布、场地设计标高，以及支挡构筑物设置情况的表达最为直接。对于复杂的地形，必须采用此方法表达设计内容。

图 4-92 为万县重庆小天鹅移民开发小区综合批发市场设计。该基地位于地形坡度约为 25°的坡地上，竖向设计时将地面设计成三个台地，分别布置了三个商场 [图 4-92(a)]；其中，A 栋室内地坪标高为 199.80m，B 栋室内地坪标高为 187.80m，C 栋室内地坪标高为 216.00m。A 栋与 B 栋之间高差为 12m，建筑物之间设有两座双层人行天桥；A 栋和 C 栋之间高差为 16.2m，建筑物之间设有一座人行天桥。三个设计地面靠 A、B 栋商场两侧的室外踏步连接。沙龙路为城市主干道，市场路和停车场直接为商场的车流和货流服务，国本支路连接商场北侧山下的住宅区。设计时采用了局部剖面法，在基地范围内布置了 6 个断面，表达了不同设计地面的设计内容。包括城市道路（沙龙路）、场地道路（市场路和国本支路）、停车场、边坡、挡土墙、踏步、水沟、花坛等设施的水平宽度和标高。在 A 栋和 B 栋东侧布置了 A-A 断面，反映了沙龙路至国本支路之间的地面设计情况 [图 4-92(b)]；在 A 栋西侧布置了 B-B 断面，反映了沙龙路至市场路之间的地面设计情况；在 B 栋西侧布置了 C-C 断面，反映了市场路至国本支路之间的地面设计情况 [图 4-92(c)]；D-D 断面反映了沙龙路至市场路之间的地面设计情况；E-E 断面反映了停车场的设计情况 [图 4-92(d)]；F-F 断面反映了沙龙路的地面设计情况 [图 4-92(e)] 以及 F-F 断面的 G 点大样。

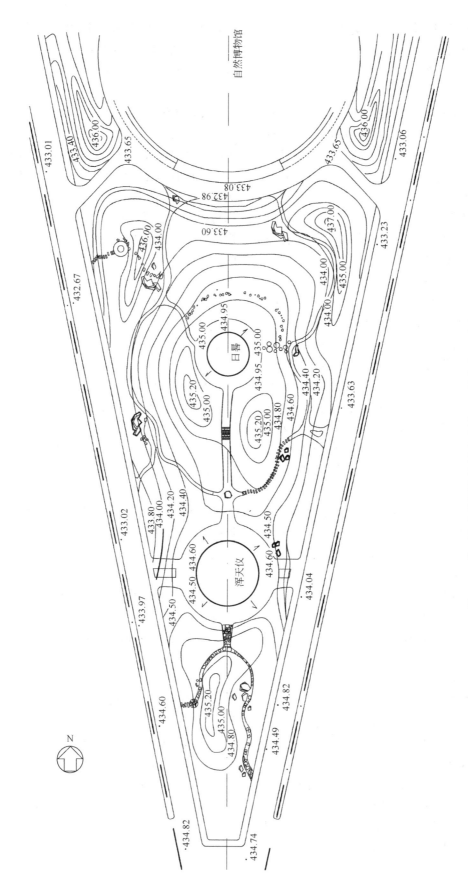

图 4-91 陕西省自然博物馆绿地（局部）地形设计图（单位：m）

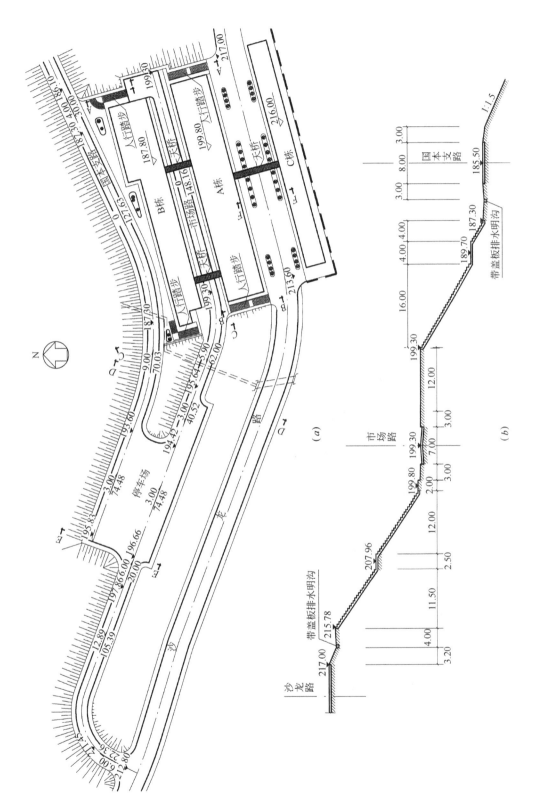

图 4-92 万县重庆小天鹅移民开发小区综合批发市场（一）（单位：m）

(a)平面图；(b)A-A 断面图

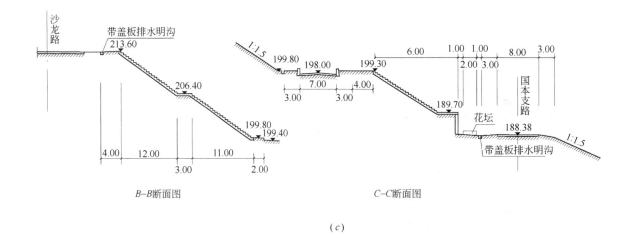

B-B断面图 　　　　　　　　　　　C-C断面图

(c)

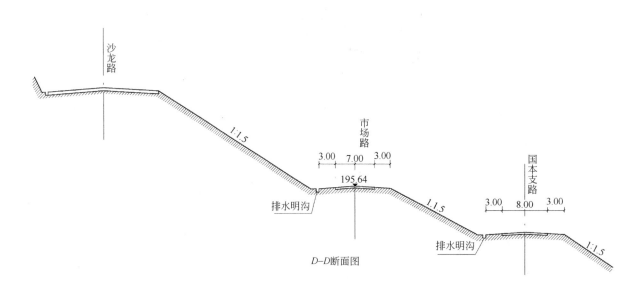

D-D断面图

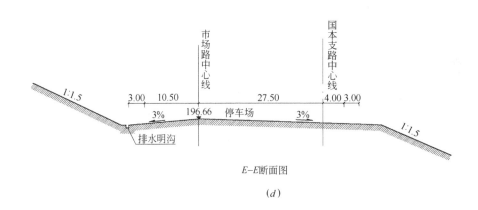

E-E断面图

(d)

图4-92　万县重庆小天鹅移民开发小区综合批发市场(二)(单位:m)
(c)断面图；(d)断面图

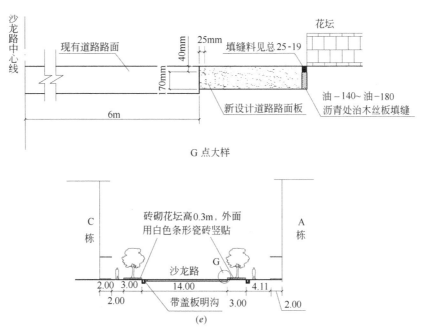

G 点大样

砂龙路中心线
现有道路路面
25mm
40mm
170mm
填缝料见总25-19
花坛
新设计道路路面板
油-140~油-180
沥青处治木丝板填缝
6m

C栋
砖砌花坛高0.3m，外面
用白色条形瓷砖竖贴
沙龙路 G
A栋
2.00 3.00 14.00 4.11
2.00 带盖板明沟 3.00 2.00
(e)

图 4-92  万县重庆小天鹅移民开发小区综合批发市场（三）（单位：m）
(e)F-F 断面图及 G 点大样

## 第六节  土 方 量 计 算

土（石）方工程量（简称为土方量）是指土壤或岩石的体积，包括了两个部分，一部分是场地平整的土方工程量，即"七通一平"中的"平"；另一部分是建、构筑物基础、道路、管线工程等余土工程量。

**一、场地平整土方量**

常用的计算方法有方格网法和横断面法，前者将基地划分成若干块来计算土体的体积，后者将基地划分成若干段来计算土体的体积。这两种方法既可应用于方案设计和初步设计，也可以应用于施工图设计。

（一）方格网法

方格网法是将基地划分成若干方格，根据自然地面与设计地面的高差，计算挖方和填方的体积，分别汇总即为土方量。该方法一般适用于平坦场地。

1. 基本原理

对于一块表面上崎岖不平的土体，经平整后使其表面成为平面，其高程就是设计地面标高（图 4-93 中粗线所示）。

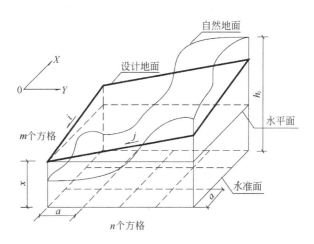

图 4-93  自然地面与设计地面
$h_i$—自然地面标高；$x$—方格网坐标原点的设计标高

设平整前的土方体积为 $V$：

$$V = \frac{a^2}{4}\left(\sum h_{1j} + 2\sum h_{2j} + 3\sum h_{3j} + 4\sum h_{4j}\right)$$

$$= \frac{a^2}{4}\sum_{i=1}^{4}\left(P_i \sum h_{ij}\right) \qquad (4\text{-}15)$$

式中　　　　$V$——土体自水准面起算自然地面下土体的体积（$m^3$）；

　　　　　　$a$——方格边长（m）；

$P_i$——方格网交点的权值；$i=1$ 表示角点，$i=2$ 表示边点，$i=3$ 表示凹点，$i=4$ 表示中间点；其权值分别为 1、2、3 和 4（图 4-94）；

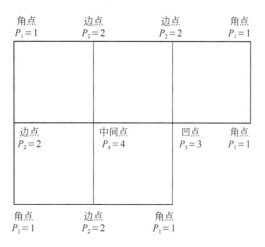

| 角点<br>$P_1=1$ | 边点<br>$P_2=2$ | 边点<br>$P_2=2$ | 角点<br>$P_1=1$ |

图 4-94　方格网交点的权值

$h_{1j}$、$h_{2j}$、$h_{3j}$、$h_{4j}$——各角点、边点、凹点、中间点的自然地面标高（m）；

$h_{ij}$——各角点（或边点、凹点、中间点）的自然地面标高（m）。

设方格网坐标原点的设计标高为 $x$，则整平后土体的体积为 $V'$：

$$V' = \frac{a^2}{4} \sum_{i=1}^{4} [P_i \sum f(x)] \quad (4-16)$$

式中　$V'$——土体自水准面起算平整后的体积（$m^3$）；

$x$——方格网坐标原点的设计标高（m）；

$a$——方格边长（m）；

$m$、$i$——$X$ 轴方向的方格数与设计坡度（%）；从原点起，上坡为正，下坡为负；

$n$、$j$——$Y$ 轴方向的方格数与设计坡度（%）；从原点起，上坡为正，下坡为负；

$f(x)$——各个交叉点的设计标高；与 $a$、$m$、$n$、$i$ 和 $j$ 有关，从原点向 $Y$ 轴正方向依次为 $x$，$x+aj$，$x+2aj$，$x+3aj$，…，$x+naj$；从原点向 $X$ 轴正方向依次为 $x$，$x+ai$，$x+2ai$，$x+3ai$，…，$x+mai$；其余交叉点的设计标高依此类推。

当土方平衡时，平整前后这块土体的体积是相等的，即 $V=V'$：

$$\sum_{i=1}^{4} P_i (\sum h_{ij}) = \sum_{i=1}^{4} P_i [\sum f(x)] \quad (4-17)$$

由于式中只有 $x$ 为未知数，所以可以求出来，从而求出方格网各个交叉点的设计标高。由此求出的设计地面标高，能使填方量和挖方量基本平衡。

2. 设计步骤

（1）布置方格网

在绘有地形（比例为 1/500～1/1000）的平面图上布置方格网，使其一边与用地长轴方向平行。应根据基地地形变化的复杂情况和对土方工程量的精度要求，合理选定方格的边长。一般施工图设计采用 20m×20m，方案设计与初步设计可采用 40m×40m 或 100m×100m。然后，将方格网交叉点按顺序编号，填在其左下方。

（2）求自然地面标高和设计地面标高

从地形图上求出自然地面标高，填在方格网交叉点的右下方；根据初步确定的场地设计标高及设计地面坡度，逐一计算出各交叉点的设计标高，并填在其右上方，见图 4-95(a)。

（3）计算施工高度

用设计地面标高减去自然地面标高，结果即为施工高度，填在交叉点的左上方。所得结果为负值时，表示该点为挖方；所得结果为正值时，表示该点为填方，见图 4-95(a)。

（4）标注零点、确定零线位置

在一个方格内之相邻两交叉点，如果一点为填方，另一点为挖方时，在这两点之间必有一个不挖不填的点，此处设计地面标高与自然地面标高相等，即施工高度为零，故称为零点 [图 4-95 (b)]。零点的位置可用图解法求出，用直尺在填方交叉点沿着与零点所在边垂直的边上，标出一定比例的填方高度。然后，在挖方交叉点相反方向标出同样比例的挖方高度，两高度点连线，与方格边相交点即为零点。将零点连接成线段，即为零线（也就是挖方区和填方区的分界线)。

(5) 计算土方量

方格中如果没有零线,其土方量计算较为简单;否则,由于零线的位置不同,其相应的土方量计算公式也不同。使用时应根据表 4-17 中的公式进行计算。

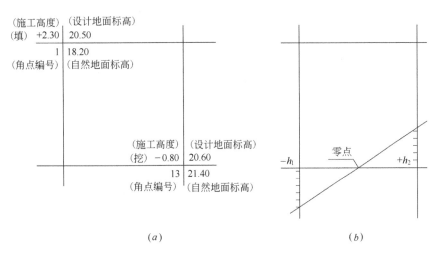

图 4-95  方格网表达内容(单位:m)

(a)交叉点表达内容;(b)零点位置

**方格网土方计算公式**                                    表 4-17

| 图　示 | 计　算　公　式 | 说　明 |
|---|---|---|
| $\pm h_1$　$\pm h_2$<br>　$\pm V$<br>$\pm h_3$　$\pm h_4$ | 四点为填方或挖方时:<br><br>$\pm V = \dfrac{a^2(h_1+h_2+h_3+h_4)}{4} = \dfrac{a^2}{4}\sum h$　　(4-18) | $V$—填方(+)或挖方(−)的体积($m^3$);<br>$h$—方格网交叉点的施工高度(m,用绝对值) |
| $-h_1$　$+h_2$<br>$(-V)$　$(+V)$<br>$-h_3$　$+h_4$ | 相邻二点为填方或挖方时:<br><br>$-V = \dfrac{a^2(h_1+h_3)^2}{4(h_1+h_2+h_3+h_4)}$<br><br>$\quad = \dfrac{a^2(h_1+h_3)^2}{4\sum h}$　　(4-19)<br><br>$+V = \dfrac{a^2(h_2+h_4)^2}{4(h_1+h_2+h_3+h_4)}$<br><br>$\quad = \dfrac{a^2(h_2+h_4)^2}{4\sum h}$　　(4-20) | |

| 图　　示 | 计　算　公　式 | 说　　明 |
|---|---|---|
| | 三点挖方一点填方或三点填方一点挖方时：<br><br>$$+V_{三角锥体}=\dfrac{a^2h_1^3}{6(h_1+h_2)(h_1+h_3)} \quad (4\text{-}21)$$<br><br>$$-V=\dfrac{a^2}{6}(2h_2+2h_3+h_4-h_1)+V_{三角锥体} \quad (4\text{-}22)$$ | |
| | 相对二点为填方或挖方时：<br><br>$$-V_1=\dfrac{a^2h_2^3}{6(h_2+h_1)(h_2+h_4)} \quad (4\text{-}23)$$<br><br>$$-V_2=\dfrac{a^2h_3^3}{6(h_3+h_1)(h_3+h_4)} \quad (4\text{-}24)$$<br><br>$$+V=\dfrac{a^2}{6}(2h_1+2h_4-h_2-h_3)+V_1+V_2 \quad (4\text{-}25)$$ | $a$—方格边长（m） |
| | $$-V=\dfrac{a^2h_2}{6} \quad (4\text{-}26)$$<br><br>$$+V=\dfrac{a^2h_3}{6} \quad (4\text{-}27)$$ | |

注：摘自井生瑞．总图设计［M］．北京：冶金工业出版社，1989．

如果用地四周的施工高度大于 1m，还需要计算边坡的土方量，如图 4-96 所示。边坡的土方计算公式如下：

$$V=\dfrac{h^2\times L}{2(m-i)} \quad (4\text{-}28)$$

$$D=\dfrac{h}{m-i} \quad (4\text{-}29)$$

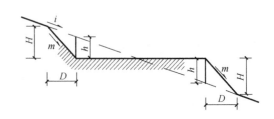

图 4-96　边坡土方量计算

式中　$V$——边坡的填、挖方量（$m^3$）；

　　　$h$——边坡的施工标高（m）；

　　　$D$——边坡宽度（m）；

　　　$m$——边坡坡度（%）；

　　　$i$——自然地形坡度（%）；

　　　$L$——边坡的长度（m）。

各方格的体积求出后，按填方、挖方分别累计，必要时再计入四周边坡的土方量，即为场地的土方工程量。

【例 4-10】 已知某基地内自然地形如图4-97所示，拟将基地中的一块自然地形整平成为斜坡，要求南北向具有 0.5% 的横坡、东西向具有 1% 的纵坡，土方就地平衡，试用方格网法求其设计标高并计算其土方量。

【解】

【步骤 1】 布置方格网

选择方格的边长 $a=20m$，沿地块的纵横方向布置方格网；先用罗马数字将方格顺序编号，标注在方格中；然后，再将各交叉点按顺序编号，标注在交叉点的左下方（图 4-98）。

【步骤 2】 求各交叉点的自然地面标高

根据等高线数值，利用内插法求出各方格交叉点的自然地面标高；如第 1 点为 42.35m，第 2 点为 42.36m，第 3 点为 43.18m……第 18 点为 44.36m，并将其逐一标注在交叉点的右下方（图 4-98）。

【步骤 3】 求方格网第 1 点的设计标高

设方格网第 1 点的设计标高为 $x$，查式（4-17），可知：

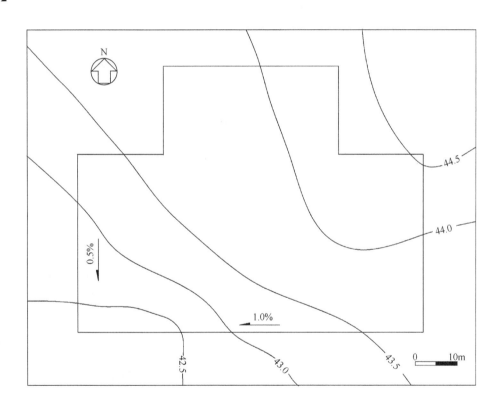

图 4-97　某基地自然地形

$$\sum_{i=1}^{4} P_i(\sum h_{ij}) = \sum_{i=1}^{4} P_i[\sum f(x)]$$

其中：

$P_1=1$，$P_2=2$，$P_3=3$，$P_4=4$，共有 6 个角点、6 个边点、2 个凹点和 4 个中间点。

$$\sum_{j=1}^{6} h_{1j} = h_1 + h_5 + h_{11} + h_{15} + h_{16} + h_{18}$$
$$=42.35+43.74+43.24+$$
$$44.58+43.75+44.36$$
$$=262.02(m)$$

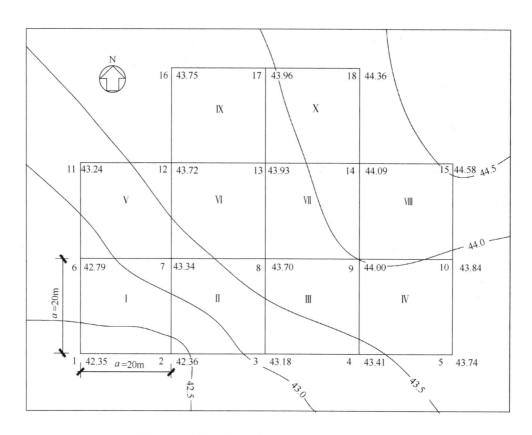

图 4-98　方格网布置、交叉点编号及自然地面标高

$$2\sum_{j=1}^{6}h_{2j}=2(h_2+h_3+h_4+h_6+h_{10}+h_{17})$$

$$=2(42.36+43.18+43.41+42.79+$$

$$43.84+43.96)=519.08(\mathrm{m})$$

$$3\sum_{j=1}^{2}h_{3j}=3(h_{12}+h_{14})$$

$$=3(43.72+44.09)=263.43(\mathrm{m})$$

$$4\sum_{j=1}^{4}h_{4j}=4(h_7+h_8+h_9+h_{13})$$

$$=4(43.34+43.70+44.00+43.93)$$

$$=699.88(\mathrm{m})$$

$$\sum_{i=1}^{4}P_i(\Sigma h_{ij})=262.02+519.08+263.43+$$

$$699.88=1744.41(\mathrm{m})$$

$a=20\mathrm{m}$；$i=0.5\%$；$j=1\%$。

因为 $\Delta h_{南北}=i\times a=0.5\%\times20=0.1(\mathrm{m})$，$\Delta h_{东西}=j\times a=1\%\times20=0.2(\mathrm{m})$，由此确定出各个方格网交叉点的关系，如图 4-99 所示。

$$\sum_{j=1}^{6}f(x_{1j})=h_1+h_5+h_{11}+h_{15}+h_{16}+h_{18}$$

$$=x+x+0.8+x+0.2+x+1.0$$

$$+x+0.5+x+0.9=6x+3.4(\mathrm{m})$$

$$2\sum_{j=1}^{6}f(x_{2j})=2(h_2+h_3+h_4+h_6+h_{10}+h_{17})$$

$$=2(x+0.2+x+0.4+x+0.6$$

$$+x+0.1+x+0.9+x+0.7)$$

$$=12x+5.8(\mathrm{m})$$

$$3\sum_{j=1}^{2}f(x_{3j})=3(h_{12}+h_{14})$$

$$=3(x+0.4+x+0.8)$$

$$=6x+3.6(\mathrm{m})$$

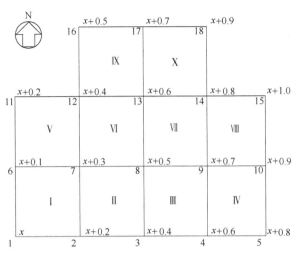

图 4-99 求方格网第 1 点设计标高

$$4\sum_{j=1}^{4}f(x_{4j})=4(h_7+h_8+h_9+h_{13})$$
$$=4(x+0.3+x+0.5+x+$$
$$0.7+x+0.6)$$
$$=16x+8.4(\mathrm{m})$$

$$\sum_{i=1}^{4}P_i[\Sigma f(x)]=6x+3.4+12x+5.8+$$
$$6x+3.6+16x+8.4$$
$$=40x+21.2(\mathrm{m})$$

故 $1744.41=40x+21.2$，所以 $x=43.08(\mathrm{m})$。

【步骤 4】 计算各交叉点的设计标高

每个方格交叉点之间设计标高的关系是：

$$\Delta h_{南北}=i\times a=0.5\%\times20=0.1(\mathrm{m})$$
$$\Delta h_{东西}=j\times a=1\%\times20=0.2(\mathrm{m})$$

以此推算出方格各交叉点的设计标高，如第 2 点为 43.28m，第 3 点为 43.48m……第 18 点为 43.98m；将其逐一标注在交叉点的右上方，如图4-100 所示。

【步骤 5】 计算施工高度

各交叉点的施工高度为 $\Delta h=$ 设计标高－自然标高，如第 1 点为 ＋0.73m，第 2 点为 ＋0.92m，第 3 点为 ＋0.30m……第 18 点为 －0.38m；将其逐一标注在交叉点的左上角，如图 4-100 所示。

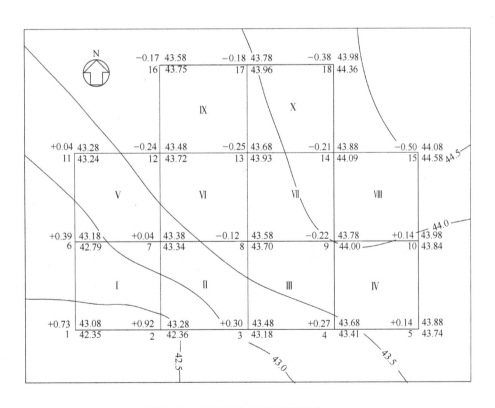

图 4-100　标注设计地面标高（单位：m）

**【步骤6】 确定零线**

首先，通过相邻交叉点施工高度的正负号是否相反来判断零点位置，方格Ⅱ、Ⅲ、Ⅳ、Ⅴ、Ⅵ和Ⅷ中分布了零点。在方格Ⅴ中，第11点填方高度为0.04m，用一定的比例在第11点向南量取长度0.04；第12点挖方高度为0.24m，用相同的比例在第12点向北量取长度0.24；用虚线连接这两点，则虚线与方格的交点a即为第11点和第12点之间的零点。第7点填方高度为0.04m，在第7点向西量取长度0.04；第12点挖方高度为0.24m，在第12点向东量取长度0.24；用虚线连接这两点，则此虚线与方格的交点b为第7点和第12点之间的零点。同理，求出其他方格中的零点，即c、d、e、f和g点的位置(图4-101)。

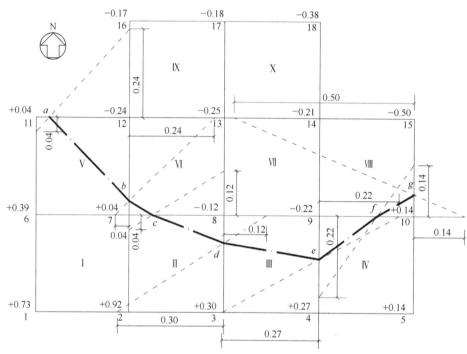

图4-101　确定零点和零线(单位：m)

其次，将相邻的零点用相应的线段连接起来，如ab、bc、cd、de、ef和fg，即为零线(图4-101中粗点划线所示)。

**【步骤7】 计算土方量**

查表4-17，按方格的类型逐一计算每一方格的体积。

首先，采用四点为填方或挖方时的计算公式(4-18)，计算方格Ⅰ、Ⅶ、Ⅸ和Ⅹ的土方量：

方格Ⅰ：
$$+V = \frac{a^2}{4}(h_1 + h_2 + h_6 + h_7)$$
$$= \frac{20^2}{4}(0.73 + 0.92 + 0.39 + 0.04)$$
$$= 208(\text{m}^3)$$

方格Ⅶ：
$$-V = \frac{a^2}{4}(h_8 + h_9 + h_{13} + h_{14})$$
$$= \frac{20^2}{4}(0.12 + 0.22 + 0.25 + 0.21)$$

$$= 80(\text{m}^3)$$

方格Ⅸ：
$$-V = \frac{a^2}{4}(h_{12} + h_{13} + h_{16} + h_{17})$$
$$= \frac{20^2}{4}(0.24 + 0.25 + 0.17 + 0.18)$$
$$= 84(\text{m}^3)$$

方格Ⅹ：
$$-V = \frac{a^2}{4}(h_{13} + h_{14} + h_{17} + h_{18})$$
$$= \frac{20^2}{4}(0.25 + 0.21 + 0.18 + 0.38)$$
$$= 102(\text{m}^3)$$

其次，采用相邻二点为填方或挖方时的计算公式(4-19)和公式(4-20)，计算方格Ⅲ的土方量：

方格Ⅲ：
$$-V = \frac{a^2(h_8 + h_9)^2}{4(h_3 + h_4 + h_8 + h_9)}$$

$$= \frac{20^2(0.12+0.22)^2}{4(0.30+0.27+0.12+0.22)}$$

$$=12.7(\text{m}^3)$$

$$+V = \frac{a^2(h_3+h_4)^2}{4(h_3+h_4+h_8+h_9)}$$

$$= \frac{20^2(0.30+0.27)^2}{4(0.30+0.27+0.12+0.22)}$$

$$=35.7(\text{m}^3)$$

然后，采用三点挖方一点填方或三点填方一点挖方时的计算公式（4-21）和公式（4-22），计算方格Ⅱ、Ⅳ、Ⅴ、Ⅵ和Ⅷ的土方量：

方格Ⅱ：
$$-V_{\text{三角锥体}} = \frac{a^2 h_8^3}{6(h_8+h_3)(h_8+h_7)}$$

$$= \frac{20^2 \times 0.12^3}{6(0.12+0.30)(0.12+0.04)}$$

$$=1.7(\text{m}^3)$$

$$+V = \frac{a^2}{6}(2h_3+2h_7+h_2-h_8)+V_{\text{三角锥体}}$$

$$= \frac{20^2}{6}(2\times0.30+2\times0.04+0.92-0.12)+1.7$$

$$=100.4(\text{m}^3)$$

方格Ⅳ：

$$-V_{\text{三角锥体}} = \frac{a^2 h_9^3}{6(h_9+h_{10})(h_9+h_4)}$$

$$= \frac{20^2 \times 0.22^3}{6(0.22+0.14)(0.22+0.27)}$$

$$=4.0(\text{m}^3)$$

$$+V = \frac{a^2}{6}(2h_4+2h_{10}+h_5-h_9)+V_{\text{三角锥体}}$$

$$= \frac{20^2}{6}(2\times0.27+2\times0.14+0.14-0.22)+4.0$$

$$=53.3(\text{m}^3)$$

方格Ⅴ：

$$-V_{\text{三角锥体}} = \frac{a^2 h_{12}^3}{6(h_{12}+h_{11})(h_{12}+h_7)}$$

$$= \frac{20^2 \times 0.24^3}{6(0.24+0.04)(0.24+0.04)}$$

$$=11.8(\text{m}^3)$$

$$+V = \frac{a^2}{6}(2h_{11}+2h_7+h_6-h_{12})+V_{\text{三角锥体}}$$

$$= \frac{20^2}{6}(2\times0.04+2\times0.04+0.39-$$

$$0.24)+11.8$$

$$=32.5(\text{m}^3)$$

方格Ⅵ：

$$+V_{\text{三角锥体}} = \frac{a^2 h_7^3}{6(h_7+h_8)(h_7+h_{12})}$$

$$= \frac{20^2 \times 0.04^3}{6(0.04+0.12)(0.04+0.24)}$$

$$=0.1(\text{m}^3)$$

$$-V = \frac{a^2}{6}(2h_8+2h_{12}+h_{13}-h_7)+V_{\text{三角锥体}}$$

$$= \frac{20^2}{6}(2\times0.12+2\times0.24+0.25-$$

$$0.04)+0.1=62.1(\text{m}^3)$$

方格Ⅷ：

$$+V_{\text{三角锥体}} = \frac{a^2 h_{10}^3}{6(h_{10}+h_9)(h_{10}+h_{15})}$$

$$= \frac{20^2 \times 0.14^3}{6(0.14+0.22)(0.14+0.50)}$$

$$=0.8(\text{m}^3)$$

$$-V = \frac{a^2}{6}(2h_9+2h_{15}+h_{14}-h_{10})+V_{\text{三角锥体}}$$

$$= \frac{20^2}{6}(2\times0.22+2\times0.50+0.21-$$

$$0.14)+0.8=101.5(\text{m}^3)$$

将各方格的土方量分别标注在图中（图4-102）；然后，按列分别求和，并标注在栏内。最后，得出总数量为挖方 459.8m³，填方 430.8m³，多余土方为 29.0m³。

（二）方格网法在工程实践中的应用

图 4-103 为西安经济技术开发区新世纪芳馨园综合小区场地平土图。该基地自然地面标高为 392.07～393.70m，地形最大高差为 1.63m，地势南高北低。因地形平坦，场地平整采用了方格网法。方格边长为 40m，方格右下角数值是自然地面标高，场地的设计地面为水平面，设计标高为 392.65m，用较大的黑三角表示在适当位置，未在方格右上角一一注出。方格左上角是施工高度，正号为填方，负号为挖方。图中由西向东的曲折粗点划线为零线，其北侧为填方区，最大填方高度为 0.58m；南侧为挖方区，最大挖方高度为 1.05m。圆圈内数值是各方格的土方量，细虚线表示的是建筑物和场地道路布置。

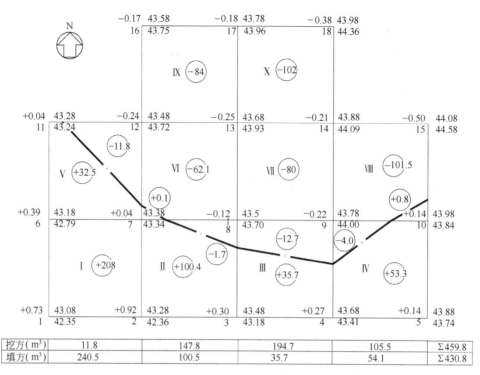

| 挖方(m³) | 11.8 | 147.8 | 194.7 | 105.5 | Σ459.8 |
|---|---|---|---|---|---|
| 填方(m³) | 240.5 | 100.5 | 35.7 | 54.1 | Σ430.8 |

图 4-102　标注土方量

（三）横断面法

横断面法简称断面法，是根据总平面布置图，在平土控制线上垂直划出若干个断面，分别计算每个断面的挖填方面积，继而求出相邻两断面间的土方体积。该方法广泛用于公路、铁路的路基土方量计算，适用于自然地形起伏变化较大、复杂的坡地场地。其方法步骤如下：

1. 确定平土控制线位置

在平面图上，选择主要建筑物纵轴线、围墙或场地道路中心线为平土控制线，作为施工放线的依据，标注起止点的坐标值（图 4-104）。分区平土时，平土控制线可有多条。

2. 确定横断面位置

在平土控制线上，按地形变化、设计场地的变化以及对土方量的精度要求等因素，在平面图上确定各断面的位置及数量。断面垂直于平土控制线布置，并编好顺序号；还应标出断面至平土控制线起止点的距离与断面间距。断面间距一般为 20～50m（平坦场地为 40～100m，坡地场地为 10～30m 或加密）。

3. 绘制横断面图

先根据各断面位置，按比例分别绘制出每个断面的自然地面线；有条件时，自然地形断面应实地测绘。然后根据确定的设计地面标高绘制设计地面线，并根据地质勘察报告推荐的边坡坡度值或查表 4-1～表 4-3 设计边坡；标注土方、石方的分界线，绘出有关建筑物、构筑物、排水沟、道路、边坡或挡土墙位置，标出其相对尺寸、标高值及场地尺寸。当须进行基底处理时，也应在断面图中注明。

4. 计算各个断面的挖、填方面积

断面形状多为不规则图形，设计中常用积距法（或称累高法）求出。其原理是求出一个固定宽度的条形（图 4-105 中虚线所示）的中间高度，如 $h_1$、$h_2$……$h_{10}$ 等，不断累加。$h_1$ 至 $h_5$ 的累计高度称为 $h_T$（填方高度），$h_6$ 至 $h_{10}$ 的累计高度称为 $h_w$（挖方高度），断面面积即为累计的填方高度（或挖方高度）乘以固定的条形的宽度。将数值以 $A_T$（填方面积）或 $A_w$（挖方面积）表示，并注于断面图的下方（图 4-105）。

5. 计算挖、填方体积

如图 4-106，将各断面的挖、填方面积填入土方量计算表中，根据断面间距计算相邻两断面间的土方体积；填方、挖方应分别计算（表4-18）。土方体积按下式计算：

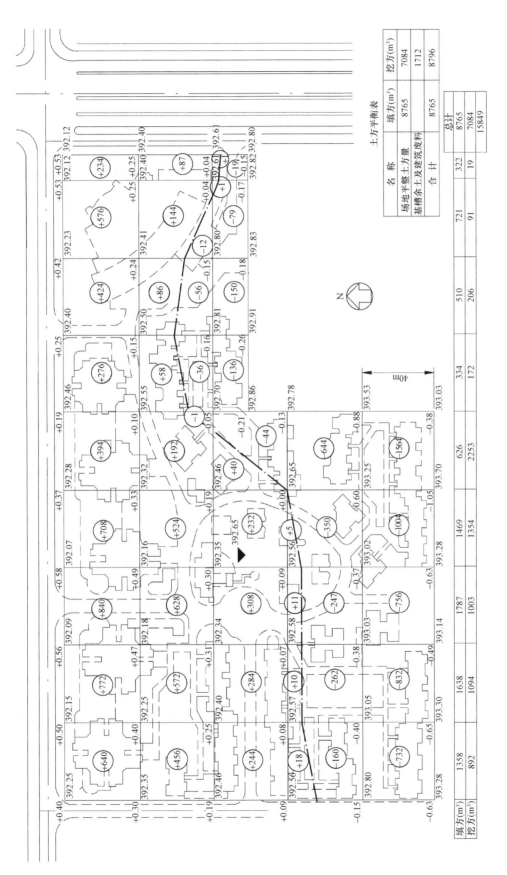

图 4-103　西安经济技术开发区新世纪芳馨园综合小区场地平土图

| | | 土方平衡表 | | |
| --- | --- | --- | --- | --- |
| | 名　称 | 填方(m³) | 挖方(m³) | |
| | 场地平整土方量 | 8765 | 7084 | |
| | 基槽余土及建筑废料 | | 1712 | |
| | 合　计 | 8765 | 8796 | |

| | 总计 | |
| --- | --- | --- |
| | 8765 | |
| | 7084 | |
| | 15849 | |

说明：1. 本图是依据甲方提供的西安市勘察测绘院于 1993 年 5 月绘制的 1/1000 地形图和 1/500 地形图放大为 1/500 后进行设计的；

2. 小区内道路路面中心设计标高为 392.48m，室外地坪设计标高为 392.65m，室内地坪设计标高(±0.00)为 392.95m；场地地坪设计标高(建筑物散水坡底标高)为 392.95m。

3. 场地排雨水坡度 5‰～20‰，人行道横向坡度 2%，道路路面横向坡度 2%，路缘石高度 150mm，小区内道路两侧三角形排水纵坡 5‰；道路纵向坡度以 ‰ 计，标高以 m 计；雨水口进水面标高比三角形侧沟沟底标高低 30mm。

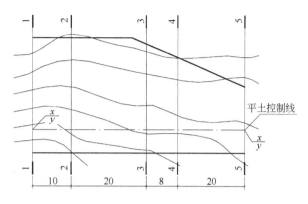

图 4-104　断面法(单位：m)

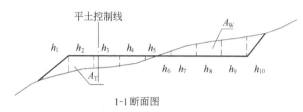

1-1断面图

图 4-105　断面图

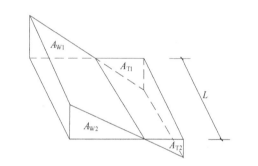

图 4-106　土方量计算

土 方 量 计 算 表　　表 4-18

| 断面编号 | 断面面积(m²) | | 平均断面面积(m²) | | 断面距离(m) | 土方量(m³) | | 备注 |
|---|---|---|---|---|---|---|---|---|
| | 填方 | 挖方 | 填方 | 挖方 | | 填方 | 挖方 | |
| | | | | | | | | |
| | | | | | | | | |
| | | | | | | | | |
| | | | | | | | | |
| | | | | | | | | |
| 合计 | | | | | | | | |

$$V=\frac{A_n+A_{n+1}}{2}\times L \qquad (4\text{-}30)$$

式中　$V$——相邻两断面间填(挖)方体积($m^3$)；

$A_n$，$A_{n+1}$——相邻两断面之填(挖)方断面面积($m^2$)；

$L$——相邻两断面之间的距离(m)。

【例 4-11】　已知某基地内自然地形如图 4-107,拟将基地中的一块自然地形整平成为斜坡。要求东西向具有 0.5％的坡度,南北向具有 1％的坡度,试用断面法求其设计标高,并计算其土方量。

【解】

【步骤 1】　确定平土控制线位置

沿基地长轴方向布置平土控制线 $AE$,与平土控制线垂直布置断面,由西向东分别为 1-1、2-2、3-3、4-4 和 5-5,断面间距均为 20m,如图 4-108 所示。

【步骤 2】　计算平土控制线各点标高

基地地形呈东北部分较高、西南部分较低的趋势。根据设计地面由东向西倾斜,坡度为 0.5％；同时,由北向南倾斜,坡度为 1％。初步确定 $A$ 点设计标高为 44.00m,则 $B$ 点标高为 44.10m,$C$ 点标高为 44.20m,$D$ 点标高为 44.30m,$E$ 点标高为 44.40m。将其标注在图 4-108中。

【步骤 3】　绘制各断面图

1-1 断面：

(1)绘出平土控制线

在方格米厘纸上,用细点划线绘出平土控制线。

(2)绘制自然地形

根据地形图中等高线的分布,用细实线绘制出自然地形断面,标注平土控制线处的自然地面标高 42.00m。

(3)绘制设计地面

在平土控制线处,根据 $A$ 点设计标高 44.00m 确定出设计地面位置。设计地面范围为 40m,左端 20m,右端 20m,由于地形由北向南倾斜,且坡度为 1％,由此推算出 A1 点设计标高为 43.80m,A2 点的设计标高为 44.20m。用中粗线连接 A1、A2,即为设计地面。

(4)绘制边坡

此断面均为填方,在左端点的高度最大。取

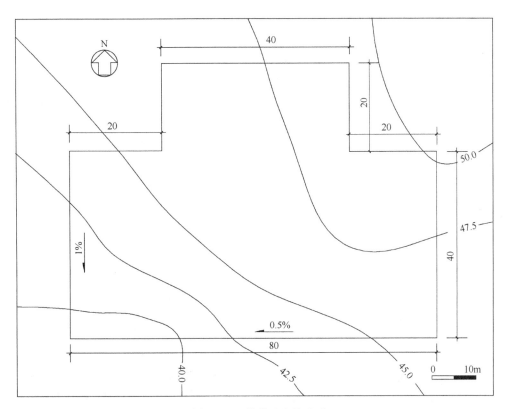

图 4-107 某基地自然地形

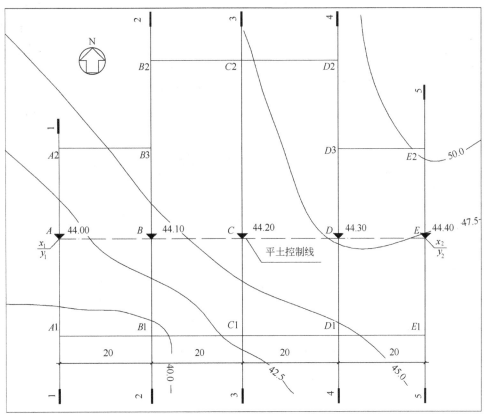

图 4-108 平土控制线和断面布置（单位：m）

边坡坡比为 1：1.5，绘制出填方边坡。

（5）计算断面面积

将填方面积划分为 5m 宽的条形，量取每个条形的中心处高度 $h_i$，并累计起来，则累计高度为 22.5m。将填方面积记为 $A_T$，挖方面积记为 $A_W$，则：

$$A_T = 条形累计高度 \times 条形宽度$$
$$= 22.5 \times 5 = 112.5 (m^2)$$
$$A_W = 0 (m^2)$$

设计内容如图 4-109 所示。

2-2 断面：

（1）绘出平土控制线

在方格米厘纸上，用细点划线绘出平土控制线。

（2）绘制自然地形断面

用细实线绘制出自然地形断面，标注平土控制线处的自然地面标高 44.00m。

（3）绘制设计地面

在平土控制线处，根据 $B$ 点设计标高 44.10m 确定出设计地面位置。设计地面范围为 60m，左端 20m，右端 40m。推算出 B1 点设计标高为 43.90m，B2 点的设计标高为 44.50m。用中粗线连接 B1、B2，即为设计地面。

（4）绘制边坡

此断面左端为填方，取边坡坡比为 1：1.5，绘制出填方边坡；右端为挖方，取边坡坡比为 1：1，绘制出挖方边坡。

（5）计算断面面积

填方累计高度为 15.5m，$A_T = 15.5 \times 5 = 77.5 (m^2)$。

在 B1-B3 范围内的挖方累计高度为 4.0m，$A_{W1-3} = 4.0 \times 5 = 20.0 (m^2)$。

在 B1-B2 范围内的挖方累计高度为 11.0m，$A_{W1-2} = 11.0 \times 5 = 55.0 (m^2)$。

设计内容如图 4-110 所示。

同理，绘制出 3-3、4-4 和 5-5 断面的设计内容（如图 4-111～图 4-113 所示）。其中，相应的断面面积计算如下：

3-3 断面：$A_T = 0.6 \times 5 = 3.0 (m^2)$
$A_W = 22.0 \times 5 = 110.0 (m^2)$

4-4 断面：$A_T = 0 (m^2)$
$A_{W1-2} = 45.0 \times 5 = 225.0 (m^2)$
$A_{W1-3} = 16.0 \times 5 = 80.0 (m^2)$

5-5 断面：$A_T = 0 (m^2)$
$A_W = 31.5 \times 5 = 157.5 (m^2)$

【步骤 4】 绘制平面图中设计的边坡

根据每个断面图中的填方边坡或挖方边坡的水平宽度，在平面图上，依据相应的比例尺，绘出边坡占地宽度。最后，将相邻的边坡占地宽度连接起来，即成边坡的范围。根据边坡的图例，坡顶用中粗线表示，坡脚用细实线表示，再绘出反映高低情况的长短线（图 4-114）。

【步骤 5】 计算土方量

用表格统计土方量。由计算结果可知，挖方量远远大于填方量。

例 4-11 土 方 量 计 算 表

| 断面编号 | 断面面积 (m²) | | 平均断面面积 (m²) | | 断面距离 (m) | 土方量 (m³) | | 备 注 |
|---|---|---|---|---|---|---|---|---|
| | 填方 | 挖方 | 填方 | 挖方 | | 填方 | 挖方 | |
| 1—1 | 112.5 | 0 | | | | | | |
| | | | 95.0 | 10 | 20 | 1900 | 200 | |
| 2—2 | 77.5 | 20.0 (55.0) | | | | | | |
| | | | 40.3 | 82.5 | 20 | 806 | 1650 | $A_{W1-3}$ ($A_{W1-2}$) |
| 3—3 | 3.0 | 110.0 | | | | | | |
| | | | 1.5 | 167.5 | 20 | 30 | 3350 | |
| 4—4 | 0 | 225.0 (80.0) | | | | | | |
| | | | 0 | 118.8 | 20 | 0 | 2376 | $A_{W1-2}$ ($A_{W1-3}$) |
| 5—5 | 0 | 157.5 | | | | | | |
| 合计 | | | | | | 2736 | 7576 | 弃土 4840m³ |

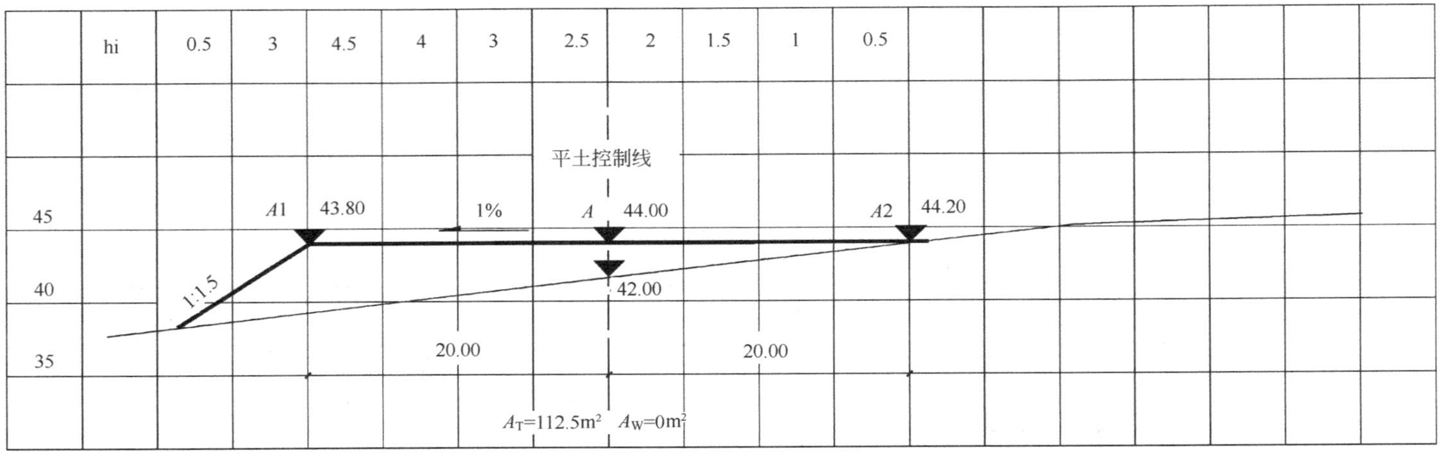

これは2つの断面図（縦断面図）を含むページです。

図 4-109 1-1 断面図

| hi | 0.5 | 1 | 1.5 | 2 | 2.5 | 3 | 4 | 4.5 | 3 | 0.5 |
|---|---|---|---|---|---|---|---|---|---|---|

平土控制线

A2 44.20
A 44.00
42.00
20.00
1%
20.00
A1 43.80
1:1.5

$A_T=112.5m^2$ $A_W=0m^2$

45
40
35

图 4-109 1-1 断面图

图 4-110 2-2 断面图

平土控制线

44.50
B2 1:1
B3
B 44.10
44.00
20.00
1%
20.00
B1 43.90
1:1.5

$A_T=77.5m^2$ $A_{W1-3}=20.0m^2$ $A_{W1-2}=55.0m^2$

45
40
35

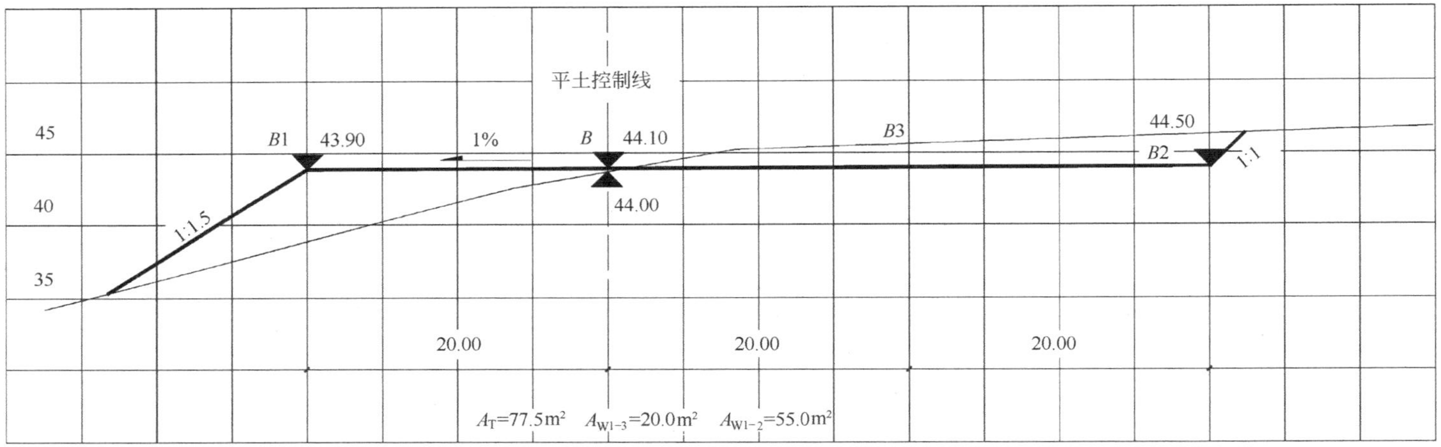

图 4-110 2-2 断面图

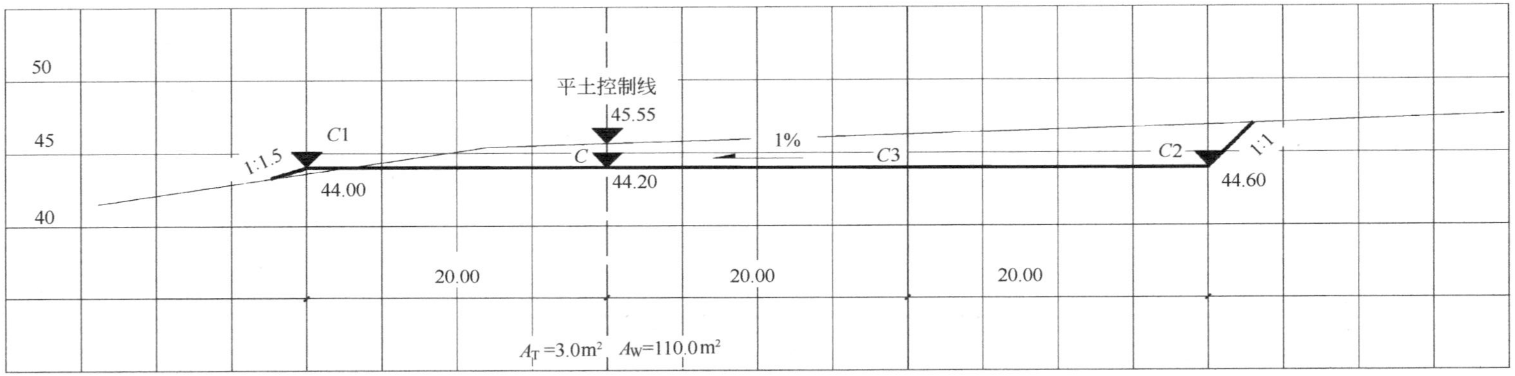

图 4-111　3-3 断面图

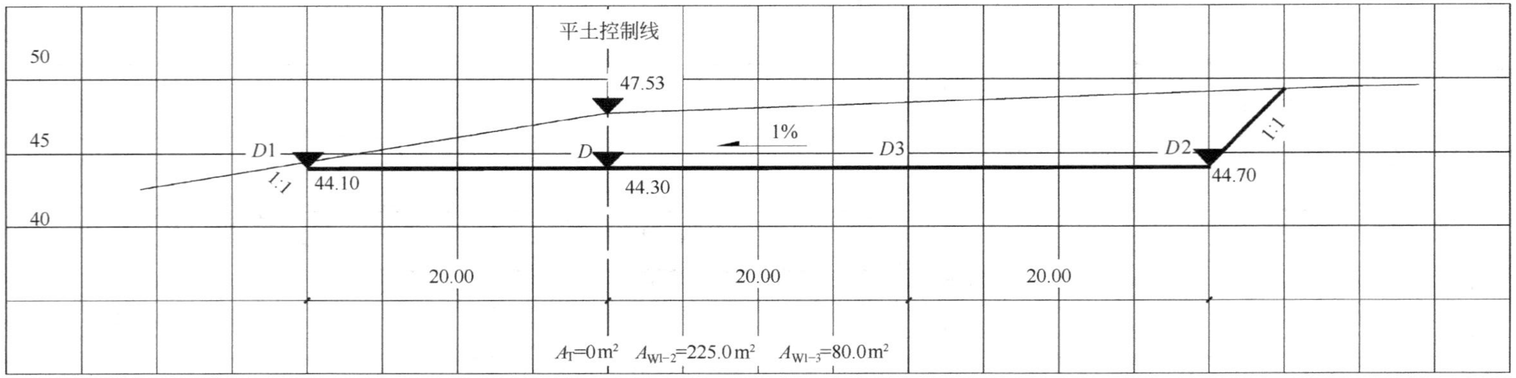

$A_{\text{T}}=3.0 \text{m}^2$　$A_{\text{W}}=110.0 \text{m}^2$

图 4-112　4-4 断面图

$A_{\text{T}}=0 \text{m}^2$　$A_{\text{W1-2}}=225.0 \text{m}^2$　$A_{\text{W1-3}}=80.0 \text{m}^2$

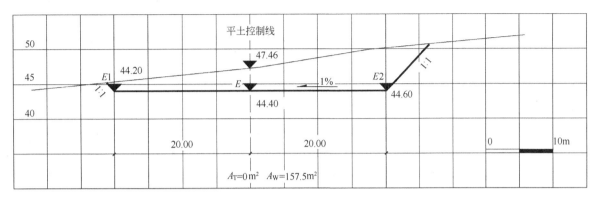

图 4-113　5-5 断面图

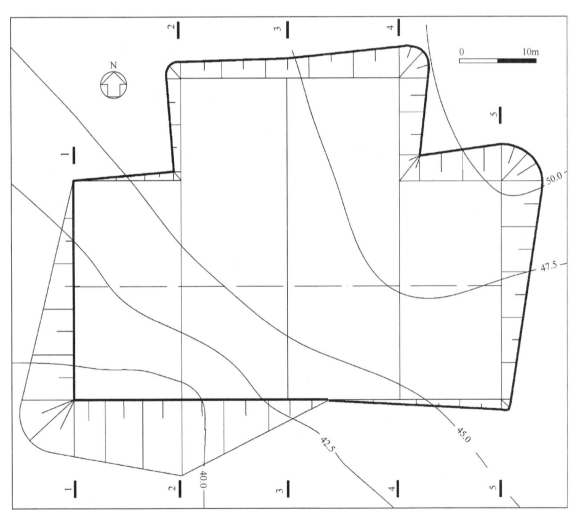

图 4-114　边坡绘制

（四）土石方工程量定额指标

《城乡建设用地竖向规划规范》CJJ 83—2016条文说明指出：城乡建设用地土石方量定额指标，由于地区不同、地形坡度不同、规划地面形式不同和规划设计方法不同，使用地土石方工程量估算结果千变万化，很难从中找出明显规律性或合理的定额指标。用地土石方平衡，也由于各种条件和情况不同，难以制定统一合理的平衡标准。现仅从大多数的调查资料和少数规划设计单位提供的经验实例，提出初步的用地土石方量定额及其平衡标准指标列后，供参考。

1. 城乡建设用地土石方工程量（填方与挖方之和）定额指标

平原地区：小于 $10000m^3/10^4 m^2$；

浅、中丘地区：$20000m^3/10^4 \sim 30000m^3/10^4 m^2$；

深丘、高山地区：$30000m^3/10^4 \sim 50000m^3/10^4 m^2$。

用途：估算项目在不同地形时必需的工程成本和建设周期。

2. 城乡建设用地土石方量平衡标准指标

平原地区：5%～10%；

浅、中丘地区：7%～15%；

深丘、高山地区：10%～20%。

平衡标准为：（挖、填方量差÷土石方工程）×100%。

用途：判断是否需要调整总平面布置和竖向设计，使土方量满足规范要求。

3. 城乡建设用地土石方平衡与调运

土石方调运的关键在于经济运距，这与运输方式有密切关系。根据经验资料，提供如下经济运距供参考：人工运输为200m以内；机动工具运输为1000m以内。

影响大面积用地土石方调运方案制定的因素主要是地形与地质条件、借土与弃土条件、运输方式、是否同步建设等。大多数单位认为用地土石方宜在街坊或小区内平衡。以达到就近平衡、合理平衡、经济可行的土石方调运基本原则。因此，运距以250～400m为宜。

**二、余土工程量**

余土工程量包括建、构筑物的基础、地下管线基槽和道路基槽余土等，这些余土量以及湿陷性黄土的缺土量也应参加土石方平衡，其数量可参照下列参数进行估算。

（一）建、构筑物及设备基础的余方量估算公式

$$V_1 = K_1 \cdot A_1 \qquad (4-31)$$

式中　$V_1$——基槽余方量（$m^3$）；

　　　$A_1$——建筑占地面积（$m^2$）；

　　　$K_1$——基础余方量参数，见表4-19。

（二）地下室的土方量估算公式

$$V_2 = K_2 \cdot n_1 \cdot V_1 \qquad (4-32)$$

式中　$V_2$——地下室挖方工程量（$m^3$）；

　　　$K_2$——地下室挖方时的参数（包括垫层、放坡、室内外高差）；一般取1.5～2.5，地下室位于填方量多的地段取下限值，填方量少或挖方地段取上限值；

　　　$n_1$——地下室面积与建筑物占地面积之比；

　　　$V_1$——基槽余方量（$m^3$）。

（三）道路路槽（指平整场地后再做路槽）余方量估算公式

$$V_3 = K_3 \cdot F \cdot h \qquad (4-33)$$

式中　$V_3$——道路路槽挖方量（$m^3$）；

　　　$K_3$——道路系数，见表4-20；

　　　$F$——建筑场地总面积（$m^2$）；

　　　$h$——拟设计路面结构层厚度（m）。

建筑基础余方量参数　　　　　　　　　　　　　表 4-19

| 名　称 | | $K_1$（$m^3/m^2$） | 备　注 |
|---|---|---|---|
| 车　间 | 重型（有大型机床设备） | 0.3～0.5 | 建筑场地为软弱地基时，基础余方量系数应乘以1.1～1.2倍 |
| | 轻　型 | 0.2～0.3 | |
| 居住建筑 | | 0.2～0.3 | |
| 公共建筑 | | 0.2～0.3 | |
| 仓　库 | | 0.2～0.3 | |

注：摘自姚宏韬. 场地设计 [M]. 沈阳：辽宁科学技术出版社，2000.

| 地 形　项 目 | 平 地 | $i_自(\%)$ | | |
|---|---|---|---|---|
| | | 5～10 | 10～15 | 15～20 |
| 道路系数（$K_3$） | 0.08～0.12 | 0.15～0.20 | 0.20～0.25 | ＞0.25 |
| 管线地沟系数（$K_4$）　无地沟 | 0.15～0.12 | 0.12～0.10 | 0.10～0.05 | ≤0.05 |
| 管线地沟系数（$K_4$）　有地沟 | 0.40～0.30 | 0.30～0.20 | 0.20～0.08 | ≤0.08 |

注：摘自姚宏韬. 场地设计［M］. 沈阳：辽宁科学技术出版社，2000。

（四）管线地沟的余方量估算公式

$$V_4 = K_4 \cdot V_3 \qquad (4-34)$$

式中　$V_4$——管线地沟的余方量（m³）；

　　　$K_4$——管线地沟系数，见表 4-20；

　　　$V_3$——道路路槽挖方量（m³）。

（五）换土工程量

在实际工程中，场地因杂填土、坟墓或阴井等不适合做基础等土方，需要换土。具体计算可根据地质勘探或地基开挖的实际处理。另外，地表土壤不适合植物生长时，也要考虑换土。

### 三、土方损益

场地平整土方量中的挖方量为原土体积，当原土经挖掘后，孔隙增大使体积增加，称为虚方。即使将挖方直接用作回填，夯实后的体积仍不能恢复到原土体积。在此，将虚方与挖方之比称为松散系数，分为最初松散系数和最后松散系数。前者应用于弃土外运，后者应用于在场地内的土方调配（表 4-21）。

土 石 松 散 系 数　　　　表 4-21

| 土石等级 | 类别 | 土 石 名 称 | 松 散 系 数 最初 | 松 散 系 数 最后 |
|---|---|---|---|---|
| Ⅰ | 松 土 | 砂、亚黏土、泥炭 | 1.08～1.17 | 1.01～1.03 |
| Ⅰ | 松 土 | 植物性土壤 | 1.20～1.30 | 1.03～1.04 |
| Ⅰ | 松 土 | 轻型的及黄土质砂黏土，潮湿的及松散的黄土，软的重、轻盐土，小于15mm的中、小圆砾，密实的含草根的种植土，含直径小于30mm树根的泥炭及种植土，夹有砂、卵石及碎石片的砂及种植土，混有碎、卵石及工程废料的杂填土等 | 1.14～1.28 | 1.02～1.05 |
| Ⅱ | 普通土 | 轻腴的黏土、重砂黏土、粒径15～40mm的大圆砾、干燥黄土、含圆砾或卵石的天然含水量的黄土、含直径不小于30mm树根的泥炭及种植土等 | 1.24～1.30 | 1.04～1.07 |
| Ⅲ | 硬 土 | 除泥灰石、软石灰石以外的各种硬土 | 1.26～1.32 | 1.06～1.09 |
| Ⅲ | 硬 土 | 泥灰石、软石灰石 | 1.33～1.37 | 1.11～1.15 |
| Ⅳ | 软石 | 泥岩、泥质砾岩、泥质页岩、泥质砂岩、云母片岩、煤、千枚岩等 | 1.30～1.45 | 1.10～1.20 |
| Ⅴ | 次坚石 | 砂岩、白云岩、石灰岩、片岩、片麻岩、花岗岩、软玄武岩等 | 1.45～1.50 | 1.20～1.30 |
| Ⅵ | 坚 石 | 硬玄武岩、大理岩、石英岩、闪长岩、细粒花岗岩、正长岩等 | 1.45～1.50 | 1.20～1.30 |

注：1. 摘自《钢铁企业总图运输设计规范》GB 50603—2010（条文说明）；

　　2. 第Ⅰ至Ⅵ级土壤，挖方转化为虚方时，乘以最初松散系数；挖方转化为填方时，乘以最后松散系数。

### 四、土石方平衡

土石方工程量平衡包括的内容见表 4-22。

不在场地内部进行挖、填土方平衡时，填土量大的要确定取土土源，挖土量大的应寻找余土的弃土地点。取弃土应不占农田好地，不损坏农田水利建设且不影响环境，多余的土方应尽可能用作覆土造田。

场内土方工程量除考虑尽量减少外，还应使填挖方接近平衡。在填方工程量或挖方工程量超过 10 万 m³ 时，填挖方之差不应超过 5%；在填方工程量或挖方工程量在 10 万 m³ 以下时，填挖方之差不应超过 10%。

### 五、场地平整设计标高的调整

初定场地平整设计标高后，进行土方估算，

当考虑土方损益及余土工程量以后，最好使场地的挖、填方量平衡，也可参照表4-23中所列的平衡相差幅度值的标准。超过表中数值时，如果没有充分理由和根据，应调整场地的设计标高。

土石方工程平衡表

表4-22

| 序　号 | 项　目 | 土石方量(m³) | | 说　明 |
|---|---|---|---|---|
| | | 填　方 | 挖　方 | |
| 1 | 场地平整 | | | |
| 2 | 室内地坪填土和地下建筑物、构筑物挖土、房屋及构筑物基础 | | | |
| 3 | 道路、管线地沟、排水沟 | | | 包括路堤填土、路堑和路槽挖土 |
| 4 | 土方损益 | | | 指土壤经过挖填后的损益数 |
| 5 | 合计 | | | |

注：1. 摘自《建筑工程设计文件编制深度规定》（2016年版）；
2. 表列项目随工程内容增减。

各种地形条件的正常土方工程数量

表4-23

| 地形 项目名称 | 平　地 | $i_自$(%) | | | 备　注 |
|---|---|---|---|---|---|
| | | 5～10 | 10～15 | 15～20 | |
| 单位用地的土方量(m³/hm²) | 2000～4000 | 4000～6000 | 6000～8000 | 8000～10000 | 单位用地的土方量(m³/hm²)是指一次土方量和二次土方量之和 |
| 单位面积建筑占地的土方量(m³/hm²) | 2～4 | 3～4 | 4～8 | 8～10 | |

注：摘自姚宏韬. 场地设计[M]. 沈阳：辽宁科学技术出版社，2000。

平坦场地挖填方量不平衡时，可以将全场区的设计标高适当提高或降低一定数值，如图4-115所示。

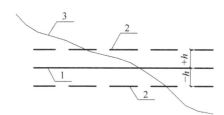

图4-115　场地设计标高调整
1—设计场地地面；2—调整后设计地面；
3——自然地形

调整高度按下式计算：

$$h=\frac{V_挖-V_填}{F} \qquad (4-35)$$

式中　$h$——调整高度(m)，正值提高，负值降低；
　　　$V_挖$——场区挖方总量(m³)；

　　　$V_填$——场区填方总量(m³)；
　　　$F$——场地平整总面积(m²)。

坡地场地挖填方量不平衡时，可以在土方不平衡的集中地段，或结合其他因素，局部进行调整。

【例4-12】　已知某基地地面的设计标高为44.00m，场地平整时挖方总量为7576m³，填方总量为2736m³，场地平整总面积为4000m²，试对其地面设计标高进行调整。

【解】

根据式(4-35)，设计标高的调整高度为$h$：

$$h=\frac{V_挖-V_填}{F}=\frac{7576-2736}{4000}=\frac{4840}{4000}$$
$$=1.21(m)>0$$

所以，场地设计标高需提高1.21m，即当地面的设计标高调整为44.00+1.21=45.21m时，土方量大致可以平衡。

# 第五章 道路设计

　　道路设计是场地设计的重要组成部分之一，道路设计合理与否，直接影响总体布局是否满足功能要求、用地是否节省、投资是否经济等。尤其是在大规模群体建筑的坡地场地设计中，道路设计更是一项非常重要的设计工作，故必须了解场地道路的技术标准，合理布置道路交通线路，使之发挥最大效能。

## 第一节　场地道路技术标准

### 一、道路分类

　　道路既是场地的骨架，又要满足不同性质的使用要求。道路有各种类型，其交通特征、功能作用、服务对象与要求等均不相同。

　　公共建筑场地往往与城市道路毗邻，城市道路的设计情况直接影响场地设计；因此，要充分了解城市道路的设计情况。

　　场地道路的设计车速低，一般为 15～25km/h，其设计标准与城市道路有所不同，场地道路的功能、分类取决于项目的规模、性质等因素，根据其功能可划分为：

#### （一）主干道

　　主干道是连接场地主要出入口的道路，是场地道路的基本骨架，属全局性的主要道路，通常交通量较大，且对外交通联系多。其典型特征是道路路面较宽，对景观的要求也较高。

#### （二）次干道

　　次干道是连接场地次要出入口及各组成部分的道路，与主干道相配合，是主干道的补充。一般路面不宽（7.0m 左右），交通量不大。

#### （三）支路

　　支路是通向场地内次要组成部分的道路，其交通量小、路幅较窄。一般为保证场地交通的可达性

及消防要求而设置，路面宽度不小于 4.0m。平时以步行及非机动车通行为主，有时限制机动车通行。

#### （四）引道

　　即通向建、构筑物出入口，并与主、次干道或支路相连的道路。可根据实际需要确定引道的设置标准，一般应与建、构筑物的出入口宽度相适应；当有机动车通行要求时，其路面宽度不应小于 3.5m。

#### （五）人行道

　　人行道是行人通行的道路，包括独立设置的只供行人和非机动车（主要指自行车）通行的步行道，以及机动车道一侧或两侧的人行道。一般民用建筑场地的步行道多兼有休息功能，可与绿化、广场相结合，并应有较好的绿化环境。

　　场地道路的性质、功能等是复杂多样的。一般中、小规模建筑场地中，道路的功能相对简单，可设置一级或两级供机动车通行的道路，以及非机动车、人行专用道等；而大规模场地内的道路可设置三级。

### 二、道路技术标准

#### （一）路面宽度

　　道路上供各种车辆行驶的路面部分，通称为车行道，其宽度与车道数量有关。场地主干道和次干道应设双车道，供小型车通行的宽度不应小于 6.0m，供大型车通行的宽度不应小于 7.0m；场地支路可以是单车道，宽度为 3.5m 或 4.0m。

　　为了保证行人安全，一般沿道路两侧或单侧设置人行道，其宽度取决于行人的交通量、行人性质、行走速度及布置地上杆柱和绿化带的宽度等；同时，还要考虑人行道下埋设地下管线的需要。步行交通需要的宽度为：人行道的宽度等于一条步行带宽度乘以步行带条数。一条步行带的宽度及其通行能力与行人性质、步行速度、动和

静的行人数量比等有关。在火车站、客运码头及大型商店附近，其宽度为$0.85\sim1.0$ m；一般场地内人行道最小宽度为1.5m，其他地段最小宽度可小于1.0m，并可按0.5m的倍数递增。

场地内，当主要人流出入口与机动车出入口分设时，要布置单独的人行道。有的居住区内设置步行街，还有的在绿地内设置园路。

（二）道路圆曲线及转弯半径

道路中心线在水平面上的投影形状称为道路的平面线形。

道路平面线形设计是依据场地道路系统规划、道路性质、等级以及用地现状（地形、地质条件以及现状建筑布局等）确定道路中心线在平面上的具体方向和位置，确定直线段长度，选定合适的圆曲线半径。当场地道路的车速较大时，设置必要的超高、加宽和缓和路段，进行必要的行车安全视距验算，绘出道路平面设计图。

1. 圆曲线线形

场地道路的平面线形中心线，因受地形、地物的限制和平面构图等要求的影响，均是由直线和圆曲线组合而成的。

圆曲线的形式如图5-1所示，其几何要素之间的关系可按下列各式计算：

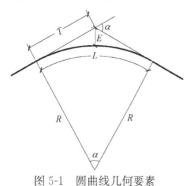

图5-1　圆曲线几何要素

$$T=R\tan\frac{\alpha}{2} \tag{5-1}$$

$$L=\frac{\pi}{180}R\alpha \tag{5-2}$$

$$E=R\left(\sec\frac{\alpha}{2}-1\right) \tag{5-3}$$

式中　$\alpha$——道路偏角（°）；

$R$——圆曲线半径（m）；

$T$——切线长度（m）；

$L$——曲线长度（m）；

$E$——外矢距（m）。

已知$\alpha$，选定$R$，可求出$T$、$L$和$E$值。

2. 圆曲线半径的选择

场地道路曲线半径的大小可根据所通行车辆的种类、车速等条件来确定。如果只考虑行车要求，那么采用较大的转弯半径比较有利。场地主干道的曲线半径多取较大值，以保证车辆以一定行驶速度顺畅地转弯。次干道和支路的转弯半径满足最小值即可。道路的转弯半径因车辆种类的不同而异，根据《厂矿道路设计规范》GBJ 22—87的规定：场地内道路最小圆曲线半径，当行驶单辆汽车时，不宜小于15m；当行驶拖挂车时，不宜小于20m。或者参考表5-1的规定执行。

| 圆曲线最小半径 | | | 表5-1 |
| --- | --- | --- | --- |
| 设计速度（km/h） | 40 | 30 | 20 |
| 不设超高最小半径（m） | 300 | 150 | 70 |
| 设超高最小半径（m） 一般值 | 150 | 85 | 40 |
| 极限值 | 70 | 40 | 20 |

注：1. 摘自《城市道路工程设计规范》CJJ 37—2012（2016年版）；

2. "一般值"为正常情况下的采用值；"极限值"为条件受限时，可采用的值。

3. 圆曲线上的加宽和超高

（1）弯道路面的加宽和加宽缓和段

车辆在转弯处行驶时，各个车轮行驶的轨迹是不同的。靠曲线内侧后轮的行驶半径最小，靠曲线外侧前轮的行驶曲线半径最大。所以，车身所占宽度也比直线行驶时大。曲线半径越小，这一情况越显著。为保证汽车在转弯时不侵占相邻车道，在小半径（半径<250m）的弯道上，车道需要在圆曲线内侧加宽（图5-2），并应设置加宽缓和段。

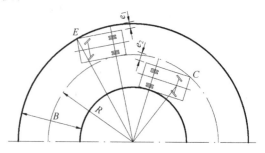

图5-2　道路加宽

268

加宽缓和段是在圆曲线的两端，从直线上的正常宽度逐渐增加到曲线上的全加宽的路段。一般情况下，加宽缓和段长度最好不小于10m。

在场地道路的圆曲线上，不一定全部设置加宽，视条件改用适当加大路面内边线半径的办法，也可达到加宽的目的。一般场地内车速小于15km/h，不需设置加宽缓和段。

（2）弯道路面的超高与超高缓和段

在弯道上，当车辆行驶在双向横坡的车道外侧时，其重量的水平分力将增大横向侧滑力；所以，当采用的圆曲线半径小于不设超高的最小半径时，为抵消车辆在曲线路段上行驶时所产生的离心力，可以将道路外侧抬高，使道路横坡呈单向内侧倾斜(图5-3)，称为超高。《城市道路工程设计规范》CJJ 37—2012（2016年版）规定：当计算行车速度为40km/h、30km/h和20km/h时，最大超高横坡度应为2%。

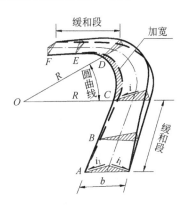

图5-3　道路超高

超高缓和段是由直线段上的双坡横断面过渡到具有完全超高的单坡横断面的路段，超高缓和段的长度不宜过短，否则车辆行驶发生侧向摆动时，行车会不稳定。一般情况下，超高缓和段长度最好不小于15～20m。

当曲线加宽与超高同时设置时，加宽缓和段长度应与超高缓和段长度相等；内侧增加宽度，外侧增加超高。如曲线不设超高而只设加宽，则可采用不小于10m的加宽缓和段长度。场地设计中，当居住区内各级城市道路坡度和行车速度大到一定值时，才要求设加宽和超高。除此之外，一般场地内因车速较低可不设，而在城市市区内的场地，为有利于建、构筑物的

布置，一般不设超高。

（三）纵断面标准

1. 最大纵坡

各级道路纵坡的最大限值称为最大纵坡。它是根据汽车的动力特性、道路类型、当地自然条件，并保证车辆以适当的车速安全行驶而确定的。

道路最大纵坡见表5-2。

场地道路最大纵坡建议值　　　　表5-2

| 道路类别 | 最大纵坡（%） |
| --- | --- |
| 主　干　道 | 6 |
| 次　干　道 | 8 |
| 支路及引道 | 9 |

注：1. 摘自《厂矿道路设计规范》GBJ 22—87；
　　2. 当场地条件困难时，次干道的最大纵坡可增加1%，主干道、支路、引道的最大纵坡可增加2%。但在海拔2000m以上地区，不得增加；在寒冷冰冻、积雪地区，不应大于8%。

《民用建筑设计统一标准》GB 50352—2019规定，建筑基地内道路设计坡度应符合下列规定：

（1）基地内机动车道的纵坡不应小于0.3%，且不应大于8%，当采用8%坡度时，其坡长不应大于200.0m。当遇特殊困难纵坡小于0.3%时，应采取有效的排水措施；个别特殊路段，坡度不应大于11%，其坡长不应大于100.0m，在积雪或冰冻地区不应大于6%，其坡长不应大于350.0m；横坡宜为1%～2%。

（2）基地内非机动车道的纵坡不应小于0.2%，最大纵坡不宜大于2.5%；困难时不应大于3.5%，当采用3.5%坡度时，其坡长不应大于150.0m；横坡宜为1%～2%。

（3）基地内步行道的纵坡不应小于0.2%，且不应大于8%，积雪或冰冻地区不应大于4%；横坡应为1%～2%；当大于极限坡度时，应设置为台阶步道。

（4）基地内人流活动的主要地段，应设置无障碍通道。

（5）位于山地和丘陵地区的基地道路设计纵坡可适当放宽，且应符合地方相关标准的规定，

或经当地相关管理部门的批准。

**2. 最小纵坡**

能够适应路面上的雨水排除，而不致造成管道淤塞的最小纵向坡度值，称为道路最小纵坡度。最小纵向坡度与雨季降雨量大小、路面种类及排水管直径大小有关。路面粗糙的，最小纵坡可较大，反之则可小些。

城市道路通常低于两侧街坊，两侧街坊的雨水排向车行道两侧的雨水口，再由地下的连管通到雨水管道排入水体。因此，道路最小纵坡应是能保证排水和防止管道淤塞所需的最小纵坡，其值为0.3%。若道路纵坡小于最小纵坡值，则管道的埋深必将随着管道的长度而加深。为避免其埋设过深所致的土方量增大和施工困难，故规定城市道路的最小纵坡不应小于0.3%。

**3. 坡道长度限制**

为行车安全与经济，当道路纵坡大于5%时，需要对坡长进行限制。道路坡道的长度与道路的等级要求和车辆的上坡能力有关。等级高的道路对行车平顺的要求较高，不但要求坡度较缓，而且坡长也不能太短。各级道路纵坡最小长度应大于或等于表5-3的数值，并大于相邻两个竖曲线切线长度之和。

**纵坡的最小坡长**　　　表5-3

| 设计速度(km/h) | 40 | 30 | 20 |
|---|---|---|---|
| 最小坡长(m) | 110 | 85 | 60 |

注：摘自《城市道路工程设计规范》CJJ 37—2012（2016年版）。

自行车道的坡长与坡度有关，机动车虽然爬坡能力较大，但如果坡道过长，上坡时就必须换挡，下坡时也易发生事故。因此，为了行车的安全，道路纵断面的设计需要对坡长进行限制，道路变坡点间的距离不宜小于50m，相邻坡段的坡差也不宜过大，并应尽量避免锯齿形纵坡面。当道路纵坡较大，且又超过限制坡长时，应设置不大于3%的缓坡段，并应满足相应坡长的要求，纵坡长度不应小于表5-4的规定。

**纵坡限制坡长**　　　表5-4

| 纵坡(%) | >5～6 | >6～7 | >7～8 | >8～9 | >9～10 | >10～11 |
|---|---|---|---|---|---|---|
| 限制坡长(m) | 800 | 500 | 300 | 200 | 150 | 100 |

注：摘自《厂矿道路设计规范》GBJ 22—87。

**4. 竖曲线**

在道路纵坡转折点常设置竖曲线将相邻的直线坡段平滑地连接起来。竖曲线分为凸形与凹形两种：凸形竖曲线的设置主要满足驾驶员视线视距的要求；凹形竖曲线主要为满足车辆行驶平稳的要求，避免车辆颠簸。道路竖曲线一般采用圆曲线，其基本要素计算如下（图5-4）：

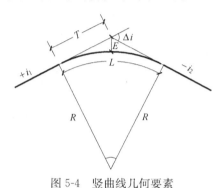

图5-4　竖曲线几何要素

$$L = R\Delta i \tag{5-4}$$

$$T = \frac{R\Delta i}{2} \tag{5-5}$$

$$E = \frac{L^2}{8R} \tag{5-6}$$

式中　$\Delta i$——相邻坡度代数差（%）；

　　　$R$——竖曲线半径（m）；

　　　$T$——切线长度（m）；

　　　$L$——曲线长度（m）；

　　　$E$——外距（m）。

《厂矿道路设计规范》GBJ 22—87规定：当相邻两个坡度的代数差$\Delta i$大于2%时，需设置竖曲线。竖曲线半径不应小于100m，竖曲线长度不应小于15m。

**（四）横断面标准**

沿着道路宽度方向，垂直于道路中心线所做的剖面，称为道路的横断面。

道路横断面的设计宽度称为路幅宽度。若为居住区内各级城市道路（图5-5）即为道路红线之间的道路各项用地宽度的总和；若为一般建筑场地道路，即为建筑控制线之间的距离。路幅宽度应满足其两侧的建筑物有足够的日照间距和良好的通风要求，对抗震防护也有一定要求，一般取$H：B=1：2$左右为宜（$H$为建筑物高度，$B$为路幅宽度）。

场地内道路横断面是由车行道（机动车和非机动车）、人行道或路肩，绿化带，地上、地下管线敷设带组成。道路横断面设计，要满足交通安全、环境景观、管线敷设以及消防、排水、抗震等要求，并合理地确定各组成部分的宽度，以及相互之间的位置与高差。

## 1. 道路形式

一般市区场地和郊区场地的道路通常为城市型［图5-6(a)］，其道路以突起的路缘石保护路面，采用暗管排水系统；而郊外场地（如风景区场地），可根据需要采用公路型［图5-6 (b)］，其道路的路缘石不突起，采用明沟排水系统。

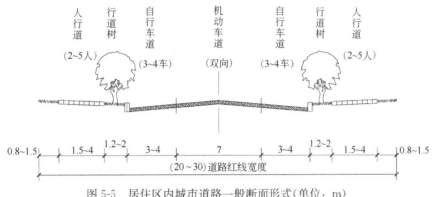

图 5-5　居住区内城市道路一般断面形式（单位：m）

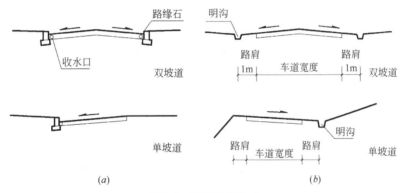

图 5-6　道路基本形式
（a）城市形；（b）公路形

## 2. 路拱坡度

道路在横向上单位长度内升高或降低的数值，称为路拱坡度（$i$）（图5-7）。路拱坡度通常用％或小数数值表示。路拱形式可根据路面面层类型确定。场地内车行道路路拱的基本形式有直线形［图5-7 (a)］、直线加圆弧形［图5-7 (b)］和一次半抛物线形［图5-7 (c)］。《厂矿道路设计规范》GBJ 22—87规定：水泥混凝土路面，可采

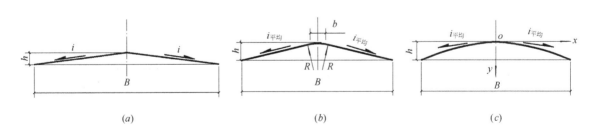

图 5-7　路拱形式
（a）直线形路拱；（b）直线加圆弧形路拱；（c）一次半抛物线形路拱

用直线形路拱；沥青路面和整齐块石路面，可采用直线加圆弧形路拱；粒料路面、改善土路面和半整齐、不整齐块石路面，可采用一次半（或称半立方式）抛物线形路拱。

路拱的几何尺寸，可按下列公式计算：

$$h = \frac{Bi}{2} \tag{5-7}$$

$$R = 5B \tag{5-8}$$

$$b = 10Bi \tag{5-9}$$

$$y = h\left(\frac{x}{B/2}\right)^{\frac{3}{2}} \tag{5-10}$$

式中　$h$——路面中心与边缘的高差(m)；
　　　$B$——路面宽度(m)；
　　　$i$——路拱坡度(%)；
　　　$R$——路拱中部圆弧半径(m)；
　　　$b$——路拱中部圆弧长度(m)；
　　　$y$——路面中心与 $x$ 处的高差(m)；
　　　$x$——至路面中心的距离(m)。

为了使人行道、车行道的雨水顺利地流入雨水口，必须使它们都具有一定的横坡。横坡的大小与道路的路面材料、纵坡等有关；同时，也应考虑人行道、车行道、绿带的宽度以及当地气候条件的影响。

由于车行道宽度较大，为尽快排除地面水，车行道一般都采用双向坡面，由道路中心线向两侧倾斜，形成路拱。路拱坡度的参考值参见表 5-5。

<table>
<tr><td colspan="4" style="text-align:center">路　拱　坡　度　　　　　　　　　　表 5-5</td></tr>
<tr><td>路面面层类型</td><td>路拱横坡(%)</td><td>路面面层类型</td><td>路拱横坡(%)</td></tr>
<tr><td>水泥混凝土路面</td><td>1.0～2.0</td><td>半整齐、不整齐块石路面</td><td>2.0～3.0</td></tr>
<tr><td>沥青混凝土路面</td><td>1.0～2.0</td><td>粒料路面</td><td>2.5～3.5</td></tr>
<tr><td>其他沥青路面</td><td>1.5～2.5</td><td>改善土路面</td><td>3.0～4.0</td></tr>
<tr><td>整齐块石路面</td><td>1.5～2.5</td><td>—</td><td>—</td></tr>
</table>

注：1. 摘自《厂矿道路设计规范》GBJ 22—87；
　　2. 在年降雨量较大的道路上，宜采用上限；在年降雨量较小或有冰冻、积雪的道路上，宜采用下限。

人行道的横坡可设置为 1%～3%，一般比路拱坡度稍大，以利于排水，同时可避免行人因坡陡滑倒；采用直线式横坡，向缘石方向倾斜。人行道一般高出车行道 10～20cm，其横坡度视人行道的总宽度及布置情况而定，一般宽度大时，横坡度较小，宽度小时，横坡度较大。

**三、道路路基**

**（一）路基的形式**

(1) 平坦场地或经过场地平整的坡地场地，即位于自然地面上或场地平整后的设计地面上的道路，根据道路设计标高开挖道路基槽，对路基进行压实，然后铺筑路面。

(2) 当需要修建较长的场外道路来连接场地与城市道路时，要专门对道路的路基做设计。路基有以下三种形式：填土路基、挖土路基和半填半挖路基（图 5-8）。

**（二）路基的压实度**

无论以上哪种情况，都要根据道路的使用功能要求，保证道路有足够的强度和稳定性；即对通过路面传递来的车轮压力及其垂直变形的抵抗能力和在受到外界因素影响仍能使路基强度保持相对稳定的能力。土质路基压实度见表 5-6。

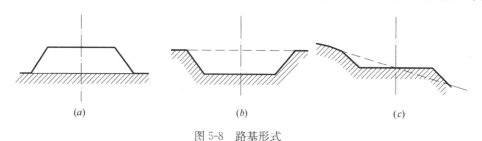

图 5-8　路基形式
(a) 填土路基；(b) 挖土路基；(c) 半填半挖路基

| | | 土质路基压实度 | | 表 5-6 |
|---|---|---|---|---|

| 填挖类型 | 路床顶面以下深度 (cm) | 路基最小压实度（%） | | |
|---|---|---|---|---|
| | | 主干路 | 次干路 | 支　路 |
| 填　方 | 0～80 | 95 | 94 | 92 |
| | 80～150 | 93 | 92 | 91 |
| | ＞150 | 92 | 91 | 90 |
| 零填方 或挖方 | 0～30 | 95 | 94 | 92 |
| | 30～80 | 93 | — | — |

注：1. 摘自《城市道路工程设计规范》CJJ 37—2012（2016 年版）；

2. 表中数值均为重型击实标准。

#### 四、路面结构

路面是用坚固、稳定的材料直接铺筑在路基上的结构物，应具有充分的强度、稳定性和平整度，并保持足够的表面粗糙度，少尘或无尘。

（一）路面类型

1. 柔性路面

柔性路面是由具有黏性、弹塑性的混合材料在一定工艺条件下压实成型的路面。它具有较大的塑性，但抗弯、抗拉强度较差，在行车荷载作用下变形（弯沉）较大。柔性路面一般包括铺筑在非刚性基层上的各种沥青路面（黑色路面）、碎、砾石路面以及用有机结合料加固的土路面等。

2. 刚性路面

刚性路面是由整体强度高的水泥混凝土板或条石直接铺筑在均匀土基或基层上的路面。它的特点是抗弯拉强度大，能较好地传布扩散荷载压力，使路表面变形较小。水泥混凝土路面，预应力、连续配筋混凝土路面以及各种条石、块石路面均属于刚性路面。由于它能够适应载重大、交通繁忙的要求，而且经久耐用，广泛应用于场地道路和停车场地坪。

（二）路面选型

在道路设计中，路面结构层的组成及其厚度应根据不同路段地质条件和行驶的车辆及其荷载，分别按现行的《城市道路工程设计规范》CJJ 37—2012（2016 年版）进行设计，如表 5-7 所示。

| | 路面面层类型及适用范围 | 表 5-7 |
|---|---|---|

| 面层类型 | 适用范围 |
|---|---|
| 沥青混凝土 | 主干路、次干路、支路、城市广场、停车场 |
| 水泥混凝土 | 主干路、次干路、支路、城市广场、停车场 |
| 贯入式沥青碎石、上拌下贯入式沥青碎石、沥青表面处治和稀浆封层 | 支路、停车场 |
| 砌块路面 | 支路、城市广场、停车场 |

注：摘自《城市道路工程设计规范》CJJ 37—2012（2016 年版）。

在旅游景区、遗址保护范围内的道路路面，可以根据环境气氛的要求采用其他路面。

#### 五、交叉口设计

场地中道路与道路相交的部位称为道路的交叉口。在同一平面相交的路口称为平面交叉口，在不同平面相交的路口称为立体交叉口。

道路交叉口设计依据道路系统的功能要求，结合相交道路的路段设计，合理确定交叉口的形式和平面布置，保证相交道路上行车安全平顺，行人集散通畅和安全；进行竖向设计，保证交叉口范围内地面水的迅速排除。

（一）交叉口类型

常见的平面交叉口，按其联结的方式可分为下列几种基本形式：十字形交叉口［图 5-9（a）］、X 形交叉口［图 5-9（b）］、T 字形交叉口［图 5-9（c）］、Y 形交叉口［图 5-9（d）］和错位交叉口［图 5-9（e）］。

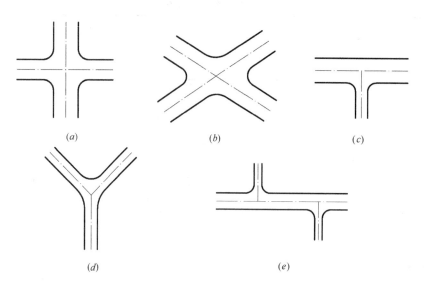

图 5-9　交叉口的形式

(a)十字形交叉口；(b)X形交叉口；(c)T字形交叉口；(d)Y形交叉口；(e)错位交叉口

**（二）交叉口处的缘石半径**

为保证车辆在交叉口处转弯时，能以一定的速度安全、顺畅地通过，道路在交叉口处的缘石应做成适应车辆弯道运行轨迹线的圆曲线形式。圆曲线的半径 $R$ 称为缘石（转弯）半径，可根据机动车最小转弯半径确定(图 5-10)。

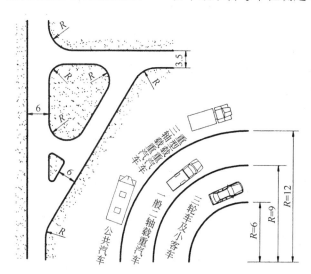

图 5-10　机动车最小转弯半径(单位：m)

缘石(转弯)半径的取值随场地道路等级、横断面形式和设计车速的不同而有所不同。

**（三）交叉口建筑红线的位置**

停车视距即机动车行驶时，自驾驶员看到前方障碍物起，至到达障碍物前安全停止，所需的最短距离。汽车驶近平面交叉口时，驾驶员应能看清整个交叉道路上车辆的行驶情况，以便能顺利地驶过交叉口或及时停车，避免发生碰撞。这段距离必须大于或等于停车视距（$S_s$）。十字形和 X 形交叉口的视距三角形范围如图 5-11 所示。以此作为确定场地内交叉口建筑控制线位置的条件之一。通常按照最不利的情况考虑，是以一个方向的最外侧直行车道与相交道路里侧直行车道的车辆组合来确定视距三角形的位置。设计时要求在限界内必须消除 1.2~2.0m 高范围内的障碍物，以保证行车安全。

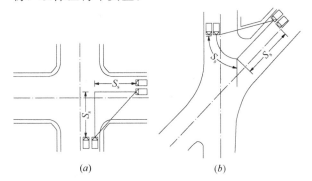

图 5-11　交叉口视距三角形
(a) 十字形交叉口；(b) X 形交叉口

停车视距根据行驶速度确定，不同设计速度的道路停车视距应大于或等于表 5-8 中规定的数值；积雪或冰冻地区的停车视距宜适当增长。

停车视距　　　　　　表 5-8

| 设计速度（km/h） | 100 | 80 | 60 | 50 | 40 | 30 | 20 |
|---|---|---|---|---|---|---|---|
| 停车视距（m） | 160 | 110 | 70 | 60 | 40 | 30 | 20 |

注：摘自《城市道路工程设计规范》CJJ 37—2012（2016 年版）。

（四）交叉口的竖向设计

交叉口的竖向设计应综合考虑行车舒适、排水通畅和美观等因素，合理确定交叉口的设计标高。设计原则如下：

（1）两条道路交叉，主要道路的纵坡度宜保持不变，次要道路纵坡度服从主要道路。

（2）交叉口设计范围内的纵坡度，宜小于或等于2%；困难情况下，应小于或等于3%。

（3）交叉口竖向设计标高应与四周建筑物的地坪标高相协调。

（4）合理确定变坡点和布置雨水口。

交叉口的竖向设计表达见第四章第五节内容。

## 第二节　场地道路布置

### 一、一般原则和基本要求

（一）场地道路布置应满足各种使用功能要求

1. 功能要求——满足场地各种交通运输要求，建立完整的道路系统

场地内的道路布置，应在考虑地形、用地范围及周围道路交通状况的基础上，结合建设项目的性质，根据使用者从事各种活动的特点，充分满足人们的交通需求以及在货物运输、消防救护、人流集散等条件下的车行需求。居住区内的道路除满足一般道路的交通运输功能外，还应充分考虑其作为居住生活空间的一部分，在邻里交往、休息散步、游戏休闲等方面的作用。

道路布置应满足交通便捷和安全的要求，正常情况下保证通行顺畅，紧急情况时保证安全疏散。线路应清晰简明，减少车行对人流的干扰，避免外部交通的穿越。路网布置应做到功能明确、主次分明、结构清晰，组成一个完整的道路交通系统。既要便于与外部道路衔接，又要有利于内部各功能分区的有机联系，从而将场地各组成部分联结成统一整体。

场地道路布置要考虑行人和车辆的安全要求，避免出现陡且长的下坡路段。在居住场地内，采用尽端式道路，可保持居住区的安静环境。

场地道路是各种管线敷设的主要场所，应结合场地内各种管线干线的布置，合理安排场地道路的各个组成部分；同时，也应统一布置绿化用地。

2. 经济性要求——节约用地，结合地形，节约建设投资

路网布置应合理划分用地，避免用地划分过于零碎或出现较多难以利用的地块；线路布置一般宜短捷、顺直，避免往返迂回，以缩小道路用地面积；不应片面追求形式与构图，要善于结合场地的地形状况和现状条件，尽量减少土方工程量，节约用地和投资费用。

3. 环境与景观要求——结合地形、日照、风向、环境景观要求，有利于良好的场地环境和视觉景观的形成

道路布置应考虑建筑物有较好的朝向，道路走向应有利于通风，一般应平行于城市夏季主导风向。北方地区为避免冬季严寒、风沙直接侵袭场地，道路布置应与主导风向成直角或成一定的偏斜角度。滨水场地的道路应临水开放，并应布置一定数量垂直于岸线的道路。

道路布置还应充分考虑场地景观环境，发挥其环境艺术构图的作用。考虑主要景观的观赏线路和观赏点，利用路的导向性组织、引导主要建筑物或景观空间，为观赏视线留出必要的视觉通廊，以保证景点与观赏点之间的视觉联系。

（二）场地道路布置要充分利用地形

当场地地形为丘陵或山地时，道路应尽量结合地形特点，依山就势，以减少土石方工程量，节约建设投资；明确道路的功能分工，使道路主次分明；主干道宜沿平缓的坡地和谷地布置，以取得有利的交通条件；次干道及居住区道路可采用较大坡度，或在线形上采取某些措施；尽量利用地形高差，组织立体交通。

（三）场地道路布置应节约用地

场地道路布置在考虑近期和远期交通发展的关系时，不应盲目扩大远期的发展规模，以避免不必要的浪费。同时，还应结合场地的具体条件，选择适当的道路类型，以节约建设用地。

**二、道路布置的基本形式**

道路布置的形式各不相同，确定道路基本形式的影响因素是场地地形、场地流线体系的组织形式、道路与建筑的联系等多种因素，道路的具体布局可选择多种形式。尽端式的流线结构对应尽端式道路，而通过式流线结构可表现为内环式、环通式、半环式、格网式等布局形式，此外还有混合式。

（一）平坦场地

平坦场地道路（图 5-12），按其与建筑物的联系形式不同可分为以下几种：

1. 内环式布置

由各出入口引入的道路在场地内部形成环状。环路多围绕场地的主要建筑布置，并与其平行［图 5-12（a）］。由环路还可引出内部的支路，组成纵横交错的路网，使场地各组成部分之间联系方便；既利于区域划分，又能较好地满足交通、消防等要求。这种形式较适合具有一定规模、地形条件好、交通量较大的场地。居住区常以内环式的道路组织内向型公共活动中心，如西安市大明宫花园小区（见图 3-100）用曲直结合的环形道路围绕中心绿地，环路引出的分支与小区各出入口联系，道路结构将整个小区划分为四大部分，分别组织组团院落空间，整体上形成建筑群围合中心花园的大格局，内外层次分明，联系方便。

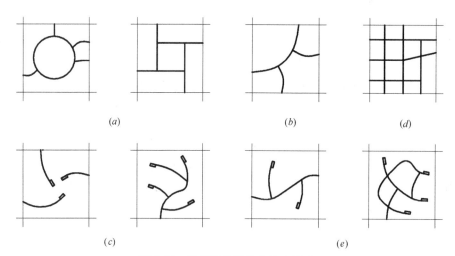

图 5-12 平坦场地道路的基本形式
(a)内环式；(b)环通式；(c)尽端式；(d)格网式；(e)混合式

2. 环通式布置

直接与场地出入口和各个部分连接的道路布置形式称为环通式［图 5-12（b）］。内环式和环通式布置比较灵活，线路便捷、建设经济，特别适宜具有半公共性使用特点的场地，如居住区。

3. 尽端式布置

在交通流线上有特殊要求（如各流线独立性强或要求避免相互混杂）或地形起伏较大的场地，

不需要或不可能使场地内道路循环贯通，只能将道路延伸至特定位置而终止，即为尽端式道路［图 5-12（c）］。尽端式道路的分枝形式，使道路主次分工明确；它的平面线形与坡度升降处理较为灵活，能够适应场地地形的变化。这种形式的布局适用于交通量较小、建筑布局较独立、分散或竖向高差较大的场地。

尽端式道路长度超过 35m 时，为提高道路的灵活性，方便车辆转弯、进退或调头，应在该道路的尽端或某一适当位置设置回车场；也可与一些其他设施结合布置，如建筑物入口处的环形回车场常常结合花坛、水池等布置。

回车场可设计成多种形式，如 T 形、L 形和环形，如图 5-13 所示为各类回车场的一般规模。回车道转弯半径不小于 3m，宽度不小于 3.5m。回车场的面积不应小于 12m×12m，尽头式消防车道应设回车道或面积不小于 15m×15m 的回车场；供大型消防车使用的回车场尺寸不宜小于 18m×18m。

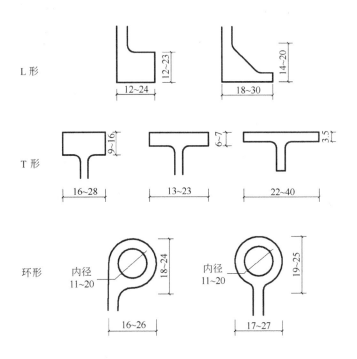

图 5-13　回车场的一般规模（单位：m）

注：图中下限值适用于小汽车（车长 5m，最小转弯半径 5.5m），
上限值适用于大汽车（车长 8～9m，最小转弯半径 10m）

#### 4. 格网式布置

格网式布置又称棋盘式布置［图 5-12（d）］，是平坦场地最常用的一种道路布置形式。道路在场地内纵横交错，形成格网，将场地划分为较规整的地块。其特点是线形顺直，有利于建筑的布置。由于平行方向有多条道路，交通分散，灵活性好，通行量大，相应的交通对环境的影响面也较大。一般用于大规模群体建筑场地的主干道组织，如高新技术产业开发区。

#### 5. 自由式布置

自由式布置指场地道路结合自然地形呈不规则布置的方式。这种类型的道路网没有一定的模式，变化很多。

#### 6. 混合式布置

混合式布置指在一个场地内，将上述两种以上的道路布置形式组合采用［图 5-12（e）］。由于兼有各种布置方式的特点，这种方式可根据场地的地形条件，灵活选用不同的道路布置形式。在满足场地交通功能的同时，可适应场地交通流的不均匀分布、地质与地形变化等情况，因而适用范围较广。例如，在居住小区中，一般都综合采用多种道路布置形式来安排各级道路，比如以内环式或环通式作为小区主路，以尽端式或半环式形成组团和院落内部道路。

（二）坡地场地

坡地场地道路布置时，为了保证行车安全，道路坡度不宜过大，主要道路坡度宜平缓。因此，道路布置应结合场地的地形和地势变化，使道路的纵坡较适宜。主要布置形式有以下三种（图5-14）。

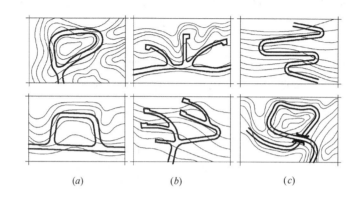

图5-14 坡地场地道路的基本形式
(a)环状布置；(b)枝状尽端式布置；(c)盘旋延长线路布置

1. 环状布置

道路沿山丘或凹地环绕平行等高线布置，形成闭合或不闭合的环状系统［图5-14（a）］。

2. 枝状尽端式布置

道路结合地形，沿山脊、山谷(沟)或较平缓的地段布置，呈现树枝或扇形的尽端道路［图5-14（b）］。这种布置较灵活，可较好地适应地形的起伏变化。

3. 盘旋延长线路布置

由于地形高差较大，可将道路盘旋布置，或与等高线斜交布置［图5-14（c）］，以增加道路长度，保证适宜的坡度。

因道路和人行道有不同的限制坡度，可以结合地形将车行和人行分开设置，自成系统，并将人行踏步与景观功能结合，成为景观要素。

**三、道路与建筑物的间距**

抗震区场地内干道两侧的高层建筑一般应由道路红线向后退10～15m；居住区内的道路边缘至建筑物、构筑物的距离应符合表5-9规定。

人行道边缘至建筑物、构筑物的外墙距离（无组织排水建筑物则为至散水边缘距离）一般为1.5m以上；如沿街布置住宅时，为避免视线干扰，人行道离建筑宜为3～5m以上。

居住区道路边缘至建筑物、构筑物

最小距离（m）　　　　　　　　　表5-9

| 与建、构筑物关系 | | 城市道路 | 附属道路 |
|---|---|---|---|
| 建筑物面向道路 | 无出入口 | 3.0 | 2.0 |
| | 有出入口 | 5.0 | 2.5 |
| 建筑物山墙面向道路 | | 2.0 | 1.5 |
| 围墙面向道路 | | 1.5 | 1.5 |

注：1. 摘自《城市居住区规划设计标准》GB 50180—2018；
　　2. 道路边缘对于城市道路是指道路红线；附属道路分两种情况：道路断面设有人行道时，指人行道的外边线；道路断面未设人行道时，指路面边线。

**四、场地内道路的无障碍连接**

商业服务中心、文化娱乐中心、档案馆、图书馆、老年人照料设施、医院、疗养院等公共建筑，以及居住区和住宅、宿舍等居住建筑，要考虑为残疾人、老年人和病患者的需要，设置无障碍通行设施。无障碍交通主要是为满足残疾人和盲人的出行要求而制定，按其行为模式，主要人行步道的宽度、纵坡、建筑物出入口的坡道等，要满足无障碍设计要求，应按照《建筑与市政工程无障碍通用规范》GB 55019—2021和《无障碍设计规范》GB 50763—2012进行设计。

（一）缘石坡道

各种路口、出入口和人行横道处，有高差时

应设置缘石坡道；可分为全宽式单面坡缘石坡道（图5-15）和三面坡缘石坡道（图5-16）。缘石坡道的坡口与车行道之间应无高差。缘石坡道距坡道下口路缘石250～300mm处应设置提示盲道，提示盲道的长度应与缘石坡道的宽度相对应。

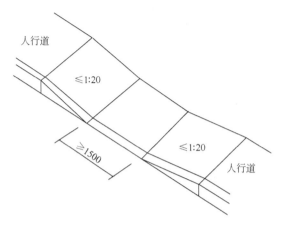

图5-15　全宽式单面坡缘石坡道（单位：mm）

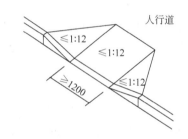

图5-16　三面坡缘石坡道（单位：mm）

缘石坡道的坡度应符合下列规定：

（1）全宽式单面坡缘石坡道的坡度不应大于1：20；

（2）其他形式缘石坡道的正面和侧面的坡度不应大于1：12。

缘石坡道的宽度应符合下列规定：

（1）全宽式单面坡缘石坡道的坡道宽度应与人行道宽度相同；

（2）三面坡缘石坡道的正面坡道宽度不应小于1.20m；

（3）其他形式的缘石坡道的坡口宽度均不应小于1.50m。

缘石坡道顶端处应留有过渡空间，过渡空间的宽度不应小于900mm。

缘石坡道上下坡处不应设置雨水箅子。设置阻车桩时，阻车桩的净间距不应小于900mm。

（二）轮椅坡道

轮椅坡道的坡度和坡段提升高度应符合下列规定：

（1）横向坡度不应大于1：50，纵向坡度不应大于1：12，当条件受限且坡段起止点的高差不大于150mm时，纵向坡度不应大于1：10；

（2）每段坡道的提升高度不应大于750mm。

轮椅坡道的通行净宽不应小于1.20m。轮椅坡道的起点、终点和休息平台的通行净宽不应小于坡道的通行净宽，水平长度不应小于1.50m，门扇开启和物体不应占用此范围空间。

轮椅坡道的高度大于300mm且纵向坡度大于1：20时，应在两侧设置扶手，坡道与休息平台的扶手应保持连贯。设置扶手的轮椅坡道的临空侧应采取安全阻挡措施。

（三）盲道

盲道是在人行道上或其他场所铺设的一种固定形态的地面砖，使视觉障碍者产生盲杖触觉及脚感，引导视觉障碍者安全行走和辨别方向以到达目的地的通道。盲道的纹路应凸出路面4mm高。盲道的铺设应连续，铺设应避开障碍物，任何设施不得占用盲道。盲道应与相邻人行道铺面的颜色或材质形成差异。

盲道按其使用功能可分为行进盲道和提示盲道：

1. 行进盲道

行进盲道即表面呈条状形，使视觉障碍者通过盲杖的触觉和脚感，指引视觉障碍者可直接向正前方继续行走的盲道（图5-17）。行进盲道应与人行道的走向一致，宽度宜为250～500mm。行进盲道宜在距围墙、花台、绿化带250～500mm处设置。并宜在距树池边缘250～500mm处设置；如无树池，行进盲道与路缘石上沿在同一水平面时，距路缘石不应小于500mm，行进盲道比路缘石上沿低时，距路缘石不应小于250mm。行进盲道应避开非机动车停放的位置，其触感条规格应符合表5-10的规定。

行进盲道的触感条规格　　表5-10

| 部　位 | 尺寸要求（mm） |
| --- | --- |
| 面　宽 | 25 |
| 底　宽 | 35 |

| 部　位 | 尺寸要求（mm） |
| --- | --- |
| 高度 | 4 |
| 中心距 | 62～75 |

注：摘自《无障碍设计规范》GB 50763—2012。

### 2. 提示盲道

提示盲道是表面呈圆点形，用在需要安全警示和提示处，具有提醒注意作用的盲道（图5-18）。提示盲道的长度应与需安全警示和提示的范围相对应。在行进盲道的起点、终点、转弯处，应设置提示盲道，其宽度不应小于300mm，且不应小于行进盲道的宽度。提示盲道的触感圆点规格应符合表5-11的规定。

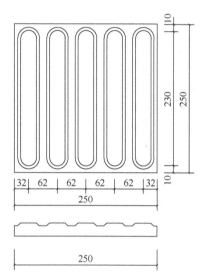

图5-17　行进盲道（单位：mm）

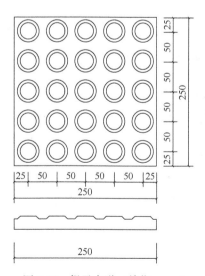

图5-18　提示盲道（单位：mm）

| 提示盲道的触感圆点规格 | 表5-11 |
| --- | --- |
| 部　位 | 尺寸要求（mm） |
| 表面直径 | 25 |
| 底面直径 | 35 |
| 圆点高度 | 4 |
| 圆点中心距 | 50 |

注：摘自《无障碍设计规范》GB 50763—2012。

**（四）无障碍机动车停车车位**

应将通行方便、路线短的停车位设为无障碍机动车停车位。

无障碍机动车停车位一侧，应设宽度不小于1.20m的轮椅通道。轮椅通道与其所服务的停车位不应有高差，和人行通道有高差处应设置缘石坡道，且应与无障碍通道衔接。

无障碍机动车停车位的地面坡度不应大于1：50。

无障碍机动车停车位的地面应设置停车线、轮椅通道线和无障碍标志，并应设置引导标识。

总停车数在100辆以下时应至少设置1个无障碍机动车停车位，100辆以上时应设置不少于总停车数1％的无障碍机动车停车位；城市广场、公共绿地、城市道路等场所的停车位应设置不少于总停车数2％的无障碍机动车停车位。

无障碍小汽（客）车上客和落客区的尺寸不应小于2.40m×7.00m，和人行通道有高差处应设置缘石坡道，且应与无障碍通道衔接。

### 五、道路及相关内容详图

道路及相关内容详图，可参照地区或部门的通用图集。

**（一）道路路面结构**

道路路面结构分柔性路面结构和刚性路面结构两种。

### 1. 柔性路面结构

柔性路面是用不同材料，按一定厚度在车行道上铺设的构造做法。路面结构有单层式和多层式两种（图5-19）。

面层是直接承受磨耗、荷载、气温和雨水作用的，要求有足够的平整度和强度；基层是路面结构的主要承受部分，能增加面层的抵抗力，承上启下，将荷载传递于路基；垫层属于基层的一部分，位于承重基层和路基之间，主要起垫平稳定作用。

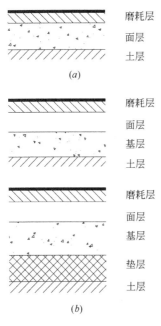

图 5-19　柔性路面结构

(a)单层式；(b)多层式

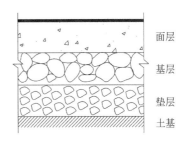

图 5-20　刚性路面结构

路面结构层的划分，一般是相对的：当分期修建、逐步加强时，原有路面的面层往往成为新加铺路面的基层；当路基坚固且气候、水文条件良好时，路面结构层往往仅由面层与单一层次的基层组成，而无须设置垫层；气候干旱的地区，且交通量又不很大时，也可在路基上直接加铺薄面层。

**2. 刚性路面结构**

场地刚性路面结构在汽车—15 级荷载下的厚度为：混凝土面层厚 220mm，基层碎石厚200mm，垫层混合料厚 200mm（图 5-20）。

路面结构形式、分层厚度、材料选择及其结构组合等的设计，应以满足使用、节约投资、就近取材为原则，结合道路的使用功能要求、自然条件、分期修建计划等因素综合确定，参考有关标准图集选用。

**（二）混凝土路面板分块**

为了减少混凝土路面板因硬化或气温变化产生的收缩应力和翘曲应力，应把混凝土路面划分成许多板块。每块板用平行于中心线的纵向缝及与其相垂直的横向缝分开。

**1. 接缝构造**

混凝土路面的接缝，根据其主要功能作用与布置地点的不同，可分为胀缝、缩缝、纵缝等（图 5-21）。

**（1）胀缝**

胀缝（或真缝）是为了给混凝土面层的膨胀提供伸长的余地，以避免产生过大的热应力。其缝宽为 18～25mm，系贯通缝。施工中通常在缝间设置传力杆或在缝底设置混凝土刚性垫枕来传递压力，如图 5-21(a)所示。

**（2）缩缝**

缩缝（或假缝）可减小收缩应力和温度翘曲应力。一般可不设传力杆，缝宽宜窄，一般为 6～10mm，深度仅为 40～60mm 或约为板厚的 1/3，如图 5-21(b)所示。

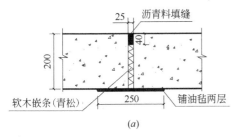

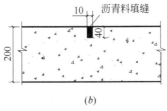

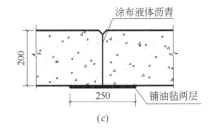

图 5-21　接缝构造（单位：mm）

(a)胀缝；(b)缩缝；(c)纵缝

281

（3）纵缝

纵缝是多条车道之间的纵向接缝。一般多采用企口缝，也有用平头拉杆式或企口缝加接杆式。纵缝的其他构造要求与缩缝相同，如图5-21（c）所示。

2. 水泥混凝土路面板平面尺寸

刚性路面设计布置缝道作平面划分，横向缩缝间距（即板长）常取4.0～5.5m，最大不超过6.0m；横向胀缝多取30.0～36.0m；路面的纵缝设置（即板宽）通常为车道宽度，一般为3.5～3.75m，最大为4.0m或4.5m；刚性路面的接缝平面尺寸划分示意如图5-22。

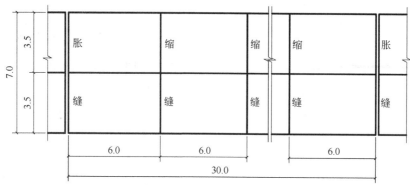

图5-22　刚性路面接缝图（单位：m）

若缩缝间距相同，易产生振动，使行车发生单调的有节奏颠簸，造成驾驶员疲劳而导致交通事故，故将缩缝间距改为不等尺寸交错布置，如4.0～5.0m，5.0～6.0m等。

混凝土路面在平面交叉口处的各种接缝布置有一定的要求：

相交道路均为水泥混凝土时，交叉口范围内的接缝布置（划块）会出现非矩形形状（梯形或多

角形）分块。若布置不当，不仅有碍观瞻，施工复杂，而且小锐角的板块容易折断，从而影响混凝土板的使用寿命。

交叉口接缝布置应与交通流向相适应，并易于排水，整齐美观，施工方便；接缝宜正交，尽量将锐角放在非主要行车部位，且在板角处加设补强钢筋网或角隅钢筋；分块不宜过小，接缝边长不应小于1.0m；接缝应对齐，一般不得错缝（图5-23）。

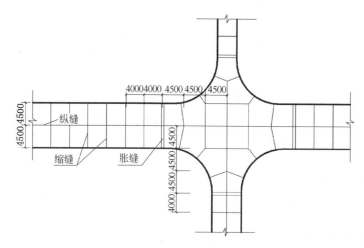

图5-23　交叉口路面接缝图（单位：mm）

（三）停车场地坪结构

常规型路面为全面封闭式铺砌层，生态环保型路面不作全面封闭式铺砌层，而改为铺设带孔

槽的混凝土预制块或留间隙孔格，在其中植草，减少地面径流，缓解路面的升温及反光效应，美化停车场环境，其地坪结构可采用道路结构。

（四）人行道、园路路面结构

常用的人行道结构有沥青石屑路面、水泥方格砖路面，园路有混凝土路面、拼碎大理石路面、铺卵石路面和机砖路面等。人行道路面结构见图5-24。

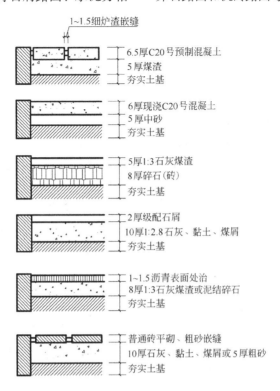

图5-24　人行道路面结构（单位：cm）

（五）广场地面铺砌

1. 材料种类

用不同形式、不同色彩、不同材料来铺地，可以表达每个广场不同的立意和主题。铺地材料的选择应本着就地取材的原则，既可以降低造价，又能达到逼真的效果；其次是选用废料，引进新材料，低材高用。一般常用的材料有：预制混凝土块铺地、水泥路面铺地、平板冰纹铺地、卵石花纹铺地、条砖铺地、各色花岗石板铺地等。

2. 地面装饰结构

广场地面结构一般分为三层：最上层是表现铺地纹样质感的面层；其下是承托垫接的垫层或结构层，可用煤渣、砂石、水泥砂浆、混凝土或灰土筑成；再下层是结构基层，承受上层传来的荷载，并向下扩散。每层所用材料厚度与技术要求视功能使用、美观等因素确定。

（六）树池

人行道和停车场应设树池，种大树解决行人和车辆曝晒问题。树池尺寸见图5-25。

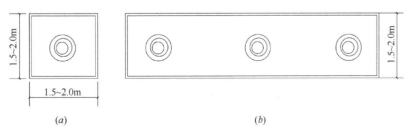

图5-25　树池

（a）方形树池；（b）条形树池

（七）透水铺装

透水铺装是低影响开发设施之一。按照面层材料的不同，可分为透水砖铺装、透水水泥混凝土铺装和透水沥青混凝土铺装，嵌草砖、园林铺装中的鹅卵石、碎石铺装等也属于透水铺装。透水铺装主要适用于广场、停车场、人行道以及车流量和荷载较小的道路，如建筑与小区道路、市政道路的非机动车道等，透水沥青混凝土路面还可用于机动车道。透水铺装路面的设计除应满足路基路面强度和稳定性等要求外，还应满足以下要求：

（1）透水铺装对道路路基强度和稳定性的潜在风险较大时，可采用半透水铺装结构。

（2）土地透水能力有限时，应在透水铺装的透水基层内设置排水管或排水板。

（3）当透水铺装设置在地下室顶板上时，顶板覆土厚度不应小于600mm，并应设置排水层。

透水砖铺装典型构造如图5-26所示。

透水铺装应用于以下区域时，还应采取必要

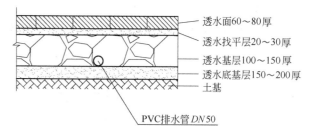

图5-26 透水砖铺装（单位：mm）

的措施防止次生灾害或地下水污染的发生：可能造成陡坡坍塌、滑坡灾害的区域，湿陷性黄土、膨胀土和高含盐土等特殊土壤地质区域；使用频率较高的商业停车场、汽车回收及维修点、加油站及码头等径流污染严重的区域。

【例5-1】 已知某小型图书馆的总平面布置方案如图5-27，室内地坪标高为100.61m，室外踏步高为15cm。城市道路宽度为12.00m，路拱坡度为1.5%，G点标高为100.09m，由西向东道路纵坡为1.0%的下坡。试确定场地道路的技术条件，并进行场地道路设计。

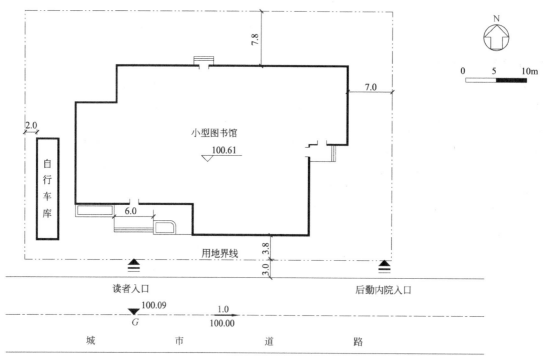

图5-27 某小型图书馆总平面布置方案图（长度和标高单位：m；坡度单位：%）

【解】

【步骤1】 确定场地与城市道路的衔接
该场地的读者出入口位置对应建筑单体的西

南侧出入口，后勤内院入口沿东侧用地界线引入。

【步骤2】 确定场地道路的技术条件
读者入口道路路面宽度与建筑设计的平台宽

度对应，即为 6.0m，后勤内院道路宽度为 3.5m。

查图 5-10，小型货车的最小转弯半径参考小客车，取为 6m，即路缘石转弯半径取为 6m。

道路等级为次高级路面，采用水泥混凝土路面。

确定道路形式为城市型道路；查表 5-5，水泥混凝土路面的路拱横坡为 1.0%～2.0%，取为1.0%。

查表 5-2，最大纵坡取为 6%，道路最小纵坡为 0.3%。

查表 5-9，参考居住区附属道路的标准，当建筑物面向道路无出入口时，道路边缘至建筑物的最小距离为 2.0m；当建筑物面向道路有出入口时，道路边缘至建筑物的最小距离为 2.5m。另外，道路与用地界线的间距定为 1.5m。

查图 5-13，L 形回车场的平面尺寸为（12～24）m ×（12～23）m，因用地限制，取为 12m×12m。

【步骤 3】 绘制道路平面图

首先，确定道路布置。

从读者入口的踏步中心 B 点布置道路的中心线，与城市道路相交于 A 点，并绘制出路面宽度。从东侧用地界线向西 1.5m，再平移 1.75m，绘出道路中心线 CE，与城市道路交于 C 点；从北侧用地界线向南 1.5m，再平移 1.75m，绘出道路中心线 EF，并绘制出路面宽度。在 F 点布置小货场回车场。

其次，选配路缘石转弯半径。

A 点和 C 点两侧路缘石转弯半径按 6m 绘制；E 点应确定道路中心线的转弯半径，因用地限制，取为 7.75m，即保证相应的内侧路缘石转弯半径为 6m；而回车场处的转弯半径只有 2.8m。

最后，连接人行道。

用人行道将小型图书馆东侧出入口和北侧出入口与后勤内院道路连接起来，其宽度与室外踏步宽度一致；用人行道将自行车停车库出入口、读者入口及残疾人坡道连接起来，宽度采用 1.5m。

道路平面设计内容如图 5-28 所示。

【步骤 4】 确定道路竖向设计

首先，确定道路衔接点 A 点和 C 点标高。

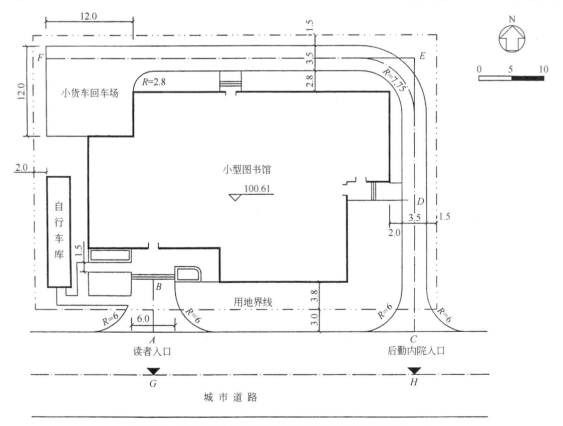

图 5-28 某小型图书馆道路平面设计（长度和标高单位：m）

285

$$h_A = h_G - \frac{B}{2} \times i_横 = 100.09 - \frac{12.00}{2} \times 1.5\%$$
$$= 100.00 (\text{m})$$

$$h_B = h_{室内} - \Delta h = 100.61 - 3 \times 0.15$$
$$= 100.16 (\text{m})$$

$$i_{AB} = \frac{h_B - h_A}{l_{AB}} = \frac{100.16 - 100.00}{7.00} = 2.3\%$$

将 $A$、$B$ 点标高和坡度标注在图5-29中相应的位置上。

$$h_H = h_G - l_{GH} \times i_纵 = 100.09 - 37.60 \times 1.0\%$$
$$= 99.71 (\text{m})$$

$$h_C = h_H - \frac{B}{2} \times i_横 = 99.71 - \frac{12.00}{2} \times 1.5\%$$
$$= 99.62 (\text{m})$$

在确定后勤内院道路标高时,要使回车场有向外的1.0%的横坡,则:

$$h_F = h_{室内} - \Delta h - (12.0 - 1.75) \times 1.0\%$$
$$= 100.61 - 3 \times 0.15 - 0.10 = 100.06 (\text{m})$$

考虑到基地较为平坦,为便于排水,将道路的大部分纵坡设计为0.3%,则可求出 $D$ 点标高:

$$h_D = h_F - l_{FD} \times i_纵$$
$$= 100.06 - 70.0 \times 0.3\% = 99.85 (\text{m})$$

由此,推算出 $CD$ 段的坡度。

$$i_{CD} = \frac{h_D - h_C}{l_{CD}} = \frac{99.85 - 99.62}{18.10} = 1.3\%$$

$0.3\% < i_{CD} < 6.0\%$,所以,符合规范要求。

将 $C$、$D$ 和 $F$ 点标高及各段道路的坡度标注在图5-29中相应的位置上。

将读者入口道路设计为双坡,后勤内院入口道路设计为坡向用地界线的单坡,回车场也设计成坡向北侧用地界线的单坡。在图中适当位置标注道路横断面设计内容(图5-29)。

**【步骤5】 布置雨水口**

根据读者入口道路和城市道路的坡向判断,积水点位于该道路的两侧,在此各布置1个雨水口。

后勤内院道路只在路面较低的一侧布置雨水口,根据表4-10,道路纵坡为0.3%时,雨水口最大间距为30m。所以,在该道路全长(88.1m)内大致均匀地布置了4个雨水口。

雨水口的布置如图5-30所示。

**【步骤6】 混凝土路面分块**

由于道路路面结构采用了混凝土路面,必须对其路面进行分块。

读者入口道路的分块方法如下:

首先,在路面与踏步相连处布置胀缝(图5-31中的粗线所示),只有1处;然后,在道路中心线处

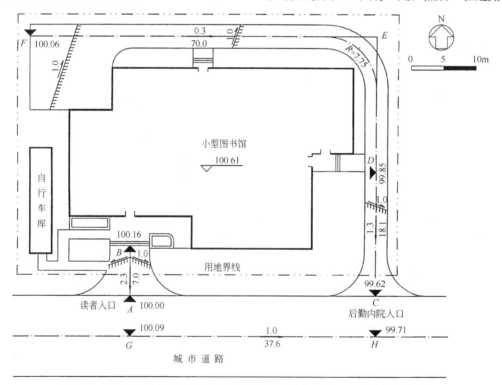

图5-29 某小型图书馆道路竖向设计(长度和标高单位:m;坡度单位:%)

286

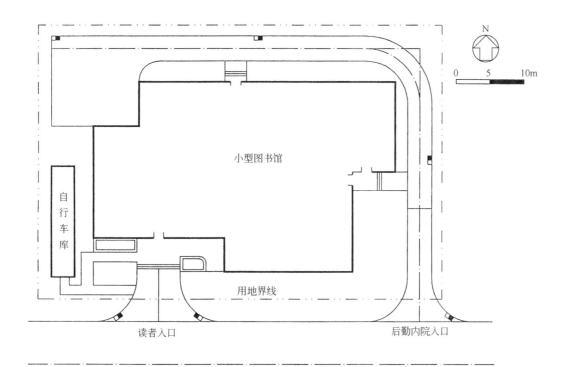

图 5-30 某小型图书馆道路雨水口布置

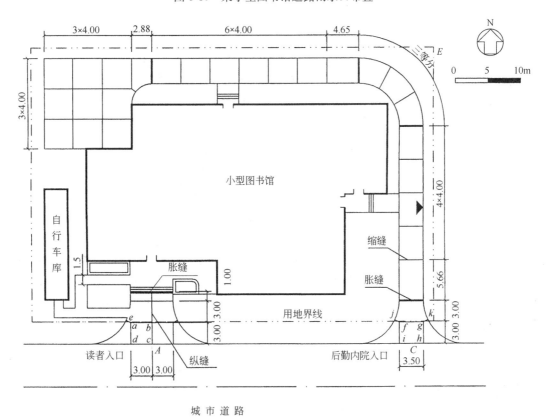

图 5-31 某小型图书馆混凝土道路路面分块（单位：m）

287

布置纵缝；从衔接点 A 开始，按 3.00m×3.00m 绘出矩形 abcd，则 ab、ad 为缩缝；在 a 点做路缘石曲线的垂线，相交于 e 点，则 ae 也是缩缝。这样，左侧曲线部分路面被分成 3 块。同理，绘出右侧曲线部分路面的分块。

后勤内院道路分块方法如下：

首先，在路面布置胀缝（图5-31中的粗线所示），共有 4 处。

然后，从衔接点 C 开始，按 3.50m×3.00m 绘出矩形 fghi，则 fg、gh、fi 为缩缝；在 f 点做路缘石曲线的垂线，相交于 j 点，则 fj 也是缩缝。同理，在 g 点做路缘石曲线的垂线，相交于 k 点，则 gk 也是缩缝。这样，交叉口曲线部分路面被分成 4 块。

其次，将 E 点道路曲线部分分块，因曲线长约为 12m，可以直接进行 3 等分。

再次，将回车场分块。取每一块的平面尺寸为 4.00m×4.00m，将回车场分为 9 块。对于与路缘石曲线相邻的部分，采用与道路交叉口相同的处理方法，使缩缝垂直于路缘石曲线。

最后，将道路直线段分块。取每一块的平面尺寸为 4.00m×3.50m，从左到右、从上到下顺序划分。

标注各分块的尺寸，设计内容见图5-31。

【步骤7】 选择道路标准横断面图

参考标准图，确定路拱坡度和结构组成，见图5-32。

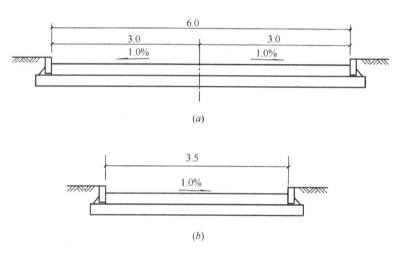

图 5-32 场地道路横断面图（长度单位：m）
(a)双坡道路横断面图；(b)单坡道路横断面图

读者入口道路长度为 7.0m，面积为 61.55m²；后勤内院入口道路长度为 88.10m，面积为 281.94m²，回车场面积为 144m²。

【例 5-2】 已知某别墅位于道路旁边的高坡上，其室内外高差为 0.3m，地形等高线的等高距为 0.5m，相邻道路的衔接点 A 点设计标高为 103.00m，基地条件如图5-33，比例尺为1:1000，试进行坡地场外道路设计。

【解】

【步骤1】 确定道路的主要技术标准

道路宽度按双车道标准，取为 6.0m。

查图5-10，小客车的最小转弯半径为 6m。

本例结合地形，采用最小半径为 11.0m 的圆曲线。

根据《城市道路工程设计规范》CJJ 37—2012（2016 年版）的规定，设超高为 2%。

查表5-2，最大纵坡 $i_{max}$＝9%，取为 6%；

查表5-4，当纵坡为 6%～7% 时，限制坡长为 500m。

查《厂矿道路设计规范》GBJ 22—87 可知，当相邻两个坡度代数差 $\Delta i > 2\%$ 时，应设置竖曲线，竖曲线半径取为 400m。

道路形式为公路型，查表5-5，水泥混凝土路面的路拱横坡为 1.0%～2.0%，取 2.0%。路

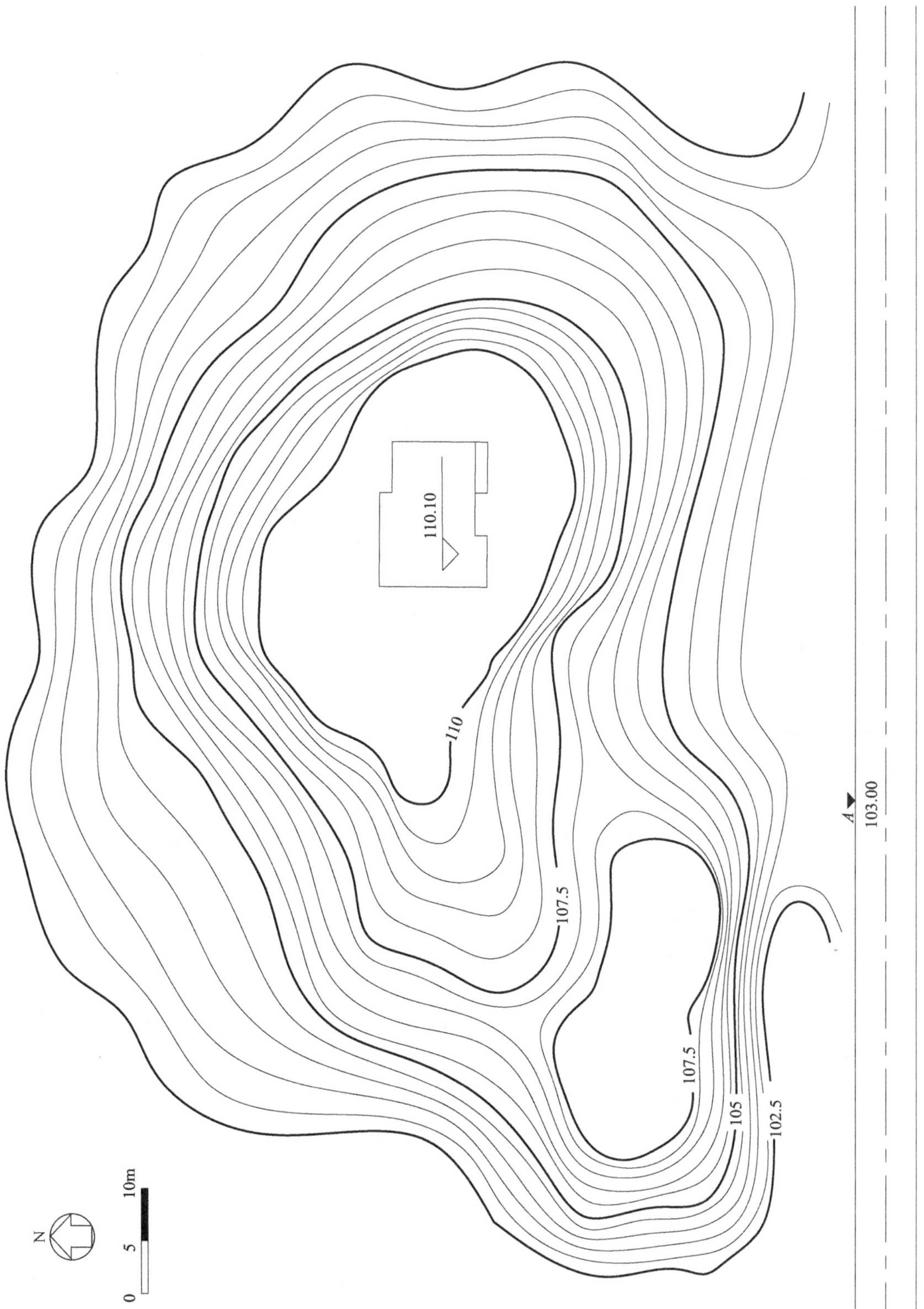

图 5-33 某别墅场外道路设计条件

N
0 5 10m

110.10
110
107.5
107.5
105
102.5
103.00
A

肩宽度为 0.5m，路肩横坡为 3.0%。矩形混凝土水沟宽度为 0.4m。

回车场平面尺寸为 12m×12m。

**【步骤 2】** 道路展线

由道路上 A 点到别墅的直线距离约为 42m，地形高差为 7m，不能够直接连接，必须通过展线克服高差。因为等高距 h = 0.5m，根据式 (2-3)，对应于坡度 6% 的等高线截距为 d。

$$d = \frac{h}{iM} = \frac{0.5}{6\% \times 1000}$$

$$= 0.0083(\text{m})(\text{即} 0.83\text{cm})$$

从衔接点起，顺地形上升方向画直线 AB，然后，用半径为 0.83cm 的长度划弧，与等高线交于点 C，再以点 C 为圆心、长度 0.83cm 为半径来划弧，与下一条等高线交于 D 点；以此类推，逐一上升至 O 点。从 A 点至 O 点形成的折线，即是满足道路 6% 坡度展线形成的初步路线（图 5-34）。

**【步骤 3】** 确定道路中心线的位置

通常情况下，若道路展线形成的折线转角接近，需将短折线取直为较长的直线。在本例中，因地形变化原因，展线所形成的短折线转角相差较大，故不再进行取直。

将若干短直线用圆曲线拟合，AB、BC、CD 用半径为 26.5m 的曲线拟合；将 EF、FG、GH、HI 用半径为 16.0m 的曲线拟合；将 IJ、JK、KL、LM 用半径为 36.5m 的曲线拟合。将 MN、NO 用半径 11.0m 的曲线拟合，并考虑别墅回车场的设置，使此曲线与回车场定位线相切；DE 直线段予以保留（图 5-35）。

在道路中心线两侧，按照道路宽度绘制道路边线，并绘出回车场（图 5-36）。

**【步骤 4】** 场外道路坡度估算

道路衔接点 A 点的设计标高为 103.00m，别墅前回车场的设计地面标高约为 109.80m，在道路上布置了两个变坡点 P 和 Q。为便于与周边道路衔接，将 A 点至 P 点之间的纵坡设计为 2.09%；为了克服高差，将 P 点至 Q 点之间的纵坡设计为 6.00%；为了保证车辆停放安全，将 Q 点至 S 点之间的纵坡设计为 2.00%；根据 A 点标高 103.00m 及 AP 段的坡度 2.09%、坡长 29.61m，可求出 P 点标高为 103.62m，再根据 PQ 段的坡度 6.00% 及坡长 99.03m，可求出 Q 点标高为 109.56m（图 5-37）。

**【步骤 5】** 场外道路纵断面设计

首先，在米厘纸上根据等高线的变化，绘出道路中心线处自然地形断面图，如图 5-38 中的细折线所示。

然后，根据已确定的变坡点 P、Q 的设计标高，以及道路衔接点 A 的设计标高和回车场 S 点的设计标高，绘制道路设计地面断面图，如图 5-38 中粗折线所示。

再次，选配竖曲线。

P 点的 $\Delta i = 6.00\% - 2.09\% = 3.91\% > 2\%$，需设凹形竖曲线，半径取 400m；

Q 点的 $\Delta i = 6.00\% - 2.00\% = 4.00\% > 2\%$，需设凸形竖曲线，半径取 400m。

将各个设计标高及坡度表示在图下方的栏中（图 5-38）。图中，水平方向表示距离，比例尺为 1:1000；垂直方向表示高程，比例尺为 1:100。

**【步骤 6】** 绘制道路标准路基横断面

道路为公路型，路面宽度为 6.0m，路拱坡度为 2%，路肩宽度为 0.5m，路肩横坡为 3%，水沟宽度取为 0.4m。一般土壤情况下，挖方路基边坡的坡高比取 1:1，如图 5-39(a) 所示，填方边坡（填方高度在 8m 以内时）的坡高比取 1:1.5，如图 5-39(b) 所示。图中，水平方向表示距离，垂直方向表示高程，比例尺均为 1:100。

**【步骤 7】** 绘制路基横断面

首先，在平面图上布置各个断面的位置，共布置了四个断面（图 5-40），均为挖方路基。其中，1-1 断面为直线段，不设置超高，路基断面为双向横坡；2-2 断面及 3-3 断面为曲线段，按设置超高 2% 考虑，故路基断面为单向横坡。

然后，分别绘制路基横断面图。

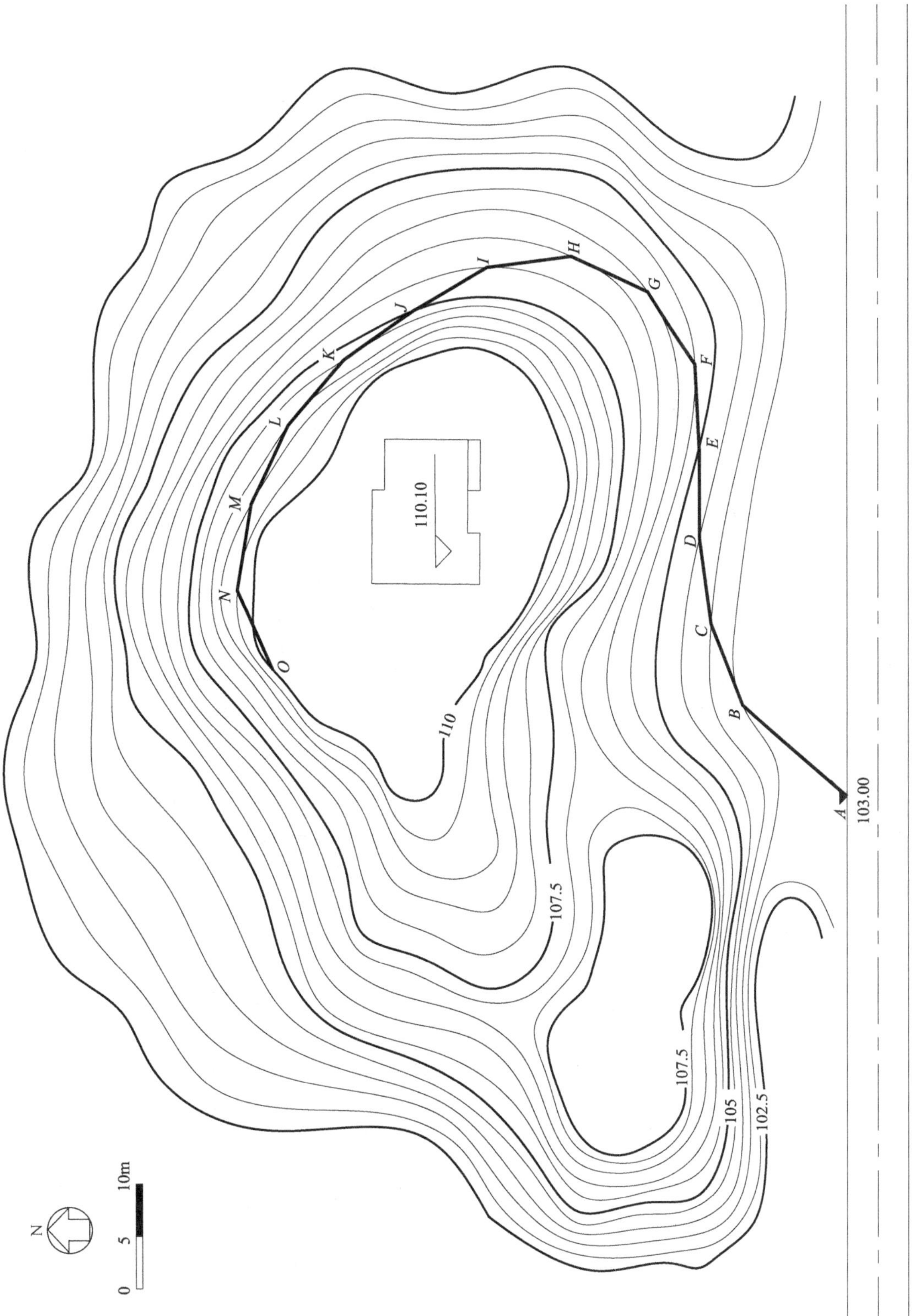

图 5-34 道路展线

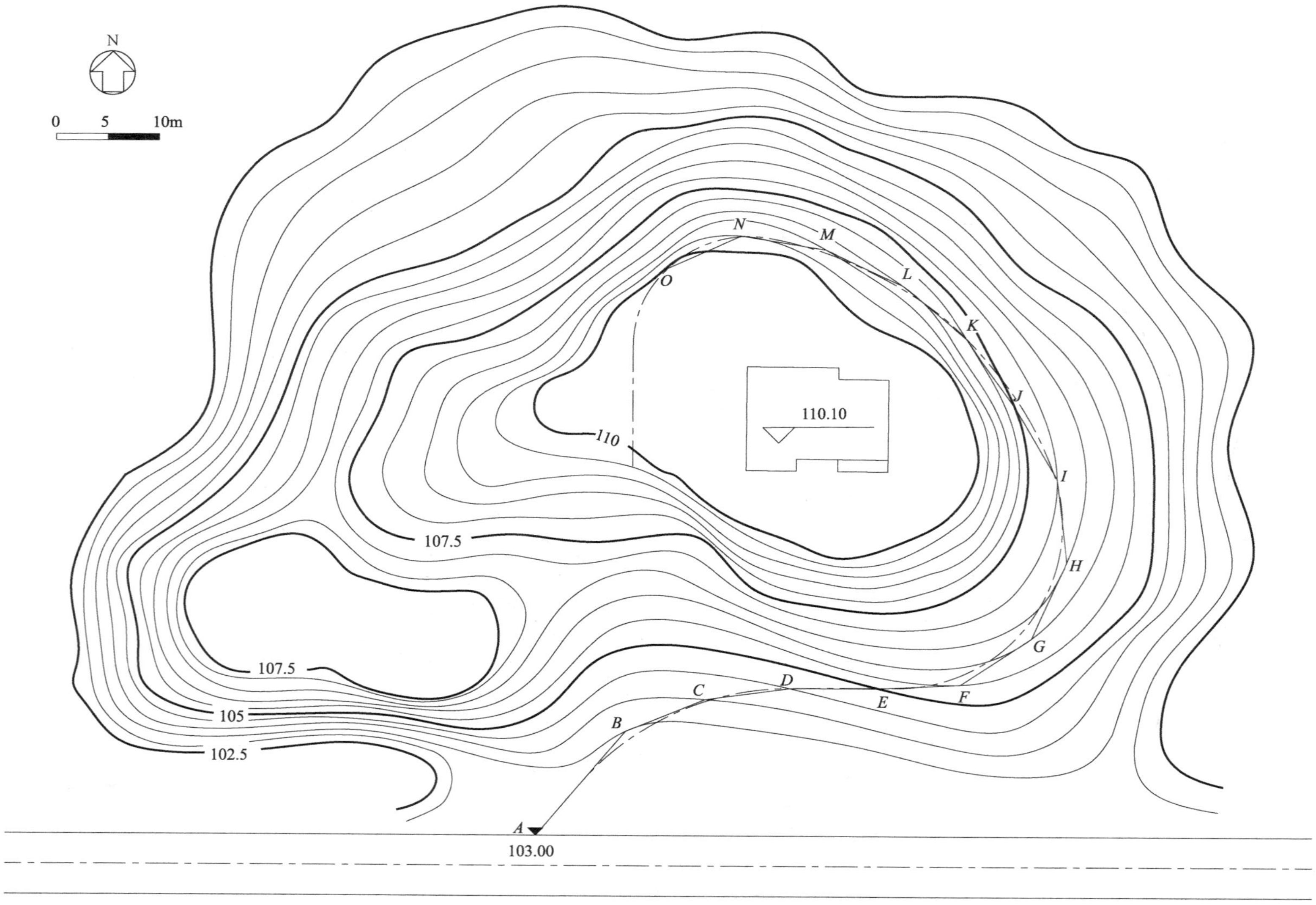

图 5-35　场外道路中心线定位

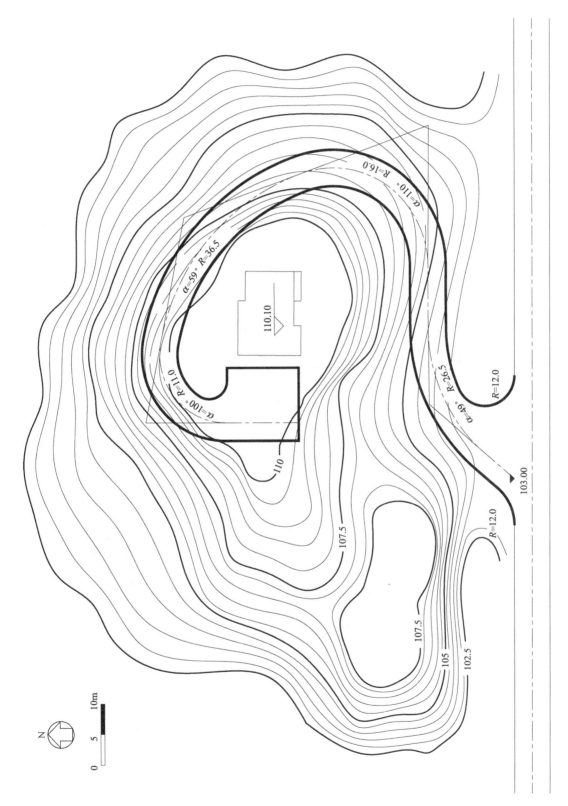

图 5-36 场外道路平面设计

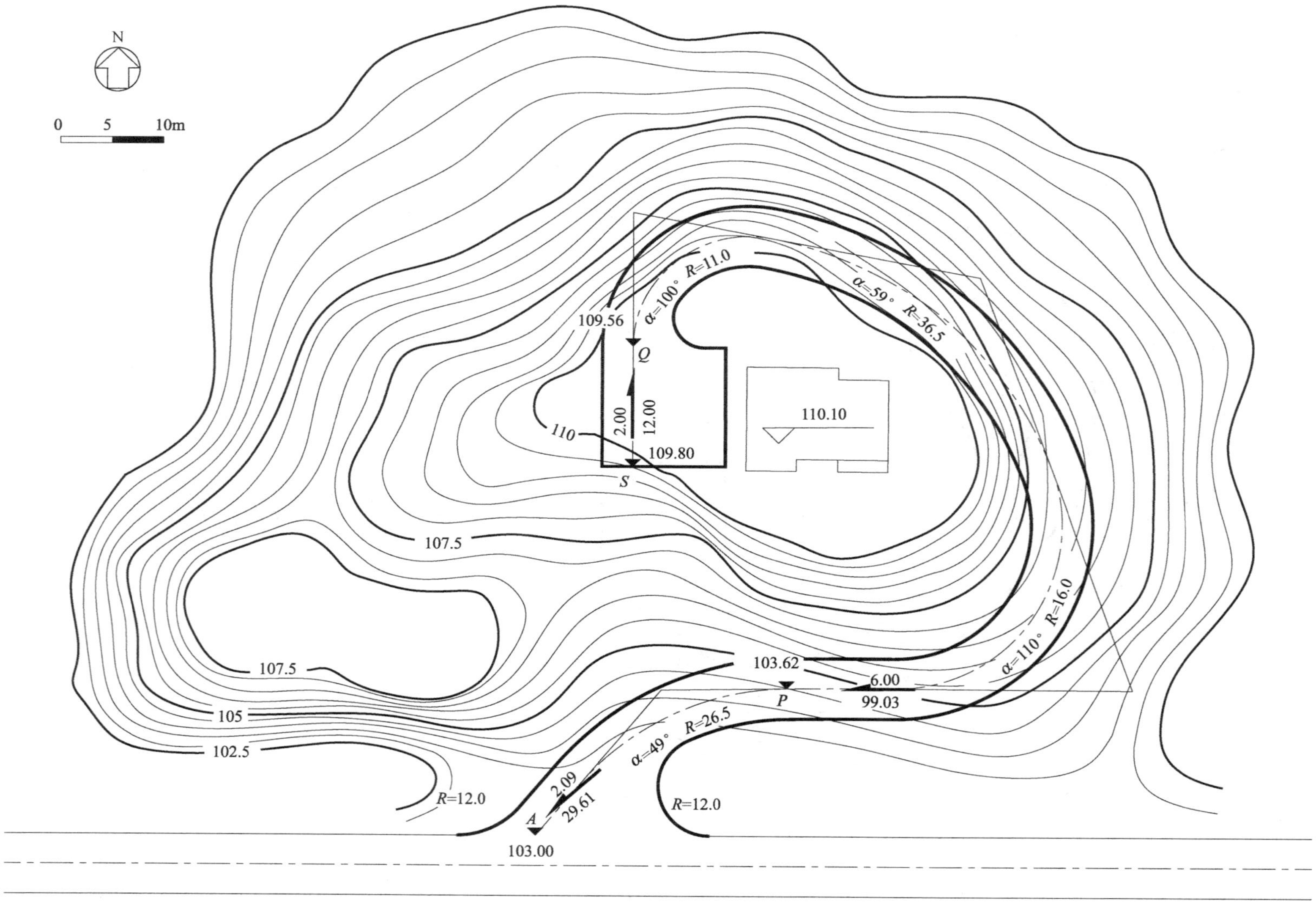

图 5-37 场外道路坡度估算

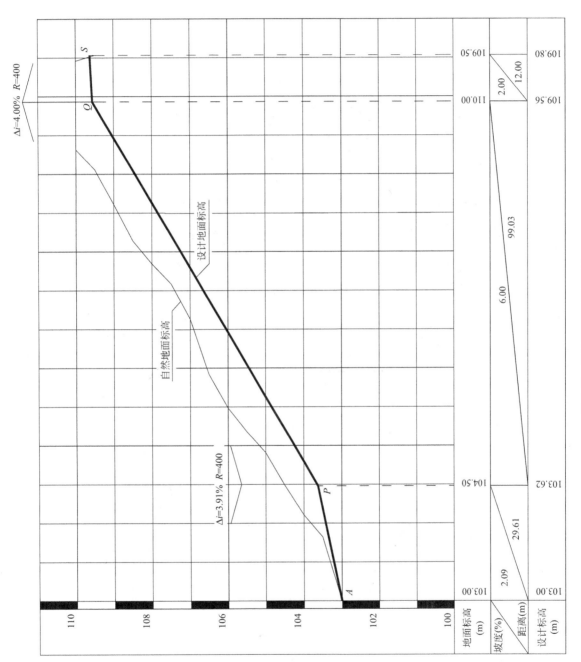

图 5-38 场外道路纵断面设计

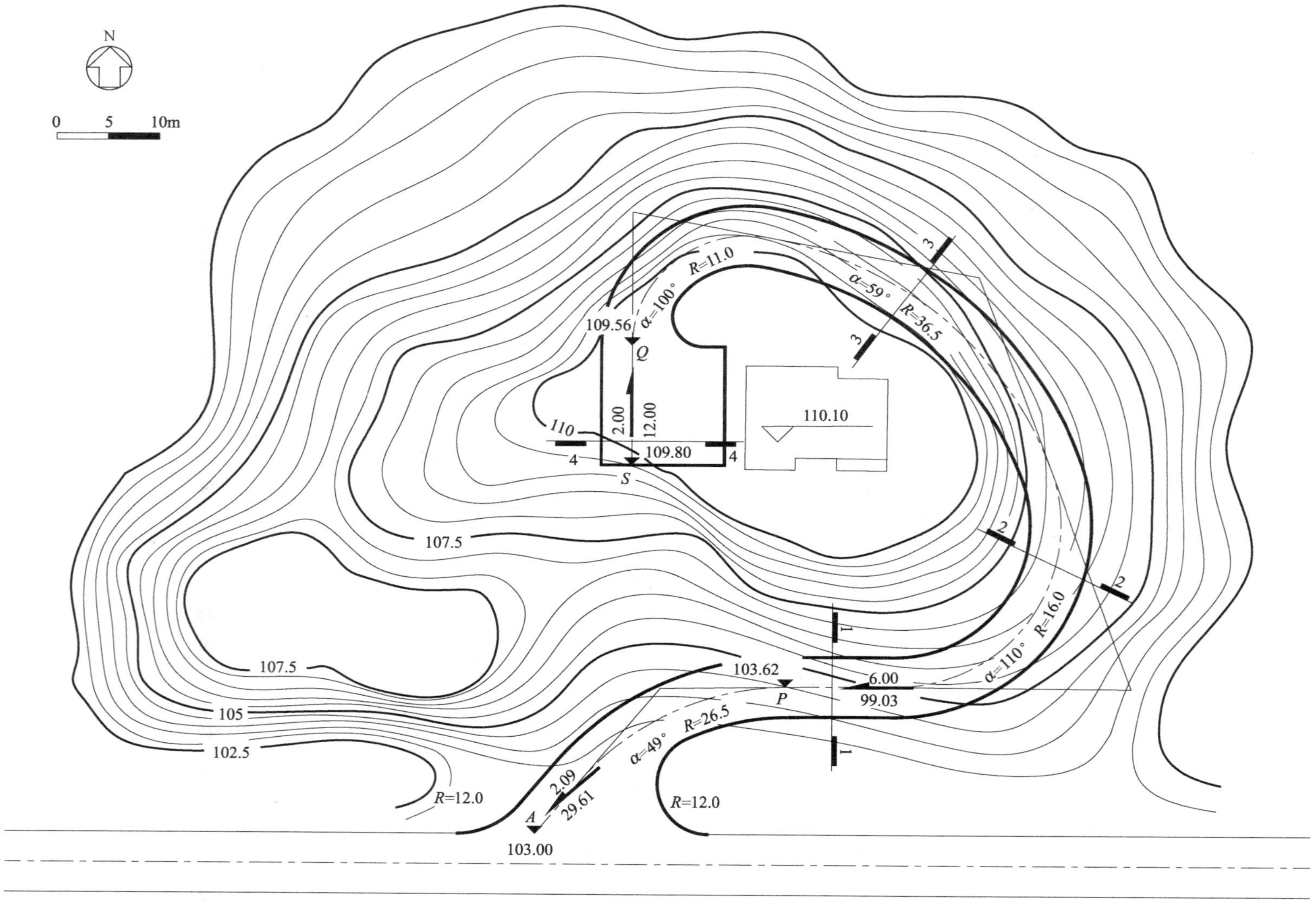

图 5-40 场外道路横断面布置

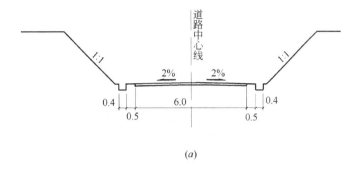

(a)

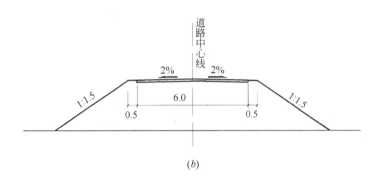

(b)

图 5-39　场外道路标准路基横断面(单位：m)

(a)挖方路基；(b)填方路基

在米厘纸上，绘出道路中心线。根据图 5-40 中地形等高线与道路中心线的相对关系及其标高，绘出自然地面线，如图 5-41 中的细折线所示。

根据道路设计纵坡，可以求出各个断面的设计标高。在图中读出对应的设计标高，根据图 5-39 "戴帽"，绘出设计地面线和边坡，如图 5-41 中的粗线所示。

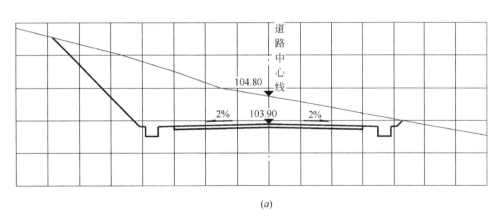

(a)

图 5-41　场外道路横断面设计(一)(单位：m)

(a)1-1 断面

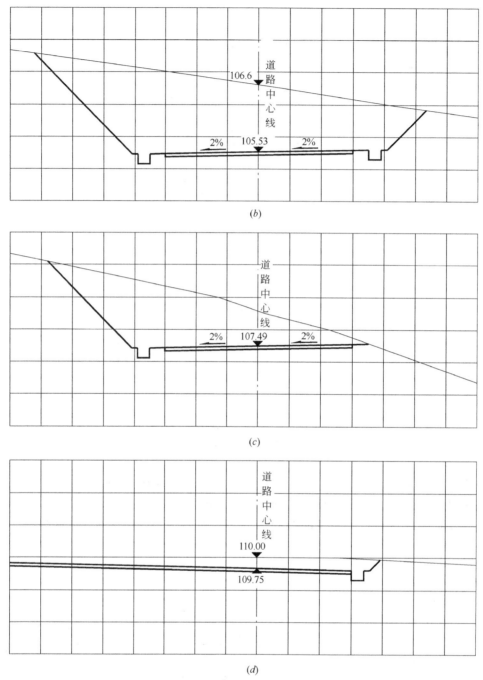

图 5-41　场外道路横断面设计(二)(单位：m)

(b)2-2 断面；(c)3-3 断面；(d)4-4 断面

## 第三节　停车设施布置

　　随着人民生活水平的提高和城市建设的发展，机动车辆愈来愈多，对停车场的要求也愈来愈迫切。一般新建、改建、扩建的大型旅馆、饭店、商店、体育场(馆)、影(剧)院、展览馆、图书馆、医院、旅游场所、车站、码头、航空港、仓库等公共建筑和商业街(区)，必须配建或增建停车场；规划和建设居民住宅区，应根据需要配建相应的停车场；机关、团体、企业、事业单位应根据需要配建满足本单位

298

车辆使用的停车场。

停车场（库）是停放各种不同车辆的场所，无顶盖者称为停车场，有顶盖者称为停车库。场地内如果没有必要的停车设施，就会导致车辆的随意停放，对交通和景观的保养均不利；在人行道或散水上停车，易引起结构本身的破坏，妨碍人们的正常活动。

停车场的交通组织要兼顾车流和人流两方面因素，以保证安全为主。

### 一、一般原则和基本要求

（1）根据场地功能需要设置，满足城乡规划及交通管理部门的要求。

（2）合理确定停车场（库）的规模，对内服务者按内部要求；对外服务者，如车站、码头、航空港、影剧院、体育馆、宾馆，根据旅客流量估算或按当地规划、交通等主管部门的规定，可适当放宽。

（3）停车场内交通流线组织必须明确。

停车场内交通应尽可能遵循"单向右行"的原则，避免车流相互交叉；停车场应按不同类型及性质的车辆，分别安排场地停车，以确保进出安全与交通疏散，提高停车场使用效率；应设置醒目的交通设施、交通标志（如画线、铺设彩色路面），以划分停车位和行驶通道的范围。

（4）停车场设计必须综合考虑场内路面结构、绿化、照明、排水及必要的附属设施的设计。

（5）停车场设计以近期为主，并为远期发展预留场地。可考虑机动车与非机动车的结合，选择灵活应变性强的停车方式。如采用柱网结构空间，近期可停放非机动车或安排服务设施。

（6）注意环境保护，减少噪声、废气污染。

机动车停车场（库）还会有一定程度的噪声、尾气等，对环境造成污染。为保持环境宁静，减少交通噪声和废气污染的影响，应使停车场与医院、疗养院、学校、公共图书馆及住宅建筑之间保持一定距离。在车库里，还要设置汽车尾气收集排放系统，以免车库内空气污浊。

### 二、停车场的设计

停车场的平面设计应有效地利用场地，合理安排停车区及通道，便于车辆进出，满足消防安全要求，并留出布设附属设施的位置。

### （一）出入口通道

出入口通道是停车场与外部道路连接、车辆出入的通道。为方便车辆到达停车泊位，停车场出入口处应做到视线通畅，使驾车人在驶出停车场时能看清外面道路上来往的车辆和行人。为保证行车安全，在出入口后退 2m 的通道中心线两侧各 60°角的范围内，不应有任何遮挡视线的物体。

此外，停车场还可参考《城市道路工程设计规范》CJJ 37—2012（2016 年版）中城市广场的缓坡段设置规定，设置缓坡段（图 5-42）。

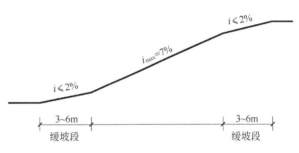

图 5-42　停车场出入口通道设置缓坡段

### （二）停车坪

停车坪的车位组织、面积大小以及停车场的交通组织由车辆的停放方式和车辆停车与发车的方式确定。

1. 车辆停放方式

停车方式的具体选用应根据停车场的性质、疏散要求和用地条件等因素综合考虑。总的要求是排列紧凑、通道短捷、出入迅速、保证安全。车辆停放方式按汽车纵轴线与通道的夹角关系，可分为三种基本类型，即平行式、垂直式和斜列式（图 5-43）。

（1）平行式［图 5-43（a）］

车辆平行于行车通道的方向停放。其特点是所需停车带较窄，驶出车辆方便、迅速，但占地最长，单位长度内停车位最少。一般适宜于狭长的场地停车，停放不同类型的车辆或车辆零来整走，如体育场、影剧院等的停车场。

（2）垂直式［图 5-43（b）］

车辆垂直于行车通道的方向停放。其特点是单位长度内停车位最多，用地紧凑，但停车带占地较宽，且在进出时需倒车一次，因而需要较宽的通道供车辆驶入、驶出。这是一般停车场布置中最常用的一种停放方式。

（3）斜列式［图5-43（c）］

车辆与行车通道成一定角度停放（一般有30°、45°、60°三种），其特点是停车带宽度随停放角度而异，对场地形状的适应性较强。其车辆出入及停放均较方便，有利于迅速停放与疏散，但单位停车面积比垂直停车要多。

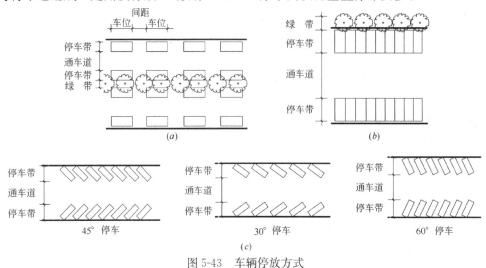

图 5-43 车辆停放方式
(a)平行式；(b)垂直式；(c)斜列式

2. 车辆停车与发车方式

一般有下列三种（图5-44）：

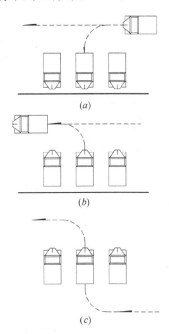

图 5-44 车辆停驶方式
(a)前进停车，后退发车；(b)后退停车，前进发车；(c)前进停车，前进发车

（1）前进式停车、后退式发车离开：停车迅速，但发车费时，不易迅速疏散，通道视线不畅时容易发生危险，常用于斜向停车。

（2）后退式停车、前进式发车离开：停车较慢，但发车迅速，平均占地面积较少，特别适宜于车辆集中驶出的停车场。更由于其所需通道最小，单位停车面积最小，是最为常见的车辆停放方式。

（3）前进式停车、前进式发车离开：车辆停发都很方便、迅速，但占地面积较大，常用于公共汽车停车场和大型停车场。

3. 通道布置

常见的有一侧通道一侧停车、中间通道两侧停车、两侧通道中间停车以及环形通道四周停车等多种形式。行车通道可为单车道或双车道；双车道较合理，但占地面积较大。中间通道两侧停车，行车通道利用率较高，是被停车场较多采用的形式。单向行驶的主要通道，其宽度不应小于6m；双向合用通道必须在7m以上。

停车场内车位布置可按纵向或横向排列，分组安排，每组停车不超过50辆。各组之间无通道时，也应留出大于或等于6m的消防通道。

停车场边缘及转角处的停车位应比正常车位宽一些，以保证车辆进出方便、安全；特别是在受到建筑物、车道或其他障碍物限制时，更要考虑尺寸上留有余地。通常端部的停车位应比正常车位宽 30cm；在架空建筑物下面的停车位宽度应为 3.35m（净高应在 2.2m 以上），并且在布置时应注意柱子等对车辆进出的影响。

4. 停车位设计参数

汽车设计车型外廓尺寸见表 5-12。

停车场内的每个车位尺寸与车辆类型、停放方式及乘客上下所需的纵横净距有关。停车位的有关参数见表 5-13。

**机动车设计车型的外廓尺寸**　　　　　　表 5-12

| 尺　寸<br>设计车型 | | 外廓尺寸（m） | | |
|---|---|---|---|---|
| | | 总　长 | 总　宽 | 总　高 |
| 微型车 | | 3.80 | 1.60 | 1.80 |
| 小型车 | | 4.80 | 1.80 | 2.00 |
| 轻型车 | | 7.00 | 2.25 | 2.75 |
| 中型车 | 客车 | 9.00 | 2.50 | 3.20 |
| | 货车 | 9.00 | 2.50 | 4.00 |
| 大型车 | 客车 | 12.00 | 2.50 | 3.50 |
| | 货车 | 11.50 | 2.50 | 4.00 |

注：1. 摘自《车库建筑设计规范》JGJ 100—2015；

　　2. 专用机动车库可以按所停放的机动车外廓尺寸进行设计。

**小型车的最小停车位、通（停）车道宽度**　　　表 5-13

| 停车方式 | | 垂直通车道方向的最小停车位宽度（m） | | 平行通车道方向的最小停车位宽度<br>$L_t$（m） | 通（停）车道最小宽度<br>$W_d$（m） |
|---|---|---|---|---|---|
| | | $W_{e1}$ | $W_{e2}$ | | |
| 平行式 | 后退停车 | 2.4 | 2.1 | 6.0 | 3.8 |
| 斜列式 | 30° 前进（后退）停车 | 4.8 | 3.6 | 4.8 | 3.8 |
| | 45° 前进（后退）停车 | 5.5 | 4.6 | 3.4 | 3.8 |
| | 60° 前进停车 | 5.8 | 5.0 | 2.8 | 4.5 |
| | 60° 后退停车 | 5.8 | 5.0 | 2.8 | 4.2 |
| 垂直式 | 前进停车 | 5.3 | 5.1 | 2.4 | 9.0 |
| | 后退停车 | 5.3 | 5.1 | 2.4 | 5.5 |

注：摘自《车库建筑设计规范》JGJ 100—2015。

5. 停车场的附属设施

停车场的设计，除了停车区、出入口的设置外，还要根据其服务要求，设置必要的附属设施，如驾驶员的休息室、管理室、修车场、加油站等设施，并应布置一定的防火通道。

6. 电动汽车充电车位

停车场应具有电动汽车充电设施或具备充电设施的安装条件，并应合理设置电动汽车和无障碍汽车停车位（图 5-45）。

【例 5-3】　已知西北某地区拟建一个出租车停车场，位置已选定为地块 C，等高距为 0.5m，其东南角交叉口 K 点标高为 98.56m，城市次干道的路面宽度为 12.0m，路拱坡度为 2.0%，道路纵坡为 1.0%，要求设置管理用房（平面尺寸为 6m×6m），用地条件如图 5-46 所示，试进行停车场的设计。

【解】

【步骤 1】　确定停车场的技术条件

（1）出入口通道

由于基地面积较大，停车车位数估计可达 100 辆以上，根据《民用建筑设计统一标准》GB 50352—2019 规定，室外机动车停车场的出入口数量：当停车数为51～300辆时，应设置2个出入口，宜为双向行驶的出入口。停车场出入口应位于次干道上，距大中城市主干道交叉口道路红线交点的距离不应小于70m。该停车场仅停放出租汽车，出入

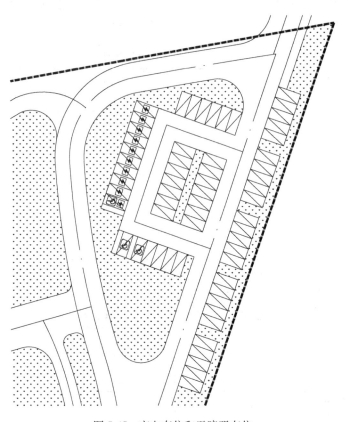

图 5-45　充电车位和无障碍车位

口通道宽度按双车道考虑，设计为6.0m。

停放小型汽车的停车场出入口通道的最小平曲线半径为7.0m。

停放小型汽车的停车场出入口通道的最大纵坡：直线地段为15%，曲线地段为12%。

查图5-4，当相邻两坡度的代数差 $\Delta i > 2\%$ 时，应设置竖曲线。凸形竖曲线半径为100～400m，凹形竖曲线半径为50～200m。

在出入口后退2m的通道中心线两侧各60°角的范围内，不应有任何遮挡视线的物体。

（2）停车坪

车辆停放方式采用垂直式。

查表5-13，小型汽车后退停车时，垂直通车道方向的最小停车位宽度为5.3m，取6.0m，平行通车道方向停车带宽度为2.4m，取3.0m；通车道宽度为6.0m。停车场边缘及转角处的停车位应比一般

车位宽30cm，即为3.3m。

【步骤2】　停车场内部交通流线组织

在城市次干道上布置了两个出入口，东侧为入口，西侧为出口。入口通道右边缘至东侧用地界线（此处即为城市道路交叉口道路红线交点）距离定为70.0m。

入口通道将停车场划分为东、西两部分，停车位共分为9个组，用罗马数字顺序编号。同时，在停车坪内布置环形通道。其内部交通流向见图5-47中的箭头所示。

【步骤3】　绘制平面图

（1）确定通道中心线位置

（2）布置停车车位

沿通道两侧或单侧布置车位，一般车位宽度为3.0m，边缘车位为3.30m，第Ⅰ、Ⅸ组均为8辆，第Ⅱ组为37辆，第Ⅲ、Ⅴ、Ⅶ组均为11辆，第Ⅳ、

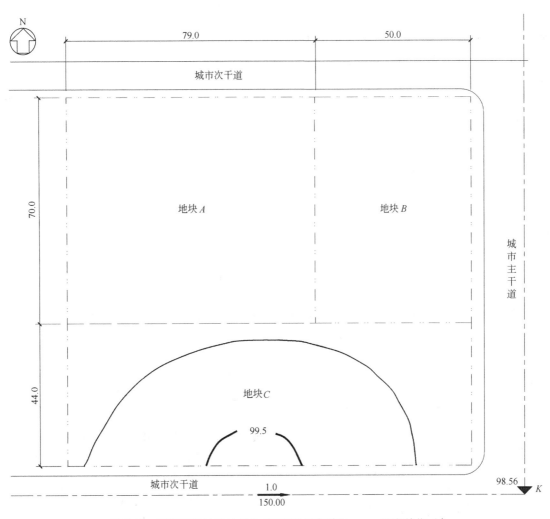

图 5-46　某停车场的设计条件(长度和标高单位：m；坡度单位：%)

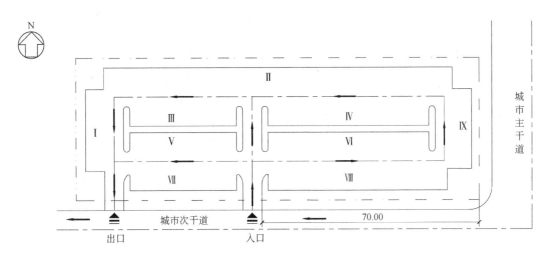

图 5-47　某停车场的交通组织

Ⅵ、Ⅷ组均为17辆，未超过每组最多停车数为50辆的规定。该停车场共设有137个停车位，以数字顺序编号。在停车场的入口和出口处分别布置管理用房，在停车坪的适当位置设置分隔带，其宽度为2.0m。将各个尺寸标注在平面图中适当位置。

（3）连接平曲线

该停车场的路缘石转弯半径的大小有三种，其中出入口通道与城市道路连接处为6m，由出入口通道转向停车坪通道时为4m，分隔带和停车场边角处为1m。

设计内容见图5-48。

**【步骤4】　竖向设计**

（1）分析基地地形

根据地形等高线内插求出用地边界线各个点的自然地面标高，可得 A 点为100.5m，B 点为100.1m，C 点为100.5m，D 点为100.3m，E 点为99.3m，F 点为100.1m。用下列方法，可以求出一段自然地形的坡度，如 A、B 点之间的坡度为 $i_{AB}$：

$$i_{AB}=\frac{h_A-h_B}{l_{AB}}=\frac{100.5-100.1}{56.0}=0.7\%$$

同理，$i_{BC}=0.5\%$，$i_{CD}=0.4\%$，$i_{DE}$、$i_{EF}=1.4\%$，$i_{FA}=1.0\%$，$i_{BE}=1.8\%$（图5-49）。由此可知，自然地面南北方向的坡度为 0.4%～1.8%，东西方向的坡度为 0.5%～1.4%。

因此，E 点为最低点，其西侧的场地南北方向的场地南北方向平均坡度为 1.4%，东西方向平均坡度为1.05%；其东侧的场地南北方向平均坡度为1.1%，东西方向坡度为0.95%。

（2）确定停车坪通道的设计坡度

地坪的设计坡度必须大于排水的最小坡度0.3%，小于规范规定的最大坡度，平行通道方向为1.0%，垂直通道方向为3.0%。结合地形的变化趋势，将东西方向和南北方向通道的设计坡度均取为1.0%。

（3）计算各控制点的设计标高

根据东南角交叉口 K 点的路面标高98.56m，可以推算出入口处道路标高。

$$h_G=h_K+i_纵\times l_{GK}$$
$$=98.56+1\%\times86.00=99.42(m)$$

$$h_H=h_G-i_横\times\frac{B}{2}$$
$$=99.42-2\%\times\frac{12.00}{2}=99.30(m)$$

同理，$h_I=99.86m$，$h_J=99.74m$。

设入口通道 HP 的坡度为3%，则求出 P 点标高：

$$h_P=h_H+i_纵\times l_{HP}$$
$$=99.30+3\%\times15.00=99.75(m)$$

根据已确定的通道的坡度，求出 O 点标高：

$$h_O=h_P+i_纵\times l_{OP}$$
$$=99.75+1.0\%\times44.00=100.19(m)$$

同理，$h_L=100.39m$，$h_M=99.95m$，$h_N=100.57m$，$h_Q=100.37m$。

从而，求得出口通道的坡度：

$$i_{OJ}=\frac{h_O-h_J}{l_{OJ}}=\frac{100.19-99.74}{15.00}=3.0\%$$

将各段通道的坡度标标注在图中适当位置（图5-50）。

**【步骤5】　布置雨水口**

由于各组之间设置了分隔带，所以，停车场被划分成第Ⅰ组与出口通道（北侧部分），第Ⅱ组（西侧）与第Ⅲ组，第Ⅱ组（东侧）与第Ⅳ组，第Ⅴ组与第Ⅶ组，第Ⅵ组与第Ⅷ组，第Ⅸ组，出口通道（南侧部分）及入口通道8个区域。

将第Ⅰ和Ⅸ组停车坪设计为单坡，坡向分隔带；第Ⅱ、Ⅲ、Ⅳ、Ⅴ、Ⅵ、Ⅶ和Ⅷ组停车坪设计为双坡；出口通道、入口通道设计为双坡（图5-51中加阴影的斜线所示）。

根据停车坪的纵坡和横坡来判断积水点的位置，在积水点上布置雨水口，如第Ⅰ组与出口通道（北侧部分）积水点位于分隔带的下方；第Ⅱ组（西侧）与第Ⅲ组、第Ⅴ组与第Ⅶ组积水点位于右下方和右上方；第Ⅱ组（东侧）与第Ⅳ组、第Ⅵ组与第Ⅷ组积水点位于左下方和左上方；第Ⅸ组积水点位于分隔带的下方。由于东西方向的停车坪通道长度分别为44.00m和61.60m，根据表4-10的规定，在各组停车位的中间位置增加一组雨水口。另外，在出口、入口通道的左侧各布置1个雨水口。

设计内容见图5-51。

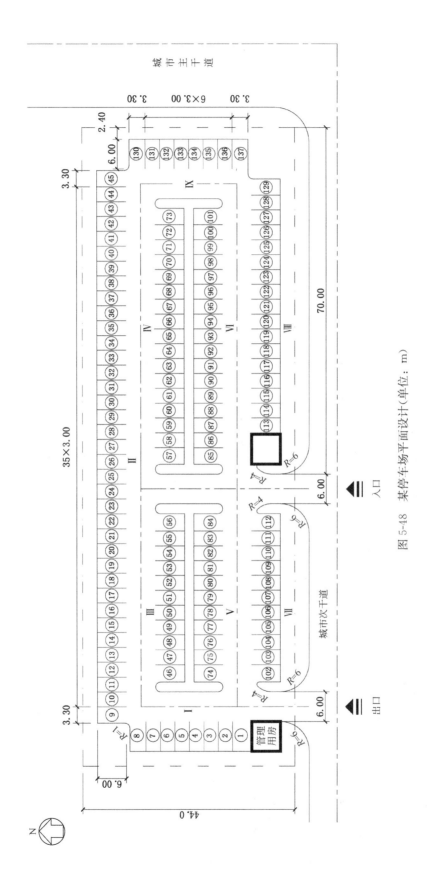

图 5-48 某停车场平面设计 (单位: m)

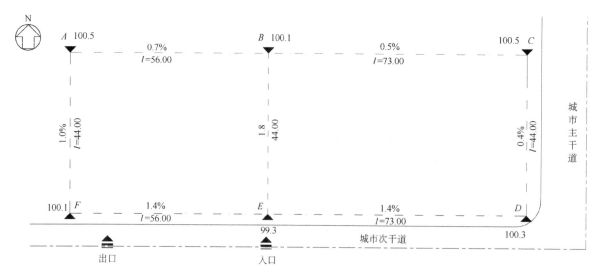

图 5-49　某停车场地形分析（长度和标高单位：m）

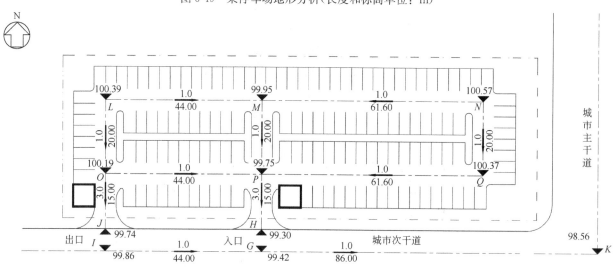

图 5-50　某停车场竖向设计（长度和标高单位：m；坡度单位：%）

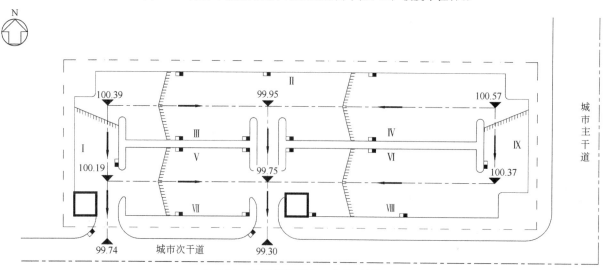

图 5-51　某停车场雨水口布置（单位：m）

**【步骤6】** 混凝土停车坪地面分块

（1）布置纵缝

由于出口、入口通道为双坡；所以，南北方向的纵缝位于通道的中心线上，在出口和入口各布置一条。由于停车坪设计为双坡，东西方向的纵缝位于通道中心线处，各有两条（图5-52）。

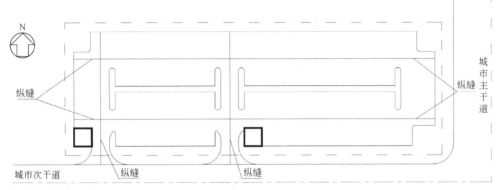

图 5-52　纵缝布置

（2）布置胀缝

胀缝分布在路缘石曲线切点处，所以入口、出口各设1条胀缝（如图5-53中粗线所示）。胀缝的最大间距一般规定为30～36m，南北方向的长度约为40m，所以在第Ⅰ、Ⅸ组场地中部各布置1条胀缝；而东西方向（西侧）的长度约为50m，布置4条胀缝；东西方向（东侧）的通道长度约为70m，也布置4条胀缝（图5-54）。

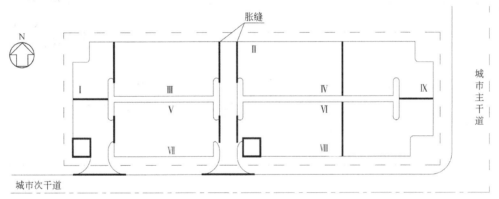

图 5-53　胀缝布置

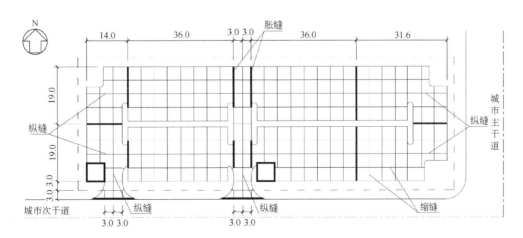

图 5-54　某停车场混凝土地坪分块（单位：m）

（3）布置缩缝

**【步骤7】** 确定混凝土地坪结构

选用停车场地坪结构时，应采用地方标准图，如本设计采用的是适用于华北地区和西北地区的标准图集——《建筑构造通用图集》之工程做法（88J1-X1）。出租车的荷载相当于行车荷载＜5t的标准，故选取混凝土整体路面作为停车坪地坪，其面层厚为120mm，用料及分层做法见图5-55。

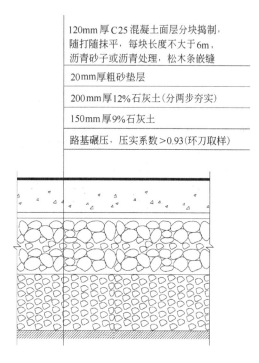

| 120mm厚C25混凝土面层分块捣制，随打随抹平，每块长度不大于6m，沥青砂子或沥青处理，松木条嵌缝 |
| 20mm厚粗砂垫层 |
| 200mm厚12%石灰土（分两步夯实） |
| 150mm厚9%石灰土 |
| 路基碾压，压实系数＞0.93（环刀取样） |

图 5-55 某停车场地坪结构

## 三、停车库的技术要求

### （一）布置要求

《车库建筑设计规范》JGJ 100—2015 规定：中型（停车数量为 101～300 辆）和大型（停车数量为301～1000辆）汽车库的库址，车辆出入口不应少于 2 个；特大型（停车数量＞1000 辆）汽车库库址，车辆出入口不应少于 3 个。各车辆出入口的最小间距不应小于 15m。出入口的宽度：双向行驶时不应小于 7m，单向行驶时不应小于 4m。

车库建筑基地出入口必须保证良好的通视条件。机动车经基地出入口汇入城市道路时，驾驶员必须保证良好的视线条件，通视要求参照行业标准《城市道路工程设计规范》CJJ 37—2012（2016 年版）第 11.2.5 条第 6 款，不应有遮挡视线障碍物的范围，应控制在距离出入口边线以内 2m 处作视点的 120°范围内，如图 5-56 所示。设计应保证驾驶员在视点位置可以看到全部通视区范围内的车辆、行人情况。机动车库基地出入口与城市道路连接的出入口地面坡度不宜大于 5%。

车库总平面内的道路、广场应有良好的排水系统，道路纵坡坡度不应小于 0.2%，广场坡度不应小于 0.3%。

### （二）坡道设计要求

汽车库内坡道可采用直线形、曲线形；可以采用单车道或双车道，其最小净宽应符合表 5-14 的规定。严禁将宽的单车道兼作双车道使用。

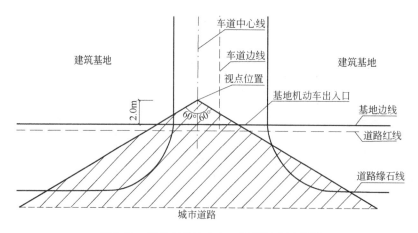

图 5-56 机动车基地出入口通视要求示意图

**坡道最小宽度**　　　　表 5-14

| 形　式 | 最小净宽（m） | |
| --- | --- | --- |
| | 微型、小型车 | 轻型、中型、大型车 |
| 直线单行 | 3.0 | 3.5 |
| 直线双行 | 5.5 | 7.0 |
| 曲线单行 | 3.8 | 5.0 |
| 曲线双行 | 7.0 | 10.0 |

注：1. 摘自《车库建筑设计规范》JGJ 100—2015；
　　2. 此宽度不包括道牙及其他分隔带宽度；当曲线比较缓时，可以按直线宽度进行设计。

汽车库内通车道的最大纵向坡度应符合表5-15的规定。

汽车库内，当车行道纵向坡度大于10％时，坡道上、下端均应设缓坡段，其直线缓坡段的水平长度不应小于 3.6m，缓坡坡度应为坡道坡度的1/2。曲线缓坡段的水平长度不应小于 2.4m，曲率半径不应小于 20m，缓坡段的中心为坡道原起点或止点(图 5-57)。

汽车库内汽车的最小转弯半径可采用表 5-16的规定。

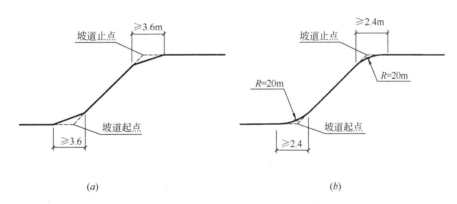

(a)　　　　　　　　　　　　(b)

图 5-57　缓坡
（a）直线缓坡；（b）曲线缓坡

**坡道的最大纵向坡度**　　　　　　　　　　　　　　表 5-15

| 车　型 | 直线坡道 | | 曲线坡道 | |
| --- | --- | --- | --- | --- |
| | 百分比（％） | 比值（高：长） | 百分比（％） | 比值（高：长） |
| 微型车、小型车 | 15.0 | 1：6.67 | 12 | 1：8.3 |
| 轻型车 | 13.3 | 1：7.50 | 10 | 1：10.0 |
| 中型车 | 12.0 | 1：8.3 | | |
| 大型客车、大型货车 | 10.0 | 1：10 | 8 | 1：12.5 |

注：摘自《车库建筑设计规范》JGJ 100—2015。

**机动车最小转弯半径**　　表 5-16

| 车　型 | 最小转弯半径 $r_1$（m） |
| --- | --- |
| 微型车 | 4.00～5.00 |
| 小型车 | 5.25～6.00 |
| 轻型车 | 6.00～7.20 |
| 中型车 | 7.00～9.00 |
| 大型车 | 10.00～12.50 |

注：摘自《车库建筑设计规范》JGJ 100—2015。

汽车环形坡道除纵向坡度应符合表5-16的规定外，还应于坡道横向设置超高，超高可按下列公式计算：

$$i_c = \frac{V^2}{127R} - \mu \qquad (5-11)$$

式中　$V$——设计车速(km/h)；
　　　$R$——环道平曲线半径（取到坡道中心线半径）(m)；

$\mu$——横向力系数，宜为 $0.1\sim0.15$；

$i_c$——超高即横向坡度，宜为 $2\%\sim6\%$。

当机动车库坡道横向内（或外）侧无实体墙体时，应在无实体墙处设护栏和道牙，道牙宽度不应小于 0.3m，高度不应小于 0.15m。

车辆出入口及坡道的最小净高应符合表5-17的规定。

车辆出入口及坡道的最小净高　表 5-17

| 车　型 | 最小净高（m） |
| --- | --- |
| 微型车、小型车 | 2.20 |
| 轻型车 | 2.95 |
| 中型、大型客车 | 3.70 |
| 中型、大型货车 | 4.20 |

注：1. 摘自《车库建筑设计规范》JGJ 100—2015；
　　2. 净高指从楼地面面层（完成面）至吊顶设备管道、梁或其他构件底面之间的有效使用空间的垂直高度。

**（三）停车位布置**

停车库内宜不设或少设墙、柱，以增加空间。一般可加宽开间尺寸、加大进深，每个柱网开间以停放 $2\sim3$ 辆车为最佳。停车库柱网尺寸见图5-58。

此外，还包括库内照明、消防以及排除有害气体等附属设施的设计。

**四、自行车停车场的设计**

自行车使用灵活，是人们的主要交通工具之一。在居住区、医院、商场、高等院校、中学和机关单位等场地内，当其数量较大时，场地设计须妥善解决其停放，否则会影响周边道路交通，或成为不良景观。南方沿海城市的居住建筑有的采用了底层架空的形式，有利于自行车的停放。

**（一）停放方式**

自行车的停放方式有垂直式和斜放式两种，

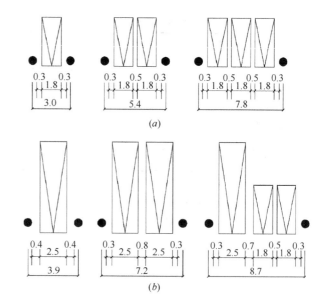

图 5-58　停车库柱网尺寸（单位：m）
(a)小型汽车；(b)中型汽车

其平面布置可根据场地条件，采用单排或双排两种方式(图 5-59)。

**（二）技术指标**

自行车停车场位置的选择应依据道路、广场及建筑布置，以中、小型分散就近设置为主。固定的专用自行车停车场还应根据场地的使用人数估算其存放率。自行车停车场的规模应根据服务对象、平均停放时间、场地日周转次数等确定。所需停车带宽度、通道宽度和单位停车面积见表5-18。

规范采用 28 型作为自行车的设计标准车，总长 1.93m，总宽 0.60m，总高 1.15m。自行车的单辆停放尺寸一般可取 $2.0m\times0.6m$；场内停车区应分组布置，每组场地约为 $15\sim20m$。场地铺装应平整、坚实、防滑。坡度宜小于或等于 $2.5\%\sim4\%$，最小坡度为 $0.3\%$，不宜超过 $5\%$。停车区宜有车棚、存车支架等设施。

自行车停车位的宽度和通道宽度　　　　　　　　　　表 5-18

| 停车方式 | | 停车位宽度（m） | | 车辆横向间距（m） | 通道宽度（m） | |
| --- | --- | --- | --- | --- | --- | --- |
| | | 单排停车 | 双排停车 | | 一侧停车 | 两侧停车 |
| 垂直排列 | | 2.00 | 3.20 | 0.60 | 1.50 | 2.60 |
| 斜排列 | 60° | 1.70 | 3.00 | 0.50 | 1.50 | 2.60 |
| | 45° | 1.40 | 2.40 | 0.50 | 1.20 | 2.00 |
| | 30° | 1.00 | 1.80 | 0.50 | 1.20 | 2.00 |

注：1. 摘自《车库建筑设计规范》JGJ 100—2015；
　　2. 角度为自行车与通道的夹角。

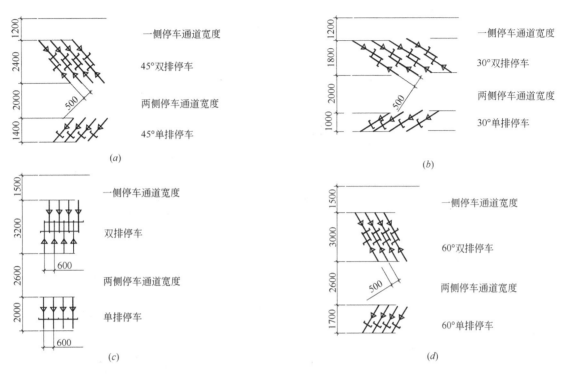

图 5-59　自行车停车宽度和通道宽度（单位：mm）
(a) 45°斜放式；(b) 30°斜放式；(c) 垂直式；(d) 60°斜放式

## 第四节　平面定位的表示方法

各类型建筑场地内的建筑物、构筑物、挡土墙、平土控制线、平土范围、工程管线和道路的施工，需要准确定位，作为施工及管理的技术依据。常用的有相对距离法、坐标定位法和方格网定位法。

### 一、坐标定位法

用坐标定位法确定用地边界、建筑物和道路控制点的平面位置，设计精度较高，见图 5-60。

坐标计算以地形图的测量坐标系统为依据，当场地面积大、项目的组成部分众多时，为简化计算，也可以建立建筑坐标系（即假设坐标系统）。建筑坐标系统仅限于在本工程项目内部使用，是供工程建筑物施工放样使用的一种平面直角坐标系。其坐标轴与建筑物主轴线一致或平行，规定纵坐标为 A 轴，向上为正，向下为负；横坐标为 B 轴，向右为正，向左为负。坐标网呈方格网状，间距一般为 100mm×100mm，其数值的标注，字头朝向增量方向。建立建筑坐标系统后，必须给出建筑坐标系统与测量坐标系统的换算关系公式。

### 二、相对距离法

当建筑物、道路控制点用坐标法定位后，场地内其他内容可使用相对距离法定位。该方法可直观地表达建筑物之间的相对位置关系，但设计精度较低，如用道路中心线至建筑物(行列线、外墙轴线或外包线)的纵、横向相对距离来表示道路的位置。同时，可标注出新建建筑物和原有建筑物之间的距离尺寸，以及新建建筑物与道路红线（或建筑红线、用地界限)的相对距离，见图 5-61。

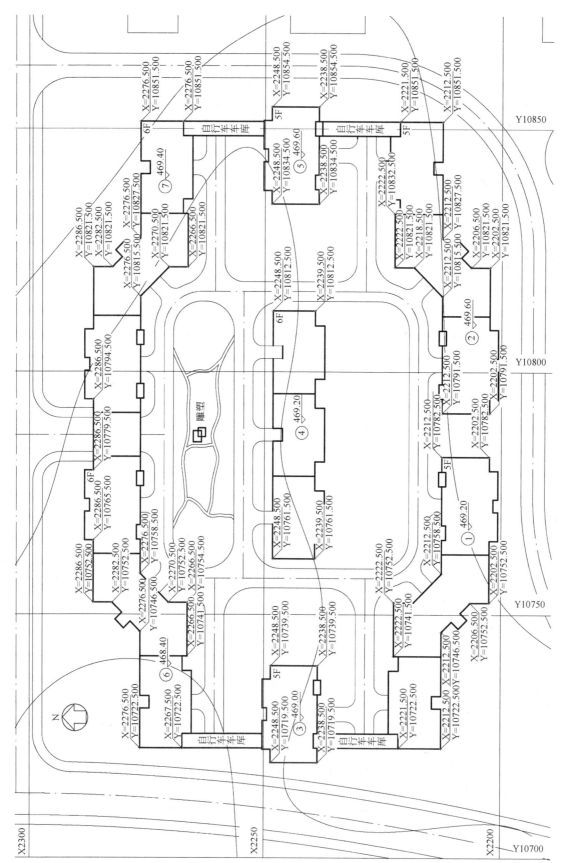

图 5-60 坐标定位法（单位：m）

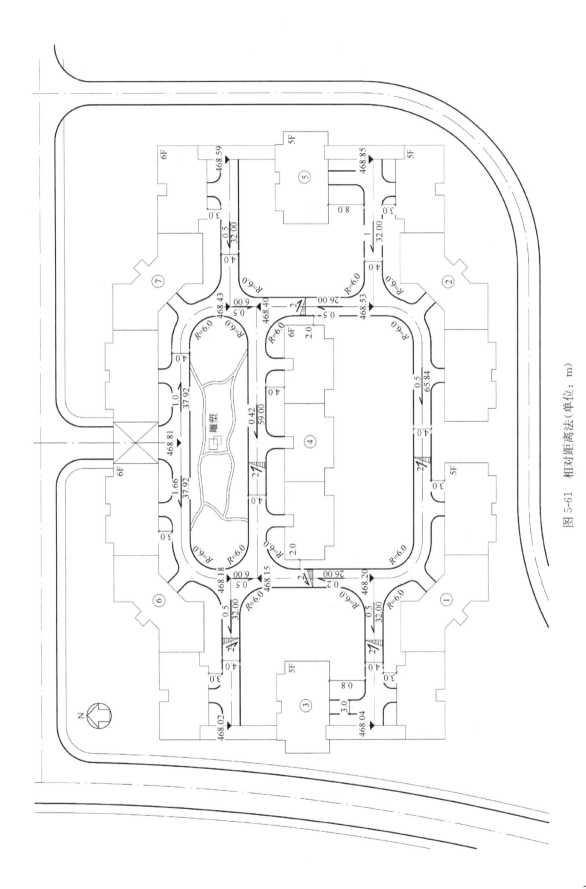

图 5-61 相对距离法(单位: m)

### 三、方格网定位法

对于形式较自由、曲率没有规律的曲线，如绿地中流线形的园路、绿化中的植篱、人工水面等可采用方格网定位。这种方法较为直观，适用于对准确性要求不太高的情况。方格网布置以邻近的道路网或建筑物的长、短边作参照物，与之平行或垂直，并通过某已知坐标点确定方格网起点的坐标或位置。方格网的边长依所确定的内容而定（图 5-62）。

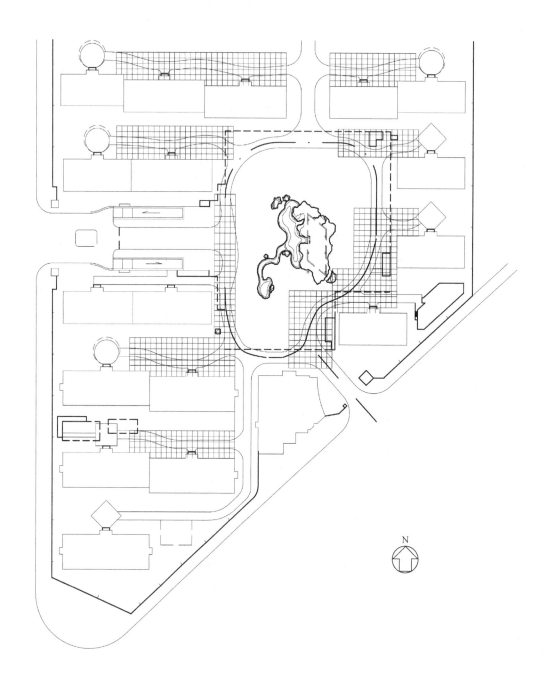

图 5-62　方格网定位法
注：曲线道路定位网格为 2m×2m。

# 第六章 绿 化 设 计

场地环境的优劣，直接和间接地影响人们的身心健康。营造一个接近自然的郁郁葱葱的人工环境，是场地设计不可忽视的重要任务。特别是随着人们环保意识的不断加强，环境绿化与美化逐渐受到公众普遍的重视，缺乏绿化设施的场地是机械、生硬的，很难满足人们对场地心理和精神上的需求。好的场地绿化是形成景观及环境质量优良场地的必要条件。

在场地总体布局确定了绿地配置，即绿化的规模和位置后，需进行绿化设计，包括绿化布置、竖向设计、园路设计、种植设计和管线设计等方面的内容，并配置与之相关的环境设施。其中，竖向、园路和管线设计的方法，参见本书相应章节。

## 第一节 绿 化 布 置

### 一、场地绿化的作用

绿化在场地中的作用是多方面的，主要表现在以下几个方面：

1. 保护环境、调节场地小气候

植物能吸收二氧化碳，产生氧气，净化空气、水体和土壤，降低噪声，所以植物是天然的氧气制造厂和空气净化器。树木花草叶面上的蒸腾作用，能调节温度和湿度，对场地的小气候环境起到积极的调节作用。场地的水系、道路等带状绿地构成场地的绿色通风渠道，特别是当带状绿地与该地区的夏季主导风向一致时，可形成场地的绿色通风渠道，大大改善场地的通风条件。冬季大片树林可以减低风速，具有防风作用；故在冬季的寒风方向种植防风林，可以大大减低冬季寒风和风沙对场地的不良影响。

2. 绿化是场地不可缺少的功能设施

在场地之内，使用者的室外活动很多是在绿化设施中进行的；比如，在居住建筑的场地中，居民的户外休憩活动主要是在绿地、庭园之中进行的。在医院、旅馆等类型的场地中，也常常设有类似功能的庭院设施，供人们休息、停留和游玩。使用者的这些活动是室内活动的必要补充，是场地总体活动中不可缺少的部分。为使这些活动能有效开展，顺利进行，有必要在场地中配置适当的绿化设施。

3. 美化环境、陶冶情操

场地绿化植物是美化环境、增加场地建筑艺术效果、丰富场地景观的主要素材和有效手段，公园、小游园等场地是开展多种形式活动，向游人进行文化宣传、科普教育和社交的场所，使人们在游玩中增长知识，提高文化素养。各种游憩娱乐活动，对于体力劳动者可消除疲劳，恢复体力；对于脑力劳动者可调剂生活，振奋精神，提高工作效率；对于儿童可培养勇敢、活泼、伶俐的素质；对于老年人，则可享受阳光、空气，延年益寿。所以场地绿化对于陶冶情操，提高人们的素质，促进精神文明建设，具有重要的推动作用。

4. 海绵城市建设的有效途径

场地绿化在满足改善生态环境、美化公共空间、为居民提供游憩场地等基本功能的前提下，还可结合绿地规模与竖向设计，在绿地内设计可消纳屋面、路面、广场及停车场径流雨水的低影响开发设施，并通过溢流排放系统与城市雨水管渠系统和超标雨水径流排放系统有效衔接。

### 二、绿化布置的任务

（1）绘制绿化工程总平面图。图中绘制原有绿化及新设计绿化的内容，如乔木、灌木和草坪，以及园路、铺地、喷泉、花坛与雕塑小品等。

（2）编制设计说明书，内容包括：设计依据、设计的基本原则；绿化现状评价、场地条件、绿化工程系统组成；总平面布置形式（如规则式、自然式或混合式）及其特点；主要绿化品种选择、绿化种植的主要形式、类型；分清常绿乔灌木、落叶乔灌木、垂直绿化、草坪、地被及花卉等的类型、绿化面积、主要技术经济指标。

（3）编制工程概算。

**三、绿化布置的原则**

（1）坚持以人为本的原则。为使用者的行为要求和身心健康需要提供一个清洁、优美、便利、安全、宜人的工作和生活环境，应特别关注老弱群体的使用需求。

（2）坚持综合统筹的原则。绿化布置应考虑与场地中的建筑物布置、道路布置、竖向布置、地下空间与管线布置等，做到统一安排，进行整体规划设计。

（3）坚持经济、美观的原则。要充分利用场地的边角地块进行绿化布置；根据场地的自然条件选用本地乡土树种；要充分利用空间——屋顶、阳台、墙面，进行多层次立体化的绿化布置；既讲究经济实用，又追求美观大方，使场地本身具有较高的艺术品位。

（4）坚持因地制宜的原则。要充分利用现有的条件，如绿化植被及自然地形，进行加工改造；保护场地内的古树名木和有特殊价值的植物资源；绿化形式要与场地总体或分区的环境相适应。

（5）坚持生态节约的原则。绿化布置应有利于降低场地噪声、大气等污染，有利于防风、隔热，进行有利于消纳场地径流雨水的低影响开发雨水系统建设；能有效减少场地绿化灌溉和景观补水的用水量。

**四、绿化布置的形式**

绿化布置形式分为规则式、自然式和混合式三种，其选用要符合场地总体布局形式。

**1. 规则式**

规则式的绿地往往采取严整的中轴对称或近似对称的布局，呈几何图形。绿地内的花草树木为等距离栽植。树木的树冠多呈几何形体，需进行整形修剪。道路多为直线、折线或规则几何形，在道路交叉点或视线交点处布置雕塑、喷泉等。广场中心多布置图案式花坛，如圆形、扇形、环形、方形等，形成富丽大方的景观；水体也多为几何形。该形式一般用于营造具有严肃、雄伟气氛的场地，如纪念性建筑、政府办公建筑等（图 6-1）。

图 6-1　规则式

**2. 自然式**

自然式不追求对称，一般顺应自然地形。道路自由曲折，树木种植有疏有密，不成行列式，以反映自然界植物群落的自然之美。花木布置以花丛、花群为主，不用规则修剪的绿篱，并以自然的树丛、树群、树带来区划和组织空间。多设置假山、置石，采用雕塑、棚架等小品。水体轮廓为自然曲线形。该形式适用于居住小区的中心花园和一般机关单位的小花园（图 6-2）。

**3. 混合式**

混合式布局是将规划式和自然式的特点相结合，应用于同一场地绿化布局中，同时体现人工美与自然美。绿化布置时，可视具体情况，用园路将绿地划分成规则的几何形，而在种植设计中，采用丛植

图 6-2 自然式

图 6-3 混合式

等自然栽植方式；或是在外围采用行植等规则式种植，内部采用丛植、孤植等自然式种植(图 6-3)。

**五、场地绿化布置的要点**

场地的绿化布置是在建筑物、道路、管网、各种工程设施布置之后进行的，应满足使用要求，并综合协调各项设计要素之间的关系。由于场地的性质和建筑物的形式与内容、位置与朝向、体量与具体用途各不相同，可结合以下几个方面进行设计。

(一)场地主出入口绿化布置

入口区是场地的门户和标志，人流集中，是绿化布置的重点。在不影响人员和车辆的通行、保证有足够宽度的前提下，可重点进行装饰性绿化，并配以建筑小品，可采用规则而开敞的手法，以突出场地的入口气氛。

在大门内外种植具有明显特征的树种，如种植观赏性强的高大乔木，易于识别；或对植常绿植物，用以强调；还可以在入口处变化树种、树形、绿化的颜色，以引起人们对入口的注意。

如果设有入口广场，可在其主要轴线位置种植花卉或置山石，也可设置花坛、喷水池、有主题的雕塑或影壁等设施。广场两侧的绿地，宜先规则种植，再过渡到自然丛植，具体的种植方式

及树种选择应视周围环境而定。可从色彩、树形、花色、布置形式等多方面来强调和陪衬。入口主干道两侧的绿地可以设置草坪，在其边角或适当位置点缀观赏性较强的常绿植物、开花灌木、色叶植物以及花卉等(图 6-4)。

(二)建筑物周围绿化布置

建筑物周围绿化的作用是防风、防夏日的强光和西晒，减弱噪声，防粉尘和美化环境等。

在群体建筑场地中，每栋建筑都有主入口，应区分这些建筑中的主从关系，对于主要建筑或面临主干道的建筑物主要入口，根据需要和可能，结合建筑造型和周围环境，可配以建筑小品、种植常绿树及花灌木，加以强调和点缀。有的还设有花池，供栽植花木和摆设盆栽植物。如有大地块还可铺设草地，孤植或丛植观赏价值高的植物，以丰富场地景色。大型公共建筑的正前方可布置独立式花坛，产生一种生气勃勃、富丽堂皇之感(图 6-5)。对于次要建筑的主入口，应根据需要和美观，进行一般性处理，并符合总体绿化要求。

楼前基础绿化能对建筑物起到较好的装饰和衬托作用，使场地环境更加自然和谐，也能将行人与底层房屋隔离开，以保证室内环境的安静。靠近窗前 5m 以内范围不应种植高大乔木，以栽

植低矮花卉、灌木为主，其高度不应超过首层窗台，以免遮光（图6-6）；窗前5m以外范围，一般宜种植落叶乔木，以便冬季获得充足的阳光；在正对无窗外墙处，可种植常绿乔木和灌木。

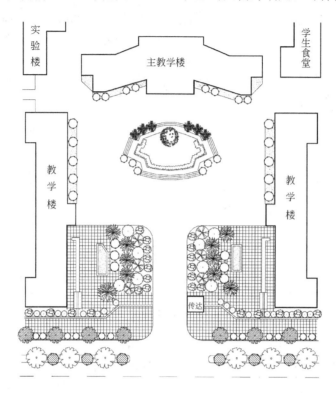

图 6-4　某学校入口绿化布置

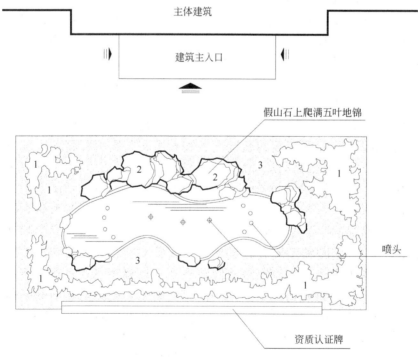

图 6-5　某建筑物主入口绿化布置
1—月季；2—五叶地锦；3—草坪

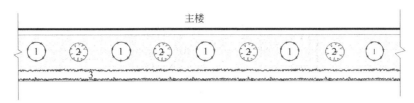

图 6-6　楼前基础绿化

1—圆柏；2—碧桃；3—大叶黄杨篱

建筑物的角隅线条生硬，通过植物配植进行缓和，宜选择观果、观叶、观花等物种成丛配植，再植些优美的花灌木组成一景，以软化建筑物的生硬线条，更好地衬托建筑物，使其具有丰富多彩的四季景色。

建筑物东、西两侧的绿化地段，可以作为休息绿地，内设一些休息性设施及活动的小场地。离建筑物 5m 处宜种高大、浓荫的快长乔木或作垂直绿化，以防日晒（图 6-7）。

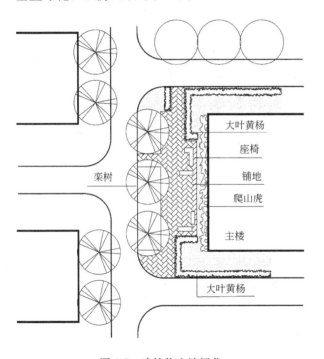

大叶黄杨

座椅

铺地

爬山虎

主楼

栾树

大叶黄杨

图 6-7　建筑物山墙绿化

楼后的绿化宜常绿，落叶乔木和灌木混交配置，以阻挡冬季寒风和尘土。有条件时，周围均种地被植物。除选用耐阴的花灌木外，可种植地锦，进行垂直绿化。

对于场地内不良视线处，如水塔、垃圾站、食堂、厕所、车库、医院的晒衣场、锅炉房和通气孔附近，绿化设计应以保护环境、隔离污染源、隐蔽杂乱处、改变外部形象为宗旨。在保证运输车辆进出方便的前提下，在周围采用植物围合，与其他部分隔开；通常采用常绿乔木与绿篱、灌木结合的密植方式，阻挡人们的视线，遮蔽杂乱处，并改变外部形象。墙壁可用攀缘植物进行垂直绿化。

（三）道路交通设施周围绿化布置

场地道路应方便使用者的生活、工作及活动的需要，且成为场地绿化的骨架之一。

1. 道路绿化

场地道路绿化主要有遮阳和丰富道路景观的效果。植物可以强化道路的线形和走向，为林荫道增添情趣，还可减少空气中的灰尘，以及减少交通噪声对两旁建筑物的影响。

场地道路绿化应根据道路的功能、形式、宽度、距离、与两侧建筑物的间距、建筑物高度和管线布置等综合考虑，要满足道路遮阳、降温、阻挡灰尘、减弱噪声、吸滞有害气体、净化空气等要求，且应与场地分区绿化相结合。

场地主干道绿化种植一般以行列式栽植为主，在重点绿化地段或建筑物主要观察点，为使景观或建筑物显现得更好，也为摄影留念取得好的效果，需要空出某些树位。场地次干道和支路绿化既可采用行列式，也可采用不规则的树丛形式，但应保持有足够的遮阳效果。除采用高大庇荫乔木作行道树外，在其下还可配置灌木或绿篱，布置花带，以形成连续、多层次的绿化景观（图 6-8）。

道路交叉口绿化应保证交通安全；在视距三角形范围内，为使视线通畅，应避免使用低分枝树木和灌木丛。大规模的场地内，也可以在交叉口中心布置独立式花坛。

2. 停车场绿化

停车场绿化应有利于汽车集散、人车分隔、保

319

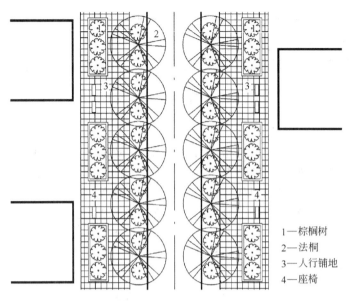

图 6-8 场地道路绿化示意

1—棕榈树
2—法桐
3—人行铺地
4—座椅

障安全、不影响夜间照明，并应考虑改善环境，为车辆遮阳。停车场绿化可分为周边式和树林式两种。周边式绿化是在停车场的四周种植乔木、灌木、草地、绿篱，停车场内部全部铺装，不种植物［图6-9（a）］；树林式绿化是为了给车辆遮阳，在停车场内用树池种植成行成列的落叶乔木，其余地面全部进行铺装［图6-9（b）］。

停车场绿化布置可利用双排背对车位的尾距间隔种植乔木，树木分枝高度应满足车辆净高要求。停车位最小净高如图6-10所示：自行车为2.2m；微型和小型汽车为2.5m；大、中型客车为4.0m；载货汽车为4.5m。此外，还应充分利用边角空地布置绿化。风景区停车场应充分利用原有自然树木遮阳，因地制宜布置车位。

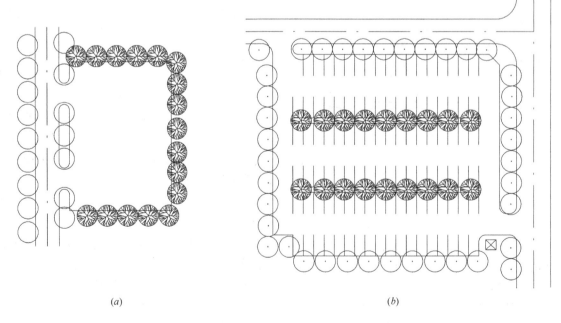

(a)                                    (b)

图 6-9　场地停车场绿化布置
(a)周边式；(b)树林式

320

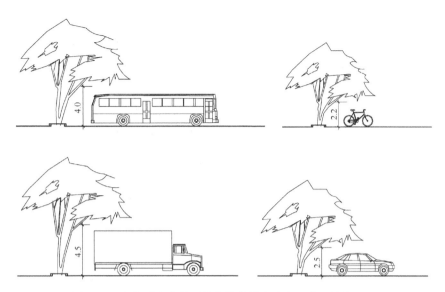

图 6-10　庇荫乔木分枝下停车位的最小净高要求（单位：m）

### 3. 广场绿化

一般场地中的广场类型有入口广场、建筑物前广场、绿地中的广场。广场绿化要求环境品质较高，用以增加广场的表现力。布置形式有规则式和自由式。绿化布置应不遮挡主要视线，不妨碍交通，并与建筑物共同组成优美的景观。

在场地的广场上栽植乔木、花草或设置水池、山石、园路、花坛、雕像、建筑小品等，可以丰富广场的建筑艺术，美化环境，提供游憩场所。在广场周边种植乔木，特别是在南方宜种植浓荫乔木，以防夏季日晒（图 6-11）。

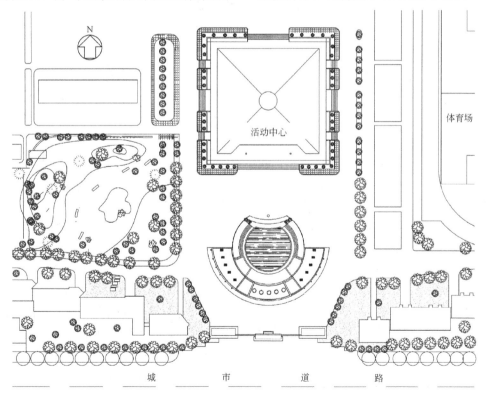

图 6-11　某广场绿化布置图

### （四）集中绿地

集中绿地是人们室外各种活动的主要场所。在集中绿地内，要有一定的功能分区和景观分区，要按使用者的行为规律、习惯和爱好进行设计。集中绿地的形式有规则式、自然式和混合式三种。其设计应与周围的建筑物协调，使绿化空间和建筑空间互相渗透；绿地内可设置一些园林建筑小品，多设些座椅，以供使用者休息；绿地中的铺装尽量平坦，必要时道路系统应是无障碍的，以利小推车（轮椅）通行；根据使用需要，在绿地中可布置活动场地；除铺装地面外，所有地面都要铺设草坪，以保持环境的清洁卫生和优美（图6-12）。

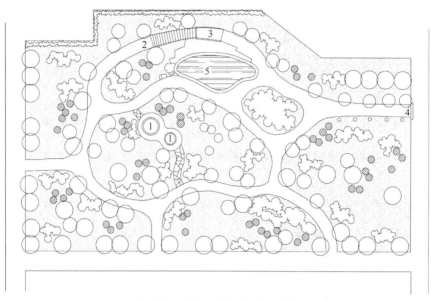

图6-12 某集中绿地自然式布置

1—伞亭；2—花架；3—弧形亭；4—月亮门；5—水池

### （五）活动场地绿化

在活动场地中，绿化可起到挡风、遮阳、空间围合等作用。

**1. 体育场地绿化**

体育运动场地主要是为使用者在场地内做体操及进行各种室外体育活动而设，故要求场地平整。除有条件的可设置规则式草坪外，一般不要求在其内种植植物，只在场地周围种植高大庇荫乔木即可。也可用大、中、小乔木与灌木结合，组成密集型绿化带，以阻隔噪声，消除活动产生的噪声对周围环境的影响（图6-13）。

**2. 活动场地绿化**

活动场地内常设有沙坑、小亭、花架、涉水池等设施及建筑小品。在其附近以种植庇荫乔木为主，场地角隅部分可适当点缀花灌木。一般种植高大乔木，场地周围也可用绿篱围起来，形成一个独立空间。整个室外活动场地应尽量种植草坪，有条件的还可设棚架，供夏日庇荫。

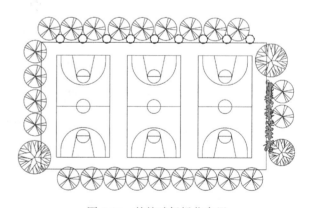

图6-13 某篮球场绿化布置

### （六）用地边缘绿化布置

用地边缘应种植高大乔木遮阳、围合空间和阻挡风沙，种植绿篱或灌木及快长树，与外界环境分隔；既可以减少周边道路或场地的粉尘，又可以减少外部噪声对场地内部的干扰。面向城市道路的用地边界，还要适当考虑街景美观及场地所属单位的形象需要。

（七）垂直绿化

为了充分利用场地空间，可在场地的边坡、挡土墙、假山、棚架，以及建筑外墙、阳台、平台、屋顶等处进行绿化，以增加绿化覆盖率，改善场地的居住和工作环境。这种有别于地面一般绿化的形式叫作垂直绿化，又称立体绿化。

垂直绿化可减少阳光直射，降低温度。据测定，有紫藤棚遮阳的地方，光照强度仅有阳光直射地方的几十分之一。浓密的紫藤枝叶像一层厚厚的绒毯，降低了太阳辐射强度，同时也降低了温度。夏天高温天气，建筑墙面、路面的热反射甚为强烈，进行墙面的垂直绿化，墙面温度可降低 2～7℃；特别是朝西的墙面绿化覆盖后，降温效果更为显著，建筑物表面温度降低 13～15℃，室内温度降低 3～5℃。同时，墙面、棚架绿化覆盖后，空气湿度还可提高 10%～20%，这在炎热的夏季有利于人们消除暑热，增加舒适感。

垂直绿化的立地条件都比较差，所以选用的植物材料一般要求具有浅根性、耐贫瘠、耐干旱、耐水湿，以及对阳光有高度适应性等特点。栽植前应对种植位置的朝向、光照、土壤、地势状况等进行勘察，因地制宜地选择垂直绿化形式。除了一般要求的尽可能速生和常绿外，各地还可根据环境、功能、绿化方式和目的等，选择适合的品种。在功能方面，如果是用于降低建筑墙面及室内温度，就应选用生长快、枝叶茂盛、有吸盘和吸附根的攀缘植物，如爬山虎、五叶地锦、常春藤等。如果是以防尘为目的，应尽量选用叶面粗糙且密度大的植物，如中华猕猴桃等。在生态方面，不同攀缘植物对环境条件的要求不同。在进行墙面绿化时，应考虑方向问题。北墙面应选择耐阴植物，如中国地锦是极耐阴的攀缘植物，用于北墙比用于西墙生长迅速，生长势强，开花结果繁茂。西墙面应选择喜光、耐旱的植物，如爬山虎等。在我国北方应考虑植物材料的抗寒、抗旱性，而南方则应考虑其耐湿性。在绿化方式上，可根据墙面绿化、庭院垂直绿化、护坡绿化等主要方式选择适合的攀缘植物，也可选用种植爆竹花、牵牛花等开花攀援植物，增强场地的美化效果。总之，场地垂直绿化中所用的材料大多是各种功能兼顾，多种垂直绿化材料有机结合种植。

场地垂直绿化根据其位置不同，可分为建筑垂直绿化、庭院垂直绿化、工程设施垂直绿化三种。

1. 建筑垂直绿化

建筑垂直绿化是为了美化建筑立面，改善建筑热工环境，增加场地绿化覆盖率，以建、构筑物为载体的绿化形式；主要在建、构筑物的外墙、屋顶、天台、阳台、窗台等部位进行绿化。

（1）墙面垂直绿化

墙面垂直绿化是为了降低建、构筑物墙面及室内温度，美化建、构筑物立面，而采用攀缘植物对其外墙面进行绿化的方式。墙面垂直绿化应选择生命力强的吸附类植物，使其在各种垂直墙面上快速生长。爬山虎、紫藤、常春藤等植物美观、经济，这些植物不需要任何支架和牵引材料，栽培管理简单，其绿化高度可达五、六层楼以上，且有一定观赏性，可作为首选。在选择时还应注意区别对待：凌霄喜阳，耐寒力较差，可种在向阳的南墙下；络石喜阴，且耐寒力较强，适于栽植在建筑的北墙下；爬山虎生长快，分枝较多，种于西墙下最合适。在较粗糙的表面，可选择枝叶较粗大的种类，如爬山虎、薜荔、凌霄等，便于攀爬；而表面光滑细密的墙面，则应选用枝叶细小、吸附能力强的种类。建筑物正立面处的绿化需要注意与门窗的距离，一般在两门或两窗的中心栽植；墙上可嵌入横条形铁丝，以便攀援植物顺利地向上生长。

（2）围墙绿化

围墙是场地中特殊的墙体构筑物，一般分为实砌墙和栅栏墙。实砌墙墙体一般为砖或石材，栅栏墙一般为铁艺围墙或型钢围墙。实砌墙主要起分隔空间的作用，绿化方式与建、构筑物外墙类似，一般选择爬山虎、凌霄等叶片发达且分枝较多的生根植物。而栅栏墙除有分隔空间的作用外，还应达到隔墙观赏的目的；这样不仅可以绿化墙体，还能起到"透绿"的作用。因此，栅栏墙不宜选用爬山虎等叶片发达且分枝较多的植物，而应选择金银花等缠绕性植物。围墙若用植物做成绿篱、花篱，其效果比用砖砌要好得多，且同样可以起到分隔空间的作用。常见的绿篱植物有女贞、小蘖、刺梅、黄杨、珍珠梅、冬青和木槿等。

（3）屋顶绿化

屋顶绿化是以建、构筑物顶部、天台、露台为载体，不与自然土层相连且高出地面1.5m以上，以植物材料为主体营建的一种立体绿化形式。一般可根据屋顶种植负载要求、植物种类、游览和游憩设施配置情况，分为花园式和简单式等类型。花园式屋顶绿化的种植承载力不应小于3.0kN/m²，选择小型乔木、灌木、地被等植物进行绿化，设置园路、座椅、园林小品等设施，提供一定的游览和游憩活动空间。简单式屋顶绿化的屋顶种植负荷一般小于1.5kN/m²，选择低矮的灌木、地被等植物进行绿化；通常不设置游览和游憩设施，只允许护理维修人员进入。

建设屋顶绿化的屋顶坡度不宜过大，花园式屋顶绿化的屋顶坡度宜小于15°，屋顶高度宜低于24m；应在屋顶四周设置1.3m以上的防护围栏，并应设置独立出入口和安全通道。屋顶绿化建设施工不得破坏原有建筑结构、防水层及原有设施；绿化的排水系统应与原屋顶排水系统匹配，不得改变原屋顶排水系统。植物种植土层厚度应满足相关规范的要求，不宜选择高大乔木及深根、穿透能力强的植物，防止植物根系对屋顶防水层的破坏。

屋顶绿化可通过适当的折减统计到场地绿地面积中，从而增加场地的绿地率指标。折减的计算方法可依据各地制订的具体办法执行。

（4）阳台、窗台绿化

阳台和窗台是人们在建筑室内接触外界自然的过渡空间，也是建筑楼层的半室外空间。在建筑阳台、窗台上种植绿化，能增添建筑美感和生活情趣。阳台绿化一般在容器中种植，方式也是多种多样的，因人而异。如可以将绿色藤本植物引向上方阳台、窗台，构成绿幕，可以向下垂挂形成绿色垂帘，也可附着于墙面形成绿壁。阳台一般光照充足，宜选用喜光照、耐高温、耐旱、根系浅、耐瘠薄的草本植物，如牵牛、茑萝、豌豆等；也可用多年生植物，如金银花、葡萄等。这样，不仅可以粗放管理，而且花期长，绿化美化效果较好。居住者爱好的各种花木、盆景更是品种繁多。但无论是阳台还是窗台的绿化，都要

选择叶片茂盛、花色鲜艳的植物，使得花卉与窗户的颜色、质感形成对比，相互衬托、相得益彰。阳台绿化一般沿边或布置在角隅处，且不应影响居民在阳台上的日常活动。

2. 庭院垂直绿化

庭院垂直绿化是在场地庭院中以各类花架、棚架和支架为载体，利用攀援植物垂直生长的特性，进行覆盖绿化的一种立体绿化形式。

庭院垂直绿化的棚架不宜过高，一般3m左右，跨度为3～4m。根据立地条件、棚架类型、植物品种，确定适宜的牵引结构。在庭院空间里种植葡萄、紫藤、木香、金银花等具有缠绕性能的木质藤本，在略加牵引扶持下，使之攀爬在场地花架、简易棚架及与墙面保持一定距离的垂直支架上。也可以在铁丝、绳索、枝条的牵引下，使牵牛、丝瓜、扁豆、观赏南瓜、葫芦等草质藤本植物攀援于简易棚架。这种方式不仅简单易行，而且藤本植物生长迅速，容易见效，可点缀装饰小游园和庭院等。因此，庭院垂直绿化既有经济效益，又能在炎炎夏日提供庇荫，创造幽静而美丽的小环境。

3. 工程设施垂直绿化

场地地面上的工程设施主要有架空管线、护坡、挡土墙等，为了便于检修，不宜在场地内的架空管线上进行垂直绿化。

护坡绿化是指对具有一定落差的坡面起到保护作用的绿化形式。包括陡坎、土坡岩面以及场地道路两旁的坡地、堤岸、桥梁护坡和公园中的假山等。护坡绿化应注意色彩，高度要适当，花期要错开，要有丰富的季相变化。在土坡上栽植根系庞大的攀援植物，可保持土壤的稳定性，美化土坡景观。这种绿化方式可用的植物种类较多，如五叶地锦、爬山虎等，具体又因坡地的种类不同而要求不同。

（八）覆土绿化

覆土绿化是在地下建筑物和工程设施的顶板上覆土并进行的绿化。场地中的地下建筑有地下室、地下车库、地下人防等，工程设施有地下水池、化粪池、地下管沟管廊、地下储油储气设施等。覆土绿化的覆土层应尽可能与周边自然土层相接，以满足排水以及植被土壤层微生物和菌类

的生长。若地下建筑面积较大，其覆土绿化应充分考虑场地的气候条件、土壤条件、种植形式、覆土厚度等因素，做好排水透气设计，确保植物正常生长。同时，应采用防根穿刺的建筑防水构造，以避免植物的生长破坏地下建筑物的防水层，影响地下建筑物的正常使用。

由于受到地下建筑和工程设施的阻断，覆土绿化的植物无法通过土壤毛细管上升作用吸收到生长所需的地下水，因此覆土厚度应满足植物生长的要求，保证绿化的长期效果。其覆土层在满足地下建筑物和工程设施结构要求的前提下，也应达到相关规范规定的土层厚度。

在统计场地绿地面积时，覆土绿化一般应根据覆土厚度进行折减，具体折算办法可参照各地的有关规定。

【例6-1】 西安某机关单位的绿化布置

图6-14为某机关单位的场地绿化布置图，场地建筑物组成包括市级公共建筑、综合楼以及住宅建筑。拟建市级公共建筑为一栋24层的高级写字楼，面向南侧的城市道路，裙房为3层的商业用房。综合楼为6层的办公建筑。住宅建筑为一栋条式住宅和两栋点式住宅，用透空围栏与东侧办公区隔离；主要由西侧规划路进入，同时，也可由东部办公区进入。

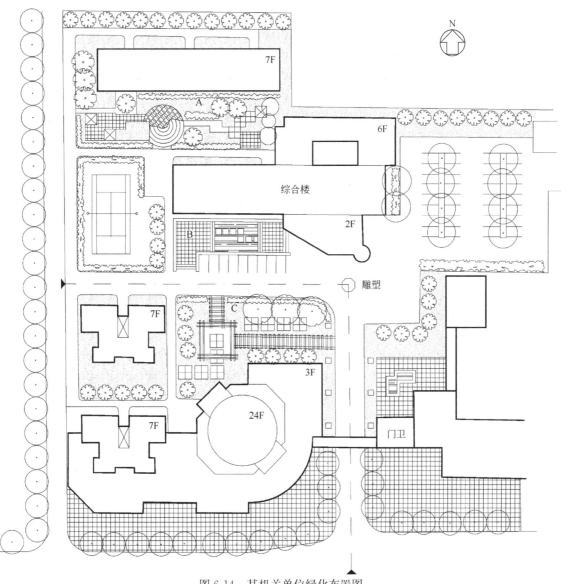

图6-14 某机关单位绿化布置图

（1）出入口

该场地共设两个出入口，主入口（即办公区入口）与南侧城市道路相连，次入口与西侧规划路相连，为住宅部分的主入口。这些出入口与围墙一起形成界域的标志。

（2）庭院

条式住宅与综合楼和运动场之间的空间为A庭院；市级公共建筑与综合楼之间形成大片绿地，由道路分割成B、C两个庭院空间。根据各区域人们不同的活动性质，分别进行设计。

A庭院是居住空间，主要为儿童游戏、老年人活动和成年人交往提供相应的场所。设计采用自由、活泼的手法，并充分利用水池、泵房的屋面，设计成高差变化、立体层次丰富的外部活动空间。在庭院中央布置了圆形的小广场，中心竖立一个质朴的石雕柱。小广场的铺地为对比效果强烈的青石板和棕色面砖。在不同标高处设三个小亭，互相呼应，成为一体。大片草地之间还布置了各类儿童活动设施，草地上种植数丛修竹，创造居住意境。

B、C庭院为办公人员提供了一处宁静、雅致的空间，其设计注重观赏性和休憩性的完美结合。

B庭院通过几级踏步，将庭院与道路分开。庭院中央设置有观赏水池，水池中央竖立铜质抽象雕塑，形成视觉焦点。局部设置花架，布置了石桌、石凳。周边花坛内种植各种花卉。

C庭院的树木按一定株距、行距整齐排列；由道路进入主活动平台，遵循严格的空间序列。中央平台、花架、花廊周边布置座椅，供职员休息。

（3）运动场

运动场按网球场设计，便于青少年、成人运动；同时，可兼顾晨练和露天舞会使用等。

（4）道路及停车场

场地内主要有三条道路，主干道为南北走向，与南侧城市道路的主入口相连，通向综合楼前广场；次干道东西走向，与西侧规划路的次入口相连，也通向综合楼前广场，并向东延伸；住宅部分的宅前路通向各住宅楼。

场地内共设两个停车场，东部停车场主要解决集中停车，其绿化为树林式；综合楼前广场停车场作为临时停车用，其绿化与B庭院结合。

（5）环境小品

该场地结合单位性质，在主要景观节点上做重点设计，如大门、喷泉、广场雕塑等。主题雕塑"腾飞"位于区内两条主要道路交叉处，形成两条道路的对景。

**六、绿化图例**

常见的绿化设计图例表示方法有三种形式：即以不同图形区别绿化品种的"象形图示法"（图6-15）；以文字直接注释绿化品种名称的"文字标注法"（图6-16）；以数字标注在简单图形中区别绿化品种的"数字标注法"（图6-17）。

| 图例 | 名称 |
|---|---|
|  | 法 桐 |
|  | 夹竹桃 |
|  | 香 樟 |
|  | 海 桐 |
|  | 棕 榈 |
|  | 黄杨绿篱 |

图6-15 象形图示法

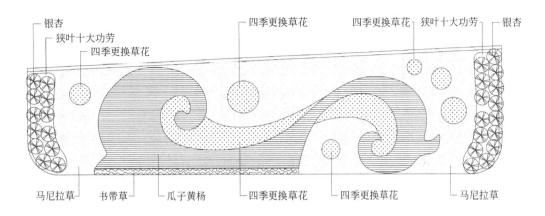

图 6-16　文字标注法

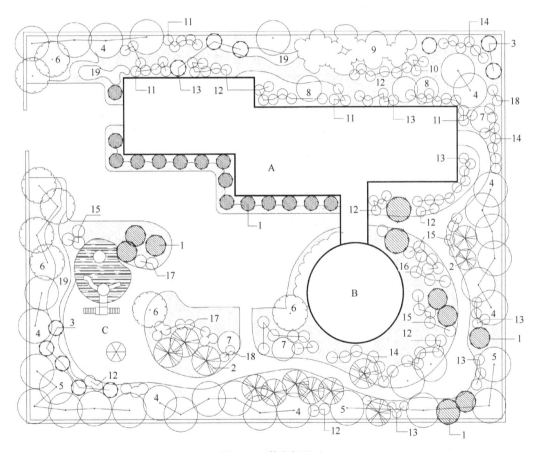

图 6-17　数字标注法

1—云杉；2—华山松；3—圆柏；4—垂柳；5—栾树；6—合欢；7—碧桃；8—海州常山；9—暴马；10—白丁香；
11—太平花；12—珍珠梅；13—金银木；14—榆叶梅；15—紫薇；16—木槿；
17—平枝荀子；18—连翘；19—丰花月花
A 教室；B 多功能厅；C 幼儿游戏空间

**【例 6-2】　某居住组团绿化布置**

图 6-18 为某居住组团绿化布置图，组团占地面积 4.75hm²。用地的南侧是城市主干道，西侧和北侧是城市次干道，东侧紧邻小学。组团内设有商业、幼儿园、管理、办公、停车等公共服务设施，其余均为 6 层住宅。

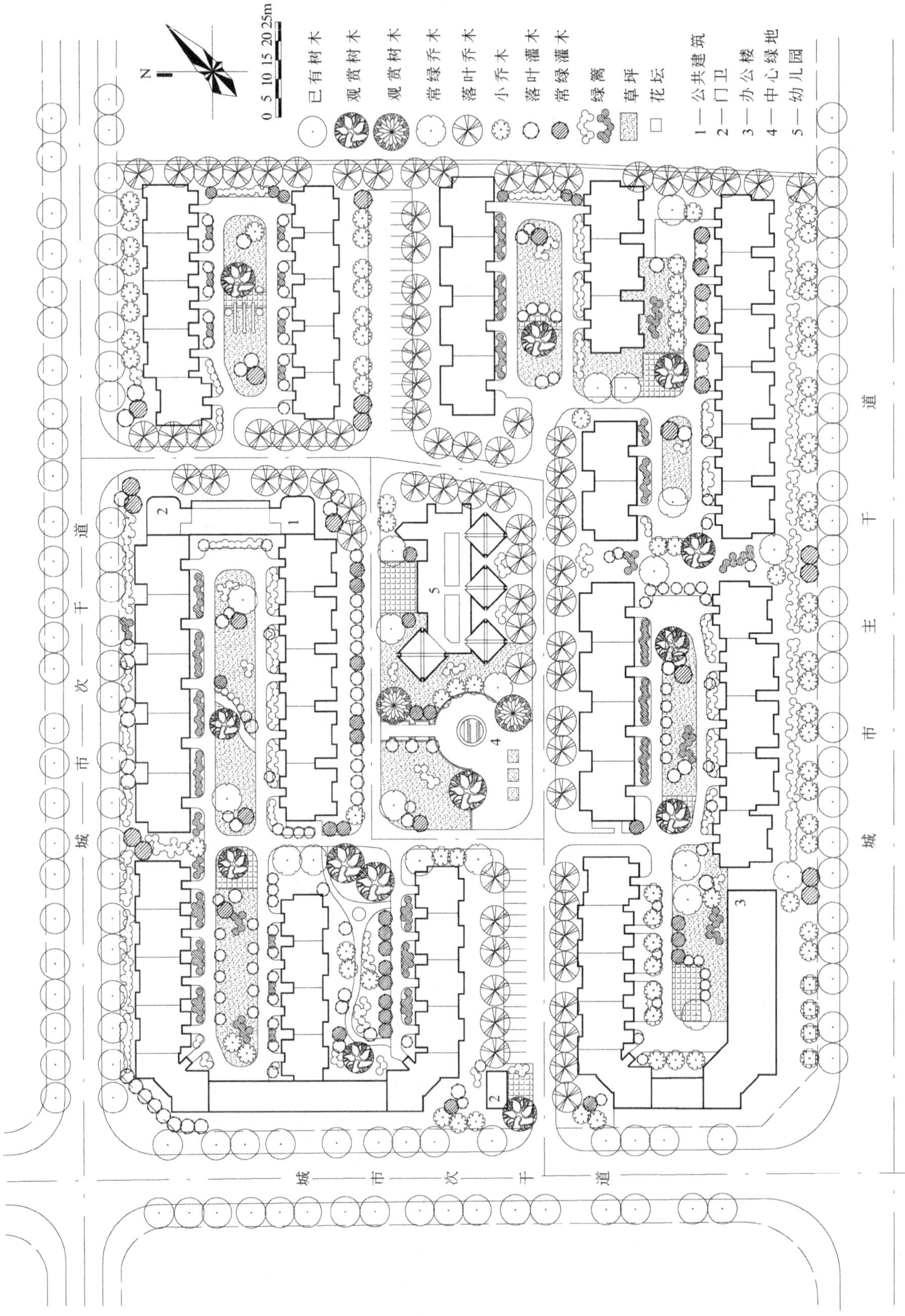

图 6-18　某居住组团绿化布置

本设计绿化布置方法采用混合式，考虑基地所处位置的环境特征及气候条件，注意发挥绿化的实用功能和景观功能，为生活在喧闹繁忙都市中的人们营造一个宁静温馨的家园。

绿化布置要点如下：

1. 组团入口处

西侧入口孤植观赏树，两侧布置灌木和小乔木丛，以突出组团入口。

2. 组团级道路和停车场

道路和停车场的两侧行植庇荫效果良好的高大乔木，形成场地内线形的绿色廊道和骨架。

3. 中心绿地

中心绿地的南侧布置了小型广场，设有小型喷泉和花坛群，周围设置了桌椅等休闲设施。中心绿地的北侧布置草坪，孤植了三株高大乔木、一些灌木和小乔木，成为组团的小花园。

4. 宅间绿地

宅间绿地共有 8 处，为方便居民，特别是老年人和幼儿使用，配置了桌椅、花架、沙坑等户外设施；布置少量乔、灌木组成的树丛，其余种植草坪。

5. 建筑物周围

（1）住宅

宅前设绿篱，限制人行穿越，铺设草坪，点缀灌木；宅后设灌木和草坪。当住宅楼临街时，设灌木、小乔木、绿篱和草坪，隔离噪声，防止人行穿越。

（2）幼儿园

入口对植乔木和灌木，并由行道树围合，防风。

6. 东界围墙和南侧城市主干道一侧

东界围墙内行植高大乔木，以减少小学校的噪声对居民的干扰。

南侧城市主干道行道树内侧行植灌木，形成乔木、灌木高低搭配的种植方式，以减少道路的交通噪声对居民的干扰。

通过对组团进行绿化布置，形成一个主次配置得当、高低层次丰富的绿色居住社区，绿地率达到 33.5%。

## 第二节　绿化种植设计

种植设计是场地绿化设计的重要组成部分，是按植物生态习性、观赏特性和功能要求，合理配置各种植物的综合性安排。植物配置既要讲求形式美和场地的文化内涵，更重要的是在考虑植物自然生态习性的基础上，注重绿化植物配置的科学性，形成层次丰富的绿化空间。

### 一、种植设计的任务

（1）绘制绿化种植设计总平面图。内容包括绿化品种栽植及定位；有关施工技术要求的说明；绿化植物的明细表（包括编号、名称、规格、数量等）；确定每一棵树的定位点，树木之间的株距、行距，植物品种、数量、规格。以此作为施工的依据。

（2）绿化管理需要使用的管线布置图。

（3）绘制施工大样图，内容包括：绿地内围栏、园路、铺地、喷水池、花坛、复杂的种植组合及地形处理等。绿化工程中供水、供电、建筑物（如花房等）及部分园林建筑小品等，委托相关专业设计。

### 二、种植设计的原则

（1）要有主有次，注意对比与调和。对比能使景色生动活泼、突出主调，调和可以取得恬静、朴素、高雅的效果，两者要兼顾。

（2）要在绿化空间的主体轮廓中有起伏和一定的韵律感、节奏感。

（3）要注意四季不同的景色，要了解花卉植物的生态特性，如花色、花期、叶色、土壤、水分、日照的要求，做到三季或四季有花，四季常绿。

（4）要注意与场地环境相协调，与场地的总体风格相一致。

（5）要有利于消除或减轻生产过程中产生的灰尘、废气、噪声对环境的污染，创造良好的生产和生活环境。

（6）要因地制宜地选用植物树种，尽快发挥绿化效益。

1）选好骨干、基调树种。骨干树种是指用作行道树及遮阴树的乔木树种，如法桐、国槐等，能反映地方的绿化面貌和特色，是联系场地各类绿地的"线"和"带"。要选择生长繁茂的树种，并应与开花的乔、灌、藤本等植物相结合；基调树种是指能够适用于场地栽植的、用量较大的、容易成活和容易管理的绿化树种。

2）注意树种的配合。要种类多样，乔木、灌木、花草要各占一定的比例，以利活泼环境、丰富景观。

3）注意常绿树种和落叶树种的搭配。前者一般生长速度慢，初期绿化效果差，在生长季节，吸毒能力不如落叶树强。常绿树与落叶树相结合，四季之中都有绿化效果。特别在北方寒冷地区，冬季较长，多种常绿树更为重要。

4）根据场地性质，选择适应性强、容易管理、病虫害少或容易防治的树种，不宜选用刺多、有臭味、有毒或易引起过敏感反应的树种。

5）要根据场地水分条件和径流雨水水质等，尽量选择耐盐、耐淹、耐污能力较强的乡土树种。

（7）不得影响交通和地上、地下管线的运行和维修。

**三、植物的种类**

植物的分类方法很多，依其外部形态，可分为乔木、灌木、藤木、草本、竹类和花卉6大类（图6-19）。

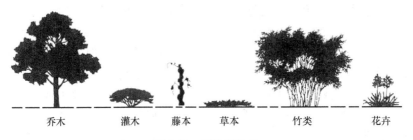

图 6-19 植物的种类

（一）乔木

体形高大，树冠浓密，主干明显，分枝点高，寿命长，有些种类还具有色彩艳丽或浓郁芳香的花朵。依其体形高矮，分为大乔木（高 20m 以上）、中乔木（高 10～20m）和小乔木（高 6～10m）。从一年四季叶片脱落状况，又可分为常绿乔木和落叶乔木。叶形宽大者称为阔叶乔木；叶片纤细如针状者则称为针叶乔木。乔木是场地中的骨干植物，是构成场地绿化的骨架。乔木的树干占地面积较小，而树冠占的空间很大，可在树下休息或活动。在场地内人员密集的环境中尽量栽植乔木，可创造更多的庇荫空间。

（二）灌木

没有明显主干，多呈丛生状态，或自茎部分枝。一般植株高 3m 以上者称大灌木，1～3m 为中灌木，高度不足 1m 者为小灌木。根据秋天落叶的情况，也可划分为常绿及落叶两类。灌木一般具有艳丽的色彩，是美化环境、突出季相特点的重要材料，如丁香和石榴等。灌木可以作高大乔木的下木，从而形成丰富的绿化层次，常可用来组织或分割空间。

（三）藤本

凡植物本身不能直立，必须依靠其特殊器官（吸盘或卷须）或靠蔓延作用而依附于其他支承物上，称为藤本，亦称攀缘植物，如葡萄、金银花等。藤本也有常绿藤本与落叶藤本之分，常用于垂直绿化，如花架、岩石和墙壁。有些攀缘花木除枝蔓细长，可形成大面积绿色外，其花色美丽、花香清远、秋色喜人，亦可增加园林环境中的色彩。对于绿化面积较少的场地，垂直绿化是理想的绿化类型。

（四）竹类

竹类属于禾本科的常绿灌木或乔木，主干浑圆，空而有节，皮翠绿色；但也有呈方形、实心及其他颜色和形状（紫竹、金竹、方竹、罗汉竹等）的，不过为数极少。花不常开，一旦开放，大多数于开花后全株死亡。竹类体形优美，叶片潇洒，在人民生活中用途较广，是一种观赏价值和经济价值都很高的植物。通常竹类在南方生长茂盛。

（五）花卉

花卉根据其生长期的长短、根部形态和对生态条件的要求等，可分为一年生花卉、两年生花卉、多年生花卉（宿根花卉）、球根花卉和水生花卉等。

（六）地被植物及草坪

地被植物是低矮的花木，它包括草本、蕨类、小灌木、藤本。地被植物能覆盖地面、保护环境、改善气候。其美丽的枝叶、花果较绿色的草坪更加诱人，但不能随意入内践踏。

草坪是指种植低矮的草本植物，用以覆盖地面，有利于防止水土流失，保持环境和改善小气候，也是游人露天活动和休息的理想场地。草坪映衬着树木、广场和建筑物的美，同时也使这些绿化因素紧密相连，成为一个美丽和谐的整体。

**四、植物的配置**

植物的配置，是在满足绿化功能的原则下，结合场地建筑物的群体组合和设施安排，根据艺术构图和生物学特性要求来确定。

（一）孤植

孤植树主要是表现植物的个体美，其位置应该十分突出。凡体形特别巨大的树种，或树冠轮廓富于变化、树姿优美的树种，以及开花繁茂、香味浓郁或叶色具有丰富季象变化的树种，都可以成为孤植树，如银杏、雪松、白玉兰、紫叶李和梅花等。所谓孤植，并不意味着只能栽一棵树，有时为了构图需要，增强其雄伟感，也常将两株或三株同一树种的树木紧密地种在一起，形成一个单元，效果如同一株丛生树干，也叫孤植树。

孤植树常布置在大草坪或林中空地的构图重心位置，与周围的景点要取得均衡和呼应。四周应空旷，并留出一定的视距，供游人欣赏，一般距离为树木高度的 4 倍左右。在自然式园路、河岸溪流的转弯处、道路的转折点处、开敞的水边，以及可以眺望辽阔远景的高地上，常布置姿态优美、线条和色彩特别突出的孤植树，以吸引游人继续前进。

（二）对植

凡乔、灌木对称地栽植于构图轴线两侧的称为对植。不同于孤植和丛植，对植永远是作配景，而孤植可作为主景。

对植的最简单形式是用两棵单株乔、灌木分栽于构图中轴线两侧。对称种植有单一树种的对称，也有用两种树种有规律地间隔栽植而成的对称。总的要求是树的体形大小相似，树种一致，位置对称且与对称轴的垂直距离相等。在场地出入口、主要建筑物两侧、广场入口、小游园入口、道路两旁等经常使用。非对称种植则树种、位置不统一，体形大小和姿态也可以存在差异。

（三）行植

行植为按照一定的株行距离，以直线或曲线成行栽植乔木、灌木，宜配置在场地内道路两旁、边界四周、运动场边缘等。可选用树形、树冠较整齐的树种，采取等距离或距离有规律变化的方式进行布置。常采用常绿与落叶、乔木与灌木相结合的方式，可以形成整齐庄重的气氛。

行植可以作为绿化的背景，如衬托花境、喷泉、雕塑、开花灌木之美，有时也可起到围护和隔离的作用，绿篱和花篱就是行植的一种。选择常绿小乔木、落叶开花小灌木等单行或双行栽植，也是行植。另外，为了保护场地中的绿地、草坪、花卉或作为间隔，常采用等距离栽植女贞、冬青、木槿、黄杨、榆树、侧柏、珊瑚树等方式。

（四）丛植

树丛通常由两株至多株乔木组成；如果加入灌木，总数最多可以达到 15 株左右。树丛的组合主要考虑群体美，也要考虑在统一构图中表现出单株的个体美，所以选择单株植物的条件与孤植树相似。

树丛在功能和布置要求上与孤植树基本相似，但其观赏效果远比孤植树更为突出。作为纯观赏性或诱导树丛，可以用两种以上的乔木搭配栽植，或乔木和灌木混合配置，亦可同山石花卉结合。庇荫用的树丛，通常以采用树种相同、树冠开展的高大乔木为宜。树丛下面还可以放置自然山石，或安置座椅供游人休息之用。配置的基本形式有 2～5 株，乃至 6 株以上的组合(图 6-20)。

（五）树群

多数(20～30 株)乔木或灌木混合栽植的称为树群。树群主要是表现群体美，对单株要求并不严格。但是组成树群的每株树木，在群体的形象上都将起到一定的作用，要能被观赏者看到，所以规模不可过大，一般长度不大于 60m，长宽比不大于 3∶1，树种不宜过多。

树群在功能和布置上与树丛和孤植树类似，不同之处是树群属于多层结构，水平郁闭度大，林内潮湿，不便于人们入内休息。故应只在靠近园路或庇荫广场的一侧，种植具有开阔树冠的大乔木，供游人纳凉休息。

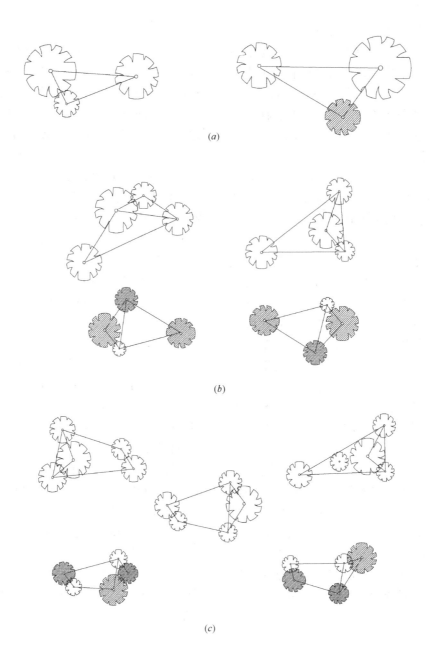

图 6-20　丛植 3～5 株的配合种植
(a) 3 株配合示意图；(b) 4 株配合示意图；(c) 5 株配合示意图

（六）树林

树林是大量树木的总体，它不仅数量多，面积大，而且具有一定的密度和群落外貌，对周围环境有着明显的影响；多出现在风景园林性质的场地中。

（七）植篱

凡是以植物成行列式紧密种植，组成边界用的篱笆、树墙或栅栏均可称为植篱。其功能除上述作用外，还具有组织空间、防止灰尘、吸收噪声、防风遮阳，以及充当雕塑、装饰小品、喷泉、花坛、花境的背景等作用，另外还可形成绿色屏障，隐蔽不美观的地段。根据修剪与否，可分为整形植篱与自然植篱两种。整形植篱用于规则式绿地中；自然式植篱多用于自然式绿地或庭园中，主要用于分割空间，防风遮阳，隐蔽不良景观。

（八）花坛

凡在具有一定几何轮廓的植床内，种植各种不同色彩的观花或观叶植物，从而形成鲜艳色彩或华丽图案的均可称为花坛。花坛富有装饰性，在构图中常作为主景或配景，主要有以下两类：

1. 独立式花坛

作为局部构图的主体，通常布置在场地广场的中央、林荫道交叉口以及大型公共建筑的正前方。根据花坛内植物场所表现的主题不同，可分为花丛式花坛和图案式花坛。

2. 花坛群

由两个以上的个体花坛组成一个构图整体时，称为花坛群。花坛群的构图中心是独立花坛，也可以是水池、喷泉、雕塑、纪念碑等。

花坛群内的铺装场地及道路是允许游人入内活动的；大规模花坛群内部的铺装地面，还可以放置座椅、附设花架，供人休息。

（九）花境

花境是绿地从规则式到自然式构图的过渡形式，其平面轮廓与带状花坛相似。植床两边是平行的直线或有轨迹可寻的平行曲线，并且最少在一边用常绿木本或草本矮生植物（如马兰、麦冬、葱兰、瓜子黄杨等）镶边。

花境内的植物配置是自然式的，主要平视欣赏其本身所特有的自然美以及植物自然组合的群落美。这一布置方式管理方便，应用广泛，如建筑物或围墙墙基、道路沿线、挡土墙、植篱前等均可布置。花境有单面观赏（2～4m）和双面观赏（4～6m）两种。

（十）草坪

根据草坪在绿地中的布置形式可分为两大类：

1. 自然式草坪

自然式草坪即充分利用自然地形，或模拟自然地形的起伏，形成具有自然草地特征的草坪。

自然起伏的大小应有利于机械修剪和排水，所以不能坑洼不平；为有利于人们活动和草皮的生长，坡度以不超过10%为宜（局部地区除外）；一般允许有3%～5%的自然坡度或埋设暗管，以利排水。为了加强草坪的自然势态，种植在草坪边缘的树木应采用自然式，再适当点缀一些树丛、树群、孤植树之类，这样既可增加景色变化，满足夏季人们庇荫乘凉的需求，又可减少草坪枯黄季节的单调感。

自然式草坪最适宜布置在大型空旷场地上；如使用频率高，则应经常加以修剪。

2. 规则式草坪

在外形上具有整齐的几何轮廓，一般多用于规则式绿地中，或作花坛、道路的边饰物。通常布置在雕像、纪念碑或建筑物的周围，起衬托作用。有时为了增加草皮花坛的观赏效果，可在边缘饰以花边，红花绿草相互衬托，效果更好。

用于体育运动场上的草坪也属于规则式草坪，如足球运动场。凡属规则式草坪，对地形、排水、养护管理等方面的要求均较高。

**五、种植要求**

绿化种植一般有整形植和不整形植之分。整形植如行植、条植、带植等，不整形植如孤植、对植、丛植、群植等。也可整形与不整形配合，满足不同的要求。整形是栽植整齐、株行距一致，适用于行道树、防护带、绿篱等。不整形多适用于自然式绿地。

（一）绿化种植要注意植物与地方自然条件的关系

树木有阴、阳、寒、温，耐旱、涝、酸、碱、抗风、沙、病害等不同特性；地方自然条件如海拔高度、坡向、坡度，土壤的酸碱度、砂黏性质，气候的风、霜、雨、雪、燥、湿等情况；故种植要考虑植物的适应能力（表6-1、表6-2）。有些必须绿化、但不适宜种植的土地，可考虑换土。

**常用树木适宜生长地区** 表6-1

| 类别 | 树名 | 生长高度（m） | 适宜生长地区 |
|---|---|---|---|
| 落叶乔木 | 毛白杨 | 20～30 | 东北、华北、西北、华中、华东 |
| | 悬铃木 | 15～25 | 华北、西北、华中、华东、华南、西南 |
| | 垂柳 | 18 | 东北南部、华北、西北、华中、华东、华南、西南 |

| 类别 | 树名 | 生长高度（m） | 适宜生长地区 |
|---|---|---|---|
| 落叶乔木 | 银杏 | 20～30 | 东北南部、华北、华中、华东、华南、西南 |
| | 榆树 | 20 | 东北、华北、华中、华东、西南 |
| | 刺槐 | 15～25 | 东北、华北、华中、华东、华南、西南 |
| | 槐 | 15～25 | 东北、华北、华中、华东、华南、西南 |
| | 梧桐 | 10～15 | 华北南部、华中、华东、华南、西南 |
| | 泡桐 | 15～20 | 华中、华东、华南、西南 |
| | 合欢 | 10～15 | 华北、西北、华中、华东、华南、西南 |
| | 白桦 | 15～20 | 东北、华北、西北 |
| | 旱柳 | 15～20 | 东北、华北、西北 |
| | 白蜡树 | 10～15 | 东北、华北、华中、华东、西南 |
| 常绿乔木 | 马尾松 | 30 | 华中、华东、华南、西南 |
| | 油松 | 25 | 东北、华北、西北、华中、华东 |
| | 广玉兰 | 15～25 | 华中、华东、华南、西南 |
| | 桉 | 20 | 华南、西南 |
| | 樟树 | 10～20 | 华中、华东、华南、西南 |
| | 榕树 | 10～25 | 华中、华东、华南、西南 |
| | 女贞 | 6～12 | 华中、华东、华南、西南 |
| | 冬青 | 15 | 华中、华东、华南、西南 |
| | 白皮松 | 15～25 | 华北、西北、华中、华东、华南 |
| | 侧柏 | 15～20 | 东北南部、华北、西北、华中、华东、华南 |
| | 木麻黄 | 20～30 | 华南 |
| 落叶小乔木及灌木 | 丝棉木 | 6 | 东北南部、华北、西北、华中、华东、华南、西南 |
| | 玉兰 | 4～8 | 华北、华中、华东、华南、西南 |
| | 木槿 | 2～3 | 华北、华中、华东、华南 |
| | 紫叶李 | 3～5 | 华北、华中、华东、华南、西南 |
| | 紫荆 | 2～3 | 华北、西北、华中、华东、华南、西南 |
| | 丁香 | 2～3 | 东北南部、华北、西北、华东、华南 |
| 常绿小乔木及灌木 | 棕榈 | 5～10 | 西北、华中、华东、华南、西南 |
| | 夹竹桃 | 2～4 | 华中、华东、华南、西南 |
| | 黄杨 | 2～3 | 华北、华中、华东、华南、西南 |
| | 山茶 | 2～5 | 华中、华东、华南、西南 |
| | 十大功劳 | 1～1.5 | 华中、华东、华南、西南 |
| | 海桐 | 2～4 | 华中、华东、华南、西南 |
| 藤木 | 常春藤 | 3～20 | 华北、西北、华中、华东、华南、西南 |
| | 紫藤 | 15～20 | 华北、华中、华东、华南、西南 |
| | 爬山虎 | 18 | 华北、西北、华中、华东、华南、西南 |

注：摘自《建筑设计资料集 第1分册 建筑总论》（第三版）。

**常用树种对气候及土壤的适应性**　　　　　　　　表 6-2

| 适应性 | 树　种 |
|---|---|
| 耐　旱 | 木麻黄、臭椿、洋槐、槐、榆、泡桐 |
| 耐　湿 | 白杨、柳、小叶桉、大麻黄、梧桐、悬铃木、榆、落叶松、白蜡、桦、木棉、水杉 |
| 耐盐碱 | 椰子、油棕、木麻黄、臭椿、洋槐、槐、榆 |
| 抗　风 | 椰子、棕榈、榕、白蜡、五角枫、银杏、榆、槐、垂柳、胡桃、樟、侧柏、女贞、梧桐、木槿、竹 |

注：摘自《建筑设计资料集 第1分册 建筑总论》（第三版）。

（二）植物种植最低土层厚度要求

大多数植物都有其生长所需的土层厚度要求，绿化种植设计时，特别是需要换土时，要了解种植地段是否能为植物生长提供所需的土层深度（表6-3）。

（三）树木栽植间距

行列式种植树木的株距要根据所选植物成年冠幅的大小来确定。植物栽植间距可参照表6-4确定，绿化带的最小宽度可参照表6-5确定，绿篱树的行距和株距可参照表6-6确定。

栽植植物最低土层厚度　　　表6-3

| 植物种类 | 生存所需（cm） | 生长所需（cm） |
| --- | --- | --- |
| 草　　本 | 10～15 | 30 |
| 小　灌　木 | 30 | 45 |
| 大　灌　木 | 45 | 60 |
| 浅根乔木 | 60 | 90～100 |
| 深根乔木 | 90～100 | 150 |

注：摘自刘丽和. 校园园林绿地设计［M］. 北京：中国林业出版社，2001。

绿化植物栽植间距　　　表6-4

| 名　称 | | 不宜小于（中—中）（m） | 不宜大于（中—中）（m） |
| --- | --- | --- | --- |
| 一行行道树 | | 4.00 | 6.00 |
| 两行行道树（棋盘式栽植） | | 3.00 | 5.00 |
| 乔木群栽 | | 2.00 | — |
| 乔木与灌木 | | 0.50 | — |
| 灌木群栽 | （大灌木） | 1.00 | 3.00 |
| | （中灌木） | 0.75 | 0.50 |
| | （小灌木） | 0.30 | 0.80 |

注：摘自建设部住宅产业化促进中心. 居住区环境景观设计导则（2006版）［M］. 北京：中国建筑工业出版社，2006。

绿化带最小宽度　　　表6-5

| 名　称 | 最小宽度（m） |
| --- | --- |
| 一行乔木 | 2.00 |
| 两行乔木（并列栽植） | 6.00 |
| 两行乔木（棋盘式栽植） | 5.00 |
| 一行灌木带（小灌木） | 1.50 |
| 一行灌木带（大灌木） | 2.50 |

续表

| 名　称 | 最小宽度（m） |
| --- | --- |
| 一行乔木与一行绿篱 | 2.50 |
| 一行乔木与两行绿篱 | 3.00 |

注：摘自建设部住宅产业化促进中心. 居住区环境景观设计导则（2006版）［M］. 北京：中国建筑工业出版社，2006。

（四）植物与建、构筑物的间距

植物的种植不得影响建筑物的采光和通风，不得损坏建筑物和构筑物基础，不影响交通、不阻碍行车视线；在发生灾害时，不影响救护车的通行；在消防车道与高层建筑之间种植的树木，不应妨碍消防车登高操作。植物与建、构筑物和地下管线，架空电线的最小间距，应根据不同树种及其种植深度，与相邻建、构筑物，道路，地下管线，架空电线的相互影响程度来确定（表6-7～表6-9）。

绿篱树的行距和株距　　　表6-6

| 栽植类型 | 绿篱高度（m） | 株行距（m） | | 绿篱计算宽度（m） |
| --- | --- | --- | --- | --- |
| | | 株距 | 行距 | |
| 一行中灌木 | 1～2 | 0.40～0.60 | — | 1.00 |
| 两行中灌木 | | 0.50～0.70 | 0.40～0.60 | 1.40～1.60 |
| 一行小灌木 | <1 | 0.25～0.35 | — | 0.80 |
| 两行小灌木 | | 0.25～0.35 | 0.25～0.30 | 1.10 |

注：摘自建设部住宅产业化促进中心. 居住区环境景观设计导则（2006版）［M］. 北京：中国建筑工业出版社，2006。

植物与建（构）筑物的最小间距　　　表6-7

| 建（构）筑物名称 | | 最小间距（m） | |
| --- | --- | --- | --- |
| | | 至乔木中心 | 至灌木中心 |
| 建筑物外墙 | 南　窗 | 5.5 | 1.5 |
| | 其余窗 | 3.0 | 1.5 |
| | 无　窗 | 2.0 | 1.5 |
| 挡土墙顶内和墙角外 | | 2.0 | 0.5 |
| 围墙（2m高以下） | | 1.0 | 0.75 |
| 道路路面边缘 | | 0.75 | 0.5 |
| 人行道路面边缘 | | 0.75 | 0.5 |
| 排水沟边缘 | | 1.0 | 0.3 |
| 体育用场地 | | 3.0 | 3.0 |
| 测量水准点 | | 2.0 | 1.0 |

注：摘自《居住绿地设计标准》CJJ/T 294—2019。

植物与架空电力线路导线之间的最小垂直距离 表6-8

| 线路电压（kV） | <1 | 1~10 | 35~100 | 220 | 330 | 500 | 750 | 1000 |
| --- | --- | --- | --- | --- | --- | --- | --- | --- |
| 最小垂直距离（m） | 1.0 | 1.5 | 3.0 | 3.5 | 4.5 | 7.0 | 8.5 | 16.0 |

注：摘自《公园设计规范》GB 51192—2016。

植物与管线的最小水平净距 表6-9

| 名 称 | | 至中心最小水平净距（m） | |
| --- | --- | --- | --- |
| | | 乔木 | 灌木 |
| 给水管线 | | 1.5 | 1.0 |
| 污水、雨水管线 | | 1.5 | 1.0 |
| 再生水管线 | | 1.0 | |
| 燃气管线 | 低、中压 | 0.75 | |
| | 次高压 | 1.2 | |
| 直埋热力管线 | | 1.5 | |
| 电力管线 | | 0.7 | |
| 电信管线 | | 1.5 | 1.0 |
| 管 沟 | | 1.5 | 1.0 |

注：摘自《城市工程管线综合规划规范》GB 50289—2016。

**【例6-3】**

某居住组团绿化布置（见图6-18）的树种选择：

1. 乔木

落叶阔叶乔木：槐、杨、白玉兰、广玉兰、银杏。

常绿阔叶乔木：大叶女贞、小叶女贞、棕榈、橡皮树。

常绿针叶乔木：雪松、侧柏、圆柏。

2. 灌木与小乔木

落叶阔叶灌木：迎春、丁香、榆叶梅、石榴、桃、梅花、桂花、海棠、紫薇、紫叶李。

常绿阔叶灌木：黄杨。

3. 自然形绿篱

红叶小檗、洒金柏、瓜子黄杨。

4. 草坪

野牛草、早熟禾、白三叶、羊胡子草、玉簪。

5. 花坛

郁金香、一串红、美人蕉、菊花。

3月下旬至4月初，高大的杨树抽枝散叶；星星点点的迎春花和亭亭玉立的玉兰花绽放；嫩绿的草坪上散落着桃花的花瓣。4月至5月，粉红的海棠、淡红色的榆叶梅与郁金香同时怒放，交相辉映；高大的槐树上缀满了槐花，使人流连忘返；紫色的丁香花送来扑鼻的清香。盛夏，落叶乔木形成浓郁的树荫；色彩丰富的紫薇、火红的石榴、一串红、美人蕉，在绿树浓荫衬托下更加艳丽；洁白如玉的玉簪花在绿树荫下散发阵阵浓香，沁人心脾。到了秋季，银杏金黄的叶片挥洒出一片灿烂，香味浓郁的桂花陪伴老人们闲话家常，菊花在萧瑟的秋风中摇曳。冬季，苍翠的雪松、侧柏、圆柏和棕榈耸立挺拔，银装素裹；庭院内部飘散着梅花的阵阵清香。组团四季各有特色，季季有花，四季常青，花香常在。

**【例6-4】**

某居住组团（见图6-18）东北角居住生活基本单元的种植设计：

在例6-3树种选择的基础上，对该居住生活基本单元进行的种植设计见图6-21。其中，绿化植物的定位采用方格网法，方格网边长为15m×15m，行道树的株距为5m。下表为苗木数量表。

**苗 木 数 量 表**

| 编号 | 名 称 | 数量（株） | 高度（m） | 备 注 |
| --- | --- | --- | --- | --- |
| 1 | 白 杨 | 9 | 6 | |
| 2 | 银 杏 | 8 | 5~6 | 树形美观 |
| 3 | 油 松 | 11 | 3 | 树形美观 |

| 编 号 | 名 称 | 数量(株) | 高度(m) | 备 注 |
|---|---|---|---|---|
| 4 | 紫薇 | 5 | 3 | |
| 5 | 樱花 | 17 | 4 | |
| 6 | 碧桃 | 3 | 4 | |
| 7 | 白玉兰 | 1 | 3~5 | 树形美观 |
| 8 | 龙柏 | 2 | 3 | 树形美观 |
| 9 | 瓜子黄杨 | | 1.2 | |
| 10 | 丰花月季 | | 1 | |
| 11 | 早熟禾 | | | |

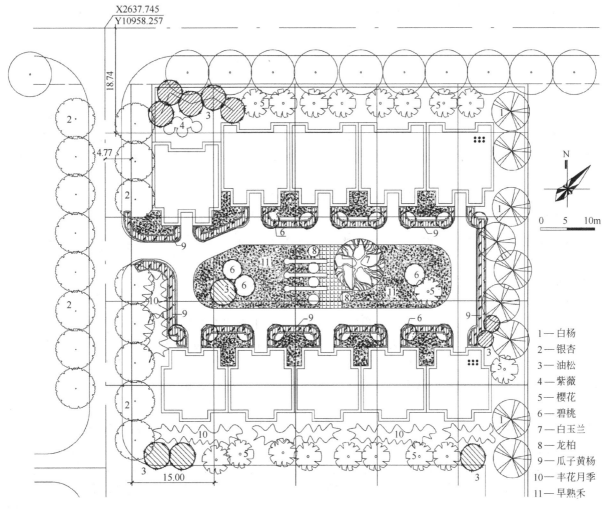

图 6-21 某居住生活基本单元绿化种植设计图

## 第三节 环境景观设施

绿地中各种环境美化设施大多是因为使用功能和景观要求的需要而设置的。如果设施配备齐全，位置得当，将方便人在室外环境中的行为活动，促发休息、停留行为的发生。反之，人在室外环境中的行动就会受到抑制。因此，环境美化设施是场地室外环境中的必备内容，影响着人们在室外环境中行为和心理感受的舒适程度，是环境质量高低的重要标志；同时，也是人们感知和识别环境特征的基础。

## 一、水景

水是场地环境美化设施的基本素材之一。在场地中，水的作用是多方面的：它能调节周围空气的温湿度，在炎热的季节给环境带来凉爽湿润，达到调节场地小气候的目的；潺潺的流水声可以减弱和掩蔽周围环境中的噪声；由于水的柔和易于使人亲近，一定规模的水体能为人提供多种室外活动。不论何种形式或状态的水景都极易激起人们情感的共鸣。

场地中的水体按形状可分为自然式水体、规则式水体和混合式水体。但不管是哪种形式，在具体处理中，都可处理成静态的水或动态的水。

### （一）静态的水

静态的水倾向明洁、沉静、含蓄。具有一定规模的静水可以形成安宁和谐、轻松恬静的环境氛围。

水池一般有较规则的几何形状，但并不限于圆形、方形、三角形。平静的水池，水面如镜，可以映照出天空或地面的景物，如建筑、树木、雕塑和人。水里的景物令人感觉如真似幻，为赏景者提供了一个新的视点。

自然式水塘一般少有硬性的规则边界，在设计上较为自然。相比于水池，水塘具有更大的面积。平静的水塘能倒映出周围的景物，是展现周围景物的极好衬景，能使空间更显开阔。在较大规模的场地中，凭借与水面的联系，可以使场地的不同部分结合成具有统一中心的整体。

### （二）动态的水

动态的水会给人以生机活跃、清新明快、变化多端的感觉。动水可以处理成喷泉、瀑布或水雕塑的形式；场地具有一定规模时，也可以处理成小溪流水的形式。

喷泉是动态水景最常见的一种。它常被用来作为聚合视线的焦点，或是作为开阔空间中一个独立的景观元素，或是作为强调广场中心、建筑物入口的一种手段。喷泉多装置于池水之中，一方面使其效果更为突出，另一方面也使水的循环

更容易。通过喷嘴和喷射方式的调节，喷泉可有多种变化，表现出不同的外观特征。既可形成简单的垂直水流，也可形成喷雾、湍流水花或其他特殊的造型。通过对喷射方向的调节和多个喷头的组合，喷泉的水柱可组合成更多、更有意味的造型变化，犹如水的雕塑。

瀑布是流水从高处突然落下而形成的。其观赏效果丰富多彩，声响效果同样吸引人，所以它同喷泉一样常常被用作独立的景观，而成为观赏者视线的焦点。瀑布的特征受落水的流量、高差以及落水口的形式等因素影响；通过调节这些因素，瀑布可形成多样的形态。光滑边口所形成的水帘平整、光洁、透明，是最常用的形式；齿形边口可将水帘划分成一些小片；梳状的边口则会形成细波水帘等。瀑布落下时所接触到的表面影响着溅落的水花和声响效果，如果直接落向水面，那么水花和声响较小；如果落向岩石等硬质物体，则其水花和声响都要大得多。单纯的瀑布经过分组组合或在高低中加入一些障碍，可产生跌落的效果，比一般瀑布具有更丰富的形声效果。

溪流等流水是一种表现连续运动和方向感的形式。流水的蜿蜒流动也是一种串联两侧不同内容的组织手段。由于落差、水岸、水底的不同情况，流水的形态、声响效果也可产生一些变化，形成不同的性格特征。

水景的处理既可采用上述几种形式之一，也可将它们结合起来应用。通过不同形式的组合，扩大水景的规模，可使水景变得更加壮观动人。

## 二、其他设施

### （一）座椅、桌凳

座椅、桌凳等休息设施是室外环境中不可缺少的，是环境布置的内容之一。它们为人们在室外环境中的多种活动提供支持，供人们休息、等候、交谈或观赏景物。这些活动是人在室外环境中的基本活动。因而，休息设施的布置与人们在环境中舒适感和愉悦感的产生有密切关系，也因此影响着场地环境的综合质量。

座椅、桌凳的布置应有明确的目的性，应与一定的活动有关。比如可设置在活动场所的附近、场地中人行通道的一侧、广场周围，或者布

置在良好景观的对面、安静的庭院之中。

座椅、桌凳应被设置在合适的位置处。在室外环境中，它们常被设置在空间的边缘而非中央。如位于边缘，常可背靠墙、树木、栅栏等，有所依凭，使人感到更舒适安稳；且背靠边缘面向中央会有较开阔的视野，这也更符合人的行为心理特点。由于同样的原因，座椅、桌凳也常布置在树下、花棚、花架的下面，使人感觉受到某种程度的围蔽包容，增加心理上的安定感。同时，上部有所遮挡，在夏季更为阴凉，避免日晒。

当前，市场上出现了集太阳能光伏供电、手机无线充电、智能驱蚊等功能为一体的智慧景观座椅。它既增加了人们室外休憩的舒适度，也给人们的室外活动带来了较大的便利。就座椅、桌凳的风格式样而言，既可以是简洁、现代的，也可以是繁复、传统的；总之，应与场地的特征和氛围相符。同时，应优先选用强度好、体感舒适、导热性能低的材质。

（二）栅栏、围墙、栏杆

栅栏、围墙、栏杆等是场地室外环境中分隔空间、限定领域、屏蔽视线的设施，所以它们也都是室外环境布置中需认真组织的内容。利用不同高度和通透程度的栅栏、围墙，可将不同的区域在空间和视线上完全或部分地隔离开。如果相邻的两个区域性质差别较大，不希望存在相互之间的渗透干扰，那么封闭的墙体或栅栏可以达到上述目的。而位于人的视线高度的围墙、栅栏可以使两个区域在空间与视线上既保持一定程度的连通，又有所区别。围墙与栅栏的高度不应刚好位于人的视线高度，这样只能给人以似见非见的干扰感，使人觉得不舒服。

围墙、栅栏、栏杆的材质和式样种类繁多，有新型砌块围墙、实心混凝土砖围墙、混凝土墙板围墙、新型建材艺术围墙等；栅栏有木栅栏、铁栅栏、铸铁铁艺栅栏、新型水泥栅栏、新型PVC栅栏、钢丝网片栅栏等。在选用上除考虑经济因素外，其式样应与场地环境相协调。

（三）污物贮筒

垃圾筒、果皮筒等污物贮筒是场地中必不可少的卫生设施。生活垃圾应按有害垃圾、厨余垃圾、可回收垃圾和其他垃圾等分类收集。污物贮筒的设置，要同人们日常生活、室外活动、娱乐、消费等因素相联系，要根据清除次数和场地规模以及人口密度而定。在造型上力求简洁，应与周围景观协调，且坚固耐用。

污物贮筒布置时应考虑环境卫生与景观美化问题，一般置于隐蔽、避风处；考虑清运、清洁方便，尽量不要设置在裸露土地上和草坪上，以便洗刷清扫。最好能将污物贮筒下的地面略高于普通地面。

考虑到上述因素，场地中应选用易清扫，抗损坏，便于定期清洗、刷漆的金属材料制成的污物贮筒。其数量、外观色彩及标志应符合垃圾分类收集的要求。

（四）绿地灯具

绿地灯具不同于一般大街上的高杆强光路灯和普通广场灯。绿地灯具是用于庭院、绿地、花园、湖岸、建筑入口的照明设施。功能上追求舒适宜人，照度不宜过高，辐射面不宜过大，距离不宜过密；白天看去是景观中的必要点缀，夜幕里又给人以柔和之光的照明设施，宁静、典雅、舒适、安逸、柔和是场地中绿地灯具的特点。它会使环境形成某种特殊、迷人的气氛。

灯具在选择上，要考虑环境因素，要求灯具的大小与灯柱本身的尺度和谐得体，灯距的确定要考虑灯具本身的高度和照度；同时，要考虑环境的自然亮度等因素。灯具造型和颜色要简洁明亮，并要注意同环境的相互影响作用。

（五）标识

标识是通过视觉、听觉、触觉或其他感知方式，向使用者提供导向与识别功能的信息载体，是场地环境设施中不可缺少的元素。场地标识一般包括交通导向标识、目标定位标识、安全警示标识等。

标识设计应考虑场地使用者的识别习惯，通过色彩、形式、字体、符号等，进行整体设计，形成统一性和可识别性，要求图案简洁抽象、色彩鲜明醒目、文字简明扼要且清晰。标识图案要抽象，但能代表某种含意；文字要清晰易辨，可辨识度要高，色彩不宜繁杂。应考虑老年人、残障人士、儿童等不同人群对于标识的识别和感知方式。例如，老年人由于视力下降，需要采用较大的文字、较易识别的色彩系统等；儿童由于身高较矮、识字量不大，需要采用高度适合、色彩与图形化结合等方式的识别系统。因此，应根据不同使用人群的特点，设置适宜的标识引导系统，体现出对不同人群的关爱。同时，为便于识别，标识应被设置于场地内的显著位置。标识应反映一定场地内的建筑与设施分布情况，并提示当前位置等。场地标识应沿通行路径布置，构成完整、连续的引导系统。

从景观美学的角度来看，标识的设置可直接影响场地景观。经过精心设计的标识，既会为人们迅速、准确、有效地传递信息，又可提升整个场地的环境品质。

（六）室外健身休闲设施

在场地中设置室外健身休闲设施非常必要。室外健身休闲设施是在室外设置的、供人们开展健身和休闲活动的器材、设备和场所，包括健身场地、健身跑道、健身器材等。

在场地中配建室外健身设施应满足安全要求；不应占用消防通道，应与周围道路、地下管线和住宅建筑保持适当距离；宜建在阳光充足、排水通畅、地势平坦的区域；宜布置在避风位置，长轴方向宜为南北向。

室外健身休闲设施应配置信息说明牌，根据各类设施的使用功能和不同使用人群的需求，配置相应的设施。在具体布置上应将信息牌安装在场地的主入口处或醒目位置。应根据配置器材和设备的安装要求，留出足够的安装空间；具有相同地面安装要求的设施宜在同一区域集中布置；应根据适用群体的不同，对设施进行分区布置，如儿童区、青少年区、中老年区等。

健身跑道是供人们步行和慢跑锻炼的线性健身场所。为保证居民不被干扰，慢跑步道应与住宅建筑保持一定的距离，且宽度在1.5m以上，以满足不同行进速度使用者的通行需求。出于安全考虑，慢跑步道不应布置在机动车道上；空间紧张时，可结合消防道路设置。跑道的平面布局应注意连贯性，尽量避免出现断续和连续弯度过大的情况。环形是最常见的跑道路线形态，能够减少走回头路，是符合慢跑者心理需求的布局形式。

人在跑步时全身的重量会集中在脚上，硬质铺装材料会造成人体骨骼和关节的伤害；所以，从健康的角度出发，场地健身跑道应具有较好的弹性。相比彩色混凝土，塑胶跑道弹性更好，有利于慢跑者速度和技术的正常发挥。跑道颜色可根据场地环境而定，色彩应选用得当。健身跑道建成后往往成为场地中一道靓丽的风景。

除上述环境景观设施外，在场地景观设计中，视绿地大小、重要性程度以及绿地的环境构成，还可设置少量假山、置石、景墙、亭、榭、廊、桥等，以便形成丰富多彩的景观。

场地室外环境中对各项设施的组织安排既要考虑到它们所担负的使用功能，又要考虑其景观效果。由于它们大多设置于室外露天环境中，存在多种自然和人为的不利因素；因此，在设计中应考虑到耐久性和使用寿命的问题，应尽量选用坚固耐久、维护简单、方便清洁的材料和构造形式，以降低后期维护管理的难度和费用。

# 第七章 管 线 综 合

场地内工程管线种类繁多，各种管线的性质、用途、技术要求和管径大小各不相同，由各专业分别设计。管线综合就是为了合理地利用建设用地，综合确定各种工程管线在地上、地下的空间位置，避免工程管线之间及管线与建筑物、构筑物、道路和绿化之间的相互矛盾和相互干扰，并为各种管线的敷设提供良好的条件。

建设项目的"七通一平"中，修道路前，应根据管线规划设计，把在道路下面的管线预埋好，并留好与其他管线的接入点部位，以便于衔接。这种处理，将会大大减少道路建成后因敷设管道而一次又一次的重复开挖路面。

管线综合布置以总平面布置为基础，布置的原则是管线能布置得下，间距合适，管线安排得当，且方便使用。否则，要求修改及调整总平面布置。

## 第一节 概 述

### 一、有关技术术语

（1）管线水平净距——工程管线外壁（含保护层）之间或管线外壁与建（构）筑物外边缘之间的水平距离。

（2）管线垂直净距——工程管线外壁（含保护层）之间或工程管线外壁与建（构）筑物外边缘之间的垂直距离。

（3）管线埋设深度（图7-1）

雨水管(或污水管)——从地面到管底内壁的距离，即地面标高减去管底标高；

热力管和燃气管——从地面到管道中心的距离。

（4）管线覆土深度——地面到管顶(外壁)的垂直距离。

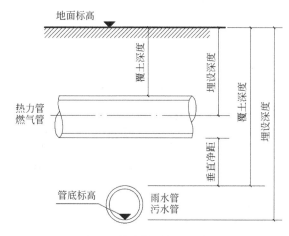

图7-1 管线敷设术语示意图

（5）冰冻线——土壤冰冻层的深度。各地冰冻深度因地理纬度及气候的不同而不同，要了解当地冰冻深度，可查当地气象统计资料或《建筑设计资料集 第1分册 建筑总论》(第三版)。

（6）管线高度——从地面到地面管线和架空管线管底(外壁)的距离。

（7）压力管线——管道内的介质由外部施加压力使其流动的工程管线。如给水管、燃气管等均为压力管线，压力管线可以弯曲。

（8）重力自流管线——利用介质向低处流动的重力作用特性而预先设置流动方向的工程管线，如污水管和雨水管。其特征是只要流动方向无阻挡，该介质依靠重力作用总往低处流动；若有阻挡，介质达到阻挡物高度，仍可流动；管道内介质可塑性强，故任何管道形状均可适应。重力自流管线不能弯曲。

（9）场地管线综合的设计范围——从城市管线接入点至各个建筑物外墙之间。

（10）再生水管线——再生水分为市政再生水和建筑中水，其管道和设备应设置明确、清晰的永久性标识。可最大限度地避免在施工、日常维护或维修时发生误接、误饮、误用的情况，为用户提供健康的用水保障。

**二、管线敷设方式**

管线的敷设方式是根据建设项目的性质、管线用途、场地地形、地质、气候等自然条件、施工方法、维护检修要求以及经济效果等因素，综合分析确定的。此外，管线的敷设方式还与运行安全、景观要求等因素有关。场地内管线的敷设方式主要有地下敷设和架空敷设两种。

（一）地下敷设

适用于地质情况良好、地下水位低、地下水无腐蚀性、景观要求较高以及地形平缓的场地。

一般适宜于重力自流管线和压力管线，特别是对于有防冻及防止温度升高要求的管线。地下敷设又可分为直接埋地、综合管沟和综合管廊三类。

1. 直接埋地

直接埋地简称直埋，即地面开挖后，将管线直接埋设在土壤里的方式。其敷设施工简单，投资最省，管道防冻、电缆散热较好，有助于卫生和环保，使场地地面、地上环境整洁，便于形成良好的场地景观。因而，在一般场地中广泛应用。但这种方式敷设路由不明显，增、改管线难，维修要开挖地面。直埋敷设适用于给水管、排水管、燃气管和电力电缆等的敷设。其形式有单管线[图 7-2 (a)]和管组[图 7-2 (b)、(c)]两种。

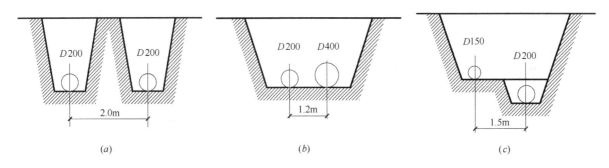

图 7-2　直接埋地
(a)单独挖沟埋设方式；(b)给水与给水管道同沟埋设方式；(c)排水与排水管道的埋设方式

2. 综合管沟

综合管沟即地面开挖后修建混凝土沟，将管线埋设在混凝土沟里的方式。它可保护管道不受外力和水侵蚀，并能自由地热胀冷缩，节约用地，维修方便，使用年限长；但基建投资大，工期较长。同时，需妥善解决好通风、排水、防水、施工及安全等问题。其形式有不通行管沟、半通行管沟和通行管沟。不通行管沟一般在管线性质相同且数量不多时采用。可单层敷设，维修量不大，且断面较小、占地较少、耗材少、投资省；但维修不便，维修时，需要开挖路面[图 7-3 (a)]。半通行管沟的内部空间稍大一些，人员可弓身入内进行一般检修，敷设的管道较多，不需开挖路面，但耗材较多，投资较大[图 7-3 (b)]。通行管沟的内部空间最大，人员可以在其中进行安装、检修等操作，敷设的管道数量最多，但耗材多，一次性投资大，建设周期长[图 7-3 (c)]。

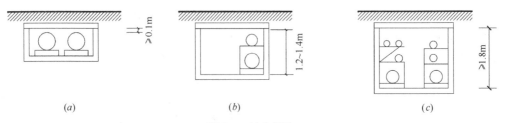

图 7-3　综合管沟
(a)不通行管沟；(b)半通行管沟；(c)通行管沟

3. 综合管廊

《城市工程管线综合规划规范》GB 50289—2016规定，当遇下列情况之一时，工程管线宜采用综合管廊敷设：

（1）交通流量大或地下管线密集的城市道路以及配合地铁、地下道路、城市地下综合体等工程建设地段；

（2）高强度集中开发区域、重要的公共空间；

（3）道路宽度难以满足直埋或架空敷设多种管线的路段；

（4）道路与铁路或河流的交叉处或管线复杂的道路交叉口；

（5）不宜开挖路面的地段。

《民用建筑设计统一标准》GB 50352—2019规定，在管线密集的地段，应根据其不同特性和要求综合布置，宜采用综合管廊布置方式，对人们日常出行、生活干扰较少，优点明显。对安全、卫生、防干扰等有影响的工程管线不应共沟或靠近敷设。互有干扰的管线应设置在综合管廊的不同沟（室）内。采用综合管沟前，应作多方案技术经济比较，以确保其经济合理性。

（二）架空敷设

架空敷设如图7-4所示，它适用于地下水位较高、冻土层较厚、地形复杂、多雨潮湿以及地下水有腐蚀性的场地。根据支架的高度划分为三种形式：低支架（支架高度为2.0~2.5m）、中支架（支架高度为2.5~3.0m)和高支架（支架高度为4.5~6.0m)。架空敷设较地下敷设建设费用低，工程量小，施工和检修、管理相对方便；但对景观不利，设计时应慎重选用。

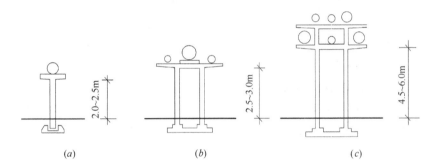

图 7-4 架空管线
(a)低支架；(b)中支架；(c)高支架

### 三、管线分类（表7-1）

管线分类 表 7-1

| 管线名称 | 敷设方式 | | | 输送方式 | |
| --- | --- | --- | --- | --- | --- |
| | 地 下 | | 架 空 | 压 力 | 重 力 |
| | 深 埋 | 浅 埋 | | | |
| 给 水 管 | ● | ● | | ● | |
| 排 水 管 | ● | ● | | | ● |
| 再生水管 | | ● | | ● | |
| 电力电缆 | | ● | ● | | |
| 电信电缆 | | ● | ● | | |
| 燃 气 管 | ● | ● | | ● | |
| 热 力 管 | | ● | ● | ● | |

注：深埋是指管道覆土深度大于1.5m。我国北方地区土壤冰冻线较深，给水管、排水管、再生水管、直埋电力和湿燃气管等工程管线应深埋，南方地区则不一定。

### 四、工程管线综合设计时总平面专业与各个管线专业之间互提资料

（1）开展管线综合设计之前，总平面专业须给各管线设计相关专业提交总平面及竖向设计图，内容包括以下5项：

1）用地红线内道路，建、构筑物，绿化区的布置及建、构筑物的名称。

2）建、构筑物的设计坐标（简单项目可用尺寸标注），室内外地坪标高。

3）车行道交叉点的中心坐标及标高，道路形式、路面宽度、坡向、坡长及变坡点标高。

4）地面雨水排向。

5）自然地形、地貌。

根据有关规范要求，结合实际情况，并与各专业协商，对主要地段的管线排序提出建议。

（2）各管线专业进行管线设计后，给总平面专业提交各种管线的起止点、路线、附属设施和构筑物布置等，如：

1）给排水专业提供

给排水各种管沟（包括各类给排水管道、明沟、检查井、消火栓及给排水管道的附属构筑物）的平面图及其标高；给排水处理的建、构筑物的平面位置、尺寸及标高；雨水井位置及排水明沟断面。

2）电气专业提供

独立式或旁附式变配电所位置及外形尺寸；室外电缆沟、电缆隧道走向、断面及其相对尺寸；有管线综合要求时，提供室外电缆布置、埋深、架空线杆位置、埋深及相关尺寸。

3）弱电专业提供

弱电外电网敷设方式、线路、管网结构及埋深。

### 五、管线图例

在管线综合图上，通常表示的是地下管线的中心线、管沟的中心线或支架的中心线。不论地下管线或地上管线，线型均为中粗实线。本章中采用的管线代号是管线名称汉语拼音的首字母缩写，如"YS"表示雨水管，"WS"表示污水管，"GS"表示给水管，"RL"表示热力管，"RQ"表示燃气管，"DL"表示电力电缆，"DX"表示电信电缆。

## 第二节　场地管线的综合布置

### 一、场地管线综合布置的原则

1. 采用和城市统一的坐标系统和高程系统

2. 应与场地总平面、竖向、绿化布置及景观设计统筹考虑

管线布置须与场地总平面的建筑物、道路、广场、停车场和绿化景观等相协调，即使管线之间相互协调、紧凑合理，又不影响交通、采光、景观与建筑物的安全。

合理选择管线的走向，线形平面布置力求顺直、短捷，并尽量减少管线与道路的交叉；管线之间的交叉，避免使管道与附属构筑物交叉。

此外，管线应与竖向布置相协调。

3. 合理布置有关的工程设施，处理好远近期建设的关系

（1）避免管线与管线附属建、构筑物之间的冲突。

（2）处理好管线工程的远近期建设，不影响发展。

（3）合理布置改、扩建工程的管线。

4. 处理好管线综合的各种矛盾

管线敷设产生矛盾时，应按下列原则作避让处理：

（1）压力管线让重力自流管线；

（2）可弯曲管线让难弯曲或不易弯曲管线；

（3）分支管线让主干管线；

（4）小管径管线让大管径管线；

（5）临时性管线让永久性管线；

（6）施工工程量小的管线让施工工程量大的管线；

（7）新建管线让原有管线；

（8）检修次数少的、方便的管线让检修次数多的、不方便的管线。

### 二、场地管线综合布置的要求

#### （一）管线与城市管线应妥善衔接

城市干管内气体或液体的压力一般较大，管径也大，经降压后，场地内的管线压力变小、管径也较小，所以场地内管线必须在规划设计条件给定的接入点与城市管线衔接，而不能在其他地

方衔接。如图7-5所示的基地，场地内部的电力电缆、给水管、燃气管和电信电缆只能在基地东南角接入，而污水管和雨水管只能在西北角排出。

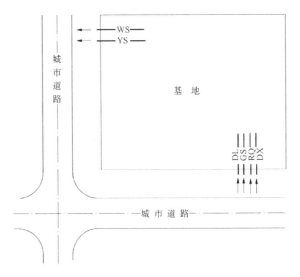

图7-5 场地管线与城市管线接入点的衔接

（二）工程管线的布置顺序

管线一般自建筑物基础开始向外由近及远、由浅至深的布置次序，宜为：电力电缆、电信电缆、热力管、燃气管、给水管、污水管和雨水管，见图7-6(a)。场地内可按此规律，将管线布置在道路的两侧［图 7-6(b)］。

大规模群体场地，如高等院校或居住区等，进行管线综合设计时，可对管线排序作人为规定，如电力电缆、燃气管和污水管布置在道路的东侧与南侧，电信电缆、热力管、给水管和雨水管布置在道路的西侧与北侧，使场地的管线井然有序(图 7-7)。

（三）管线的布置

一般主干管线多沿道路布置，其平面位置的确定与道路横断面的设计有着密切的联系。当管线在道路用地中布置不下时，应分析其原因，并采取相应的处理措施；若管线过于集中，则需改

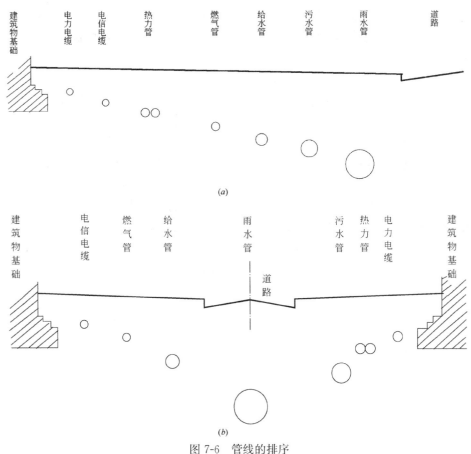

图7-6 管线的排序

(a)管线敷设在道路一侧；(b)管线敷设在道路两侧

345

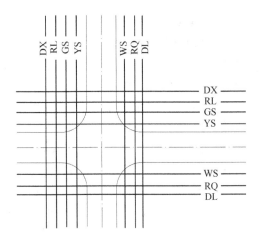

图 7-7 管线沿道路敷设时排序的规定

变管线的平面走向(路线),或调整管线在道路断面中的相对位置关系,将性质相近、相同的管线集中,以缩小管线敷设占用的宽度;若因道路宽度过窄或横断面设计不合理,则应加大道路宽度,或调整道路横断面的组成及其相对位置关系。

为了方便施工、检修且不影响交通,地下管线尽可能不要布置在交通频繁的机动车道下面,可优先考虑敷设在绿地或人行道下面,尤其是小管径的给水管、燃气管、电力电缆和电信电缆。其次,才能考虑布置在非机动车道的下面。大管径的给水管、雨水管、污水管等较少检修的管道,才可以布置在机动车道下面[见图 7-6 (b)]。

管线一般沿道路两侧敷设(图 7-7),有的项目用地紧张,也可以将个别管线布置在道路的路面下。在场地景观要求高的地段,特别要注意井盖的出露不要破坏景观效果。污水管线可设在道路路面下;燃气管线和给水管线也可设在道路路面下,但其埋深应符合规范要求,使之能满足道

路荷载和冰冻线的要求。管线也可以布置在绿地内,但不要乱穿空地。在坡地场地中,地形有显著高差时,管线的路线设计要注意可行性。管线宜平行于道路和建筑物,可以布置在其一侧或两侧,应灵活机动。

(四)场地管线的特性、用途、附属设备和布置要求

1. 排水管

排水管一般指生活污水管和雨水管,其管材一般为混凝土管、陶土管和砖、石砌筑管沟,承压大时采用钢筋混凝土管。雨污分流时,干管最小直径 $D150\text{mm}$;雨污合流时,干管最小直径 $D300\text{mm}$。污水管的附属设施有检查井、化粪池、食堂的隔油池、医院的消毒池和锅炉房的降温池;雨水管的附属设施有雨水口和检查井。

场地的排水系统要与城市排水系统一致。如果城市为雨污合流,场地内可不设单独的雨水管道;如果城市为雨污分流,场地内必须设单独的雨水管道。排入城市干管内的污水,一般要经化粪池化解、沉淀处理后排除。食堂、餐饮类单位有食用油的污水,需经除油后排入本单位或城市污水管道。

排水管布置要符合场地的地势,一般宜顺坡排水,取短捷路线。因污水管和雨水管均是重力自流管道,对这些管道的排水要求是排水坡度要合适,管径应符合场地排水量要求,且不能形成 U 形管道,与城市干管的接入点位置、标高相吻合,才能顺利排入城市干管。

以多层住宅为例,污水管的起点是场地内各建筑物的卫生间和厨房的排出管,终点是城市干管的接入点(图 7-8)。

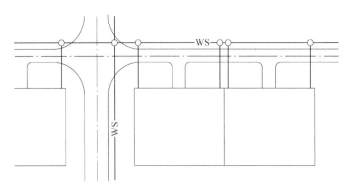

图 7-8 污水管布置

雨水管的起点是场地内各雨水口和各排水沟。雨水口收集的雨水直接排到附近的雨水管中，其终点是城市雨水干管的接入点(图7-9)。

污水管和雨水管的转向处[图7-10（a）]、交会处[图7-10（b）]、管径变化处及坡度变化处、跌水处均需设置检查井，直线段上应间隔一定距离设置一处检查井[图7-10（c）]，其最大间距见表7-2。检查井的井盖标高应与地面标高一致，以保证人行安全和车行平稳。雨水口布置通常绘制在工程项目的竖向设计图中。

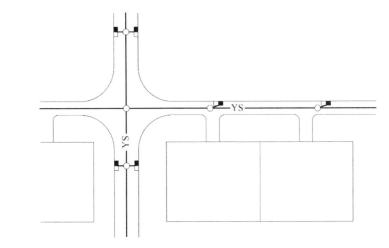

图 7-9　雨水管布置

(a)　　　　　　　(b)　　　　　　　(c)

图 7-10　检查井布置

(a)管线转向；(b)管线交汇；(c)直线段检查井间距

| 检查井在直线段的最大间距 | | | | 表 7-2 |
|---|---|---|---|---|
| 管径<br>（mm） | 300～600 | 700～1000 | 1100～1500 | 1600～2000 |
| 最大间距<br>（m） | 75 | 100 | 150 | 200 |

注：摘自《室外排水设计标准》GB 50014—2021。

### 2. 给水管

给水管一般指生活用水管和消防用水管，其管材可采用塑料给水管、有衬里的铸铁给水管和经可靠防腐处理的钢管。支管直径一般是 $DN200mm$、$DN100mm$，引入管直径是 $DN20mm$。当居住小区室外给水管网为支状布置时，小区引入管的管径不应小于室外给水干管的管径。一般生活与消防用水可合用一条管，其附属设施有水表井、检查井（图7-11）和消火栓等。

给水管起点为城市干管接入点，一般场地

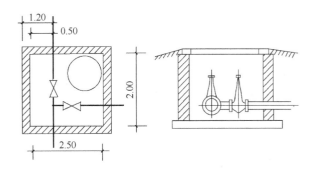

图 7-11　给水检查井构造(单位：m)

与城市管线的接入点要求有两个，终点为场地内各个建筑物的接户管，如住宅的卫生间和厨房（图7-12）、公共建筑的卫生间及其他用水地点、草坪的喷灌点、广场的喷水池及消火栓等。

347

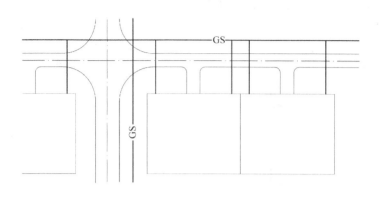

图 7-12　给水管布置

给水管线与建筑物应保持一定的间距，特别是在湿陷性黄土地区（见表 7-7），应避免管线漏水时对基础产生影响。

室外消火栓一般布置在道路的一侧，宜靠近十字路口。消防水管直径不小于 100mm，也从给水管线上引线，其间距不应大于 120m，保护距离不应超过 150m。消火栓距路边不超过 2m，距外墙不宜小于 5m（图 7-13）。

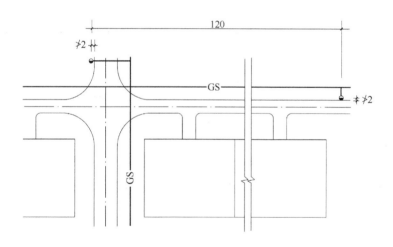

图 7-13　消火栓布置（单位：m）

高层民用建筑要求有环状的室内消火栓给水管网，水泵接合器距消火栓的距离宜为 15～40m。消防车道与建筑之间，不应设置妨碍消防车操作的树木、架空管线等障碍物。

3. 电力电缆

电力电缆一般指配电线和路灯照明线，其材料为铝或铜，其附属设施有手孔。

电力电缆的起点是城市电力电缆接入点或场地内的发电厂或变电所，终点是设在建筑物内部的配电箱［低压配电系统的进线开关和保护设备，图 7-14(a)］，或各个建筑物的预留孔［图 7-14(b)］。

场地内的道路照明线路，可由变电所或配电室引出，一般沿人行道设灯柱，直线灯柱间距为 10～20m（图 7-15）。另外，在场地入口、门卫、交叉口、停车场、道路、广场、绿地和必要的活动场地的适当位置也应设置。照明电气一般都布置

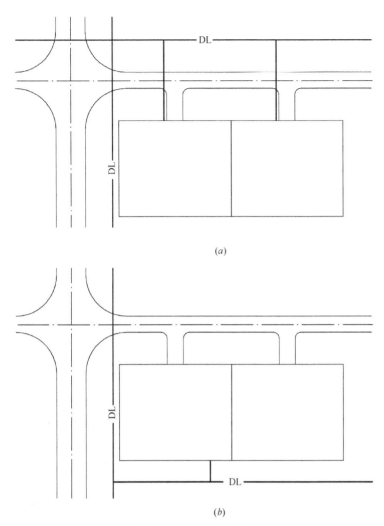

图 7-14 电力电缆布置
(a)电力电缆接入楼梯间；(b)电力电缆接入建筑物预留孔

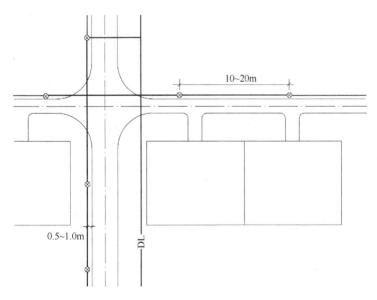

图 7-15 照明线布置

在人行道边，灯柱竖于路缘石外 0.5～1.0m 处。

### 4. 电信电缆

电信电缆一般指电话、有线广播、监控、有线电视、闭路电视和宽带网等线路。可用裸导线、绝缘导线或电缆，可架空、埋地或地沟敷设；其附属设施有手孔。

电信电缆的起点是城市电信电缆接入点，终点在各用户底层内。以多层住宅为例，一般在底层楼梯间内设有 TV 前端箱和 HX 接线盒[90 户以下设一处，90 户以上设两处，图 7-16(a)]，或按需要位置引入建筑物预留孔[图 7-16(b)]。

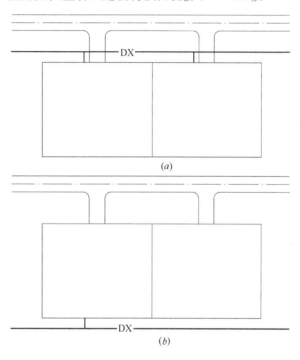

图 7-16　电信电缆布置

(a)电信电缆接入楼梯间；(b)电信电缆接入建筑物预留孔

### 5. 燃气管

燃气管一般指天然气管、液化气管或煤气管等，其管材用钢管和塑料管，中低压时也可用铸铁管。燃气管的附属设施有阀门井、抽水井和中低压调压箱。燃气管是压力管线，可以弯曲。干管直径为 $DN150mm$，支管直径为 $DN80\sim DN100mm$。

燃气管的起点是城市燃气管的接入点，一般为一个接入点，有条件时最好有两个。天然气或煤气经分配站和调压站将压力调整后，输送给各用户，如住宅的厨房[图 7-17 (a)]；也可以不设调压站，而经建筑物山墙处的中低压调压箱降压后送至用户[图 7-17(b)]。

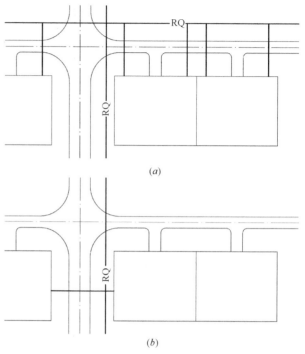

图 7-17　燃气管接入方式

(a)燃气管引入建筑物；(b)燃气管接入中低压调压箱

### 6. 热力管

热力管是指将锅炉产生的蒸汽或热水输送给用户的管道，一般指采暖管、热水管和蒸汽管。其材料一般为钢管，管外包有保温材料。管道直径一般为 $DN100mm$ 左右，可架空、埋地或地沟敷设，其附属设施有检查井和补偿器等。热力管线为压力管线，可以弯曲。

热力管的起点是城市热力管接入点或场地内的锅炉房、热交换站，终点是各建筑物的接入口（图 7-18）。该管线一般为枝状，不要形成环路。当采暖管为通行管沟时，其敷设设施有检查井，一般间距为 $50\sim70m$。

**三、关于管线敷设的规范规定**

（一）地下管线的最小水平净距

地下管线应根据各类管线的不同特性和设置要求综合布置。它的最小水平净距应考虑避免管线间的相互干扰和影响，要满足施工、检修以及管线开挖的需要，还应有利于管线的机械化施工要求。各种地下管线之间的最小水平净距见表 7-3。

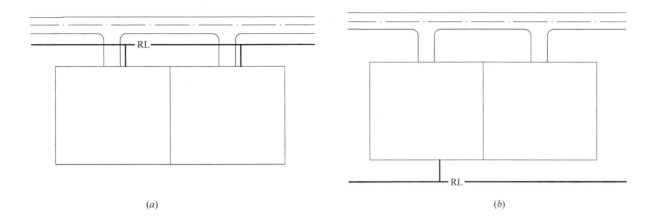

图 7-18 热力管引入建筑物的方式

(a)热力管从楼梯间引入；(b)热力管从建筑物预留孔引入

工程管线之间及其与建(构)筑物之间的最小水平净距（m） 表 7-3

| 序号 | 管线及建(构)筑物名称 | | 1 建(构)筑物 | 2 给水管线 | | 3 污水、雨水管线 | 4 再生水管线 | 5 燃气管线 | | | | | 6 直埋热力管线 | 7 电力管线 | | 8 通信管线 | | 9 管沟 | 10 乔木 | 11 灌木 | 12 地上杆柱 | | | 13 道路侧石边缘 | 14 有轨电车钢轨 | 15 铁路钢轨(或坡脚) |
| | | | | $d\leqslant200$mm | $d>200$mm | | | 低压 | 中压 B | 中压 A | 次高压 B | 次高压 A | | 直埋 | 保护管 | 直埋 | 管道、通道 | | | | 通信照明及<10kV | 高压铁塔基础边 $\leqslant35$kV | $>35$kV | | | |
| 1 | 建(构)筑物 | | — | 1.0 | 3.0 | 2.5 | 1.0 | 0.7 | 1.0 | 1.5 | 5.0 | 13.5 | 3.0 | 0.6 | | 1.0 | 1.5 | 0.5 | — | | | | — | | | — | |
| 2 | 给水管线 | $d\leqslant200$mm | 1.0 | — | | 1.0 | 0.5 | 0.5 | | | 1.0 | 1.5 | 1.5 | 0.5 | | 1.0 | | 1.5 | 1.5 | 1.0 | 0.5 | 3.0 | | 1.5 | 2.0 | 5.0 |
| | | $d>200$mm | 3.0 | | | 1.5 | | | | | | | | | | | | | | | | | | | | |
| 3 | 污水、雨水管线 | | 2.5 | 1.0 | 1.5 | — | 0.5 | 1.0 | | 1.2 | 1.5 | 2.0 | 1.5 | 0.5 | | 1.0 | | 1.5 | 1.5 | 1.0 | 0.5 | 1.5 | | 1.5 | 2.0 | 5.0 |
| 4 | 再生水管线 | | 1.0 | 0.5 | | 0.5 | — | 0.5 | | | 1.0 | 1.5 | 1.0 | 0.5 | | 1.0 | | 1.0 | | 1.0 | 0.5 | 3.0 | | 1.5 | 2.0 | 5.0 |
| 5 | 燃气管线 | 低压 $P<0.01$MPa | 0.7 | 0.5 | | 1.0 | 0.5 | | | | | | 1.0 | 0.5 | 1.0 | 0.5 | 1.0 | 1.0 | 0.75 | | | | 2.0 | 1.5 | | 5.0 |
| | | 中压 B $0.01$MPa$\leqslant P\leqslant0.2$MPa | 1.0 | | | 1.2 | | | | | | | | | | | | 1.5 | | 1.0 | 1.0 | | | 2.0 | | |
| | | 中压 A $0.2$MPa$<P\leqslant0.4$MPa | 1.5 | | | | $DN\leqslant300$mm 0.4 $DN>300$mm 0.5 | | | | | | | | | | | | | | | | | | | |
| | | 次高压 B $0.4$MPa$<P\leqslant0.8$MPa | 5.0 | 1.0 | 1.5 | 1.0 | | | 1.5 | 1.0 | 1.0 | 2.0 | | 1.2 | | | | | | 5.0 | 2.5 | | | | |
| | | 次高压 A $0.8$MPa$<P\leqslant1.6$MPa | 13.5 | 1.5 | 2.0 | 1.5 | | | 2.0 | 1.5 | 1.5 | 4.0 | | | | | | | | | | | | |
| 6 | 直埋热力管线 | | 3.0 | 1.5 | 1.5 | 1.0 | 1.0 | | 1.5 | 2.0 | — | 2.0 | | 1.0 | 1.5 | 1.5 | 1.0 | (3.0 $>330$kV 5.0) | | 1.5 | 2.0 | 5.0 |
| 7 | 电力管线 | 直埋 | 0.6 | 0.5 | 0.5 | 0.5 | 0.5 | | | 1.0 | 1.5 | 2.0 | 0.25 0.1 | $<35$kV 0.5 $\geqslant35$kV 2.0 | | | 1.0 | 0.7 | 1.0 | 2.0 | 1.5 | 2.0 | 10.0 (非电气化 3.0) |
| | | 保护管 | | | | | 1.0 | | | | 0.1 0.1 | | | | | | | | | | | |
| 8 | 通信管线 | 直埋 | 1.0 | 1.0 | | 1.0 | 1.0 | 0.5 | | | 1.0 | 1.5 | 2.0 | $<35$kV 0.5 $\geqslant35$kV 2.0 | | 0.5 | 1.0 | 1.5 | 1.0 | 0.5 | 0.5 | 2.5 | 1.5 | 2.0 |
| | | 管道、通道 | 1.5 | | | | 1.0 | | | | | | | | | | | | | | | | |
| 9 | 管沟 | | 0.5 | 1.5 | 1.5 | 1.5 | 1.0 | 1.5 | | 2.0 | 4.0 | 1.5 | 1.5 | | 2.0 | 1.0 | — | 1.5 | 1.0 | | 3.0 | 1.5 | 2.0 | 5.0 |

351

| 序号 | 管线及建(构)筑物名称 | 建(构)筑物(1) | 给水 d≤200mm(2) | 给水 d>200mm(2) | 污水、雨水(3) | 再生水(4) | 燃气低压(5) | 燃气中压B(5) | 燃气中压A(5) | 燃气次高压B(5) | 燃气次高压A(5) | 直埋热力(6) | 电力直埋(7) | 电力保护管(7) | 通信直埋(8) | 通信管道通道(8) | 管沟(9) | 乔木(10) | 灌木(11) | 通信照明及<10kV(12) | 高压铁塔≤35kV(12) | 高压铁塔>35kV(12) | 道路侧石边缘(13) | 有轨电车钢轨(14) | 铁路钢轨(或坡脚)(15) |
|---|---|---|---|---|---|---|---|---|---|---|---|---|---|---|---|---|---|---|---|---|---|---|---|---|---|
| 10 | 乔木 | — | 1.5 | 1.5 | 1.0 | 1.0 | 0.75 | 0.75 | 0.75 | 1.2 | 1.2 | 1.5 | 0.7 |  | 1.5 | 1.5 | 1.5 | — | — |  |  |  | 0.5 |  |  |
| 11 | 灌木 | — | 1.0 | 1.0 | 1.0 | 1.0 | 0.75 | 0.75 | 0.75 | 1.2 | 1.2 | 1.5 | 0.7 |  | 1.0 | 1.0 | 1.0 | — | — |  |  |  | 0.5 |  |  |
| 12 | 地上杆柱 通信照明及<10kV | — | 0.5 | 0.5 | 0.5 | 0.5 | 1.0 | 1.0 | 1.0 | 1.0 | 1.0 | 1.0 | 1.0 |  | 0.5 | 0.5 | 1.0 | — | — |  |  |  | 0.5 |  |  |
| 12 | 地上杆柱 高压塔基础边 ≤35kV | — | 3.0 | 3.0 | 1.5 | 3.0 | 1.0 | 1.0 | 1.0 | 1.0 | 1.0 | 3.0(>330kV 5.0) | 2.0 |  | 0.5 |  | 3.0 | — | — |  |  |  | 0.5 |  |  |
| 12 | 地上杆柱 高压塔基础边 >35kV | — | 3.0 | 3.0 | 1.5 | 3.0 | 2.0 | 2.0 | 2.0 | 5.0 | 5.0 | 3.0(>330kV 5.0) | 2.0 |  | 2.5 |  | 3.0 | — | — |  |  |  | 0.5 |  |  |
| 13 | 道路侧石边缘 | — | 1.5 | 1.5 | 1.5 | 1.5 | 1.5 | 1.5 | 1.5 | 2.5 | 2.5 | 1.5 | 1.5 |  | 1.5 | 1.5 | 1.5 | 0.5 | 0.5 | 0.5 | 0.5 | 0.5 | — |  |  |
| 14 | 有轨电车钢轨 | — | 2.0 | 2.0 | 2.0 | 2.0 | 2.0 | 2.0 | 2.0 | 2.0 | 2.0 | 2.0 | 2.0 |  | 2.0 | 2.0 | 2.0 |  |  |  |  |  |  | — |  |
| 15 | 铁路钢轨(或坡脚) | — | 5.0 | 5.0 | 5.0 | 5.0 | 5.0 | 5.0 | 5.0 | 5.0 | 5.0 | 5.0 | 10.0(非电气化3.0) |  | 2.0 | 2.0 | 3.0 |  |  |  |  |  |  | — |  |

注：1. 地上杆柱与建（构）筑物最小水平净距应符合《城市工程管线综合规划规范》GB 50289—2016 表5.0.8的规定；
　　2. 管线距建筑物距离，除次高压燃气管道为其至外墙面外，均为其至建筑物基础；当次高压燃气管道采取有效的安全防护措施或增加管壁厚度时，管道距建筑物外墙面不应小于3.0m；
　　3. 地下燃气管线与铁塔基础边的水平净距，还应符合现行国家标准《城镇燃气设计规范》GB 50028 地下燃气管线和交流电力线接地体净距的规定；
　　4. 燃气管线采用聚乙烯管材时，燃气管线与热力管线的最小水平净距应按现行行业标准《聚乙烯燃气管道工程技术规程》CJJ 63执行；
　　5. 直埋蒸汽管道与乔木最小水平间距为2.0m；
　　6. 摘自《城市工程管线综合规划规范》GB 50289—2016。

如图7-19(a)，管线间距计算公式为：

$$\text{管线间距} = \text{净距} + \frac{1}{2}D_1 + \frac{1}{2}D_2 + \delta_1 + \delta_2 \tag{7-1}$$

式中　$D_1$、$D_2$——管线直径，mm；
　　　　$\delta_1$、$\delta_2$——管壁厚度，mm。

按式(7-1)计算出的管线间距值，最好取整。

（二）地下管线之间及其与建、构筑物之间最小水平净距

管线敷设时，应考虑不影响建筑物安全和防止管线受腐蚀、沉陷、震动及重压。地下管线与建、构筑物之间的最小水平净距[图7-19(b)]见表7-3。

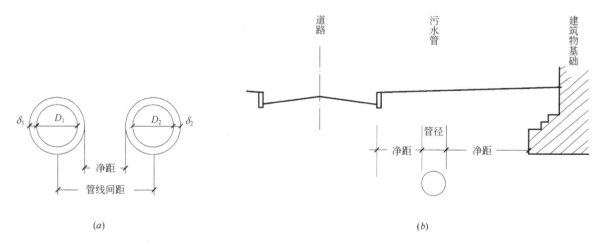

图7-19　管线间距
(a)管线与管线的间距；(b)管线与建筑物和道路的间距

（三）地下管线的最小覆土深度

地下管线的最小覆土深度的规定见表7-4。

（四）地下管线交叉时的最小垂直距离

地下管线交叉时的最小垂直距离的规定见表7-5。

地下管线与道路交叉或敷设在路面下时，应能承受道路的荷载，消防车道下的管道和暗沟等应能承受大型消防车辆的压力。

**工程管线的最小覆土深度（m）** 表 7-4

| 管线名称 | | 给水管线 | 排水管线 | 再生水管线 | 电力管线 | | 通信管线 | | 直埋热力管线 | 燃气管线 | 管沟 |
| | | | | | 直埋 | 保护管 | 直埋及塑料、混凝土保护管 | 钢保护管 | | | |
| --- | --- | --- | --- | --- | --- | --- | --- | --- | --- | --- | --- |
| 最小覆土深度 | 非机动车道（含人行道） | 0.60 | 0.60 | 0.60 | 0.70 | 0.50 | 0.60 | 0.50 | 0.70 | 0.60 | — |
| | 机动车道 | 0.70 | 0.70 | 0.70 | 1.00 | 0.50 | 0.90 | 0.60 | 1.00 | 0.90 | 0.50 |

注：1. 摘自《城市工程管线综合规划规范》GB 50289—2016；

2. 聚乙烯给水管线机动车道下的覆土深度不宜小于1.00m。

**工程管线交叉时的最小垂直净距（m）** 表 7-5

| 序号 | 管线名称 | | 给水管线 | 污水、雨水管线 | 热力管线 | 燃气管线 | 通信管线 | | 电力管线 | | 再生水管线 |
| | | | | | | | 直埋 | 保护管及通道 | 直埋 | 保护管 | |
| --- | --- | --- | --- | --- | --- | --- | --- | --- | --- | --- | --- |
| 1 | 给水管线 | | 0.15 | | | | | | | | |
| 2 | 污水、雨水管线 | | 0.40 | 0.15 | | | | | | | |
| 3 | 热力管线 | | 0.15 | 0.15 | 0.15 | | | | | | |
| 4 | 燃气管线 | | 0.15 | 0.15 | 0.15 | 0.15 | | | | | |
| 5 | 通信管线 | 直埋 | 0.50 | 0.50 | 0.25 | 0.50 | 0.25 | 0.25 | | | |
| | | 保护管、通道 | 0.15 | 0.15 | 0.25 | 0.15 | 0.25 | 0.25 | | | |
| 6 | 电力管线 | 直埋 | 0.50* | 0.50* | 0.50* | 0.50* | 0.50* | 0.50* | 0.50* | 0.25 | |
| | | 保护管 | 0.25 | 0.25 | 0.25 | 0.15 | 0.25 | 0.25 | 0.25 | 0.25 | |
| 7 | 再生水管线 | | 0.50 | 0.40 | 0.15 | 0.15 | 0.15 | 0.15 | 0.50* | 0.25 | 0.15 |
| 8 | 管沟 | | 0.15 | 0.15 | 0.15 | 0.15 | 0.15 | 0.15 | 0.50* | 0.25 | 0.15 |
| 9 | 涵洞（基底） | | 0.15 | 0.15 | 0.15 | 0.15 | 0.25 | 0.25 | 0.50* | 0.25 | 0.15 |
| 10 | 电车（轨底） | | 1.00 | 1.00 | 1.00 | 1.00 | 1.00 | 1.00 | 1.00 | 1.00 | 1.00 |
| 11 | 铁路（轨底） | | 1.00 | 1.20 | 1.20 | 1.20 | 1.50 | 1.50 | 1.00 | 1.00 | 1.00 |

注：1. 摘自《城市工程管线综合规划规范》GB 50289—2016；

2. * 用隔板分隔时不得小于0.25m；

3. 燃气管线采用聚乙烯管材时，燃气管线与热力管线的最小垂直净距应按现行行业标准《聚乙烯燃气管道工程技术规程》CJJ 63执行；

4. 铁路为时速大于等于200km/h客运专线时，铁路（轨底）与其他管线最小垂直净距为1.50m。

（五）管线与绿化树种间的最小水平间距

管线与道路两侧树木过于靠近时，树冠易与架空线路发生干扰，树根易与地下管线发生矛盾，管线与绿化树种间的最小水平净距的相关规定见表6-9。

（六）工程管线的检查井井盖宜有锁闭装置

《民用建筑设计统一标准》GB 50352—2019条文说明指出，工程管线检查井井盖的缺失，造成许多隐患。要求工程管线的检查井井盖宜有锁闭装置，是为了以防止井盖的缺失造成行人伤亡或车辆损毁。

（七）管线与围墙和排水沟的最小水平间距

地下管线与围墙外缘和排水沟外缘之间的最小水平间距见表7-6。

**四、工作程序**

总图专业要汇总市政管线接口位置和标高，汇总建筑物四角基础大小和深度，确定散水沟、出水口、屋面落水管位置和标高，各建筑物入户管位置标高、地下车库反梁、逃生口、通风井、排水井的位置和标高，各个边坡、挡土墙的位置及顶、底、厚、坡比，预设的挡土墙穿管位置，硬质景观及大树位置和标高。然后，将总平面图、竖向设计图提供给各管线专业。

各管线专业在总平面图上，确定基本的管线位置，并把管线的路由及其要求提供给总图专业，进行管线综合。

总图专业对所有管线进行整合、协调和优化，绘制管线综合图，局部管线复杂处平面、剖面图等，解决好诸多矛盾：管线与建筑基础、散水，管线与道路、路缘石，管线与边坡、挡土墙，管线与大树、树池、小品，管线与管线，管线与水沟、雨水口、检查井、水池、廊、支架、灯柱等。在此过程中，需要局部调整时，总图专业要经相关管线专业会审确认后，提供坐标标高。各管线专业修改后再汇总，反复多次。

各个管线专业发图时，经总图专业会签坐标标高。最后，总图专业发管线综合图，其说明里包括了各个管线专业的图号。

**地下管线与围墙基础外缘和排水沟外缘之间的最小水平间距（m）**　　表7-6

| 名称\规格\间距\名称 | 给水管（mm） | | | | 排水管（mm） | | | | | | 热力沟（管） | 燃气管压力 P（MPa） | | | | | 电力电缆（kV） | 通信电缆 |
| | | | | | 清净雨水管 | | | 生产与生活污水管 | | | | 低压<0.01 | 中压 | | 次高压 | | | |
| | <75 | 75~150 | 200~400 | >400 | <800 | 800~1500 | >1500 | <300 | 400~600 | >600 | | | B ≤0.2 | A ≤0.4 | B 0.8 | A 1.6 | | |
| 围墙基础外缘 | 1.0 | 1.0 | 1.0 | 1.0 | 1.0 | 1.0 | 1.0 | 1.0 | 1.0 | 1.0 | 1.0 | 0.6 | 0.6 | 0.6 | 1.0 | 1.0 | 0.5 | 0.5 |
| 排水沟外缘 | 0.8 | 0.8 | 0.8 | 1.0 | 0.8 | 0.8 | 1.0 | 0.8 | 0.8 | 1.0 | 0.8 | 0.6 | 0.6 | 0.6 | 1.0 | 1.0 | 1.0 | 0.8 |

注：摘自《工业企业总平面设计规范》GB 50187—2012。

**五、场地管线综合的编制方法**

场地管线综合只是进行室外管线综合布置，内容一般包括平面综合和竖向综合两方面，但各个设计单位都有一套本单位多年形成的设计方法。如有的设计单位总平面专业只做平面综合，各管线专业自己做竖向综合；有的设计单位总平面专业平面综合和竖向综合都要做，但需各专业提供相应管线的纵断面资料。所以，在此仅介绍平面综合的基本知识。场地的管线综合可分为初步设计阶段的管线示意综合和施工图设计阶段的管线综合。

（一）管线示意综合的编制

在初步设计阶段，一般简单工程无须报批管线综合的有关图纸，只需编制管线综合内部作业图，即在总平面底图上对各专业管线的干线进行平面综合。而当工程复杂时，要进行管线示意综合。

1. 管线示意综合的步骤

（1）确定管线与城市接入点的衔接

在总平面图上，根据规划设计条件，表示出各种管线的接入点位置、流向和名称，以保证场地管线与城市干管接入点的衔接。

（2）确定管线干线的布置

根据各专业提供的管线资料图的平面布置情况，逐一进行管线干线布置，包括表示管线的种类、走向和位置等。一般应先布置重力自流管线，后布置压力管线。其中，雨水管线应从场地内各建筑物前的支路开始，沿主要道路布置，到达与城市雨水管线接入点止；污水管线应从场地内各建筑物前的支路开始，沿主要道路布置，到达与城市污水管线接入点为止；给水管、热力管、燃气管、电力电缆、电信电缆应从各自的城市管线接入点开始，沿主要道路布置，到达场地内各建筑物前的支路为止。

（3）绘制管道集中处断面图

在管线集中处（一般是主干道或次干道上）绘制断面图，内容包括建筑物间距，道路类型，管线的排序与间距，管线与道路、建筑物、绿化之间的间距，以及管线埋深示意。管线综合之后，应检查建筑物间距，即建筑的位置是否合适，是否满足管线布置要求，特别是场地出入口处和主要景观处等，由此决定是否调整建筑物间距和道路位置等。

2. 管线示意综合的图纸

管线示意综合的图纸一般有管线示意综合平面图和管线集中处断面图。

（1）管线示意综合平面图

该平面图图纸比例通常采用 1∶1000～1∶2000，大型工程项目也可采用 1∶5000。比例尺的大小随场地的大小、管线的复杂程度等情况而有所变化，但应尽量与场地设计总平面图的比例相一致。平面图内容如下：

1）场地现状——表达场地的自然地形和建设现状，即标注场地内的主要地物、地貌和地势的等高线，以及场地内现有的建设、道路和各种管线（及其构筑物）等设施状况。

2）场地总体布局——绘出场地内计划建设（或拟保留）的各建、构筑物，表明其使用性质和位置、高程等，以及道路、广场、绿化等设施的位置和高程。

3）管线布置——布置各种拟建管线及其构筑物、主要设备等，表达已拟定的有关工程准备措施（如防洪堤、防洪沟等），并标注必要的数据、编写简要的文字说明。

4）场地内外管线的衔接——确定场地内各种管线与外部市政管线接入点的衔接方式、接入（出）点的位置等。

5）标明横断面的平面位置。

（2）管线集中处的断面图

该断面图图纸比例通常采用 1∶50、1∶100 或 1∶200。将要布置在该路段的各种管线逐一配入道路横断面中，标注管线种类及具体相对位置关系等必要数据。内容包括道路的组成、管线的种类、管线敷设方式、间距、排序、与建筑物和道路的间距等。

断面图中应注明管线名称（或编号），并表达如下内容：

1）道路的各组成部分，如机动车道、非机动车道、人行道和绿化带等。

2）各种管线的位置，包括已建和拟建的各种管线在道路中的位置，并标注相互之间及其与建筑红线、道路红线或道路中心线之间的距离（包括为远期发展预留的管线位置）。

经过初步设计审查后，管线示意综合作为施工图管线综合的依据。

（二）管线综合的编制

管线综合设计前，总平面（或规划）专业向各专业提总平面图和竖向设计图。各专业初步进行管线布置，内容包括各自管线的平面走向、空间位置，进行管线布置等，提交给总平面（或规划）专业进行管线综合。总平面（或规划）专业根据各专业管线的详细资料，将各个专业的管线逐一绘出，如果存在不合理之处，就必须一一进行调整，并要求各专业进行调整，最终达到管线之间以及管线与总体布局之间的协调。最后，总平面（或规划）专业将各种管线的坐标标注在各管线专业的平面图上，再检查各种井的标高。管线施工以各专业图纸为准，总平面（或规划）专业的管线综合图只起综合协调的作用。

1. 管线综合编制的步骤

（1）进一步落实城市管线接入点的坐标和标高。

（2）进行管线综合。开展施工图阶段的设计时，在管线示意综合图的基础上，根据各专业提供的干管、支管和入户管资料，检查干管、支管的布置有哪些需要调整，绘出各个入户管，布置所有管线的附属构筑物，如下水井、上水井、计量井和化粪池等，确定其标高。当管线与道路交叉且地下管线需要加固时，提交相关专业道路的荷载。

（3）配合各个专业，确定各项公用设施，如锅炉房、变电所、热交换站、水泵房和调压站等的布置，进一步调整场地的总平面布置。

（4）进行管线定位。管线定位可应用坐标法和相对距离法两种方法，采用其中任何一种均可。

1）应用坐标法时，要计算各种管线起点、迄点、转折点的坐标，使场地管线与城市管线的接入点闭合，场地入户管与建筑物预留孔位置闭合，并确定出各段管线的长度和转角等，需要非常精确。

2）应用相对距离法时，要标注管线与道路中心线或路缘石边缘、建筑物或建筑红线和场地边界的相对位置关系，以及管线之间的间距。运用此方法使设计便捷、对管线间距的表达直观。

2. 管线综合的图纸

管线综合图纸有管线综合图和修订管线集中处断面图。

（1）管线综合图

与初步设计相似，其图纸比例通常与场地设计总平面图相同，可采用1∶500、1∶1000或1∶2000的比例。图中内容除管线示意综合平面图所表达的内容外，还包括各种公用设施、附属构筑物、干管、支管和入户管的布置，以及管线间距和管线名称等。

（2）修订管线集中处断面图

由于某些条件的改变，而影响到管线位置的变动，需要对管线集中处断面图进行修订。

【例7-1】 已知某机关单位的总平面和竖向设计图如图7-20，要求进行管线综合设计的建筑物有办公楼、一栋条式住宅楼和两栋点式住宅楼；构筑物有化粪池、热交换站和调压站，以及相关的室外环境。该项目未进行管线示意综合。该场地采用雨污分流系统，试进行管线综合。

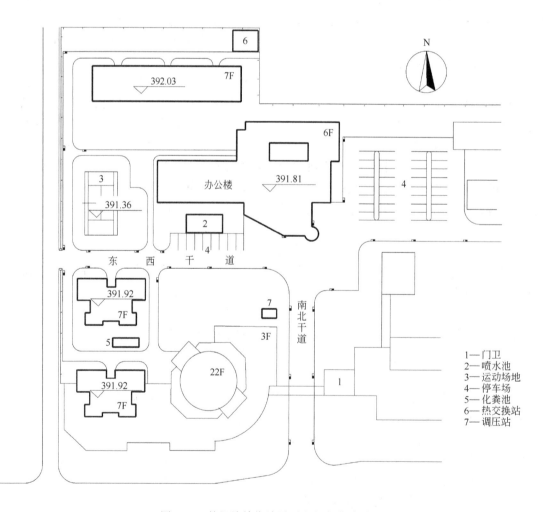

图7-20 某机关单位总平面和竖向设计图

各专业提供的设计资料如下：

（1）给排水专业提供的管线有雨水管、污水管和给水管。

其中，城市雨水管接入点位于场地西南角，雨水干管布置在南北干道、东西干道、停车场两侧及通向条式住宅的支路上。通过连接管连接各个雨水口，排除场地内的雨水［图7-21（a）］。

城市污水管接入点位于场地西侧，场地内产生污水的地点有办公楼、条式住宅、点式住宅内的卫生间和厨房。全部汇集后要经化粪池进行处理；最后，至场地西南侧的城市污水管排出［图7-21（b）］。

城市给水管接入点位于南北干道西侧，用水地点有办公楼的卫生间、条式住宅和点式住宅的卫生间与厨房、喷水池、水池泵房和热交换站，并要求布置室外消火栓［图7-21（c）］。

（2）热力专业提供的管线有热力管，包括热水管和采暖管。城市热力管接入点在南北干道东侧；引入后，沿道路敷设，经停车场与围墙至热交换站，经热交换站调整温度后，给办公楼、条式住宅和点式住宅使用（图7-22）。

（3）燃气专业提供的管线是天然气管线。城市天然气管线接入点在南北干道东侧，引入后，经调压站降压，至办公楼、条式住宅和点式住宅（图7-23）。

（4）电力专业提供的管线有配电线和照明线。城市电力电缆接入点位于南北干道东侧，引入后，先到达门卫内的配电设备；然后，至办公楼、条式住宅、点式住宅、水池泵房和热交换站。另外，照明线也由门卫内的配电设备引出，沿南北干道、东西干道和支路敷设，并考虑停车场和运动场地的照明（图7-24）。

（5）弱电专业提供的管线有电话线和闭路电视线。城市电信电缆接入点在南北干道西侧，使用地点有办公楼、条式住宅和点式住宅（图7-25）。

【解】

由于该项目未进行管线示意综合，所以，管线综合内容要包括城市管线接入点连接、管线干管、支管和入户管布置及管线附属构筑物布置等。

【步骤1】 确定管线排序和间距

阅读各个专业的管线资料图后，首先，在管线密集地段上，找出建筑物间距最小处，在总平面图上画出各个断面的位置（图7-26）。然后，绘制管线集中处断面图的草图。从建筑物开始向道路方向逐一布置管线，确定出管线的排序。最后，根据规范规定，确定管线之间、管线与建筑物和构筑物之间的最小净距，供管线综合时参考。

在本例中，管线主要集中敷设在以下地段：

南北干道（Ⅰ-Ⅰ断面）要敷设电信电缆、给水管、照明线、热力管和燃气管。该处建筑物间距为18.00m，路西侧可敷设管线的用地宽度为3.00m，路东侧可敷设管线的用地宽度为6.00m。由于道路的路面较宽，所以在道路两侧都布置了照明线，并将雨水管布置在道路上。结合城市管线接入点位置，在路西侧布置电信电缆和给水管，在路东侧布置热力管和燃气管。查表7-3，电信电缆与给水管最小净距为1.0m，电力电缆与给水管最小净距为0.5m，电力电缆与热力管最小净距为2.0m，热力管与低压燃气管最小净距为1.0m，热力管与中压燃气管最小净距为1.0m，电信电缆与建筑物基础最小水平间距为1.0m，中压燃气管与建筑物基础最小水平间距为1.0m，取为2.0m。另外，照明线距道路边缘间距取0.5m。此断面管线布置如图7-27(a)所示。

东西干道（Ⅱ-Ⅱ断面）要敷设电信电缆、电力电缆、雨水管、照明线和给水管。路南侧可以敷设管线的用地宽度为3.5m，路北侧用地宽敞。沿道路两侧布置照明线，并将雨水管布置在道路下，在路南侧布置电信电缆和电力电缆，在路北侧布置给水管。查表7-3，电信电缆与电力电缆最小净距为0.5m，取为1.0m；电力电缆与给水管最小净距为0.5m，取为1.0m。其他间距规范规定同上。此断面管线布置如图7-27(b)所示。

条式住宅西侧支路（Ⅲ-Ⅲ断面）要敷设雨水管、热力管、照明线、给水管和污水管。该处围墙与建筑物的间距为10.20m。由于道路的路面宽度较窄，仅在路东侧布置了照明线。另外，还布置了污水管和给水管。由于用地有限，只能

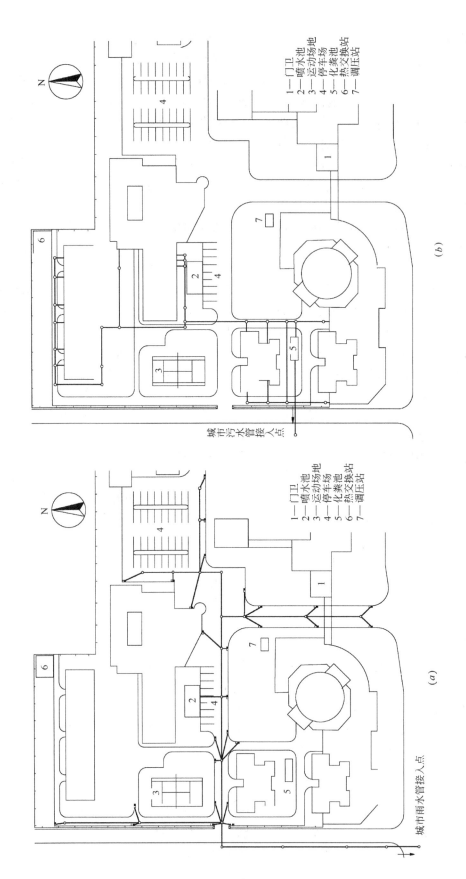

图 7-21　给排水专业管线管资料图（一）

(a)雨水管资料图；(b)污水管资料图

1—门卫
2—喷水池
3—运动场地
4—停车场
5—化粪池
6—热交换站
7—调压站

(b)

城市污水管接入点

N

1—门卫
2—喷水池
3—运动场地
4—停车场
5—化粪池
6—热交换站
7—调压站

(a)

城市雨水管接入点

N

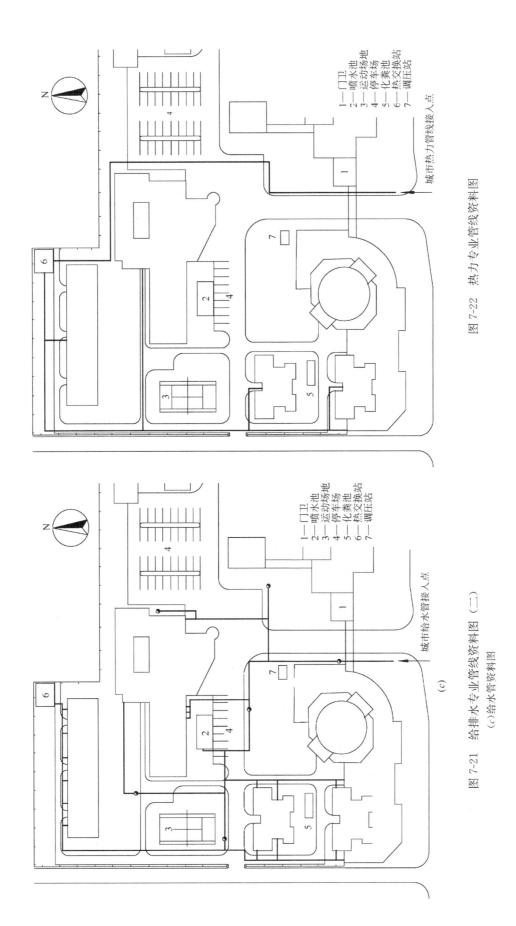

图 7-22 热力专业管线资料图

1—门卫 2—喷水池 3—运动场地 4—停车场 5—化粪池 6—热交换站 7—调压站

城市热力管线接入点

图 7-21 给排水专业管线资料图（二）

(c)给水管资料图

1—门卫 2—喷水池 3—运动场地 4—停车场 5—化粪池 6—热交换站 7—调压站

城市给水管接入点

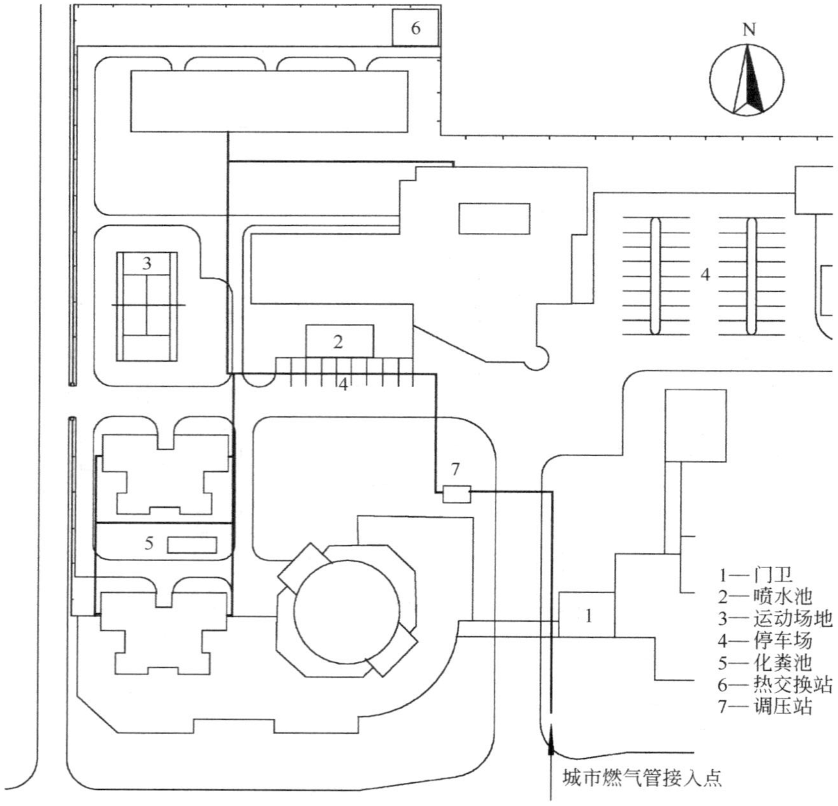

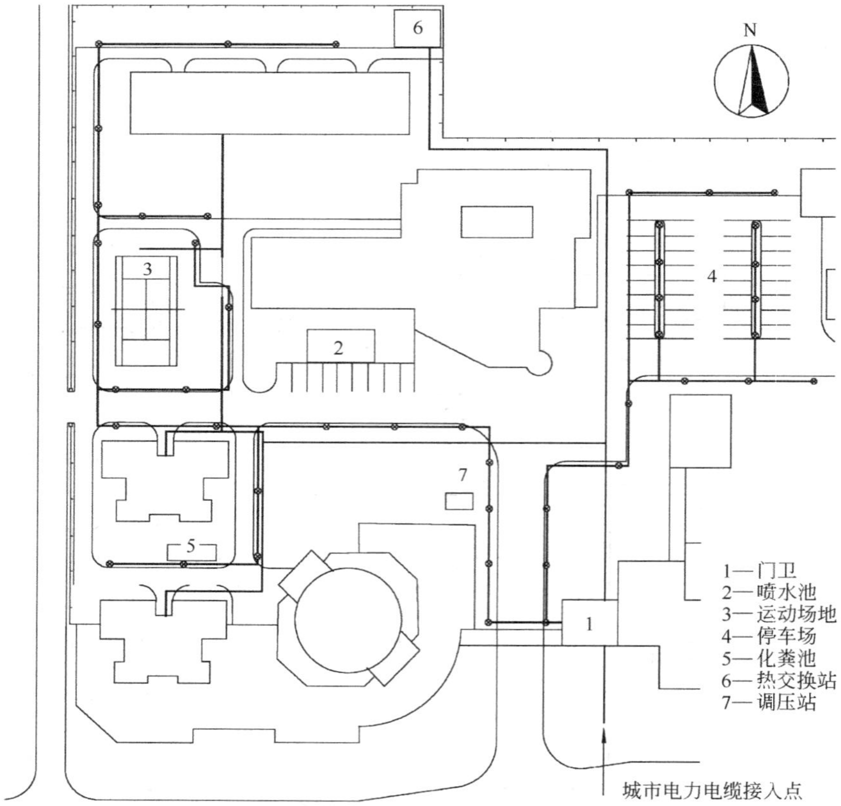

图 7-24 电力专业管线资料图

1—门卫
2—喷水池
3—运动场地
4—停车场
5—化粪池
6—热交换站
7—调压站

城市电力电缆接入点

图 7-23 燃气专业管线资料图

1—门卫
2—喷水池
3—运动场地
4—停车场
5—化粪池
6—热交换站
7—调压站

城市燃气管接入点

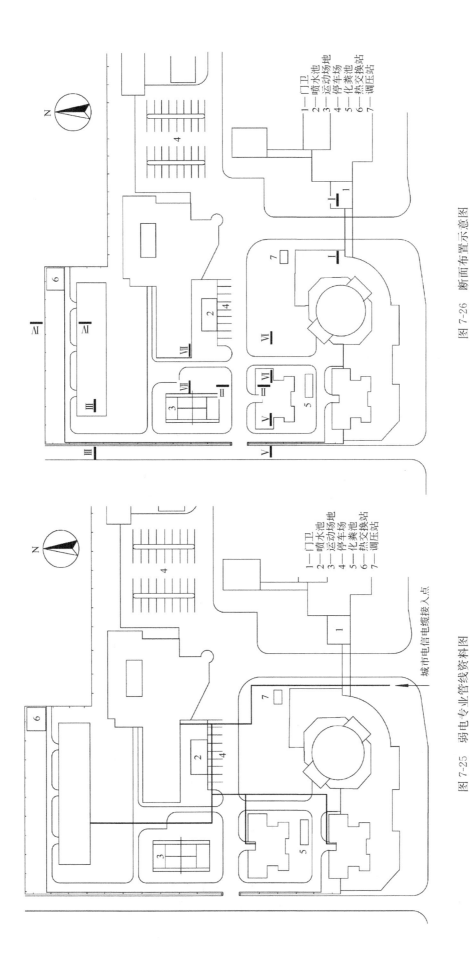

图 7-26 断面布置示意图

1——门卫
2——喷水池
3——运动场地
4——停车场
5——化粪池
6——热交换站
7——调压站

图 7-25 弱电专业管线资料图

1——门卫
2——喷水池
3——运动场地
4——停车场
5——化粪池
6——热交换站
7——调压站

城市电信电缆接入点

**361**

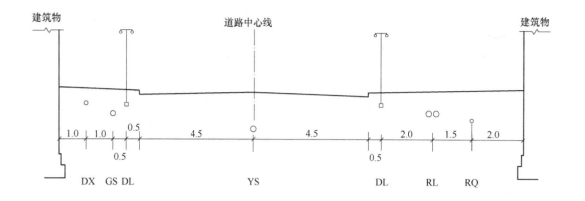

(a)

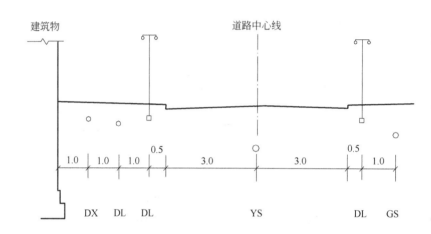

(b)

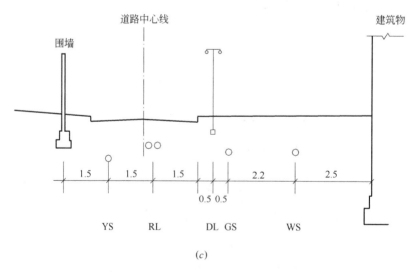

(c)

图 7-27　管线集中处断面图(一)(单位：m)

(a) Ⅰ-Ⅰ断面；(b) Ⅱ-Ⅱ断面；(c) Ⅲ-Ⅲ断面

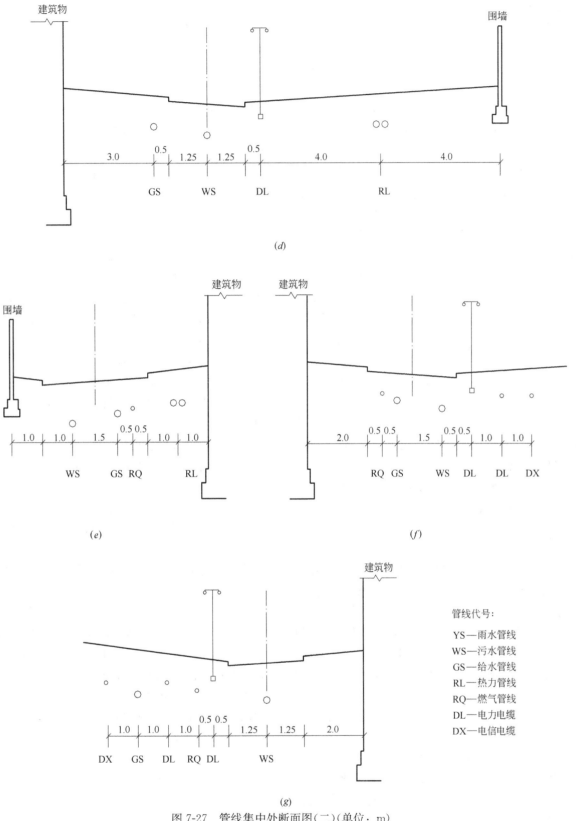

图 7-27　管线集中处断面图(二)(单位：m)

注：因缺少管径资料，本例中管线间距未计管径数值。

(d)Ⅳ-Ⅳ断面；(e)Ⅴ-Ⅴ断面；(f)Ⅵ-Ⅵ断面；(g)Ⅶ-Ⅶ断面

管线代号：

YS—雨水管线

WS—污水管线

GS—给水管线

RL—热力管线

RQ—燃气管线

DL—电力电缆

DX—电信电缆

将雨水管和热力管布置在道路上。查表7-3，雨水管与热力管最小净距为1.5m，热力管和电力电缆最小净距为2.0m，给水管与污水管的最小净距为1.5m。查表7-6，排水管与围墙间距为1.0m，取为1.5m。查表7-3，电力电缆距道路边沿间距为1.5m，排水管与建筑物间距为2.5m。其他间距规范规定同上。此断面管线布置如图7-27(c)所示。

条式住宅北侧支路(Ⅳ-Ⅳ断面)要敷设给水管、污水管、照明线和热力管。该处建筑物至围墙的距离为14.50m。在道路上布置污水管，在路南侧布置给水管，在路北侧布置照明线，结合热交换站位置布置热力管。查表7-3，给水管与建筑物间距为3.00m。其他间距规范规定同上。此断面管线布置如图7-27(d)所示。

点式住宅西侧支路(Ⅴ-Ⅴ断面)要敷设热力管、燃气管、给水管和污水管。该处围墙与建筑物的距离为6.50m，可以敷设管线的用地非常有限。除在路东侧布置热力管外，只能够在道路上布置污水管、给水管和燃气管。查表7-3，给水管与低压燃气管的最小净距为0.5m。参考《城市居住区规划设计规范》GB 50180—93（2016年版），热力管（地沟）与建筑物间距为0.50m。其他间距规范规定同上。此断面管线布置如图7-27(e)所示。

点式住宅东侧支路(Ⅵ-Ⅵ断面)要敷设燃气管、给水管、污水管、照明线、电力电缆和电信电缆。该处路西侧管线敷设的用地非常有限，路东侧较为宽敞。在路东侧布置了照明线、电力电缆和电信电缆，与Ⅴ-Ⅴ断面相对应地在道路上布置了燃气管、给水管和污水管。其他间距规范规定同上。此断面管线布置如图7-27(f)所示。

办公楼西侧支路(Ⅶ-Ⅶ断面)要敷设电信电缆、给水管、电力电缆、燃气管、照明线和污水管。该处路东侧的管线敷设用地非常有限，而路西侧较为宽敞。除污水管在道路上布置外，其余管线均在路西侧布置。查表7-3，电力电缆与低压燃气管的最小净距为0.5m，低压燃气管与污水管的最小净距为1.0m。其他间距规范规定同

上。此断面管线布置如图7-27(g)所示。

**【步骤2】** 绘制管线综合平面图

**【过程一】** 布置雨水管

首先，将给排水专业资料中的雨水管，绘制在一张平面图上。查表7-3，雨水管线距城市道路侧石边缘之间的最小水平净距为1.5m。在本设计中，雨水干管位于南北干道和东西干道的中心线上，与道路边缘的间距均满足规范要求。在通向条式住宅的支路上时，雨水干管布置在道路的西侧，与西侧道路边缘的间距偏小，与东侧道路边缘的间距合适。另外，结合地形在停车场的西侧和南侧也布置了雨水干管，与道路边缘的间距均满足规范要求。管线干管、支管、检查井和雨水口的位置，均采用了给排水专业的设计，没有做出任何改变。雨水管与各个建筑物及道路路缘石（或侧石）的间距如图7-28所示。

**【过程二】** 布置污水管

在已布置了雨水管的平面图上（图7-28），叠加给排水专业的污水管设计内容；逐一检查，可见，这两种管线之间没有矛盾。查表7-3，污水管与建筑物基础之间的最小水平距离为2.5m。污水管与各个建筑物及雨水管的间距如图7-29所示。

**【过程三】** 布置给水管

在已布置了雨水管和污水管的平面图上（图7-29），根据图7-21(c)叠加给排水专业的给水管的内容。经确认，办公楼西侧给水管与污水管间距过小，将给水管向北平移。查表7-3，给水管与污水管的最小水平距离为1.5m，此处取为2.5m。同时，结合场地建筑物分布情况，布置了6个消火栓，其间距不大于120m。给水管与建筑物基础之间的最小水平距离为3.0m，给水管与道路侧石边缘的净距为1.5m。本设计中因用地限制，给水管与道路侧石边缘的净距为1.0m。给水管与各个建筑物及其他管线的间距如图7-30所示。

**【过程四】** 布置热力管

在已布置好雨水管、污水管和给水管的平面图上（图7-30），根据图7-22叠加热力专业的热力管的内容。经确认：

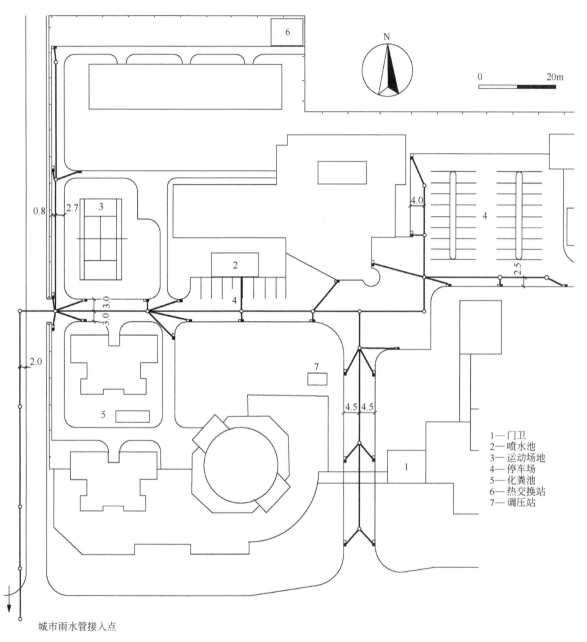

图 7-28　管线综合过程一
——雨水管

1—门卫
2—喷水池
3—运动场地
4—停车场
5—化粪池
6—热交换站
7—调压站

城市雨水管接入点

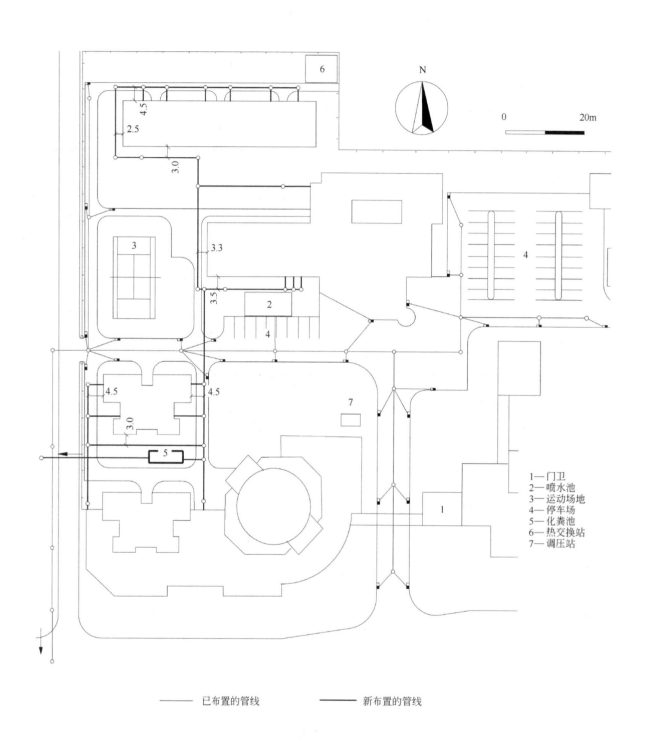

图 7-29 管线综合过程二
——雨水管、污水管

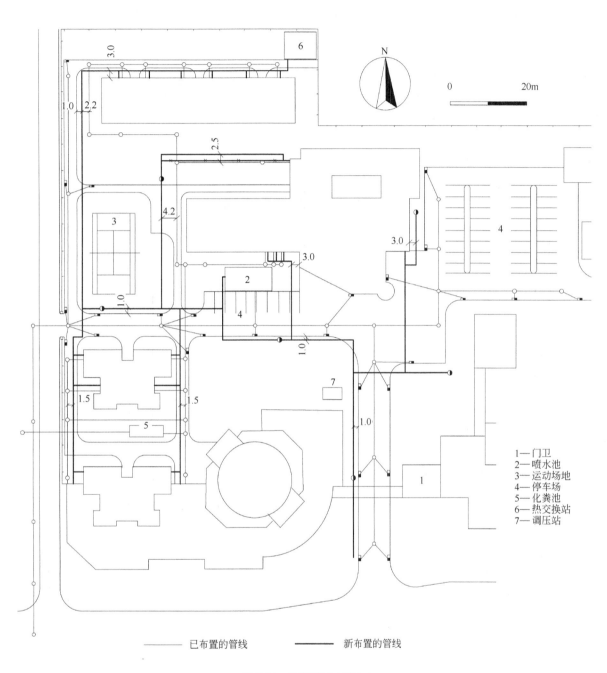

3.0

6

N

0          20m

1.0  2.2

2.5

4.2

3           3.0

3.0          4

2           3.0

1.0

4

1.0

7

1.5        1.5

1.0

5

1—门卫
2—喷水池
3—运动场地
4—停车场
5—化粪池
6—热交换站
7—调压站

1

—— 已布置的管线          —— 新布置的管线

图 7-30　管线综合过程三
——雨水管、污水管、给水管

① 在调压站东面平行敷设的一段热力管与给水管间距很近，不符合规范要求，将其位置平移至给水管的下方。查表 7-3，热力管与给水管的最小水平净距为 1.5m，取为 1.5m。

② 在办公楼东侧敷设的一段热力管与雨水管的间距很近，将其平移至雨水管东侧，距侧石 2.5m。

③ 在通向条式住宅支路上的热力管与雨水管重合，将其移至雨水管的东侧。查表 7-3，热力管与雨水管的最小水平净距为 1.5m，取为 1.5m。

④ 在两座点式住宅西侧的热力管与雨水管重合，将其平移至靠近点式住宅的位置。热力管（地沟）与建筑物基础的最小水平间距为 0.5m，参考《城市居住区规划设计规范》GB 50180—93（2016 年版），此处取为 1.0m。

热力管与各个建筑物及其他管线的间距如图 7-31。

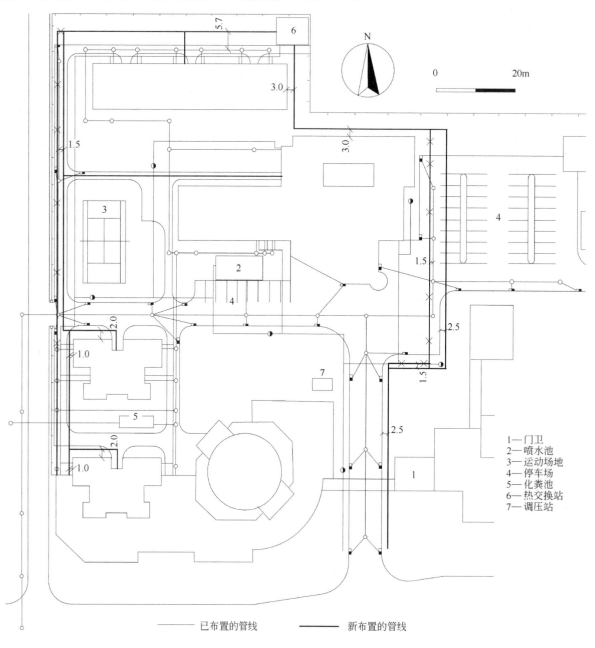

图 7-31　管线综合过程四
——雨水管、污水管、给水管、热力管

1—门卫
2—喷水池
3—运动场地
4—停车场
5—化粪池
6—热交换站
7—调压站

—— 已布置的管线　　—— 新布置的管线

**【过程五】** 布置燃气管

在已布置好雨水管、污水管、给水管和热力管的平面图上(图7-31)，根据图7-23，叠加上燃气专业的燃气管的内容。

经确认：

① 将点式楼西侧的燃气管移至给水管和热力管之间，参考Ⅴ-Ⅴ断面确定各个间距。

② 将点式楼东侧的燃气管移至道路上，参考Ⅵ-Ⅵ断面确定各个间距。查表7-3，中压燃气管与建筑物基础之间的最小水平净距为1.0m，低压燃气管与建筑物基础之间的最小水平净距为0.7m。中压燃气管与热力管之间的最小水平净距为1.0m，低压燃气管与给水管之间的最小水平净距为0.5m。

燃气管与各个建筑物及其他管线的间距如图7-32。

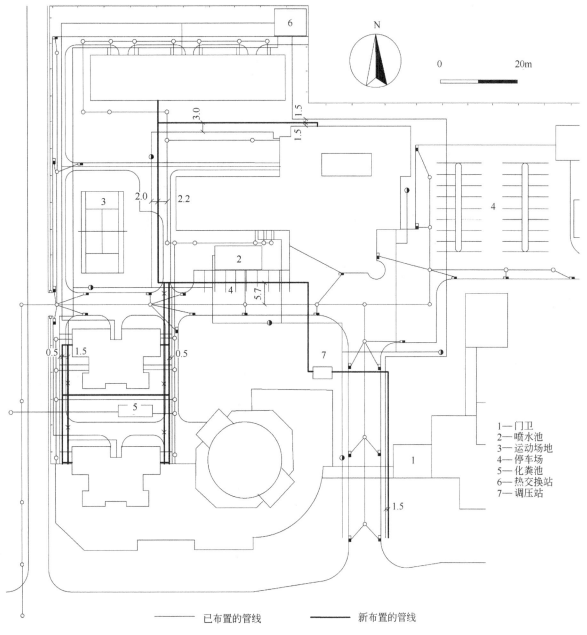

1—门卫
2—喷水池
3—运动场地
4—停车场
5—化粪池
6—热交换站
7—调压站

———— 已布置的管线　　——— 新布置的管线

图7-32　管线综合过程五
——雨水管、污水管、给水管、热力管、燃气管

**【过程六】** 布置电力电缆

在已布置了雨水管、污水管、给水管、热力管和燃气管的总平面图上(图7-32)，根据图7-24叠加上电力电缆的内容。经确认，照明电缆与给水管间距过近，参考Ⅰ-Ⅰ断面确定各个间距。

再布置照明线路。在门卫、南北干道、东西干道、停车场、办公楼、条式住宅、点式住宅和运动场地适当位置设置灯柱。路灯灯柱距道路路缘石间距取0.5m。电力电缆与各个建筑物及其他管线的间距如图7-33。

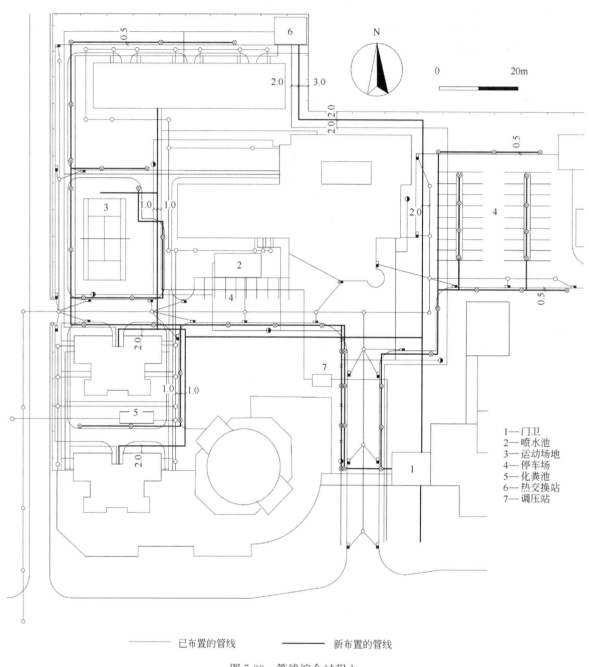

———— 已布置的管线　　———— 新布置的管线

1—门卫
2—喷水池
3—运动场地
4—停车场
5—化粪池
6—热交换站
7—调压站

图7-33　管线综合过程六
—— 雨水管、污水管、给水管、热力管、燃气管、电力电缆

370

**【过程七】** 布置电信电缆

在已布置了雨水管、污水管、给水管、热力管、燃气管和电力电缆的平面图上(图7-33),根据图7-25叠加上弱电专业的电信电缆,经确认,无矛盾存在。电信电缆与各个建筑物及其他管线的间距如图7-34。至此,已将全部管线综合完毕。

**【步骤3】** 修正管线集中处的断面图

检查管线之间、管线与建、构筑物之间的间距是否有变化,如果有,将实际的间距值标注在图中,并调整管线位置。

**【步骤4】** 管线定位

在管线综合图上(图7-34),标注管线名称的

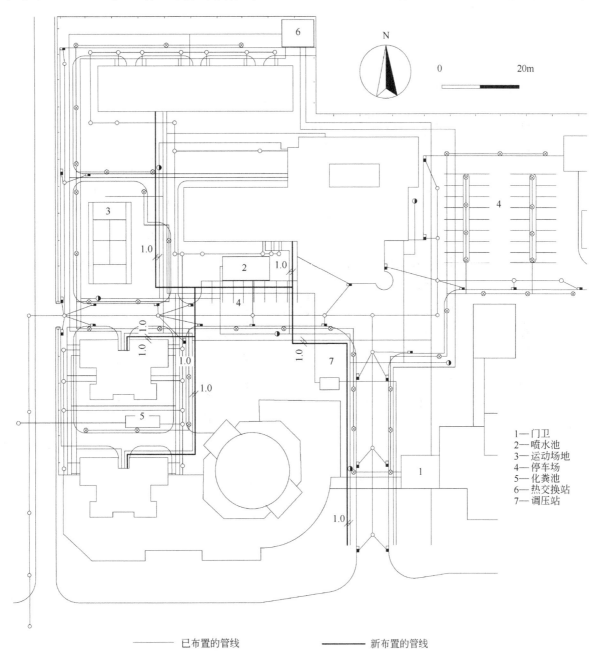

1—门卫
2—喷水池
3—运动场地
4—停车场
5—化粪池
6—热交换站
7—调压站

—— 已布置的管线          —— 新布置的管线

图7-34 管线综合过程七
——雨水管、污水管、给水管、热力管、燃气管、电力电缆、电信电缆

代号、管线间距。为了突出管线内容，建筑物、道路及现状的其他内容用细实线表示，而管线用中粗线表示，参照附录中的图例，完成的该机关单位的管线综合图见图7-35。为便于施工检索，

还应在说明中注明相关专业的图号。

**六、工程地质特殊地区管线敷设的要求**

管线应尽量避开填土较深或在不良地质地段敷设；在工程地质特殊地区的管线敷设，应采取

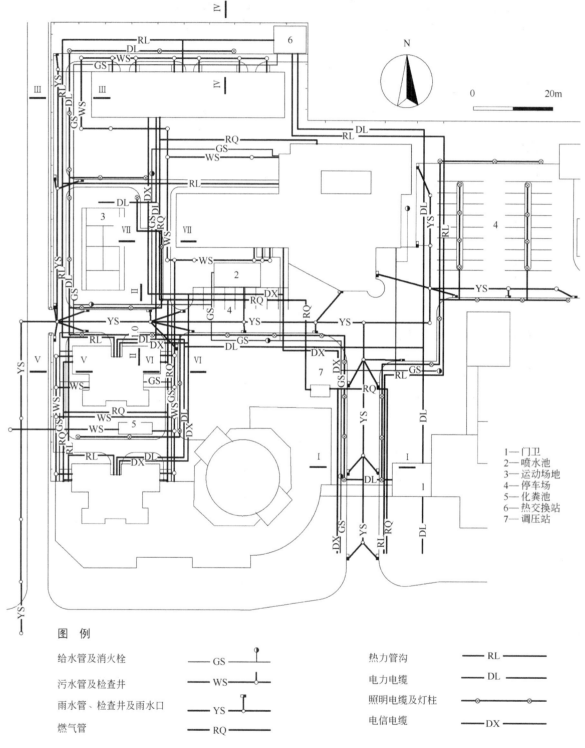

图 7-35　某机关单位管线综合图

**图　例**

| 给水管及消火栓 | ——GS—— | 热力管沟 | ——RL—— |
| 污水管及检查井 | ——WS—— | 电力电缆 | ——DL—— |
| 雨水管、检查井及雨水口 | ——YS—— | 照明电缆及灯柱 | ⊗——⊗ |
| 燃气管 | ——RQ—— | 电信电缆 | ——DX—— |

1—门卫
2—喷水池
3—运动场地
4—停车场
5—化粪池
6—热交换站
7—调压站

特殊的技术处理。

（一）地震烈度为七级以上地区

（1）给、排水管不宜布置在松散土壤和回填土、沿河地带及山坡脚下；当管线必须穿过断层时，最好垂直穿过断层。

（2）给水管布置应考虑在不同的地方采用不同方式，如采用复线、环路；不同水源的输水干管不宜并行敷设在同一通道内，应分别布置并加大距离，避免遭受地震时被破坏。

（3）管道不宜敷设在较陡的地段上，更不宜设置竖管及倒虹吸管，以免受地震破坏。

（4）地下管线应布置在道路行车部分内。

（二）多年冻土及严寒地区

（1）寒冷地区管线的平面布置，应以地形、地物为控制点，使其不妨碍地表水的排泄，并尽量减少对交通的影响。

（2）敷设在居住区的给水管，直径不宜太小，且不宜敷设过长，最好敷设在冻土以下 0.3～0.6m；主要给水管应尽量靠近用水点，尽可能与给水干管形成环状管网。

（3）浅埋式保温管道，其埋设深度应高出地下水位 0.2m。

（4）配水管最好敷设成单向坡度(最小坡度不宜小于 2‰)；如因地形限制，不能敷设成单向坡度式，必须在凹形变坡点处设置排气阀或排泥阀。

（三）膨胀土地区

《膨胀土地区建筑技术规范》GB 50112—2013：

（1）场地内的排洪沟、截水沟和雨水明沟，其沟底应采取防渗处理。排洪沟、截水沟的沟边土坡应设支挡。

（2）地下给、排水管道接口部位应采取防渗漏措施，管道距建筑物外墙基础外缘的净距不应小于 3m。

（四）湿陷性黄土地区

湿陷性黄土的特点为：黄土遇水浸湿后，在上部建、构筑物重量或自重的作用下，土结构迅速破坏而发生显著下沉。对于这一地区的管线敷设应采取以下措施：

（1）给、排水管道及其接头处，应采取防渗漏措施，以免因渗漏导致建筑物基础下沉，致使建筑物遭受破坏。

（2）在管线综合布置时，埋地管道、排水沟、雨水明沟和水池等与建筑物之间的防护距离应大于表 7-7 规定的防护距离。

埋地管道、排水沟、雨水明沟和水池等与
建筑物之间的防护距离（m）　　　　表 7-7

| 建筑类别 | 地基湿陷等级 | | | |
|---|---|---|---|---|
| | Ⅰ | Ⅱ | Ⅲ | Ⅳ |
| 甲 | — | — | 8～9 | 11～12 |
| 乙 | 5 | 6～7 | 8～9 | 10～12 |
| 丙 | 4 | 5 | 6～7 | 8～9 |
| 丁 | | 5 | 6 | 7 |

注：1. 摘自《湿陷性黄土地区建筑标准》GB 50025—2018；

2. 陇西地区（Ⅰ区）和陇东—陕北—晋西地区（Ⅱ区），当湿陷性黄土层的厚度大于 12m 时，压力管道与各类建筑的防护距离不宜小于湿陷性黄土层的厚度；

3. 当湿陷性黄土层内有碎石土、砂土夹层时，防护距离宜大于表中数值；

4. 采用基本防水措施的建筑，防护距离不得小于一般地区的规定。

防护距离的计算，建筑物应自外墙墙皮算起；高耸结构应自基础外缘算起；对水池，应自池壁边缘（喷水池等应自回水坡边缘）算起；管道和排水沟应自其外壁算起。

# 第八章　场地设计文件编制

设计文件的编制必须贯彻执行国家有关工程建设的政策和法令，应符合国家现行的建筑工程建设标准、设计规范和制图标准，遵守设计工作程序。各阶段设计文件要完整，内容、深度要符合规定，文字说明、图纸要准确清晰，整个文件经过严格校审，避免"错、漏、碰、缺"。设计阶段分为方案设计、初步设计和施工图设计，各阶段的内容、深度需要符合《建筑工程设计文件编制深度规定》（2016年版）。

## 第一节　方案设计阶段

**一、设计文件**

在方案设计阶段，总平面专业设计文件应包括：设计说明书，总平面图以及相关设计图纸，设计委托或设计合同中规定的透视图、鸟瞰图、模型等。

**二、设计说明**

（1）概述场地区位、现状特点和周边环境情况及地质地貌特征，详尽阐述总体方案的构思意图和布局特点，以及在竖向设计、交通组织、防火设计、景观绿化、环境保护等方面所采取的具体措施；

（2）说明关于一次规划、分期建设，以及原有建筑和古树名木保留、利用、改造（改建）方面的总体设想。

**三、设计图纸**

（1）场地的区域位置；

（2）场地的范围（用地和建筑物各角点的坐标或定位尺寸）；

（3）场地内及四邻环境的反映（四邻原有及规划的城市道路和建筑物、用地性质或建筑性质、层数等，场地内需要保留的建筑物、构筑物、古树名木、历史文化遗存、现有地形与标高、水体、不良地质情况等）；

（4）场地内拟建道路、停车场、广场、绿地及建筑物的布置，并表示出主要建筑物、构筑物与各类控制线（用地红线、道路红线、建筑控制线等）、相邻建筑物之间的距离及建筑物总尺寸，基地出入口与城市道路交叉口之间的距离；

（5）拟建主要建筑物的名称、出入口位置、层数、建筑高度、设计标高，以及主要道路、广场的控制标高；

（6）指北针或风玫瑰图、比例；

（7）根据需要绘制下列反映方案特性的分析图：功能分区、空间组合及景观分析、交通分析（人流及车流的组织、停车场的布置及停车泊位数量等）、消防分析、地形分析、竖向设计分析、绿地布置、日照分析、分期建设等。

## 第二节　初步设计阶段

在初步设计阶段，总平面专业的设计文件应包括设计说明书和设计图纸。

**一、编制深度**

（一）设计说明书

1. 设计依据及基础资料

（1）简述方案设计依据资料及批示中与本专业有关的主要内容；

（2）有关主管部门对本工程批示的规划许可技术条件（用地性质、道路红线、建筑控制线、城市绿线、用地红线、建筑物控制高度、建筑退让各类控制线距离、容积率、建筑密度、绿地率、日照标准、高压走廊、出入口位置、停车泊位数等），以及对总平面布局、周围环境、空间处理、交通组织、环境保护、文物保护、分期建设等方面的特殊要求；

（3）本工程地形图编制单位、日期，采用的坐标、高程系统；

（4）凡在设计总说明中已阐述的内容可从略。

2. 场地概述

（1）说明场地所在地的名称及在城市中的位置（落实到乡镇区一级）（简述周围自然环境与人文环境、道路、市政基础设施与公共服务设施的配套和供应情况，以及四邻原有和规划的重要建筑物和构筑物）；

（2）概述场地地形地貌（如山丘范围、高度，水域的位置、流向、水深、最高最低标高、总坡向、最大坡度和一般坡度等地貌特征）；

（3）描述场地内原有建筑物、构筑物（包括名木、古迹、地形、植被等）及其保留、拆除的情况；

（4）摘述与总平面设计有关的自然因素，如地震、湿陷性或胀缩性土、地裂缝、岩溶、滑坡、地下水位标高以及其他地质灾害。

3. 总平面布置

（1）说明总平面设计构思及指导思想，说明如何结合自然环境和地域文脉，综合考虑地形、地质、日照、通风、防火、卫生、交通及环境保护等要求进行总体布局，使其满足使用功能要求、城市规划要求以及技术安全、经济合理、节能、节地、节水、节材等要求；

（2）说明功能分区、远近期结合、预留发展用地的设想；

（3）说明建筑空间组织及其与四周环境的关系；

（4）说明环境景观和绿地布置及其功能性、观赏性等；

（5）说明无障碍设施的布置。

4. 竖向设计

（1）说明竖向设计的依据（如城市道路和管道的标高、地形、排水、最高洪水位、最高潮水位、土方平衡等情况）；

（2）说明如何利用地形，综合考虑功能、安全、景观、排水等要求进行竖向布置；说明竖向布置方式（平坡式或台阶式）；地表雨水的收集利用及排除方式（明沟或暗管）等；如采用明沟系统，还应阐述其排放地点的地形与高程等情况；

（3）根据需要注明初平土石方工程量；

（4）防灾措施，如针对洪水、内涝、滑坡、潮汐及特殊工程地质（湿陷性或膨胀性土）等的技术措施。

5. 交通组织

（1）说明与城市道路的关系；

（2）说明基地人流和车流的组织、路网结构、出入口、停车场（库）的布置及停车数量的确定；

（3）消防车道及高层建筑消防扑救场地的布置；

（4）说明道路的主要技术条件（如主干道和次干道的路面宽度、路面类型、最大及最小纵坡等）。

6. 主要技术经济指标表（表 8-1）

7. 室外工程主要材料

民用建筑主要技术经济指标表　　　　　　　　　　　　表 8-1

| 序号 | 名　称 | 单位 | 数量 | 备　注 | 序号 | 名　称 | 单位 | 数量 | 备　注 |
|---|---|---|---|---|---|---|---|---|---|
| 1 | 总用地面积 | hm² | | | 6 | 容积率 | | | (2)/(1) |
| 2 | 总建筑面积 | m² | | 地上、地下部分可分列，不同功能性质部分应分列 | 7 | 建筑密度 | % | | (3)/(1) |
| | | | | | 8 | 绿地率 | % | | (5)/(1) |
| 3 | 建筑基底总面积 | hm² | | | 9 | 机动车停车泊位数 | 辆 | | 室内外应分列 |
| 4 | 道路广场总面积 | hm² | | 含停车场面积 | | | | | |
| 5 | 绿地总面积 | hm² | | 可加注公共绿地面积 | 10 | 非机动车停放数量 | 辆 | | |

注：1. 当工程项目（如城市居住区）有相应的规划设计规范时，技术经济指标的内容应按其执行；

2. 计算容积率时，通常不包括±0.00 以下地下建筑面积。

（二）设计图纸

1. 区域位置图（根据需要绘制）

2. 总平面图

（1）保留的地形和地物；

（2）测量坐标网、坐标值，场地范围的测量坐标（或定位尺寸），道路红线、建筑控制线、用地红线；

（3）场地四邻原有及规划的道路、绿化带等的位置（主要坐标或定位尺寸）和主要建筑物及构筑物的位置、名称、层数和间距；

（4）建筑物、构筑物的位置（人防工程、地下车库、油库、贮水池等隐蔽工程用虚线表示）与各类控制线的距离，其中主要建筑物、构筑物应标注坐标（或定位尺寸）、与相邻建筑物之间的距离及建筑物总尺寸、名称（或编号）、层数；

（5）道路、广场的主要坐标（或定位尺寸），停车场及停车位、消防车道及高层建筑消防扑救场地的布置，必要时加绘交通流线示意；

（6）绿化、景观及休闲设施的布置示意，并表示出护坡、挡土墙、排水沟等；

（7）指北针或风玫瑰图；

（8）主要技术经济指标表（见表8-1）；

（9）说明栏内注明：尺寸单位、比例、地形图的测绘单位、日期、坐标及高程系统名称（如为场地建筑坐标网时，应说明其与测量坐标网的换算关系）、补充图例，以及其他必要的说明等。

3. 竖向布置图

（1）场地范围的测量坐标值（或注尺寸）；

（2）场地四邻的道路、地面、水面，及其关键性标高（如道路出入口）；

（3）保留的地形、地物；

（4）建筑物、构筑物的位置、名称（或编号）、主要建筑物和构筑物的室内外设计标高、层数，有严格限制的建筑物、构筑物高度；

（5）主要道路、广场的起点、变坡点、转折点和终点的设计标高，以及场地的控制性标高；

（6）用箭头或等高线表示地面坡向，并表示出护坡、挡土墙、排水沟等；

（7）指北针；

（8）注明尺寸单位、比例、补充图例；

（9）竖向布置图可视项目实际情况与总平面图合并。

4. 其他图纸

根据项目实际情况可增加绘制交通、日照、土方图等，也可图纸合并。

二、示例

【例8-1】

项目名称：三峡库区某移民住宅小区初步设计

设计单位：中冶赛迪集团有限公司

场地类型：郊区场地、坡地场地、群体建筑场地

（一）场地概况

该移民住宅小区位于某新县城中心区西部腹心位置，其修建性详细规划已批准。小区东临县行政中心，北距长江600m。其用地范围分别由三条新县城的主、次干道围合：北侧道路——平都大道为主干道，东侧道路为三合路，西侧道路为新凯路，南面为山坡地。场地外形基本上呈方形，面积为8.99hm²。地势南高北低，东高西低，自然地形高低起伏不平。经业主场地平整后形成单斜坡，用地范围内高差仍有30m（图8-1）。

图8-1 建设用地情况

（二）指导思想和目标

设计中以人为本，遵循人的居住行为规律，考虑与整个新县城城市规划的衔接与统一，努力创造一个布局形态科学合理、功能结构完善齐备、人居环境优美舒适、物业管理高效周密、充分体现"绿、静、美"特点的现代化示范小区。

（三）场地总体布局

1. 用地布局

（1）功能分区

整个小区划分为主场地区（包括社区活动中心、住宅区）和商住区两大部分（图8-2）。

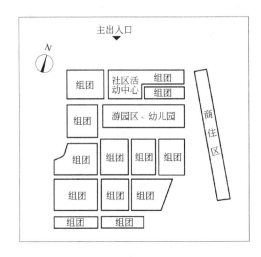

图 8-2　场地用地划分

（2）出入口设置

根据小区的交通流向与城市干道的关系，将场地人行主出入口设在面向平都大道一侧，位于用地的中间位置。因场地北部与平都大道有将近20m高差，设计中布置人行踏步，由北向南贯通。在小区东侧的三合路、西侧的新凯路和至P区区间的道路分别设三个次要出入口，方便人行、车行交通（图8-3）。

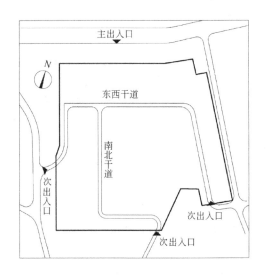

图 8-3　场地出入口设置

（3）道路与交通

结合小区内交通流向和城市干道的关系，设置了一条7m宽（道路红线宽为14m）的东西向机动车道，方便区内的交通需要，由东侧的三合路和望江路交叉口处出线。该道路展线克服高差，到达主场地北部后与平都大道平行布置，至场地西北侧后向南与新凯路连接，为小区的交通干道。另外，设置了一条6m宽（道路红线宽为12m）南北向的干道，从社区中心T字形交叉口起，向南继而向东延伸，与P区区间道路连接，可直通横四路。在主场地北侧边缘、小区休闲活动广场南侧住宅组团间均布置了4m宽的支路（道路红线宽为8m），形成纵横布置的网络。由于各组团场地的设计标高不同，支路绝大多数为尽头式，为满足大型消防车通行的标准，兼顾安全疏散的目的，设置了不小于15m×15m的回车场（图8-4）。

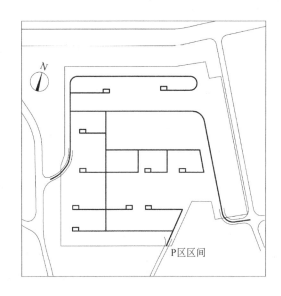

图 8-4　场地道路布置

小区道路采用城市型，路面为水泥混凝土路面，其设计荷载为汽-15级。道路最大纵坡为8%，干道曲线半径为20m，转弯半径为12m；支路曲线半径为9m，转弯半径为6m。

在小区内设置了两处停车场，面积为2800m²，可以停放小型汽车约90辆。

在场地主入口处，设置36m宽的踏步与平都大道相连；在三合路入口处布置了3m宽的踏步与小区内部连接；小区内部各组团之间多设有

2m 宽的踏步，方便组团间的联系。

### 2. 建筑布置

小区建筑包括社区活动中心、住宅楼和商住楼。

（1）社区活动中心：是小区的公共服务设施，也是本小区的标志性建筑；又因其特殊的地理位置，成为平都大道上的一个重要的城市景观节点。其位置正对主出入口，位于北部中心地带，由其南侧东西干道上的天桥可以到达社区活动中心的屋顶花园。幼儿园与游园区位于社区活动中心南侧。

（2）住宅楼：小区共有 22 栋住宅楼，均为 8 层。设计了 7 种套型，面积从 80m²/套 到 120m²/套，均为一梯二户。各套型朝向均为东南向，组团内住宅前后间距大多数为 20～24m。组团间高差为 5m 时，将日照间距减少到 16m。南北干道两侧的住宅山墙间距为 16m，支路两侧的住宅山墙间距为 10m。住宅楼布置时，在用地南侧与西侧靠近用地边界布置，西北侧住宅楼靠近东西干道布置。

（3）商住楼：小区共有 4 栋商住楼，沿东侧三合路布置，呈一字排开，面向县行政广场，便于县城的市民消费购物。一二层为商场，三至八层为住宅，均为一梯二户。住宅入口及楼梯与商场的楼梯分设。商住楼布置时沿建筑红线（与道路红线重合）后退 4m，其山墙间距均为 6m。

### 3. 场地空间环境的处理

（1）入口空间

入口空间包括社区活动中心、开放式广场及主出入口的踏步三部分。设计上利用高低、疏密、虚实对比的手法丰富入口空间。从平都大道向南眺望，宽阔的踏步之上，是轻盈活泼、富有流动韵律的社区活动中心与开放式广场。广场上设有花坛、草坪、水池、座椅，植有高大落叶乔木及四季常青的灌木，环境优美宜人。社区活动中心顶部设有屋顶花园，供居民使用。开放式广场不仅能供人们户外活动，同时也能远眺长江，环视新县城风景。

（2）游园空间

小区内公共绿地与幼儿园结合布置，挖池堆山，置桥种树，草坪、花卉、亭台、水榭相得益彰，形成一个中心游园区域。在其一侧还设置了篮球场和羽毛球场，以满足居民多层次的生活需要。

（3）院落空间

在每个院落设置院落绿地，作为主要活动空间，以花架、座椅、铺地、小品、儿童游戏设施等设计要素构成。该空间或以花坛、树篱间隔，或随地形而变，简洁紧凑、形式各异，以满足不同年龄层次居民就近活动的需要，增强了私密性和邻里感。各组团住宅以色彩、入口小品处理的变化来增强住宅楼的识别性。

小区总平面及竖向布置见图 8-5，局部组团总平面及竖向布置见图 8-6。

### （四）竖向布置

小区地处坡地场地，高差约 30m。竖向布置形式选择台阶式，在用地范围内为连续式平土。

### 1. 场地台阶的划分

根据地形情况，结合小区内的组团分布及道路布置情况，将小区划分为 10 个台阶。台阶宽度以组团宽度确定，高度由道路纵坡确定（图8-7）。

### 2. 场地台阶设计标高确定

主场地根据东西干道、南北干道和各支路在组团间的连接标高确定各组团的场地设计标高。各台阶的场地设计标高见图 8-7。商住楼场地的设计标高的确定要利于商业门面与三合路的连接，方便商业经营和顾客出入。各栋商住楼的室内标高为 230.00～239.00m，栋与栋之间的高差为 3.00m（图 8-7）。

小区竖向布置的立面图和 A-A 剖面图见图8-8。

### 3. 台阶的连接形式

根据工程地质勘察报告，挖方边坡坡度采用 1:1（土质）或 1:0.5（次坚石），填方边坡坡度采用 1:1.5，边坡均采取了护坡处理。当边坡高度小于 4m，坡脚做 1.5m 高挡土墙，坡面用浆砌片石（20～25cm）防护或全部植草皮处理；当边坡高度为 5～10m 时，坡脚做 2.0～2.5m 高挡土墙，坡面做 2m×2m 井字形方格，其中进行绿化处理；当边坡高度大于 10m 时，坡脚做 2.5～3m 高挡土墙，其坡面处理方案，经业主审批确定。在平都大道南侧、三合路西侧需设片石护坡，面积约 3350m²。住宅楼西南侧靠近用地边界，因高差近 16m，需设挡土墙以保证场地的稳定性；台阶间采用挡土墙或与放坡相结合的方式连接。挡土墙共 13 条，总长为 1394m，采用重力式条石挡土墙。场地挡土墙与边坡布置见图 8-9。

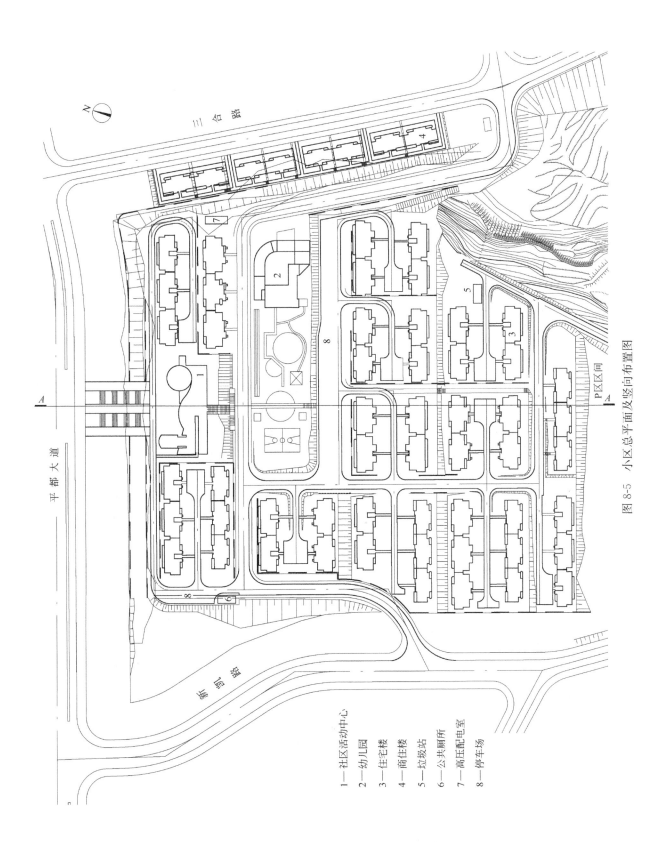

图 8-5 小区总平面及竖向布置图

1—社区活动中心
2—幼儿园
3—住宅楼
4—商住楼
5—垃圾站
6—公共厕所
7—高压配电室
8—停车场

三合路

平都大道

新凯路

N

A

A

P区区间

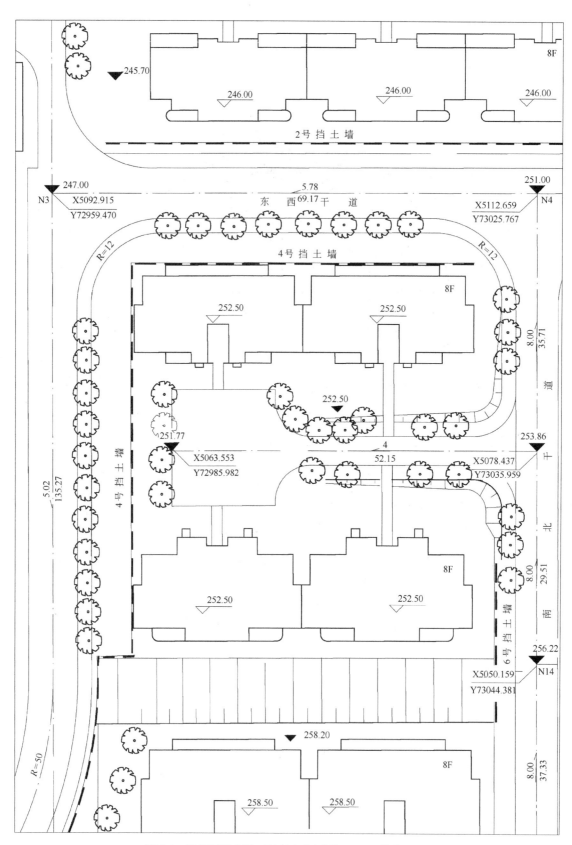

图 8-6 局部组团总平面及竖向布置图 1:500(单位:m)

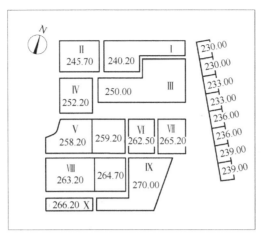

图 8-7 场地台阶分区与场地设计标高示意图(单位：m)

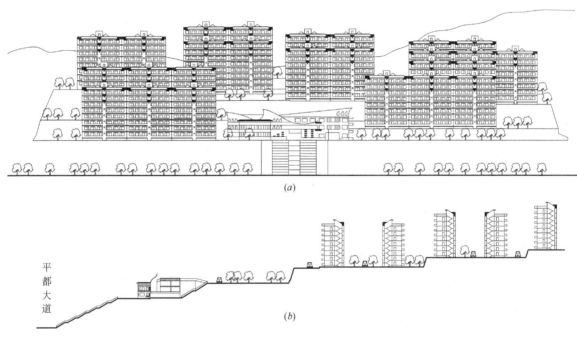

图 8-8 立面示意图和纵剖面示意图
(a)立面示意图；(b)A-A 剖面示意图

**4. 土石方工程量**

土石方工程量见表 8-2，总量为 31.81 万 m³。场地平整面积为 4.00 万 m²。

**5. 场地排雨水**

场地排雨水设计采用混合排水系统，有组织地排入城区主干管。道路及竖向布置图从略。

**(五)管线干线综合**

**1. 场外管线接入点位置**

本工程管线有：电力电缆，电信电缆，天然气线路，生活、消防给水管，生活污水管和雨水管等。电力电缆的接入点位于场地东北角，电信电缆的接入点位于场地的东南角(图 8-10)。天然气管线的接入点位于场地南面至 P 区区间道路附近(图 8-11)。生活消防给水通过三个方向与城市管线衔接：场地南面中部，场地北部主出入口附近，场地西面与新凯路衔接处。场地生活污水和雨水的排放，决定于场地的地形——场地南侧较高，东、北和西部的地形较低；所以，场地的生活污水和雨水均向这三个方向排放(图 8-12)。

**2. 管线干线综合布置**

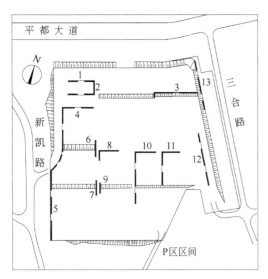

图 8-9　场地挡土墙与边坡布置

注：1~13 为挡土墙编号

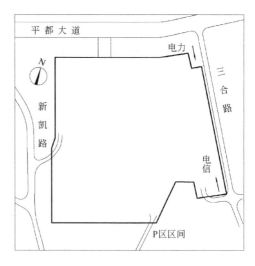

图 8-10　电力、电信电缆接入点

**主要工程量**　　　　　表 8-2

| 序号 | 项目名称 | 单位 | 数量 | 备注 |
|---|---|---|---|---|
| 1 | 道路长度 | m | 2380.00 | |
| | 其中：7m 宽度 | m | 650.00 | |
| | 6m 宽度 | m | 380.00 | |
| | 4m 宽度 | m | 1350.00 | |
| 2 | 道路铺筑面积 | 万 m² | 1.52 | |
| 3 | 人行道面积 | 万 m² | 0.49 | |
| 4 | 土石方工程量 | 万 m³ | 31.81 | 不包括基槽土 |
| | 其中：填方 | 万 m³ | 9.37 | |
| | 挖方 | 万 m³ | 22.44 | 弃土 13.07 万 m³ |
| 5 | 挡土墙长度 | m | 1394.00 | |
| | 其中：高度 1~5m | m | 1114.00 | |
| | 高度 6~10m | m | 180.00 | |
| | 高度 10m 以上 | m | 100.00 | |
| 6 | 边坡处理面积 | 万 m² | 1.09 | |
| 7 | 排水沟长度 | m | 1200.00 | |
| 8 | 场地平整面积 | 万 m² | 4.00 | |
| 9 | 踏步长度 | m | 116.00 | |
| | 其中：36m 宽 | m | 36.00 | |
| | 3m 宽 | m | 60.00 | |
| | 2m 宽 | m | 20.00 | |
| 10 | 停车场面积 | 万 m² | 0.28 | 停车位约 90 辆 |

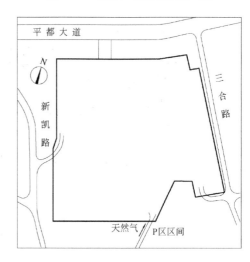

图 8-11　天然气管线接入点

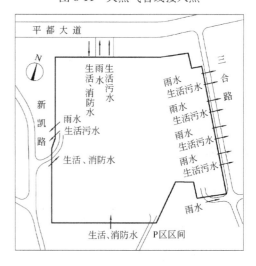

图 8-12　给排水管线接入点

本设计的管道(干线)综合图(局部)见图8-13。

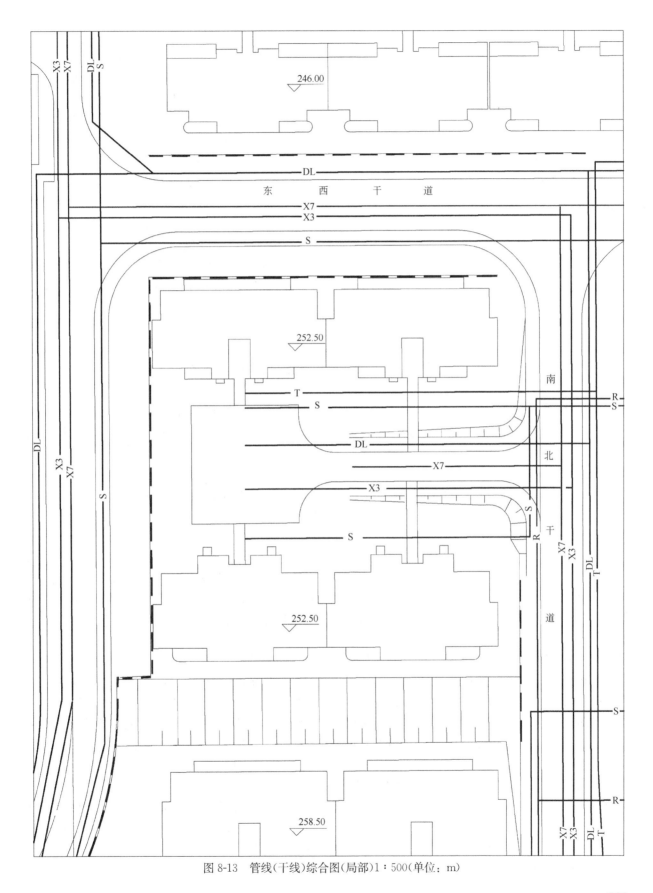

图 8-13　管线(干线)综合图(局部)1：500(单位：m)

其中：

  S——生活、消防水管；

  R——天然气管道；

  X3——生活污水管；

  X7——雨水管；

  DL——电力电缆；

  T——电信电缆。

3. 场地管线集中处的管线布置

场地管线集中处为南北干道，其管线布置见图 8-14。

（六）主要工程量（见表 8-2）

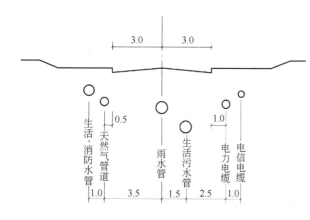

图 8-14　南北干道管线布置断面图（单位：m）

## 第三节　施工图设计阶段

在施工图设计阶段，首先应根据初步设计文件审批提出的意见和建议，对原方案作必要的调整与修改，并征得有关单位同意后，编制施工图设计文件和图纸。总平面专业施工图设计文件应当包括图纸目录、设计说明、设计图纸和计算书。应先列绘制的图纸，后列选用的标准图和重复利用图。一般工程的设计说明分别写在有关的图纸上。如重复利用某工程的施工图图纸及其说明时，应详细注明其编制单位、工程名称、设计编号和编制日期；并列出主要技术经济指标表，此表也可以列在总平面图上。

### 一、编制深度

（一）总平面图

（1）保留的地形和地物；

（2）测量坐标网、坐标值；

（3）场地范围的测量坐标（或定位尺寸），道路红线、建筑控制线、用地红线等的位置；

（4）场地四邻原有及规划的道路、绿化带的位置（主要坐标值或定位尺寸），周边场地用地性质以及主要建筑物、构筑物、地下建筑物等的位置、名称、性质、层数；

（5）建筑物、构筑物（人防工程、地下车库、油库、贮水池等隐蔽工程以虚线表示）的名称或编号、层数、定位（坐标或相互关系尺寸）；

（6）广场、停车场、运动场地、道路、围墙、无障碍设施、排水沟、挡土墙、护坡等的定位（坐标或相互关系尺寸）；如有消防车道和扑救场地，需注明；

（7）指北针或风玫瑰图；

（8）建筑物、构筑物使用编号时，应列出"建筑物和构筑物名称编号表"；

（9）注明尺寸单位、比例、建筑正负零的绝对标高、坐标及高程系统（如为场地建筑坐标网时，应注明与测量坐标网的相互关系）、补充图例等。

（二）竖向布置图

（1）场地测量坐标网、坐标值；

（2）场地四邻的道路、水面、地面的关键性标高；

（3）建筑物、构筑物名称或编号、室内外地面设计标高、地下建筑的顶板面标高及覆土高度限制；

（4）广场、停车场、运动场地的设计标高，以及景观设计中水景、地形、台地、院落的控制性标高；

（5）道路、坡道、排水沟的起点、变坡点、转折点和终点的设计标高（路面中心和排水沟顶及沟底）、纵坡度、纵坡距、关键性坐标，道路标明双面坡或单面坡、立道牙或平道牙，必要时标明道路平曲线及竖曲线要素；

（6）挡土墙、护坡或土坎顶部和底部的主要设计标高及护坡坡度；

（7）用坡向箭头或等高线表示地面坡向；当对场地平整要求严格或地形起伏较大时，宜用设计等高线表示，地形复杂时应增加剖面表示设计地形；

（8）指北针或风玫瑰图；

（9）注明尺寸单位、比例、补充图例等；

（10）注明尺寸单位、比例、建筑正负零的绝对标高、坐标及高程系统（如为场地建筑坐标网时，应注明与测量坐标网的相互关系）、补充图例等。

（三）土石方图

（1）场地范围的坐标或注尺寸；

（2）建筑物、构筑物、挡墙、台地、下沉广场、水系、土丘等位置(用细虚线表示)；

（3）一般用方格网法（也可采用断面法）——20m×20m 或 40m×40m(也可采用其他方格网尺寸)的方格网及其定位，各方格点的原地面标高、设计标高、填挖高度、填区和挖区的分界线、各方格土石方量和总土石方量；

（4）土石方工程平衡表（见表 4-22）。

（四）管道综合图

（1）总平面布置；

（2）场地范围的坐标（或注尺寸），道路红线、建筑控制线、用地红线等的位置；

（3）保留、新建的各管线（管沟）、检查井、化粪池、储罐等的平面位置，注明各管线、化粪池、储罐等与建筑物、构筑物的距离和管线间距；

（4）场外管线接入点的位置；

（5）管线密集的地段宜适当增加断面图，表明管线与建筑物、构筑物、绿化之间及管线之间的距离，并注明主要交叉点上下管线的标高或间距；

（6）指北针；

（7）注明尺寸单位、比例、图例、施工要求。

（五）绿化及建筑小品布置图

（1）总平面布置；

（2）绿地（含水面）、人行步道及硬质铺地的定位；

（3）建筑小品的位置（坐标或定位尺寸）、设计标高、详图索引；

（4）指北针；

（5）注明尺寸单位、比例、图例、施工要求等。

（六）详图

包括道路横断面、路面结构、挡土墙、护坡、排水沟、池壁、广场、运动场地、活动场地、停车场地面、围墙等详图。

（七）设计图纸的增减

（1）当工程设计内容简单时，竖向布置图可与总平面图合并；

（2）当路网复杂时，可增绘道路平面图；

（3）土石方图和管线综合图可根据设计需要确定是否出图；

（4）当绿化或景观环境另行委托设计时，可根据需要绘制绿化及建筑小品的示意性和控制性布置图。

（八）计算书

设计依据及基础资料、计算公式、计算过程、有关满足日照要求的分析资料，以及成果资料等。

## 二、示例

【例 8-2】

项目名称：三峡库区某移民住宅区住宅楼施工图

设计单位：中冶赛迪集团有限公司

场地类型：市区场地、坡地场地、群体建筑场地

1. 总平面布置图

（1）调整总平面布置

在该项目施工图设计阶段，根据初步设计审批意见，对初步设计内容作了局部调整：因场地西南角填方高，如果布置多层建筑，其基础费用增加，会造成房价的抬升，给居民的压力加大。所以，设计上将 9 栋和 10 栋的三个单元改为 1 个单元，空出的位置布置幼儿园；19 栋由两个单元改为三个单元，并在原幼儿园位置布置了点式楼。此外，进行变配电设施布置：变配电室靠近城市电力线接入点布置，1 号配电室、2 号配电室、3 号配电室、4 号配电室分散在场地内布置，其总平面布置见图 8-15。

（2）建筑物定位

本设计的住宅楼的定位，采用了坐标定位法。由于建筑物数量多，故采用对建筑物角点进行编号，另提供坐标表的方式。总平面及场地排水图的局部见图 8-16。

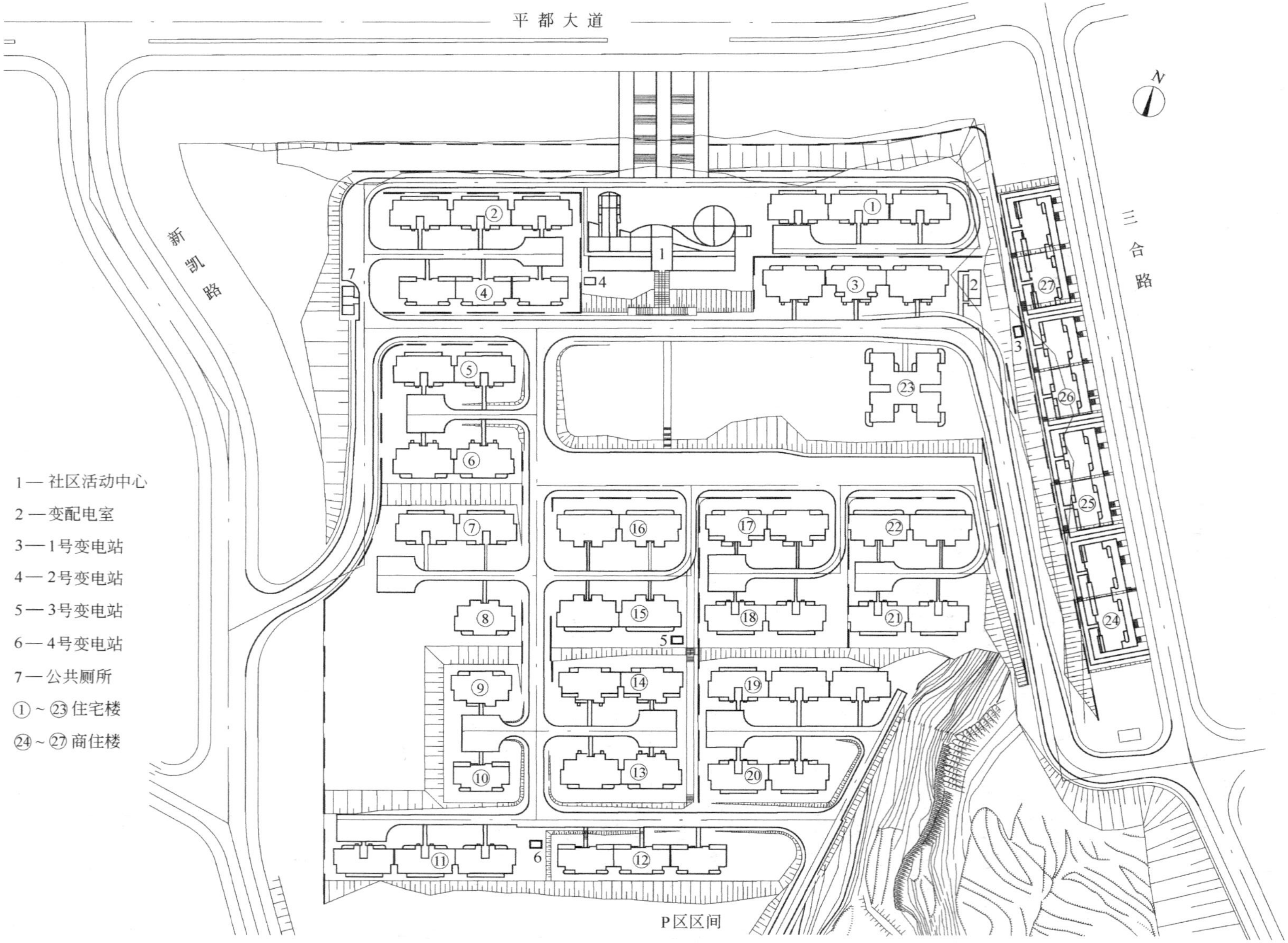

图 8-15 总平面布置图

1——社区活动中心
2——变配电室
3——1号变电站
4——2号变电站
5——3号变电站
6——4号变电站
7——公共厕所
①～㉓住宅楼
㉔～㉗商住楼

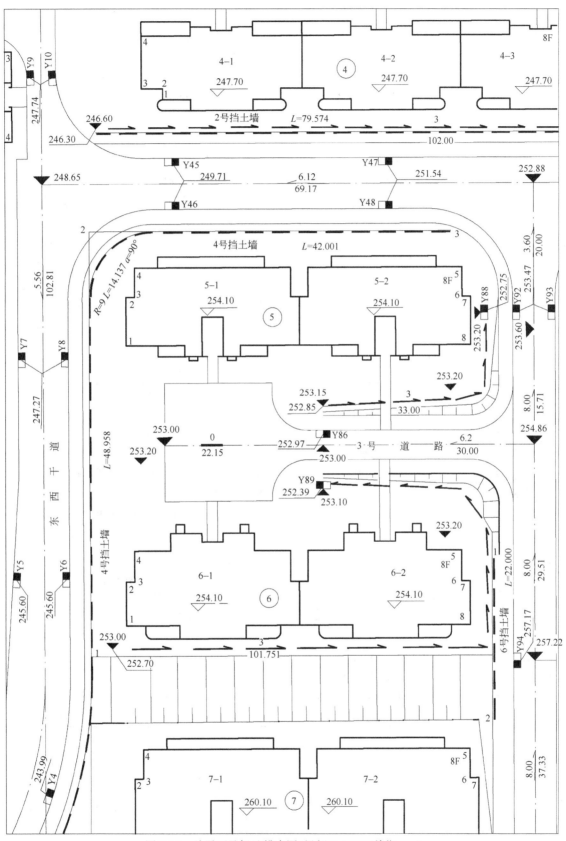

图 8-16 总平面及场地排水图(局部)1∶500(单位：m)

**2. 平土图**

根据业主第一次场地平整竣工断面图，采用断面法进行场地平土图设计。

（1）平土图

1）确定场地平土范围，即城市规划给定的用地范围。

2）调整平土分区和场地设计标高。

根据总平面布置的变化，调整平土分区，并将主场地的设计标高抬高 1m，减少外运弃土量，场地平土分区及各区场地设计标高见图 8-17。相应，各栋商住楼的室内标高也进行了调整，设计标高为 229.45～240.50m。

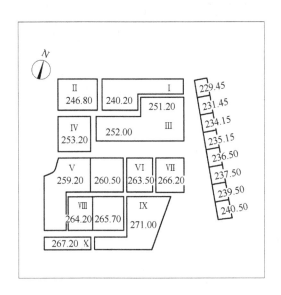

图 8-17　场地平土分区及各区场地设计标高（单位：m）

3）表示建、构筑物的位置。

用虚线表示设计的建、构筑物和道路的布置。

4）确定平土控制线位置，布置断面。

本设计采用东西干道的中心线作为平土控制线，断面位置确定时垂直于平土控制线，断面间距为 10m。本设计采用甲方提供的竣工图断面间距，进行断面编号，标注断面间距，断面与平土控制线的关系见图 8-18。

5）支挡构筑物（挡土墙、护坡、护墙、踏步）的设计。

① 位置、编号

用图例表示挡土墙和边坡的平面布置，确定

挡土墙的高度（其结构设计由结构专业完成）。本设计的挡土墙类型有：挡土墙上部是住宅楼，挡土墙上部是道路和挡土墙上部是边坡三种。护坡下方 3m 高的挡土墙为条石挡土墙。另外，较高的挡土墙采用混凝土挡土墙。由于数量多，将挡土墙进行逐一编号。

② 定位：计算挡土墙定位轴线的坐标。

（2）断面图

1）绘制各断面图

在每一个断面图上，根据台阶分区和场地设计标高，绘出设计地面线。自然地面为竣工断面图上的地面线，确定平土控制线位置。标注台阶宽度、场地设计标高以及挡土墙、边坡、道路位置等的相对尺寸。其中，挡土墙的坡度要根据结构图绘出，边坡的坡度根据地质报告推荐数值绘制；另外，表示出基底处理方法。部分断面图见图 8-19。

2）计算各断面的面积

用积距法分别计算各断面的挖方面积和填方面积。

3）计算土石方量

分别用相邻的两个断面的填方面积，求平均断面面积，乘以间距得到相邻两断面之间的土方体积，即为土方量。将所有的土方量累计，得到总的填方量。同理，得到总的挖方量。与初步设计的弃土量 13.07 万 m³ 相比，弃土量显著下降（表 8-3）。

土石方工程量　　　　　　　　　表 8-3

| 序号 | 平土分区 | 挖方（m³） | 填方（m³） | 弃土（m³） | 备注 |
|---|---|---|---|---|---|
| 1 | 一区 | 21520 | 20500 | 1020 | |
| 2 | 二区 | 6928 | 5850 | 1078 | |
| 3 | 三区 | 90914 | 86484 | 4430 | |
| 4 | 四区 | 22280 | 800 | 14280 | |
| 5 | 五区 | 28870 | 20139 | 8731 | |
| 6 | 合计 | 170512 | 140973 | 29539 | |

**3. 道路设计图**

东西干道和南北干道为居住区级道路，其圆曲线设计时包括了超高、加宽等技术条件，设计难度加大。全部场地道路由于要克服高差，故采用较大的坡度及展线方法，连接城市道路与住宅组团地面，设计的变坡点多。

388

图 8-18 平土图 (单位: m)

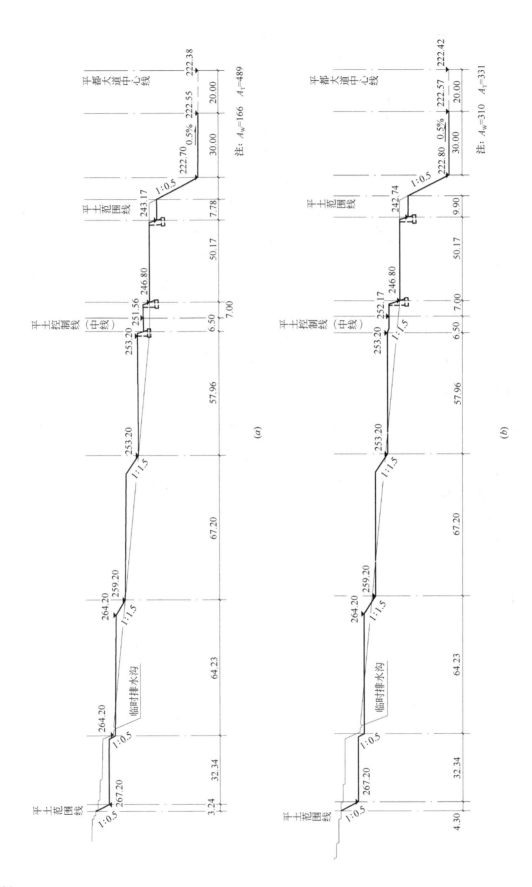

图 8-19 横断面图(部分)(单位: m)(一)

(a)0+160 断面; (b)0+170 断面

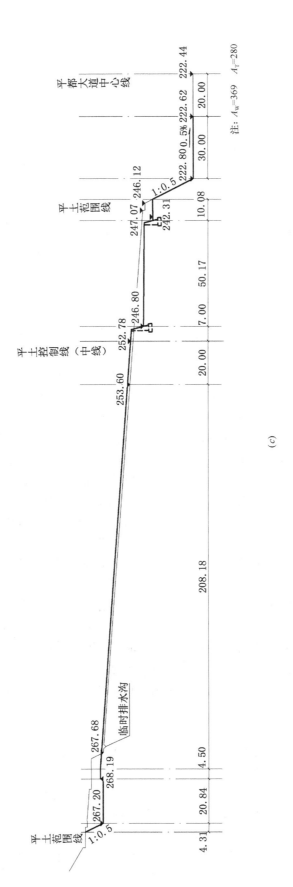

图 8-19　横断面图（部分）（单位：m）（二）

(c) 0+180 断面

（1）调整道路平面布置

根据场地西南角平面布置的调整，修改道路布置。

（2）调整主干道路设计标高

根据场地台阶设计标高的调整，即将设计标高增加1m，将所有的设计标高调整一次，并修改相应的纵坡度。

（3）进行道路设计

1）平面

进行道路编号、道路中心线坐标计算、曲线要素计算。

绘出设计的各级道路，表示路面线及中心线、两侧人行道、道路交叉口及转弯处的圆曲线半径，标注道路宽度，绘出单独的人行道、踏步、广场、停车场和体育、娱乐活动设施，并标注其长、宽尺寸；计算东西干道加宽值。

2）纵断面

标注道路的分段起止点、交叉点、变坡点和进入主要建筑物的中心线的设计标高，相应的纵坡坡度、坡距和坡向；道路变坡点处的竖曲线设置。道路纵坡度不能超出规范规定，平曲线不与竖曲线重合。标注单独的人行道、踏步、广场、停车场和体育、娱乐活动设施相应的设计标高和横向坡度。

3）横断面

各级道路、人行道的路面形式、横坡坡度。

4）结构详图选型

各级道路横断面、路面结构、水泥混凝土路面分格、交叉口水泥混凝土路面接缝布置图、胀缝、缩缝、纵缝、横缝，混凝土路缘石，人行道、地面铺砌的选型（本设计中略）。

本设计道路平面图（局部）见图8-20。

4. 竖向布置图

本设计采用的是设计标高法。

（1）绘出设计的各级道路；表示路面线及中心线、两侧人行道、道路交叉口及转弯处的圆曲线半径；标注道路宽度、路面形式、横坡；标注道路的分段起止点、交叉点、变坡点和进入主要建筑物的中心线的设计标高，相应的纵坡坡度、坡距和坡向；绘出单独的人行道、广场、停车场和体育、娱乐活动设施，并标注其长、宽尺寸与横向坡度。

（2）在平土图的基础上，分别计算和确定各建筑物室内地坪标高和室外地坪标高，单独的人行道、广场、停车场和体育、娱乐活动设施的设计标高。

1）确定室外地坪标高

建筑物室外地坪标高就是场地各分区的设计标高，各组团地面为水平面。

2）确定建筑物室内地坪标高

各住宅楼的室内地坪标高为室外地坪标高加0.9m。建筑物室内、室外设计标高见图8-16。

（3）确定雨水口位置、编号及顶面设计标高。

1）位置、编号

在道路上和回车场上布置雨水口，防止路面积水。雨水口应根据道路坡度确定，一般成对设置。本设计由于雨水口较多，进行了编号。

2）雨水口顶面标高确定。

道路上雨水口顶面标高，要根据道路中心线标高、道路横坡度计算，并减去0.03m。

（4）确定边坡、护坡、踏步和挡土墙等构筑物的顶部、底部和变化点的设计标高。

（5）确定明沟等排水构筑物的位置，标注沟顶、沟底设计标高，纵坡度、坡向和坡距。

1）位置、编号

在挡土墙墙脚下、边坡坡脚下和道路边坡下方，应布置排水沟，并进行编号。

一般情况下，场地的雨水都是排向道路，然后汇集到道路的雨水口内流入下水管道。但在坡地场地中，道路因有一定坡度，比组团的地面要高，场地的雨水就不能流入道路了。所以，为避免地面积水，就要布置排水沟。本设计由于水沟多，需要进行编号。

2）排水沟设计

设计包括排水沟位置，通过标注与住宅楼的间距尺寸定位。

确定排水沟起点和终点的地面设计标高、沟底设计标高、水沟长度、纵坡度、坡向等内容。排水沟终点的沟底设计标高即为雨水口的顶面设计标高。排水沟设计内容的表达见图8-16。

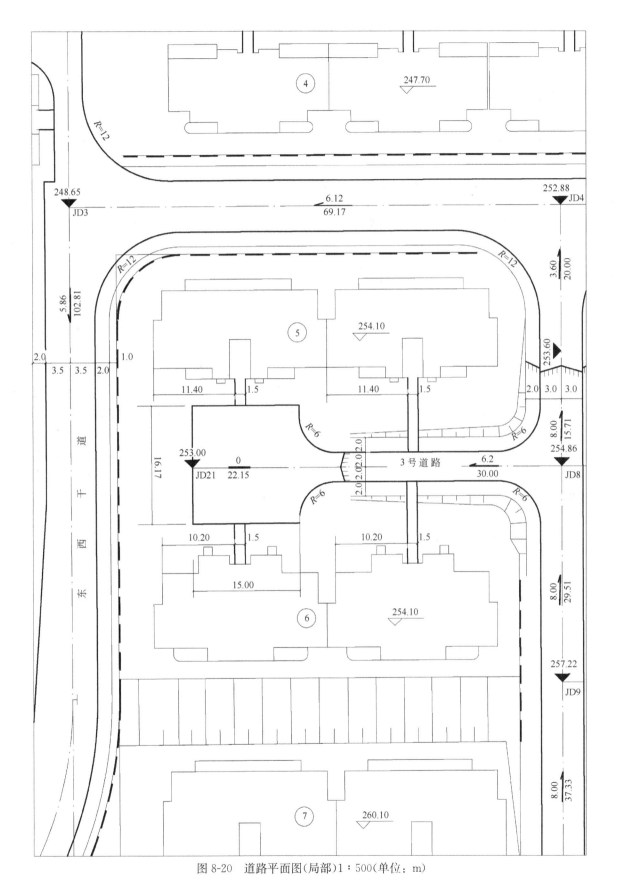

图 8-20 道路平面图(局部)1：500(单位：m)

3）排水沟等排水构筑物选型

根据标准图，进行排水沟的结构选型。排水沟在景观要求高的地段，可以加盖板。

本设计的场地排水见图8-16。

5. 管线综合图

（1）明确各建筑物的管线条件

根据场外管线的接入点条件和初步设计管线干线综合图的路由以及各专业提供的建筑物、构筑物的±0.00平面图，明确各建筑物的进出口相对尺寸和附属构筑物，进行管线综合布置。

（2）管线定位

本设计管线定位应用了坐标定位法，将每一种管线顺序编号，另发坐标表（略）。本设计的管线综合图（局部）见图8-21。其中：

S——生活、消防给水管；

S2——生活给水管；

S4——消防给水管；

DL——直埋电力电缆及道路照明；

T——直埋电信电缆；

R——直埋天然气管；

X3——生活污水管；

X7——雨水管。

【例8-3】

项目名称：西安某宾馆施工图设计

设计单位：中国建筑西北设计研究院有限公司

场地类型：市区场地、平坦场地、单体建筑场地

西安某宾馆位于城市市中心商业街东大街中段南侧，其东侧和西侧为现有商业建筑，场地内后楼为已有建筑，用地受现有建筑的限制不很规则。

（1）总平面布置图：宾馆位于场地中心位置，建筑退道路红线布置。围绕建筑物布置了环行道路，在东大街上设置了两个出入口，一个连接场地内道路，另一个直接通向宾馆的地下停车场。在出入口两侧布置了地面停车场，总平面布置见图8-22。

（2）竖向布置图：竖向设计采用了设计等高线法，见图8-23。

（3）道路、停车场分仓图：设计采用了混凝土路面，表示了道路和停车场的路面分仓。道路、停车场分仓见图8-24，道路结构详图（略）。

（4）管道综合图：管道综合布置见图8-25。

（5）庭院绿化布置图：在宾馆北面设计了环境小品，临街设计了花坛，沿道路进行了绿化。在宾馆南面设计了一个庭院，可供人们休息，其庭院绿化布置见图8-26，其细部详图（略）。

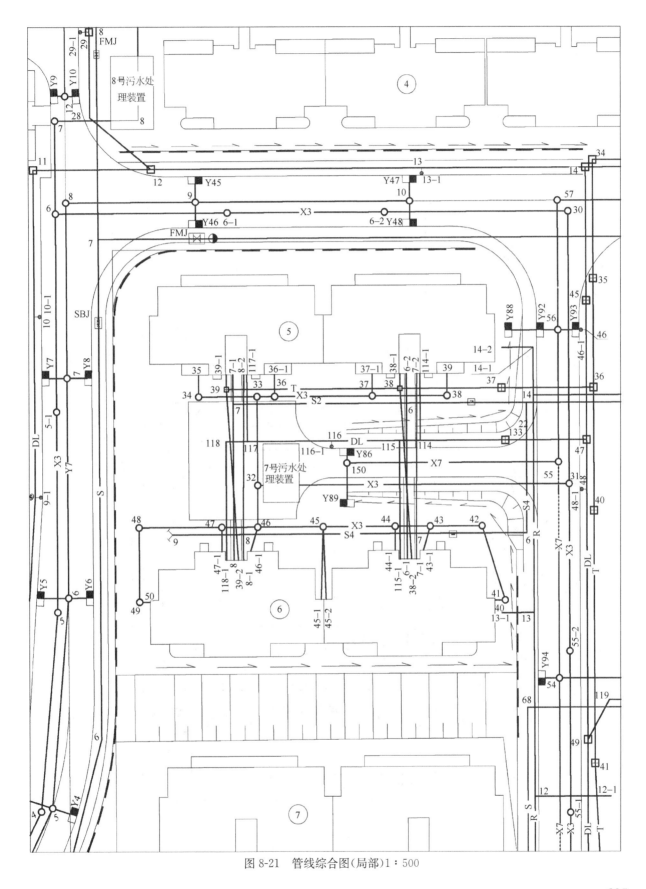

图 8-21 管线综合图(局部)1:500

395

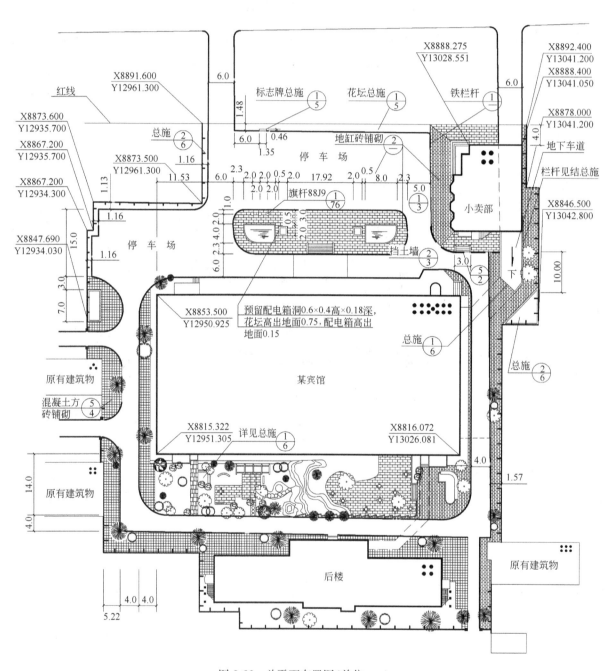

图 8-22　总平面布置图(单位：m)

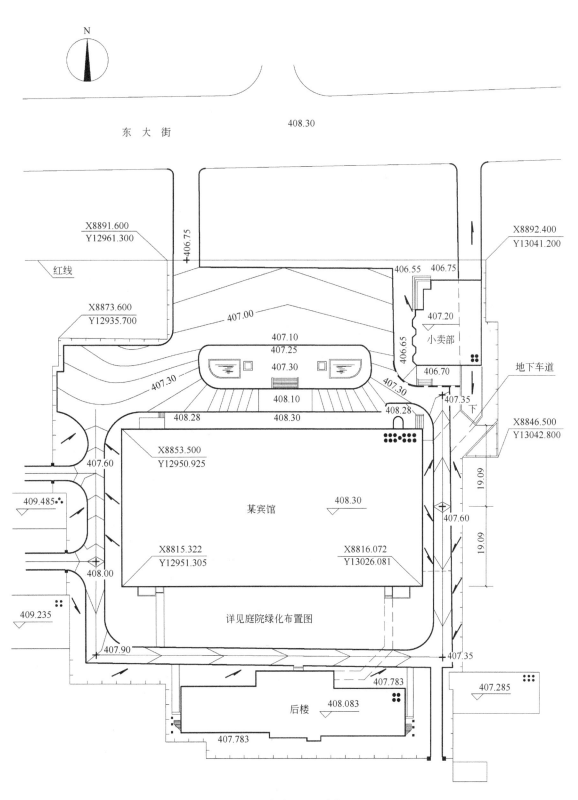

东 大 街

N

408.30

X8891.600
Y12961.300

红线

+406.75

X8873.600
Y12935.700

407.00

406.55　406.75

407.20

X8892.400
Y13041.200

小卖部

407.10
407.25

406.65

407.30

407.30

407.30

407.30

406.70

地下车道

408.10

408.28　408.30

408.28

+407.35
下

407.60

X8853.500
Y12950.925

X8846.500
Y13042.800

19.09

409.485

某宾馆

408.30

407.60

X8815.322
Y12951.305

X8816.072
Y13026.081

19.09

408.00

409.235

详见庭院绿化布置图

407.90

+407.35

407.783

407.285

后楼　408.083

407.783

图 8-23　竖向布置图(单位：m)

397

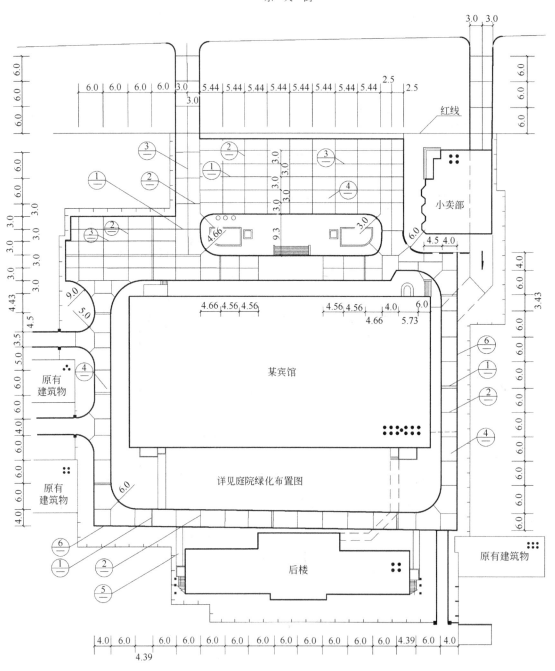

图 8-24　道路、停车场分仓图（单位：m）

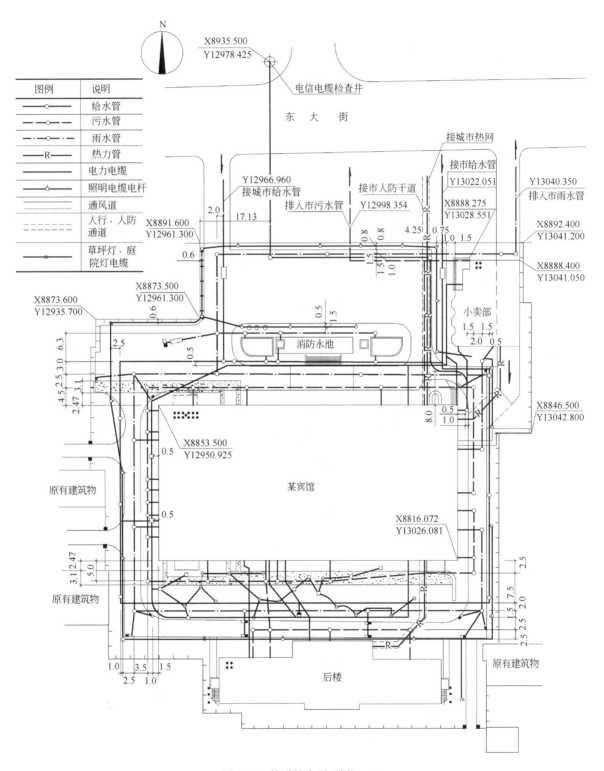

图 8-25　管道综合图(单位：m)

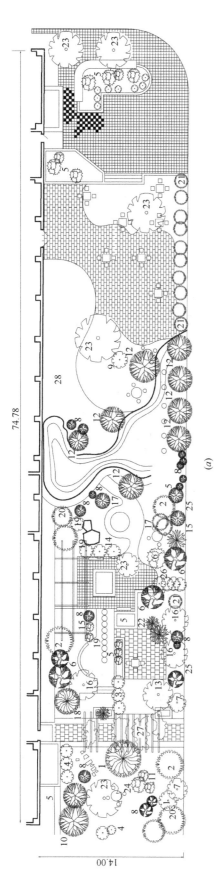

(a)

| 编号 | 名称 | 数量 | 高度 | 备注 |
|---|---|---|---|---|
| 1 | 国槐 | 1 | 5 | |
| 2 | 油松 | 2 | 3 | |
| 3 | 刺柏 | 3 | 0.7~2 | |
| 4 | 龙柏 | 5 | 3~4 | |
| 5 | 瓜子黄杨 | | 1~1.2 | 冠0.8 |
| 6 | 桂花 | 5 | 1.8~2.5 | |
| 7 | 女贞 | 3 | 4~5 | |
| 8 | 海桐 | 13 | 1.5 | |
| 9 | 杜鹃 | 1 | 2 | |
| 10 | 马尾松 | 2 | 2 | |
| 11 | 月季 | 2 | 1 | |

| 编号 | 名称 | 数量 | 高度 | 备注 |
|---|---|---|---|---|
| 12 | 垂柳 | 8 | 3~5 | |
| 13 | 樱花 | 1 | 3~4 | 日本种 |
| 14 | 红叶李 | 3 | 2.5 | 冠1.5 |
| 15 | 合欢 | 2 | 4~5 | |
| 16 | 银杏 | 3 | 5~6 | |
| 17 | 枫 | 3 | 3~5 | |
| 18 | 桃 | 1 | 3~4 | 红色 |
| 19 | 小檗 | 2 | 2.5 | |
| 20 | 玉兰 | | 3~3.5 | 冠1.5 |
| 21 | 紫薇 | 11 | 3 | |
| 22 | 石榴 | 2 | 2.5~3 | 已结果苗 |

| 编号 | 名称 | 数量 | 高度 | 备注 |
|---|---|---|---|---|
| 23 | 龙爪槐 | 6 | 2.5 | |
| 24 | 紫荆 | 1 | 3 | |
| 25 | 丁香 | 2 | 2.5~3 | 成形 |
| 26 | 迎春 | 4 | 2.5 | |
| 27 | 葡萄 | | | 花架 |
| 28 | 野牛草 | | | 草地 |
| 29 | 芍药 | | | 时令花卉 |
| 30 | 一串红 | | | 时令花卉 |
| 31 | 美人蕉 | | | 时令花卉 |
| 32 | 郁金香 | | | 时令花卉 |
| 33 | 常春藤 | | | 花架 |

注：表中苗木29~33可根据季节情况灵活布置。故在(a)图中未标明具体位置。

(b)

图 8-26 庭院绿化布置图(单位：m)
(a)平面图；(b)苗木数量表(高度为栽植时高度)

400

# 附录 国家基本比例尺地图图式 第1部分：1:500 1:1000 1:2000 地形图图式 GB/T 20257.1—2017(节选)

| 编号 | 符号名称 | 符号式样 | | | 简要说明 |
|---|---|---|---|---|---|
| | | 1:500 | 1:1000 | 1:2000 | |
| **4.1** | **定位基础** | | | | 包括数学基础和测量控制点 |
| 4.1.1 | 三角点<br>a. 土堆上的<br>张湾岭、黄土岗——点名<br>156.718、203.623——高程<br>5.0——比高 | 3.0 △ $\frac{张湾岭}{156.718}$<br><br>a 5.0 △ $\frac{黄土岗}{203.623}$ | | | 利用三角测量方法和精密导线测量方法测定的国家等级的三角点和精密导线点；<br>设在土堆上的且土堆不能依比例尺表示的用符号a表示 |
| 4.1.2 | 小三角点<br>a. 土堆上的<br>摩天岭、张庄——点名<br>294.91、156.71——高程<br>4.0——比高 | 3.0 ▽ $\frac{摩天岭}{294.91}$<br><br>a 4.0 ▽ $\frac{张庄}{156.71}$ | | | 测量精度为5″或10″小三角点和同等精度的其他控制点；<br>设在土堆上的且土堆不能依比例尺表示的用符号a表示 |
| 4.1.3 | 导线点<br>a. 土堆上的<br>I16、I23——等级、点号<br>84.46、94.40——高程<br>2.4——比高 | 2.0 ⊙ $\frac{I16}{84.46}$<br><br>a 2.4 ⊙ $\frac{I23}{94.40}$ | | | 利用导线测量方法测定的控制点；<br>一、二、三级导线点用此符号表示；设在土堆上的且土堆不能依比例尺表示的用符号a表示 |
| 4.1.4 | 埋石图根点<br>a. 土堆上的<br>12、16——点号<br>275.46、175.64——高程<br>2.5——比高 | 2.0 ⌖ $\frac{12}{275.46}$<br><br>a 2.5 ⌖ $\frac{16}{175.64}$ | | | 埋石的或天然岩石上凿有标志的、精度低于小三角点的图根点；<br>设在土堆上的且土堆不能依比例尺表示的用符号a表示 |
| 4.1.5 | 不埋石图根点<br>19——点号<br>84.47——高程 | 2.0 ⊡ $\frac{19}{84.47}$ | | | 不埋石的图根点根据用图需要表示 |
| 4.1.6 | 水准点<br>Ⅱ——等级<br>京石5——点名点号<br>32.805——高程 | 2.0 ⊗ $\frac{Ⅱ京石5}{32.805}$ | | | 利用水准测量方法测定的国家级的高程控制点 |

401

| 编号 | 符号名称 | 符号式样 | | | 简要说明 |
|------|---------|---------|---|---|---------|
| | | 1：500 | 1：1000 | 1：2000 | |
| 4.1.7 | 卫星定位连续运行站点<br>14——点号<br>495.263——高程 | | 3.2 ⊙△ $\frac{14}{495.263}$ | | 利用卫星定位技术测定的A级全球导航卫星系统（GNSS）网点 |
| 4.1.8 | 卫星定位等级点<br>B——等级<br>14——点号<br>495.263——高程 | | 3.0 △ $\frac{B14}{495.263}$ | | 利用卫星定位技术测定的B、C、D、E级全球导航卫星系统（GNSS）网点 |
| 4.1.9 | 独立天文点<br>照壁山——点名<br>24.54——高程 | | 4.0 ☆ $\frac{照壁山}{24.54}$ | | 利用天文观测的方法直接测定其地理坐标和方位角的控制点；<br>测有大地坐标的天文点用三角点符号表示 |
| **4.2** | **水系** | | | | 包括河流、沟渠、湖泊、水库、海洋、水利要素及附属设施等 |
| 4.2.1 | 地面河流<br>a. 岸线（常水位岸线、实测岸线）<br>b. 高水位岸线（高水界）<br>清江——河流名称 | | | | 地面上的终年有水的自然河流；<br>a. 岸线是水面与陆地的交界线，又称水涯线；<br>b. 高水位岸线系常年雨季的高水面与陆地的交界线，又称高水界 |
| 4.2.4 | 时令河<br>a. 不固定水涯线<br>（7—9）——有水月份 | | | | 季节性有水的自然河流 |
| 4.2.6 | 运河 | | ———— 0.25 | | 跨流域开凿的，可供调水、航运的人工水道 |
| 4.2.7 | 沟渠<br>a. 低于地面的<br>b. 高于地面的<br>c. 渠首 | | | | 人工修建的供灌溉、引水、排水的水道；<br>图上宽度大于0.5mm的用双线表示，小于0.5mm的用单线表示；每条沟渠应加注流向符号 |

| 编号 | 符号名称 | 符号式样 | | | 简要说明 |
|------|----------|----------|---|---|----------|
| | | 1：500 | 1：1000 | 1：2000 | |
| 4.2.8 | 沟堑<br>　a. 已加固的<br>　b. 未加固的<br>　2.6——比高 | | | | 沟渠通过高地或山隘处经人工开挖形成两侧坡面很陡的地段；<br>　坡度大于70°的用陡坎符号表示，小于70°的用斜坡符号表示 |
| 4.2.16 | 湖泊<br>　龙湖——湖泊名称<br>　（咸）——水质 | | | | 陆地上洼地积水形成的水域宽阔、水量变化缓慢的水体 |
| 4.2.17 | 池塘 | | | | 人工挖掘的积水水体或自然形成的面积较小的洼地积水水体 |
| 4.2.20 | 水库<br>　a. 毛湾水库——水库名称<br>　b. 溢洪口<br>　　54.7——溢洪道堰底面高程<br>　c. 泄洪洞、出水口<br>　d. 拦水坝、堤坝<br>　　d1. 拦水坝<br>　　d2. 堤坝<br>　　水泥——建筑材料<br>　　75.2——坝顶高程<br>　　59——坝长（m）<br>　e. 建筑中水库 | | | | 因建造坝、闸、堤、堰等水利工程拦蓄河川径流而形成的水体及建筑物；<br>　a. 水库岸线以常水位岸线表示，并需加注名称注记；<br>　b. 溢洪道是水库的泄洪水道，用以排泄水库设计蓄水高度以上的洪水；<br>　c. 泄洪洞口是水库坝体上修建的排水洞口；<br>　d. 水库坝体是横截河流或围挡水体以提高水位的堤坝式构筑物；<br>　e. 建筑中的水库表示水库坝址，范围线可用设计洪水位时的水涯线表示 |
| 4.2.31 | 泉（矿泉、温泉、毒泉、间流泉、地热泉）<br>　51.2——泉口高程<br>　温——泉水性质 | | | | 地下水集中涌出的出水口 |
| 4.2.32 | 水井、机井<br>　a. 依比例尺的<br>　b. 不依比例尺的<br>　　51.2——井口高程<br>　　5.2——井口至水面深度<br>　　咸——水质 | | | | 人工开凿用于取水的竖井 |

| 编号 | 符号名称 | 符号式样 | | | 简要说明 |
|------|---------|---------|---------|---------|---------|
| | | 1：500 | 1：1000 | 1：2000 | |
| 4.2.33 | 地热井 | | ♨ | | 有大量天然水蒸气或水温60℃以上的水井 |
| 4.2.34 | 贮水池、水窖、地热池<br>　a. 高出地面的<br>　b. 低于地面的<br>　　净——净化池<br>　c. 有盖的 | | | | 用于贮水的人工池或水窖；净化池、污水池、洗煤池、废液池以及开采地热资源的地热池，并加注"净""污""洗煤""废液""地热"等字 |
| 4.2.36 | 沼泽、湿地<br>　a. 能通行的<br>　b. 不能通行的<br>　　碱——沼泽性质 | | | | 地面长期湿润、泥泞或有水潮浸的区域（包括季节性的湿草地） |
| 4.2.37 | 河流流向及流速<br>　0.3——流速（m/s） | | | | 河流的水流方向及速度 |
| 4.2.40 | 堤<br>　a. 堤顶宽依比例尺<br>　　24.5——坝顶高程<br>　b. 堤顶宽不依比例尺<br>　　2.5——比高 | | | | 人工修建的用于防洪、防潮的挡水构筑物；<br>　堤顶宽度在图上大于1mm的依比例尺表示，0.5～1mm的用符号 b1 表示，小于0.5mm的用符号 b2 表示 |
| 4.3 | **居民地及设施** | | | | 包括居民地、工矿、农业、公共服务、名胜古迹、宗教、科学观测站、其他建筑物及其附属设施等 |

| 编号 | 符号名称 | 符号式样 1:500 | 符号式样 1:1000 | 符号式样 1:2000 | 简要说明 |
|------|----------|--------|---------|---------|----------|
| 4.3.1 | 单幢房屋<br>　a. 一般房屋<br>　b. 裙楼<br>　　b1. 楼层分割线<br>　c. 有地下室的房屋<br>　d. 简易房屋<br>　e. 突出房屋<br>　f. 艺术建筑<br>　混、钢——房屋结构<br>　2、3、8、28——房屋层数<br>　(65.2)——建筑高度<br>　-1——地下房屋层数 | a 混3　b 混3　混8 (b1)<br><br>c 混3-1　d 简2<br><br>c 钢28<br><br>f 艺28　艺(65.2) | a c d 3<br><br>b 3 8<br><br>e f 28 | 在外形结构上自成一体的各种类型的独立房屋；<br>突出房屋是指形态和颜色与周围房屋有明显区别、具有方位意义的房屋；<br>艺术建筑是指形态特异或底部轮廓线与上部投影线差别较大的房屋 |
| 4.3.2 | 建筑中房屋 | 建 | | | 已建房基或基本成型但未建成的房屋 |
| 4.3.3 | 棚房<br>　a. 四边有墙的<br><br>　b. 一边有墙的<br><br>　c. 无墙的 | a<br><br>b<br><br>c | | | 有顶棚，四周无墙或仅有简陋墙壁的建筑物 |
| 4.3.4 | 破坏房屋 | 破 | | | 受损坏无法正常使用的房屋或废墟 |
| 4.3.5 | 架空房、吊脚楼<br>　4——楼层<br>　4——架空楼层<br>　/1、/2——空层层数 | 砼4　砼3/2　砼4 | 4　3/1 | | 架空房指两楼间架空的楼层及下面有支柱的架空房屋；<br>吊脚楼（吊楼）指用支柱架在水面或坡面上的房屋 |
| 4.3.6 | 廊房（骑楼）、飘楼<br>　a. 廊房<br>　b. 飘楼 | a 混3 | b 混3 | | 廊房指楼房上层出挑至街道处，用立柱支撑，下面形成内部的人行道，又称骑楼；<br>飘楼（挑楼）指楼房上层向外飘出，地面无支柱的楼层 |
| 4.3.7 | 窑洞<br>　a. 地面上的<br>　　a1. 依比例尺的<br>　　a2. 不依比例尺的<br>　　a3. 房屋式的窑洞<br>　b. 地面下的<br>　　b1. 依比例尺的<br>　　b2. 不依比例尺的 | a　a1　a2　a3<br><br>b　b1　b2 | | | 在坡壁或坑壁挖成的洞穴式居所；分为地上的（在坡壁上挖成）和地下的（在地面向下挖成平底大坑，再从坑壁挖成）两种 |

| 编号 | 符号名称 | 符号式样 | | | 简要说明 |
|---|---|---|---|---|---|
| | | 1:500 | 1:1000 | 1:2000 | |
| 4.3.21 | 水塔<br>　a. 依比例尺的<br>　b. 不依比例尺的 | a ⊕　　b 3.6 2.0 ⊥ | | | 提供供水水压的塔形建筑物；<br>依比例尺表示的用实线表示轮廓，其内配置符号 |
| 4.3.22 | 水塔烟囱<br>　a. 依比例尺的<br>　b. 不依比例尺的 | a ⊕　　b 3.6 2.0 ♠ | | | 水塔和烟囱合为一体的建筑物；<br>依比例尺表示的用实线表示轮廓，其内配置符号 |
| 4.3.45 | 学校 | | | 2.5 文 | 专指进行中、小学教育及职业教育的机构与场所，不包括大学 |
| 4.3.46 | 医疗点 | | | 2.8 ✚ | 指提供简单医疗服务的场所，如医务室、医疗站、急救站等，不包括医院 |
| 4.3.49 | 体育馆、科技馆、博物馆、展览馆 | 砼5科 | | | 各种综合性的体育馆、科技馆、博物馆和展览馆 |
| 4.3.50 | 宾馆、饭店 | 砼5<br>Ⓗ | | | 提供旅客居住餐饮的场所；<br>图上只表示三星级以上或县、乡中规模较大的宾馆饭店 |
| 4.3.51 | 商场、超市 | 砼4<br>Ⓜ | | | 较大规模的综合商店或实行顾客"自我服务"方式的零售商场 |
| 4.3.59 | 通信营业厅 | 砼5<br>◉ | | | 办理通信业务的场所 |
| 4.3.60 | 邮局 | 砼5<br>卐 | | | 办理邮政业务的场所 |
| 4.3.63 | 电视发射塔<br>　23——塔高 | ⊕ 23 | | | 架设广播电视天线的塔形建筑物 |
| 4.3.65 | 移动通信塔、微波传送塔、无线电杆<br>　a. 在建筑物上<br>　b. 依比例尺的<br>　c. 不依比例尺的 | a 砼5<br>ł 通信　　b ł　　c ł | | | 发射或接收无线电、微波信号的天线杆、架、塔设备 |

| 编号 | 符号名称 | 符号式样 | | | 简要说明 |
|------|---------|---------|---------|---------|---------|
| | | 1：500 | 1：1000 | 1：2000 | |
| 4.3.73 | 坟地、公墓<br>　a. 依比例尺的<br>　b. 不依比例尺的 | a　　　⊥　　b　1.6 ⊥ | | | 坟地是指山坡、村庄外的坟墓比较集中的坟墓占地；<br>公墓指具有一定规模的经营性质的公共墓地 |
| 4.3.76 | 古迹、遗址<br>　a. 古迹<br>　b. 遗址 | a　混　b　　秦阿房宫遗址 | | | 古代各种建筑物和残留地 |
| 4.3.80 | 纪念碑、北回归线标志塔、领海基点指向碑<br>　a. 依比例尺的<br>　b. 不依比例尺的 | a　　　b | | | 比较高大、有纪念意义的碑和其他类似物体 |
| 4.3.81 | 彩门、牌坊、牌楼<br>　a. 依比例尺的<br>　b. 不依比例尺的 | a　　　b | | | 起装饰作用或具有纪念意义的单门或多门的框架式建筑物 |
| 4.3.82 | 钟楼、鼓楼、城楼、古关塞<br>　a. 依比例尺的<br>　b. 不依比例尺的 | a　　　b　2.4 | | | 钟楼、鼓楼是放置大钟（鼓）的古式楼宇；城楼是建造在城门上供远望用的楼宇；古关塞是古时的关口要塞 |
| 4.3.83 | 亭<br>　a. 依比例尺的<br>　b. 不依比例尺的 | a　　　b　2.4 | | | 花园、公园或娱乐场所中供游乐、休息或装饰性的，有顶无墙的建筑物；<br>依比例尺表示时，以实线表示底座轮廓，或以虚线表示亭顶的轮廓 |
| 4.3.84 | 文物碑石<br>　a. 依比例尺的<br>　b. 不依比例尺的 | a　　　b　2.6 1.2 | | | 大型的、具有保护价值的各种碑石及其他类似物体 |
| 4.3.85 | 旗杆 | | | | 有固定基座的高大旗杆 |
| 4.3.86 | 塑像、雕塑<br>　a. 依比例尺的<br>　b. 不依比例尺的 | a　　　b　3.1 2.7 | | | 具有纪念意义或为美化环境而修建的大型艺术性的雕塑或造型及古代遗留下来的石雕等类似物体 |
| 4.3.87 | 庙宇 | | | | 佛教、道教活动的寺、庙、庵、洞、宫、观以及孔庙、神庙等宗教建筑物 |

| 编号 | 符号名称 | 符号式样 | | | 简要说明 |
|------|---------|---------|---------|---------|---------|
| | | 1：500 | 1：1000 | 1：2000 | |
| 4.3.88 | 清真寺 | | | | 伊斯兰教举行宗教仪式及礼拜的场所，屋顶上一般设有月牙标志 |
| 4.3.89 | 教堂 | | | | 基督教举行宗教仪式及礼拜的场所 |
| 4.3.90 | 宝塔、经塔、纪念塔<br>　a. 依比例尺的<br>　b. 不依比例尺的 | a | b　3.6 2.2 | | 宗教或纪念性塔形建筑物 |
| 4.3.93 | 土地庙<br>　a. 依比例尺的<br>　b. 不依比例尺的 | a | b | | 有偶像或牌位的各种独立小庙 |
| 4.3.94 | 气象台（站）、测风塔 | 3.6 3.0　1.0 | | | 进行气象观察的场所 |
| 4.3.96 | 地震台 | 砼 | | | 进行监测和处理地震信息的场所 |
| 4.3.97 | 天文台 | 砼 | | | 进行天文观测的场所 |
| 4.3.99 | 卫星地面站、雷达、射电望远镜 | 砖 | | | 地面跟踪卫星轨道或接收卫星发回数据的测站设施 |
| 4.3.100 | 科学实验站 | 砖 | | | 进行各种科学试验的场所 |
| 4.3.101 | 长城、砖石城墙<br>　a. 完整的<br>　　a1. 城门<br>　　a2. 城楼<br>　　a3. 台阶<br>　b. 损坏的<br>　　b1. 豁口 | a<br>a3　a1　a2<br>b　b1 | | | 古时遗留下来的，用于防卫的绵亘数百米或数千千米的高大城垣 |

408

| 编号 | 符号名称 | 符号式样 | | | 简要说明 |
|---|---|---|---|---|---|
| | | 1：500 | 1：1000 | 1：2000 | |
| 4.3.102 | 土城墙<br>　a. 城门<br>　b. 豁口<br>　c. 损坏的 | | | | 古代建筑在城市四周作防守用的土墙 |
| 4.3.103 | 围墙<br>　a. 依比例尺的<br>　b. 不依比例尺的 | | | | 用土或砖、石砌成的起封闭阻隔作用的墙体 |
| 4.3.104 | 隔音墙（声屏障） | | | | 有立柱或支架，用吸音材料制成的、能够减轻噪音对附近居民的影响的轻质墙式构造物 |
| 4.3.105 | 防风墙（挡风墙） | | | | 有立柱或支架，由建筑材料制成的，起防风、防沙、防尘、保温作用的墙式构造物 |
| 4.3.106 | 栅栏、栏杆 | | | | 用铁、木、砖、石、混凝土等材料制成的，由支柱或基座、扶手和横栅栏等组成起封闭阻隔作用的障碍物 |
| 4.3.107 | 篱笆 | | | | 用竹、木等材料编织成的较长时间保留的起封闭阻隔作用的障碍物 |
| 4.3.108 | 活树篱笆 | | | | 由灌木、荆棘等活树形成规整的起封闭阻隔作用的障碍物 |
| 4.3.111 | 地下建筑物出入口<br>　a. 出入口标识<br>　b. 敞开式的<br>　c. 有雨篷的<br>　d. 屋式的<br>　e. 不依比例尺的 | | | | 地下通道、防空洞、地下停车场等地下建筑物在地表的出入口 |
| 4.3.112 | 地下建筑物通风口<br>　a. 地下室的天窗<br>　b. 其他通风口 | | | | 地下房屋、防空洞、地下停车场及地道等地面下建筑物的通风口 |
| 4.3.113 | 柱廊<br>　a. 无墙壁的<br>　b. 一边有墙壁的 | | | | 由支柱和顶盖组成，供人通行的走廊，如长廊、回廊等 |

| 编号 | 符号名称 | 符号式样 | | | 简要说明 |
|------|---------|---------|---------|---------|---------|
| | | 1：500 | 1：1000 | 1：2000 | |
| 4.3.115 | 建筑物前汽车坡道、无障碍通道 | 混5 | 混5 | | 建筑物门前两侧可通行汽车的坡道或提供残疾人及其他行动不便者通行的坡道 |
| 4.3.121 | 台阶 | 0.6┅ 1.0 | 1.0 | | 砖、石、水泥砌成的阶梯式构筑物 |
| 4.3.122 | 室外楼梯<br>  a. 上楼方向 | | 砼8<br>a | | 依附楼房外墙的非封闭楼梯 |
| 4.3.135 | 假石山 | | | | 在公共场所建造的一种山状装饰性设施 |
| **4.4** | **交通** | | | | 包括铁路、城际公路、城市道路、乡村道路、道路构造物、水运、航道、空运及其附属设施等 |
| 4.4.1 | 标准轨铁路<br>  a. 地面上的<br>    a1. 电杆<br>  b. 高架的<br>  c. 高速的<br>    c1. 高架的<br>  d. 建筑中的 | 1:500、1:1000图：<br>a<br>    a1<br>b<br>c<br>    c1<br>d<br>1:2000图：<br>a<br>    a1<br>b<br>c<br>    c1<br>d | | | 轨距为 1.435m 的铁路线路；<br>1：500、1：1000 地形图上按轨距以双线依比例尺表示，1：2000 地形图上用不依比例尺符号表示 |
| 4.4.4 | 高速公路<br>  a. 隔离带<br>  b. 临时停车点<br>  c. 建筑中的 | a 0.4<br>0.2 ⅠⅠ　ⅠⅠ　0（G5）ⅠⅠ<br>0.4<br>0.4　b<br>0.4<br>c<br>3.0　25.0 | | | 指具有中央分隔带、多车道、立体交叉、出入口受控制的专供汽车高速度行驶的公路 |

| 编号 | 符号名称 | 符号式样 | | | 简要说明 |
|---|---|---|---|---|---|
| | | 1：500 | 1：1000 | 1：2000 | |
| 4.4.5 | 国道<br>　a. 一级公路<br>　　a1. 隔离设施<br>　　a2. 隔离带<br>　b. 二至四级公路<br>　c. 建筑中的<br>　　①、②——技术等级代码<br>　（G305）（G301）——国道代码<br>　及编号 | a　0.3<br>　　0.15　a1　a2<br>　　①（G305）<br>　　0.3<br>b　②（G301）　0.3<br>c　3.0　20.0　0.3 | | | 指具有全国性的政治、经济、国防意义，并确定为国家级干线的公路 |
| 4.4.6 | 省道<br>　a. 一级公路<br>　　a1. 隔离设施<br>　　a2. 隔离带<br>　b. 二至四级公路<br>　c. 建筑中的<br>　　①、②——技术等级代码<br>　（S305）（S301）——省道代码<br>　及编号 | a　0.3<br>　　0.15　①（S305）　a1　a2<br>　　0.3<br>b　②（S301）　0.3<br>c　15.0　2.0　0.3 | | | 指具有全省政治、经济意义、连接省内中心城市和主要经济区的公路，以及不属于国道的省际间的重要公路 |
| 4.4.7 | 县道、乡道及村道<br>　a. 有路肩的<br>　b. 无路肩的<br>　　⑨——技术等级代码<br>　（X301）——县道代码及编号<br>　c. 建筑中的 | a　⑨（X301）　0.3<br>　　　0.3<br>b　⑨（X301）　0.2<br>　　　0.2<br>c　1.0　10.0　0.2<br>　　0.2 | | | 指连接县城和县内乡镇的，或国道、省道以外的县际、乡镇际的，由县、乡财政投资、管理的公路 |
| 4.4.8 | 专用公路<br>　a. 有路肩的<br>　b. 无路肩的<br>　　②——技术等级代码<br>　（Z301）——专用公路代码及编号<br>　c. 建筑中的 | a　②（Z301）　0.3<br>　　　0.3<br>b　②（Z301）　0.2<br>　　　0.2<br>c　1.0　10.0 | | | 指专供特定用途服务的公路 |
| 4.4.9 | 地铁<br>　a. 地面下的<br>　b. 地面上的<br>　c. 高架的<br>　d. 地铁站出入口<br>　　d1. 依比例尺的<br>　　d2. 不依比例尺的 | 1.0　a　8.0　b　c<br>　　2.0　2.0<br>d　d1　Ⓓ　d2　Ⓓ | | | 城市中铺设在地下隧道中高速、大运量的轨道客运线路，个别地段由地下连接到地面或架空的线路也视为地铁 |

| 编号 | 符号名称 | 符号式样 | | | 简要说明 |
|------|---------|---------|---------|---------|---------|
| | | 1:500 | 1:1000 | 1:2000 | |
| 4.4.10 | 磁浮铁轨、轻轨线路<br>　a. 地面下的<br>　b. 地面上的<br>　c. 高架的<br>　d. 轻轨站标识 | 1:500　1:1000图:<br><br>1.0　　a　8.0　　b　c<br>　　　　2.0　2.0<br><br>1:2000 图:<br>0.6　　a　8.0　　b　c<br>　　　　2.0　2.0<br><br>d 3.0 ⓠ | | | 均为封闭运行的快速轨道交通;磁浮铁轨是专供采用磁浮原理的高速列车运行的铁路;轻轨指城市中修建的高速、中运量的轨道客运线路 |
| 4.4.11 | 电车轨道<br>　a. 电杆杆位 | a | | | 有导轨的电车道 |
| 4.4.12 | 快速路 | 0.4<br>0.15<br>5.0　　8.0 | | | 城市道路中设有中央分隔带,具有四条以上车道,全部或部分采用立体交叉与控制出入,供车辆以较高速度行驶的道路 |
| 4.4.13 | 高架路<br>　a. 高架快速路<br>　b. 高架路<br>　c. 引道 | 0.4<br>a<br><br>c<br>b | | | 城市中架空的供汽车行驶的道路 |
| 4.4.14 | 街道<br>　a. 主干道<br>　b. 次干道<br>　c. 支线<br>　d. 建筑中的 | a　　0.35<br>b　　0.25<br>c　　0.15<br>d　　0.15<br>10.0　2.0 | | | 街道指街区中比较宽阔的通道 |
| 4.4.15 | 人行道 | | | | 道路两旁的相对独立的人行道 |
| 4.4.16 | 内部道路 | | | | 公园、工矿、机关、学校、居民小区等内部有铺装材料的道路 |
| 4.4.17 | 阶梯路 | 1.0 | | | 用水泥和砖、石砌成阶梯式的人行路 |

| 编号 | 符号名称 | 符号式样 | | | 简要说明 |
|------|----------|----------|----------|----------|----------|
| | | 1：500 | 1：1000 | 1：2000 | |
| 4.4.18 | 机耕路（大路） | 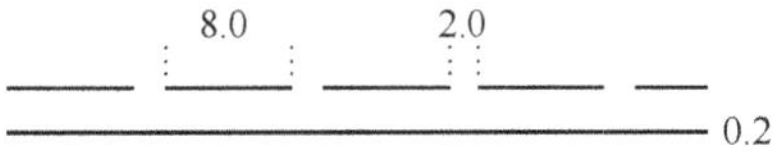 8.0　　2.0　 0.2 | | | 路面经过简易铺修，但没有路基，一般能通行拖拉机、大车等的道路，某些地区也可通行汽车 |
| 4.4.19 | 乡村路<br>a. 依比例尺的<br>b. 不依比例尺的 | 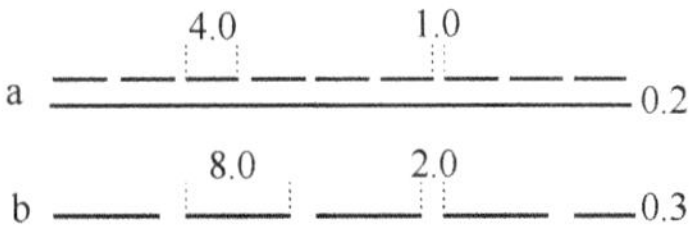 a 4.0　1.0　0.2<br>b 8.0　2.0　0.3 | | | 不能通行大车、拖拉机的道路；路面不宽，有的地区用石块或石板铺成 |
| 4.4.20 | 小路、栈道 |  4.0　1.0　0.3 | | | 供单人单骑行走的道路 |
| 4.4.21 | 长途汽车站（场） |  3.0 ⊗ | | | 乡镇以上的供长途旅客上、下车的场所 |
| 4.4.23 | 加油站、加气站<br>油——加油站 | 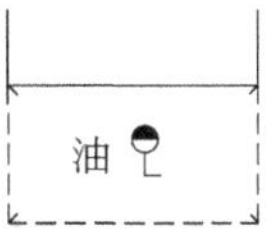 油 | | | 机动车辆添加动力能源的场所 |
| 4.4.24 | 停车场<br>a. 停车楼<br>　3——停车楼层数<br>b. 露天停车场 | a �"P" 停车楼　　b Ⓟ | | | 有人值守的，用来停放各种机动车辆的场所 |
| 4.4.32 | 过街天桥、地下通道<br>a. 天桥<br>b. 地道 | 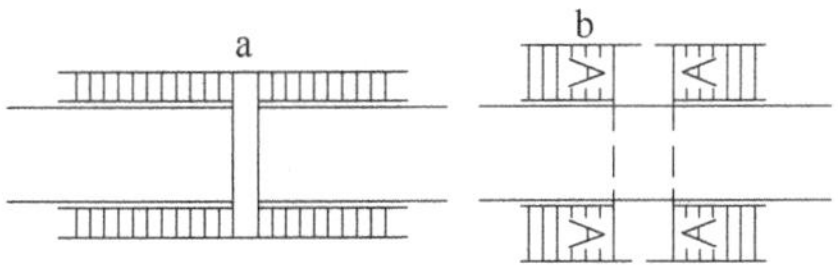 a　　　　b | | | 供行人跨（穿）越街道的桥梁或地下通道 |
| 4.4.40 | 铁路平交道口<br>a. 有栏木的<br>b. 无栏木的 | 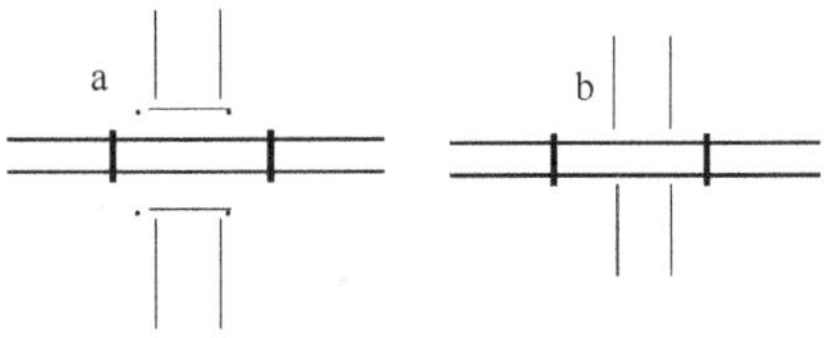 a　　　　b | | | 铁路与其他道路平面相交的路口 |
| 4.4.43 | 路堑<br>a. 以加固的<br>b. 未加固的 | 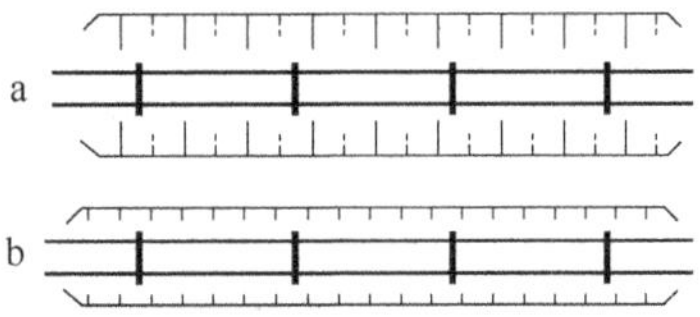 a<br>b | | | 人工开挖的低于地面的路段 |
| 4.4.44 | 路堤<br>a. 以加固的<br>b. 未加固的 | 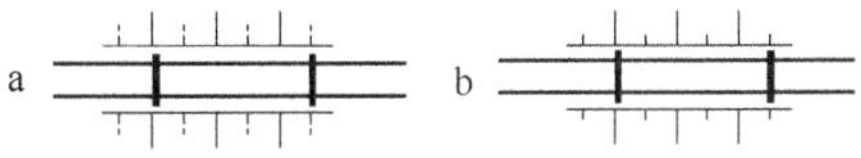 a　　　b | | | 人工修筑的高于地面的路段 |

| 编号 | 符号名称 | 符号式样 | | | 简要说明 |
|------|----------|----------|---|---|----------|
| | | 1:500 | 1:1000 | 1:2000 | |
| **4.5** | **管线** | | | | 包括输电线、通信线、各种管道及其附属设施等 |
| 4.5.1<br>4.5.1.1 | 高压输电线<br>架空的<br>　a. 电杆<br>　35——电压（kV） | | | | 用以输送 6.6kV 以上且固定的高压输电线路 |
| 4.5.1.2 | 地面下的<br>　a. 电缆标 | | | | |
| 4.5.2<br>4.5.2.1 | 配电线<br>架空的<br>　a. 电杆 | | | | 用以输送 6.6kV 以下且固定的低压配电线路 |
| 4.5.2.2 | 地面下的<br>　a. 电缆标 | | | | |
| 4.5.3<br>4.5.3.1<br>4.5.3.2 | 电力线附属设施<br>电杆<br>电线架 | | | | 电线架是指由两根立杆组成，支撑电线的支架；<br>电线塔（铁塔）是指由钢架结构组成，支撑电线的塔架 |
| 4.5.3.3 | 电线塔（铁塔）<br>　a. 依比例尺的<br>　b. 不依比例尺的 | | | | |
| 4.5.3.6 | 电力检修井孔 | | | | |
| 4.5.4 | 变电室（所）<br>　a. 室内的<br>　b. 露天的 | | | | 改变电压和控制电能输送与分配的场所 |
| 4.5.5 | 变压器<br>　a. 依比例尺的<br>　b. 不依比例尺的 | | | | 露天的、安装在电线杆、架上的小型变压器 |
| 4.5.6<br>4.5.6.1 | 陆地通信线<br>地面上的<br>　a. 电杆 | | | | 供通信的陆地电缆、光缆线路，如电话线、广播线、电视线等 |
| 4.5.6.2 | 地面下的<br>　a. 电缆标 | | | | |
| 4.5.6.5 | 通信检修井孔<br>　a. 电信人孔<br>　b. 电信手孔 | | | | |

| 编号 | 符号名称 | 符号式样 | | | 简要说明 |
|------|----------|-----------|-----------|-----------|----------|
| | | 1：500 | 1：1000 | 1：2000 | |
| 4.5.7<br>4.5.7.1 | 管道<br>架空的<br>　a. 依比例尺的墩架<br>　b. 不依比例尺的墩架 | a ⊠——热——⊠<br>　　　　　　　1.0<br>b ■——热——■ | | | 输送油、汽、气、水等液体和气态物质的管状设施 |
| 4.5.7.2 | 地面上的 | ○——水——○<br>1.0　　　10.0 | | | |
| 4.5.7.3 | 地面下的及入地口 | ○——污——<br>1.0　4.0 | | | |
| 4.5.7.4 | 有管堤的<br>　热、水、污——输送物名称 | ╫╫╫╫╫水╫╫╫╫╫ | | | |
| 4.5.9 | 燃气调压站<br>　a. 房屋内的 | 几<br>a 混2 几 | | | 用于天然气、人工煤气、液化石油气等非腐蚀性气体压力调节、稳压、控制计算、远程监测的设备 |
| 4.5.11 | 管道检修井孔<br>　a. 给水检修井孔<br><br>　b. 中水检修井孔<br><br>　c. 排水（污水）检修井孔<br><br>　d. 排水暗井<br><br>　e. 煤气、天然气、液化气检修井孔<br><br>　f. 热力检修井孔<br><br>　g. 工业、石油检修井孔<br><br>　h. 公安检修井孔<br><br>　i. 不明用途的井孔 | a　2.0　⊖<br><br>b　2.0　⊕<br><br>c　2.0　⊕<br><br>d　2.0　⊕<br><br>e　2.0　⊖<br><br>f　2.0　⊖<br><br>g　2.0　⊕<br><br>h　2.0　⊗<br><br>i　2.0　○ | | | 管道检修井孔按实际位置表示，不区分井盖形状，只按检修类别用相应符号表示 |
| 4.5.12 | 管道其他附属设施<br>　a. 水龙头<br><br><br>　b. 消火栓<br><br><br><br>　c. 阀门<br><br><br>　d. 污水雨水箅子 | a　3.6　1.0　┰<br><br>　　　　　　1.6<br>b　2.0　┰　3.6<br><br>c　1.6　○　3.0<br><br>d　⊖ 0.5　▥ 1.0<br>　　2.0　　　2.0 | | | a. 室外饮水、供水的出水口的控制开关；<br>　b. 消防用水接口；<br>　c. 工业、热力、液化气、天然气、煤气、给水、排水等各种管道的控制开关；<br>　d. 城市街道及内部道路旁污水雨水管道口起算滤作用的过滤网；符号按实际形状沿道路边线表示 |
| 4.7 | 地貌 | | | | 包括等高线、高程注记点、水域等值线、水下注记点、自然地貌及人工地貌等 |

| 编号 | 符号名称 | 符号式样 | | | 简要说明 |
|------|---------|---------|---------|---------|---------|
| | | 1：500 | 1：1000 | 1：2000 | |
| 4.7.1 | 等高线及其注记<br>　a. 首曲线<br><br><br>　b. 计曲线<br><br><br><br>　c. 间曲线<br>　　25——高程 | a ⌇⌇⌇⌇ 0.15<br><br>b ━━25━━ 0.3<br><br>1.0<br>c ⌇⌇ 6.0 ⌇ 0.15 | | | 等高线是地面上高程相等的各相邻点所连成的闭合曲线；等高线分为首曲线、计曲线、间曲线等；<br>　a. 从高程基准面起算，按基本等高距测绘的等高线，又称基本等高线；<br>　b. 从高程基准面起算，每隔四条首曲线加粗一条的等高线，又称加粗等高线；<br>　c. 按二分之一基本等高距测绘的等高线，又称半距等高线 |
| 4.7.2 | 示坡线 | 0.8 ⌇⌇⌇ | | | 指示斜坡降落的方向线，它与等高线垂直相交 |
| 4.7.3 | 高程点及其注记<br>　1520.3，−15.3——高程 | 0.5 ·1520.3　　·−15.3 | | | 根据高程基准面测定高程的地面点 |
| 4.7.5 | 特殊高程点及其注记<br>　洪 113.5——最大洪水位高程<br>　1986.6——发生年月 | 1.6 ⊙ 洪113.5 / 1986.6 | | | 具有特殊需要和意义的高程点，如洪水位、大潮潮位等处的高程点 |
| 4.7.8 | 土堆、贝壳堆、矿渣堆<br>　a. 依比例尺的<br>　b. 不依比例尺的<br>　　3.5——比高 | a 3.5　　b | | | 由泥土、贝壳、矿渣堆积而成的堆积物 |
| 4.7.9 | 石堆<br>　a. 依比例尺的<br>　b. 不依比例尺的 | a　　b | | | 由石块堆积而成的堆积物 |
| 4.7.10 | 熔岩漏斗、黄土漏斗 | | | | 在岩溶地区受水的溶蚀或岩层塌陷而在地面形成的漏斗状或碟形的封闭洼地 |
| 4.7.11 | 坑穴<br>　a. 依比例尺的<br>　b. 不依比例尺的<br>　　2.6，2.3——深度 | a (2.6·)<br>b 2.5 ⊙ 2.3 | | | 地表面突然凹下的部分，坑壁较陡，坑口有较明显的边缘 |
| 4.7.13 | 冲沟<br>　3.4，4.5——比高 | 3.4 4.5 | | | 地面长期被雨水急流冲蚀而形成的大小沟壑，沟壁较陡，攀登困难 |

| 编号 | 符号名称 | 符号式样 | | | 简要说明 |
|------|----------|----------|----|----|----------|
| | | 1：500 | 1：1000 | 1：2000 | |
| 4.7.14 | 地裂缝<br>a. 依比例尺的<br>　　2.1——裂缝宽<br>　　5.3——裂缝深<br>b. 不依比例尺的 | | | | 由地壳运动引起的地裂或采掘矿物后的采空区塌陷造成的地表裂缝 |
| 4.7.15 | 陡崖、陡坎<br>a. 土质的<br>b. 石质的<br>　　18.6，22.5——比高 | | | | 形态壁立、难于攀登的陡峭崖壁或各种天然形成的坎（坡度在70°以上），分为土质和石质两种 |
| 4.7.16 | 人工陡坎<br>a. 未加固的<br>b. 已加固的 | | | | 由人工修成的坡度在70°以上的陡峻地段 |
| 4.7.22 | 滑坡 | | | | 斜坡表层由于地下水和地表水的影响，在重力作用下向下滑动的地段 |
| 4.7.25 | 斜坡<br>a. 未加固的<br>　a1. 天然的<br>　a2. 人工的<br>b. 已加固的 | | | | 各种天然形成和人工修筑的坡度在70°以下的坡面地段 |
| 4.7.26 | 梯田坎<br>2.5——比高 | | | | 依山坡或谷地由人工修筑的阶梯式农田陡坎 |
| **4.8** | **植被与土质** | | | | 包括农林用地、城市绿地及土质等 |
| 4.8.1 | 稻田<br>a. 田埂 | | | | 种植水稻的耕地 |
| 4.8.2 | 旱地 | | | | 稻田以外的农作物耕种地，包括撂荒未满三年的轮歇地 |

| 编号 | 符号名称 | 符号式样 | | | 简要说明 |
|------|---------|---------|---------|---------|---------|
| | | 1 : 500 | 1 : 1000 | 1 : 2000 | |
| 4.8.3 | 菜地 | | | | 以种植蔬菜为主的耕地 |
| 4.8.4 | 水生作物地<br>　a. 非常年积水的<br>　　菱——品种名称 | 菱 | a　菱 | | 比较固定的以种植水生作物为主的用地，如菱角、莲藕、茭白地等 |
| 4.8.6<br>4.8.6.1 | 园地<br>经济林<br>　a. 果园 | a | | | 以种植果树为主，集约经营的多年生木本和草本作物，覆盖度大于50%或每亩株数大于合理株数70%的土地；<br>经济林指以生产果品、食用油料、饮料、调料、工业原料和药材为主要目的的树木； |
| | 　b. 桑园 | b | | | |
| | 　c. 茶园 | c | | | |
| | 　e. 其他经济林 | e | | | |
| 4.8.6.2 | 经济作物地 | | | | 经济作物地指由人工栽培、种植比较固定的多年生长植物 |
| 4.8.7 | 成林 | 松6 | | | 林木进入成熟期、郁闭度（树冠覆盖地面的程度）在0.3（不含0.3）以上、林龄在20年以上的、已构成稳定的林分（林木的内部结构特征）能影响周围环境的生物群落；包括各种针叶林、阔叶林 |
| 4.8.8 | 幼林、苗圃 | 幼 | | | 林木处于生长发育阶段，通常树龄在20年以下，尚未达到成熟的林分；苗圃指固定的林木育苗地 |

| 编号 | 符号名称 | 符号式样 1：500 | 符号式样 1：1000 | 符号式样 1：2000 | 简要说明 |
|------|---------|------|------|------|---------|
| 4.8.9 | 灌木林<br>a. 大面积的<br><br>b. 独立灌木丛<br><br>c. 狭长的灌木林 | a<br><br>b<br><br>c ○·○·○·○·○·○·○·○·○·○·○ | | | 成片生长、无明显主干、枝杈丛生的木本植物地 |
| 4.8.10 | 竹林<br>a. 大面积竹林<br><br>b. 小面积竹林、竹丛<br><br>c. 狭长竹丛 | a 10.0 10.0<br><br>b<br><br>c | | | 以生长竹子为主的林地 |
| 4.8.11 | 疏林 | | | | 树木郁闭度在0.1～0.3的林地 |
| 4.8.12 | 迹地 | | | | 林地采伐后或火烧后5年内未变化的土地 |
| 4.8.15 | 行树<br>a. 乔木行树<br>b. 灌木行树 | a<br>b | | | 沿道路、沟渠和其他线状地物一侧或两侧成行种植的树木或灌木 |
| 4.8.16 | 独立树<br>a. 阔叶<br><br>b. 针叶<br><br>c. 棕榈、椰子、槟榔<br><br>d. 果树<br><br>e. 特殊树 | a 2.0 1.6 3.0 1.0<br><br>b 2.0 1.6 3.0 1.0<br><br>c 2.0 3.0<br><br>d 1.6 3.0<br><br>e | | | 有良好方位意义的或著名的单棵树 |

419

| 编号 | 符号名称 | 符号式样 | | | 简要说明 |
|------|---------|---------|---------|---------|---------|
| | | 1:500 | 1:1000 | 1:2000 | |
| 4.8.17 | 高草地<br>芦苇——植物名称 | | | | 以生长芦苇、席草、芒草、芨芨草和其他高秆草本植物为主的草地 |
| 4.8.18 | 草地<br>　a. 天然草地<br><br>　b. 改良草地<br><br>　c. 人工牧草地<br><br>　d. 人工绿地 | | | | 以生长草本植物为主的、覆盖度在50%以上的地区：<br>　a. 以天然草本植物为主，未经改良的草地，包括草甸草地、草丛草地、疏林草地、灌木草地和沼泽草地；<br>　b. 采用灌溉、排水、施肥、松耙、补植等措施进行改良的草地；<br>　c. 人工种植的牧草地；<br>　d. 城市中人工种植的绿地 |
| 4.8.19 | 半荒草地 | | | | 草类生长比较稀疏，覆盖度在20%～50%的草地 |
| 4.8.20 | 荒草地 | | | | 植物特别稀少，其覆盖度在5%～20%的土地，不包括盐碱地、沼泽地和裸土地 |
| 4.8.21 | 花圃、花坛 | | | | 用来美化庭院，种植花卉的土台、花园 |
| 4.8.22 | 盐碱地 | | | | 有盐碱聚积的地面 |
| 4.8.26 | 沙砾地、戈壁滩 | | | | 沙和砾石混合分布的沙砾地和地表几乎全为砾石覆盖的地段 |

| 编号 | 符号名称 | 符号式样 | | | 简要说明 |
|------|---------|---------|---------|---------|---------|
| | | 1：500 | 1：1000 | 1：2000 | |
| 4.8.27 | 沙泥地 | | | | 沙和泥混合分布的地面 |
| 4.8.28 | 石块地 | | | | 岩石受风化作用而形成的石块堆积地 |

# 主要参考文献

[1]　（美）约翰·O.西蒙兹. 景观设计学：场地规划与设计手册（1998年第三版）[M]. 俞孔坚，王志芳，孙鹏译. 北京：中国建筑工业出版社，2000.

[2]　（美）史蒂文·斯特罗姆，库尔特·内森. 风景建筑学场地工程 [M]. 任慧韬等译. 俞可怀等审. 大连：大连理工大学出版社，2002.

[3]　建筑场地规划与景观建设指南（美）哈维·M.鲁本斯坦 [M]. 李家坤译. 大连：大连理工大学出版社，2001.

[4]　（美）凯文·林奇，加里·海克. 总体设计 [M]. 黄富厢，朱琪，吴小亚译. 北京：中国建筑工业出版社，1999.

[5]　张伶伶，孟浩. 场地设计 [M]. 北京：中国建筑工业出版社，1999.

[6]　姚宏韬. 场地设计 [M]. 沈阳：辽宁科学技术出版社，2000.

[7]　刘磊. 场地设计 [M]. 北京：中国建材工业出版社，2002.

[8]　建筑设计资料集编委会. 建筑设计资料集　第1分册　建筑总论 [M]. 3版. 北京：中国建筑工业出版社，2018.

[9]　建设部建筑设计院：当代中国著名机构优秀建筑作品丛书 [M]. 哈尔滨：黑龙江科学技术出版社，1998.

[10]　华东建筑设计研究院：当代中国著名机构优秀建筑作品丛书 [M]. 哈尔滨：黑龙江科学技术出版社，1998.

[11]　北京市建筑设计研究院：当代中国著名机构优秀建筑作品丛书 [M]. 哈尔滨：黑龙江科学技术出版社，1998.

[12]　朱德本. 建筑学专业毕业设计指南 [M]. 北京：中国水利水电出版社，2000.

[13]　黎志涛. 快速建筑设计方法入门 [M]. 北京：中国建筑工业出版社，1999.

[14]　李雄飞，巢元凯. 快速建筑设计图集（上）[M]. 北京：中国建筑工业出版社，1992.

[15]　中国建筑西北设计研究院，建设部建筑设计院，中国泛华工程有限公司设计部. 建筑施工图示例图集 [M]. 北京：中国建筑工业出版社，2000.

[16]　卢济威，王海松. 山地建筑设计 [M]. 北京：中国建筑工业出版社，2001.

[17]　任乃鑫. 注册建筑师资格考试（作图部分）模拟题. 场地设计与建筑设计表达 [M]. 沈阳：辽宁科学技术出版社，2000.

[18]　彭一刚. 建筑空间组合论 [M]. 北京：中国建筑工业出版社，1998.

[19]　徐岩，蒋红蕾，杨克伟，王少飞. 建筑群体设计 [M]. 上海：同济大学出版社，2000.

[20]　刘永德. 建筑外环境设计 [M]. 北京：中国建筑工业出版社，1996.

[21]　张宗尧，赵秀兰. 托幼中小学校建筑设计手册 [M]. 北京：中国建筑工业出版社，1999.

[22]　钱健，宋雷. 建筑外环境设计 [M]. 上海：同济大学出版社，2001.

[23]　余卓群. 建筑设计图集——当代博览建筑 [M]. 北京：中国建筑工业出版社，1997.

[24]　刘滨谊. 现代景观规划设计 [M]. 南京：东南大学出版社，1999.

[25]　朱家瑾. 居住区规划设计 [M]. 北京：中国建筑工业出版社，2000.

[26]　王炳坤. 城市规划中的工程规划 [M]. 天津：天津大学出版社，1994.

[27]　邓述平，王仲谷. 居住区规划设计资料集 [M]. 北京：中国建筑工业出版社，1996.

[28]　全国城市规划执业制度管理委员会. 全国注册城市规划师执业资格考试参考用书之二. 城市规划相关知识. 北京：中国计划出版社，2002.

[29]　全国城市规划执业制度管理委员会. 全国注册城市规划师执业资格考试参考用书之三. 城市规划管理与法规

　　　　　　　　［M］. 北京：中国计划出版社，2002.

[30]　郑毅. 城市规划设计手册［M］. 北京：中国建筑工业出版社，2000.

[31]　孙施文. 城市规划法规读本［M］. 上海：同济大学出版社，1996.

[32]　吴为廉. 景园建筑工程规划与设计(下册)［M］. 上海：同济大学出版社，1996.

[33]　王汝成. 园林规划设计［M］. 北京：中国建筑工业出版社，1999.

[34]　宋希强. 风景园林绿化规划设计与施工新技术实用手册［M］. 北京：中国环境科学出版社，2002.

[35]　杨松龄. 居住区园林绿地设计［M］. 北京：中国林业出版社，2001.

[36]　杨守国. 工矿企业园林绿地设计［M］. 北京：中国林业出版社，2001.

[37]　蒋桂香，李珂，孟瑾，王和祥，陈涛. 机关单位园林绿地设计［M］. 北京：中国林业出版社，2001.

[38]　孟瑾，李珂，蒋桂香，王和祥，陈涛. 医院疗养院园林绿地设计［M］. 北京：中国林业出版社，2001.

[39]　王莲清. 道路广场园林绿地设计［M］. 北京：中国林业出版社，2001.

[40]　刘丽和. 校园园林绿地设计［M］. 北京：中国林业出版社，2001.

[41]　王汝诚. 园林规划设计［M］. 北京：中国建筑工业出版社，1999.

[42]　余树勋. 花园设计［M］. 天津：天津大学出版社，1998.

[43]　任福田，肖秋生，薛宗蕙. 城市道路规划与设计［M］. 北京：中国建筑工业出版社，1998.

[44]　徐家钰，程家驹. 道路工程［M］. 上海：同济大学出版社，1995.

[45]　傅永新，彭学诗. 钢铁厂总图运输设计手册［M］. 北京：冶金工业出版社，1996.

[46]　李善，傅达聪. 煤炭工业企业总平面设计手册［M］. 北京：煤炭工业出版社，1992.

[47]　廖祖裔，吴迪慎，雷春浓，李开模. 工业建筑总平面设计［M］. 北京：中国建筑工业出版社，1984.

[48]　井生瑞. 总图设计［M］. 北京：冶金工业出版社，1989.

[49]　雷明. 工业企业总平面设计［M］. 西安：陕西科学技术出版社，1998.

[50]　陈磊，赵晓光. 一级注册建筑师考试场地设计(作图)应试指南［M］. 13 版. 北京：中国建筑工业出版社，2021.

[51]　赵晓光. 场地规划设计成本优化：房地产开发商必读［M］. 北京：中国建筑工业出版社，2011.

# 第一版后记

　　工业建筑领域里的总图设计历来备受青睐与重视，而民用建筑领域里的场地设计则相对较为薄弱。究其原因是我国传统教育体制下培养的部分建筑师、规划师缺乏对场地设计系统、全面的了解。过去，他们所从事的多是单体项目设计，场地设计相对简单一些，且可以依赖现场竣工后的处理，因此在思想上不大重视。现在，他们愈来愈多地接触到大规模、地形复杂的群体项目规划设计；虽然知道场地设计的重要性，但因为不了解设计理论和方法，工作中往往力不从心。为满足注册建筑师、注册城乡规划师和规划管理人员工作的需要；同时，为满足西安建筑科技大学建筑学和城市规划专业本科生和研究生教学的需要，本书应运而生。

　　本书是对作者们多年来所从事的工业和民用建筑场地设计工作实践的总结，也是我校开设的《场地设计》课程的延续。经过了四年艰辛的探索，希望拙作能带给读者有益的启迪，使其独具匠心的建筑、规划设计构思，能立足于自然，更好地改造自然，最终付诸实现。

　　值此书稿付梓之际，我代表全体编审人员，衷心地感谢中国建筑工业出版社的王玉容编辑对本书的支持。正是她的指导和鞭策，才能使本书得以问世。另外，我真诚地感谢所有作者家人的鼓励和支持。同时，我也殷切地期待读者的批评指正。

　　"山水相辉，楼台相映，天与安排"，这句诗词对建筑与环境、建筑与地形的结合，给予了高度的赞美，表现出中国古代建筑所具有的场地设计的完美境界。愿本书能抛砖引玉，使更多的读者关注场地设计，不断地进行探索和实践，使我国的场地设计研究结出更好、更艳丽的奇葩。

赵晓光

2004 年 4 月 25 日于西安